航天工程系列精品出版项目

多轴系统动力学建模与控制

居鹤华 康杰 余萌 著

北京理工大学出版社
BEIJING INSTITUTE OF TECHNOLOGY PRESS

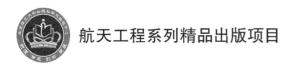

内 容 简 介

多轴系统是以现代光学为基础的、具有多自由度的机械电子系统，既包含传统的多体系统，又包含多自由度的机床、航天器及生物系统。本书重点介绍了多轴系统动力学建模与控制理论，该理论既是以空间操作为核心的、以三维轴为基元的公理化理论系统，又是包含算法结构的迭代式伪代码系统，保证了多轴系统动力学建模与控制的准确性、可靠性及实时性，既能满足传统的多体动力学离线仿真需求，又能满足多轴系统实时建模与控制需求。

同构方法论这一基本的理论创新方法是本书理论的基础，贯穿于本书所有知识点，利于读者理解多轴系统理论的精髓。同时，本书秉承“从工程中来，到工程中去”的理念，呈现理论的同时注重工程实现，以自主研发的“嫦娥 3 号月面巡视器实时动力学软件”为依托，帮助读者巩固和拓展教材内容，培养解决工程问题的能力。

本书是“多轴系统”系列书籍的第一本，既可作为高等院校自动化、航空航天等专业学生的教材，又可作为空间机器人、高精度工业机械臂等技术研究人员的参考书。

图书在版编目（CIP）数据

多轴系统动力学建模与控制 / 居鹤华，康杰，余萌著. --北京：北京理工大学出版社，2022. 3

ISBN 978-7-5763-1143-3

Ⅰ. ①多… Ⅱ. ①居… ②康… ③余… Ⅲ. ①多轴向-机电系统-动力学模型 ②多轴向-机电系统-控制系统 Ⅳ. ①TM7

中国版本图书馆 CIP 数据核字（2022）第 041467 号

出版发行 / 北京理工大学出版社有限责任公司
社　　址 / 北京市海淀区中关村南大街 5 号
邮　　编 / 100081
电　　话 / （010）68914775（总编室）
（010）82562903（教材售后服务热线）
（010）68944723（其他图书服务热线）
网　　址 / http：//www. bitpress. com. cn
经　　销 / 全国各地新华书店
印　　刷 / 三河市华骏印务包装有限公司
开　　本 / 787 毫米×1092 毫米　1/16
印　　张 / 16. 75
彩　　插 / 2
字　　数 / 393 千字
版　　次 / 2022 年 3 月第 1 版　2022 年 3 月第 1 次印刷
定　　价 / 78. 00 元

责任编辑 / 徐　宁
文案编辑 / 李颖颖
责任校对 / 周瑞红
责任印制 / 李志强

PREFACE 前言

现代航天器、机床、工业机械臂等，均属于以现代光学为基础的、具有多自由度的机械电子系统，是机械、光学、力学、数学、计算机、控制等多学科融合的产物。多自由度的机械电子系统在运动学、动力学、控制等理论上具有共性，且必须保持系统控制的准确性、可靠性和实时性。笔者有幸参与了嫦娥3号和5号月面巡视器、祝融号火星车及工业机械臂等国家重点项目，在研究过程中发现我国至今缺乏具有自主知识产权的多体系统动力学分析软件，国际上现有的多体系统理论缺乏结构化的符号系统，用于高自由度系统建模时极易产生混乱，求解时存在维度爆炸问题，难以保证系统控制的准确性、可靠性和实时性。在此基础上，笔者提出了“基于轴不变量的多轴系统建模与控制”理论，出版了《运动链符号演算与自主行为控制》专著，形成了国家及国际发明专利群。以此为基础，秉持“原创理论进教材”和“型号工程进教材”的理念，笔者撰写本书，希望对国家人才培养有所贡献。

本书具有如下特色：

(1) 本书理论是以三维轴为基元的理论体系，具有符号化、公理化和完全参数化的特征。

本书抛弃了现有多体理论中的运动副概念，将所有运动副提炼为平动轴和转动轴，以三维的平动轴和转动轴为基元，结合同构方法论和现代集合论，提出多轴系统的概念并建立多轴系统理论。所有公式均给出证明，保证了理论正确性，既能满足传统多体动力学离线仿真需求，又能满足现代多轴系统实时仿真与控制需求。

本书的理论抛弃了传统的矢量、矩阵数学记法，而是采用结构化的运动链符号指标系统，实现了系统拓扑、坐标系、结构参量及质惯量的完全参数化，建立多轴系统动力学模型时，用户只需直接将系统拓扑、结构参量和质惯量代入模型，即可完成整个系统的建模，避免了复杂的人为公式推导。

(2) 本书以自主研发的“嫦娥3号月面巡视器实时动力学软件”为依托，兼顾基础理论与工程实现。

我国至今缺乏具有自主知识产权的多体系统动力学分析软件。目前，基于本书理论，笔者已研发了一系列的多轴系统建模、求解、控制与任务规划软件，并已在嫦娥3号、嫦娥5号、祝融号及工业机械臂中成功应用。本书以“嫦娥3号月面巡视器实时动力学软件”为依托，融合工程实现的相关知识，帮助读者巩固和拓展书中的内容；同时将软件基础代码开源，以此为基础，读者可完成复杂多轴系统的动力学建模与控制。

(3) 本书理论是计算机自动建模、自动求解和自动控制的基础，属于机器智能研究的前沿领域。

本书理论具有公理化、完全参数化和程式化的特征。在应用时，用户只需将真实系统参数代入即可完成整个系统的建模、求解与控制，无须采用分析力学的方法，避免了复杂的公式推导；建立的动力学方程是显式的迭代式，具有伪代码的功能，基于显式迭代式可实现动力学的计算机自动建模、自动求解与自动控制，满足现代多轴系统实时控制需求，从而为机器智能奠定基础。

本书共分为6章，各章主要内容如下：

第1章　绪论。介绍基本概念与技术词汇，列举典型多轴系统示例，阐明多轴系统空间操作的功能及三维空间轴是多轴系统的基元；介绍多轴系统理论关注的核心问题，阐述多轴系统研究的同构方法论。

第2章　多轴系统数理基础。介绍本书涉及的数学和物理基础，包括集合论、矢量与矢量空间、矢量转动、张量、计算机基础；给出自然参考轴的概念，提出轴链有向Span树、自然轴链（简称轴链）及轴链公理。

第3章　运动链符号演算系统。以轴链公理为基础，应用同构方法论和现代集合论，针对树形运动链（简称树链）给出拓扑公理及度量公理，建立以动作（投影、平动、转动、对齐及螺旋等）及3D螺旋为核心的3D空间操作代数，构建基于3D空间操作代数的运动链符号演算系统；阐述传统笛卡儿坐标系统的运动学原理与特点，说明建立基于轴不变量的多轴系统研究思路。

第4章　基于轴不变量的多轴系统运动学。以链符号系统为基础，建立基于轴不变量的3D矢量空间操作代数，将轴链位姿表述为关于结构矢量及关节变量的多元二阶矢量多项式方程；通过轴不变量表征Rodrigues四元数、欧拉四元数，统一相关运动学理论；提出并证明树链偏速度计算方法，建立基于轴不变量的迭代式运动学方程。

第5章　基于3D空间操作代数的多体动力学。利用链符号系统重新表达变质量、变质心、变惯量理想体的牛顿-欧拉动力学方程，通过嫦娥3号月面巡视器动力学仿真分析系统证明方程的正确性；基于牛顿-欧拉动力学符号演算系统，推导多轴系统的拉格朗日方程与凯恩方程，通过实例阐述它们各自的特点，指出引入运动链符号演算系统建立程序式和迭代式动力学模型是多体动力学的研究方向。

第6章 基于轴不变量的多轴系统动力学与控制。首先，以拉格朗日方程与凯恩方程为基础，提出并证明多轴系统的Ju-Kane动力学预备定理。其次，在预备定理、基于轴不变量的偏速度方程及力反向迭代的分析与证明的基础上，提出并证明树链刚体系统的 Ju-Kane 动力学定理；提出并证明运动链的规范型动力学方程及闭子树的规范型动力学方程，并表述为树链刚体系统的 Ju-Kane 动力学定理；接着，提出并证明动基座刚体系统的 Ju-Kane 动力学定理，建立基于轴不变量的多轴系统动力学理论。最后，在分析基于轴不变量的多轴系统动力学方程特点的基础上，整理并证明基于线性化补偿器及双曲正切变结构的多轴系统跟踪控制原理，给出 CE3 月面巡视器应用实例。

本书出版得到了“南京航空航天大学规划（重点）教材资助项目”及南京航空航天大学航天学院“航天工程系列精品出版项目”的资助，同时入选工信部“十四五”规划教材，书中相关研究得到了国家自然科学基金委的资助，课题组研究生参与了本书的审校工作，在此表示衷心的感谢。

由于本书涉及内容广泛，公式千余个，难免会出现笔误和疏漏，敬请读者批评指正。

居鹤华
南京航空航天大学航天学院
机械结构力学及控制国家重点实验室
2022 年 3 月

目　录
CONTENTS

第 1 章　绪论 …… 001

1.1　多轴系统 …… 001
1.1.1　测量轴 …… 001
1.1.2　运动轴 …… 002
1.1.3　机器人系统 …… 003
1.1.4　数控加工中心 …… 005
1.1.5　多轴系统的特征 …… 006
1.2　多轴系统的组成 …… 007
1.2.1　外感知系统 …… 007
1.2.2　平台系统 …… 007
1.2.3　数控系统 …… 009
1.3　多轴系统方法论 …… 012
1.4　多体系统 …… 014
1.5　多轴系统理论 …… 015
1.6　本书的读者 …… 018

第 2 章　多轴系统数理基础 …… 019

2.1　引言 …… 019
2.2　现代集合论基础 …… 019
2.2.1　基本概念 …… 019
2.2.2　序的不变性 …… 022
2.3　矢量与矢量空间 …… 022
2.3.1　基矢量 …… 022
2.3.2　矢量投影 …… 023
2.3.3　位置矢量 …… 024

2.3.4 转动矢量 …… 025
2.3.5 矢量运算 …… 025
2.3.6 矢量空间 …… 027
2.4 定轴转动 …… 027
2.4.1 复数与欧拉公式 …… 027
2.4.2 2D 转动 …… 028
2.4.3 3D 转动与四元数 …… 028
2.4.4 四维复数空间与笛卡儿空间 …… 032
2.5 张量 …… 033
2.6 计算机基础 …… 035
2.6.1 矩阵求逆 …… 035
2.6.2 浮点运算与机器误差 …… 036
2.7 轴链公理 …… 037
2.7.1 运动副 …… 037
2.7.2 自然参考轴 …… 041
2.7.3 典型多轴系统拓扑 …… 042
2.7.4 轴链公理及有向 Span 树 …… 043
思考题 …… 045

第 3 章 运动链符号演算系统 …… 046

3.1 引言 …… 046
3.2 运动链拓扑空间 …… 046
3.2.1 轴链有向 Span 树的形式化 …… 046
3.2.2 有向 Span 树的建立与维护 …… 048
3.2.3 运动链拓扑符号系统 …… 050
3.2.4 运动链拓扑公理 …… 051
3.3 轴链度量空间 …… 051
3.3.1 轴链完全 Span 树 …… 051
3.3.2 运动链度量规范 …… 053
3.3.3 自然坐标系与轴不变量 …… 054
3.3.4 自然坐标及自然关节空间 …… 058
3.3.5 固定轴不变量与 3D 螺旋 …… 058
3.3.6 3D 螺旋与运动对齐 …… 060
3.3.7 运动链度量公理 …… 061
3.3.8 三大轴链公理中的同构与实例化 …… 062
3.4 基于链符号的 3D 空间操作代数 …… 063
3.4.1 坐标基性质 …… 064
3.4.2 矢量积运算 …… 065
3.4.3 方向余弦矩阵与投影 …… 066

3.4.4 矢量的一阶螺旋 …… 068
3.4.5 二阶张量的投影 …… 070
3.4.6 运动链的前向迭代与逆向递归 …… 070
3.4.7 转动矢量与螺旋矩阵 …… 071
3.4.8 矢量的二阶螺旋 …… 073
3.5 笛卡儿轴链运动学 …… 074
3.5.1 笛卡儿轴链的逆解问题 …… 074
3.5.2 笛卡儿轴链的偏速度问题 …… 077
3.5.3 “正交归一化”问题 …… 081
3.5.4 极性参考与线性约束求解问题 …… 082
3.5.5 绝对求导的问题 …… 084
3.5.6 基于轴不变量的多轴系统研究思路 …… 085
3.6 附录 本章公式证明 …… 086
思考题 …… 088

第 4 章 基于轴不变量的多轴系统运动学 …… 089

4.1 引言 …… 089
4.2 本章学习基础 …… 089
4.3 基于轴不变量的 3D 矢量空间操作代数 …… 091
4.3.1 基于轴不变量的零位轴系 …… 091
4.3.2 基于轴不变量的镜像变换 …… 092
4.3.3 基于轴不变量的定轴转动 …… 093
4.3.4 轴不变量的操作性能 …… 095
4.3.5 基于轴不变量的 Cayley 变换 …… 100
4.3.6 基于轴不变量的 3D 矢量位姿方程 …… 101
4.4 基于轴不变量的四元数演算 …… 103
4.4.1 四维空间复数 …… 103
4.4.2 Rodrigues 四元数 …… 106
4.4.3 欧拉四元数 …… 108
4.4.4 欧拉四元数的链关系 …… 111
4.4.5 基于四元数的转动链 …… 112
4.5 基于轴不变量的 3D 矢量空间微分操作代数 …… 114
4.5.1 绝对导数 …… 114
4.5.2 基的绝对导数 …… 116
4.5.3 加速度 …… 117
4.6 多轴系统运动学 …… 119
4.6.1 理想树形运动学计算流程 …… 119
4.6.2 基于轴不变量的迭代式运动学计算流程 …… 120
4.6.3 基于轴不变量的偏速度计算原理 …… 120

4.6.4 轴不变量对时间微分的不变性 …… 122
4.7 轴不变量概念的含义与作用 …… 123
4.8 附录 本章公式证明 …… 124
思考题 …… 134

第5章 基于3D空间操作代数的多体动力学 …… 135

5.1 引言 …… 135
5.2 本章学习基础 …… 135
5.3 质点动力学符号演算 …… 137
5.3.1 质点惯量 …… 137
5.3.2 质点动量与能量 …… 138
5.3.3 质点牛顿-欧拉动力学符号系统 …… 139
5.4 理想体牛顿-欧拉动力学符号系统 …… 140
5.4.1 理想体惯量 …… 141
5.4.2 理想体能量 …… 142
5.4.3 理想体线动量与牛顿方程 …… 143
5.4.4 理想体角动量与欧拉方程 …… 143
5.4.5 理想体的牛顿-欧拉方程 …… 144
5.5 牛顿-欧拉动力学系统 …… 145
5.5.1 关节空间运动约束 …… 145
5.5.2 运动的前向迭代及力的反向迭代 …… 147
5.5.3 动力学系统建模流程 …… 152
5.5.4 CE3巡视器动力学系统 …… 153
5.6 经典分析动力学建模 …… 156
5.6.1 多轴系统的拉格朗日方程推导与应用 …… 156
5.6.2 多轴系统的凯恩方程推导与应用 …… 161
5.6.3 经典分析动力学的局限性 …… 165
5.7 附录 本章公式证明 …… 166

第6章 基于轴不变量的多轴系统动力学与控制 …… 170

6.1 引言 …… 170
6.2 基础公式 …… 170
6.3 Ju-Kane动力学预备定理 …… 172
6.3.1 运动链符号与动力学系统 …… 172
6.3.2 Ju-Kane动力学预备定理证明 …… 174
6.3.3 Ju-Kane动力学预备定理应用 …… 177
6.4 树链刚体系统Ju-Kane动力学显式模型 …… 180
6.4.1 外力反向迭代 …… 180
6.4.2 共轴驱动力反向迭代 …… 182

6.4.3　树链刚体系统 Ju-Kane 动力学显式模型 …… 183
6.4.4　树链刚体系统 Ju-Kane 动力学建模示例 …… 184
6.5　树链刚体系统 Ju-Kane 动力学规范型 …… 187
6.5.1　运动链的规范型方程 …… 188
6.5.2　闭子树的规范型方程 …… 189
6.5.3　树链刚体系统 Ju-Kane 动力学规范方程 …… 190
6.5.4　树链刚体系统 Ju-Kane 动力学规范方程应用 …… 193
6.6　树链刚体 Ju-Kane 动力学规范方程求解 …… 196
6.6.1　轴链刚体广义惯性矩阵 …… 196
6.6.2　轴链刚体广义惯性矩阵特点 …… 198
6.6.3　轴链刚体系统广义惯性矩阵 …… 199
6.6.4　树链刚体系统 Ju-Kane 动力学方程正解 …… 199
6.6.5　树链刚体系统 Ju-Kane 动力学方程逆解 …… 200
6.7　多轴移动系统的 Ju-Kane 规范方程 …… 201
6.8　基于轴不变量的多轴系统控制 …… 203
6.8.1　多轴动力学系统的结构 …… 203
6.8.2　运动轴的伺服控制 …… 204
6.8.3　基于逆模补偿器的多轴系统跟踪控制 …… 206
6.8.4　多轴系统变结构控制 …… 207
6.9　多轴动力学系统应用 …… 212
6.9.1　三轮移动动力学系统 …… 212
6.9.2　多轴动力学系统软件及应用 …… 215
6.10　附录　本章公式证明 …… 216

参考文献 …… 225

附录　矢量与矩阵模板 …… 226

第 1 章
绪　论

多轴系统（Multi-axis system，MAS）是以现代光学为核心、由多个运动轴及测量轴构成的机械电子系统，通常由平台子系统、感知子系统、控制子系统及应用子系统等组成，通过测量轴的反馈，实现平台的空间操作，完成特定空间下的作业任务。

本章首先介绍基本概念与技术词汇，列举典型多轴系统示例，阐明多轴系统空间操作的功能，三维空间轴是多轴系统的基元。其次，介绍多轴系统理论关注的核心问题。最后，阐述多轴系统研究的方法论。

1.1　多轴系统

测量器、运动轴、机器人、数控加工中心等都是典型的多轴系统，常常通过轴数表征它们工作空间（Workspace）的特点与功能，多轴系统就是具有多自由度（Degree of Freedom，DOF）的机械电子系统。以轴为基元的空间操作是多轴系统的本质特征，贯穿于多轴系统设计、建模、求解、规划与控制的全部过程。

1.1.1　测量轴

测量轴通常由敏感轴、信号处理及通信单元组成。测量轴包含两个基本类型：线位置测量轴（Linear Position Axis）与角位置测量轴（Angular Position Axis）。相应地，有线速度/加速度、角速度/加速度测量轴。下面，仅介绍角位置、线加速度及角速度测量。

1. 角位置测量

如图 1.1 所示，光学绝对编码器由圆光栅和读头构成。其中，圆光栅为动子，由待测的电机或减速机驱动；读头为定子，实时输出光栅相对读头的位置。光栅刻有格雷码等图案，其中包含零位置。因该零位在机械结构上是固定的，故称之为机械零位。

圆光栅的读头由光源、棱镜、光敏感器及数字信号处理单元组成。一侧的光源经棱镜形成平行光投射到光栅上，经另一侧的光电检测输出数字信号，经过解码及信号处理得到角位置信息，再根据对应的 BISS 或 EnDat 等通信协议输出。

高精度的光学绝对编码器安装时，需要保证光栅轴与读头光轴同轴，并保持正确的方位与间距，否则易出现错误或降低测量精度。这里概述的仅仅是光学绝对编码器的基本特点，它自身是一个复杂的系统工程。

相似地，磁栅编码器通过磁栅读头检测磁栅上磁极信号，解算出位置与速度。光学及磁栅编码器在精密多轴系统中得到了广泛应用。

2. 线加速度及角速度测量

如图 1.2（a）所示，理想的单轴加速度计可简化为单轴平动的无摩擦弹簧动子系统。

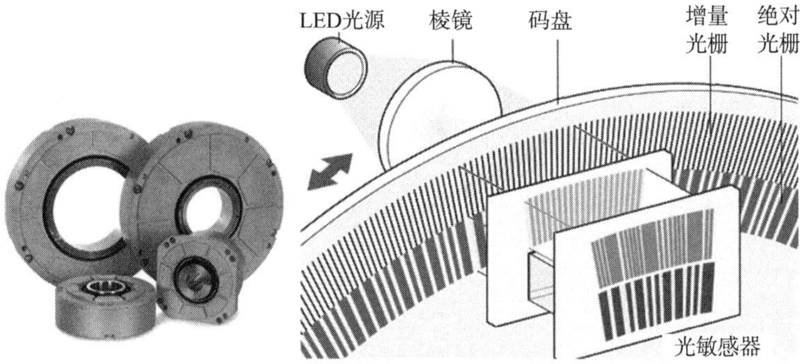

（a）　　　　　　（b）

图 1.1　光学绝对编码器

（a）编码器外观；（b）编码器内部组成

在加速度 a 作用下，质量 m 的动子产生惯性力 f，使弹性系数为 k 的弹簧产生形变位移 l，故有 $f=k \cdot l$；从而，计算惯性加速度 $a=k \cdot l/m$。形变方向即为加速度的测量轴，大小就是以测量轴为参考的力比。因此，当加速度测量轴垂直于水平面并静止不动时，输出为当地重力加速度。对于理想的角速率陀螺，可简化为单轴转动的无摩擦弹簧转子系统，角速率大小为弹簧恢复力矩与动子角动量之比，角速率、角动量及恢复力矩的方向正交。当然，实际的线加速度及角速度测量需要考虑摩擦及温度等引起的漂移，需要进行标定及严格的工艺控制。

如图 1.2（b）所示，通常惯性单元（IMU）具有 3 个线加速度测量轴和 3 个角速率测量轴，有的还斜装作为备份用的第 4 轴。自由刚体具有 3 个平动轴及 3 个转动轴，即自由刚体具有 6DOF。由于机加工及装配存在误差，3 个平动轴及 3 个转动轴是不重合的。

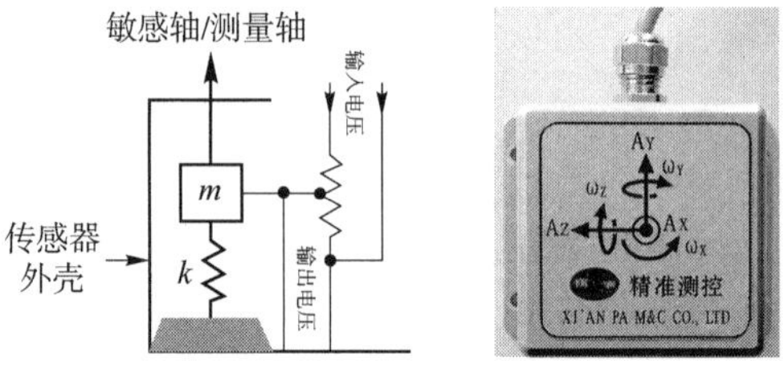

（a）　　　　　　（b）

图 1.2　加速度计与陀螺仪

（a）单轴加速度计原理图；（b）六轴惯性单元

线位置及角位置、线速度及角速度、线加速度及角加速度统称为运动量。由上述可知，运动敏感器都存在对应的测量轴，它是运动量的参考轴，确定运动的极性及数值的大小。若测量轴的单位矢量可以检测，则可以得到对应的运动矢量。显然，位置或速度敏感器等价为由两个共轴的构件组成的，具有相应测量功能的部件。

1.1.2　运动轴

运动轴通常由电机、减速机、编码器及驱动器组成。运动轴也包含两个基本类型：平动轴（Linear Motion Axis）与转动轴（Angular Motion Axis）。运动轴有时也集成失电抱闸及力敏感器等部件。

如图 1.3 所示，该转动轴构成如下：电机定子与外壳固结；电子与减速器输入轴固结；减速器输出法兰与中空馈轴固结；中空馈轴与圆光栅轮毂固结，通过光栅读头输出减速机出轴角位置信息；电机转子右侧与磁栅固结，通过磁栅读头输出电机转子角位置与角速度信息。与中空馈串接的减速机、电机转子、圆光栅轮毂及外壳都要同轴。驱动器与电机功率线、磁栅读头、光栅读头闭环，实现电流、位置、速度三环控制。驱动器通过 EtherCAT 等通信协议与控制计算机交互。

（a）

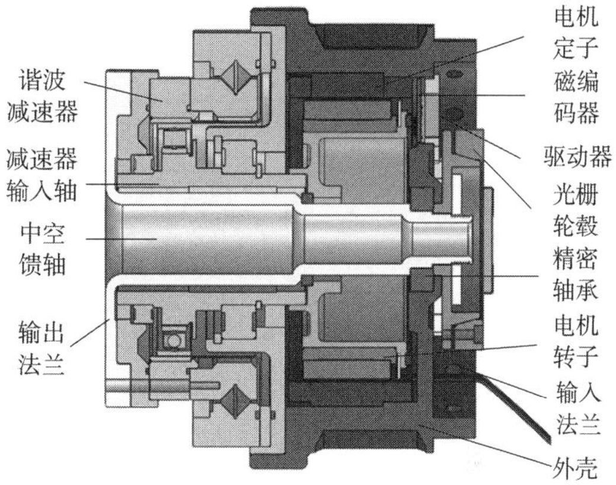

（b）

图 1.3 转动轴（见彩插）

（a）转动轴外观；（b）转动轴内部组成

转动轴自身就是一个复杂的系统，需要考虑系统精度、动态性能、负载匹配、电磁兼容、热流平衡、结构强度与刚度、重量大小、空间布局、加工工艺等诸多问题。其中一个重要方面，是需要保证减速机输入轴、减速机输出轴、电机转子中心轴、外壳中心轴及轴承等的共轴性，否则就会造成转动不畅、机电故障，或降低重复精度。从输入/输出的系统等价关系上看，运动轴的作用如下：

（1）具有连接外部构件的功能，通过输入及输出法兰与外部两个构件固结；

（2）具有同轴运动的功能，外部两个构件保持同轴相对运动或静止；

（3）具有运动伺服功能，外部两个构件间的力、位置及速度实时跟踪期望的伺服指令。

当相互固结的全部构件被视为同一个构件时，运动轴等价为具有两个共轴的构件组成的具有运动功能的部件。

平动轴及转动轴分别对应经典机械系统的棱柱副（Prismatic pair）及转动副（Revolute pair）。习惯上，以 nR 表示 n 个转动轴，以 nP 表示 n 个平动轴。以 Axis#l 表示第 l 个轴。一个运动轴仅有 1DOF。由于转动轴结构紧凑、能源转化效率高，在多轴系统中广泛使用。

1.1.3 机器人系统

1. 1R 系统

如图 1.4 所示，巡视器右侧+Y 翼通过转动轴与本体连接，控制+Y 翼法向与太阳光线的夹角，以获得最佳的发电功率。显然，这里的单个转动轴可以实现次优的方向调节功能。1R 的刀具具有旋切功能，1R 的阀门具有开度控制功能。

不论巡视器本体或太阳翼等结构外形如何，都统称为杆件。单个转动轴等价为两个共轴的 3D 杆件间的连接，具有 1 个转动维度。

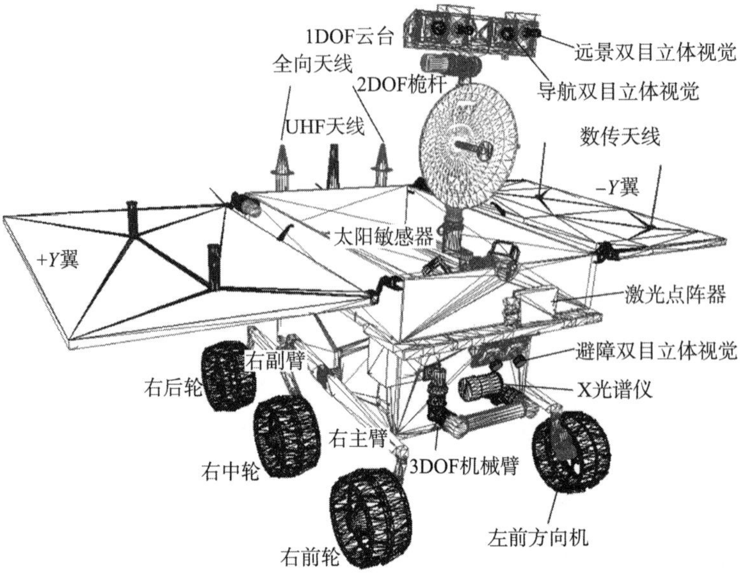

图 1.4　月面巡视器

2. 2R 系统

如图 1.4 所示，控制巡视器中上部的桅杆偏航角（Yaw）及俯仰角（Pitch），调节固结其上的天线波束方向，使其指向地面接收站。这里的 2R 机构具有指向对齐功能。习惯上，将方向天线、刀具、钻具等作业功能的系统，统称为效应器（Effector）。显然，2R 系统是由 3 个杆件及 2 个转动轴构成的串接系统。

3. 3R 系统

如图 1.4 所示，巡视器前部的机械臂具有 3 个转动轴，末端固结着红外光谱仪。显然，该光谱仪是作业工具，称中心位置为工具中心位置（Tool Center Position，TCP）。控制 3 个转动轴，使 TCP 与期望位置一致。这里的 3R 机构具有位置对齐功能。

同样，可以控制光谱仪三轴姿态，即偏航角、俯仰角与滚动角（Roll）。显然，通过偏航与俯仰实现指向对齐，通过滚动实现径向对齐。3R 机构同样具有姿态对齐功能。3R 系统是由 4 个杆件及 3 个转动轴构成的串接系统。相似地，nR 系统是由 $n+1$ 个杆件及 n 个转动轴构成的树形系统。

4. 5R/6R 系统

如图 1.5（a）所示，与人类手臂腕相似，五轴焊接机械臂的 Axis#4 及 Axis#5 共点，称其为腕心（Wrist center 或 C 点）。显然，焊枪 TCP 总位于以 C 点为中心的球面上，在共点约束下，末端效应器的位置与方向可以独立求解与控制，故称之为解耦机械臂。控制 5R 机械臂关节位置，从而使焊枪的 TCP 与期望的焊点位置对齐，使焊枪的方向与期望的焊接面方向对齐。显然，5R 机械臂具有位置及指向对齐功能。

如图 1.5（b）所示，6R 解耦机械臂后三轴共点，通常用于搬运与装配等场景。末端固结 1R/1P 拾取器（Gripper），其中心位置常称为拾取点（Pick point 或 P 点），总是位于以腕心为球心的球面上。可以控制拾取器到达期望的位置和姿态（简称位姿），即 6D 笛卡儿空间，包含 3 个独立方向的平移与 3 个独立方向的转动。6R 解耦机械臂不仅具有位置及方向对齐功能，同时具有径向对齐功能，如使夹具径向开口与螺母径向开口对齐。

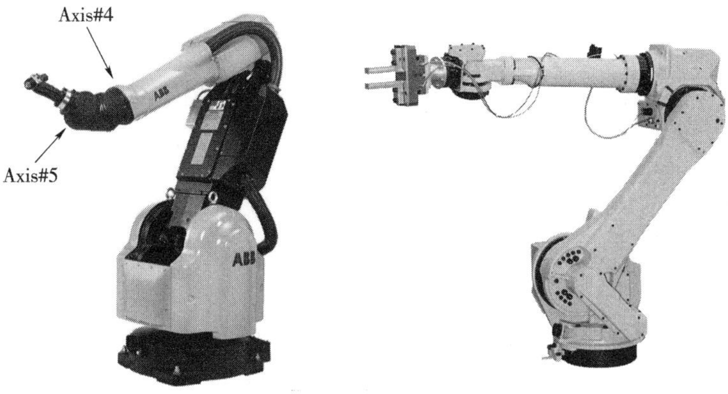

（a）　　　　　　　　（b）

图 1.5　ABB 机械臂

（a）五轴焊接机械臂；（b）六轴机械臂

1.1.4　数控加工中心

数控加工中心（CNC Machine Center）是典型的多轴系统，是由机械设备与数控系统组成的适用于加工复杂零件的多功能的自动化机床。它把铣削、镗削、钻削、攻螺纹和切削螺纹等功能集中在一台设备上，具有多种工艺手段。加工中心设置有刀库，其中存放着不同数量的各种刀具或量具，在加工过程中由程序自动选用和更换。

1. 五轴联动加工中心

如图 1.6 所示，为保障系统精度，通常需要使用精密直线导轨，常见的五轴加工中心采用“3P+2R”的构型，即由 3 个平动轴 X、Y、Z 及 A、B、C 中的 2 个转动轴组成。3 个平动轴构成笛卡儿坐标空间，2 个转动轴构成球面坐标空间。因此，在理想条件下，刀具 TCP 可以到达球面的任一点及任一方向，通过五轴联动完成工件的五面加工。

图 1.6　五轴联动加工中心

2. 智能化的数控加工中心

如图 1.7 所示，为降低人力需求及提升加工效率与可靠性，需将机器人与加工中心进行有机的集成，提升加工中心的智能化水平。通过机器人完成上下料，更换刀具与量具。

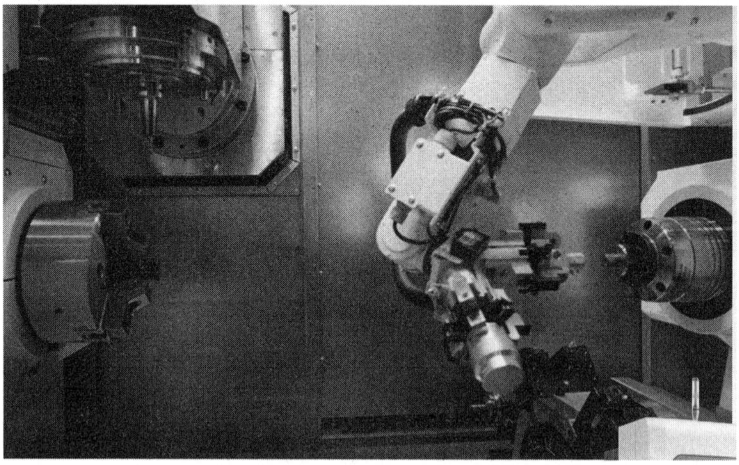

图 1.7　数据加工中心的自动化系统

当然，“3P+3R” 构型的六轴加工中心可以加工 6 个面，适应性更广。但是，通过刀具切削需求足够的动力，材料要有足够的强度与刚度，需要考虑材料热膨胀对精度的影响。随着轴数增加，系统的复杂性进一步增强。需要有相应的理论解决多轴系统自动建模、自动求解与自动控制的问题。

1.1.5　多轴系统的特征

轴既是机器人及加工中心等领域的术语，又是多轴系统的基元，具有以下特征：

（1）在拓扑方面，无论是运动轴还是测量轴，都具有连接两个构件的连接性（Connectivity）及共轴性（Co-axiality）。在拓扑上，轴是两共轴构件的公共连接。

（2）在运动方面，运动轴具有 1DOF。对于平动轴，有线位置、线速度及线加速度的运动参数；具有驱动力、摩擦及黏滞力的力学参数；对于转动轴，有角位置、角速度及角加速度的运动量；具有驱动力矩、摩擦及黏滞力矩的力学参数。同时，运动轴具有力、位置及速度三环控制模式，需要设置对应的期望力、期望位置及期望速度的控制量。当然，自由运动轴是一个特例，没有驱动力，但有摩擦力及黏滞力。理想运动轴既没有驱动力，又没有摩擦力及黏滞力。

（3）在度量方面，运动量或控制量是以运动轴为参考的，运动轴的轴线及极性定义了运动轴的单位自由矢量（Free Vector）即轴矢量；运动量或控制量的零位是由编码器的机械零位确定的。

（4）在结构方面，运动轴的安装位置及方向确定运动轴的单位固定矢量（Fixed Vector）即固定轴矢量，简称为轴矢量，它由 5 个独立的结构参量确定。

（5）在复杂性方面，运动轴增加，系统复杂性就越高。高自由度是多轴系统的本质特征。

在拓扑上，多轴系统表示轴与轴的连接关系。剥离结构、运动及力作用的度量，仅保留轴与轴的连接关系，则平台系统简化为树（Tree）或图（Graph）的拓扑结构。在度量方面，3D 轴矢量及轴位置唯一确定 1D 关节空间及与其固结的 3D 笛卡儿空间。在该空间下，可以固结具有质量及惯量的几何实体。因此，多轴系统理论是建立在由工程中的运动轴及测量轴抽象而来的“3D 空间轴”这一数学基元基础上的。

1.2 多轴系统的组成

多轴系统是由外感知系统、平台系统及数控系统等构成的开放闭环控制系统。

1.2.1 外感知系统

如同人体一样，通过视觉感知环境的几何尺寸、纹理特征及对象类别；通过听觉接收语音及语言、感知平衡、辅助判别方位；通过嗅觉感知气味，通过触觉感知温度及受力状态等。其中，视觉是最为重要的方面，视觉信息占总信息量的 80%以上。

在 1D 测距方面，主要有：基于声波、电波、激光飞行时间原理，量程达百米及千米的测距仪；以激光、红外、超声发射器与接收器为基线，基于三角原理，量程为米级的测距仪；基于电感、电容等压电形变，量程达微米的微距仪；基于激光干涉原理，量程为纳米量级的微距仪。

在 2D 成像测量方面，主要有：依赖自然光源的工业相机、红外相机、多光谱相机等，相对测量精度通常小于 2‰，量程由毫米到千米不等。

在 3D 光学测量方面，主要有：依赖自然光源的单目立体视觉、双目立体视觉及多目立体视觉，相对精度通常小于 5‰，范围通常为米级；依赖结构光源的激光雷达，相对精度通常优于 1‰，其中面阵激光雷达量程通常为米级；以点激光及线激光构成的扫描仪，同样可以重构三维场景，量程由微米到千米不等。

在导航方面，有惯性导航、天文导航，以及 GPS、北斗 GLONASS 为代表的空间卫星导航定位系统。

通过计算机视觉进行场景重构，通过导航确定平台与场景的位姿关系，这是多数多轴系统应用的基本条件，也是两个专门的研究领域，不属于自主行为机器人领域范畴。

1.2.2 平台系统

平台系统是多轴系统的重要组成部分，是由各种结构和机构组成的有机整体，具有承载、运动控制、任务执行等功能。

零件（Part）：组成机电系统不可拆分的单个制件，包括凸轮、螺栓、钣金等。

构件（Component）：组成机电系统的、彼此间无相对运动的基本单元，包括连杆、机架等。机架通常由桁架、钣金及紧固件组成。

杆件（Link）：常常指由单独加工的连杆体、连杆头、轴瓦、轴套、螺栓、螺母、开口销等零件组成的一个构件。对多轴系统而言，通常将构件统称为异型杆件，简称为杆件。无论构件的外形如何，把本体中起主要支承作用的刚性构件均称为杆件。因此，杆件是刚体及弹性体在运动学上的抽象。

结构（Structure）：支承科学仪器和其他分系统的骨架。机构是产生动作的部件，机构和结构都属于机械系统，在设计上存在着相同或相似之处。结构的主要功能在于：为多轴系统携带的仪器设备和其他分系统提供安装空间、安装位置和安装方式；为仪器设备提供有效的电磁防护、粉尘防护、力学保护；为特定仪器设备提供所需的刚性条件，保证高增益天线、光学部件和传感器所需的位姿精度；为特定仪器设备或其他分系统提供所需的物理性能，如热辐射或绝热性能、导电或绝缘性能。在多轴系统运动分析时，机架也视为杆件。

机构（Mechanism）：由一组杆件及运动副（Kinematic Pair）组成，完成确定机械运动的装置，包括车轮驱动机构、车轮方向机构、旋翼机构、扑翼机构、回转机构、单轴/双轴云台机构。机构的主要功能在于：形成和释放多轴系统部件的连接或紧固状态；使多轴系统部件展开到所需位置与姿态；通过机构间的相对运动产生的内力、机构与环境的相对运动产生的外力，共同产生对多轴系统运动状态的改变。机构同样是运动学上的抽象。

部件（Modular）：机械或电气装配过程的独立功能模块，具有独立机械、电气等装配接口。机械部件包括减速器、联轴器、制动器等；电气部件包括电机、轴编码器等。

总成（Assembly）：机械或电气部件构成的不依赖其他机械部件的独立功能模块，具有独立机械、电气等装配接口。总成包括一体化的关节、方向机、轮系等。

运动平台（Motion Platform）：由一组杆件通过运动轴的相互连接，构成的串链、树链或闭链的机构，通过运动控制与环境交互完成一定作业任务的机械电子系统。

运动行为（Motion Behavior）：通过运动控制与环境交互，平台自身及环境呈现的外在稳定状态，如切削行为、踏步行为、越障行为及握持行为等。要改变平台自身及环境的状态，平台需要与环境进行力、信息、能量及物质的交互。因此，运动行为是平台的重要属性。

技能（Skill）：系统内存的未受激励的行为能力，如曲面加工能力、柱面加工能力等。

动态行为（Dynamic Behavior）：通过运动控制与环境交互，在力、信息、能量及物质的作用下产生的平台自身及环境的过程状态。动态行为过程决定相应的运动行为状态。

正运动学：给定系统结构参量、运动轴状态，计算杆件在笛卡儿空间的运动状态。

逆运动学：给定系统结构参量、效应器在笛卡儿空间的期望运动状态，计算期望的运动轴状态。

正动力学：给定系统结构参量与外力、运动轴初始状态及驱动力，计算杆件在笛卡儿空间的运动状态。

逆动力学：给定系统结构参量与外力、运动轴期望状态，计算运动轴的期望驱动力。

平台系统可划分为空间飞行平台、地面移动平台及静基座平台、水面及水下移动平台。空间飞行平台主要包含固定翼、旋翼及扑翼3种类型。地面移动平台主要包含轮式、履带式、腿式、龙门式、轨道式等类型。静基座平台主要有机械臂系统、工业机床等。平台系统几乎都向着机器人方向演化。随着运动轴数增加，平台系统设计存在的问题越来越突出。

（1）一方面，除了结构强度、刚度、材料与工艺之外，需要考虑电器、热流、电磁等约束条件；另一方面，还得考虑机构分析的理论及软件水平。多轴共点、正交约束在工程上是强约束，机加工及装配误差的累积常常导致系统绝对位置及姿态精度严重下降。对于5R/6R机械臂而言，ABB机械臂绝对位置精度为0.5~0.8 mm，而系统重复精度可达0.02 mm。主要原因在于：原理上依赖于共点约束，机械臂运动学原理有待突破。

（2）动力学计算精度与实时性问题，包含牛顿-欧拉数值计算的动力学、拉格朗日及凯恩等分析动力学在建模、求解与控制方面均需要做相应的改进。目前的开源及商业动力学软件对于高自由度及高动态的多轴系统存在计算精度、稳定性、实时性及易用性方面的问题。

高自由度是平台系统的本质特征，属于交叉学科的机器人领域。因此，与之密不可分的数控系统是自主行为机器人学研究的核心内容。

1.2.3 数控系统

自主行为机器人导航与控制是一个与多个学科交织在一起的边缘学科，有其自身的领域特点。自主行为机器人导航与控制方法不存在唯一的方法与范式，正如各种生物体的导航与控制机制不尽相同。随着对自主行为机器人研究的不断深入，研究内容也不断丰富。

数控系统是自主行为机器人的核心，它是以实时操作系统及实时网络通信为基础的自主行为导航、制导与控制（Guidance，navigation and control，GNC）系统。下面，讨论其基本概念、构成及技术思路。尽管在不同的平台中 GNC 具有特定的内含，但有着共性的基本结构。

现代机器人系统是一个分布式的系统，根本原因在于：机器人分布式的传感器与执行器已普及，可以通过 EtherCAT、CAN 及 Modbus 等通信协议构建分布式网络。三层结构的分布式系统在社会管理和控制工程中被证明行之有效，理论证明也是最优的。

导航、制导与控制技能是机器人的基本技能。自主导航、制导与控制能力是机器人在一定环境下通过自主感知与决策，实现自主运动控制的能力。基于目前自主行为理论的研究成果及现代实时操作系统的技术特点，定义自主 GNC 系统结构如图 1.8 所示。它是一个典型的三层分布式机器人系统结构体系，也是一个多任务的机器人导航与控制软件结构。它仅反映了信息流的作用关系，组成该结构的功能模块可应用适合的理论与技术实现。

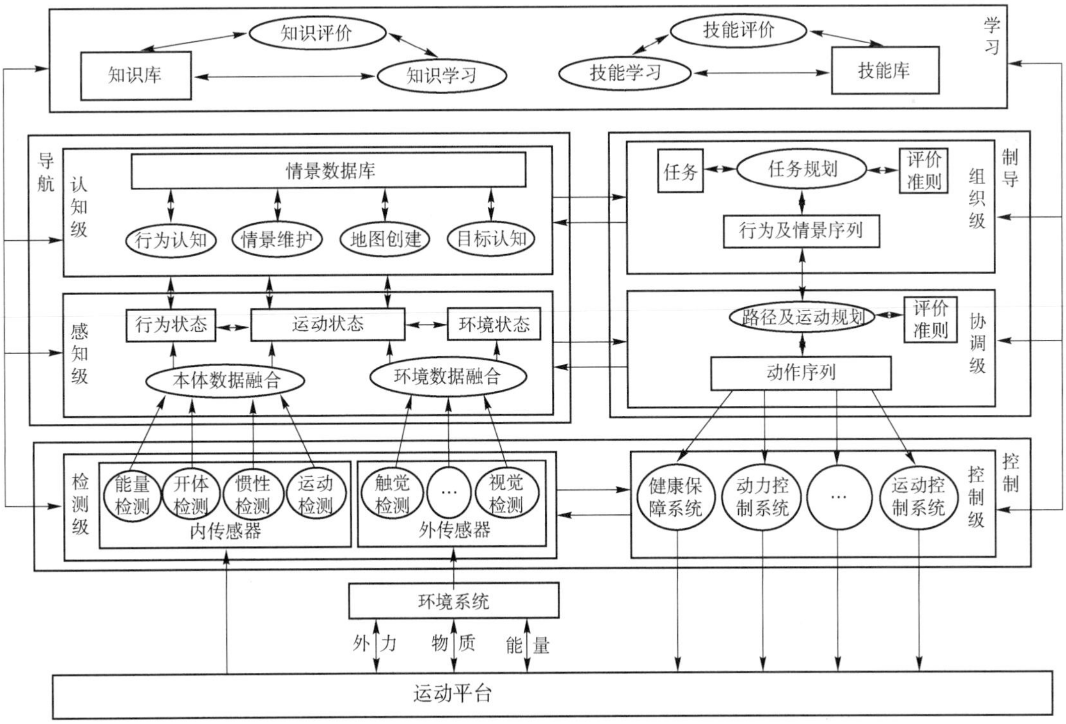

图 1.8 自主 GNC 系统结构

导航：通过感知分系统实现对情景的认知。通过内外传感器获取机器人自身状态及环境的数据；通过多传感器融合获得机器人自身及行为状态。行为状态包括相关设备状态是否正常、行为执行是否完成、行为作用效果如何等；机器人自身运动状态包括位形、速度或加速度，受力状态、能源状态及通信状态等。根据机器人运动状态及环境数据，通过机器人获得的信息完成制图、目标识别及行为认知，从而更新情景数据库。

制导：一方面，根据当前情景及期望情景，在满足机器人技能约束及环境运动规律的条件下，进行任务规划，得到由当前情景至期望情景演化的情景序列与行为序列；另一方面，根据当前情景及下一阶段的情景目标，通过实时感知与反馈，进行局部的路线或运动规划，实时调整行为策略，确保下一阶段情景目标的实现。

由初始的情景激发满足条件的行为；通过行为作用更新情景，从而激发新的行为。在任务规划评价准则的引导下，产生次优或最优的任务规划结果。期望情景序列是机器人完成任务的策略，任务规划过程中由于缺乏行为及环境的精确模型，任务规划的结果通常是次优的。根据期望情景序列、在线获得的情景，通过运动规划产生运动序列，实现期望的行为，从而完成情景更新，直到期望情景得到满足。

控制：根据行为策略、实时感知、行为过程的闭环控制，实现期望的情景目标。

自主 GNC 系统结构与传统 GNC 系统结构的不同之处在于：在感知级上，除了运动检测外，还包括行为状态及环境状态的感知；在导航方面，除位姿确定之外，还包括地图创建、目标认知、行为认知等过程；在制导方面，除单一的制导律之外，还具有全局的任务规划、局部的路径或运动规划功能；在控制方面，除运动控制之外，还包括健康维护、动力控制等过程。有的文献将扩充了很多功能的 GNC 系统称为多功能 GNC 系统。

自主 GNC 系统是一个多任务的实时操作系统。任务规划是组织级的功能，信息不够准确，响应不够实时，过程相对复杂。协调级计算量适中，响应较快，信息相对准确。控制级响应最快，信息准确，计算量较小。组织级、协调级及控制级构成典型的三层分布式控制系统。

自主 GNC 系统结构与经典的三层分布式控制体系存在以下不同：

(1) 存在 4 个闭环，即运动控制环、协调控制环、任务控制环及学习控制环。

运动控制环仅限于单轴或多轴机构的运动控制，通常是可度量与可分析的，对环境的不确定性影响具有足够的鲁棒能力。运动控制环负责运动子系统的控制，通常由运动机构、检测级、控制器及驱动器组成。

协调控制环是基于行为协调的控制，通过对机器人与环境的作用状态进行评估，实时协调运动机构的控制。协调控制环负责运动平台整体状态的控制，通常由运动系统、感知级及行为控制器（路径及运动规划器）组成。

协调控制产生的动作序列是运动控制的指令，该指令期望得到执行，运动控制环对环境的扰动要具有足够的鲁棒能力。然而，运动控制环的执行能力比较有限，它产生的误差不能通过其自身消除，需要通过协调控制及机器人整体状态的调节才能减小或消除。

任务控制环是基于任务的行为分解产生行为序列，负责系统情景流的控制。由于环境是开放的，信息存在一定的不确定性，所以期望情景的实现存在误差，应根据机器人总体状态通过任务规划调整任务目标，实现预期的情景控制。任务控制通常由认知级、环境信息、行为技能及任务规划器组成。环境知识及行为技能是机器人系统的模型，是任务规划的依据，即任务规划依据环境信息及机器人行为技能的模型做出任务级的反馈控制。

由于环境是开放的、动态的，机器人对自身的行为及环境的认识是有限的，需要通过机器学习提高机器人完成任务及适应环境的能力。学习控制环可以覆盖运动控制环、协调控制环、任务控制环、感知级及认知级的各个过程。

（2）导航分系统由感知级与认知级组成。

感知级以检测级的数据为输入。检测级即机器人传感器，由内传感器和外传感器组成。前者检测机器人内部状态，后者检测环境的状态。感知级通过检测的数据正确地反映机器人及环境状态。单个传感器检测的数据是局部的、有噪声的，需要通过传感器信息、环境信息及机器人领域信息完成多传感器的信息融合。数据融合包括两个方面：一方面是信息的组合，另一方面是去伪存真及取长补短。基于阈值及规则的“野值”剔除，应用传感器统计特性进行卡尔曼滤波等是传感器及环境信息的典型应用。运动状态包括机器人位形、速度及加速度等。行为状态包括行为执行的误差、行为切换频率等。环境状态包括障碍距离、目标速度及加速度等。

认知级完成环境地图创建、目标识别、行为认知及情景数据库的维护。其中，地图创建是自主导航的主要内容之一，它主要描述机器人生存的空间环境。基于激光雷达或双目立体视觉的环境重构过程包括点云生成、点云融合、正射投影、三角化、地图更新等过程。基于视觉的目标识别是通过图像或3D模型的内容进行分析的过程，该过程一般通过知识库的图像（或模型）与目标图像（或3D模型）间的不变量匹配完成。目标图像或3D模型容易受到光影干扰，自然环境中的目标识别准确性一般不高。特定的目标可以通过红外及多光谱等传感器完成测量，通过多传感器的信息及特征可以提高目标识别的可靠性。行为认知是机器人通过行为学习确定什么情景下激发什么行为，以及对如何评估行为产生的结果。

目标识别是伴随自主行为机器人研究的重要内容。目前基于3D模型的目标识别主要应用计算几何分析的方法确定目标的几何不变性，并与数据库中的模型进行匹配，而基于图像的目标识别主要通过光谱特征进行分析。随着深度学习研究的深入，目标识别可靠性将进一步提高。

（3）自主GNC系统是一个具有符号演算过程及行为动力学过程的自主行为系统。

自主GNC系统既是开放世界的动力学系统，又是一个动态的认知与控制过程。机器人的初始技能是设计者赋予的，但是设计者对环境的认识通常也是有限的，所以在自然开放的环境下，机器人需要根据与环境的作用结果来提高其环境适应能力。该系统是具有联想、归纳与推理能力的思维系统。联想主要表现于：机器人根据情景状态产生行为，通过行为对环境的作用产生新的情景，从而完成任务规划，即由当前一帧情景产生多帧情景，在情景空间下获得最优或次优的情景序列。归纳能力表现于：通过评价有限动作序列的行为结果，确定该行为的能力（即技能），技能是任务规划的基本依据。机器人的动作是机器人系统固有的也是有限的，动作的工作空间一般是非常巨大的，由设计者确定情景状态与机器人动作的映射过程是不可行的，通常仅适用于低复杂度的机电系统。推理能力贯穿于机器人任务规划、路径规划及运动规划、目标识别等过程之中，它是知识应用的过程。机器人技能及环境的知识或者作用规律主要是一个公理化的证明系统，推理过程既是应用知识解决问题的过程，也是一个通过问题进行知识库的搜索与匹配的证明过程。

由以上可知，自主行为机器人导航与控制系统是以任务为目标实现行为分解与控制的系统，是符号智能与行为智能的复合体。该规划过程是应用行为模型，通过行为结果评价，调整行为参数进行的规划。但是，符号主义的规划方法则不同，它需要对整体模型进行优化，常常会陷入局部最小，且规划过程常常缺少实时性。

（4）自主 GNC 系统是一个基于情景演算的开放动力学系统。

该系统与传统的动力学系统不同，它将环境及环境中的实体作为机器人系统不可分割的部分，环境及其中的实体参与机器人系统的演化。机器人作用于环境，与环境有能量、信息、力的交互，使环境状态发生改变。同样，环境状态的改变也反作用于机器人。环境及机器人技能的知识库是建立于开放世界基础之上的。

根据导航系统对环境的感知、认知及行为作用的结果，系统修正环境及机器人自身的模型。机器学习是机器人适应开放环境的重要技术手段。

（5）自主 GNC 系统是一个具有严谨理论分析与证明的理论体系。

自主内涵首先是指平台系统及环境系统是确定的因果系统，平台模型是自治（Autonomous）的常微分系统。一方面，只有遵循严密的理论分析与证明，才能保证自主行为机器人的科学性与可靠性；只有理论上的严谨，才能保证机器人的可控性。另一方面，以链拓扑理论为基础，将数学、力学、计算机科学、控制论进行整合，开展多学科交叉研究；自主行为机器人学要根植于工程实践，并随着未来计算机结构进一步改进。自主行为机器人学的工程应用需要研究者了解或通晓现代计算机理论与技术，没有现代计算机就没有所谓的机器智能。

1.3　多轴系统方法论

多轴系统理论是自主行为机器人学的一个重要分支，也是与数学、力学、机械、控制、计算机及人工智能密不可分的交叉学科。那么，需要遵循什么样的方法来研究多轴系统理论是首先需要解决的问题。

科学理论本质上是反映被研究系统客观性的科学计算，即以客观性为准则、用于计算的符号系统与被研究系统的同构系统或等价系统。任一门学科都是研究客观世界中一定层次系统内部规律及不同层次系统间作用规律的理论。现代科学离不开计算机，同构的哲学思想，既要体现于科学理论的建立过程，又要体现于计算软件的实现过程。

定义被研究系统（集合）的基本属性及属性间的基本作用关系（操作/运算），构成了相应的数学空间，形成了不同门类的数学分支。多轴系统正逆运动学、动力学、计算软件的编译、谓词逻辑推理及情景演算等理论都是以现代集合论为基础的符号演算系统，它们都遵循“同构”的哲学原理，实现理论系统或软件系统与被研究系统的等价。只有这样，符号的演算过程或计算机软件的运行过程，才能真实地反映被研究系统及其环境的演化过程，才能保证理论系统、软件系统的正确性与可靠性。

同构：若两个数学系统的属性能建立一一映射的关系，且两数学系统间的操作或关系也存在一一映射，则这两个数学系统互为同构。同构的系统具有等价关系。常见的数学上的同构有代数同构及拓扑同构等。

事实上，同构实在论（Isomorphism realism）遵循唯物辩证法，是科学地认识世界的基本规律，也是科学理论创建的方法论。理解同构要把握以下两点：

（1）研究对象的属性与表征属性的符号一一映射；属性包含属性内涵、量纲及量程等。

（2）研究对象属性间的关系与表征属性的逻辑关系一一映射；通常包含输入与状态、状态与输出的映射关系。

理论系统的科学性在于是否客观地反映研究对象的属性及其作用规律。应用同构的方法论建立符号系统时，要遵循以下原则：

（1）表征属性的符号在符号系统中应具有唯一性；

（2）表征属性间关系的运算符号在符号系统中也应具有唯一性；

（3）被研究对象是有结构的，表征属性的符号与表征属性间的运算符也具有对应的结构。

在经典理论中，借助于注释的符号系统供读者阅读与理解，仅适用于简单的应用系统，难以适应现代计算机进行自动推理与分析的需要。正因为矢量力学的非结构化的符号系统难以揭示系统的规律，才导致以爱因斯坦指标为核心的张量符号系统的出现，产生了统一场论。结构化的张量符号系统也体现了同构论的思想。

正是以现代光学为核心的机械电子技术的发展，凭借现代计算机技术，推动了数学、力学等传统学科的发展。数学家借鉴了软件工程的思想，引进了类、实例的概念，并形式化为现代集合论；基于同构的思想，建立了傅里叶变换、拉普拉斯变换、$\dot{Z}$ 变换及小波分析等门类。

一一映射是同构方法论的核心，不变性、对偶性、参数化、程式化及公理化是同构方法论的重要组成部分。

1. 不变性

不变性（Invariability）反映的是系统属性的客观性，即与全部或一组参考框架无关的属性量，是不变的。质量、矢量、二阶张量等均是不变量。不变量反映的是系统属性的客观性。本质上，以不同参考尺度的度量与其尺度的乘积总是相等或不变的。“酉空间”即“保范”的点积空间是工程分析的基础；点积不变性就是保证长度、角度、面积及体积等物理量的客观性。矢量不变性就是对不同的参考基与对应坐标向量的点积不变性；二阶张量就是对两组参考基与其对应的坐标阵列的点积不变性。不变性通常包括系统拓扑不变性、度量不变性及信息不变性。拓扑不变性是指系统内部的连接次序。度量不变性是指相对不同参考（系、点及方向）的度量是不变的。信息不变性是指系统间的作用过程存在作用与反作用，通过一个系统的信息可以度量另一系统的信息。自主行为系统通过与环境的作用认知环境，通过自主行为系统的自身状态与行为过程度量被感知的环境状态。例如，多轴系统作用于环境，并通过自身的运动状态可以检测环境的作用力。理论及软件系统的拓扑及度量不变性是系统合法性的基础。

2. 对偶性

对偶性（Duality property）是指相互依存的两个属性具有相对的作用及相互依存的共同属性，是哲学上矛盾体的两个方面。例如，基与坐标、力与运动、力与力矩、平动与转动、动作与效应、正序与逆序、行与列、结构的对称性与反对称性等，既具有对立性又具有统一性。了解系统的对偶性才能全面准确地认识系统的内在规律，降低系统求解的复杂性。对偶性是系统拓扑及度量的基本规律。

3. 参数化

无论理论系统还是计算机系统，如果要与被研究对象同构，就需要实现理论系统及计算机系统的完全参数化（Full parametrization）。不能实现参数化的理论系统及计算系统既不具有良好的通用性，也不具有良好的适应性。多轴系统自身的复杂性及其环境的复杂性首先表现于多轴系统及环境的高自由度，需要实现多轴系统运动学及动力学的完全参数化，包括拓扑、极性、结构参数、动力学参数及控制参数等。建立以拓扑、极性、结构参量及动力学参量等为参数的动力学系统，不需要用户应用分析方法去建立模型，而只是将实际系统参数代入力学理论提供的模型即可以完成建模。参数化是系统理论及软件的基本特征，完全参数化的理论系统及软件系统是自主行为系统的基础。

4. 程式化

机器智能的技术基础在于现代计算机；多轴系统运动学、动力学及行为建模与解算过程需要考虑现代计算机的技术特点：地址访问、矩阵操作、空间搜索与排序、以循环为核心的迭代式计算等；实现多轴系统符号演算的机械化（Mechanization）。对于高自由度多轴系统需要建立显式的迭代式方程，一方面保证计算的实时性，另一方面保证降低编程的复杂性，从而提高软件系统的可靠性。程式化的基本特征在于序列化、动作化及迭代式。计算机自身就是一个有序的运算系统，也是“状态-动作”构成的状态机系统，是有序的操作过程。以动作为主体、以函子为辅助的现代计算机操作过程要求理论系统也要以动作为主体，一方面有助于对符号内涵的理解，另一方面保证软件工程实现的可靠性。迭代式是计算机运算的基本形式，不仅可以提高操作过程的结构化，而且可以提高操作效率及计算精度。循环结构 for 及 while、系统的抽象与继承是程式化的基本形式。在多轴系统中，杆件与杆件的作用具有传递性，它蕴含着计算机过程的迭代（Iteration）或递归（Recursion）。真实系统内在属性的传递性规律客观地决定了理论系统或软件系统的迭代式或递归式。

5. 公理化

要保证多轴系统的可靠性就需要保证多轴系统行为的确定性，自然要求实现多轴系统符号系统的公理化（Axiomatization）。一方面，公理化系统是科学研究的目标，只有建立公理化系统才能保证多轴系统行为的确定性，才能准确地揭示系统内在的层次与作用规律。另一方面，只有建立公理化的系统，才能保证系统实现的可靠性，公理化系统的推演过程才能反映被研究系统的演化过程。唯物辩证法是一切科学技术的顶层公理，是多轴系统理论的哲学基础。公理化过程是应用唯物辩证法对系统进行分析与综合的过程，分析与综合对应于软件的抽象与继承，前者是理论思维过程，后者是系统实现的过程。分析是将拓扑及度量系统的次要要素去除，抽象出核心基元及基本结构的过程；综合是根据拓扑及度量系统的基元及其关系，通过继承逐层增加被去除的要素，还原拓扑及度量系统的过程。

1.4 多体系统

多体系统理论主要有：Adams 公司使用的经典牛顿-欧拉数值仿真动力学，拉格朗日、凯恩等分析动力学等。它们具有以下特征：

（1）以运动副为基元，体通过运动副的连接构建多体系统。运动副可划分为回转副、棱柱副、螺旋副、圆柱副、球销副、球面副等。一方面，运动副是关节在运动学上的抽象，是机械及力学学科的基本概念；另一方面，运动学研究的就是空间运动关系，是数学学科的内容。因此，多体系统的运动学未上升为数学，导致多体系统理论存在诸多不足。

（2）在建模方面，由于运动副类型繁多，导致运动学及动力学建模繁杂，难以体现系统的运动学及动力学本质。

（3）在形式化方面，沿用200年前的牛顿-欧拉描述单刚体的几何矢量符号系统，矢量符号自身不区分参考系、起点与终点，符号表征不准确。拒绝使用爱因斯坦张量符号及现代集合论的符号系统，致使在高自由度多体系统建模方面未取得实质性进展。拉格朗日、凯恩分析力学原理对于高自由度系统建模，存在极高的复杂度，难以建立多体系统规范的显式动力学方程。

（4）在分析与综合方面，由于矢量符号的形式化不充分，且缺少拓扑符号系统，难以从整体上把握多体系统内在的规律与本质特征。在逆运动学方面，不得不对系统结构施加人为的共点、正交等约束；在动力学方面，不得不对约束方程加入无物理含义ERP等的反馈调节参数。

（5）在应用方面，Adams等多体系统在逆运动学仿真难以应对，对高自由度、高速多体动力学仿真需要人为调节关节参数，时常导致关节部件严重分离即约束条件不能满足，甚至导致系统崩溃，更谈不上实时性与精确性。

显然，多体系统理论建立过程未遵循同构方法论的相关观点。近十几年来，以6D空间算子代数为基础的迭代式（recursive）的牛顿-欧拉动力学在计算速度及精度方面有了较大提高。由韩国FunctionBay公司开发的RecurDyn软件已用于Ansys系统当中，RecurDyn的成功应用受益于运动学及动力学过程的迭代算法。之所以将recursive称为迭代式（iterative）是因为在算法上迭代与递归可以相互转换，但是递归嵌套的层数是极有限的。

多体系统理论以运动副为基元，导致理论系统及软件系统非常庞大。从运动学到经典动力学，再到基于6D空间算子代数的多体动力学，相关理论覆盖上千页的内容，许多原理只能通过算法流程进行讲解，难以满足理论教学需求。在工程上，卡内基梅隆大学的ODE多体动力学C代码量、基于6D空间算子代数的多体动力学的Matlab代码量相对多轴系统动力学C++代码量多达近10倍，显然它们难以满足实验教学需求。

1.5 多轴系统理论

多轴系统本质上是以现代光学为基础的、具有多个自由度的现代机械电子系统，涉及机械、力学、数学、控制、计算机、光学等多个领域。

在传统多体动力学理论中，符号系统没有主动地遵循同构的思想，读者的阅读和理解依赖于属性符的注释，且仅能应用于简单的系统，不能反映复杂多体系统拓扑、运动学及动力学之间的关系。本书的符号系统严格遵循同构思想，具有结构化的运动链指标，简洁准确。下面通过几个示例进一步说明本书符号系统的作用。

示例1：考虑多轴系统中的一个运动副，如图1.9所示。运动副 ${}^{\bar{l}}\boldsymbol{k}_l$ 表示杆件 #$\bar{l}$ 和 #l 的连接，转动副（Revolute）连接记为 ${}^{\bar{l}}\boldsymbol{R}_l$，平动副（Prismatic）连接记为 ${}^{\bar{l}}\boldsymbol{P}_l$，其中 $\bar{l}$ 表示 l 的

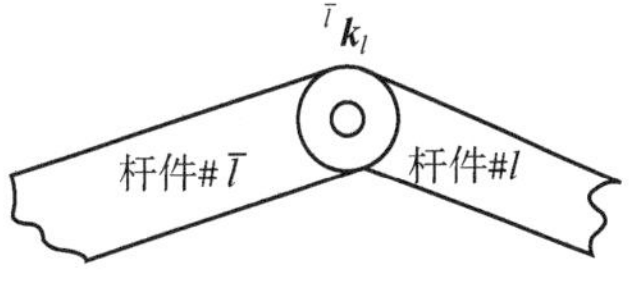

图1.9 运动副

父，$\boldsymbol{k}$、$\boldsymbol{R}$、$\boldsymbol{P}$ 均为属性符。机械上的运动副类型多样，本书将所有运动副抽象为数理上的轴副，包含平动轴和转动轴两类。

轴副由两个共线的单位轴组成，具有共轴性。运动副 ${}^{\bar{l}}\boldsymbol{k}_l$ 对应的轴副记为 ${}^{\bar{l}}n_l$，其中指标 $\bar{l}$ 和 l 表示轴副连接的杆件，属性符 n 表示共线的单位轴，${}^{\bar{l}}n_l$ 为自由矢量。如图 1. 10 所示，平动轴和转动轴均具有零位，平动轴能沿共轴的单位轴方向平移，形成线位置 $r_l^{\bar{l}}$，轴平移的坐标矢量表示为 ${}^{\bar{l}}r_l = {}^{\bar{l}}n_l \cdot r_l^{\bar{l}}$，其中 $r_l^{\bar{l}}$ 表示矢量 ${}^{\bar{l}}r_l$ 的大小，有正负之分；转动轴能绕共轴的单位轴方向转动，形成角位置 $\phi_l^{\bar{l}}$，轴转动的坐标矢量表示为 ${}^{\bar{l}}\phi_l = {}^{\bar{l}}n_l \cdot \phi_l^{\bar{l}}$。${}^{\bar{l}}r_l$ 和 ${}^{\bar{l}}\phi_l$ 有起点和终点，属于固定矢量。

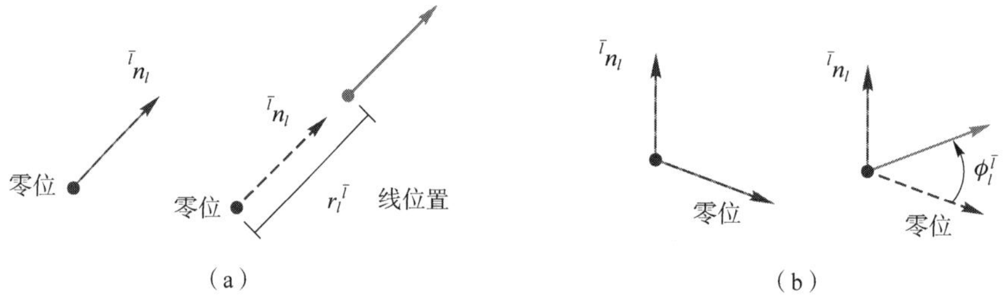

图 1. 10　轴副

（a）平动轴；（b）转动轴

示例 2：传统多体理论中，通常以 $\boldsymbol{f}$ 表示力，属性符 $\boldsymbol{f}$ 既不能体现作用点，又不能体现施力点，且没有指出参考坐标系。同样，以 τ_l 表示作用在体 l 上的力矩，既不能体现力矩的来源，又不能体现转心，且没有指出参考坐标系。

如图 1. 11 所示，记杆件#l 的质心为 lI，轴#l 的闭子树记为 $l\boldsymbol{L}$。多轴系统中的力由叶向根传递，闭子树 $l\boldsymbol{L}$ 作用于轴#l 的合力记为${}^{i|l\boldsymbol{L}}f_{lI}$，$f$ 为力属性符，左上角标 $l\boldsymbol{L}$ 表示施力点或施力系统为 $l\boldsymbol{L}$，右下角标 lI 表示该力作用在杆件#l 的质心 lI，左上投影符$i|\square$表示该力以坐标系 i 为参考，因此符号${}^{i|l\boldsymbol{L}}f_{lI}$同时标明了力的大小、方向、作用点、施力点、参考系 5 个要素。

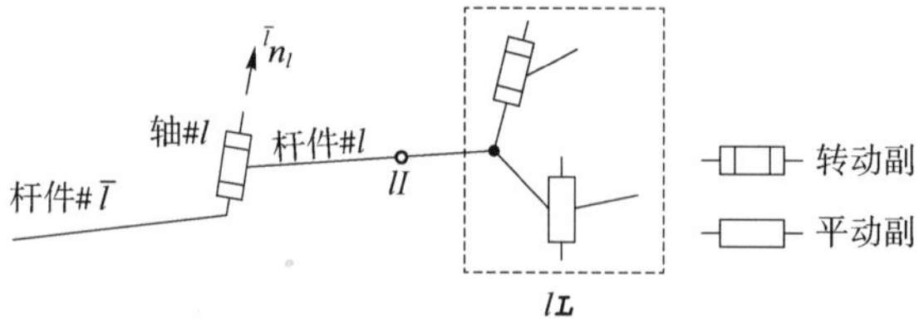

图 1. 11　多轴系统闭子树示意图

同理，将闭子树 $l\boldsymbol{L}$ 作用于轴 #l 的合力矩表示为${}^{i|l}\tau_{l\boldsymbol{L}}$，左上角标 l 表示转心为轴#l，右下角标 $l\boldsymbol{L}$ 表示产生该力矩的力闭子树 $l\boldsymbol{L}$ 作用在质心上的合力，$i|\square$表示以坐标系 i 为参考，各符号含义如图 1. 12 所示。

示例 3：本书中具有链指标的符号系统具有迭代式的算法结构。以世界系 i 为根，${}^{i}\boldsymbol{1}_s$ 表示从世界系 i 到 s 的运动链，$\boldsymbol{1}$ 为连接属性符。运动链的连接关系具有传递性，在符号系统中体现为

（a）　　　　（b）

图 1.12　本书中力和力矩的表示方法

（a）力；（b）力矩

$$
{}^{i}\mathbf{1}_{s} = \sum_{l}^{{}^{i}\mathbf{1}_{s}} {}^{\bar{l}}\mathbf{1}_{l} \tag{1.1}
$$

或

$$
{}^{i}\mathbf{1}_{s} = \prod_{l}^{{}^{i}\mathbf{1}_{s}} {}^{\bar{l}}\mathbf{1}_{l} \tag{1.2}
$$

将连接属性符 $\mathbf{1}$ 替换为运动属性符，上述两式即可实例化为系统的运动学方程，类似可得到系统的动力学方程。例如，世界系 i 到坐标系 s 原点的平移矢量、世界系 i 到坐标系 s 的旋转变换矩阵可分别表示为

$$
{}^{i}r_{s} = \sum_{l}^{{}^{i}\mathbf{1}_{s}} {}^{i|\bar{l}}r_{l} \tag{1.3}
$$

$$
{}^{i}Q_{s} = \prod_{l}^{{}^{i}\mathbf{1}_{s}} {}^{\bar{l}}Q_{l} \tag{1.4}
$$

其中，${}^{i|\bar{l}}r_{l}$ 表示以世界系 i 为参考的、从坐标系#$\bar{l}$ 原点至坐标系#l 原点的坐标矢量。因此，通过具有运动链指标的符号系统，多轴系统理论中的公式具有迭代式的算法结构，公式即为伪代码，使计算机完成自动建模及自动求解，保证了软件的规范性与可靠性。

以同构方法论为基础建立的多轴系统理论具有以下特征：

（1）跨学科。通过数学、力学、控制、计算机等多学科融合，直接将符号化的理论系统映射为软件系统的结构及伪代码。

（2）公理化。面向工程需求，建立三维空间操作代数系统，创立公理化的多轴系统运动学与动力学理论。全部符号准确、简洁、优雅，在遵循相关符号定义与含义前提下，无须其他附加文字解释，相关公式完全可以精准表征相应系统内在的规律。空间运动及关系通过空间操作表征，易于直观、形象地理解。

（3）实时性。轴空间（关节空间）的多轴系统动力学建模与控制原理，无冗余方程，不存在经典力学中的 6D 惯性矩阵，只有 3D 惯性矩阵。建立完全参数化迭代式的运动学、动力学模型，保证相关软件的可靠性与实时性。

（4）自主性。实现拓扑、极性、坐标系、结构、力学及控制参量的完全参数化，实现计算机的自动建模、自动求解及自动控制。不需用户推导建模，只需代入相关参数即可完成动力学建模。

本书内容安排如下：

第 2 章针对本科生补充必需的数理知识。本书全部内容有相应的 C++软件系统，其中矢量及矩阵计算对学生开放，有助学生了解多轴系统理论与计算机软件开发的关系，为后续的理论抽象奠定基础。

第 3 章介绍运动链符号演算系统。将轴链公理形式化为拓扑公理及度量公理，贯穿后续全部章节。接着，基于运动链符号系统，讲解 3D 空间操作代数基础。最后，阐明经典的笛卡儿运动链分析方法的不足。

第 4 章讲解基于轴不变量的多轴系统运动学。以定轴转动的代数证明与理解为突破口，学习基于轴不变量的 3D 矢量空间操作代数及四元数演算；接着，给出并证明树链偏速度计算方法，学习基于轴不变量的迭代式运动学方程。

第 5 章介绍经典动力学符号演算系统。基于运动链符号系统重新表述经典的牛顿-欧拉动力学、拉格朗日及凯恩动力学方法，并通过实例分析其特点与不足，阐明引入运动链符号演算系统建立程序式和迭代式动力学模型是多体动力学的研究方向，为第 6 章奠定基础。

第 6 章介绍多轴系统的动力学建模与控制方法。给出并证明刚体系统的 Ju-Kane 动力学定理及规范型动力学方程，建立完全参数化、迭代式、通用的显式动力学模型；最后，介绍基于线性化补偿器及双曲正切变结构的多轴系统跟踪控制方法。

1.6 本书的读者

本书主要面向机械、控制、机器人专业的本科生或硕士研究生编写，要求读者具有以下基本能力：

（1）在数学方面，正确应用三角函数半角公式及万能公式，掌握高等数学中的导数、偏导数计算方法，掌握矩阵加、减、乘、逆、行列式及特征值计算方法。

（2）在力学方面，掌握牛顿力学原理、欧拉动力学方程及虚功原理，了解力传递的作用效应。

（3）在计算机语言方面，具有良好的 C/C++编程基础，了解面向对象编程原理与技巧，能够完成简单的矢量及矩阵模板的编写。

学习本书内容，注意以下事项：

（1）第 1.3 节同构方法论适用全书每一符号、概念、公式与原理。

（2）第 3 章的轴链公理形式化为拓扑公理与度量公理，同样贯穿书中全部公式与原理。

（3）客观性即不变性主要包含拓扑不变性、矢量及二阶张量不变性、特征值与特征矢量、矩阵的矢量、矩阵的迹等，它们是理论分析的依据。

（4）对偶性，运动学方程、动力学方程都是前向链（正链）与反向链的平衡方程，平动与转动、力与力矩等都满足对立统一规律。

（5）该书的符号、空间相关的运算或变换均应理解为对应的操作或动作，具有清晰的物理含义。

（6）本书是一个公理化的系统，探究每一个符号、公式、公理及定理背后的原因，学会如何进行理论创新和工程创新与学会书本知识一样重要。

第 2 章
多轴系统数理基础

2.1 引言

多轴系统是多学科交叉的理论。其理论研究的目标是实现完全参数化的运动学、动力学自动建模、自动求解及自动控制，即用户只需设计该系统的拓扑、结构、力学及控制参量，即可自动地完成运动学、动力学建模、求解及控制。不论系统自由度多高，都能够准确、简洁及优雅地表征相应的运动学、动力学与控制方程。

多轴系统通过测量轴、运动轴及控制器的闭环，实现平台的空间操作。其工程目标是开发可靠、实时及易用的软件系统。因此，该系统的符号及过程既要准确、简洁与优雅，又要表征代码实现的主体结构与流程，即：该系统符号就是软件符号命名规范；相应的数学函数表征对应的空间操作，遵从软件工程的函数命名规范；该系统的公式就是软件工程的伪代码，从而保证软件系统的可靠性、实时性及可维护性。

因此，本章借鉴现代集合论、张量分析及计算机矩阵计算的基本记法，介绍必要的数理基础，包括集合论、矢量与矢量空间、矢量转动、张量、计算机基础及轴链公理。首先，介绍集合论基础，给出了集合论基本概念、序的分类和本书用到的原子符、谓词符等基本操作符。其次，介绍了矢量空间和张量的概念，给出了矢量定轴转动的表示方法。再次，介绍了计算机浮点数表示，重点分析了计算机字长导致的数值计算误差。最后，提出轴链有向 Span 树、轴链及轴链公理。由于本书采用链指标符号系统，矢量和矩阵均通过链指标表示，因此本章仅对传统的不含链指标的矢量和矩阵字母加粗。

2.2 现代集合论基础

现代集合论是已知数学门类的元系统。需要将力学、控制及计算机等门类的科学纳入现代集合论的框架下，构建通用的数理符号系统，以满足多轴系统研究的需求。

2.2.1 基本概念

集合是一组成员对象的总和，成员又称为元素或广义的点。其成员也可能是集合，但一个集合不可能是其自身的成员。集合是系统可分的反映。若集合的成员是有次序的，则称为偏序集。根据现代集合论，以中括号表示闭的偏序集，以小括号表示开的偏序集。由它们的成员构成的一阶的序列、二阶的排列都是有序集。矢量及矩阵当然也是偏序集。

三维（3D）及四维（4D）空间的零矩阵分别记为 $\mathbf{0}$ 及 $\underset{\cdot}{\mathbf{0}}$，单位阵分别记为 $\mathbf{1}$ 及 $\underset{\cdot}{\mathbf{1}}$，相应的列矢量分别记为 0_3 与 0_4。显然，下部的点号表示在 3D 空间下增加一维。

示例 2.1　将任意 4×4 矩阵 $\underset{\cdot}{\mathbf{1}}$ 列写为如下 Excel 表格：

行＼列	*x*	*y*	*z*	*w*
1	1	0	0	0
2	0	1	0	0
3	0	0	1	0
4	0	0	0	1

4D 列序列记为$[x:w]$；4D 行序序列记为$[1:4]$。于是，$\underset{\cdot}{\mathbf{1}}^{[x]}$、$\underset{\cdot}{\mathbf{1}}^{[y]}$、$\underset{\cdot}{\mathbf{1}}^{[z]}$、$\underset{\cdot}{\mathbf{1}}^{[w]}$分别表示 4 个相互正交的 4D 单位列向量；$\underset{\cdot}{\mathbf{1}}^{[1]}$、$\underset{\cdot}{\mathbf{1}}^{[2]}$、$\underset{\cdot}{\mathbf{1}}^{[3]}$、$\underset{\cdot}{\mathbf{1}}^{[4]}$表示 4 个相互正交的 4D 单位行向量。相应地，$\mathbf{1}^{[x]}$、$\mathbf{1}^{[y]}$、$\mathbf{1}^{[z]}$分别表示 3 个 3D 相互正交的单位列向量；$\mathbf{1}^{[1]}$、$\mathbf{1}^{[2]}$、$\mathbf{1}^{[3]}$分别表示 3 个 3D 相互正交的单位行向量。

显然，上述角标中的中括号就是计算机语言的成员访问符，这为完全参数化建模奠定了符号基础，完全参数化是计算智能的重要方面。于是有，$\mathbf{1}^{[1][1]}=1$，$\mathbf{1}^{[1][2]}=0$。成员访问符中的星号表示任意，相应地，有 $\mathbf{1}^{[*][1]}=1_3$。记 $\mathrm{e}^{2\wedge k}$或 $\mathrm{e}^{2\,\vdots\,k}$为标量 e^2 的 k 次幂，其中右上角标 $\wedge$ 或 $\vdots$ 表示分隔符。

$0\sim n$ 的自然数表示为左开右闭的偏序集$(0:n]$；显然，0 不属于自然数集。习惯上，数域符号记为：自然数集 $\mathcal{N}$，整数集 $\mathcal{Z}$，实数集 $\mathcal{R}$，复数集 $\mathcal{C}$。

矩阵 $\boldsymbol{A}$ 的**行列式**记为$|\boldsymbol{A}|$；对于标量和矢量，$|\;|$ 表示绝对值或模。对于离散的集合，则表示集合元素的个数，又称为基数。

示例 2.2　示例 2.1 中的矩阵属于有序的集合，该示例考虑无序集合，用大括号表示。例如，a、b、c 三人构成一个集合 S，记为 $S=\{a,b,c\}$。故有 $|S|=3$。

记 a、b、c 三人的身高函数为 $h(\square)$，其中□表示**占位**，可填入 a、b、c 中任一个元素得集合 $H=\{h(a),h(b),h(c)\}$，则 $h(\square)$ 表示从某人到其身高的**映射**，记为 $S\rightarrow H$。若将集合 H 的三个元素按身高从高到低排序，则集合 H 可写为有序集合形式，假如 $h(b)>h(a)>h(c)$，则 $H=[h(b),h(a),h(c)]$；按照其他标准，例如体重、收入等，可将无序集合 H 写成各种有序集合形式。因此，无序集合总是可转化为有序集合，无序集合是有序集合的一般形式，或者说，有序集合是无序集合一种实例化。

公理化集合论由公理化集合论符号系统内部原子、一阶谓词/判断、函子/函数组成。以之为基础，增加应用域的原子及谓词，可以建立相应的应用符号系统。根据上述示例，给出以下定义。

原子符：指被研究系统的基本对象符、对象的主属性符及子属性符。例如，电阻 R_1、电容 C_2、能量 E、动作 A_1等。系统总是可分的、总是有结构的。被研究系统的原子符与该系统的研究层次相对应。

由原子集合成员构成新的对象符及属性符，称为复合对象符及复合属性符。它们是被研究对象的基本存在，故将原子符、复合对象符、复合属性符统称为原子符。

谓词符：表示被研究系统中明确的判断符号，即要么成立，要么不成立；它由谓词关系符及数个占位符构成，形如 $P(\square,\cdots)$。其中，P 是谓词关系符，圆括号是界定符，$\square,\cdots$ 表示数个占位符。谓词表示一个明确的判断。

函子符：表示被研究系统的函数关系，它由函数关系符及数个占位符构成，形如 $f(\square,\cdots)$。其中，f 是谓词关系符号，圆括号是界定符，$\square,\cdots$ 表示数个占位符。函子表示的是一个函数关系；与谓词不同，它不是一个二值判断。

集合论常用的基本原子符包括：

（1）[ ] 表示有序集合、序列（Sequence/Seq）或矩阵；

（2）{ } 表示集合，它的成员不分次序；

（3）谓词右侧的（ ）表示符号作用域的界定；

（4）$\square$表示占位符，例如 $P(\square,\square,\square)$。

集合论常用的基本一阶谓词/关系符号如下：

（1）$\exists$ 表示存在，$\exists !$ 表示唯一存在，例如 $\exists u$，$\exists ! z$；

（2）$\forall$ 表示任意，例如 $\forall x$；

（3）= 表示相等或等价，例如 $x=y$；

（4）$\in$ 表示属于，例如 $a\in b$；

（5）$\wedge$ 表示且关系，$\vee$ 表示或关系，例如 $\wedge x$，$\vee x$；

（6）$\Rightarrow$表示能够推得/蕴含，例如 $\exists x\Rightarrow x=y$；

（7）$\Leftrightarrow$表示双向推得/蕴含，例如 $a\Leftrightarrow b$；

（8）$\leftrightarrow$表示一一映射，例如 $A\leftrightarrow B$。

（9）· 表示点乘或点积，叉号×表示或叉积，星号 * 表示复数积，点号 · 表示代数积。

计算机系统就是一个具有上下文（Context）的抽象自动机（WAM），将数据表征为矩阵及矩阵间的关系是自动化处理的内在要求。上述的中括号、大括号、小括号及占位符等均属于原子符；≥、>及≤、<表示偏序的谓词符；= 表示全序的谓词符；它们表示判断。$f(\square)$则表示函子，表示映射或函数关系。

在计算机科学中，任何演算过程都有其特定的上下文，即进入该演算任务的基本状态。原子、谓词及函子在上下文背景下是可以重载（Overload）的。同样，在现代集合论背景下，通过重新定义或实例化相应的原子符、函子符及谓词符，可以建立特定的数学门类。

现代集合论以偏序集为基础，构建了 ZFC 公理化系统，使其成为各门类数学的元系统。通过集合符号表征被研究系统的构成，通过属性符表征事物的属性，通过谓词与函子表征属性间的关系或规律。即通过属性符号与被研究系统属性的一一映射，谓词或函子与被研究系统内存作用关系的一一映射，构建与被研究系统等价的、公理化的符号系统。通过符号系统的演绎过程，反映被研究系统的演化过程。

相应地，对于多轴系统而言，也需要以偏序集为基础，根据多轴系统内在的规律，建立精确的、形式化的运动链符号系统，形成公理化理论，指导多轴系统的分析与综合。

计算机不区分行向量和列向量，矩阵的两个索引指标可以定义为行号在前、列号在后，或者列号在前、行号在后。计算机函数计算向量或矩阵时，行和列是人为规定的。因此，本书的方程严格区分行向量和列向量，但在其余位置均用逗号隔开向量各元素。

2.2.2 序的不变性

偏序集(0:n]成员 k 及 l 是有序的，且有 $k\leqslant l$；对于成员 l，有 $l\leqslant l$ 及 $l\geqslant l$，表示双向同时有序，即是全序的。全序是偏序的特例，偏序及全序既是系统自身的属性，又是其自身的规律。

被研究系统的偏序及全序需要形式化，即以书写的自然符号来表征。然而，书写自身是有次序的，分为行序与列序。因此，理论系统的理解需要遵从它所依赖的上下文内含。

笛卡儿坐标系可分为左手系和右手系，但习惯上使用右手系，即由右手法则确定坐标轴的次序。相应地，也就确定了坐标分量的序列书写次序。由左至右书写，这样的书写次序称为右手序；习惯上，将基矢量写成行序列，即与坐标系统的右手序相对应。因基矢量序列写为行序列，故坐标矢量必须写成列序列，从而构成对偶的关系，以反映基矢量与坐标矢量的代数积的矢量不变性。

对于树结构的多轴系统而言，从根部杆件到叶端杆件的链接（Link）次序为正序，从叶端杆件到根部杆件的链接次序为逆序，系统的运动学及动力学方程都是正链与逆链的平衡方程。

偏序是多轴系统最普遍、最基本的特征之一：运动轴与测量轴的链接具有先后次序；矢量分为固定矢量（Fixed vector）、自由矢量（Free vector）及其导出的张量具有极性。链接关系蕴含着属性量的作用关系，在系统分析时具有重要的作用。因此，需要引入现代集合论中链的概念，以表征多轴系统的链接关系即拓扑关系。

偏序与全序是对立统一的关系，反映系统的不变性。序是拓扑系统及度量系统的基本结构之一，在多轴系统的运动学、动力学分析中扮演了重要角色。正序与逆序相互矛盾、相互依存，是一对矛盾的统一体。

2.3 矢量与矢量空间

2.3.1 基矢量

如图 2.1 所示，一维的坐标轴 l 由原点 O_l 及单位基 $\mathbf{e}_l$ 构成，是具有刻度的方向参考线，是构成参考系的基元。轴 l 上的点 S 的刻度即为坐标。

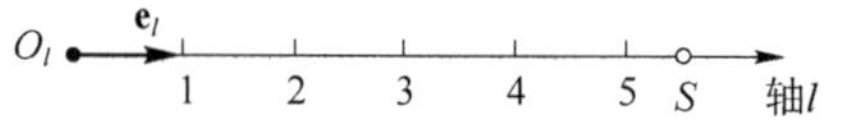

图 2.1 坐标轴与基矢量

整体形式的基矢量 $\mathbf{e}_l$ 表示一个客观的单位方向；三维空间中的笛卡儿直角坐标系（简称笛卡儿系）由 3 个两两正交的坐标轴构成，坐标轴的单位矢量称为坐标基。如图 2.2 所示，笛卡儿直角坐标系 Frame#l 由原点 O_l 及基矢量 $\mathbf{e}_l$ 构成，其分量形式记为$[\mathbf{e}_l^{[x]},\mathbf{e}_l^{[y]},\mathbf{e}_l^{[z]}]$，称之为基架，包括 3 个独立的符号，表示 3 个独立的维度，基矢量 $\mathbf{e}_l$ 与$[\mathbf{e}_l^{[x]},\mathbf{e}_l^{[y]},\mathbf{e}_l^{[z]}]$等价，即 $\mathbf{e}_l=[\mathbf{e}_l^{[x]},\mathbf{e}_l^{[y]},\mathbf{e}_l^{[z]}]$。

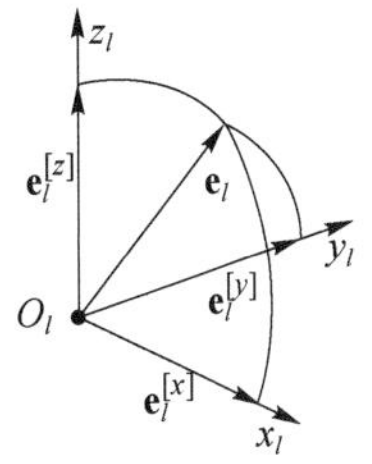

图 2.2 坐标系、基矢量与基架

对于直角坐标系 Frame#l 而言，基矢量 $\mathbf{e}_l$ 是与其固结的任意单位矢量。给定正交基矢量 $\mathbf{e}_l$，有

$$\|\mathbf{e}_l\|=1 \tag{2.1}$$

【证明】 基的度量需要以一个单位矢量为参考。由基架的 3 个方向矢量分别转至任一单位矢量 $\mathbf{e}_l$ 的 3 个角度分别记为 ϕ_{lx}^l、ϕ_{ly}^l、ϕ_{lz}^l。因 $\mathrm{C}^2(\phi_{lx}^l)+\mathrm{C}^2(\phi_{ly}^l)+\mathrm{C}^2(\phi_{lz}^l)=1$,其中 C=cos，故这 3 个角度中只有 2 个独立的量。

因为基矢量 $\mathbf{e}_l$ 是三维空间的单位基，是一个独立的符号，同时具有 3 个基分量$[\mathbf{e}_l^{[x]},\mathbf{e}_l^{[y]},\mathbf{e}_l^{[z]}]$，即有 $\mathbf{e}_l=[\mathbf{e}_l^{[x]},\mathbf{e}_l^{[y]},\mathbf{e}_l^{[z]}]$，基的相互关系需要通过坐标来表达，故有

$$\|\mathbf{e}_l\|=\|[\mathbf{e}_l^{[x]},\mathbf{e}_l^{[y]},\mathbf{e}_l^{[z]}]\cdot\mathbf{e}_l\|=\sqrt{\mathrm{C}^2(\phi_{lx}^l)+\mathrm{C}^2(\phi_{ly}^l)+\mathrm{C}^2(\phi_{lz}^l)}=1 \tag{2.2}$$

证毕。

基分量 $\mathbf{e}_l^{[x]}$、$\mathbf{e}_l^{[y]}$、$\mathbf{e}_l^{[z]}$ 均是单位的，3 个基分量与基矢量 $\mathbf{e}_l$ 在以原点 O_l 为球心的单位球面上，即满足

$$[{}^l\mathbf{e}_l^{[x]},{}^l\mathbf{e}_l^{[y]},{}^l\mathbf{e}_l^{[z]}]=[\mathbf{1}^{[x]},\mathbf{1}^{[y]},\mathbf{1}^{[z]}]=1 \tag{2.3}$$

式（2.3）表示，$\mathbf{1}^{[x]}$、$\mathbf{1}^{[y]}$ 及 $\mathbf{1}^{[z]}$ 是 3 个独立的 3D 坐标基矢量。同时，由式（2.2）可知，单位基矢量 $\mathbf{e}_l$ 与单位坐标基 $\mathbf{1}$ 一一映射，即转动单位基矢量 $\mathbf{e}_l$ 等价于转动与之固结的任一单位坐标基 $\mathbf{1}$，即有

$$\mathbf{e}_l\leftrightarrow\mathbf{1} \tag{2.4}$$

显然，坐标基 $\mathbf{1}$ 张成了一个单位立方体；转动刚体上任一单位立方体 $\mathbf{1}$ 与基矢量 $\mathbf{e}_l$ 等价。

在数学中基矢量表示空间中一组独立的单位矢量，是任意的；在工程中还需要考虑基矢量对应的度量单位。基架既是客观的又是主观的，因为基架的选取既要考虑测量设备的可行性，又要考虑观测者的方便性。

> 单位基矢量 $\mathbf{e}_l$ 与单位坐标基$[\mathbf{e}_l^{[x]},\mathbf{e}_l^{[y]},\mathbf{e}_l^{[z]}]$等价，相当于一把水果刀插在苹果上，拽水果刀时苹果一起运动，转动水果刀时苹果一起转动，因此平移$[\mathbf{e}_l^{[x]},\mathbf{e}_l^{[y]},\mathbf{e}_l^{[z]}]$等价于平移 $\mathbf{e}_l$，转动$[\mathbf{e}_l^{[x]},\mathbf{e}_l^{[y]},\mathbf{e}_l^{[z]}]$等价于转动 $\mathbf{e}_l$。

2.3.2 矢量投影

如图 2.3 所示，矢量 $\boldsymbol{a}$ 向轴 l 的投影等于矢量 $\boldsymbol{a}$ 的模乘以矢量 $\boldsymbol{a}$ 与轴 l 夹角的余弦，即

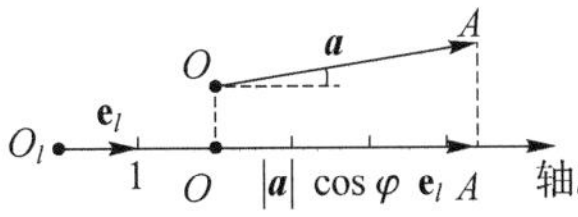

图 2.3 矢量投影

$$\mathrm{prj}({}_{l}\boldsymbol{a}) = |\boldsymbol{a}| \cdot \cos\varphi \tag{2.5}$$

记轴 l 对应的单位基矢量为 $\mathbf{e}_l$，则矢量投影可由矢量 $\boldsymbol{a}$ 与 $\mathbf{e}_l$ 的标量积或内积表示

$$\mathrm{prj}({}_{l}\boldsymbol{a}) = \boldsymbol{a} \cdot \mathbf{e}_l = \mathbf{e}_l \cdot \boldsymbol{a} \tag{2.6}$$

矢量投影的结果是一个标量。借助单位基矢量 $\mathbf{e}_l$，投影矢量可表示为$(\boldsymbol{a} \cdot \mathbf{e}_l) \cdot \mathbf{e}_l$ 或 $(\mathbf{e}_l \cdot \boldsymbol{a}) \cdot \mathbf{e}_l$。

2.3.3 位置矢量

位置矢量有起点和终点，为固定矢量。如图 2.4 所示，记 Frame#l 中的任意一点为 lS，根据本书的运动链符号系统，由原点 O_l 至点 lS 的位置矢量表示为${}^{l}\vec{r}_{lS}$，称为几何矢量，其中左上角标 l 表示位置矢量起点为原点 O_l，右下角标 lS 表示位置矢量终点为点 lS。几何矢量是具有大小和方向的物理实体，具有客观性，位置矢量的大小即模长是起点到终点的距离。

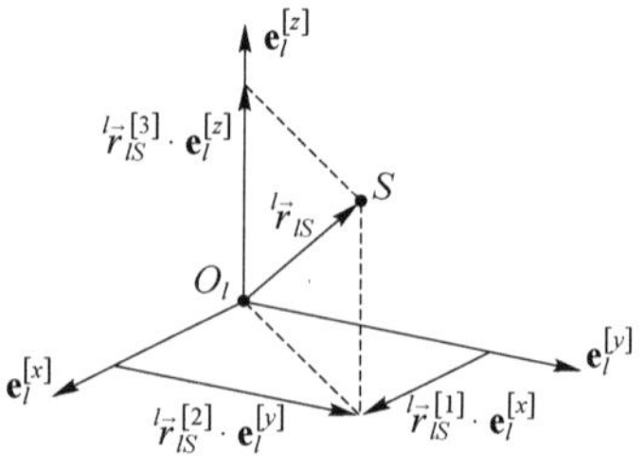

图 2.4　矢量投影

${}^{l}\vec{r}_{lS}$对坐标轴 x_l 或单位基矢量 $\mathbf{e}_l^{[x]}$ 的投影${}^{l}r_{lS}^{[x]}$称为矢量 ${}^{l}\vec{r}_{lS}$对轴 l 的坐标，是标量，则有

$${}^{l}\vec{r}_{lS} = \mathbf{e}_l^{[x]} \cdot {}^{l}r_{lS}^{[1]} + \mathbf{e}_l^{[y]} \cdot {}^{l}r_{lS}^{[2]} + \mathbf{e}_l^{[z]} \cdot {}^{l}r_{lS}^{[3]} = [\mathbf{e}_l^{[x]}, \mathbf{e}_l^{[y]}, \mathbf{e}_l^{[z]}] \cdot \begin{bmatrix} {}^{l}r_{lS}^{[1]} \\ {}^{l}r_{lS}^{[2]} \\ {}^{l}r_{lS}^{[3]} \end{bmatrix} = \mathbf{e}_l \cdot {}^{l}r_{lS} \tag{2.7}$$

$${}^{l}r_{lS} = [{}^{l}r_{lS}^{[1]}, {}^{l}r_{lS}^{[2]}, {}^{l}r_{lS}^{[3]}]^{\mathrm{T}} \tag{2.8}$$

式中，矢量 ${}^{l}r_{lS}$称为坐标矢量。

式（2.8）具有以下特点：

（1）矢量 ${}^{l}\vec{r}_{lS}$是基矢量 $\mathbf{e}_l$ 与坐标矢量 ${}^{l}r_{lS}$的代数积，具有不变性。几何矢量 ${}^{l}\vec{r}_{lS}$是一阶张量，具有客观性。选定不同基矢量 $\mathbf{e}_l$ 时，坐标矢量 ${}^{l}r_{lS}$也不同，因此度量依赖于参考系。

（2）基矢量 $\mathbf{e}_l$ 总写成行序（逆序）的形式；坐标矢量 ${}^{l}r_{lS}$具有列序（正序）的形式。如同硬币的正反面关系一样，基矢量 $\mathbf{e}_l$ 与坐标矢量 ${}^{l}r_{lS}$具有对偶关系，二者在度量系统中不可分割。

（3）坐标矢量 ${}^{l}r_{lS}$是固定矢量，有起点与终点；同时，指明了参考系为 Frame#l。

> 不变性就是客观性，一个矢量是物理实体，是客观存在的，不随参考系的变化而变化。长为 1 m 的客观存在的布，也可以说它长为 3 尺，只是采用不同的参考去描述。传感器在出厂时，通常已规定好参考，如加速度计通常以地球表面重力加速度 $g = 9.8\ \mathrm{m/s^2}$ 或国际单位 $\mathrm{m/s^2}$ 为单位。

若参考系不为 Frame#l，则用 $|\square$指明参考系。例如，位置矢量 ${}^{l}\vec{r}_{lS}$在惯性坐标系 Frame#i 下的坐标矢量记为${}^{i|l}r_{lS}$。投影符 $|\square$的优先级高于成员访问符$\square_{[\square]}$或$\square^{[\square]}$，成员访问符$\square^{[\square]}$的优先级高于幂符$\square^{\wedge}$。

如图 2.5 所示，位置矢量 ${}^{l}\vec{r}_{lS}$在 Frame#i 的投影矢量记为${}^{i|l}\vec{r}_{lS}$，且有${}^{i|l}r_{lS} = {}^{i|l}\vec{r}_{lS}$。显然，投影变换 $|\square$即是点积运算“·”，坐标矢量的 3 个分量可通过位置矢量 ${}^{l}\vec{r}_{lS}$与 3 个基分量的

点积得到，即

$$ {}^{l}r_{lS}^{[1]} = \mathbf{e}_l^{[x]} \cdot {}^{l}\vec{r}_{lS},\ {}^{l}r_{lS}^{[2]} = \mathbf{e}_l^{[y]} \cdot {}^{l}\vec{r}_{lS},\ {}^{l}r_{lS}^{[3]} = \mathbf{e}_l^{[z]} \cdot {}^{l}\vec{r}_{lS} \tag{2.9} $$

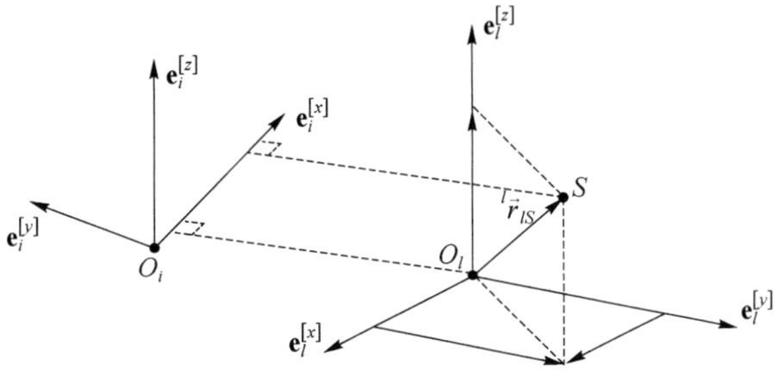

图 2.5　矢量对不同参考基的投影矢量

2.3.4　转动矢量

位置矢量 ${}^{l}\vec{r}_{lS}$表示点到点的平动，有起点有终点，其模长为起点与终点的距离。同样，转动矢量也有起点和终点，其起点是零位轴。如图 2.6 所示，记沿转动轴的单位矢量为 $\mathbf{e}_n$，零位轴单位矢量为${}_0\mathbf{e}_n$，${}_0\mathbf{e}_n$ 绕转动轴转动 π/2 至${}_1\mathbf{e}_n$，${}_0\mathbf{e}_n$ 与${}_1\mathbf{e}_n$ 均在转动轴的径向平面内。矢量 ${}^{l}\vec{r}_{lS}$绕转动轴从姿态 1 转动角度 ϕ 至姿态 2，则转动矢量表示为

$$ {}^{1}\vec{\phi}_2 = \phi_2^1 \cdot \mathbf{e}_n \tag{2.10} $$

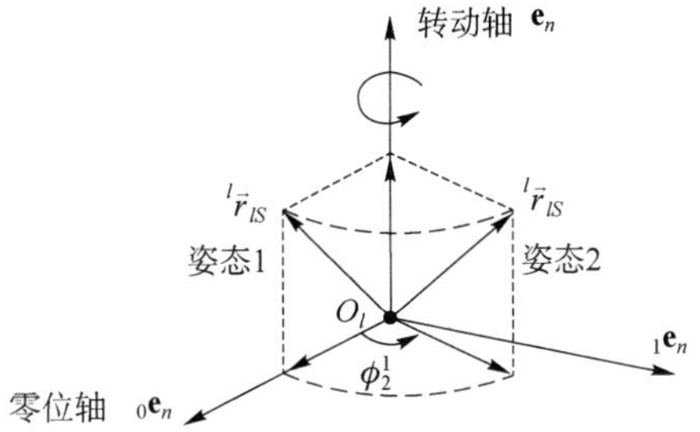

图 2.6　转动矢量

2.3.5　矢量运算

1. 标量积

矢量 $\boldsymbol{a}$ 与矢量 $\boldsymbol{b}$ 的模和它们夹角 φ 的余弦的乘积，称为矢量 $\boldsymbol{a}$ 与 $\boldsymbol{b}$ 的标量积，即

$$ \boldsymbol{a} \cdot \boldsymbol{b} = \|\boldsymbol{a}\| \cdot \|\boldsymbol{b}\| \cdot \cos\varphi \tag{2.11} $$

矢量标量积也称矢量内积或矢量点积，满足交换律和分配律。

2. 矢量积

如图 2.7 所示，矢量 $\boldsymbol{a}$ 与矢量 $\boldsymbol{b}$ 的矢量积为矢量 $\boldsymbol{c}$，满足：

(1) 矢量 $\boldsymbol{c}$ 的模等于以矢量 $\boldsymbol{a}$ 与矢量 $\boldsymbol{b}$ 所组成的平行四边形的面积，即

$$ \|\boldsymbol{c}\| = \|\boldsymbol{a}\times\boldsymbol{b}\| = \|\boldsymbol{a}\| \cdot \|\boldsymbol{b}\| \cdot \sin\varphi \tag{2.12} $$

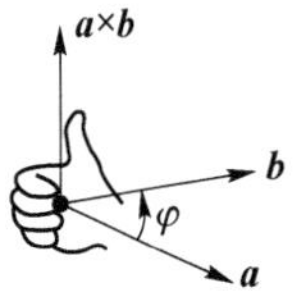

图 2.7　矢量积

（2）矢量 $\boldsymbol{c}$ 的正向按“右手法则”确定。

因此，矢量 $\boldsymbol{c}$ 垂直于矢量 $\boldsymbol{a}$ 与矢量 $\boldsymbol{b}$ 所确定的平面。矢量积也称矢量叉乘，显然矢量叉乘不满足交换律，但满足分配律。

记右手笛卡儿坐标系的一组基矢量为 $[\mathbf{e}_l^{[x]},\ \mathbf{e}_l^{[y]},\ \mathbf{e}_l^{[z]}]$，矢量 $\boldsymbol{a}$ 和 $\boldsymbol{b}$ 在该组基下的坐标矢量分别为 $\boldsymbol{a}=[a^{[1]},\ a^{[2]},\ a^{[3]}]^{\mathrm{T}}$ 和 $\boldsymbol{b}=[b^{[1]},\ b^{[2]},\ b^{[3]}]^{\mathrm{T}}$，则矢量 $\boldsymbol{c}$ 为

$$
\begin{aligned}
\boldsymbol{c}=\boldsymbol{a}\times\boldsymbol{b}=\begin{bmatrix}\mathbf{e}^{[x]} & \mathbf{e}^{[y]} & \mathbf{e}^{[z]}\\ a^{[1]} & a^{[2]} & a^{[3]}\\ b^{[1]} & b^{[2]} & b^{[3]}\end{bmatrix}
&=\begin{matrix}(a^{[2]}\cdot b^{[3]}-a^{[3]}\cdot b^{[2]})\cdot\mathbf{e}^{[x]}\\ -(a^{[1]}\cdot b^{[3]}-a^{[3]}\cdot b^{[1]})\cdot\mathbf{e}^{[y]}\\ +(a^{[1]}\cdot b^{[2]}-a^{[2]}\cdot b^{[1]})\cdot\mathbf{e}^{[z]}\end{matrix}\\
&=[\mathbf{e}_l^{[x]},\mathbf{e}_l^{[y]},\mathbf{e}_l^{[z]}]\begin{bmatrix}0 & -a^{[3]} & a^{[2]}\\ a^{[3]} & 0 & -a^{[1]}\\ -a^{[2]} & a^{[1]} & 0\end{bmatrix}\cdot\begin{bmatrix}b^{[1]}\\ b^{[2]}\\ b^{[3]}\end{bmatrix}
\end{aligned}
\tag{2.13}
$$

记叉乘矩阵为

$$
\tilde{\boldsymbol{a}}=a_{\times}=\begin{bmatrix}0 & -a^{[3]} & a^{[2]}\\ a^{[3]} & 0 & -a^{[1]}\\ -a^{[2]} & a^{[1]} & 0\end{bmatrix}
\tag{2.14}
$$

由式（2.14）可知，矢量积或矢量叉乘运算可转换为叉乘矩阵运算。

> 叉乘属于几何语言，计算机无法直接进行计算，必须将几何转化为代数。矩阵是计算机数据存储和计算的基本形式，因此将用几何表示的动作（如叉乘、转动、镜像、投影、螺旋等）转化为代数的矩阵运算是本书的重要特点之一。

3. 拉格朗日公式

在力学中，矢量积又称为矢量的矩。给定矢量 $\boldsymbol{a}$、$\boldsymbol{b}$、$\boldsymbol{c}$，得右侧优先的双重外积公式：

$$
\boldsymbol{a}\times(\boldsymbol{b}\times\boldsymbol{c})=\boldsymbol{b}\cdot(\boldsymbol{c}\cdot\boldsymbol{a})-\boldsymbol{c}\cdot(\boldsymbol{b}\cdot\boldsymbol{a})=(\boldsymbol{b}\odot\boldsymbol{c}-\boldsymbol{c}\odot\boldsymbol{b})\cdot\boldsymbol{a}
\tag{2.15}
$$

显然，有左侧优先的双重外积公式：

$$
(\boldsymbol{a}\times\boldsymbol{b})\times\boldsymbol{c}=\boldsymbol{b}\cdot(\boldsymbol{a}\cdot\boldsymbol{c})-\boldsymbol{a}\cdot(\boldsymbol{b}\cdot\boldsymbol{c})=(\boldsymbol{b}\odot\boldsymbol{a}-\boldsymbol{a}\odot\boldsymbol{b})\cdot\boldsymbol{c}
\tag{2.16}
$$

【证明】如图 2.8 所示，因 $\boldsymbol{a}\times(\boldsymbol{b}\times\boldsymbol{c})$、$\boldsymbol{b}$ 及 $\boldsymbol{c}$ 位于 $\boldsymbol{b}\times\boldsymbol{c}$ 的径向面内，故记 $\boldsymbol{b}=[x_2,0,0]$，$\boldsymbol{c}=[x_3,y_3,0]$，$\boldsymbol{a}=[x_1,y_1,z_1]$，得

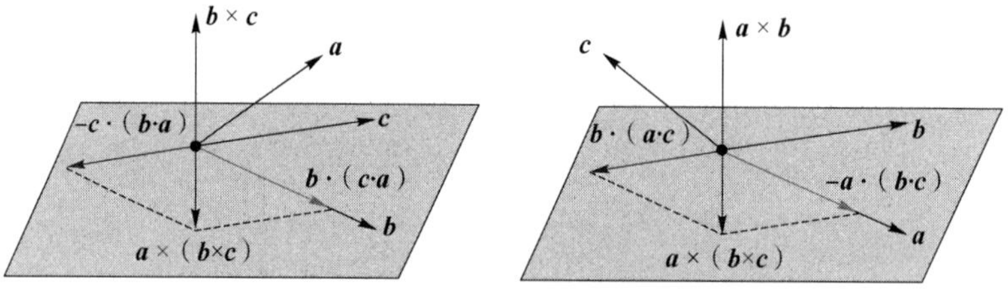

（a）　　　　（b）

图 2.8　双重外积

（a）右侧优先；（b）左侧优先

$$
\boldsymbol{b}\times\boldsymbol{c}=[0,0,x_2\cdot y_3]
$$

$$
\boldsymbol{a}\times(\boldsymbol{b}\times\boldsymbol{c})=(x_1\cdot x_3+y_1\cdot y_3)\cdot[x_2,0,0]+x_1\cdot x_2\cdot[x_3,y_3,0]
$$

显然有 $\boldsymbol{a}\times(\boldsymbol{b}\times\boldsymbol{c})=\boldsymbol{b}\cdot(\boldsymbol{c}\cdot\boldsymbol{a})-\boldsymbol{c}\cdot(\boldsymbol{b}\cdot\boldsymbol{a})$。由结合律得 $\boldsymbol{b}\cdot(\boldsymbol{c}\cdot\boldsymbol{a})-\boldsymbol{c}\cdot(\boldsymbol{b}\cdot\boldsymbol{a})=(\boldsymbol{b}\odot\boldsymbol{c}-\boldsymbol{c}\odot\boldsymbol{b})\cdot\boldsymbol{a}$。故式（2.15）成立。式（2.16）同理可证。证毕。

4. 矢量混合积

根据 3 个矢量张成的棱柱体积相等得**混合积公式**：

$$\boldsymbol{a}\cdot(\boldsymbol{b}\times\boldsymbol{c})=\boldsymbol{c}\cdot(\boldsymbol{a}\times\boldsymbol{b})=\boldsymbol{b}\cdot(\boldsymbol{c}\times\boldsymbol{a}) \tag{2.17}$$

式（2.17）满足顺序轮换法则。如图 2.9 所示，式（2.17）中 3 个矢量张成的棱柱体积是有向体积，有正负，因此式（2.17）的等号两侧必须遵从相同次序，即

$$\boldsymbol{a}\cdot(\boldsymbol{c}\times\boldsymbol{b})=\boldsymbol{c}\cdot(\boldsymbol{b}\times\boldsymbol{a})=\boldsymbol{b}\cdot(\boldsymbol{a}\times\boldsymbol{c})=-\boldsymbol{a}\cdot(\boldsymbol{b}\times\boldsymbol{c}) \tag{2.18}$$

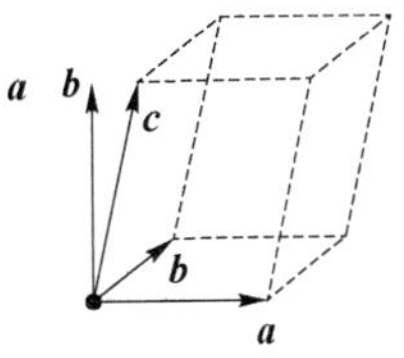

图 2.9　矢量混合积

2.3.6　矢量空间

矢量空间又称为线性空间，是线性代数的中心内容和基本概念之一。记 $\mathcal{F}$ 是一个数域(field)，$\mathcal{V}$ 是一个矢量空间，则矢量加法及标量乘法表示为

（1）可加性：$\mathcal{V}+\mathcal{V}\rightarrow\mathcal{V}$，记作 $v+w$，$\exists v$，$w\in\mathcal{V}$。

（2）齐次性：$\mathcal{F}\cdot\mathcal{V}\rightarrow\mathcal{V}$，记作 $a\cdot v$，$\exists a\in\mathcal{F}$，$\exists v\in\mathcal{V}$。

其中，“ · ”表示代数乘或矩阵乘；“+”表示代数加或矩阵加。

矢量空间是具有正交基架的线性空间，且满足内积及叉积运算。矢量空间分析是多轴系统的基础，因为在矢量空间变换下，具有距离及角度的不变性。离开距离及角度的不变性，就无从谈论多轴系统运动学与动力学。空间任一点的位置、速度、加速度及作用力均是矢量。

2.4　定轴转动

2.4.1　复数与欧拉公式

复数具有实部和虚部，虚部单位记为 $\mathbf{i}$，满足 $\mathbf{i}^2=-1$。与实数相同，复数可进行加减乘除运算，且满足加法、乘法的交换律和结合律及乘法分配律。

如图 2.10 所示，复数可在复平面表示，$[1,\mathbf{i}]$ 构成二维平面的一组基。根据欧拉公式

$$\mathrm{e}^{\mathbf{i}\cdot\phi}=\cos\phi+\mathbf{i}\cdot\sin\phi \tag{2.19}$$

复数 z 可表示为

$$z=a+\mathbf{i}\cdot b=\|z\|\cdot\mathrm{e}^{\mathbf{i}\cdot\phi_z}=\sqrt{a^2+b^2}\cdot\mathrm{e}^{\mathbf{i}\cdot\phi_z} \tag{2.20}$$

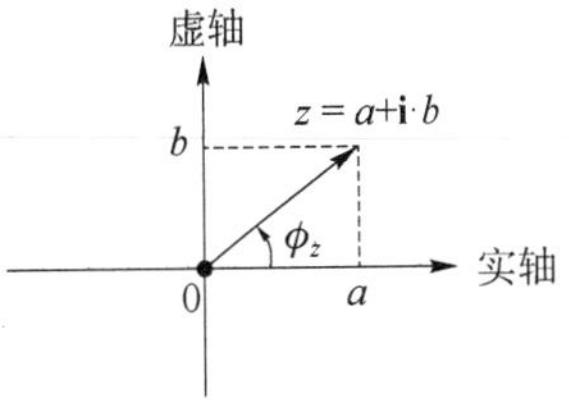

图 2.10　复数在复平面内的表示

其中，$\|z\|=\sqrt{a^2+b^2}$ 为复数模长，ϕ_z 为复数幅角，该表示方法与极坐标类似。

复数 $z=a+\mathbf{i}\cdot b$ 和 $v=c+\mathbf{i}\cdot d$ 的乘法可表示为

$$z*v=(a+\mathbf{i}\cdot b)*(c+\mathbf{i}\cdot d)=(a\cdot c-b\cdot d)+\mathbf{i}\cdot(a\cdot d+b\cdot c) \tag{2.21}$$

由式（2.20），复数乘法可表示为模长相乘、幅角相加的形式，即

$$z*v=(a+\mathbf{i}\cdot b)*(c+\mathbf{i}\cdot d)=\|z\|\cdot\|v\|\cdot\mathrm{e}^{\mathbf{i}\cdot(\phi_z+\phi_v)} \tag{2.22}$$

将复数的实部和虚部写为矢量形式，则复数乘法可改写为矩阵形式

$$z * v=(a+\mathbf{i}\cdot b)*(c+\mathbf{i}\cdot d)=\begin{bmatrix} a & \mathbf{i}\cdot b \\ \mathbf{i}\cdot b & a \end{bmatrix} * \begin{bmatrix} \mathbf{i}\cdot d \\ c \end{bmatrix}=\begin{bmatrix} \mathbf{i}\cdot(a\cdot d+b\cdot c) \\ a\cdot c-b\cdot d \end{bmatrix} \tag{2.23}$$

或

$$z * v=(a+\mathbf{i}\cdot b)*(c+\mathbf{i}\cdot d)=\begin{bmatrix} a & b \\ -b & a \end{bmatrix}\begin{bmatrix} d \\ c \end{bmatrix}=\begin{bmatrix} a\cdot d+b\cdot c \\ a\cdot c-b\cdot d \end{bmatrix} \tag{2.24}$$

式（2.23）中直接包含虚部单位 **i**，式（2.24）不包含虚部单位 **i**。式（2.21）至式（2.24)给出了复数乘的 3 种表示形式，即复数乘积、指数和矩阵形式，三者是等价的。

2.4.2　2D 转动

式（2.22）表明，给定复数 z，则 z 与任一复数 v 相乘，等价于将 v 模长缩放 $\|z\|$ 倍，同时将 v 转动角度 ϕ_z。取 $\|z\|=1$，此时 $z=\mathrm{e}^{\mathbf{i}\cdot\phi_z}=\cos\phi_z+\mathbf{i}\cdot\sin\phi_z$，则 $z*v$ 仅对复数 v 转动角度 ϕ_z，而不改变 v 模长。

以$[1,\mathbf{i}]$为基，给定二维平面内的矢量 $\boldsymbol{x}_1=x_1^{[1]}+\mathbf{i}\cdot x_1^{[2]}$，根据式（2.21）至式（2.24)，将矢量 $\boldsymbol{x}_1$ 逆时针转动角度 ϕ 至 $\boldsymbol{x}_2=x_2^{[1]}+\mathbf{i}\cdot x_2^{[2]}$，有 3 种表示形式。

（1）复数乘积：

$$\boldsymbol{x}_2=x_2^{[1]}+\mathbf{i}\cdot x_2^{[2]}=(\cos\phi+\mathbf{i}\cdot\sin\phi)\boldsymbol{x}_1 \tag{2.25}$$

（2）指数形式：

$$\boldsymbol{x}_2=x_2^{[1]}+\mathbf{i}\cdot x_2^{[2]}=\mathrm{e}^{\mathbf{i}\cdot\phi}*\boldsymbol{x}_1 \tag{2.26}$$

（3）矩阵形式（坐标矢量表示）：

$$\begin{bmatrix} x_2^{[1]} \\ x_2^{[2]} \end{bmatrix}=\begin{bmatrix} \cos\phi & -\sin\phi \\ \sin\phi & \cos\phi \end{bmatrix}\begin{bmatrix} x_1^{[1]} \\ x_1^{[2]} \end{bmatrix} \tag{2.27}$$

式（2.27）中矩阵

$${}^{1}Q_2=\begin{bmatrix} \cos\phi & -\sin\phi \\ \sin\phi & \cos\phi \end{bmatrix} \tag{2.28}$$

即为二维平面内矢量 $\boldsymbol{x}_1$ 转动至 $\boldsymbol{x}_2$ 的方向余弦矩阵。

分别将 $x_1=[1,0]$与 $x_1=[0,1]$代入式（2.27)，得

$$\begin{bmatrix} \cos\phi & -\sin\phi \\ \sin\phi & \cos\phi \end{bmatrix}\begin{bmatrix} 1 \\ 0 \end{bmatrix}=\begin{bmatrix} \cos\phi \\ \sin\phi \end{bmatrix},\begin{bmatrix} \cos\phi & -\sin\phi \\ \sin\phi & \cos\phi \end{bmatrix}\begin{bmatrix} 0 \\ 1 \end{bmatrix}=\begin{bmatrix} -\sin\phi \\ \cos\phi \end{bmatrix} \tag{2.29}$$

式（2.29）表示坐标系转动，如图 2.11 所示。

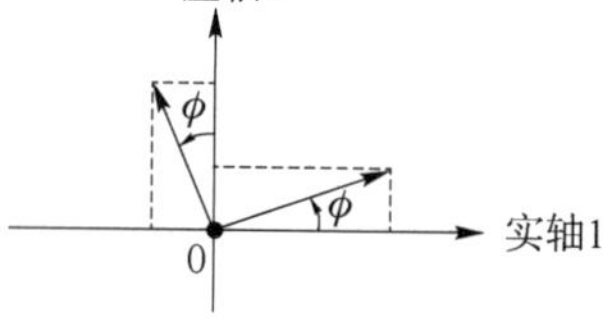

图 2.11　坐标系转动

2.4.3　3D 转动与四元数

用欧拉角表示的三维转动存在诸多问题，对于直角坐标系而言，从初始位置转动至特定位置共存在 12 组欧拉角，且存在万向节死锁（Gimbal lock）现象。本节介绍四元数及基于四元数的三维转动表示。

1. 四元数

四元数的形式为

$$\underset{\cdot}{q}=a+\mathbf{i}x\cdot b+\mathbf{i}y\cdot c+\mathbf{i}z\cdot d \tag{2.30}$$

其中，a、b、c、d 均为实数，$\mathbf{i}x$、$\mathbf{i}y$、$\mathbf{i}z$ 均为虚数单位，下标$\underset{\cdot}{\square}$表示有 4 个维度，满足

$$\mathbf{i}x*\mathbf{i}x=\mathbf{i}y*\mathbf{i}y=\mathbf{i}z*\mathbf{i}z=\mathbf{i}x*\mathbf{i}y*\mathbf{i}z=-1 \tag{2.31}$$

$$\mathbf{i}x*\mathbf{i}y=\mathbf{i}z,\mathbf{i}y*\mathbf{i}z=\mathbf{i}x,\mathbf{i}z*\mathbf{i}x=\mathbf{i}y \tag{2.32}$$

$$\mathbf{i}y*\mathbf{i}x=-\mathbf{i}z,\mathbf{i}x*\mathbf{i}z=-\mathbf{i}y,\mathbf{i}z*\mathbf{i}y=-\mathbf{i}x \tag{2.33}$$

a 称为四元数 $\underset{\cdot}{q}$ 的实部，$\mathbf{i}x\cdot b+\mathbf{i}y\cdot c+\mathbf{i}z\cdot d$ 称为四元数 $\underset{\cdot}{q}$ 的虚部。四元数也可写为标部和矢部的形式，即

$$\underset{\cdot}{q}=\begin{bmatrix}\boldsymbol{v}\\a\end{bmatrix}=[b,c,d,a]^{\mathrm{T}} \tag{2.34}$$

其中，$\boldsymbol{v}=[b,c,d]^{\mathrm{T}}$ 为四元数 $\underset{\cdot}{q}$ 的矢部，对应 $\underset{\cdot}{q}$ 的 3 个虚部。

记 $\mathbf{i}=[\mathbf{i}x,\mathbf{i}y,\mathbf{i}z]$，则 $\underset{\cdot}{\mathbf{i}}=[\mathbf{i},1]=[\mathbf{i}x,\mathbf{i}y,\mathbf{i}z,1]$ 可看成四维空间的一组基，四元数 $\underset{\cdot}{q}$ 在这组基下的坐标为 $[b,c,d,a]^{\mathrm{T}}$。

2. 四元数运算

四元数加/减法定义为对应元素相加/减，即给定 $\underset{\cdot}{q}_1=a_1+\mathbf{i}x\cdot b_1+\mathbf{i}y\cdot c_1+\mathbf{i}z\cdot d_1$ 和 $\underset{\cdot}{q}_2=a_2+\mathbf{i}x\cdot b_2+\mathbf{i}y\cdot c_2+\mathbf{i}z\cdot d_2$，有

$$\underset{\cdot}{q}_1\pm\underset{\cdot}{q}_2=(a_1\pm a_2)+\mathbf{i}x\cdot(b_1\pm b_2)+\mathbf{i}y\cdot(c_1\pm c_2)+\mathbf{i}z\cdot(d_1\pm d_2) \tag{2.35}$$

根据式（2.31）至式（2.33），四元数乘法

$$\begin{aligned}\underset{\cdot}{q}_1*\underset{\cdot}{q}_2&=(a_1+\mathbf{i}x\cdot b_1+\mathbf{i}y\cdot c_1+\mathbf{i}z\cdot d_1)*(a_2+\mathbf{i}x\cdot b_2+\mathbf{i}y\cdot c_2+\mathbf{i}z\cdot d_2)\\&=(a_1\cdot a_2-b_1\cdot b_2-c_1\cdot c_2-d_1\cdot d_2)+\\&\quad\backslash\mathbf{i}x\cdot(a_1\cdot b_2+b_1\cdot a_2+c_1\cdot d_2-d_1\cdot c_2)+\\&\quad\backslash\mathbf{i}y\cdot(a_1\cdot c_2-b_1\cdot d_2+c_1\cdot a_2+d_1\cdot b_2)+\\&\quad\backslash\mathbf{i}z\cdot(a_1\cdot d_2+b_1\cdot c_2-c_1\cdot b_2+d_1\cdot a_2)\end{aligned} \tag{2.36}$$

写成矩阵形式

$$\underset{\cdot}{q}_1\times\underset{\cdot}{q}_2=\begin{bmatrix}a_1&-d_1&c_1&b_1\\d_1&a_1&-b_1&c_1\\-c_1&b_1&a_1&d_1\\-b_1&-c_1&-d_1&a_1\end{bmatrix}\cdot\begin{bmatrix}b_2\\c_2\\d_2\\a_2\end{bmatrix} \tag{2.37}$$

同理可得

$$\underset{\cdot}{q}_2\times\underset{\cdot}{q}_1=\begin{bmatrix}a_1&d_1&-c_1&b_1\\-d_1&a_1&b_1&c_1\\c_1&-b_1&a_1&d_1\\-b_1&-c_1&-d_1&a_1\end{bmatrix}\cdot\begin{bmatrix}b_2\\c_2\\d_2\\a_2\end{bmatrix} \tag{2.38}$$

由此可见，与复数乘法不同，四元数乘法不满足交换律。

根据 Graßmann 积公式，有

$$\underset{\cdot}{q}_1\times\underset{\cdot}{q}_2=\begin{bmatrix}a_1\cdot\mathbf{1}+\tilde{\boldsymbol{v}}_1&\boldsymbol{v}_1\\-\boldsymbol{v}_1^{\mathrm{T}}&a_1\end{bmatrix}\cdot\begin{bmatrix}\boldsymbol{v}_2\\a_2\end{bmatrix},\underset{\cdot}{q}_2\times\underset{\cdot}{q}_1=\begin{bmatrix}a_1\cdot\mathbf{1}-\tilde{\boldsymbol{v}}_1&\boldsymbol{v}_1\\-\boldsymbol{v}_1^{\mathrm{T}}&a_1\end{bmatrix}\cdot\begin{bmatrix}\boldsymbol{v}_2\\a_2\end{bmatrix} \tag{2.39}$$

其中，$\boldsymbol{v}_1$、$\boldsymbol{v}_2$ 分别是 $\underset{\cdot}{q}_1$ 和 $\underset{\cdot}{q}_2$ 的矢部，$\mathbf{1}$ 表示单位矩阵，$\tilde{\boldsymbol{v}}_1$ 表示矢量 $\boldsymbol{v}_1$ 的叉乘矩阵，即

$$\tilde{\boldsymbol{v}}_1=\boldsymbol{v}_{1\times}=\begin{bmatrix}0 & -d_1 & c_1\\ d_1 & 0 & -b_1\\ -c_1 & b_1 & 0\end{bmatrix} \tag{2.40}$$

与复数类似，四元数的模定义为

$$\| \underset{\cdot}{q}_1 \| =\sqrt{a_1^2+b_1^2+c_1^2+d_1^2} \tag{2.41}$$

与复数类似，四元数的共轭定义为

$$\underset{\cdot}{q}_1^* =a_1-\mathbf{i}x\cdot b_1-\mathbf{i}y\cdot c_1-\mathbf{i}z\cdot d_1 \tag{2.42}$$

满足

$$\underset{\cdot}{q}_1^*\times\underset{\cdot}{q}_1=\underset{\cdot}{q}_1\times\underset{\cdot}{q}_1^* = \| \underset{\cdot}{q}_1 \|^2 \tag{2.43}$$

四元数的逆 $\underset{\cdot}{q}_1^{-1}$ 满足

$$\underset{\cdot}{q}_1^{-1}\times\underset{\cdot}{q}_1=\underset{\cdot}{q}_1\times\underset{\cdot}{q}_1^{-1}=1 \tag{2.44}$$

对于单位四元数而言，即 $\| \underset{\cdot}{q}_1 \|^2=1$，有 $\underset{\cdot}{q}_1^*=\underset{\cdot}{q}_1^{-1}$。

3. 三维转动

1）转动轴径向矢量的转动

首先考虑转动轴径向矢量在三维空间内的转动，如图 2.12 所示。沿转动轴的单位矢量记为 $\mathbf{e}_n$，矢量 $\boldsymbol{v}_1$ 转动至 $\boldsymbol{v}_2$ 在径向平面内与二维平面内的转动类似，沿用 2.4.2 节中复数平面内的二维平面转动表示方法，并利用式（2.40），有

$$\boldsymbol{v}_2=\boldsymbol{v}_1\cdot\cos\phi+\mathbf{i}\cdot\sin\phi\cdot(\mathbf{e}_n\times\boldsymbol{v}_1)=(\cos\phi+\mathbf{i}\cdot\sin\phi\cdot\tilde{\mathbf{e}}_n)\cdot\boldsymbol{v}_1 \tag{2.45}$$

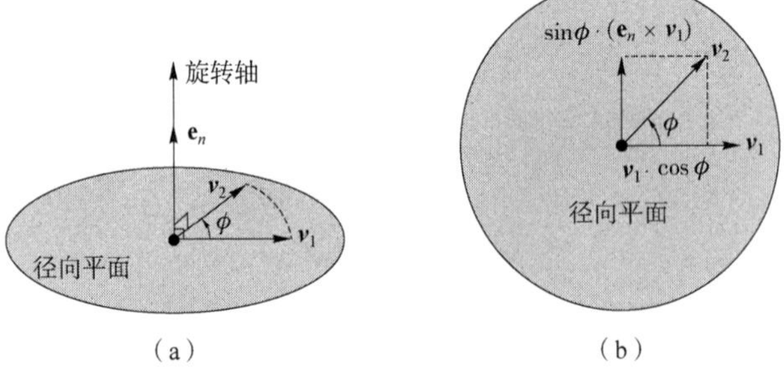

图 2.12　三维空间径向平面内的转动

（a）侧视图；（b）俯视图

记四元数

$$\underset{\cdot}{q}=\cos\phi+\mathbf{i}\cdot\sin\phi\cdot\mathbf{e}_n=\begin{bmatrix}\sin\phi\cdot\mathbf{e}_n\\ \cos\phi\end{bmatrix} \tag{2.46}$$

并将矢量 $\boldsymbol{v}_1$、$\boldsymbol{v}_2$ 分别作为四元数的矢部，由式（2.39）和式（2.45），并注意到 $\mathbf{e}_n\perp\boldsymbol{v}_1$，有

$$\begin{bmatrix}\boldsymbol{v}_2\\ 0\end{bmatrix}=\begin{bmatrix}\cos\phi\cdot\mathbf{1}+\sin\phi\cdot\tilde{\mathbf{e}}_n & \sin\phi\cdot\mathbf{e}_n\\ -\sin\phi\cdot\mathbf{e}_n^{\mathrm{T}} & \cos\phi\end{bmatrix}\cdot\begin{bmatrix}\boldsymbol{v}_1\\ 0\end{bmatrix}=\underset{\cdot}{q}\times\begin{bmatrix}\boldsymbol{v}_1\\ 0\end{bmatrix} \tag{2.47}$$

因此，垂直于转动轴的矢量转动角度 ϕ，可根据式（2.46）直接构造四元数，将转动表示为四元数乘积。由于 $\| \mathbf{e}_n \|=1$，由式有 $\| \underset{\cdot}{q} \|=1$，因此构造的四元数 $\underset{\cdot}{q}$ 是单位四元数。

2）任意矢量转动

考虑空间任一矢量 $\boldsymbol{v}_1$ 的转动，如图 2.13 所示。$\boldsymbol{v}$ 在径向分量 $\boldsymbol{v}_{1\perp}$ 的转动在图 2.12 中已

有讨论，轴向分量 $\boldsymbol{v}_{1\parallel}$ 不受转动的影响，并根据式（2.47），有

$$\boldsymbol{v}_2=\boldsymbol{v}_{1\parallel}+\boldsymbol{v}_{1\perp}\cdot\cos\phi+\sin\phi\cdot(\mathbf{e}_n\times\boldsymbol{v}_1)\Leftrightarrow\begin{bmatrix}\boldsymbol{v}_2\\0\end{bmatrix}=\begin{bmatrix}\boldsymbol{v}_{1\parallel}\\0\end{bmatrix}+\underset{\cdot}{q}\times\begin{bmatrix}\boldsymbol{v}_{1\perp}\\0\end{bmatrix}\tag{2.48}$$

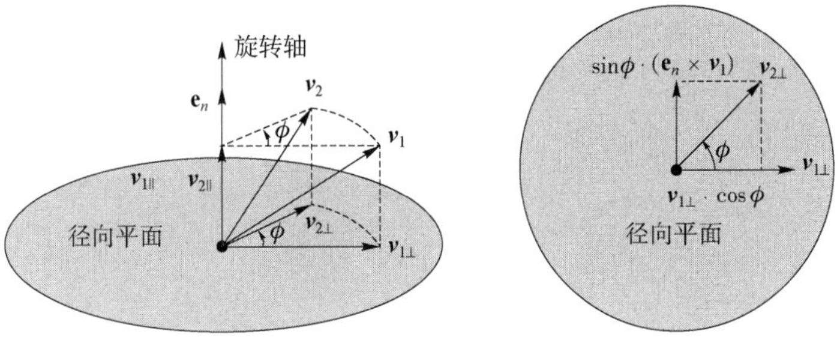

（a）　　　　　　（b）

图 2.13　三维空间任一矢量的转动

（a）侧视图；（b）俯视图

与平面内转动类似，三维空间任意矢量转动可表示为以下 3 种形式：

（1）四元数相乘。

可以证明，式（2.48）可写成四元数相乘形式

$$\begin{bmatrix}\boldsymbol{v}_2\\0\end{bmatrix}=\underset{\cdot}{\tau}*\begin{bmatrix}\boldsymbol{v}_1\\0\end{bmatrix}\times\underset{\cdot}{\tau}^*\tag{2.49}$$

其中，四元数 $\underset{\cdot}{\tau}$ 为

$$\underset{\cdot}{\tau}=\cos\frac{\phi}{2}+\mathbf{i}\cdot\sin\frac{\phi}{2}\cdot\mathbf{e}_n=\begin{bmatrix}\sin\dfrac{\phi}{2}\cdot\mathbf{e}_n\\ \cos\dfrac{\phi}{2}\end{bmatrix}\tag{2.50}$$

与式（2.46）中的四元数 $\underset{\cdot}{q}$ 不同，四元数 $\underset{\cdot}{\tau}$ 采用转动角的半角。

（2）指数形式。

类比于欧拉公式，用四元数虚部 $\mathbf{i}\cdot\mathbf{e}_n$ 代换欧拉公式中的复数单位 $\mathbf{i}$，则根据式（2.50）定义的四元数也可写成指数形式，即 $\underset{\cdot}{\tau}=\cos\dfrac{\phi}{2}+\mathbf{i}\cdot\sin\dfrac{\phi}{2}\cdot\mathbf{e}_n=\exp\left((\mathbf{i}\cdot\mathbf{e}_n)\cdot\dfrac{\phi}{2}\right)$，因此三维转动也可表示为指数形式，即

$$\begin{bmatrix}\boldsymbol{v}_2\\0\end{bmatrix}=\underset{\cdot}{\tau}\times\begin{bmatrix}\boldsymbol{v}_1\\0\end{bmatrix}\times\underset{\cdot}{\tau}^*=\exp\left((\mathbf{i}\cdot\mathbf{e}_n)\cdot\frac{\phi}{2}\right)\times\begin{bmatrix}\boldsymbol{v}_1\\0\end{bmatrix}\times\exp\left((-\mathbf{i}\cdot\mathbf{e}_n)\cdot\frac{\phi}{2}\right)\tag{2.51}$$

（3）矩阵形式。

将式（2.39）代入式（2.49），可得

$$\begin{aligned}\begin{bmatrix}\boldsymbol{v}_2\\0\end{bmatrix}&=\begin{bmatrix}c\cdot\mathbf{1}+s\cdot\tilde{\mathbf{e}}_n & s\cdot\mathbf{e}_n\\-s\cdot\mathbf{e}_n^{\mathrm{T}} & c\end{bmatrix}\cdot\begin{bmatrix}c\cdot\mathbf{1}+s\cdot\tilde{\mathbf{e}}_n & -s\cdot\mathbf{e}_n\\ s\cdot\mathbf{e}_n^{\mathrm{T}} & c\end{bmatrix}\cdot\begin{bmatrix}\boldsymbol{v}_1\\0\end{bmatrix}\\&=\begin{bmatrix}c^2\cdot\mathbf{1}+2\cdot c\cdot s\cdot\tilde{\mathbf{e}}_n+s^2\cdot\tilde{\mathbf{e}}_n^2+s^2\cdot\mathbf{e}_n\cdot\mathbf{e}_n^{\mathrm{T}} & 0\\0 & 1\end{bmatrix}\cdot\begin{bmatrix}\boldsymbol{v}_1\\0\end{bmatrix}\end{aligned}\tag{2.52}$$

因此，有

$$v_2=(c^2\cdot\mathbf{1}+2\cdot c\cdot s\cdot\tilde{\mathbf{e}}_n+s^2\cdot\tilde{\mathbf{e}}_n^2+s^2\cdot\mathbf{e}_n\cdot\mathbf{e}_n^{\mathrm{T}})\cdot v_1 \tag{2.53}$$

则由 v_1 转动至 v_2 的转动变换阵为

$$^1Q_2=c^2\cdot\mathbf{1}+2\cdot c\cdot s\cdot\tilde{\mathbf{e}}_n+s^2\cdot\tilde{\mathbf{e}}_n^2+s^2\cdot\mathbf{e}_n\cdot\mathbf{e}_n^{\mathrm{T}} \tag{2.54}$$

注意到 $\mathbf{e}_n\cdot\mathbf{e}_n^{\mathrm{T}}\cdot v_1$ 是矢量 v_1 在转动轴上的投影矢量，$-\tilde{\mathbf{e}}_n^2\cdot v_1$ 是矢量 v_1 在径向平面内的投影矢量，则 $v_1=-\tilde{\mathbf{e}}_n^2\cdot v_1+\mathbf{e}_n\cdot\mathbf{e}_n^{\mathrm{T}}\cdot v_1$，代入式（2.54），有

$$\begin{aligned}^1Q_2&=c^2\cdot\mathbf{1}+2\cdot c\cdot s\cdot\tilde{\mathbf{e}}_n+s^2\cdot\tilde{\mathbf{e}}_n^2+s^2\cdot\mathbf{e}_n\cdot\mathbf{e}_n^{\mathrm{T}}\\&=c^2\cdot\mathbf{1}+2\cdot c\cdot s\cdot\tilde{\mathbf{e}}_n+s^2\cdot\tilde{\mathbf{e}}_n^2+s^2\cdot(1+\tilde{\mathbf{e}}_n^2)\\&=\mathbf{1}+\sin\phi\cdot\tilde{\mathbf{e}}_n+(1-\cos\phi)\cdot\tilde{\mathbf{e}}_n^2\end{aligned} \tag{2.55}$$

综合上述结果，三维空间的任意转动均可写成四元数形式，对于二维平面内的转动而言，四元数退化为复数，其特征在于：

（1）零位轴是空间转动的起点，在初始时刻，将被转动矢量在转动轴径向平面内投影，投影矢量的方向即是零位轴方向。

（2）空间任一矢量的转动均可用四元数乘积表示。$\underset{\cdot}{\mathbf{i}}=[\mathbf{i},1]=[\mathbf{i}x,\mathbf{i}y,\mathbf{i}z,1]$ 可看成四维复数空间的一组基，实部或标部对应转动零位轴。

（3）转动角 $\phi=0$ 时，$^1Q_2=1$，即转动变换阵为单位阵，表示未转动。

（4）空间任一矢量的转动，均只转动径向分量，而沿转动轴方向的分量不转动。

> 对偶性在三维矢量转动中的体现：
>
> （1）点积与叉积：矢量转动与矢量点积、叉积联系紧密；三维矢量对转动轴的投影可通过矢量点积获得，对转动轴径向平面的投影可通过矢量叉积获得；点积与叉积属于矛盾的两面，又不可分割。
>
> （2）点积计算包含矢量夹角的余弦，叉积包含矢量夹角的正弦；正弦与余弦也是相互依存的矛盾体。
>
> （3）平面转动中，转动前与转动后的矢量确定的法向即为转动轴的方向，转动的起点即零位轴位于径向平面内，因此转动轴与其径向平面也是相互依存的矛盾体，描述矢量转动二者必不可少。

2.4.4　四维复数空间与笛卡儿空间

由上述分析可知，2D 转动是 3D 转动的特例。2D 转动和 3D 转动均可用复数相乘表示。2D 平面的复数基分量为 $[\mathbf{i},1]$，这里的 $\mathbf{i}$ 是纯单位虚数；3D 空间的复数基分量为 $\underset{\cdot}{\mathbf{i}}\triangleq[\mathbf{i}x,\mathbf{i}y,\mathbf{i}z,1]$，其中 $\mathbf{i}\triangleq[\mathbf{i}x,\mathbf{i}y,\mathbf{i}z]$ 为树链系统的公共参考基。2D 平面和 3D 空间的复数基均满足

$$\|[\mathbf{i},1]\|=0,\ \|\underset{\cdot}{\mathbf{i}}\|=0 \tag{2.56}$$

且 $\mathbf{i}\triangleq[\mathbf{i}x,\mathbf{i}y,\mathbf{i}z]$ 满足

$$\mathbf{i}^{\mathrm{T}}\times\mathbf{i}=\tilde{\mathbf{i}}-\mathbf{1} \tag{2.57}$$

其中，3D 复数乘“×”是在式（2.56）约束下满足式（2.32）的 3D 矢量乘“×”运算，即

$$\mathbf{i}^{\mathrm{T}}\times\mathbf{i}=\begin{bmatrix}\mathbf{i}x\\\mathbf{i}y\\\mathbf{i}z\end{bmatrix}\times[\mathbf{i}x,\mathbf{i}y,\mathbf{i}z]=\begin{bmatrix}\mathbf{i}x\times\mathbf{i}x & \mathbf{i}z & -\mathbf{i}y\\-\mathbf{i}z & \mathbf{i}y\times\mathbf{i}y & \mathbf{i}x\\\mathbf{i}y & -\mathbf{i}x & \mathbf{i}z\times\mathbf{i}z\end{bmatrix}=\begin{bmatrix}-1 & \mathbf{i}z & -\mathbf{i}y\\-\mathbf{i}z & -1 & \mathbf{i}x\\\mathbf{i}y & -\mathbf{i}x & -1\end{bmatrix}=\tilde{\mathbf{i}}-\mathbf{1} \tag{2.58}$$

由上可知，坐标基$[\mathbf{i}x,\mathbf{i}y,\mathbf{i}z]$增加一个维度并引入约束式（2.57）后，仍具有3个独立的维度，是一个独立的3D实空间。显然，4D复数空间与3D笛卡儿空间同构，即等价。由式（2.56）得

$$\underset{\cdot}{\mathbf{i}}^{*}=\underset{\cdot}{\mathbf{i}}^{-1}=[-\mathbf{i},1] \tag{2.59}$$

定义

$$\underset{\cdot}{\tilde{\mathbf{i}}}\triangleq\underset{\cdot}{\mathbf{i}}^{\mathrm{T}}\times\underset{\cdot}{\mathbf{i}}=\begin{bmatrix}-1 & \mathbf{i}z & -\mathbf{i}y & \mathbf{i}x\\-\mathbf{i}z & -1 & \mathbf{i}x & \mathbf{i}y\\\mathbf{i}y & -\mathbf{i}x & -1 & \mathbf{i}z\\\mathbf{i}x & \mathbf{i}y & \mathbf{i}z & 1\end{bmatrix}=\begin{bmatrix}-\mathbf{1}+\tilde{\mathbf{i}} & \mathbf{i}^{\mathrm{T}}\\\mathbf{i} & 1\end{bmatrix} \tag{2.60}$$

式（2.59）和式（2.60）表明4D复数空间具有矩阵不变性和内积不变性。

由式（2.56）得：$\|\underset{\cdot}{\mathbf{i}}\|=\underset{\cdot}{\mathbf{i}}\times\underset{\cdot}{\mathbf{i}}^{\mathrm{T}}=[-\mathbf{i},1]\times[-\mathbf{i},1]^{\mathrm{T}}=\mathbf{i}^2+1=0$，故有

$$\mathbf{i}^2=-1 \tag{2.61}$$

显然，3D笛卡儿空间是新的4D复数空间的子空间，复数乘既具有式（2.32）所示的矢量乘运算，又具有式（2.31）和式（2.61）所示的代数乘运算。很自然地，可以应用4D复数空间规律研究3D笛卡儿空间的规律。如同2D复数，在3D空间下的姿态表示与运算是复杂的，但在4D复数空间下具有简单的表示及运算。这是破解多轴系统姿态计算难题的关键。

> 利用复数表示转动时，复数基的实部与零位轴对应，虚部是唯一的自然参考基。复数基的模长为0，表明实部与虚部的对立性或矛盾性，但二者在表达转动时均不可或缺，因此二者相互依存、不可分割。

2.5 张量

自然界的事物或物理量是客观存在的，与坐标系的选择无关，但为了方便，在分析解决具体问题时均会引入坐标系。由于坐标系的引入，分析结果往往存在部分人们不感兴趣的内容，引起不必要的复杂化。例如，1 m等于3尺，其中1和3为“数”，而米和尺为“量”，具有长度量纲；1 kg等于1 000 g，其中1和1 000为“数”，千克和克为“量”，具有质量量纲。因此，在对自然界的事物或物理量进行描述时，必须具有参考基，上述的米、尺是不同的长度参考基，千克和克是不同的质量参考基。对于1 m长度，虽然在不同的参考基下描述不同，但其本身是客观存在的，具有不变性；同理，对于1 kg的水，在任何参考基下包含的物质质量均是不变的，仅在不同的参考基下描述不同。

在分析几何问题时，若只考虑“数”，不考虑“量”，将使分析过程变得复杂。例如，1 m长的线段客观存在，但既可以用1表示，也可以用3表示，若不考虑参考基“米”和“尺”，分析过程将难免混乱。

张量方法就是既采用坐标系又摆脱具体坐标系影响的不变性方法。“张量”由爱因斯坦最早提出，以之为基础，建立了电磁场及力场等理论。“张量分析”被广泛应用于连续介质粒子系统的研究。张量不仅给出了某一坐标系中的分量，而且规定了分量在坐标变换时的变换规律，因此可求得张量在任意坐标系中的分量。例如，将长度参考基由“米”缩小至 1/3 变为“尺”，则长为 2 m 的线段应等于 6 尺，即分量变为 3 倍，则该例中参考基的变换规律与分量的变换规律相反或互逆，称为协变；相反，若长度参考基由“米”缩小至 1/3 变为“尺”，则沿参考基的温度梯度也相应缩小为 1/3，因此梯度是协变的。

因此，“张量不变性”是自然界最基本的规律，具体反映的是：事物属性的客观性或不变性；要度量事物的属性就必须有参考对象；相对不同参考对象的度量存在必然的联系，即规律的客观性。事物属性的表征量必须指明它的参考对象。

坐标系转动矩阵 ${}^{\bar{l}}Q_l$：表示由 Frame#$\bar{l}$ 到 Frame#l 的姿态，即由 $\bar{l}$ 转动至 l，是 Frame#l 的 3 个基分量分别对 Frame#$\bar{l}$ 的 3 个基分量的投影矢量。n 维空间的坐标系转动矩阵可表示为

$$
{}^{\bar{l}}Q_l=\begin{bmatrix} {}^{\bar{l}}Q_l^{[1][1]} & {}^{\bar{l}}Q_l^{[1][2]} & \cdots & {}^{\bar{l}}Q_l^{[1][n]} \\ {}^{\bar{l}}Q_l^{[2][1]} & {}^{\bar{l}}Q_l^{[2][2]} & \cdots & {}^{\bar{l}}Q_l^{[2][n]} \\ \vdots & \vdots & \ddots & \vdots \\ {}^{\bar{l}}Q_l^{[n][1]} & {}^{\bar{l}}Q_l^{[n][2]} & \cdots & {}^{\bar{l}}Q_l^{[n][n]} \end{bmatrix}
$$

记 Frame#$\bar{l}$ 和 Frame#l 的单位基矢量分别为 $\mathbf{e}_{\bar{l}}$ 和 $\mathbf{e}_l$，则坐标系转动矩阵可表示为

$$
{}^{\bar{l}}Q_l=\mathbf{e}_{\bar{l}}^{\mathrm{T}}\cdot\mathbf{e}_l
$$

由于单位基矢量的模为 1，则

$$
{}^{\bar{l}}Q_l\cdot\mathbf{e}_l^{\mathrm{T}}=\mathbf{e}_{\bar{l}}^{\mathrm{T}}\cdot\mathbf{e}_l\cdot\mathbf{e}_l^{\mathrm{T}}\Rightarrow\mathbf{e}_{\bar{l}}^{\mathrm{T}}={}^{\bar{l}}Q_l\cdot\mathbf{e}_l^{\mathrm{T}}\Rightarrow\mathbf{e}_{\bar{l}}=\mathbf{e}_l\cdot{}^{l}Q_{\bar{l}} \tag{2.62}
$$

定义 2.1 张量：在 n 维空间中，对于任意坐标系 Frame#l，给出以 k 个指标编号的 n^k 个数，记为 ${}^{l}J_{lS}^{[i_1][i_2]\cdots[i_k]}$，其中 $i_1\sim i_k$ 均从 $1\sim n$ 取值。当坐标系变换至 Frame#$\bar{l}$ 时，若 ${}^{l}J_{lS}$ 按如下规律改变：

$$
{}^{\bar{l}|l}J_{lS}^{[i_1][i_2]\cdots[i_k]}={}^{\bar{l}}Q_l^{[i_1][i'_1]}\cdot{}^{\bar{l}}Q_l^{[i_2][i'_2]}\cdots{}^{\bar{l}}Q_l^{[i_k][i'_k]}\cdot{}^{l}J_{lS}^{[i'_1][i'_2]\cdots[i'_k]} \tag{2.63}
$$

则称 ${}^{l}J_{lS}$ 为 k 阶逆变张量。比较式（2.62）和式（2.63），“逆变”是指 ${}^{l}J_{lS}$ 的变换规律与基分量的变换规律相反或互逆，对应存在“协变张量”，指 ${}^{l}J_{lS}$ 的变换规律与基分量的变换规律一致。

若 $k=0$，则 ${}^{l}J_{lS}$ 为零阶张量，只有 $n^0=1$ 个分量，即标量，在任何坐标系中具有相同的表示，即 ${}^{\bar{l}|l}J_{lS}={}^{l}J_{lS}$；若 $k=1$，则 ${}^{l}J_{lS}$ 为一阶张量，有 $n^1=n$ 个分量，即矢量 ${}^{l}r_{lS}$；考虑三维欧氏空间，即 $n=3$，若 $k=2$，则 ${}^{l}J_{lS}$ 为二阶张量，有 3×3 个分量，即三维二阶张量 ${}^{l}\vec{\vec{J}}_{lS}$。然而，一阶张量并不一定为矢量，如不过原点的超平面系数也为一阶张量。

记三维二阶张量 ${}^{l}\vec{\vec{J}}_{lS}$ 在 l 系下的坐标阵列为 ${}^{l}J_{lS}$：

$$
{}^{l}J_{lS}=\begin{bmatrix} {}^{l}J_{lS}^{[1][1]} & {}^{l}J_{lS}^{[1][2]} & {}^{l}J_{lS}^{[1][3]} \\ {}^{l}J_{lS}^{[2][1]} & {}^{l}J_{lS}^{[2][2]} & {}^{l}J_{lS}^{[2][3]} \\ {}^{l}J_{lS}^{[3][1]} & {}^{l}J_{lS}^{[3][2]} & {}^{l}J_{lS}^{[3][3]} \end{bmatrix}
$$

其中，${}^{l}J_{lS}$的左上角 l 表示参考系，即是 l 系下的坐标阵列；${}^{l}J_{lS}$的方向是由 l 系的原点 O_l 指向 l 系中的点 S。记 $\mathbf{e}_l^{\mathrm{T}}={}^{l}\mathbf{e}$，${}^{l}J_{lS}$以两个相同的坐标基 $\mathbf{e}_l$ 的阵列 $\mathbf{e}_l\cdot{}^{l}\mathbf{e}$ 为参考；如图 2.14 所示，由两个基矢量的笛卡儿积得到 9 个二重基分量。

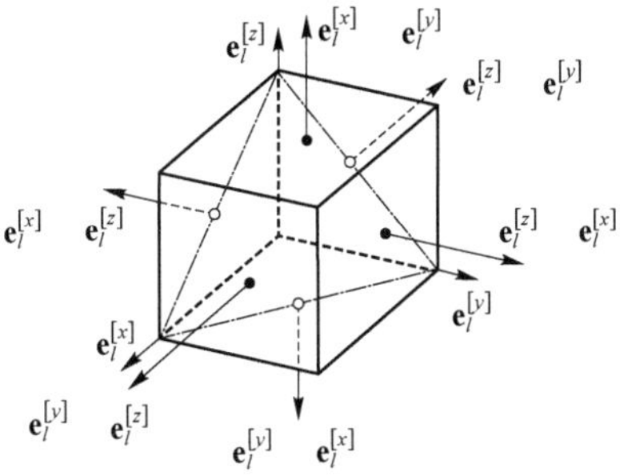

图 2.14　三维二阶张量的基

大写字母 J 表示 3×3 的与基分量对应的坐标阵列。具有不变性的二阶张量${}^{l}\vec{\vec{J}}_{lS}$表示为

$$
{}^{l}\vec{\vec{J}}_{lS}=\mathbf{e}_l\cdot{}^{l}J_{lS}\cdot{}^{l}\mathbf{e}=\sum_{r=1}^{[1:3]}\left(\sum_{c=1}^{[1:3]}(\mathbf{e}_l^{[r]}\cdot{}^{l}J_{lS}^{[r][c]}\cdot\mathbf{e}_l^{[c]})\right) \tag{2.64}
$$

即二阶张量的基分量与对应坐标的乘积之和具有不变性。二阶张量的坐标阵列即坐标矩阵${}^{l}J_{lS}$的 6 个非对角元素表示六面体法向对应的坐标，3 个对角元素表示 3 个轴向对应的坐标。在力学中，转动惯性张量、应变及应力张量等均是二阶张量。

以不同参考系度量的属性量存在内在的关系，需要保证属性量的不变性：坐标与基相互参考，基与坐标的代数积保持不变；否则，不同的度量存在矛盾，不能保证属性量的客观性。故有矢量 ${}^{l}\vec{r}_{lS}$及二阶张量${}^{l}\vec{\vec{J}}_{lS}$的不变性关系：

$$
{}^{l}\vec{r}_{lS}=\mathbf{e}_l\cdot{}^{l}r_{lS}=\mathbf{e}_{\bar{l}}\cdot{}^{\bar{l}|l}r_{lS} \tag{2.65}
$$

$$
{}^{l}\vec{\vec{J}}_{lS}=\mathbf{e}_l\cdot{}^{l}J_{lS}\cdot{}^{l}\mathbf{e}=\mathbf{e}_{\bar{l}}\cdot{}^{\bar{l}|l}J_{lS}\cdot{}^{\bar{l}}\mathbf{e} \tag{2.66}
$$

其中，$\mathbf{e}_l$ 和 $\mathbf{e}_{\bar{l}}$ 分别为 Frame#l 和 Frame#$\bar{l}$ 的基矢量或参考基。显然，矢量 ${}^{l}\vec{r}_{lS}$及二阶张量${}^{l}\vec{\vec{J}}_{lS}$具有客观不变性，只是在不同坐标系下的分量不同。参考基 $\mathbf{e}_l$ 不是运动链拓扑结构的要素，而是运动链度量的参考要素。矢量 ${}^{l}\vec{r}_{lS}$及二阶张量${}^{l}\vec{\vec{J}}_{lS}$的左上角及右下角指标首先表示的是拓扑关系即连接关系，左上角指标表明参考系。

2.6　计算机基础

2.6.1　矩阵求逆

定义 2.2　$n\times n$ 的满秩矩阵 $\boldsymbol{A}$，其逆矩阵 $\boldsymbol{A}^{-1}$维度为 $n\times n$，且满足 $\boldsymbol{A}^{-1}\cdot\boldsymbol{A}=\boldsymbol{A}\cdot\boldsymbol{A}^{-1}=\mathbf{1}_n$，

其中 $\mathbf{1}_n$ 为 $n \times n$ 单位矩阵。

定义 2.3 若矩阵 $\boldsymbol{A}$ 维度为 $m \times n$，其伪逆矩阵 A^+ 为：

（1）若矩阵 $\boldsymbol{A}$ 列满秩，则 $\boldsymbol{A}^+ = (\boldsymbol{A}^{\mathrm{T}} \cdot \boldsymbol{A})^{-1} \cdot \boldsymbol{A}^{\mathrm{T}}$，称为 $\boldsymbol{A}$ 的左逆矩阵；

（2）若矩阵 $\boldsymbol{A}$ 行满秩，则 $\boldsymbol{A}^+ = \boldsymbol{A}^{\mathrm{T}} \cdot (\boldsymbol{A} \cdot \boldsymbol{A}^{\mathrm{T}})^{-1}$，称为 $\boldsymbol{A}$ 的右逆矩阵。

2.6.2 浮点运算与机器误差

示例 2.3 求值：

$$100.0 + \underbrace{0.01 + 0.01 + \cdots + 0.01}_{10\,000个0.01}$$

【解】 根据加法结合律，有

$$100.00 + \underbrace{0.01 + 0.01 + \cdots + 0.01}_{10\,000个0.01} = 100.00 + 10\,000 * 0.01 = 200.00$$

计算机存储字长是有限的，假设计算机的有效位仅有 4 位，因此 100.00+0.01=100.0，依此类推，最终得到错误结果 100.0。

示例 2.4 求解方程：

$$x^2 - (10^{15} + 1)x + 10^{15} = 0$$

【解】 由于 $x^2 - (10^{15} + 1) + 10^{15} = (x - 10^{15})(x - 1)$，因此方程的两个根为 $x_1 = 10^{15}$，$x_2 = 1$。

采用 C++根据求根公式编写程序进行求解，当采用 float 类型浮点数（32 位）时，得到结果 $x_1 = 999\,999\,986\,991\,104.00$，$x_2 = 0.00$，其中 x_1 接近于真实解，但 x_2 误差很大；当采用 double 类型（64 位）时，得到结果 $x_1 = 1.00 \times 10^{15}$，$x_2 = 1.00$，与真实解符合。因此，计算机字长对于计算精度的影响不可忽略。

根据 IEEE 754 标准，浮点数在计算机中采用科学计数法表示，即 $a = (-1)^S \times b^E \times T$，其中 S、b、E、T 分别表示符号位、基数、指数和尾数，浮点数存储形式如图 2.15 所示。计算机采用二进制进行存储，因此 $b=2$；符号位 S 占一位，取值 0 或 1，分别对应正数和负数；指数 E 占 w 位，IEEE 754 标准中指数位不含符号位，因此在实际计算时需考虑指数偏量，即实际的指数值 $e = E - (2^{w-1} - 1)$；尾数位占 p 位，由于尾数位的最高位总是 1，因此将尾数位的最高位隐去，实际存储的尾数位为 $t = p - 1$ 位，这种存储方式还避免了存储尾数中的小数点。

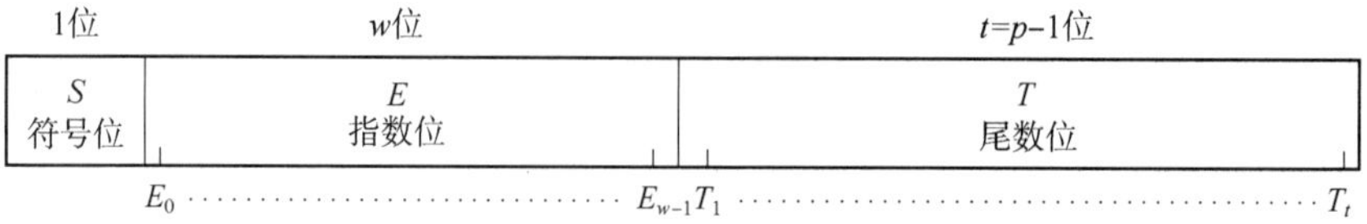

图 2.15 IEEE 754 标准中浮点数存储形式

IEEE 754 中数值的表示：

（1）$E = 2^w - 1$，$T \neq 0$，表示不是一个数，记作 NaN；

（2）$E = 2^w - 1$，$T = 0$，表示无穷大 ∞，符号取决于符号位 S；

（3）$E = 0$，$T = 0$，表示 0，符号取决于符号位 S；

（4）$E = 0$，$T \neq 0$，表示 $(-1)^S \times 2^{emin} \times (0 + 2^{1-p} \times T)$，其中 $emin$ 表示最小指数，$emin = 2 - 2^{w-1}$；

(5) $1 \leqslant E \leqslant 2^w-2$，表示$(-1)^S \times 2^e \times (1+2^{1-p} \times T)$，其中 $e=E-(2^{w-1}-1)$。

上述（5）属于一般表示，也称为规约浮点数，而(1)~(4)属于特殊数值表示。

由于字长的限制，计算机表示的浮点数是离散的。当人为输入一个数值时，计算机将其存储为与输入数值最接近的浮点数，可定义机器精度(machine epsilon)ε，即计算机中浮点数 1 与下一个大于 1 的浮点数之间的距离。

在 IEEE 754 标准中，32 位浮点数 $w=8$、$p=24$；64 位浮点数 $w=11$、$p=53$，表示范围为 ε 为$[-2^{-1\,022}, 2^{1\,024}+2^{971}]$，转化为十进制约为$[2.225\,07\times10^{-308}, 1.797\,69\times10^{308}]$，机器精度 $\varepsilon=2^{-52}\approx2.220\,45\times10^{-16}$；128 位浮点数 $w=15$、$p=113$，表示范围为 ε 为$[2^{-16\,382}, 2^{16\,384}+2^{16\,271}]$，转化为十进制约为$[3.362\,10\times10^{-4\,932}, 1.189\,73\times10^{4\,932}]$，机器精度 $\varepsilon=2^{-112}\approx1.925\,93\times10^{-34}$。因此，随着数值求解阶次的升高，计算机浮点数字长也需相应增加，如阶次高于 12 时，通常需要采用 128 位字长的浮点计算系统。

示例 2.5　将十进制数 2.5 和−0.812 5 分别用 32 位和 64 位浮点数表示。

【解】 十进制 2.5 表示为二进制：$(2.5)_{10}=(10.1)_2=(1.01)_2\times2^1$，因此实际指数应为 1；在 IEEE 754 标准中，小数位第一位恒为 1 并隐去，因此尾数位为 01。其中，$(\square)_{10}$和$(\square)_2$ 分别表示十进制和二进制数，未指明的均为二进制数。

32 位浮点数的指数位偏置为 127，因此 32 位指数位为$(127+1)_{10}=(128)_{10}=(10000000)_2$；64 位浮点数的指数位偏置为 $2^{14}-1$，因此 64 位指数位为$(1\,024-1+1)_{10}=(1\,024)_{10}=(1\underbrace{0\cdots0}_{10个0})_2$。

同理可得−0.812 5 的浮点数表示，如表 2.1 所示。

表 2.1　计算机浮点数示例

位数	2.5			−0.812 5		
	S	E	T	S	E	T
32 位	0	$1\underbrace{0\cdots0}_{7个0}$	$01\underbrace{0\cdots0}_{21个0}$	1	$0\underbrace{1\cdots1}_{6个1}0$	$101\underbrace{0\cdots0}_{20个0}$
64 位	0	$1\underbrace{0\cdots0}_{10个0}$	$01\underbrace{0\cdots0}_{51个0}$	1	$0\underbrace{1\cdots1}_{9个1}0$	$101\underbrace{0\cdots0}_{50个0}$

数值计算中，除上述计算机字长导致的误差外，还存在截断误差和数据的测量误差等，在数值求解时需引起注意。例如，当计算格式中包含除法时，分母为 0 将导致奇异，但计算机一般难以精确取值到 0，而是非常接近 0 的某个数，此时除法将导致很大误差。

2.7　轴链公理

2.7.1　运动副

运动副是机械系统的关节在运动学上的抽象。多轴系统运动分析是运动系统设计及控制的基础。从运动分析与综合的角度，将多轴系统运动系统视为由杆件与运动副组成的运动链。

运动副是由两构件组成、具有相对运动的简单机构；它使两个构件具有确定的运动，是两构件间既直接接触又有相对运动的连接。运动副既包含两构件的相对运动，又包含两构件相对运动的约束；称自由运动的维度为自由度，约束的维度为约束度（Degree of Constraint，DoC）。

将运动副根向的构件称为定子；将运动副叶向的构件称为动子。定子与动子是相对的。记组成任一个运动副 $\boldsymbol{k}$ 的定子及动子分别为 $\bar{l}$ 及 l，记该运动副为 ${}^{\bar{l}}\boldsymbol{k}_l$，${}^{\bar{l}}\boldsymbol{k}_l$ 表示连接杆件 $\bar{l}$ 及 l 的运动副类或运动副簇。因运动副 ${}^{\bar{l}}\boldsymbol{k}_l$ 表示定子 $\bar{l}$ 与动子 l 的连接，故它表示的是双向连接关系。将由 $\bar{l}$ 至 l 且由 l 至 $\bar{l}$ 的有序连接，称为全序的连接；将由 $\bar{l}$ 至 l 或由 l 至 $\bar{l}$ 的有序连接，称为偏序的连接。

图 2.16 所示的转动副在其运动轴（Motion axis）上有一个转动自由度，存在由 3 个平动约束轴（Constraint axis）及 2 个转动约束轴构成的约束度。

图 2.17 所示的棱柱副在其运动轴上有 1 个平动自由度，存在 2 个平动约束轴及 3 个转动约束轴。

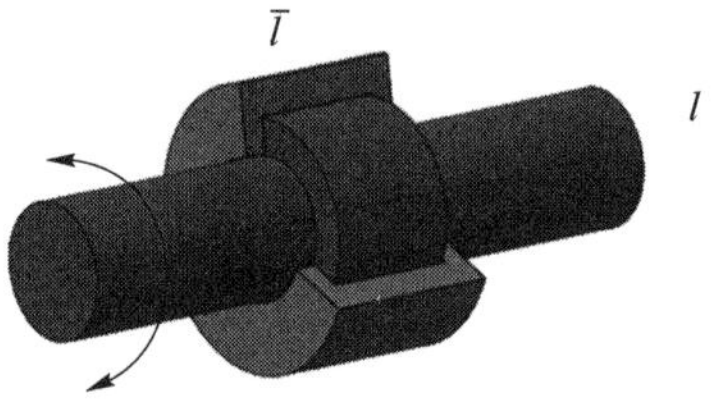

图 2.16　转动副

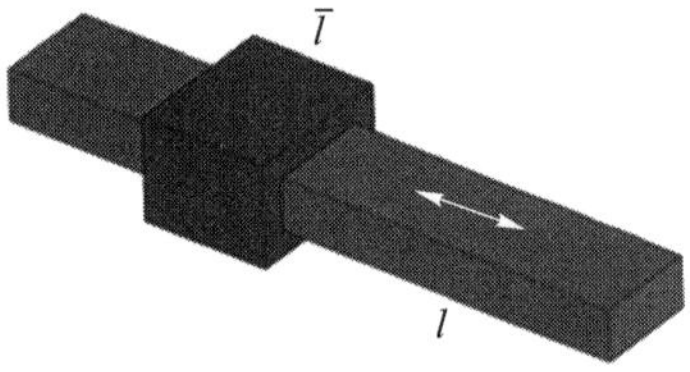

图 2.17　棱柱副

图 2.18 所示的螺旋副在其运动轴上存在一个转动自由度，当该轴转动时，同时产生轴向位移。故螺旋副存在 3 个独立的平动约束轴及 2 个转动约束轴。

图 2.19 所示的圆柱副在其运动轴上具有 1 个平动自由度及 1 个转动自由度；存在 2 个平动约束轴及 2 个转动约束轴。

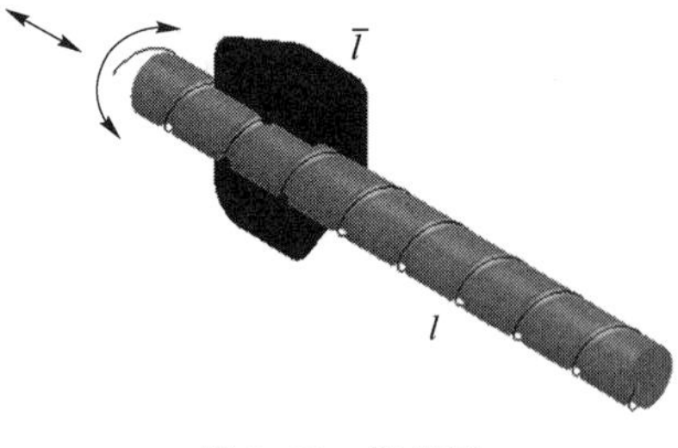

图 2.18　螺旋副

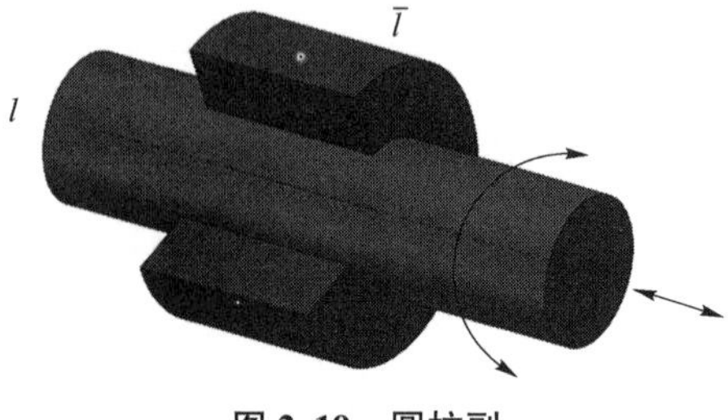

图 2.19　圆柱副

图 2.20 所示的球副存在 3 个转动轴，即具有 3 个转动自由度，且具有 3 个平动约束轴。其中，2 个转动轴用于出轴的径向控制，另 1 个转动轴用于出轴的轴向控制。

图 2.21 所示的接触副有且仅有 1 个理想的接触点，仅存在 3 个轴向转动及 2 个轴向平动；存在 1 个轴向的单边平动约束。单边约束，意即轴的 1 个方向受约束；对应于默认的双边约束，意即轴的 2 个方向均受约束。默认的接触副是指点接触副，而线及面接触可以通过

数个点接触副等价。

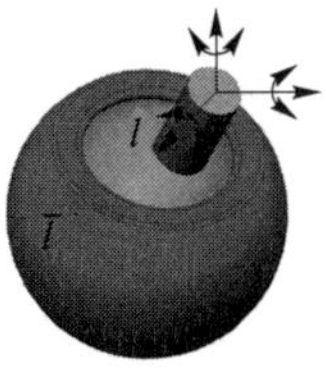

图 2.20　球副

图 2.21　接触副

图 2.22 所示的球销副存在 2 个独立的转动轴，即具有 2 个转动自由度；存在 3 个平动约束轴及 1 个转动约束轴。

图 2.22　球销副（万向节）

根据运动副所引入的约束度分类：把有且仅有 1 个约束度的运动副称为Ⅰ级副；把有且仅有 2 个约束度的运动副称为Ⅱ级副，依次类推。

运动副的两构件接触部位的形状可分为点接触、线接触及面接触。构件与构件之间为面接触的运动副称为低副，其接触部分的压强较低；构件与构件之间为点、线接触的运动副称为高副，其接触部分的压强较高。运动副标识符、所属类型及简图如表 2.2 所示。

除上述给出的多轴系统内的运动副，表 2.3 补充了 3 个系统外运动副；其中，轮地接触运动副 O 是地面/无限小平面与轮接触点位置约束的运动副。对自然环境下轮式多轴系统而言，轮地间不同接触位置对应不同的接触副，因为轮地接触点位置及接触面法向不同。固结副描述底座固定安装的多轴系统与环境间的关系。

表 2.2　系统内运动副

名称	标识符	运动副类型	图	简图	运动轴	约束轴	
						转动轴	平动轴
球面副/Sphere	***S***	空间Ⅲ级低副	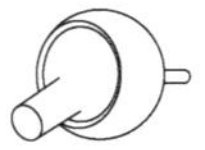	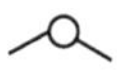	3	0	3
球销副/Gimbal	***G***	空间Ⅳ级低副			2	1	3
圆柱副/Cylinder	***C***	空间Ⅳ级低副	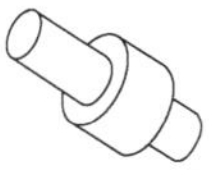	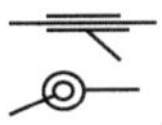	2	2	2

续表

名称	标识符	运动副类型	图	简图	运动轴	约束轴	
						转动轴	平动轴
螺旋副/Helix	***H***	空间Ⅴ级低副			1	2 或 3	3 或 2
棱柱副/Prism	***P***	平面Ⅴ级低副	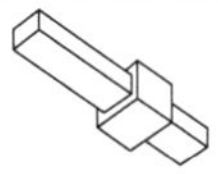	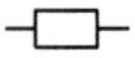	1	3	2
转动副/Rotator	***R***	平面Ⅴ级低副		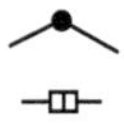	1	2	3

表 2.3　系统外运动副

名称	标识符	运动副类型	图	简图	运动轴	约束轴	
						转动轴	平动轴
接触副/Contactor	*O*	空间Ⅰ级低副	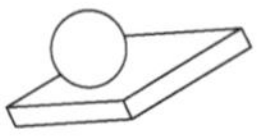		5	0	1
虚副/virtual kinematic pair	*V*	—	—	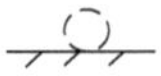	6	0	0
固结副/Fixed kinematic pair	*X*	—	—		0	3	3

系统外运动副对于移动多轴系统运动分析具有重要的作用。我国机械简图国标参见参考文献[4]。定义环境及杆件的标识符及简图如表 2.4 所示。

表 2.4　基本结构简记符

名称	标识符	简图	说明
大地或惯性空间	i		(1) i 表示惯性空间; (2) l 为杆件编号或名称; (3) 质心符在动力学分析时不可省略; (4) 杆件 l 是有形的几何体 Ω_l
杆件惯性中心或质心	l_I	⊗或 ·	
杆件	Ω_l		

在表 2.4 中，增加了惯性中心（Inertial center）符 I，因为质心是多轴系统动力学建模的基本物理属性，离开杆件质心，谈杆件的动能、动量等物理量毫无意义。因此，杆件质心是多轴系统机械简图的基本要素。大地或惯性空间（Inertial space）标识符记为 i。由后续章节可知，惯性中心 I 与惯性空间 i 构成自然的回路或闭链。

R/P 副，即转动副或棱柱副，是构成其他复合运动的基本运动副，任何复合副都可以用一定数量的 *R/P* 副来等价，且它们的运动轴是相互独立的。有的 *R/P* 副能够输出动力，是

执行器的输出副。例如，转动电机及减速器的输出轴等价于 R 副；直线电机的输出轴等价于 P 副；虚副 V 等价于三轴的 R 副及三轴的 P 副。棱柱副或转动副的约束轴约束了线位置及角位置，称其为完整约束；由初始时刻至任一时刻的位形是确定的、可积的。将转动副及棱柱副统称为简单运动副。因简单运动副由共轴线的两根轴构成，且任一轴与一个杆件固结，故在运动关系上轴与杆件等价，即在运动学中二者可以混用。以轴替代杆件后，轴可以视为具有一个或多个轴线的轴，轴自身有自己的 3D 空间及坐标系。

由上述可知，基本的运动副 R 及 P、螺旋副 H、接触副 O 可以视为圆柱副 C 的特例；同时，运动副 R 及 P 可以组合为其他复合运动副。故将圆柱副用于运动副的通用模型。简单运动副即 R 或 P 副的定子与动子具有共轴性，分别与不同杆件固结，杆件间的运动本质上是运动轴间的相对运动。因此，在运动学上，圆柱副 C 是运动副的基元，具有完备性。

称至少由两个简单运动副依序连接构成的运动机构为运动链；运动链是运动机构在运动学层次的抽象。简单运动副是构成运动链的基本单位，称为**链节**。表达运动链的拓扑关系及度量关系是运动链分析的基本前提。

去除多轴系统杆件及关节的质惯量与几何尺寸，仅保留轴与轴的连接，得到多轴系统的轴与轴的关系链，称为轴链。轴与轴的连接分为平动和转动两种类型，轴是构成轴链的基元。

2.7.2　自然参考轴

通过以上运动副的分析可知，运动轴及测量轴是运动系统的基元。关节及测量单元的自然轴是空间运动的自然参考轴。因此，轴及与轴固结的自然参考轴是多轴系统的基元。3 个相互正交并且共点的自然参考轴构成笛卡儿坐标系。

（1）共轴性及方向性是执行器及传感器的基本属性。一方面，控制量及检测量是相对特定轴向而言的；另一方面，关节的一个自由度对应于一个独立的运动轴。因此，在连接及运动关系上，轴是关节的基元，也是构成多体系统的基本单位。更重要的是，控制量及检测量是共轴线的两轴的相对运动量，要么是轴向的平动，要么是轴向的转动。否则，在物理上是不可控的，也是不可测的；可控及可测的运动量在结构上必须存在相应的轴向连接。

极性是执行器及传感器的另一个基本属性：关节角位置或线位置是具有正负的标量；通常，遵从右手法则时为正，遵从左手法则时为负。

（2）零参考是执行器及传感器的又一基本属性。传感器与减速器的共轴连接具有机械零位；相应地，电机驱动器通常具有电子零位。空间参考关系是运动副及杆件运动的基础。表征转动的零位本质上是径向参考轴。

（3）与轴固结的空间（简称轴空间）具有 3 个维度。对于由可数个运动副连接而成的机械系统，不考虑结构的大小（度量），仅从拓扑角度看，就是一个轴与轴连接的系统；从度量角度看，是一个与轴固结的杆件占有的空间。轴的位置及方向需要以相应的度量系统为基础。因此，不管与轴固结的杆件形状如何，在拓扑上，只要是连续的一个体，就表示是一个轴。

运动副 ${}^{\bar{l}}\boldsymbol{k}_l$ 的共轴性、极性与零位表明：①轴与杆件具有一一对应性；②轴间的属性量 $\boldsymbol{p}_l^{\bar{l}}$ 及杆件间的属性量 ${}^{\bar{l}}\boldsymbol{p}_l$ 具有偏序性，偏序是连接方向及度量方向的基础；③轴间的属性量$\boldsymbol{p}_l^{\bar{l}}$ 具有共轴安装的直接可检测性；④因杆件的结构参量在工程上可以直接测量，故杆件间的属性量 ${}^{\bar{l}}\boldsymbol{p}_l$ 本质上也具有直接可检测性；⑤运动学及动力学只有适应多轴系统的拓扑结构（连接关系）、结构参数、参考系及极性的完全参数化需求，才能保证理论系统及软件系统的易用性与可靠性。

2.7.3 典型多轴系统拓扑

多轴系统拓扑系统指忽略杆件的尺寸、仅考虑运动副及杆件相互连接构成的系统。同一类拓扑系统具有相同类型的连接关系；当杆件尺寸连续变化时，拓扑关系或结构保持不变。按拓扑关系将多轴系统运动链分为串链、树链及闭链 3 种类型。

1. 串链类型

图 2.23 所示的 3 种机械臂由左至右分别称为柱面机械臂、球面机械臂、回转机械臂。将机械臂底座编号为 0，对每一杆件按升序依次编号。

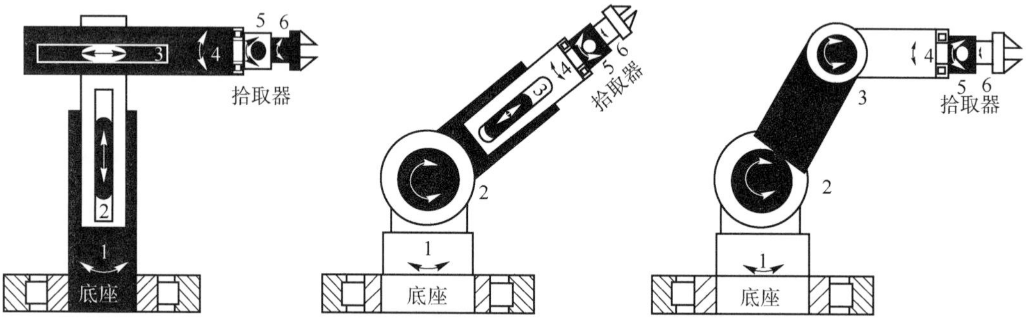

图 2.23　柱面机械臂（左）、球面机械臂（中）、回转机械臂（右）

回转 6R 机械臂本体主要由杆件 1、2、3 及转动副 ${}^0\boldsymbol{R}_1$、${}^1\boldsymbol{R}_2$、${}^2\boldsymbol{R}_3$ 组成。拾取器由杆件 4、5、6 及转动副 ${}^3\boldsymbol{R}_4$、${}^4\boldsymbol{R}_5$、${}^5\boldsymbol{R}_6$ 组成。显然，$\boldsymbol{R}$ 是转动副的标识符，左上标及右下标分别指明与该转动副的定子与动子固结的杆件编号，表明了运动副连接的拓扑关系。

柱面机械臂、球面机械臂除了转动副外还有棱柱副。其中，拾取器（Gripper）的 3 个转动副轴线交于一点，称为腕心。将拾取器拾取物体时的期望位置称为拾取点（简称 P 点，Pick point）；拾取点总是位于以腕心为球心的球面上。故控制这样的机械臂拾取物体时，可分为 3 个步骤：①由拾取器相对世界系的期望姿态计算三轴姿态；②根据期望姿态及球面半径，计算期望的腕心位置；③根据期望的腕心位置，确定三轴角度。将这种位置控制与姿态控制独立进行的机械臂称为解耦机械臂。对于柱面机械臂，腕心位于机械臂工作空间的柱面上；对于球面机械臂，腕心位于机械臂工作空间的球面上。

机械臂杆件通过运动的连接确定了一个简单运动链，称为运动链或链。该链是有序的杆件集合。记由 7 个杆件串接的运动链为$(0,1,2,3,4,5,6]$，两相邻杆件通过运动副连接。将由 n 个转动副串接的运动链简记为 nR，将由 n 个棱柱副串接的运动链记为 nP。相应地，有 1R/2R/3R 姿态及 1P/2P/3P 位置。

2. 树链类型

串链多轴系统只具有一条支路，而树链多轴系统具有多条支路。图 2.24 所示的 CE3 巡视器移动系统属于典型的树链多轴系统，左、右两条支路对称。该移动系统是六轮独立驱动的摇臂系统，由摇臂悬架、4 个舵机及 6 个驱动轮组成。

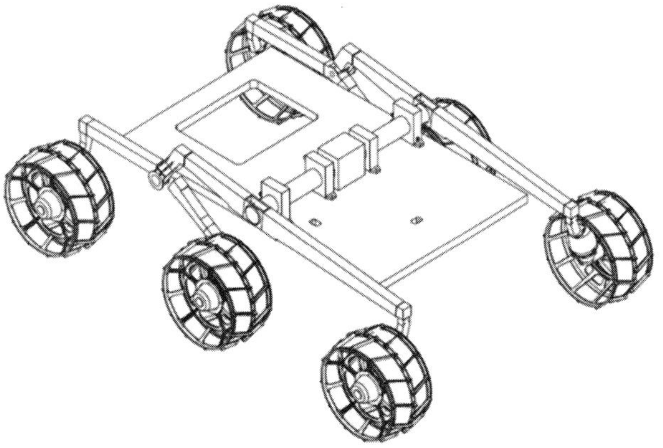

图 2.24　CE3 巡视器移动系统

摇臂悬架由右主臂/摇臂（Rocker）、左主臂/摇臂、右副臂（Bogie）、左副臂、差速机构（Differential）组成。右主臂及左主臂分别与差速机构的右轴及左轴固结。左副臂及右副臂分别通过转动副与左主臂及右主臂连接。左前及右前方向机构分别通过转动副与左主臂及右主臂连接；左后及右后方向机构分别通过转动副与左副臂及右副臂连接。主臂与副臂的摇动及差速机构的差速作用，保证车箱（chassis）悬挂于左、右主臂的角平分线上。因此，将该机构称为摇臂悬架，左右对称的部分分别称为左悬架与右悬架。摇臂机构是一个树形结构，称之为树形运动链或树链。

3. 闭链类型

四连杆机构如图 2.25 所示，通过运动副连接的杆件构成回路，是一个带回路的机构，称为并联运动链或闭链。闭链总可分解为树链。

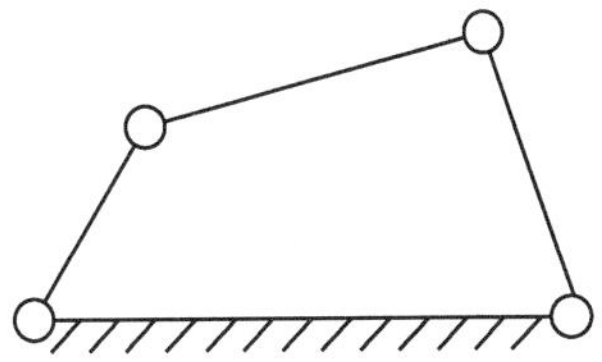

图 2.25　四连杆机构

由上述可知，单链或串链是树链的特殊情形。因此，分析树链多轴系统的运动学及动力学具有非常重要的意义。树链拓扑是树链多轴系统最基本的结构约束，在多轴系统运动学分析、动力学分析及情景演算中，多轴系统拓扑是最基础及最重要的约束。

2.7.4　轴链公理及有向 Span 树

为方便多轴系统运动学及动力学分析，在绘制结构简图时需要约定组成多轴系统运动系统的标识符及缩略标识符。

根据图 2.24 绘制的结构简图如图 2.26 所示，以简洁的、唯一的标识符表示系统中的杆件。图中缩略名均由英文单词首字母缩略而成，其中，c 表示车体（chassis），i 表示惯性空间；lr、rr、lb、rb 分别表示左摇臂（left rocker）、右摇臂（right rocker）、左副臂（left bogie）和右副臂（left bogie）；由 3 个字符组成的缩略名中，第一个字符 l 和 r 分别表示左侧（left）和右侧（right），第二个字符 f、m 和 r 分别表示前、中、后，第三个字符 d、w、c 分别表示方向机（direction）、轮（wheel）和地面接触点（contact）。例如，lfd 表示左前方向机。

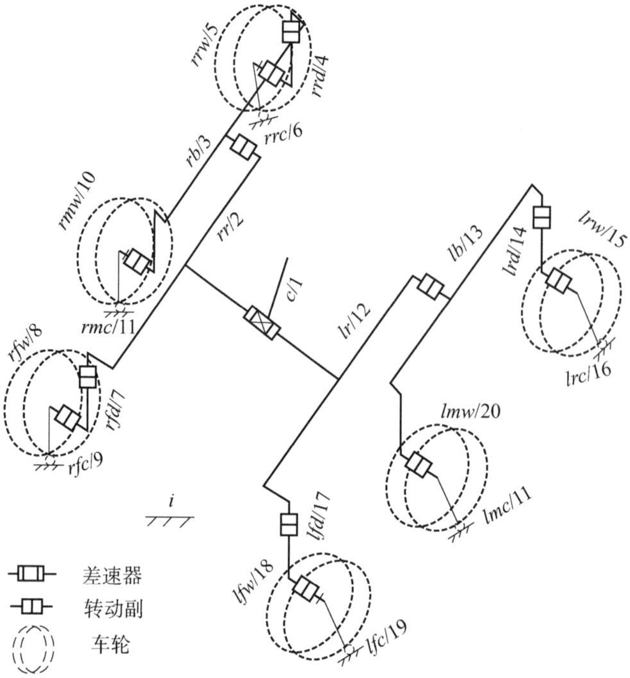

图 2.26　摇臂移动系统结构简图

给定一个由运动副连接的具有闭链的结构简图，可以选定回路中任一个运动副，将组成该运动副的定子与动子分割开来，从而获得一个无回路的树型结构，称为 **Span 树**，亦称为生成树。称被分割的支路为**非树弧或弦**。Span 树是对应图的支撑集。

多轴系统运动学与动力学依赖于多轴系统拓扑。拓扑关系即点与点的连接关系：反映杆件与杆件即轴与轴的连接关系，反映杆件间运动量的参考关系，也反映杆件间运动量的作用关系。偏序（单向连接）关系是全序（双向连接）的基础。称连接的次序为链序。

公理　轴链（Axis-chain，AC）公理由“树形运动链三大事实”表述：

事实 1　根动叶动，即位置、速度及加速度由根向叶传递并叠加，表明运动具有由根至叶的偏序关系，简称为运动前向（正向）迭代。

事实 2　叶受力根受力，即叶作用力由叶向根传递并叠加，表明力作用具有由叶至根的偏序关系，简称为力的逆向（反向）链迭代。

事实 3　父子互为参考，即参考关系既包含作用过程的次序关系，又包含检测量与控制量的坐标参考关系。

有向 Span 树为多轴系统运动学与动力学过程提供了拓扑次序参考基准，简称为拓扑与度量的链序。上述轴链公理的三大事实是多轴系统运动学与动力学理论的基础，是后续运动链拓扑公理及度量公理的基石。因此，需要建立有向 Span 树，以描述树链运动的拓扑关系。

对树中的节点进行编号，将 Span 树表述为偏序的拓扑系统。给定一个 Span 树，按如下流程对各节点进行编号：

（1）选取任一节点作为根，根编号为 0；

（2）由根至叶选取任一支路 l，令 $l=1$，依次向叶编号至 k_l；

（3）若存在未编号的节点，则选取任一剩余的支路 $l+1$，将该支路的根编号为 k_l+1，依

次向叶编号至 k_{l+1}；否则，结束编号。

至此，任一节点 l 或杆件 Ω_l 及轴 $\boldsymbol{A}_l$ 具有唯一的编号；依编号将杆件缩略名记为运动轴序列 $\boldsymbol{A}$。运动轴序列简称为轴序列（Axis sequence，AS）。有向 Span 树具有以下基本性质：

（1）除根之外，任一节点或杆件均具有唯一的父节点或杆件，故连接杆件 $\Omega_{\bar{l}}$ 及杆件 Ω_l 的运动副 ${}^{\bar{l}}\boldsymbol{k}_l$ 与杆件 Ω_l 一一映射。若所有运动副仅有一个运动轴（复合运动副由数个简单运动副串接等价），则运动副 ${}^{\bar{l}}\boldsymbol{k}_l$、杆件 Ω_l 及运动轴 $\boldsymbol{A}^{[l]}$ 两两之间一一映射。

（2）由一个根节点至一个叶节点的路径是唯一的。

（3）由根节点至叶节点方向定义为前向或正向，反之为反向或逆向。

（4）由 $N+1$ 个杆件构成的有向 Span 树，其 N 个杆件或运动轴与自然数集$(0,1,\cdots,N]$一一映射，故一个有向 Span 树的拓扑关系与一个自然数集的拓扑关系等价。

（5）$\bar{l}$ 表示 l 的父，且有偏序关系 $\bar{l}<l$，即叶向杆件的序总大于其根向杆件的序。

因杆件缩略名具有唯一性且有唯一的编号，杆件缩略名的次序由其对应编号的次序确定。相应地，杆件的结构参数及关节变量的标识号与该杆件编号一一映射。

有向 Span 树反映了多轴系统的拓扑关系。多轴系统行为不仅与多轴系统拓扑相关，而且与多轴系统的运动学及动力学过程密切相关；需要应用拓扑空间及矢量空间的数学理论，分析多轴系统的运动学及动力学行为。

思　考　题

（1）简述矢量空间与笛卡儿空间的区别。

（2）在工程中，为何使用笛卡儿直角坐标系？

（3）什么是度量？度量需遵从什么准则？

（4）什么是公理、定理及公理系统？

（5）什么是几何、代数、代数化的几何、几何化的代数？它们各有什么优势？

（6）什么是理论？构建理论系统要遵从什么方法论？

（7）树与子树之间存在什么数学关系？它对研究多轴系统有何作用？

第 3 章

运动链符号演算系统

3.1 引言

第 2 章的轴链公理揭示了多轴系统中的传递性（Transitivity），即运动的正向传递和力的反向传递。抽象的多轴理论系统也应具有传递性，具体应体现在运动学的正向迭代和动力学的反向迭代，如此才能与被研究的多轴系统同构。多轴系统理论要体现传递性，需定义新的体现传递性的符号系统，使得理论系统变得准确、简洁和优雅。

本章针对树形运动链（简称树链），应用同构方法论，通过轴链公理的实例化（Instantiation），得到拓扑公理及度量公理，建立物理含义清晰、体现传递性及代数化的运动链符号演算系统。

一方面，应用拓扑同构的方法论，借鉴现代集合论的链理论，建立运动链的拓扑符号系统，提出轴链拓扑不变性公理。另一方面，应用度量同构的方法论，提出自然坐标系及基于轴不变量的 3D 螺旋，建立运动链符号演算系统；以轴链拓扑不变性公理为基础，借鉴张量理论，提出轴链度量不变性公理。

接着，以轴链拓扑不变性及轴链度量不变性公理为基础，建立以动作（投影、平动、转动、对齐及螺旋等）及 3D 螺旋为核心的 3D 空间操作代数，从而构建基于 3D 空间操作代数的运动链符号演算系统。

最后，阐述传统笛卡儿坐标系统的运动学原理与特点，说明建立基于轴不变量的多轴系统研究思路。

3.2 运动链拓扑空间

3.2.1 轴链有向 Span 树的形式化

任何复合运动副可由两个基本运动副组成，即转动副 R 与棱柱副 P。在有向 Span 树 $\boldsymbol{T}$ 中，子杆件 Ω_l 仅有一个父杆件 $\Omega_{\bar{l}}$，且杆件 Ω_l 与运动轴 $\boldsymbol{A}^{[l]}$ 或运动副 ${}^{\bar{l}}\boldsymbol{k}_l$ 是一一映射的，即杆件 Ω_l 或轴 $\boldsymbol{A}^{[l]}$ 或运动副 ${}^{\bar{l}}k_l$ 在对应关系上等价。故有

$$\Omega_l \leftrightarrow \boldsymbol{A}^{[l]} \leftrightarrow {}^{\bar{l}}\boldsymbol{k}_l, \quad l \neq 0 \tag{3.1}$$

记多轴系统为 $i\boldsymbol{L} = \{\boldsymbol{T}, \boldsymbol{A}, \boldsymbol{B}, \boldsymbol{K}, \boldsymbol{F}, \boldsymbol{NT}\}$；其中，$\boldsymbol{T} = \{{}^{\bar{l}}\boldsymbol{k}_l \mid l \in \boldsymbol{A}, \bar{l} = \bar{\boldsymbol{A}}^{[l]}\}$ 为有向 Span 树，$\boldsymbol{A}$ 为运动轴序列，$\boldsymbol{B} = \{\boldsymbol{B}^{[l]} \mid l \in \boldsymbol{A}\}$ 为杆件动力学体（简称体）序列，$\boldsymbol{F} = \{\boldsymbol{F}^{[l]} \mid l \in \boldsymbol{A}\}$ 为

参考系序列, $\boldsymbol{K}=[{}^{\bar{l}}\boldsymbol{k}_l \mid l\in\boldsymbol{A},\ {}^{\bar{l}}\boldsymbol{k}_l\in\{\boldsymbol{R},\boldsymbol{P}\}]$ 为运动副类型序列, $\boldsymbol{NT}$ 为约束轴序列（亦称“非树”）。显然，序列 $\boldsymbol{A}$、$\boldsymbol{B}$、$\boldsymbol{K}$、$\boldsymbol{F}$ 是一一映射的关系，即

$$\boldsymbol{A}\leftrightarrow\boldsymbol{B}\leftrightarrow\boldsymbol{K}\leftrightarrow\boldsymbol{F} \tag{3.2}$$

轴序列 $\boldsymbol{A}$ 是多轴系统 $i\boldsymbol{L}=\{\boldsymbol{T},\boldsymbol{A},\boldsymbol{B},\boldsymbol{K},\boldsymbol{F},\boldsymbol{NT}\}$ 所有轴构成的轴链；$\boldsymbol{T},\boldsymbol{B},\boldsymbol{K},\boldsymbol{F}$ 分别与 $\boldsymbol{A}$ 一一映射，都是关于轴 $\boldsymbol{A}$ 的序列；$\boldsymbol{NT}$ 与 $\boldsymbol{T}$ 构成了多轴系统 $i\boldsymbol{L}$ 的拓扑结构。

CE3 月面巡视器的轴链有向 Span 树如图 3.1 所示。虚副 ${}^{i}\boldsymbol{k}_c=(i,c1,c2,c3,c4,c5,c]$，即虚副 ${}^{i}\boldsymbol{k}_c$ 等价于轴链 ${}^{i}\boldsymbol{l}_c$。同样，其他复合运动副都可以通过轴链等价。

（1）在拓扑上，每个节点代表一个唯一的运动轴，所有运动轴按正序排列构成轴序列 $\boldsymbol{A}$。

（2）实有向线段表示运动副连接关系，确定轴序列 $\boldsymbol{A}$ 的父轴序列 $\bar{\boldsymbol{A}}$，给定 $l\in\boldsymbol{A}$，则

$$\bar{l}=\overline{\boldsymbol{A}^{[l]}}=\bar{\boldsymbol{A}}^{[l]},\quad \boldsymbol{A}\leftrightarrow\bar{\boldsymbol{A}} \tag{3.3}$$

（3）给定 $\forall l\in\boldsymbol{A}$，运动副 ${}^{\bar{l}}\boldsymbol{k}_l\in\{\boldsymbol{R},\boldsymbol{P}\}$ 按正序排列构成运动副类型序列 $\boldsymbol{K}$。

（4）给定 $\forall l\in\boldsymbol{A}$，虚线非树弧表示约束副 ${}^{\bar{l}}\boldsymbol{C}_l$，存放于非树弧序列 $\boldsymbol{NT}$，即 ${}^{\bar{l}}\boldsymbol{C}_l\in\boldsymbol{NT}$，且有 $\boldsymbol{NT}=\{{}^{l}\boldsymbol{C}_k \mid l\in A, k\in\boldsymbol{CA}, {}^{l}\boldsymbol{C}_k\in\{\boldsymbol{R},\boldsymbol{P}\}\}$；$\boldsymbol{CA}$ 为约束副类型序列。

（5）系统 $i\boldsymbol{L}$ 有 $|\boldsymbol{A}|-|\boldsymbol{NT}|$ 个自由度，其中，$|\boldsymbol{A}|$ 及 $|\boldsymbol{NT}|$ 分别表示 $\boldsymbol{A}$ 及 $\boldsymbol{NT}$ 的基数。

在多轴系统 $i\boldsymbol{L}$ 中，所有运动副分为两类：由轴序列 $\boldsymbol{A}$ 及其父轴序列 $\bar{\boldsymbol{A}}$ 确定的运动副、由非树弧序列 $\boldsymbol{NT}$ 成员确定的约束副。序列 $\boldsymbol{A}$、$\bar{\boldsymbol{A}}$ 及 $\boldsymbol{NT}$ 可以完整地反映一个图的连接关系。

由图 3.1 得轴序列及非树弧序列

$$\boldsymbol{A}=(i,c1,c2,c3,c4,c5,c,rr,rb,rrd,rrw,rmw,rfd,rfw,lr,lb,lrd,lrw,lfd,lfw,lmw] \tag{3.4}$$

$$\boldsymbol{NT}=\{{}^{lr}\boldsymbol{R}_{rr},{}^{i}O_{i_{lfw}},{}^{i}O_{i_{lmw}},{}^{i}O_{i_{lrw}},{}^{i}O_{i_{rfw}},{}^{i}O_{i_{rmw}},{}^{i}O_{i_{rrw}}\} \tag{3.5}$$

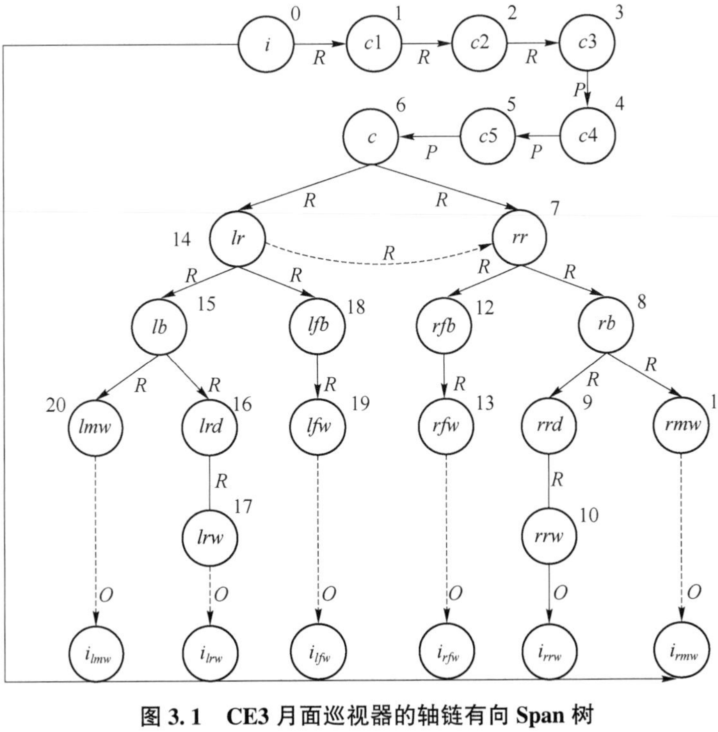

图 3.1　CE3 月面巡视器的轴链有向 Span 树

由式（3.3）及式（3.4），得父轴序列

$$\bar{\boldsymbol{A}}=(i,i,c1,c2,c3,c4,c5,c,rr,rb,rrd,rb,rr,rfb,c,lr,lb,lrd,lr,lfd,lb] \tag{3.6}$$

通过轴序列$\boldsymbol{A}$、父轴序列$\bar{\boldsymbol{A}}$、约束副类型序列$\boldsymbol{CA}$ 及非树弧序列$\boldsymbol{NT}$，可以完整地描述闭链系统的拓扑关系。以之为基础，增加系统的结构参数及关节变量，建立运动学系统；进一步，增加系统的质惯量及作用力，建立动力学系统。这就是多轴系统的综合过程。

分析与综合：

分析是将拓扑及度量系统的次要要素去除，抽象出核心基元及基本结构的过程；综合是根据拓扑及度量系统的基元及其关系，通过继承逐层增加被去除的要素，还原拓扑及度量系统的过程。

去除多轴系统杆件及关节的质惯量与几何尺寸，轴链仅保留了多轴系统的连接关系，属于多轴系统的分析过程。以之为基础，增加系统的结构参数及关节变量，建立运动学系统；进一步，增加系统的质惯量及作用力，建立动力学系统。这就是多轴系统的综合过程。

3.2.2 有向 Span 树的建立与维护

本节通过实例介绍有向 Span 树的建立与维护，其中维护包括嵌入轴、替换轴、删除轴、获取轴链或闭子树、交换轴等操作。有向 Span 树的建立与维护既是多轴系统运动学与动力学迭代式建模的第一步，也是实现多轴系统变拓扑的核心。

1. 有向 Span 树的建立

示例 3.1 考虑如图 3.2 所示的多轴系统，建立其拓扑。

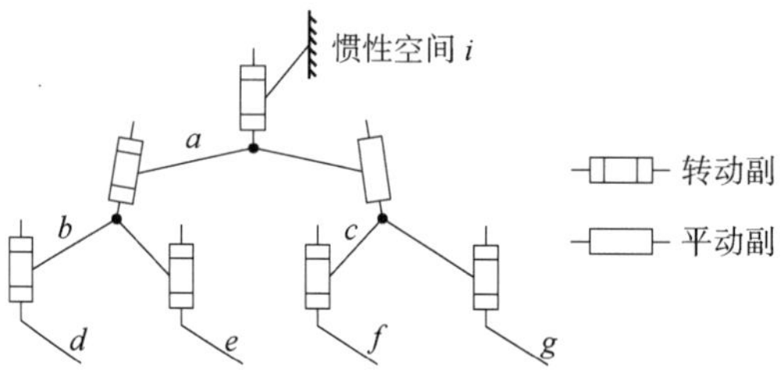

图 3.2 多轴系统实例

【解】 以固结端为根，编号为 0，按支路对各杆件进行编号，建立的拓扑如图 3.3 所示。轴、父轴、编号及运动副序列一一映射，分别为：$\boldsymbol{A}=(i,a,b,d,e,c,f,g]$，$\bar{\boldsymbol{A}}=(i,i,a,b,b,a,c,c]$，$\boldsymbol{ID}=(0,1,2,3,4,5,6,7]$，$\boldsymbol{K}=(\boldsymbol{X},\boldsymbol{R},\boldsymbol{R},\boldsymbol{R},\boldsymbol{R},\boldsymbol{P},\boldsymbol{R},\boldsymbol{R}]$。

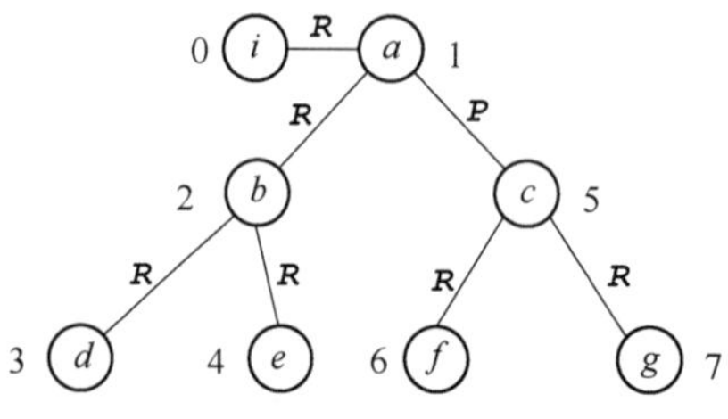

图 3.3 有向 Span 树示意图

2. 有向 Span 树的维护

【1】嵌入轴（Insert axis）

如图 3.4 所示，在指定的父轴 a 与子轴 b 之间插入轴 h。步骤如下：

【1.1】确定父轴 a 与子轴 b 在$\boldsymbol{A}$中的位置，$\boldsymbol{A}=(i,a,\square,b,d,e,c,f,g]$，其中□表示待嵌入的位置；

【1.2】在$\boldsymbol{A}$对应位置添加轴 h，即$\boldsymbol{A}=(i,a,h,b,d,e,c,f,g]$；

【1.3】在$\bar{\boldsymbol{A}}$对应位置添加轴 a，且将下一元素修改为 h，即$\bar{\boldsymbol{A}}=(i,i,a,h,b,b,a,c,c]$；

【1.4】在$\boldsymbol{K}$ 对应位置添加运动轴类型$\boldsymbol{R}$，即$\boldsymbol{K}=(\boldsymbol{X},\boldsymbol{R},\boldsymbol{R},\boldsymbol{R},\boldsymbol{R},\boldsymbol{R},\boldsymbol{P},\boldsymbol{R},\boldsymbol{R}]$；

【1.5】在$\boldsymbol{ID}$对应位置添加子轴 b 的编号，并将后面所有编号依次+1，即$\boldsymbol{ID}=(0,1,2,3,4,5,6,7,8]$。

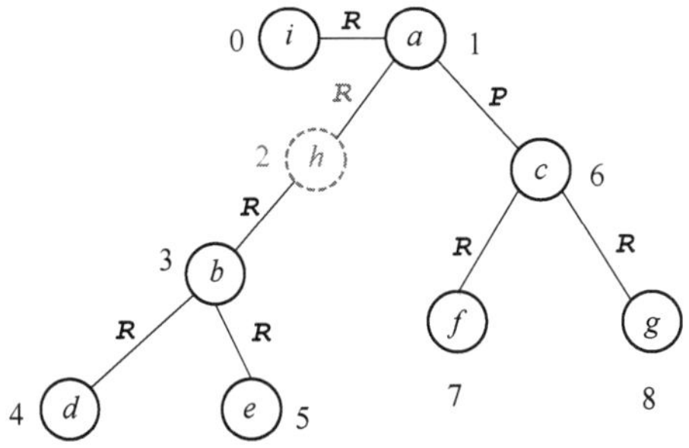

图 3.4　嵌入轴示意图

【2】获取闭子树（Closed sub-tree）

如图 3.5 所示，获取轴 h 的闭子树 $h\boldsymbol{L}$，只需按图中箭头所示顺序索引即可，最终结果为 $h\boldsymbol{L}=(h,b,d,e]$。

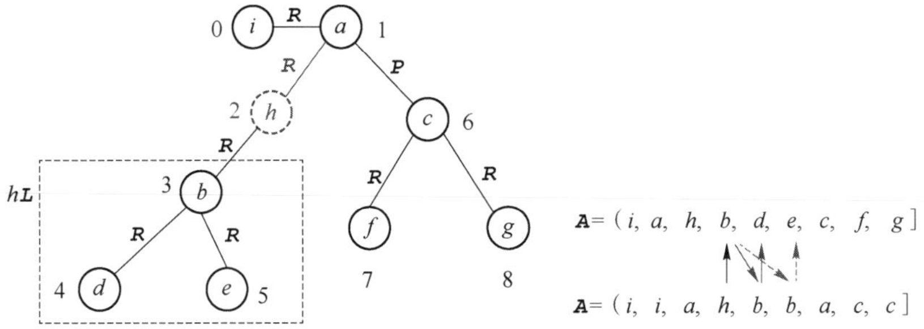

图 3.5　获取闭子树示意图（见彩插）

【3】获取轴链

获取轴 a 到轴 d 的轴链，按图 3.6 中箭头所示方向索引即可。

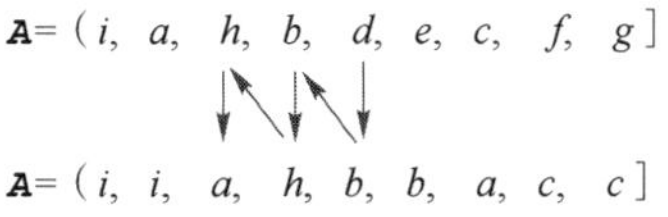

图 3.6　获取轴链示意图（见彩插）

【4】替换轴

以轴 j 替换轴 b，将 $\mathbf{A}$ 及 $\bar{\mathbf{A}}$ 中所有元素 b 替换为 j 即可。

【5】删除轴

如图 3.7 所示，删除轴 c，步骤如下：

【5.1】确定删除轴的位置、父轴及子轴，即父轴 a，子轴 f 和 g；

【5.2】将 $\mathbf{A}$、$\bar{\mathbf{A}}$、$\mathbf{ID}$ 及 $\mathbf{K}$ 中对应位置的元素删除；

【5.3】将 $\bar{\mathbf{A}}$ 中所有元素 c 均替换为轴 a；

【5.4】将 $\mathbf{ID}$ 中轴 c 对应的编号 6 均替换为轴 a 的编号 1；

【5.5】将 $\mathbf{K}$ 轴 c 对应的运动副类型 $\mathbf{P}$ 均替换为轴 a 的运动副类型 $\mathbf{R}$。

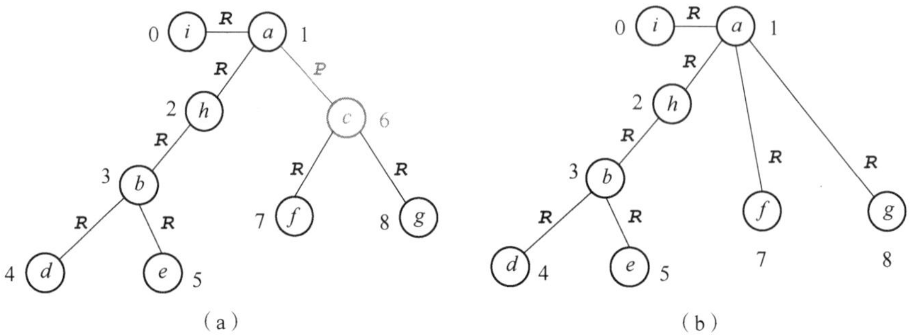

图 3.7　删除轴示意图

(a) 删除前；(b) 删除后

3.2.3　运动链拓扑符号系统

描述运动链的基本拓扑符号及操作是构成运动链拓扑符号系统的基础，定义如下：

(1) 运动链由偏序集合 ( ] 标识；

(2) $\mathbf{A}^{[l]}$ 表示取轴序列 $\mathbf{A}$ 的成员；

(3) $\bar{l}$ 表示取轴 l 的父轴；

(4) $\bar{\mathbf{A}}^{[l]}$ 表示取轴序列 $\bar{\mathbf{A}}$ 的成员；

(5) $^{l}\mathbf{1}_k$ 表示取轴 l 至轴 k 的运动链，输出表示为 $(l,\cdots,\bar{k},k]$，对于 $^{l}\mathbf{1}_k=(l,\cdots,\bar{k},k]$，其基数记为 $\mathbf{1}_k^l$；

(6) $^{l}\mathbf{L}$ 或 $l\mathbf{L}$ 表示获得由轴 l 及其子树构成的闭子树，$^{l}\mathbf{L}$ 为不含 l 的子树；

(7) 支路、子树及非树弧的增加与删除操作也是必要的组成部分；从而可通过动态 Span 树及非树弧描述可变拓扑结构。在支路 $^{l}\mathbf{1}_k$ 中，若 $^{l}\mathbf{1}_k^{[n]}=m$，则记 $\vec{m}={}^{l}\mathbf{1}_k^{[n+1]}$，$\vec{\vec{m}}={}^{l}\mathbf{1}_k^{[n+2]}$，即 $\vec{m}$ 表示在支路中取成员 m 的子。

由式 (3.3)、式 (3.4) 及式 (3.6) 得：$lr=\overline{lb}$，$c=\overline{lr}$，$c4=\bar{\bar{c}}$；$lb=\bar{\mathbf{A}}^{[lmw]}$，$lr=\bar{\mathbf{A}}^{[lb]}$ 及 $c=\bar{\mathbf{A}}^{[lr]}$；故有 $^{c}\mathbf{1}_{lb}=(c, lr, lb]$，$|^{c}\mathbf{1}_{lb}|=2$，$\vec{c}=lr$，$\vec{\vec{c}}=lb$。

由式 (3.6) 得 $\bar{\mathbf{A}}$ 中成员 lb 的地址为 16 及 20，从而由 $\mathbf{A}$ 得到 lb 的子为 lrd 及 lmw，递归

得 lrd 的子为 lrw；故得 ${}^{lb}\mathbf{L}=\{lb,lmw,lrd,lrw\}$。

3.2.4　运动链拓扑公理

对轴链公理前两个事实进行形式化，得运动链拓扑公理。

公理 3.1　对于运动链 ${}^{i}\boldsymbol{l}_n=(i,\cdots,\bar{n},n]$，有以下运动链拓扑公理：

（1）${}^{i}\boldsymbol{l}_n$ 具有半开属性，即

$$i\notin{}^{i}\boldsymbol{l}_n,\quad n\in{}^{i}\boldsymbol{l}_n \tag{3.7}$$

（2）${}^{i}\boldsymbol{l}_n$ 空链或平凡链 ${}^{i}\boldsymbol{k}_i$ 的存在性，即

$${}^{i}\boldsymbol{k}_i\in{}^{i}\boldsymbol{l}_n,\quad \boldsymbol{k}_i^{i}=0 \tag{3.8}$$

（3）${}^{i}\boldsymbol{l}_n$ 运动链具有串接性（可加性或可积性），即

$${}^{i}\boldsymbol{l}_n={}^{i}\boldsymbol{l}_l+{}^{l}\boldsymbol{l}_n \tag{3.9}$$

$${}^{i}\boldsymbol{l}_n={}^{i}\boldsymbol{l}_l\cdot{}^{l}\boldsymbol{l}_n \tag{3.10}$$

（4）${}^{l}\boldsymbol{l}_n$ 具有可逆性，即

$${}^{l}\boldsymbol{l}_n=-{}^{n}\boldsymbol{l}_l \tag{3.11}$$

由式（3.11）可知，由 l 至 n 的链 ${}^{l}\boldsymbol{l}_n$ 与由 n 至 l 的链 ${}^{n}\boldsymbol{l}_l$ 是可逆的。运动链的偏序称为链序（Chaining order，CO），故称前述的运动链符号系统为链符号系统。

由式（3.9）及式（3.11）可知运动链具有不变性：

（1）运动链链序的一致性，即组成链的各项链序必须一致；

（2）运动链传递的串接性，即相邻两项的链指标 ${}_{l}+{}^{l}$ 或 ${}_{l}\cdot{}^{l}$ 满足对消法则。

> 运动链拓扑公理反映的链序（上下指标的次序）的不变性是运动链运动学与动力学行为的基本准则。因此，链符号在多轴系统分析中具有以下作用：
>
> （1）链符号是系统结构参数、关节变量及动力学参数表征的基础；
>
> （2）明确关节变量间的依赖关系或传递关系，是运动学与动力学分析的基础；
>
> （3）表征运动学与动力学方程的链序不变性，保证方程的正确性。

3.3　轴链度量空间

要对系统距离及角度属性进行度量，就需要建立由参考点、参考轴或笛卡儿系构成的运动链度量系统。度量系统不仅决定系统属性的描述形式，也影响属性间的计算精度与复杂性。例如，以地磁北为参考，需考虑地磁方向的精确性，因为不同时间及地点的地磁方向与大小不同。在矢量空间下，参考轴是最基本的参考单位，参考系可由一组独立的参考轴构成。在工程上，参考系选择需要考虑测量手段、测量精度及应用习惯。与理论参考系不同，精密机械的参考系要具有可测量的光学特征；否则，既不能被人感知，又不能被光学设备检测。本节首先建立轴链度量系统，再研究该系统的空间元素及关系，即度量空间。

3.3.1　轴链完全 Span 树

任一轴有其各自的 3D 点空间，称该空间为轴空间。点、线及体是 3D 轴空间构成要素，

且任一轴空间有且仅有一个自由度，即平动或转动。因此，轴链有向 Span 树本质上表征了由一组运动轴构成的运动空间。复合运动副由一组串接的简单运动副等价，构成一个描述该复合运动副的轴链，表征的是该复合运动副的运动空间。该空间的自由度数与复合运动副的运动轴数相等。

为研究多轴系统的运动学及动力学，需要在轴链有向 Span 树中增加通过距离和角度进行度量的实体及关系。

1. 轴链有向 Span 树的点

杆件 l 的惯性中心或质心 I 记为 l_I，表示惯性中心 I 是杆件 l 的子。通常情况下，点用大写的字母表示，任意点常记为 S；而 l_S 表示杆件 l 上的任意一点 S，点 l_S 是杆件 l 的子；$\boldsymbol{F}^{[l]}$ 表示由任意点 l_S 构成的笛卡儿空间。因此，任意点是树链空间下的点，是 Span 树的组成要素。在不引起歧义时，为书写整洁，常记 l_S 为 lS。

2. 轴链有向 Span 树中的轴

将轴 l 中的 x 轴、y 轴及 z 轴分别记为 lx、ly 及 lz，以表明 x 轴、y 轴及 z 轴的父为 l 轴。显然，x，y，z 是多轴系统的专用符号，不能用作轴名。

3. 轴链有向 Span 树中的体

体序列$\boldsymbol{B}=\{\boldsymbol{B}^{[l]}\mid l\in\boldsymbol{A}\}$，其中，$\boldsymbol{B}^{[l]}\triangleq[(m_{lS},lS)\mid lS\in\Omega_l]$。若$\boldsymbol{B}^{[l]}=\varnothing$，则杆件 l 的质量为零，其中，lS 是任意点，Ω_l 表示杆件 l 的几何体，m_{lS}表示杆件 l 上任意一点 S 的质量，即质点 lS 的质量。动力学体$\boldsymbol{B}^{[l]}$是几何体 Ω_l 的从属属性。

对于复合运动副 ${}^{\bar{l}}\boldsymbol{k}_l=({}^{\bar{l}}\boldsymbol{k}_{l1},\cdots,{}^{ln}\boldsymbol{k}_l]$，仅轴$\boldsymbol{A}^{[l]}$与动力学体$\boldsymbol{B}^{[l]}$固结，其质量和转动惯量非零，而其他轴无质量与惯量；任一轴 $k\in(\bar{l},l1,\cdots,ln,l]$，均固结几何体 Ω_k；显然，$\Omega_k\subset\Omega_l$，即 Ω_k 是 Ω_l 的子空间。

4. 轴链有向 Span 树中的力

环境 i 中的任一点 iS 作用于$\boldsymbol{B}^{[l]}$上点 lS 的力和力矩分别记为固定矢量 ${}^{iS}f_{lS}$和${}^{iS}\boldsymbol{\tau}_{lS}$；环境中的点 iS 与体 $B^{[l]}$上的点 lS 通过力${}^{iS}f_{lS}$及力矩${}^{iS}\boldsymbol{\tau}_{lS}$构成回路。

因匀速或绝对静止的惯性空间不存在，惯性空间总是相对的，故这种惯性空间无实际操作意义。轴链 Span 树根据被研究系统的范围确定该系统共有的根，该根即惯性空间。因此，多轴系统的轴链 Span 树是轴链完全 Span 树。树根 i 表示世界，包含作用力${}^{iS}f_{lS}$的施力点 iS。惯性空间由被研究的多轴系统及环境施力点共同确定。

本书约定 Frame#l 为$\boldsymbol{F}^{[l]}$，Axis#l 或 Link#l 为$\boldsymbol{A}^{[l]}$，Body#l 为$\boldsymbol{B}^{[l]}$，Joint#l 为 ${}^{\bar{l}}\boldsymbol{k}_l$。

惯性空间总是相对的。研究地面车辆的运动，以相对地面静止的坐标系为惯性系，无须考虑地球自转的影响；研究近地卫星的运动，以建立在地球球心的坐标系为惯性系，无须考虑月球和太阳引力的影响；研究月球的运动，需以太阳参考系为惯性系，考虑地球和太阳的引力。因此，惯性系的建立主要取决于被研究物体所受影响的空间范围，空间越大，考虑的环境作用力就越多，建模越准确。

3.3.2　运动链度量规范

运动链不仅具有链序不变性，而且具有张量不变性；运动链的属性量通过链指标反映该属性量具有的链序关系。记 $^{\bar{l}}\mathbf{l}_l$ 的主属性符 p 或$\boldsymbol{P}$ 实例化为 $^{\bar{l}}\vec{p}_l$ 或 $^{\bar{l}}\vec{\vec{\boldsymbol{P}}}_l$。

（1）记矢量为 $^{\bar{l}}\vec{p}_l$，满足矢量（一阶张量）不变性：

$$^{\bar{l}}\vec{p}_l = \mathbf{e}_{\bar{l}} \cdot {}^{\bar{l}}p_l = \mathbf{e}_k \cdot {}^{k|\bar{l}}p_l \tag{3.12}$$

其中，$^{\bar{l}}p_l$ 及$^{k|\bar{l}}p_l$ 是 3×1 的坐标矢量，$^{\bar{l}}p_l$ 是 $^{\bar{l}}\vec{p}_l$ 在 Frame#$\bar{l}$ 下的表示；$^{k|\bar{l}}p_l$ 是 $^{\bar{l}}\vec{p}_l$ 在 Frame#k 下的表示。式（3.12）表明，矢量坐标与基矢量的一阶矩保持不变，即矢量具有不变性。三维矢量是 3 个基分量的线性组合。一个三维空间点由三维矢量刻画。

（2）记二阶张量为 $^{\bar{l}}\vec{\vec{\boldsymbol{P}}}_l$，满足二阶张量不变性：

$$^{\bar{l}}\vec{\vec{\boldsymbol{P}}}_l = \mathbf{e}_l \cdot {}^{\bar{l}}\boldsymbol{P}_l \cdot {}^{l}\mathbf{e} = \mathbf{e}_k \cdot {}^{k|\bar{l}}\boldsymbol{P}_l \cdot {}^{k}\mathbf{e} \tag{3.13}$$

其中，$^{\bar{l}}\boldsymbol{P}_l$ 及$^{k|\bar{l}}\boldsymbol{P}_l$ 是 3×3 的坐标阵列，$^{\bar{l}}\boldsymbol{P}_l$ 是 $^{\bar{l}}\vec{\vec{\boldsymbol{P}}}_l$ 在 Frame#$\bar{l}$ 下的表示；$^{k|\bar{l}}\boldsymbol{P}_l$ 是 $^{\bar{l}}\vec{\vec{\boldsymbol{P}}}_l$ 在 Frame#k 下的表示。式（3.13）表明，二阶坐标张量与基的二阶多项式保持不变，即二阶张量具有不变性。二阶张量是 9 个二阶基分量的线性组合。

2 个三维空间点的耦合作用由三维二阶张量刻画，即

$$^{\bar{l}}\boldsymbol{P}_l \triangleq {}^{\bar{l}}p_l \cdot {}^{\bar{l}}p_l^{\mathrm{T}} = \begin{bmatrix} ^{\bar{l}}p_l^{[1]} \\ ^{\bar{l}}p_l^{[2]} \\ ^{\bar{l}}p_l^{[3]} \end{bmatrix} \cdot [{}^{\bar{l}}p_l^{[1]}, {}^{\bar{l}}p_l^{[2]}, {}^{\bar{l}}p_l^{[3]}] \tag{3.14}$$

称式中由 2 个坐标矢量构成的并矢（Dyad）为二阶坐标张量。

（3）$^{\bar{l}}\mathbf{l}_l$ 的零阶属性标量 p 记为 $p_l^{\bar{l}}$。

（4）若属性 p 或$\boldsymbol{P}$ 是关于位置的，则 $^{\bar{l}}\square_l$ 应理解为 Frame#$\bar{l}$ 的原点至 Frame#l 的原点；若属性 p 或$\boldsymbol{P}$ 是关于方向的，则 $^{\bar{l}}\square_l$ 应理解为 Frame#$\bar{l}$ 至 Frame#l。

（5）$p_l^{\bar{l}}$、$^{\bar{l}}p_l$ 及 $^{\bar{l}}\boldsymbol{P}_l$ 应分别理解为关于时间 t 的函数$_tp_l^{\bar{l}}$、$^{\bar{l}}_tp_l$ 及 $^{\bar{l}}_t\boldsymbol{P}_l$，且$_0p_l^{\bar{l}}$、$^{\bar{l}}_0p_l$ 及 $^{\bar{l}}_0\boldsymbol{P}_l$ 是 t_0 时刻的常数或常数阵列。但是正体的 $p_l^{\bar{l}}$、$^{\bar{l}}p_l$ 及 $^{\bar{l}}\boldsymbol{P}_l$ 应视为常数或常数阵列。

（6）$l_{\square}$为投影符，表示矢量或二阶张量对参考基的投影矢量或投影序列，即坐标矢量或坐标阵列。

给定运动链$^{k}\mathbf{l}_{lS} = (k, \cdots, l, lS]$，根据上述规范约定：

（1）lS 表示杆件 l 中的点 S，而 S 表示空间中的一点 S；

（2）$^{k}\bar{r}_l$ 表示原点 O_k 至原点 O_l 的位置矢量，$^{k}r_l$ 表示$^{k}\bar{r}_l$ 在 Frame#k 下的坐标矢量；

（3）$^{k}\bar{r}_{lS}$表示原点 O_k 至点 lS 的位置矢量，$^{k}r_{lS}$表示$^{k}\bar{r}_{lS}$在 Frame#k 下的坐标矢量；

（4）$^{k}\bar{r}_S$ 表示原点 O_k 至点 S 的位置矢量，$^{k}r_S$ 表示$^{k}\bar{r}_S$ 在 Frame#k 下的坐标矢量；

（5）${}^{\bar{l}}\vec{n}_l$ 表示运动副 ${}^{\bar{l}}\boldsymbol{k}_l$ 的轴矢量，${}^{\bar{l}}n_l$ 及 ${}^{l}n_{\bar{l}}$ 表示 ${}^{\bar{l}}\vec{n}_l$ 分别在 Frame#$\bar{l}$ 及 Frame#l 下的坐标矢量；

（6）$r_l^{\bar{l}}$ 表示沿轴 ${}^{\bar{l}}\vec{n}_l$ 的线位置，$\phi_l^{\bar{l}}$ 表示绕轴 ${}^{\bar{l}}\vec{n}_l$ 的角位置；

（7）${}_0r_l^{\bar{l}}$ 表示零时刻的线位置，${}_0\phi_l^{\bar{l}}$ 表示零时刻的角位置；

（8）**0** 表示三维零矩阵；**1** 表示三维单位矩阵；

（9）转 $[\square]^{\mathrm{T}}$ 置表示对集合转置，不对成员执行转置；

（10）${}^{\bar{l}}_0r_l$ 表示零位时由原点 $O_{\bar{l}}$ 至 O_l 的位置矢量，且记 ${}^{\bar{l}}_0r_l$ 为 ${}^{\bar{l}}l_l$，表示位置结构参数。

上述符号规范与约定是根据运动链的偏序性、链节是运动链的基本单位这两个原则确定的，反映了运动链的本质特征。上述指标又称链指标，表示连接关系，右上指标表征参考系。同时，它们是结构化的符号系统，包含了组成各属性量的要素及关系，便于计算机处理，为计算机自动建模奠定基础。指标的含义需要通过属性符的背景（亦称上下文）进行理解。比如，若属性符是平动类型的，则左上角指标表示坐标系的原点及方向；若属性符是转动类型的，则左上角指标表示坐标系的方向。

3.3.3 自然坐标系与轴不变量

在工程中，先定义笛卡儿坐标系，再通过工程测量确定坐标系间的关系，最后以该坐标系统为参考，进行运动学及动力学分析。杆件间的关系需要通过与杆件固结的坐标系进行度量。然而，笛卡儿系的坐标轴两两正交且共点，是一个非常强的约束。

将笛卡儿坐标系与体固结，即标记原点及坐标轴方向；借助光学特征，才能应用现代光学设备（如激光跟踪仪）测量坐标系间的相互关系；具有一定大小的一组光学特征难以满足笛卡儿坐标轴两两正交的精度需求，导致过大的测量误差。对于精密多轴系统工程而言，即使微小的角度，比如 10″，也会通过杆件将位置误差放大至不可接受的程度。同时，笛卡儿系与杆件固结受到杆件实际空间限制，在杆件内部及外部均无法测量。因此，在研究精密多轴系统时，期望间接地确定及应用笛卡儿系。首先，在无须三轴两两正交约束下，测量一组具有极小光学特征的测点的空间位置；然后，依据一定准则，通过计算间接确定笛卡儿坐标系。应用现代光学设备，由于测点的精度易于满足工程精度需求，计算引起的误差可以忽略不计，从而可保证笛卡儿坐标系的精度。这是一个先测量后定义的过程，与传统的先定义笛卡儿坐标系后测量的过程相反。

定义 3.1 自然坐标轴：称与运动轴或测量轴共轴的，具有固定原点的单位参考轴为自然坐标轴，亦称为自然参考轴。

定义 3.2 自然坐标系：如图 3.8 所示，若多轴系统 $i\boldsymbol{L}$ 处于零位，所有笛卡儿体坐标系方向一致，且体坐标系原点位于运动轴的轴线上，则该坐标系统为自然坐标系统，简称自然坐标系。

给定多轴系统 $i\boldsymbol{L}$，在系统零位时，如图 3.8 所示，只要建立底座系或惯性系，以及各轴上的参考点 O_l，其他杆件坐标系也就自然确定。本质上，只需要确定底座系或惯性系。

定义 3.3　不变量：称不依赖于一组坐标系的量为不变量。

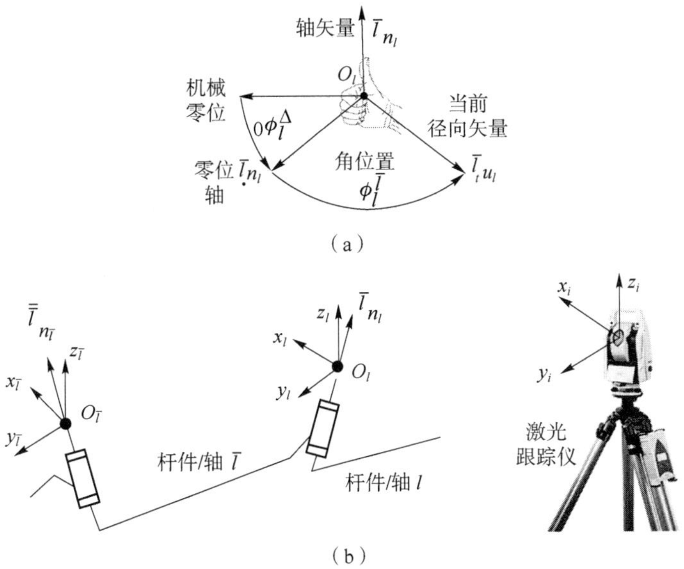

图 3.8　零位与自然坐标系

（a）机械零位及零位轴；（b）自然坐标系

由定义 3.2 可知，在系统处于零位时，所有杆件的自然坐标系与底座或世界系的方向一致。如图 3.9（a）所示，系统处于零位即 $\phi_l^{\bar l}=0$ 时，Frame#$\bar l$ 与 Frame#l 方向一致；绕轴矢量 $^{\bar l}\vec{n}_l$ 转动角度 $\phi_l^{\bar l}$ 将 Frame#$\bar l$ 转至 Frame#l；$^{\bar l}\vec{n}_l$ 在 Frame#$\bar l$ 下的坐标矢量 $^{\bar l}\bar{n}_l$ 与 $^{\bar l}\vec{n}_l$ 在 Frame#l 下的坐标矢量 $^{l}n_{\bar l}$ 恒等，即有

$$^{\bar l}n_l = {}^{l}n_{\bar l} = {}^{\bar l|l}n_{\bar l} \tag{3.15}$$

由式（3.15）知，$^{\bar l}n_l$ 或 $^{l}n_{\bar l}$ 不依赖于相邻的 Frame#$\bar l$ 与 Frame#l，故 $^{\bar l}n_l$ 或 $^{l}n_{\bar l}$ 具有不变性；在第 4 章将对式（3.15）予以证明。$^{\bar l}n_l$ 或 $^{l}n_{\bar l}$ 表征的是 Link #$\bar l$ 与 Link#l 共有的参考单位坐标矢量，与 $O_{\bar l}$ 及 O_l 无关。

如图 3.9（b）所示，转动 $^{\bar l}_{t}r_l$ 构成空间球面，它是受约束的 4D 空间。因此，需要 4 个轴即 Frame#l 的 3 个轴及零位轴完整描述空间转动。如图 3.9（c）所示，3D 矢量空间的内积及叉积是基本的矢量运算。对于空间转动，内积以零位轴为参考；径向矢量的叉积以轴矢量为参考。故轴不变量记为 $^{\bar l}\underset{\cdot}{n}_l \triangleq [{}^{\bar l}n_l, 1]$，又称为轴四元数，它由矢量部分（矢部）$^{\bar l}n_l$ 及标量部分（标部）1 构成，其中矢部以转动参考轴为参考；标部以零位轴为参考。因此，$^{\bar l}n_l$ 是 3D 空间的轴不变量，$^{\bar l}\underset{\cdot}{n}_l$ 是 4D 空间的轴不变量。

轴不变量与坐标轴具有本质区别：

（1）坐标轴是具有零位及单位刻度的参考方向，可描述沿该方向平动的位置，但不能完整描述绕该方向的转动，因为坐标轴自身不具有径向参考方向，即不存在表征转动的零位。在实际应用时，需要补充该轴的径向参考。例如，在 Frame#l 中，绕 x_l 转动，需以 y_l

或 z_l 为参考零位。坐标轴自身是 1D 的，3 个正交的 1D 参考轴构成 3D 的笛卡儿标架。

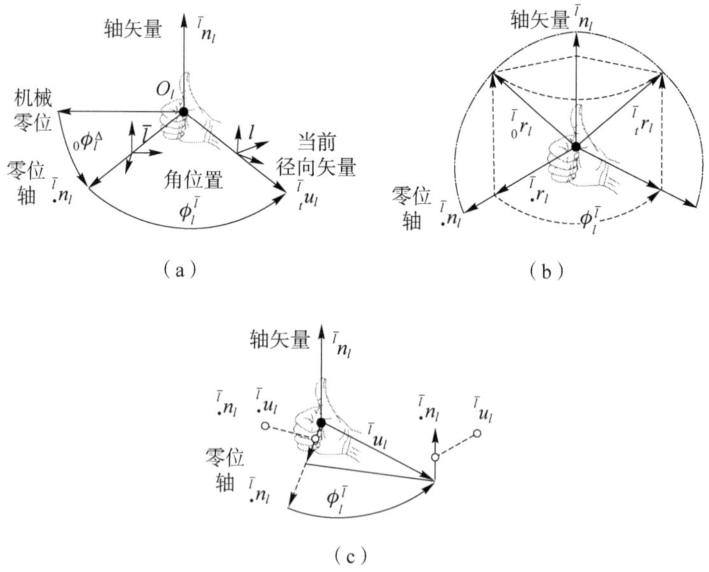

图 3.9　轴不变量

（a）轴矢量的不变性；（b）转动的四维空间；（c）轴不变量

（2）轴不变量是 3D 的空间单位参考轴，其自身就是一个标架。其自身具有径向参考轴，即参考零位。空间坐标轴及其自身的径向参考轴可以确定笛卡儿标架。空间坐标轴可以反映运动轴及测量轴的 3 个基本参考属性。

已有文献将无链指标的轴矢量记为 $\hat{\mathbf{e}}$，并称之为欧拉轴，相应的关节角称为欧拉角。之所以不再沿用欧拉轴，而称之为轴不变量，是因为轴不变量具有以下属性：

（1）给定方向余弦矩阵（DCM）${}^{\bar{l}}Q_l$，因其是实矩阵，其模是单位的，故其有一个实特征值 λ_1 及两个互为共轭的复特征值 $\lambda_2=\exp(\mathbf{i}\phi_l^{\bar{l}})$ 及 $\lambda_3=\exp(-\mathbf{i}\phi_l^{\bar{l}})$，故有 $|\lambda_1|\cdot\|\lambda_2\|\cdot\|\lambda_3\|=1$，从而得 $\lambda_1=1$。轴矢量 ${}^{\bar{l}}n_l$ 是实特征值 $\lambda_1=1$ 对应的特征矢量，是不变量。

（2）轴不变量是 3D 参考轴，不仅具有参考方向，而且具有径向参考零位。

（3）式（3.15）表明，在自然坐标系下 ${}^{\bar{l}}n_l={}^{l}n_{\bar{l}}$，即轴不变量 ${}^{\bar{l}}n_l$ 是非常特殊的矢量，它对时间的导数也具有不变性，且有非常优良的数学操作性能，在后续章节中将予以分析与应用。

（4）在自然坐标系统中，通过轴矢量 ${}^{\bar{l}}n_l$ 及角位置 $\phi_l^{\bar{l}}$，可以直接描述旋转坐标阵 ${}^{\bar{l}}Q_l$；没有必要为除根之外的杆件建立各自的体系。同时，以唯一需要定义的根坐标系为参考，可以提高系统结构参数的测量精度。

在后续章节中，应用轴矢量 ${}^{\bar{l}}n_l$ 的优良操作，将建立包含拓扑结构、坐标系、极性、结构参量及力学参量的完全参数化的统一的多轴系统运动学及动力学模型。

基矢量 $\mathbf{e}_l$ 是与 Frame#l 固结的任一矢量，基矢量 $\mathbf{e}_{\bar{l}}$ 是与 Frame#$\bar{l}$ 固结的任一矢量，又

${}^{\bar{l}}n_l$是 Frame#$\bar{l}$ 及 Frame#l 共有的单位矢量。因此，${}^{\bar{l}}n_l$ 是 Frame#$\bar{l}$ 及 Frame#l 共有的基矢量。因此，轴不变量 ${}^{\bar{l}}n_l$ 是 Frame#$\bar{l}$ 及 Frame#l 共有的参考基。轴不变量是参数化的自然坐标基，是多轴系统的基元。固定轴不变量的平动与转动与其固结的坐标系的平动与转动等价。

在系统处于零位时，以自然坐标系为参考，测量得到坐标轴矢量 ${}^{\bar{l}}n_l$；在 Joint#l 运动时，轴矢量 ${}^{\bar{l}}n_l$ 是不变量；轴矢量 ${}^{\bar{l}}n_l$ 及关节变量 $\phi_l^{\bar{l}}$ 唯一确定 Joint#l 的转动。

因此，应用自然坐标系统，当系统处于零位时，只需确定一个公共的参考系，而不必为系统中每一杆件确定各自的体坐标系，因为它们由轴不变量及自然坐标唯一确定。当进行系统分析时，除底座系外，与杆件固结的其他自然坐标系只发生在概念上，而与实际的测量无关。自然坐标系统对多轴系统理论分析及工程的作用在于：

（1）系统的结构参数需要以统一的参考系测量；否则，不仅工程测量过程烦琐，而且引入不同的体系会造成更大的测量误差。

（2）应用自然坐标系统，除根杆件外，其他杆件的自然坐标系统由结构参量及关节变量自然确定，有助于多轴系统的运动学与动力学分析。

（3）在工程上，可以应用激光跟踪仪等光学测量设备，实现对固定轴不变量的精确测量。

（4）由于转动副及棱柱副、螺旋副、接触副是圆柱副的特例，可以应用圆柱副简化多轴系统运动学及动力学分析。

（5）轴不变量在理论分析上具有非常优良的操作性能。例如，轴不变量 ${}^{\bar{l}}n_l$ 与轴内力${}^{\bar{l}}f_l$ 是正交的，故轴不变量 ${}^{\bar{l}}n_l$ 是轴内力${}^{\bar{l}}f_l$ 的解耦自然正交补；可以建立基于自然不变量的迭代式的运动学与动力学方程，既保证建模的精确性与简洁性，又可以保证计算的实时性。

自然坐标系的优点：①坐标系统易确定；②零位时的关节变量为零；③零位时的系统姿态一致；④不易引入测量累积误差。

自然运动量的可控性与可测性：

在多轴系统中，必须区分物理量是否可测与是否可控。在工程上，只有具有可控制性的运动量才能被控制，只有具有可观测性的运动量才能被测量。

自我（ego）参考是认识事物的前提，超我（superego）参考是合作共存的基本保证。正确认识多轴系统的运动特性，也需要自我参考及超我参考。建立参考系是认识事物的基本前提。

在多轴系统中，可控的及可测的运动量在结构上必须存在相应的轴向连接，即只有同一个运动副的运动量是可控的及可测的。由式（3.24）及式（3.25）可知，自我参考的 $\phi_l^{\bar{l}}$ 及 $r_l^{\bar{l}}$、$\dot{\phi}_l^{\bar{l}}$ 及 $\dot{r}_l^{\bar{l}}$、${}^{\bar{l}}\dot{\phi}_l$ 及${}^{\bar{l}}\dot{r}_l$ 是直接可测及可控的，称直接可测运动量的参考系为度量坐标系。若 $k \notin {}^{\bar{l}}\mathbf{k}_l$，${}^{k|\bar{l}}\phi_l$ 及${}^{k|\bar{l}}r_l$、${}^{k|\bar{l}}\dot{\phi}_l$ 及${}^{k|\bar{l}}\dot{r}_l$ 通常是不直接可控及可测的。因此，投影算子区分了不可测及不可控的运动量。概念上的投影仅保证度量上的等价，而不具有物理的可控性及可测性，故称间接测量的参考系为投影参考系。

3.3.4 自然坐标及自然关节空间

定义 3.4 转动坐标矢量：绕坐标轴矢量 $^{\bar{l}}n_l$ 转动至角位置 $\phi_l^{\bar{l}}$ 的坐标矢量 $^{\bar{l}}\phi_l$ 为

$$^{\bar{l}}\phi_l \triangleq {}^{\bar{l}}n_l \cdot \phi_l^{\bar{l}} \quad \text{if} \quad {}^{\bar{l}}\boldsymbol{k}_l \in \boldsymbol{R} \tag{3.16}$$

转动矢量总与最优转动轴对应，即转动路径最短。只有共轴的转动矢量才具有可加性。转动坐标矢量用于描述体的 3D 姿态。

定义 3.5 平动坐标矢量：沿坐标轴矢量 $^{\bar{l}}n_l$ 平动到线位置 $r_l^{\bar{l}}$ 的坐标矢量 $^{\bar{l}}r_l$ 为

$$^{\bar{l}}r_l \triangleq {}^{\bar{l}}n_l \cdot r_l^{\bar{l}} \quad \text{if} \quad {}^{\bar{l}}\boldsymbol{k}_l \in \boldsymbol{P} \tag{3.17}$$

定义 3.6 自然坐标：以自然坐标轴矢量为参考方向，相对系统零位的角位置或线位置，记为 q_l，称为自然坐标。其中，

$$q_l \triangleq q_l^{\bar{l}} = \begin{cases} \phi_l^{\bar{l}} \triangleq \phi_l & \text{if} \quad {}^{\bar{l}}\boldsymbol{k}_l \in \boldsymbol{R} \\ r_l^{\bar{l}} \triangleq r_l & \text{if} \quad {}^{\bar{l}}\boldsymbol{k}_l \in \boldsymbol{P} \end{cases} \tag{3.18}$$

称与自然坐标一一映射的量为关节变量，如关节位置、角位置的正弦及余弦、关节半角的正切等。

定义 3.7 机械零位：对于 Joint#l，零时刻的绝对编码器的位置 ${}_0q_l^{\triangle}$ 不一定为零，称其为机械零位。其中，

$${}_0q_l^{\triangle} = \begin{cases} {}_0\phi_l^{\triangle} & \text{if} \quad {}^{\bar{l}}\boldsymbol{k}_l \in \boldsymbol{R} \\ {}_0r_l^{\triangle} & \text{if} \quad {}^{\bar{l}}\boldsymbol{k}_l \in \boldsymbol{P} \end{cases} \tag{3.19}$$

故 Joint#l 的控制量 $q_l^{\triangle}$ 为

$$q_l^{\triangle} - {}_0q_l^{\triangle} = q_l^{\bar{l}} \tag{3.20}$$

定义 3.8 自然运动矢量：将由自然坐标轴矢量 $^{\bar{l}}n_l$ 及自然坐标 q_l 确定的矢量 $^{\bar{l}}q_l$ 称为自然运动矢量。其中，

$$^{\bar{l}}q_l \triangleq {}^{\bar{l}}n_l \cdot q_l^{\bar{l}} \tag{3.21}$$

自然运动矢量（简称为运动矢量）在形式上统一了轴向平动及转动的表达。

定义 3.9 关节空间：以关节自然坐标 q_l 表示的空间称为关节空间。

定义 3.10 位形空间：称表达位置及姿态（简称位姿）的笛卡儿空间为位形空间（Configuration space，CS），它是双矢量空间（Dual vector space）或 6D 空间。

定义 3.11 自然关节空间：以自然坐标系为参考，通过关节变量 $q_l^{\bar{l}}$ 表示，在系统零位时必有 ${}_0q_l^{\bar{l}}=0$ 的关节空间，称为自然关节空间。

3.3.5 固定轴不变量与 3D 螺旋

如图 3.10 所示，给定链节 $^{\bar{l}}\mathbf{1}_l$，称原点 O_l 受位置矢量 $^{\bar{l}}l_l$ 约束的轴矢量 $^{\bar{l}}n_l$ 为固定轴不变量，记为 $^{\bar{l}}\boldsymbol{I}_l$；其中，

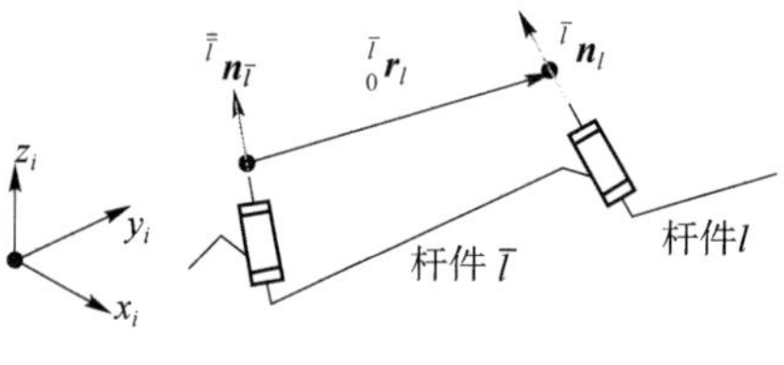

图 3.10 固定轴不变量

$$ {}^{\bar{l}}\boldsymbol{I}_l = [{}^{\bar{l}}n_l, {}^{\bar{l}}l_l] \tag{3.22} $$

轴矢量 ${}^{\bar{l}}n_l$ 是关节位置的参考轴。${}^{\bar{l}}\boldsymbol{I}_l$ 表征 Joint#l 的结构常数。固定轴不变量 ${}^{\bar{l}}\boldsymbol{I}_l$ 是链节 ${}^{\bar{l}}\mathbf{1}_l$ 结构参数的自然描述。

定义 3.12　自然坐标轴空间：以固定轴不变量作为自然参考轴，以对应的自然坐标表示的空间称为自然坐标轴空间，简称自然轴空间。它是具有一个自由度的 3D 空间。

如图 3.10 所示，${}^{\bar{l}}n_l$ 及 ${}^{\bar{l}}l_l$ 不因 Link#l 的运动而改变，是不变的结构参考量。${}^{\bar{l}}\boldsymbol{I}_l$ 确定了轴 l 相对于轴 $\bar{l}$ 的 5 个结构参数；与关节变量 q_l 一起，完整地表达了 Joint#l 的 6D 位形。给定 $\{q_l^{\bar{l}} | l \in \boldsymbol{A}\}$ 时，杆件固结的自然坐标系可由结构参数 $\{{}^{\bar{l}}\boldsymbol{I}_l | l \in \boldsymbol{A}\}$ 及关节变量 $\{q_l^{\bar{l}} | l \in \boldsymbol{A}\}$ 唯一确定。称轴不变量 ${}^{\bar{l}}n_l$、固定轴不变量 ${}^{\bar{l}}\boldsymbol{I}_l$、关节位置 $r_l^{\bar{l}}$ 及 $\phi_l^{\bar{l}}$ 为自然不变量。显然，自然不变量 $[{}^{\bar{l}}\boldsymbol{I}_l, q_l^{\bar{l}}]$ 与由 Frame#$\bar{l}$ 至 Frame#l 的空间位形 ${}^{\bar{l}}R_l$ 一一映射，即

$$ [{}^{\bar{l}}\boldsymbol{I}_l, q_l^{\bar{l}}] \leftrightarrow {}^{\bar{l}}R_l \tag{3.23} $$

显然，固定轴不变量 ${}^{\bar{l}}\boldsymbol{I}_l$ 是运动轴 l 的自然坐标轴。与笛卡儿坐标轴的不同之处在于，笛卡儿系由 3 个正交且共点的坐标轴构成，而自然坐标轴有且只有 1 个可以参数化的 3D 参考轴。显然，3 个独立的坐标轴，既可以定义一个 3D 斜坐标系，又可以定义一个笛卡儿直角坐标系。在一个自由体上，可以定义 3 个独立的坐标轴作为该体的平动坐标系，又可以定义另 3 个独立的坐标轴作为该体的转动坐标系，即在一个自由体上定义 6 个独立的坐标轴作为该体平动及转动的 6D 空间参考。因此，以自然坐标轴为基础的自然参考系具有笛卡儿直角坐标系不具有的灵活性。

（1）当 ${}^{\bar{l}}\boldsymbol{k}_l \in \boldsymbol{R}$ 时，则有

$$ \begin{cases} {}^{\bar{l}}\phi_l = {}^{\bar{l}}n_l \cdot \phi_l^{\bar{l}} & \text{if} \quad {}^{\bar{l}}\boldsymbol{k}_l \in R \\ {}^{\bar{l}}r_l = {}^{\bar{l}}l_l & \text{if} \quad {}^{\bar{l}}\boldsymbol{k}_l \in R \end{cases} \tag{3.24} $$

称仅含一个转动自由度的 $[{}^{\bar{l}}\phi_l, {}^{\bar{l}}l_l]$ 为转动矢量，是运动螺旋 $[{}^{\bar{l}}\phi_l, {}^{\bar{l}}r_l]$ 的特例。

（2）当 ${}^{\bar{l}}\boldsymbol{k}_l \in \boldsymbol{P}$ 时，如图 3.11 所示，则有

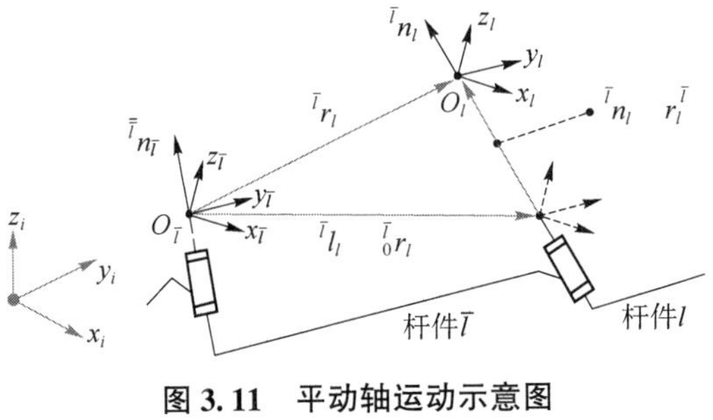

图 3.11　平动轴运动示意图

$$ \begin{cases} {}^{\bar{l}}\phi_l = 0_3 & \text{if} \quad {}^{\bar{l}}\boldsymbol{k}_l \in \boldsymbol{P} \\ {}^{\bar{l}}r_l = {}^{\bar{l}}l_l + {}^{\bar{l}}n_l \cdot r_l^{\bar{l}} & \text{if} \quad {}^{\bar{l}}\boldsymbol{k}_l \in \boldsymbol{P} \end{cases} \tag{3.25} $$

称仅含一个平动自由度的 $[0_3,{}^{\bar{l}}r_l]$ 为平动矢量，是运动螺旋 $[{}^{\bar{l}}\phi_l,{}^{\bar{l}}r_l]$ 的特例。

称自然坐标系统的关节坐标为自然坐标；同样有关节速度、关节加速度，它们合称为自然运动量。自然轴空间是一组独立自然坐标轴构成的自然轴链系统，简称自然轴链（natural axis chain，NAC）系统。与轴空间固结的轴不变量等价于该空间的单位基矢量；平移及转动一个固定轴不变量等价于平移及转动与之固结的自然系；自然轴链与实际运动链的运动序列具有同构关系；运动链就是有序的固定轴不变量构成的空间关系链。

式（3.24）、式（3.25）中的 if 语句间是“或”关系，保证多轴系统运动学及动力学方程数目与自由度相对应。在算法上，式（3.24）及式（3.25）自然地分配轴运动的计算空间。自然坐标系、自然坐标、自然不变量及自然螺旋构成运动链度量系统；其与链拓扑系统一起构成运动链符号演算系统。

3.3.6 3D 螺旋与运动对齐

由式（3.24）及（3.25）可知，固定轴不变量 ${}^{\bar{l}}\boldsymbol{I}_l$ 的关节坐标 $q_l^{\bar{l}}$ 与 Frame#$\bar{l}$ 及 Frame#l 的位姿关系 ${}^{\bar{l}}R_l$ 是一一映射的。三维空间下的线位移 $r_l^{\bar{l}}$ 及角位移 $\phi_l^{\bar{l}}$ 均是参考轴 ${}^{\bar{l}}n_l$ 的螺旋运动 ${}^{\bar{l}}q_l$。因 ${}^{\bar{l}}n_l$ 是不变量，即该坐标矢量是不变的，故称轴 l 的转动为定轴转动。由 Frame#$\bar{l}$ 至 Frame#l 的运动路径有无穷多个，但存在唯一最短的运动路径，该运动即为定轴的螺旋运动。

如图 3.12 所示，由初始时刻 t_0 的零位单位矢量 ${}_0^{\bar{l}}u_l$ 经角度 $\phi_l^{\bar{l}}$ 至当前 t 时刻的单位矢量 ${}_t^{\bar{l}}u_l$ 的转动等价为绕轴矢量 ${}^{\bar{l}}n_l$ 作 $\phi_l^{\bar{l}}$ 角度的转动。称 ${}^{\bar{l}}n_l$ 为零位矢量 ${}_0^{\bar{l}}u_l$ 至当前矢量 ${}_t^{\bar{l}}u_l$ 的轴矢量。零位矢量 ${}_0^{\bar{l}}u_l$ 向当前矢量 ${}_t^{\bar{l}}u_l$ 方向转动 1/4 周的矢量称为 ${}_0^{\bar{l}}u_l$ 至 ${}_t^{\bar{l}}u_l$ 的径向矢量。这表明，由双矢量确定的转动与螺旋运动等价，其中

$$
{}^{\bar{l}}n_l\cdot\sin(\phi_l^{\bar{l}})={}_0^{\bar{l}}u_l\times{}_t^{\bar{l}}u_l \tag{3.26}
$$

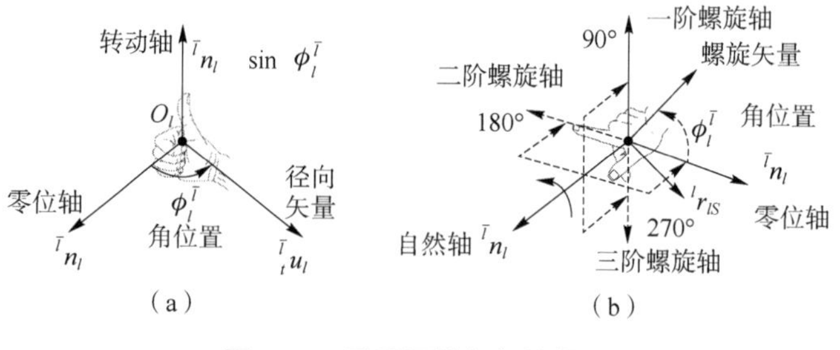

图 3.12　叉乘运算与螺旋操作

（a）叉乘；（b）螺旋操作

因此，沿轴的平动、绕轴的转动及其复合运动都是螺旋运动。螺旋是绕转动轴转动 1/4 周的特定转动。给定 ${}^{l}r_{lS}$，其径向投影即为零阶螺旋轴，其一阶螺旋对应 90°方向的一阶螺旋轴 ${}^{\bar{l}}n_l\times{}^{l}r_{lS}$，二阶螺旋对应 180°方向的二阶螺旋轴 ${}^{\bar{l}}n_l\times({}^{\bar{l}}n_l\times{}^{l}r_{lS})$，三阶螺旋对应 270°方向的三阶螺旋轴，四阶螺旋回归至零阶螺旋轴。因此，螺旋操作具有周期性及反对称性，故仅存在一阶及二阶独立的螺旋轴，其他螺旋轴均可通过一阶或二阶表示。显然，转动是具有连续

阶的螺旋。以螺旋操作替代叉乘运算，以投影操作替代内积运算，是将抽象空间算子代数转化为以操作或动作表征的 3D 空间操作代数的前提。

由式（3.24）、式（3.25）可知，平动及转动是螺旋运动的特例。螺旋运动既具有转动轴又具有螺旋轴，二者相互正交。转动轴的径向矢量就是螺旋矢量或螺旋轴，是 3D 矢量在径向面上的投影。

以运动轴表征的运动链称为自然轴链系统；以笛卡儿坐标轴表征的运动链则称为笛卡儿轴链系统。后者是前者的特殊情形。式（3.24）、式（3.25）以平动矢量及转动矢量为基础，描述了以轴不变量为核心的螺旋运动；复合运动副的空间维度可以根据运动轴串接自适应地分配，从而保证多轴系统分析的灵活性。

3D 运动矢量 ${}^{\bar{l}}\phi_l$ 或 ${}^{\bar{l}}r_l$ 及它们的速度与加速度也是运动矢量。轴链控制过程就是通过平动及转动固定轴不变量，将运动矢量 $[{}^{\bar{l}}\phi_l, {}^{\bar{l}}r_l]$ 与期望的运动矢量 $[{}^{\bar{l}}_d\phi_l, {}^{\bar{l}}_d r_l]$ 对齐的过程。如图 3.13 所示，运动矢量 $[{}^{\bar{l}}\phi_l, {}^{\bar{l}}r_l]$ 由定点双矢量表示，其实线矢量表示转动矢量，虚线矢量表示位置矢量；当期望运动矢量 $[{}^{\bar{l}}_d\phi_l, {}^{\bar{l}}_d r_l]$ 与杆件 l 运动矢量 $[{}^{\bar{l}}\phi_l, {}^{\bar{l}}r_l]$ 重合时，表示两个运动矢量对齐。

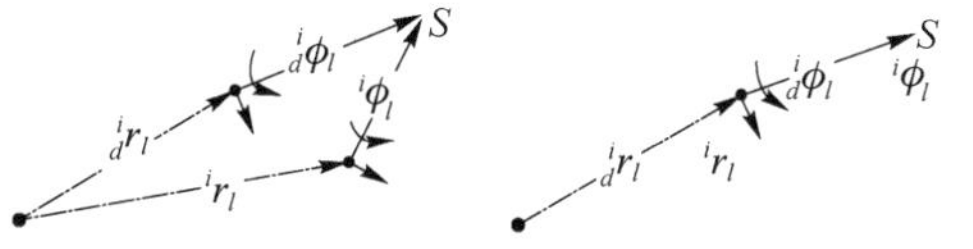

图 3.13　3D 螺旋与运动对齐

3.3.7　运动链度量公理

对轴链公理进行形式化及对运动链拓扑公理实例化，得运动链度量公理。

公理 3.2　给定运动链 ${}^{i}\mathbf{1}_n = (i, \cdots, \bar{n}, n]$，${}^{\bar{l}}\mathbf{k}_l \subset {}^{i}\mathbf{1}_n$，${}^{\bar{l}}\mathbf{k}_l \subset k\mathbf{L}$，则有

（1）运动矢量的偏序性。

根据运动链拓扑公理及参考的一致性，得

$$\phi_l^{\bar{l}} = -\phi_{\bar{l}}^{l},\quad {}^{l|\bar{l}}\phi_l = -{}^{l}\phi_{\bar{l}} \tag{3.27}$$

$$r_l^{\bar{l}} = -r_{\bar{l}}^{l},\quad {}^{l|\bar{l}}r_l = -{}^{l}r_{\bar{l}} \tag{3.28}$$

式（3.27）与式（3.28）表明，链节 ${}^{\bar{l}}\mathbf{1}_l$ 的关节角位置 $\phi_l^{\bar{l}}$ 及线位置 $r_l^{\bar{l}}$、转动矢量 ${}^{\bar{l}}\phi_l$ 及平动矢量 ${}^{\bar{l}}r_l$ 是运动链的基本属性。

（2）运动链逆向运动的传递性及可加性。

$${}^{i}\boldsymbol{p}_{k\mathbf{L}} = \sum_{l}^{k\mathbf{L}} ({}^{i|\bar{l}}\boldsymbol{p}_L) \tag{3.29}$$

$${}^{i}\boldsymbol{P}_{k\mathbf{L}} = \prod_{l}^{k\mathbf{L}} ({}^{\bar{l}}\boldsymbol{P}_l) \tag{3.30}$$

式（3.29）与式（3.30）表明，属性$\boldsymbol{p}$的坐标矢量 ${}^{i}\boldsymbol{p}_{l}$、属性$\boldsymbol{P}$ 的二阶坐标张量${}^{i}\boldsymbol{P}_{l}$ 对闭子树 $k\boldsymbol{L}$ 的可加性，反映叶向作用力对根向作用力的传递性及可加性。任一和项的参考指标需一致，任一积项的指标满足对消法则，即前一个积项的右下角指标与后一个积项的左上角指标相同且可对消。等式两侧的链序一致，即运动链的连接次序保持不变。

（3）运动链前向运动的传递性及可加性。

$$ {}^{i}\boldsymbol{p}_{n}=\sum_{l}^{{}^{i}\mathbf{1}_{n}}\left({}^{i|\bar{l}}\boldsymbol{p}_{l}\right) \tag{3.31}$$

$$ {}^{i}\boldsymbol{P}_{n}=\prod_{l}^{{}^{i}\mathbf{1}_{n}}\left({}^{\bar{l}}\boldsymbol{p}_{l}\right) \tag{3.32}$$

式（3.31）与式（3.32）表明，属性$\boldsymbol{p}$的坐标矢量 ${}^{\bar{l}}\boldsymbol{p}_{l}$、属性$\boldsymbol{P}$ 的二阶坐标张量${}^{\bar{l}}\boldsymbol{P}_{l}$ 对运动链${}^{i}\mathbf{1}_{j}$ 的串接性，具有迭代的关系式，反映根向运动对叶向运动的传递性及可加性。

正因为运动链前向运动的传递性及可加性、运动链逆向作用力的传递性及可加性，所以产生运动副运动的全序性及运动链运动的全序性。

由运动链符号系统规范、自然坐标系统、运动链公理构建了运动链符号演算系统，为基于轴不变量的多轴系统建模与控制提供了元系统。

3.3.8 三大轴链公理中的同构与实例化

1. 同构

在第 1 章中已经指出，同构具有两层内涵：①研究对象的属性与表征属性的符号一一映射；②研究对象属性间的关系与表征属性的逻辑关系一一映射。

多轴系统理论中属性与符号的一一映射具体表现为：

（1）在结构层面上，杆件编号、缩略名与实际的体，字符$\boldsymbol{R}$、$\boldsymbol{P}$ 与实际的运动轴类型，杆件#l 上的点与符号 lS 均一一映射；

（2）在拓扑即连接关系层面上，树系统一一映射为偏序自然数集；

（3）在度量层面上，自然坐标系统与自然轴空间及轴矢量一一映射，且自然满足工程需求，无须人为定义复杂的笛卡儿系。

多轴系统理论中属性关系与符号逻辑关系间的一一映射具体表现为：

（1）在拓扑层面，符号的左上和右下标指定了从左上角至右下角的连接顺序，${}^{1}\boldsymbol{R}_{2}$ 表示杆件#1 到杆件#2 的转动连接；

（2）在传递性层面，通过符号右下指标与左上指标的对消表示传递性，在动力学建模中通过叉乘矩阵表征力、力矩的传递性，运动的正向迭代与力的反向迭代体现轴链公理。

2. 实例化

拓扑公理是轴链公理的实例化，其进一步实例化为度量公理，即完成了从普遍事实到计算机系统的实例化。具体体现在：

（1）轴矢量 ${}^{\bar{l}}\vec{n}_{l}$、位置矢量 ${}^{\bar{l}}\vec{r}_{l}$、角位置矢量 ${}^{\bar{l}}\vec{\phi}_{l}$、旋转变换矩阵 ${}^{\bar{l}}Q_{l}$、惯性矩阵 ${}^{\bar{l}}J_{l}$ 等均是链符号${}^{\bar{l}}\mathbf{1}_{l}$ 实例化；

（2）位置矢量模长$|{}^{\bar{l}}\vec{r}_{l}|=r_{l}^{\bar{l}}$，转动角度$|{}^{\bar{l}}\vec{\phi}_{l}|=\phi_{l}^{\bar{l}}$ 等，均是基数运算符$|{}^{\bar{l}}\mathbf{1}_{l}|=\mathbf{1}_{l}^{\bar{l}}$ 的实例化；

(3) 拓扑公理中的连接传递性可实例化为矢量加法、旋转变换矩阵乘法中的指标对消；

(4) 矢量 $^{\bar{l}}\vec{n}_l$、$^{\bar{l}}\vec{r}_l$、$^{\bar{l}}\vec{\phi}_l$ 的极性，旋转变换矩阵 $^{\bar{l}}Q_l$ 的逆矩阵，均是连接可逆性的实例化。

拓扑符号与度量符号之间的联系如图 3.14 所示。

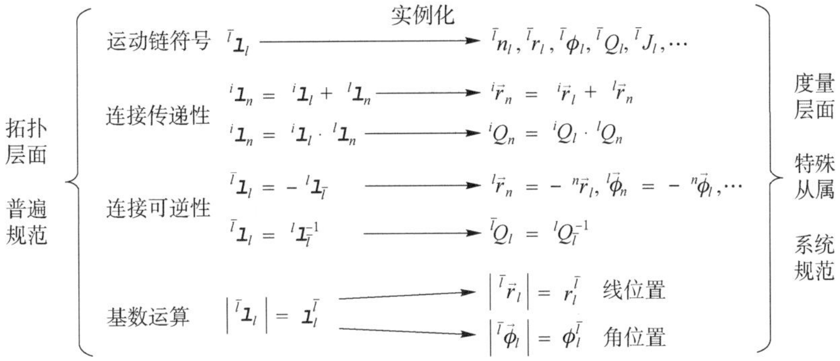

图 3.14　拓扑符号与度量符号之间的联系

显然，以拓扑符号系统为基础，通过实例化即可得到度量符号系统。由于拓扑符号与多轴系统同构，因此度量符号系统与多轴系统也是同构的，由此建立的多轴系统运动学和动力学理论具有一致性，能反映被研究运动系统的演化规律。

3.4　基于链符号的 3D 空间操作代数

首先，以运动链拓扑空间算子为基础，建立 3D 空间操作代数；进一步，为建立基于轴不变量的多轴系统运动学理论奠定基础。

笛卡儿直角坐标空间是三维点积空间或西空间。相对于不同笛卡儿直角坐标系（简称笛卡儿系）的距离及角度具有不变性。在点积空间下，除了具有加法及标量乘运算外，矢量还具有点积及叉积运算。笛卡儿系是三维矢量空间的基本要素或基元。然而，笛卡儿系是由两两正交的 3 个自然坐标轴构成的系统，因此是自然坐标轴系统的特例。

尽管矢量的点积及叉积运算的几何含义非常清晰，但难以揭示复杂矢量空间运算的规律。需要建立公理化的矢量空间操作代数（Operation algebra）系统，将几何的矢量分析方法转化为代数的分析方法，不仅可以进一步揭示复杂矢量空间下的规律，而且适应数字计算机的结构特点，从而为树链多轴系统的运动学与动力学分析奠定基础。

3D 空间操作代数是一个公理化的系统：真实三维空间的点是三维矢量空间的基元，任意 2 个独立的点构成线，任意 3 个独立的点构成体。三维是客观世界的自然本征量。应用高维空间理论解决低维空间的问题，必然会带来计算效率及可理解性方面的问题。六维空间算子代数（Operator algebra）正是以六维矢量空间的理论解决真实三维空间问题的典型例证。

算子是数学概念，操作是计算机概念。之所以称为 3D 空间操作代数，是因为该代数系统是适应计算机处理的：3D 空间操作代数以树链拓扑符号系统为基础，取父、取运动链及取闭子树等拓扑操作是关于轴序列及父轴序列的离散操作过程；另外，该空间操作代数是以符号演算、动作（投影、对齐及螺旋等）及矩阵操作为核心的。在计算机自动建模与分析时，需要判别属性符号的构成与指标，需要执行阵列元素的访问操作。空间动作的执行产生空间状态的变更，动作表示一个属性对另一属性的作用，状态的变更即数量的变化表示动作的作用效应，动作与效应是互为对偶的关系。

3.4.1 坐标基性质

记两个矢量的外积或外部积符号为⊙或⊗，计算过程如下：

$$[x,y,z]\odot[m,n,p]=\begin{bmatrix}x\\y\\z\end{bmatrix}\cdot[m,n,p]=\begin{bmatrix}x\cdot m & x\cdot n & x\cdot p\\ y\cdot m & y\cdot n & y\cdot p\\ z\cdot m & z\cdot n & z\cdot p\end{bmatrix}$$

其计算结果为矩阵，即两个 1 阶矢量外积后，结果的阶次为 2 阶。显然，两个 1 阶矢量内积后的阶次为 0，即标量。其中，⊙为外标量积；⊗为外矢量积。

1. 基的外标量积

基矢量 $\mathbf{e}_l$ 与基矢量（一阶张量）$\mathbf{e}_l$ 的外积是基矢量 $\mathbf{e}_l$ 的并矢，即按标量积运算“·”构成二阶张量，即基矢量 $\mathbf{e}_l$（任意一个单位矢量）相对于自身的投影：

$$\mathbf{e}_l\odot\mathbf{e}_l={}^{l}\mathbf{e}\cdot\mathbf{e}_l=\begin{bmatrix}\mathbf{e}_l^{[x]}\\ \mathbf{e}_l^{[y]}\\ \mathbf{e}_l^{[z]}\end{bmatrix}\cdot[\mathbf{e}_l^{[x]},\mathbf{e}_l^{[y]},\mathbf{e}_l^{[z]}]=\begin{bmatrix}1&0&0\\0&1&0\\0&0&1\end{bmatrix}=\mathbf{1}$$

故有

$$ {}^{l}\mathbf{e}\cdot\mathbf{e}_l=\mathbf{1} \tag{3.33}$$

由式（3.33）得 $\delta^{[i][k]}$

$$ {}^{l}\mathbf{e}^{[i]}\cdot\mathbf{e}_l^{[k]}=\delta^{[i][k]}=\begin{cases}1, & i=k\\ 0, & i\neq k\end{cases}(i,k=x,y,z) \tag{3.34}$$

称 $\delta^{[i][k]}$ 为克罗内克符号。式（3.34）中 $\delta^{[i][k]}$ 与线性代数中的定义相比，除了指标表示方法不同外，其他完全一致。

2. 基的外矢量积

基矢量 $\mathbf{e}_l$ 并矢即 ${}^{l}\mathbf{e}\times\mathbf{e}_l$ 外矢量积，按叉积运算构成二阶张量，故有

$$\mathbf{e}_l\otimes\mathbf{e}_l={}^{l}\mathbf{e}\times\mathbf{e}_l=\begin{bmatrix}\mathbf{e}_l^{[x]}\\ \mathbf{e}_l^{[y]}\\ \mathbf{e}_l^{[z]}\end{bmatrix}\times[\mathbf{e}_l^{[x]},\mathbf{e}_l^{[y]},\mathbf{e}_l^{[z]}]=\begin{bmatrix}0 & \mathbf{e}_l^{[z]} & -\mathbf{e}_l^{[y]}\\ -\mathbf{e}_l^{[z]} & 0 & \mathbf{e}_l^{[x]}\\ \mathbf{e}_l^{[y]} & -\mathbf{e}_l^{[x]} & 0\end{bmatrix} \tag{3.35}$$

并定义基矢量的叉乘矩阵：

$$\tilde{\mathbf{e}}_l\triangleq\begin{bmatrix}0 & \mathbf{e}_l^{[z]} & -\mathbf{e}_l^{[y]}\\ -\mathbf{e}_l^{[z]} & 0 & \mathbf{e}_l^{[x]}\\ \mathbf{e}_l^{[y]} & -\mathbf{e}_l^{[x]} & 0\end{bmatrix} \tag{3.36}$$

$\tilde{\mathbf{e}}_l$ 是由 $\mathbf{e}_l$ 组成的二阶张量，其元素对应于单位立方体的 6 个面的法向，表示具有反对称性的空间旋转；式（3.36）服从逆序。$\tilde{\mathbf{e}}_l$ 的轴矢量即转动基矢量表示如下：

$$\mathrm{Vector}(\tilde{\mathbf{e}}_l)=-\mathbf{e}_l \tag{3.37}$$

式（3.37）中，$\tilde{\mathbf{e}}_l$ 是一个反对称矩阵，$\tilde{\mathbf{e}}_l$ 与 $\mathbf{e}_l$ 具有一一映射的关系，即 $\tilde{\mathbf{e}}_l \leftrightarrow \mathbf{e}_l$。转动基矢量 Vector（$\tilde{\mathbf{e}}_l$）与平动单位基 $\mathbf{e}_l$ 是对偶的。$\tilde{\mathbf{e}}_l$ 的右上三角元素遵从左手序（反序），即

$$\tilde{\mathbf{e}}_l^{[m][n]} = -(-1)^{m+n} \cdot \mathbf{e}_l^{[p]}, \quad m,n,p \in \{1,2,3\}, m \neq n \neq p \tag{3.38}$$

基矢量 $\mathbf{e}_l$ 的左手序具有不变性。显然，上标的波浪符$\tilde{\square}$是一个衍生符，因为它仅改变□的排列形式。称 $\mathbf{e}_l$ 是 $\tilde{\mathbf{e}}_l$ 的逆序轴矢量。由式可知

$$\mathbf{e}_l^{[m]} \times \mathbf{e}_l^{[n]} = \varepsilon_{[p]}^{[m][n]} \cdot \mathbf{e}_l^{[p]} \tag{3.39}$$

其中，$\varepsilon_{[p]}^{[m][n]}$ 为李奇符号，且有

$$\varepsilon_{[p]}^{[m][n]} = \begin{cases} +1, & m,n,p \text{ 为右手序} \\ -1, & m,n,p \text{ 为左手序} \end{cases} \quad m,n,p \in \{x,y,z\} \tag{3.40}$$

式（3.40）中 $\varepsilon_{[p]}^{[m][n]}$ 除指标表示不同外，与线性代数中的定义完全一致。由式（3.39）可知，基矢量 $\mathbf{e}_l$ 服从左手序。$\tilde{\mathbf{e}}_l$ 与 $\mathbf{e}_l$ 具有一一映射的关系；Vector$(\tilde{\mathbf{e}}_l)$与 $\mathbf{e}_l$ 方向相反，$\tilde{\mathbf{e}}_l$ 服从左手序。式（3.39）中的二阶基分量与其一阶基分量的叉乘矩阵相对应。因 $\tilde{\mathbf{e}}_l \cdot \mathbf{e}_l = 0_3$，故 $\tilde{\mathbf{e}}_l$ 与 $\mathbf{e}_l$ 正交。式中的$\{x,y,z\}$的右手序包括$[x,y,z]$、$[y,z,x]$及$[z,x,y]$，其他为左手序。由式（3.35）及式（3.37）可知：基的外矢量积表示基的螺旋二阶张量。

3. 基矢量的矢量积

因 $\mathbf{e}_l = [\mathbf{e}_l^{[x]}, \mathbf{e}_l^{[y]}, \mathbf{e}_l^{[z]}]$是任意一个单位基矢量，故有叉积，亦称矢量积。

$$\mathbf{e}_l \times \mathbf{e}_l = \tilde{\mathbf{e}}_l \cdot {}^l\mathbf{e} = 0_3 \tag{3.41}$$

式（3.41）表明，在笛卡儿直角坐标系下，$\tilde{\mathbf{e}}_l$ 表示空间旋转，$\mathbf{e}_l$ 表示空间平移。因 $\mathbf{e}_l$ 等价于${}^{\bar{l}}n_l$，共轴线的平动与转动不存在耦合，即空间螺旋线上的平动与转动互不影响。

3.4.2 矢量积运算

1. 坐标矢量的外代数积

称 $\mathbf{e}_l \cdot ({}^l r_{lS} \cdot {}^l r_{lS'}^{\mathrm{T}}) \cdot {}^l\mathbf{e}$ 为外代数积，它是由 $\mathbf{e}_l \cdot {}^l r_{lS}$及 $\mathbf{e}_l \cdot {}^l r_{lS'}$两个一阶矢量张成的二阶张量，即基矢量 $\mathbf{e}_l$ 位于外侧的矩阵代数积运算：

$$\mathbf{e}_l \cdot {}^l r_{lS} \odot \mathbf{e}_l \cdot {}^l r_{lS'} = \mathbf{e}_l \cdot ({}^l r_{lS} \cdot {}^l r_{lS'}^{\mathrm{T}}) \cdot {}^l\mathbf{e} = \mathbf{e}_l \cdot \begin{bmatrix} {}^l r_{lS}^{[1]} \\ {}^l r_{lS}^{[2]} \\ {}^l r_{lS}^{[3]} \end{bmatrix} \cdot [{}^l r_{lS'}^{[1]}, {}^l r_{lS'}^{[2]}, {}^l r_{lS'}^{[3]}] \cdot {}^l\mathbf{e}$$

故定义其坐标形式为

$${}^l r_{lS} \odot {}^l r_{lS'} \triangleq {}^l r_{lS} \cdot {}^l r_{lS'}^{\mathrm{T}} \tag{3.42}$$

因此，外积运算是一种特定的矩阵运算。

2. 坐标矢量的外标量积

称${}^l r_{lS}^{\mathrm{T}} \cdot {}^l\mathbf{e} \cdot \mathbf{e}_l \cdot {}^l r_{lS'}$为坐标矢量的外标量积，是基矢量 $\mathbf{e}_l$ 位于内侧的外点积：

$$(\mathbf{e}_l \cdot {}^l r_{lS}) \cdot (\mathbf{e}_l \cdot {}^l r_{lS'}) = {}^l r_{lS}^{\mathrm{T}} \cdot ({}^l\mathbf{e} \cdot \mathbf{e}_l) \cdot {}^l r_{lS'} = {}^l r_{lS}^{\mathrm{T}} \cdot {}^l r_{lS'}$$

故其坐标形式为

$${}^l r_{lS} \cdot {}^l r_{lS'} = {}^l r_{lS}^{\mathrm{T}} \cdot {}^l r_{lS'} \tag{3.43}$$

由式（3.43）可知，坐标矢量内积运算可以用矩阵乘“·”即代数乘表示。

3. 矢量的矢量积

称 $\mathbf{e}_l \cdot {}^l r_{lS} \times \mathbf{e}_l \cdot {}^l r_{lS'}$ 为矢量积，即基矢量 $\mathbf{e}_l$ 位于内侧的矢量积运算：

$$\mathbf{e}_l \cdot {}^l r_{lS} \times \mathbf{e}_l \cdot {}^l r_{lS'} = {}^l r_{lS}^{\mathrm{T}} \cdot \tilde{\mathbf{e}}_l \cdot {}^l r_{lS'} \tag{3.44}$$

证明见本章附录。

3.4.3 方向余弦矩阵与投影

1. 方向余弦矩阵

将基矢量 $\mathbf{e}_{\bar{l}}$ 及基矢量 $\mathbf{e}_l$ 的外点积定义为方向余弦矩阵，即

$$ {}^{\bar{l}}Q_l \triangleq {}^{\bar{l}}\mathbf{e}_l = {}^{\bar{l}}\mathbf{e} \cdot \mathbf{e}_l \tag{3.45}$$

则有

$$\mathbf{e}_{\bar{l}} \cdot {}^{\bar{l}}Q_l \cdot {}^l\mathbf{e} = 1 \tag{3.46}$$

证明见本章附录。

显然，${}^{\bar{l}}\mathbf{e}_l$ 是关于 $\mathbf{e}_{\bar{l}}$ 及 $\mathbf{e}_l$ 的二阶多项式，即 ${}^{\bar{l}}\mathbf{e}_l$ 是二阶张量，表示转动状态。式（3.45）表明，式两边链符号具有一致性。式（3.46）表明，矢量空间下的转动具有等积不变性。由式（3.45）得

$$ {}^{\bar{l}}Q_l^{\mathrm{T}} = {}^lQ_{\bar{l}} \tag{3.47}$$

由式（3.45）及式（3.33）得

$$ {}^{\bar{\bar{l}}}Q_l = {}^{\bar{\bar{l}}}\mathbf{e}_l = {}^{\bar{\bar{l}}}\mathbf{e} \cdot \mathbf{e}_l = {}^{\bar{\bar{l}}}\mathbf{e} \cdot (\mathbf{e}_{\bar{l}} \cdot {}^{\bar{l}}\mathbf{e}) \cdot \mathbf{e}_l = {}^{\bar{\bar{l}}}\mathbf{e} \cdot \mathbf{e}_{\bar{l}} \cdot {}^{\bar{l}}\mathbf{e} \cdot \mathbf{e}_l = {}^{\bar{\bar{l}}}Q_{\bar{l}} \cdot {}^{\bar{l}}Q_l$$

即

$$ {}^{\bar{\bar{l}}}Q_l = {}^{\bar{\bar{l}}}Q_{\bar{l}} \cdot {}^{\bar{l}}Q_l \tag{3.48}$$

由式（3.46）得

$$\mathbf{e}_{\bar{l}} \cdot {}^{\bar{l}}Q_l \cdot {}^l\mathbf{e} \cdot \mathbf{e}_l = \mathbf{e}_{\bar{l}} \cdot {}^{\bar{l}}\mathbf{e}_l \cdot {}^l\mathbf{e} \cdot \mathbf{e}_l = \mathbf{e}_l$$

$$ {}^{\bar{l}}\mathbf{e} \cdot \mathbf{e}_{\bar{l}} \cdot {}^{\bar{l}}Q_l \cdot {}^l\mathbf{e} = {}^{\bar{l}}\mathbf{e} \cdot \mathbf{e}_{\bar{l}} \cdot {}^{\bar{l}}\mathbf{e}_l \cdot {}^l\mathbf{e} = {}^{\bar{l}}\mathbf{e}$$

即

$$\mathbf{e}_l = \mathbf{e}_{\bar{l}} \cdot {}^{\bar{l}}Q_l \tag{3.49}$$

$$\mathbf{e}_{\bar{l}} = \mathbf{e}_l \cdot {}^lQ_{\bar{l}} \tag{3.50}$$

式（3.49）与式（3.50）为基变换公式；显然，指标 $_l \cdot {}^l$ 满足对消法则。由式（3.49）得

$$ {}^{\bar{l}}Q_l \cdot {}^{\bar{l}}Q_l^{\mathrm{T}} = \mathbf{1} \tag{3.51}$$

由式（3.47）及式（3.51）得

$$ {}^{\bar{l}}Q_l^{\mathrm{T}} = {}^{\bar{l}}Q_l^{-1} \tag{3.52}$$

由上述可知：

（1）由式（3.49）可知，${}^{\bar{l}}Q_l$ 表示由 Frame#$\bar{l}$ 到 Frame#l 的姿态，即由 $\bar{l}$ 转动至 l，链序由左上指标至右下指标确定。

（2）由式（3.45）可知，${}^{\bar{l}}Q_l$ 是以 $\bar{l}$ 系为参考的坐标阵列，是 $\mathbf{e}_l$ 的 3 个基分量分别对 $\mathbf{e}_{\bar{l}}$

的 3 个基分量的投影矢量；故${}^{\bar{l}}Q_l$ 是投影矢量序列。因笛卡儿轴是正交的，故${}^{\bar{l}}Q_l$ 是正射投影，具有“保角”及“保距”的属性。

（3）由式（3.45）可知，${}^{\bar{l}}Q_l$ 是方向余弦矩阵（DCM），即有

$$
{}^{\bar{l}}Q_l=\mathbf{e}_{\bar{l}}^{\mathrm{T}}\cdot\mathbf{e}_l=[\mathbf{e}_{\bar{l}}\cdot\mathbf{e}_l^{[x]},\mathbf{e}_{\bar{l}}\cdot\mathbf{e}_l^{[y]},\mathbf{e}_{\bar{l}}\cdot\mathbf{e}_l^{[z]}]=\begin{bmatrix}C(\phi_{lx}^{\bar{l}x}) & C(\phi_{ly}^{\bar{l}x}) & C(\phi_{lz}^{\bar{l}x})\\ C(\phi_{lx}^{\bar{l}y}) & C(\phi_{ly}^{\bar{l}y}) & C(\phi_{lz}^{\bar{l}y})\\ C(\phi_{lx}^{\bar{l}z}) & C(\phi_{ly}^{\bar{l}z}) & C(\phi_{lz}^{\bar{l}z})\end{bmatrix} \tag{3.53}
$$

由式（3.53）可知，坐标基的外点积是基分量间的投影标量；基矢量的内积是基矢量间的标量投影。由式（3.53）可知，虽然方向余弦是全序的，但方向余弦矩阵是偏序的。

由式（3.46）可知，$\|\mathbf{e}_{\bar{l}}\|\cdot\|{}^{\bar{l}}Q_l\|\cdot\|{}^{l}\mathbf{e}\|=1$，故

$$
\|{}^{\bar{l}}Q_l\|=1 \tag{3.54}
$$

因${}^{\bar{l}}Q_l$ 是 3×3 的实矩阵，故有 3 个单位特征值，其中 1 个必为实数，记为 $\lambda_l^{[1]}$，另 2 个为共轭复数 $\lambda_l^{[2]}$ 与 $\lambda_l^{[3]}$，且 $\lambda_l^{[2]}\cdot\lambda_l^{[3]}=1$。又因 $\lambda_l^{[1]}\cdot\lambda_l^{[2]}\cdot\lambda_l^{[3]}=1$，故有 $\lambda_l^{[1]}=1$。因此，${}^{\bar{l}}Q_l$ 必有特征值 $\lambda_l^{[1]}=1$，对应的特征矢量即为轴不变量 ${}^{\bar{l}}n_l$。显然，DCM 描述的是两组坐标轴的关系，只能表达转动后相对转动前的观测状态；因缺少转动轴及角位置，故它不能表达转动过程。

笛卡儿空间的“保角”“保距”“保体积”特性可从多方面理解：

（1）基变换的角度：式（3.49）与式（3.50）表明，方向余弦矩阵 ${}^{\bar{l}}Q_l$ 实现了两组笛卡儿基的变换，由于两组基均为单位基，因此变换前后的度量均保持不变。

（2）空间变换的角度：矩阵相乘实质是空间变换，矩阵 $\boldsymbol{A}\cdot\boldsymbol{B}$ 一方面将矩阵 $\boldsymbol{B}$ 张成的空间进行旋转，另一方面进行缩放，缩放系数为 $\|\boldsymbol{A}\|$。由于 $\|{}^{\bar{l}}Q_l\|=1$，表明方向余弦矩阵 ${}^{\bar{l}}Q_l$ 表示的空间变换只旋转了角度，并未进行缩放，因此变换前后的度量保持不变。

（3）特征值的角度：矩阵行列式等于所有特征值的乘积，因此 $\lambda_l^{[1]}\cdot\lambda_l^{[2]}\cdot\lambda_l^{[3]}=\|{}^{\bar{l}}Q_l\|=1$，同样表示空间变换的缩放系数。

（4）由第 2 章可知，笛卡儿空间的转动可通过复数乘积表示，表示转动构造的二维复数或四元数的模均为 1，因此转动前后的度量保持不变。

方向余弦矩阵 ${}^{\bar{l}}Q_l$ 特征值的理解：

矩阵特征值 λ 与特征矢量 v 满足：${}^{\bar{l}}Q_l\cdot v=\lambda\cdot v$。物理含义是：矢量 v 经${}^{\bar{l}}Q_l$ 转动后并未改变方向，仅缩放为转动前的 λ 倍（当缩放系数 $\lambda<0$ 时，方向反向）。无论绕轴转动多大角度，旋转轴的指向一定保持不变，因此对于任意转角 $\phi_l^{\bar{l}}$ 的${}^{\bar{l}}Q_l$，旋转轴方向的单位矢量即轴不变量 ${}^{\bar{l}}n_l$ 一定满足${}^{\bar{l}}Q_l\cdot{}^{\bar{l}}n_l=1\cdot{}^{\bar{l}}n_l$。

2. 矢量的投影

若矢量 ${}^{l}\vec{r}_{lS}$与坐标基 $\mathbf{e}_l$ 固结，矢量 ${}^{l}\vec{r}_{lS}$对坐标基 $\mathbf{e}_{\bar{l}}$ 的投影矢量记为${}^{\bar{l}|l}r_{lS}$，矢量 ${}^{l}\vec{r}_{lS}$对坐标基 $\mathbf{e}_l$ 的投影矢量为 ${}^{l}r_{lS}$，则有

$$ {}^{l}\vec{r}_{lS}=\mathbf{e}_l\cdot{}^{l}r_{lS}=\mathbf{e}_{\bar{l}}\cdot{}^{\bar{l}|l}r_{lS} \tag{3.55}$$

将式（3.49）代入式（3.55）得

$$\mathbf{e}_{\bar{l}}\cdot{}^{\bar{l}}Q_l\cdot{}^{l}r_{lS}=\mathbf{e}_{\bar{l}}\cdot{}^{\bar{l}|l}r_{lS}$$

故有

$$ {}^{\bar{l}|l}r_{lS}={}^{\bar{l}}Q_l\cdot{}^{l}r_{lS} \tag{3.56}$$

由式（3.52）及式（3.56）得

$$ {}^{\bar{l}|l}r_{lS}^{\mathrm{T}}={}^{l}r_{lS}^{\mathrm{T}}\cdot{}^{l}Q_{\bar{l}},\quad {}^{l}r_{lS}^{\mathrm{T}}={}^{\bar{l}|l}r_{lS}^{\mathrm{T}}\cdot{}^{\bar{l}}Q_l \tag{3.57}$$

式（3.56）及式（3.57）为坐标变换即投影矢量公式。式（3.56）为投影矢量的右序形式，即将位于投影算子${}^{\bar{l}}Q_l$ 右侧的相对 Frame#l 表示的矢量投影至该算子左侧的 Frame#$\bar{l}$；式（3.57）为投影矢量的左序形式，即将位于投影算子${}^{\bar{l}}Q_l$ 左侧的相对 Frame#$\bar{l}$ 表示的矢量投影至该算子右侧的 Frame#l。

与${}^{\bar{l}}\mathbf{1}_l$ 同序的${}^{\bar{l}}Q_l$ 表示转动，与${}^{\bar{l}}\mathbf{1}_l$ 反序的${}^{l}Q_{\bar{l}}$ 表示投影。通过转动${}^{\bar{l}}Q_l$，将方向矢量${}^{\bar{l}|l}r_{lS}$与方向矢量 ${}^{l}r_{lS}$对齐，通过平动实现位置矢量对齐，通过运动实现定点方向矢量对齐。因此，式（3.56）的物理含义为：当系统处于零位时，${}^{\bar{l}}_{0}Q_l=\mathbf{1}$，给定任意两个坐标矢量${}^{\bar{l}|l}\vec{r}_{lS}$及${}^{l}\vec{r}_{lS}$，此时${}^{\bar{l}}_{0}Q_l\cdot{}^{l}r_{lS}\rightarrow{}^{\bar{l}|l}r_{lS}$，即期望两矢量${}^{\bar{l}|l}\vec{r}_{lS}$与${}^{l}\vec{r}_{lS}$趋向对齐；经过转动${}^{\bar{l}}Q_l$ 后，${}^{\bar{l}}Q_l\cdot{}^{l}r_{lS}={}^{\bar{l}|l}r_{lS}$，即将${}^{\bar{l}|l}\vec{r}_{lS}$与${}^{l}\vec{r}_{lS}$对齐。

同样，${}^{\bar{\bar{l}}}Q_{\bar{l}}\cdot{}^{\bar{l}}Q_l\cdot{}^{l}r_{lS}={}^{\bar{\bar{l}}|l}r_{lS}$的含义表述为：当系统处于零位时，${}^{\bar{\bar{l}}}_{0}Q_{\bar{l}}={}^{\bar{l}}_{0}Q_l=\mathbf{1}$；给定任意期望坐标矢量${}^{\bar{\bar{l}}|l}\vec{r}_{lS}$及与杆件固结的坐标矢量 ${}^{l}\vec{r}_{lS}$；此时，有${}^{\bar{\bar{l}}}_{0}Q_{\bar{l}}\cdot{}^{\bar{l}}_{0}Q_l\cdot{}^{l}r_{lS}\rightarrow{}^{\bar{\bar{l}}|l}r_{lS}$，即期望两矢量${}^{\bar{\bar{l}}|l}\vec{r}_{lS}$与${}^{l}\vec{r}_{lS}$趋向对齐；经过转动${}^{\bar{\bar{l}}}Q_{\bar{l}}$ 后，${}^{\bar{\bar{l}}}Q_{\bar{l}}\cdot{}^{\bar{l}}_{0}Q_l\cdot{}^{l}r_{lS}\rightarrow{}^{\bar{\bar{l}}|l}r_{lS}$，两方向逐渐趋向对齐；再次转动${}^{\bar{l}}Q_l$ 后，${}^{\bar{\bar{l}}}Q_{\bar{l}}\cdot{}^{\bar{l}}Q_l\cdot{}^{l}r_{lS}={}^{\bar{\bar{l}}|l}r_{lS}$，即${}^{\bar{\bar{l}}|l}\vec{r}_{lS}$与${}^{l}\vec{r}_{lS}$已对齐。这是由根对叶的正向转移过程。

显然有

$$ {}^{\bar{l}}\vec{r}_l=\mathbf{e}_l\cdot{}^{l|\bar{l}}r_l=-\mathbf{e}_l\cdot{}^{l}r_{\bar{l}}=-{}^{l}\vec{r}_{\bar{l}}$$

故有

$$ {}^{l|\bar{l}}r_l=-{}^{l}r_{\bar{l}} \tag{3.58}$$

3.4.4 矢量的一阶螺旋

1. 矢量的螺旋

如图 3.12 所示，由轴矢量对给定矢量的叉积确定一阶螺旋轴的过程称为螺旋。

给定 3D 矢量 ${}^{j}\vec{r}_k$ 及 3D 转动速度矢量 ${}^{l}\vec{\omega}_j$，则有

$$\begin{cases} {}^{\bar{l}}\omega_l^{\mathrm{T}} \cdot {}^{\bar{l}}\mathbf{e} \times \mathbf{e}_{\bar{l}} \cdot {}^{\bar{l}|l}r_{lS} = {}^{\bar{l}}\omega_j^{\mathrm{T}} \cdot \tilde{\mathbf{e}}_l \cdot {}^{\bar{l}|l}r_{lS} = e_{\bar{l}} \cdot {}^{\bar{l}}\tilde{\omega}_l \cdot {}^{\bar{l}|l}r_{lS} \\ {}^{\bar{l}}\omega_l \times {}^{\bar{l}|l}r_{lS} = {}^{\bar{l}}\tilde{\omega}_l \cdot {}^{\bar{l}|l}r_{lS} \end{cases} \tag{3.59}$$

其中，

$${}^{\bar{l}}\tilde{\omega}_l \triangleq \begin{bmatrix} 0 & -{}^{\bar{l}}\omega_l^{[3]} & {}^{\bar{l}}\omega_l^{[2]} \\ {}^{\bar{l}}\omega_l^{[3]} & 0 & -{}^{\bar{l}}\omega_l^{[1]} \\ -{}^{\bar{l}}\omega_l^{[2]} & {}^{\bar{l}}\omega_l^{[1]} & 0 \end{bmatrix} \tag{3.60}$$

证明见本章附录。

由式（3.59）可知：

（1）由矢量 ${}^{\bar{l}}\omega_l$ 唯一确定了该矢量的叉乘矩阵 ${}^{\bar{l}}\tilde{\omega}_l$，将${}^{\bar{l}}\omega_l$ 称为${}^{\bar{l}}\tilde{\omega}_l$ 的轴矢量。

（2）坐标矢量的“叉乘运算”可用对应的“叉乘矩阵”替代，后续通常不再使用叉乘符号。

（3）${}^{\bar{l}}\tilde{\omega}_l \cdot {}^{\bar{l}|l}r_{lS}$表示转动与平动的耦合，参考基为 $\mathbf{e}_l$。因 $\tilde{\mathbf{e}}_l$ 是 $\mathbf{e}_l$ 的切空间或切标架，故 ${}^{\bar{l}}\tilde{\omega}_l \cdot {}^{\bar{l}|l}r_{lS}$表示由${}^{\bar{l}}\omega_l$ 至${}^{\bar{l}|l}r_{lS}$的切向量。因 $\tilde{\mathbf{e}}_l$ 与 $\mathbf{e}_l$ 正交，故式（3.59）中${}^{\bar{l}}\omega_l$ 表示${}^{\bar{l}|l}r_{lS}$的螺旋变换，即${}^{\bar{l}}\tilde{\omega}_l \cdot {}^{\bar{l}|l}r_{lS}$是由坐标矢量 ${}^{\bar{l}}\omega_l$ 至坐标矢量${}^{\bar{l}|l}r_{lS}$的正交坐标矢量。

（4）因根方向的转动牵连叶方向的平动，满足$_l \cdot {}^l$链序的对消法则，体现平动与转动的对偶性。投影符清晰表达了链序的作用关系，书写也简单方便。

由轴矢量对一阶螺旋轴的叉乘确定二阶螺旋轴。矢量的螺旋矩阵（Screw matrix）是具有反对称性的二阶张量，也称为一阶螺旋或一阶矩，如二阶惯性矩$-m_l \cdot {}^l\tilde{r}_{lS}^2$。因运动状态与力的作用是对偶的，故常把它们分别表示在方程的两侧；否则，需要加“-”进行序的变更。运动状态变更的原因是力的作用；前者的角速度位于左侧，遵从左手序；后者的力位于右侧，遵从右手序。

同时，有下式成立：

$$-{}^{\bar{l}|l}\tilde{r}_{lS} \cdot {}^{\bar{l}}\omega_l = {}^{\bar{l}}\tilde{\omega}_l \cdot {}^{\bar{l}|l}r_{lS} \tag{3.61}$$

证明见本章附录。

对比式（3.36）及式（3.60）可知，坐标基的叉乘矩阵与坐标矢量的叉乘矩阵具有相反的链序关系，反映了坐标基与坐标矢量的对偶性。式（3.60）的作用在于，将几何形式的叉积运算转换为代数式的叉乘矩阵运算。

2. 矩阵的轴矢量

绕坐标轴的简单转动仅仅是转动的特殊形式。事实上，刚体在空间下绕任一轴转动，由转动前至转动后的状态即旋转变换阵，可以由该转动轴矢量及转动角度唯一确定。坐标矢量存在唯一对应的矩阵，该坐标矢量为其对应矩阵的轴矢量。

定义 3.13　称坐标矢量 ${}^{\bar{l}}\omega_l$ 为其叉乘矩阵 ${}^{\bar{l}}\tilde{\omega}_l$ 的轴矢量，并记为

$${}^{\bar{l}}\omega_l = \mathrm{Vector}({}^{\bar{l}}\tilde{\omega}_l) \tag{3.62}$$

任一矩阵 ${}^{\bar{l}}M_l$ 可表示为${}^{\bar{l}}M_l={}^{\bar{l}}M_l^{\mathrm{S}}+{}^{\bar{l}}M_l^{\mathrm{DS}}$，其中，${}^{\bar{l}}M_l^{\mathrm{S}}=0.5\cdot({}^{\bar{l}}M_l+{}^{\bar{l}}M_l^{\mathrm{T}})$为对称阵，${}^{\bar{l}}M_l^{\mathrm{DS}}=0.5\cdot({}^{\bar{l}}M_l-{}^{\bar{l}}M_l^{\mathrm{T}})$为反对称阵。由上述可知，${}^{\bar{l}}M_l^{\mathrm{DS}}$ 存在轴矢量。

定义 3.14 称矩阵 ${}^{\bar{l}}M_l$ 的反对称阵${}^{\bar{l}}M_l^{\mathrm{DS}}$ 的轴矢量为矩阵 ${}^{\bar{l}}M_l$ 的轴矢量。

根据上面的定义得

$$\mathrm{Vector}({}^{\bar{l}}M_l^{\mathrm{DS}})=\mathrm{Vector}({}^{\bar{l}}M_l) \tag{3.63}$$

故有

$$\mathrm{Vector}({}^{\bar{l}}M_l)\equiv\mathrm{Vector}({}^{\bar{l}}M_l^{\mathrm{DS}})=\frac{1}{2}\cdot\begin{bmatrix}{}^{\bar{l}}M_l^{[3][y]}-{}^{\bar{l}}M_l^{[2][z]}\\{}^{\bar{l}}M_l^{[1][z]}-{}^{\bar{l}}M_l^{[3][x]}\\{}^{\bar{l}}M_l^{[2][x]}-{}^{\bar{l}}M_l^{[1][y]}\end{bmatrix} \tag{3.64}$$

3. 矢量外积的不变性

给定任一矢量 ${}^{\bar{l}}\omega_l$ 及矢量${}^{\bar{l}|l}r_{lS}$，则有

$$-2\cdot\mathrm{Vector}({}^{\bar{l}}\omega_l\cdot{}^{\bar{l}|l}r_{lS}^{\mathrm{T}})={}^{\bar{l}}\tilde{\omega}_l\cdot{}^{\bar{l}|l}r_{lS} \tag{3.65}$$

证明见本章附录。

3.4.5 二阶张量的投影

将${}^{\bar{l}}J_{lS}$在 i 系下的表示（投影）记为${}^{i|\bar{l}}J_{lS}$，因二阶张量是不变量，则有

$$^{\bar{l}}\vec{J}_{lS}=\mathbf{e}_{\bar{l}}\cdot{}^{\bar{l}}J_{lS}\cdot{}^{\bar{l}}\mathbf{e}=\mathbf{e}_i\cdot{}^{i|\bar{l}}J_{lS}\cdot{}^{i}\mathbf{e} \tag{3.66}$$

因 $\mathbf{e}_{\bar{l}}\cdot{}^{\bar{l}}J_{lS}\cdot{}^{\bar{l}}\mathbf{e}$ 及 $\mathbf{e}_i\cdot{}^{i|\bar{l}}J_{lS}\cdot{}^{i}\mathbf{e}$ 是基的二次式，具有标量的形式，是不变量。

由式（3.56）得

$$\mathbf{e}_{\bar{l}}\cdot{}^{\bar{l}}J_{lS}\cdot{}^{\bar{l}}\mathbf{e}=\mathbf{e}_i\cdot{}^{i}Q_{\bar{l}}\cdot{}^{\bar{l}}J_{lS}\cdot{}^{\bar{l}}Q_i\cdot{}^{i}\mathbf{e}=\mathbf{e}_i\cdot{}^{i|\bar{l}}J_{lS}\cdot{}^{i}\mathbf{e}$$

故

$${}^{i|\bar{l}}J_{lS}={}^{i}Q_{\bar{l}}\cdot{}^{\bar{l}}J_{lS}\cdot{}^{\bar{l}}Q_i \tag{3.67}$$

式（3.67）是二阶张量坐标阵列的变换公式，即相似变换公式。简单地说，相似变换即是二阶张量的坐标变换，即为投影。同样，二阶张量的投影可以清晰地表达链序关系，书写也很简洁。

3.4.6 运动链的前向迭代与逆向递归

给定运动链${}^{\bar{l}}\mathbf{1}_{lS}=(\bar{l},l,lS]$，则有

$${}^{\bar{l}}\vec{r}_{lS}={}^{\bar{l}}\vec{r}_l+{}^{l}\vec{r}_{lS} \tag{3.68}$$

即

$$\mathbf{e}_{\bar{l}}\cdot{}^{\bar{l}}r_{lS}=\mathbf{e}_{\bar{l}}\cdot{}^{\bar{l}}r_l+\mathbf{e}_l\cdot{}^{l}r_{lS} \tag{3.69}$$

由式（3.49）及式（3.69）得

$$\mathbf{e}_{\bar{l}}\cdot{}^{\bar{l}}r_{lS}=\mathbf{e}_{\bar{l}}\cdot{}^{\bar{l}}r_{l}+\mathbf{e}_{\bar{l}}\cdot{}^{\bar{l}}Q_{l}\cdot{}^{l}r_{lS}\tag{3.70}$$

故有

$${}^{\bar{l}}r_{lS}={}^{\bar{l}}r_{l}+{}^{\bar{l}}Q_{l}\cdot{}^{l}r_{lS}\tag{3.71}$$

式（3.71）的物理含义表述为：系统处于零位时，${}^{\bar{l}}Q_{l}={}^{\bar{l}}_{0}Q_{l}=\mathbf{1}$，先将与杆件 l 固结的位矢${}^{l}r_{lS}$平移${}^{\bar{l}}r_{l}$，后将其转动${}^{\bar{l}}Q_{l}$，从而使${}^{l}r_{lS}$与${}^{\bar{l}}r_{lS}$对齐。考虑运动链${}^{0}l_{3C}=(0:3,3C]$，运动过程是由根向叶的正向迭代，故有运动链计算的逆向递归过程：

$${}^{0}r_{1}+{}^{0}Q_{1}\cdot({}^{1}r_{2}+{}^{1}Q_{2}\cdot({}^{2}r_{3}+{}^{2}Q_{3}\cdot{}^{3}r_{3C})={}^{0}r_{3C}$$

其等价为运动链的前向迭代过程：

$${}^{0}r_{1}+{}^{0|1}r_{2}+{}^{0|2}r_{3}+{}^{0|3}r_{3C}={}^{0}r_{3C}$$

递归过程的物理含义表述为：系统处于零位时${}^{\bar{l}}Q_{l}={}^{\bar{l}}_{0}Q_{l}=\mathbf{1}$，${}^{\bar{l}}r_{l}={}^{\bar{l}}_{0}r_{l}=0_{3}$，其中 $l\in[1:3]$；先将与杆件 3 固结的位矢${}^{3}\bar{r}_{3C}$平动${}^{0}r_{1}$，再转动${}^{0}Q_{1}$；接着平动${}^{1}r_{2}$，再转动${}^{1}Q_{2}$；最后，平动${}^{2}r_{3}$，再转动${}^{2}Q_{3}$；这是使${}^{3}\bar{r}_{3C}$与${}^{0}\bar{r}_{3C}$对齐的正向转移过程。在数值计算时，递归过程对内存访问的次数少，故其要比对应的迭代过程快得多。

3.4.7　转动矢量与螺旋矩阵

记角速度 ${}^{\bar{l}}\omega_{l}$ 的定轴转动轴矢量为 ${}^{\bar{l}}n_{l}$，当${}^{\bar{l}}n_{l}$ 是常矢量时，有

$${}^{\bar{l}}\phi_{l}=\int_{0}^{t}{}^{\bar{l}}\omega_{l}\cdot\mathrm{d}t=\int_{0}^{t}\dot{\phi}_{l}^{\bar{l}}\cdot{}^{\bar{l}}n_{l}\cdot\mathrm{d}t={}^{\bar{l}}n_{l}\cdot\phi_{l}^{\bar{l}}\tag{3.72}$$

定义

$${}^{\bar{l}}\phi_{l}={}^{\bar{l}}n_{l}\cdot\phi_{l}^{\bar{l}}\tag{3.73}$$

称${}^{\bar{l}}\phi_{l}$ 为转动矢量，其中 ϕ 是转动属性符，如图 3.15 所示。转动矢量/角矢量 ${}^{\bar{l}}\phi_{l}$ 是自由矢量，即该矢量可自由平移。

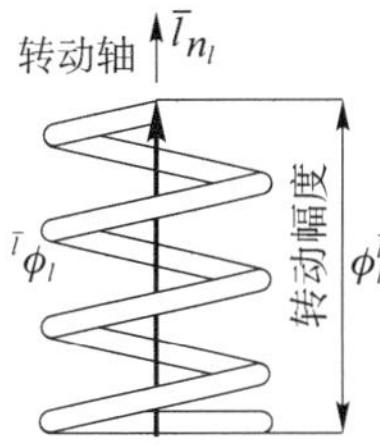

图 3.15　转动矢量

转动矢量的叉乘矩阵为

$${}^{\bar{l}}\tilde{\phi}_{l}={}^{\bar{l}}\tilde{n}_{l}\cdot\phi_{l}^{\bar{l}}=\phi_{l}^{\bar{l}}\cdot\begin{bmatrix}0 & -{}^{\bar{l}}n_{l}^{[3]} & {}^{\bar{l}}n_{l}^{[2]}\\ {}^{\bar{l}}n_{l}^{[3]} & 0 & -{}^{\bar{l}}n_{l}^{[1]}\\ -{}^{\bar{l}}n_{l}^{[2]} & {}^{\bar{l}}n_{l}^{[1]} & 0\end{bmatrix}\tag{3.74}$$

即${}^{\bar{l}}n_{l}\cdot\phi_{l}^{\bar{l}}$ 是${}^{\bar{l}}\phi\sim_{l}$ 的轴矢量。

因${}^{\bar{l}}n_{l}^{\mathrm{T}}\cdot{}^{\bar{l}}\phi_{l}={}^{\bar{l}}n_{l}^{\mathrm{T}}\cdot{}^{\bar{l}}n_{l}\cdot\phi_{l}^{\bar{l}}=\phi_{l}^{\bar{l}}$，故 $\phi_{l}^{\bar{l}}$ 是标量，是自然坐标或关节坐标，表示转动的幅度或大小。$\phi_{l}^{\bar{l}}$ 是转动矢量 ${}^{\bar{l}}\phi_{l}$ 与轴矢量 ${}^{\bar{l}}n_{l}$ 的内积/投影，即角度。转动矢量 ${}^{\bar{l}}\phi_{l}$ 表示绕单位转动轴${}^{\bar{l}}n_{l}$ 作角度 $\phi_{l}^{\bar{l}}$ 的转动。

在运动链符号系统中，对转动属性的描述采用转动矢量 ${}^{\bar{l}}\phi_{l}$；对平动属性的描述采用平动矢量 ${}^{\bar{l}}r_{l}$。它们分别表征转动状态与平动状态。

转动矢量 ${}^{\bar{l}}\phi_l$ 是绕一个固定轴的转动，又称定轴转动。机器人系统中转动副${}^{\bar{l}}\boldsymbol{R}_l$ 的运动量是以固定轴矢量 ${}^{\bar{l}}n_l$ 或 ${}^{l}n_{\bar{l}}$ 及角位置 $\phi_l^{\bar{l}}$ 或 $\phi_{\bar{l}}^{l}$ 来表示的，转动矢量 ${}^{\bar{l}}\phi_l$ 或 ${}^{l}\phi_{\bar{l}}$ 是转动最自然的表示形式；棱柱副${}^{\bar{l}}\boldsymbol{P}_l$ 的运动量是以固定轴矢量 ${}^{\bar{l}}n_l$ 或 ${}^{l}n_{\bar{l}}$ 及线位置 $r_l^{\bar{l}}$ 或 $r_{\bar{l}}^{l}$ 来表示的，平动矢量 ${}^{\bar{l}}r_l$或 ${}^{l}r_{\bar{l}}$ 是平动最自然的表示形式。

正向运动具有自我参考。对于转动而言，由初态 $\bar{l}$，绕轴${}^{\bar{l}}n_l$ 转动 $\phi_l^{\bar{l}}$ 角度后，至终态 l；相应的转动矢量为 ${}^{\bar{l}}\phi_l={}^{\bar{l}}n_l\cdot\phi_l^{\bar{l}}$。对于平动而言，由初态 $\bar{l}$，沿轴${}^{\bar{l}}n_l$ 平动 $r_l^{\bar{l}}$ 后，至终态 l；相应的平动矢量为 ${}^{\bar{l}}r_l={}^{\bar{l}}n_l\cdot r_l^{\bar{l}}$。对于同一个体而言，其运动次序通常为：先缩放，再转动，后平移。

自然坐标系、自然不变量及自然坐标是自然空间的自然表示：

（1）转动矢量 ${}^{\bar{l}}\phi_l$ 与方向余弦矩阵 ${}^{\bar{l}}Q_l$ 等价，具有 3D 自然空间维度的不变性。

（2）自然轴不变量 ${}^{\bar{l}}n_l$ 相对相邻的自然坐标系 $\bar{l}$ 及 l 的坐标不变，具有自然坐标的不变性。

（3）自然轴不变量 ${}^{\bar{l}}n_l$ 与自然坐标 $\phi_l^{\bar{l}}$ 或 $r_l^{\bar{l}}$ 无关，具有自然参考轴的不变性。

角速度 ${}^{\bar{l}}\omega_{\bar{l}}$ 的叉乘矩阵 ${}^{\bar{l}}\tilde{\omega}_{\bar{l}}$ 是二阶张量，即

$$
{}^{\bar{l}|l}\tilde{\omega}_{\bar{l}}={}^{\bar{l}}Q_l\cdot{}^{l}\tilde{\omega}_{\bar{l}}\cdot{}^{l}Q_{\bar{l}} \tag{3.75}
$$

且有

$$
\mathbf{e}_{\bar{l}}\cdot{}^{\bar{l}}\tilde{\omega}_l\cdot{}^{\bar{l}|l}r_{lS}=\mathrm{Det}\left(\begin{bmatrix}\mathbf{e}_{\bar{l}}^{[x]} & {}^{\bar{l}}\omega_l^{[x]} & {}^{\bar{l}|l}r_{lS}^{[x]}\\ \mathbf{e}_{\bar{l}}^{[y]} & {}^{\bar{l}}\omega_l^{[y]} & {}^{\bar{l}|l}r_{lS}^{[y]}\\ \mathbf{e}_{\bar{l}}^{[z]} & {}^{\bar{l}}\omega_l^{[z]} & {}^{\bar{l}|l}r_{lS}^{[z]}\end{bmatrix}\right) \tag{3.76}
$$

由式（3.76）可知，${}^{\bar{l}}\tilde{\omega}_l$ 是由位置矢量空间至平动速度空间的变换阵。由式（3.75）和式（3.76）可知，${}^{\bar{l}}\tilde{\omega}_l$ 的意义在于：

（1）${}^{\bar{l}}\tilde{\omega}_l$ 是角速度矢量 ${}^{\bar{l}}\omega_l$ 的二阶张量，满足二阶张量的坐标变换（即相似变换）；

（2）${}^{\bar{l}}\tilde{\omega}_l$ 是位置矢量 ${}^{l}r_{lS}$至平动速度矢量 ${}^{l}\dot{r}_k$ 的坐标变换阵。

根据运动链坐标变换运算有

$$
{}^{\bar{l}}\omega_l=-{}^{\bar{l}}Q_l\cdot{}^{l}\omega_{\bar{l}}=-{}^{\bar{l}|l}\omega_{\bar{l}} \tag{3.77}
$$

由式（3.75）及式（3.77）得

$$
{}^{\bar{l}}\tilde{\omega}_l=-{}^{\bar{l}|l}\tilde{\omega}_{\bar{l}}=-{}^{\bar{l}}Q_l\cdot{}^{l}\tilde{\omega}_{\bar{l}}\cdot{}^{l}Q_{\bar{l}}
$$

故有

$$
{}^{\bar{l}}\tilde{\omega}_l=-{}^{\bar{l}}Q_l\cdot{}^{l}\tilde{\omega}_{\bar{l}}\cdot{}^{l}Q_{\bar{l}} \tag{3.78}
$$

因${}^{l}\tilde{\omega}_k$ 是二阶张量，它是由${}^{l}\omega_k$ 衍生得到的，它的两组基均为 $\mathbf{e}_l$。因此，叉乘矩阵 ${}^{k}\tilde{\omega}_l$ 在运算时，通过等价指标可以清晰地表达与其他属性量的指标关系。由链符号的矢量运算关系可知

$$
-{}^{l}\tilde{\omega}_k={}^{l|k}\tilde{\omega}_l \tag{3.79}
$$

因为叉乘矩阵 ${}^{l}\tilde{\omega}_{k}$ 表示的是叉乘运算，故有

$$
{}^{l}\tilde{\omega}_{k} \cdot {}^{l|k}r_{\bar{k}} = -{}^{l|k}\tilde{r}_{\bar{k}} \cdot {}^{l}\omega_{k} \tag{3.80}
$$

3.4.8 矢量的二阶螺旋

矢量的双重外积公式表示两个矢量的二阶矩或二阶螺旋与矢量外积、内积的关系。将它们转换为代数运算，是建立代数几何学（Algebraic geometry）的一个重要环节，以方便后续运动学及动力学的分析。

1. 右侧优先的双重外积

给定坐标矢量 ${}^{k}r_{kS}$及${}^{k|l}r_{lS}$，则有

$$
{}^{k}\tilde{r}_{kS} \cdot {}^{k|l}\tilde{r}_{lS} = {}^{k|l}r_{lS} \cdot {}^{k}r_{kS}^{\mathrm{T}} - {}^{k|l}r_{lS}^{\mathrm{T}} \cdot {}^{k}r_{kS} \cdot \mathbf{1} \tag{3.81}
$$

证明见本章附录。

2. 左侧优先的双重外积

给定坐标矢量 ${}^{k}r_{kS}$和${}^{k|l}r_{lS}$，则有

$$
\widetilde{{}^{k}\tilde{r}_{kS} \cdot {}^{k|l}r_{lS}} = {}^{k|l}r_{lS} \cdot {}^{k}r_{kS}^{\mathrm{T}} - {}^{k}r_{kS} \cdot {}^{k|l}r_{lS}^{\mathrm{T}} \tag{3.82}
$$

证明见本章附录。

当 $kS = O_l$ 时，式（3.81）及式（3.82）分别表示右侧优先及左侧优先的二阶螺旋，左式表示作用（action），右式表示作用效应（effect）。

> 式（3.81）揭示了双叉乘与矢量内积和外积的关系，式（3.82）揭示了双叉乘与矢量外积之间的关系，这两个公式在多轴系统动力学建模中至关重要。

由式（3.81）得

$$
{}^{k|l}r_{lS}^{\mathrm{T}} \cdot {}^{k}r_{kS} \cdot \mathbf{1} = {}^{k|l}r_{lS} \cdot {}^{k}r_{kS}^{\mathrm{T}} - {}^{k}\tilde{r}_{kS} \cdot {}^{k|l}\tilde{r}_{lS}
$$

$$
{}^{k}r_{kS}^{\mathrm{T}} \cdot {}^{k|l}r_{lS} \cdot \mathbf{1} = {}^{k}r_{kS} \cdot {}^{k|l}r_{lS}^{\mathrm{T}} - {}^{k|l}\tilde{r}_{lS} \cdot {}^{k}\tilde{r}_{kS}
$$

即有

$$
{}^{k}\tilde{r}_{kS} \cdot {}^{k|l}\tilde{r}_{lS} - {}^{k|l}\tilde{r}_{lS} \cdot {}^{k}\tilde{r}_{kS} = {}^{k|l}r_{lS} \cdot {}^{k}r_{kS}^{\mathrm{T}} - {}^{k}r_{kS} \cdot {}^{k|l}r_{lS}^{\mathrm{T}} = \widetilde{{}^{k}\tilde{r}_{kS} \cdot {}^{k|l}r_{lS}} \tag{3.83}
$$

式（3.81）表明了外积与双叉乘运算的关系。

因$-m_{l}^{[S]} \cdot {}^{k}\tilde{r}_{lS} \cdot {}^{k|l}\tilde{r}_{lS}$为质点 $m_{l}^{[S]}$ 的相对转动惯量，故称式（3.81）及式（3.82）为二阶矩公式。式（3.59）、式（3.81）及式（3.82）是将3D空间几何转化为3D空间操作代数的基本公式，它们既具有代数运算，又具有空间拓扑操作。因此，3D空间操作代数系统有分析代数及几何拓扑的双重优点，是以点积与叉积为基本运算的“保角”及“保距（距离、一阶及二阶矩）”的系统。

考虑运动链${}^{\bar{\bar{l}}}\mathbf{1}_{l}$，用轴不变量 ${}^{\bar{\bar{l}}}n_{\bar{l}}$ 及${}^{\bar{l}}n_{l}$ 替换式（3.81）中的位置矢量分别得

$$
{}^{\bar{l}}\tilde{n}_{l}^{2} = {}^{\bar{l}}n_{l} \cdot {}^{\bar{l}}n_{l}^{\mathrm{T}} - \mathbf{1}
$$

$$
{}^{\bar{\bar{l}}}\tilde{n}_{\bar{l}} \cdot {}^{\bar{\bar{l}}|\bar{l}}\tilde{n}_{l} = {}^{\bar{\bar{l}}|\bar{l}}n_{l} \cdot {}^{\bar{\bar{l}}}n_{\bar{l}}^{\mathrm{T}} - {}^{\bar{\bar{l}}}n_{\bar{l}}^{\mathrm{T}} \cdot {}^{\bar{\bar{l}}|\bar{l}}n_{l} \cdot \mathbf{1}
$$

用轴不变量 ${}^{\bar{\bar{l}}}n_{\bar{l}}$ 及${}^{\bar{l}}n_{l}$ 替换式（3.82）及式（3.83）中的位置矢量分别得

$$\widetilde{{}^{\bar{\bar{l}}}\tilde{n}_{\bar{l}}\cdot{}^{\bar{\bar{l}}|\bar{l}}n_l}={}^{\bar{\bar{l}}|\bar{l}}n_l\cdot{}^{\bar{\bar{l}}}n_l^{\mathrm{T}}-{}^{\bar{\bar{l}}}n_{\bar{l}}\cdot{}^{\bar{\bar{l}}|\bar{l}}n_l^{\mathrm{T}}$$

$${}^{\bar{\bar{l}}}\tilde{n}_{\bar{l}}\cdot{}^{\bar{\bar{l}}|\bar{l}}\tilde{n}_l-{}^{\bar{\bar{l}}|\bar{l}}\tilde{n}_l\cdot{}^{\bar{\bar{l}}}\tilde{n}_{\bar{l}}={}^{\bar{\bar{l}}|\bar{l}}n_l\cdot{}^{\bar{\bar{l}}}n_l^{\mathrm{T}}-{}^{\bar{\bar{l}}}n_{\bar{l}}\cdot{}^{\bar{l}|\bar{l}}n_l^{\mathrm{T}}=\widetilde{{}^{\bar{\bar{l}}}\tilde{n}_{\bar{l}}\cdot{}^{\bar{\bar{l}}|\bar{l}}n_l}$$

因为关节转动矢量、转动速度及加速度都是关于轴不变量的多重线性型，所以上面 4 个关于轴不变量的关系式在后续运动学及动力学分析中具有重要作用。习惯上，运动链${}^{k}\mathbf{1}_l$的矢量方程一般以运动链的根坐标系为参考。

3.5 笛卡儿轴链运动学

运动链符号系统为多轴系统运动学及动力学建模奠定了基础，体现于以下 3 个方面：

（1）保证运动链的拓扑不变性，通过链指标清晰反映结构参量/运动参量的连接关系。

（2）保证运动链的张量不变性，通过链指标清晰反映结构参量/运动参量的投影关系。

（3）保证矩阵操作的不变性，通过链指标清晰反映结构参量/运动参量的参考关系。

运动链分析包括两个过程：前向的运动传递过程及逆向的外力传递过程。以坐标轴表征的运动链系统称为笛卡儿轴链（Cartesian axis chain）系统。3D 空间操作代数既可以用于笛卡儿轴链系统的分析，又可用于自然轴链系统的分析。笛卡儿轴链只是轴链的特殊情形，不具备自然轴链系统的性质。

3.5.1 笛卡儿轴链的逆解问题

任一刚体姿态可以通过绕 3 个笛卡儿轴$\{x,y,z\}$的转动序列确定；其中任意相邻的 2 个轴应是独立的，即不能出现共轴的情况。$\{x,y,z\}$的排列$\{[m,n,p]\mid m,n,p\in\{x,y,z\}\}$共有 27 种，其中，$m=n=p$ 的排列有 3 种；$m=n\neq p$ 及 $m\neq n=p$ 的排列各 6 种。故 3 轴转动序列共有 27-3-6-6=12 种。在 12 种转动序列中，仅有“1-2-3”序列与笛卡儿轴$[x,y,z]$序列等价。笛卡儿轴$\{x,y,z\}$序列仅保证姿态等价，不保证转动过程的等价，笛卡儿轴链与运动链不是严格意义上的同构关系。

由参考系 $\bar{l}$ 至体系 l 的转动与绕 3 个转动轴矢量$[{}^{\bar{l}}n_{l1},{}^{l1}n_{l2},{}^{l2}n_l]$的转动序列等价，且${}^{\bar{l}}n_{l1}\neq{}^{l1}n_{l2},{}^{l1}n_{l2}\neq{}^{l2}n_l$。若${}^{\bar{l}}n_{l1}=\mathbf{1}^{[z]},{}^{l1}n_{l2}=\mathbf{1}^{[y]},{}^{l2}n_l=\mathbf{1}^{[x]}$，则为“3-2-1”转序；若${}^{\bar{l}}n_{l1}=\mathbf{1}^{[z]},{}^{l1}n_{l2}=\mathbf{1}^{[x]},{}^{l2}n_l=\mathbf{1}^{[z]}$，则为“3-1-3”转序。这是两种常用的转动序列，如用于描述移动机器人的本体姿态。

1. 全姿态角

全姿态角范围为$(-\pi,\pi]$，在姿态角求解时使用 $\theta=\operatorname{atan}(y,x)$ 非常方便，与 $\operatorname{atan}(x)$ 对应的重载函数 $\operatorname{atan}(y,x)$ 计算过程如下：

$$\theta=\operatorname{atan}(y,x)=\begin{cases}\operatorname{atan}(y/x), & x\geqslant 0\\ -\operatorname{atan}(y/x)-\pi, & x<0\wedge y<0\\ -\operatorname{atan}(y/x)+\pi, & x<0\wedge y\geqslant 0\end{cases}\tag{3.84}$$

显然，有

$$\operatorname{atan}(y,x)=\operatorname{atan}(cy,cx),\quad c>0\tag{3.85}$$

由式（3.84）可知，$\theta \in (-\pi, \pi]$，$x=0$ 为 $\theta=\mathrm{atan}(y,x)$ 的奇异点。由集合论可知，$+\infty$ 及 $-\infty$ 是数，这里的奇异点在理论上不成立。但由于计算机浮点位数有限，存在现实上的计算精度问题。在工程上，只要增加浮点位数，总能满足期望的精度要求，故奇异点在工程上亦不存在。将连续函数作用域上有限点出现奇异的情形称为单点奇异。因单点奇异总可以通过连续性补足，仅影响计算误差，所以并不导致解的不确定。

在姿态角计算时，应采用 atan(□,□) 或 2 · atan(□) 计算；若应用 asin(□) 及 acos(□) 计算姿态角，则需要检查是否可以完整描述所有可能的姿态。

将连续函数作用域上连续区间出现奇异的情形称为区间奇异。区间奇异不能通过连续性补足，在工程上将导致无解，即函数的解具有不确定性，在工程上表现为系统行为无法控制或状态无法确定。

2. “3-2-1” 转动序列

示例 3.2　球副 ${}^{\bar{l}}\boldsymbol{S}_l$ 等价为由参考系 $\bar{l}$ 经 “3-2-1” 转动序列（Rotation order of “3-2-1”）至体系 l 的运动链 ${}^{\bar{l}}\boldsymbol{1}_l=(\bar{l},l1,l2,l]$，角序列记为 $q_{(\bar{l},l]}=[\phi^{\bar{l}}_{l1},\phi^{l1}{}_{l2},\phi^{l2}{}_{l}]$，3 个转动轴矢量为 $[{}^{\bar{l}}n_{l1},{}^{l1}n_{l2},{}^{l2}n_{l}]$，${}^{\bar{l}}n_{l1}=\mathbf{1}^{[z]}$，${}^{l1}n_{l2}=\mathbf{1}^{[y]}$，${}^{l2}n_{l}=\mathbf{1}^{[x]}$。其中，$l1$ 及 $l2$ 为中间坐标系。给定 ${}^{\bar{l}}Q_l$ 时，试求 $q_{(\bar{l},l]}$。

【解】 由于正余弦计算的复杂度较高，通常需要遵循先计算后使用的原则。将先计算的正余弦表示为

$$\mathrm{C}^{\bar{l}}_{l1}=\mathrm{C}(\phi^{\bar{l}}_{l1}),\quad \mathrm{S}^{\bar{l}}_{l1}=\mathrm{S}(\phi^{\bar{l}}_{l1}) \tag{3.86}$$

则有

$${}^{\bar{l}}Q_{l1}=\begin{bmatrix}\mathrm{C}^{\bar{l}}_{l1} & -\mathrm{S}^{\bar{l}}_{l1} & 0\\ \mathrm{S}^{\bar{l}}_{l1} & \mathrm{C}^{\bar{l}}_{l1} & 0\\ 0 & 0 & 1\end{bmatrix},\quad {}^{l1}Q_{l2}=\begin{bmatrix}\mathrm{C}^{l1}_{l2} & 0 & \mathrm{S}^{l1}_{l2}\\ 0 & 1 & 0\\ -\mathrm{S}^{l1}_{l2} & 0 & \mathrm{C}^{l1}_{l2}\end{bmatrix},\quad {}^{l2}Q_{l}=\begin{bmatrix}1 & 0 & 0\\ 0 & \mathrm{C}^{l2}_{l} & -\mathrm{S}^{l2}_{l}\\ 0 & \mathrm{S}^{l2}_{l} & \mathrm{C}^{l2}_{l}\end{bmatrix}$$

故有

$${}^{\bar{l}}Q_l=\prod_{k}^{{}^{\bar{l}}\mathbf{1}_l}({}^{\bar{k}}Q_k)=\begin{bmatrix}\mathrm{C}^{\bar{l}}_{l1}\cdot\mathrm{C}^{l1}_{l2} & \mathrm{C}^{\bar{l}}_{l1}\cdot\mathrm{S}^{l1}_{l2}\cdot\mathrm{S}^{l2}_{l}-\mathrm{S}^{\bar{l}}_{l1}\cdot\mathrm{C}^{l2}_{l} & \mathrm{S}^{\bar{l}}_{l1}\cdot\mathrm{S}^{l2}_{l}+\mathrm{C}^{\bar{l}}_{l1}\cdot\mathrm{S}^{l1}_{l2}\cdot\mathrm{C}^{l2}_{l}\\ \mathrm{S}^{\bar{l}}_{l1}\cdot\mathrm{C}^{l1}_{l2} & \mathrm{C}^{\bar{l}}_{l1}\cdot\mathrm{C}^{l2}_{l}+\mathrm{S}^{\bar{l}}_{l1}\cdot\mathrm{S}^{l1}_{l2}\cdot\mathrm{S}^{l2}_{l} & \mathrm{S}^{\bar{l}}_{l1}\cdot\mathrm{S}^{l1}_{l2}\cdot\mathrm{C}^{l2}_{l}-\mathrm{C}^{\bar{l}}_{l1}\cdot\mathrm{S}^{l2}_{l}\\ -\mathrm{S}^{l1}_{l2} & \mathrm{C}^{l1}_{l2}\cdot\mathrm{S}^{l2}_{l} & \mathrm{C}^{l1}_{l2}\cdot\mathrm{C}^{l2}_{l}\end{bmatrix} \tag{3.87}$$

常称 $[\phi^{\bar{l}}_{l1},\ \phi^{l1}_{l2},\ \phi^{l2}_{l}]$ 为卡尔丹角，其极性由 $[{}^{\bar{l}}n_{l1},{}^{l1}n_{l2},{}^{l2}n_{l}]$ 确定。$[\phi^{\bar{l}}_{l1},\ \phi^{l1}_{l2},\ \phi^{l2}_{l}]$ 不满足可加性，常称之为伪坐标。${}^{\bar{l}}Q_l$ 的任一元素是姿态角正余弦的多重线性表示，又称多重线性型。上述过程是：已知姿态角，计算旋转变换阵。这是姿态的正问题。

式（3.86）在本书中使用非常普遍，在以后的应用中，不再予以提示或说明。

若体轴 x 指向前方，轴 y 指向左侧，轴 z 指向上方，则 $[\phi^{\bar{l}}_{l1},\ \phi^{l1}_{l2},\ \phi^{l2}_{l}]$ 的物理含义为：$\phi^{\bar{l}}_{l1}$—偏航角，ϕ^{l1}_{l2}—俯仰角，ϕ^{l2}_{l}—横滚角。该 “3-2-1” 姿态角常用于描述机器人、飞机及导弹的姿态。由式（3.87）得

$$\begin{cases} \phi_{l1}^{\bar{l}} = \text{atan}({}^{\bar{l}}Q_l^{[2][x]}, {}^{\bar{l}}Q_l^{[1][x]}) \\ \phi_{l2}^{l1} = \text{asin}(-{}^{\bar{l}}Q_l^{[3][x]}) \\ \phi_l^{l2} = \text{atan}({}^{\bar{l}}Q_l^{[3][y]}, {}^{\bar{l}}Q_l^{[3][z]}) \end{cases} \tag{3.88}$$

由式（3.88）可知，该姿态角范围需满足：$\phi_{l1}^{\bar{l}} \in (-\pi, \pi]$，$\phi_{l2}^{l1} \in (-\pi/2, \pi/2)$，$\phi_l^{l2} \in (-\pi, \pi]$；否则，不能完整描述体 l 的全部姿态。初始时，体系 l 与参考系 $\bar{l}$ 重合；当 $\phi_{l1}^{\bar{l}} \in (-\pi, \pi]$，$\phi_{l2}^{l1} \in (-\pi/2, \pi/2)$ 时，体 l 经“3-2”转序后，可以将体 l 上的任一方向 ${}^{l}\vec{u}_{lS}$ 与环境中的任一方向 ${}^{\bar{l}}\vec{u}_{\bar{l}S}$ 对齐；在实现“方向对齐”后，经转序“1”，当 $\phi_l^{l2} \in (-\pi, \pi]$ 时，可将 ${}^{l}\vec{u}_{lS}$ 的任一径向矢量与 ${}^{\bar{l}}\vec{u}_{\bar{l}S}$ 的任一径向矢量对齐，简称“径向对齐”。解毕。

显然，$[-\phi_l^{l2}, -\phi_{l2}^{l1}, -\phi_{l1}^{\bar{l}}]$ 是 $[\phi_{l1}^{\bar{l}}, \phi_{l2}^{l1}, \phi_l^{l2}]$ 的逆序列，前者不仅改变了后者转动的极性，而且颠倒了后者的转动次序。以角度序列描述姿态时，仅表示起止状态的等价，不表示转动过程的等价。上述过程是：由旋转变换阵求解姿态角。这是姿态的逆问题。

3.“3-1-3”转动序列

示例 3.3 如图 3.16 所示，解耦机械手由 3 个转动副及 4 根杆件串接构成。3 个转动轴交于一点 O，称之为腕心，且 R1 轴与 R2 轴正交，R2 轴与 R3 轴正交。显然，对于解耦机械手而言，拾取点 S 位于以腕心为球心的球面上。由参考系 $\bar{l}$ 经转动至体系 l 的转动链 ${}^{\bar{l}}\mathbf{1}_l = (\bar{l}, l1, l2, l]$，3 个转动轴矢量为 $[{}^{\bar{l}}n_{l1}, {}^{l1}n_{l2}, {}^{l2}n_l]$，角序列记为 $q_{(\bar{l},l]} = [\phi_{l1}^{\bar{l}}, \phi_{l2}^{l1}, \phi_l^{l2}]$。若 ${}^{\bar{l}}n_{l1} = \mathbf{1}^{[z]}, {}^{l1}n_{l2} = \mathbf{1}^{[x]}, {}^{l2}n_l = \mathbf{1}^{[z]}$，则为“3-1-3”转序。给定 ${}^{\bar{l}}Q_l$ 时，试求 $q_{(\bar{l},l]}$。

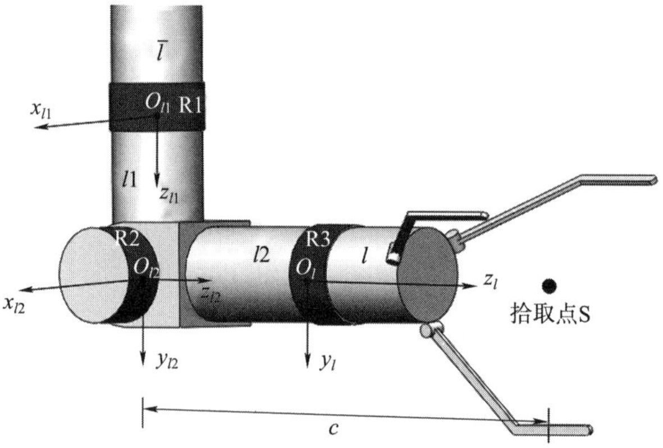

图 3.16 解耦机械手

【解】

$${}^{\bar{l}}Q_{l1} = \begin{bmatrix} C_{l1}^{\bar{l}} & -S_{l1}^{\bar{l}} & 0 \\ S_{l1}^{\bar{l}} & C_{l1}^{\bar{l}} & 0 \\ 0 & 0 & 1 \end{bmatrix}, \quad {}^{l1}Q_{l2} = \begin{bmatrix} 1 & 0 & 0 \\ 0 & C_{l2}^{l1} & -S_{l2}^{l1} \\ 0 & S_{l2}^{l1} & C_{l2}^{l1} \end{bmatrix}, \quad {}^{l2}Q_l = \begin{bmatrix} C_l^{l2} & -S_l^{l2} & 0 \\ S_l^{l2} & C_l^{l2} & 0 \\ 0 & 0 & 1 \end{bmatrix}$$

$$
{}^{\bar{l}}Q_l = \prod_{k}^{{}^{\bar{l}}\mathbf{1}_l} ({}^{\bar{k}}Q_k) = \begin{bmatrix} C_{l1}^{\bar{l}} \cdot C_l^{l2} - S_{l1}^{\bar{l}} \cdot C_{l2}^{l1} \cdot S_l^{l2} & -C_{l1}^{\bar{l}} \cdot S_l^{l2} - S_{l1}^{\bar{l}} \cdot C_{l2}^{l1} \cdot C_l^{l2} & S_{l1}^{\bar{l}} \cdot S_{l2}^{l1} \\ S_{l1}^{\bar{l}} \cdot C_l^{l2} + C_{l1}^{\bar{l}} \cdot C_{l2}^{l1} \cdot S_l^{l2} & C_{l1}^{\bar{l}} \cdot C_{l2}^{l1} \cdot C_l^{l2} - S_{l1}^{\bar{l}} \cdot S_l^{l2} & -C_{l1}^{\bar{l}} \cdot S_{l2}^{l1} \\ S_{l2}^{l1} \cdot S_l^{l2} & S_{l2}^{l1} \cdot C_l^{l2} & C_{l2}^{l1} \end{bmatrix} \tag{3.89}
$$

由式（3.89）得

$$
\begin{cases} \phi_{l1}^{\bar{l}} = \mathrm{atan}({}^{\bar{l}}Q_l^{[1][z]}, -{}^{\bar{l}}Q_l^{[2][z]}) \\ \phi_{l2}^{l1} = \mathrm{acos}({}^{\bar{l}}Q_l^{[3][z]}) \\ \phi_l^{l2} = \mathrm{atan}({}^{\bar{l}}Q_l^{[3][x]}, {}^{\bar{l}}Q_l^{[3][y]}) \end{cases} \tag{3.90}
$$

由式（3.90）可知，$\phi_{l1}^{\bar{l}} \in (-\pi, \pi]$，$\phi_{l2}^{l1} \in [0, \pi)$，$\phi_l^{l2} \in (-\pi, \pi]$，可以描述全姿态。解毕。

用“3-1-3”角序列描述天体姿态时，称 $\phi_{l1}^{\bar{l}}$ 为进动角，ϕ_{l2}^{l1} 为章动角，ϕ_l^{l2} 为自转角。

由于姿态序列存在 12 种，所以每一个转动序列分别计算各自的姿态逆解非常烦琐。对于更一般的情况，即给定 ${}^{\bar{l}}Q_l$，确定绕 3 个转动轴矢量 $[{}^{\bar{l}}n_{l1}, {}^{l1}n_{l2}, {}^{l2}n_l]$，且 ${}^{\bar{l}}n_{l1} \neq {}^{l1}n_{l2}$、${}^{l1}n_{l2} \neq {}^{l2}n_l$ 转动的角度。姿态逆的通解问题需要进一步解决。

3.5.2　笛卡儿轴链的偏速度问题

在示例 3.3 中，若将解耦机械手抓取工件的位置记为 S，则有

$$
{}^{\bar{l}}r_{lS} = {}^{\bar{l}}_{0}r_l + {}^{\bar{l}}Q_l \cdot {}^{l}r_{lS} \tag{3.91}
$$

对于式（3.91），有

$$
\| {}^{\bar{l}}r_{lS} \| - c \equiv 0 \tag{3.92}
$$

称式（3.92）为解耦机械手或球副的运动约束方程，反映的是空间距离约束的不变性。

转动副、球销副均是球副的特例。记 S 为球副中心，则对 Joint#l 存在约束方程：

$$
{}^{\bar{l}}\boldsymbol{c}_l({}^{\bar{l}}r_{lS}) = {}^{\bar{l}}r_{lS}^{\mathrm{T}} \cdot {}^{\bar{l}}r_{lS} - c \equiv 0 \tag{3.93}
$$

其中，${}^{\bar{l}}r_{lS}$ 表示球副中心在 $\bar{l}$ 系下的位置矢量，c 为常数。

由式（3.93）得

$$
{}^{\bar{l}}\dot{\boldsymbol{c}}_l({}^{\bar{l}}r_{lS}) = {}^{\bar{l}}r_{lS}^{\mathrm{T}} \cdot {}^{\bar{l}}\dot{r}_{lS} = 0 \tag{3.94}
$$

显然，

$$
{}^{\bar{l}}\dot{r}_{lS} = \frac{\partial {}^{\bar{l}}\dot{r}_{lS}}{\partial \dot{q}_{(\bar{l},l]}} \cdot \begin{bmatrix} \dot{\phi}_{l1}^{\bar{l}} \\ \dot{\phi}_{l2}^{l1} \\ \dot{\phi}_l^{l2} \end{bmatrix} = {}^{\bar{l}}J_l \cdot \dot{q}_{(\bar{l},l]} \tag{3.95}
$$

其中，

$$
\dot{q}_{(\bar{l},l]} = [\dot{\phi}_{l1}^{\bar{l}}, \dot{\phi}_{l2}^{l1}, \dot{\phi}_l^{l2}], \quad {}^{\bar{l}}J_l = \frac{\partial {}^{\bar{l}}\dot{r}_{lS}}{\partial \dot{q}_{(\bar{l},l]}}
$$

称${}^{\bar{l}}J_l$ 为雅可比矩阵，它反映的是速度与关节速度的关系。由式（3.85）知，速度 ${}^{\bar{l}}\dot{r}_{lS}$是关于关节速度 $\dot{q}_{(\bar{l},l]}$ 的线性型。当然，关节速度 $\dot{q}_{(\bar{l},l]}$ 不是矢量，因各成员的参考轴不一致，且不满足可加性，故称之为关节速度。

将式（3.95）代入式（3.94）得

$$
{}^{\bar{l}}r_{lS}^{\mathrm{T}} \cdot {}^{\bar{l}}J_l \cdot \dot{q}_{(\bar{l},l]} = 0 \tag{3.96}
$$

示例 3.4 考虑球副${}^{\bar{l}}\boldsymbol{S}_l$ 轴矢量序列 $[{}^{\bar{l}}n_{l1}, {}^{l1}n_{l2}, {}^{l2}n_l$，其中，${}^{\bar{l}}n_{l1} = \mathbf{1}^{[x]}, {}^{l1}n_{l2} = \mathbf{1}^{[y]}$，${}^{l2}n_l = \mathbf{1}^{[z]}$；角序列记为 $q_{(\bar{l},l]} = [\phi_{l1}^{\bar{l}}, \phi_{l2}^{l1}, \phi_l^{l2}]$。显然，这是“1-2-3”的转动序列。则有

$$
{}^{\bar{l}}\dot{\phi}_l = \begin{bmatrix} {}^{\bar{l}}\omega_l^{[1]} \\ {}^{\bar{l}}\omega_l^{[2]} \\ {}^{\bar{l}}\omega_l^{[3]} \end{bmatrix} = \begin{bmatrix} \dot{\phi}_{l1}^{\bar{l}} \\ 0 \\ 0 \end{bmatrix} + {}^{\bar{l}}Q_{l1} \cdot \begin{bmatrix} 0 \\ \dot{\phi}_{l2}^{l1} \\ 0 \end{bmatrix} + {}^{\bar{l}}Q_{l2} \cdot \begin{bmatrix} 0 \\ 0 \\ \dot{\phi}_l^{l2} \end{bmatrix} = \begin{bmatrix} \dot{\phi}_{l1}^{\bar{l}} \\ 0 \\ 0 \end{bmatrix} + \begin{bmatrix} 1 & 0 & 0 \\ 0 & \mathrm{C}_{l1}^{\bar{l}} & -\mathrm{S}_{l1}^{\bar{l}} \\ 0 & \mathrm{S}_{l1}^{\bar{l}} & \mathrm{C}_{l1}^{\bar{l}} \end{bmatrix} \cdot \begin{bmatrix} 0 \\ \dot{\phi}_{l2}^{l1} \\ 0 \end{bmatrix}
$$

$$
+ \begin{bmatrix} 1 & 0 & 0 \\ 0 & \mathrm{C}_{l1}^{\bar{l}} & -\mathrm{S}_{l1}^{\bar{l}} \\ 0 & \mathrm{S}_{l1}^{\bar{l}} & \mathrm{C}_{l1}^{\bar{l}} \end{bmatrix} \cdot \begin{bmatrix} \mathrm{C}_{l2}^{l1} & 0 & \mathrm{S}_{l2}^{l1} \\ 0 & 1 & 0 \\ -\mathrm{S}_{l2}^{l1} & 0 & \mathrm{C}_{l2}^{l1} \end{bmatrix} \cdot \begin{bmatrix} 0 \\ 0 \\ \dot{\phi}_l^{l2} \end{bmatrix} = \begin{bmatrix} 1 & 0 & \mathrm{S}_{l2}^{l1} \\ 0 & \mathrm{C}_{l1}^{\bar{l}} & -\mathrm{S}_{l1}^{\bar{l}} \cdot \mathrm{C}_{l2}^{l1} \\ 0 & \mathrm{S}_{l1}^{\bar{l}} & \mathrm{C}_{l1}^{\bar{l}} \cdot \mathrm{C}_{l2}^{l1} \end{bmatrix} \cdot \begin{bmatrix} \dot{\phi}_{l1}^{\bar{l}} \\ \dot{\phi}_{l2}^{l1} \\ \dot{\phi}_l^{l2} \end{bmatrix}
$$

即

$$
{}^{\bar{l}}\dot{\phi}_l = \begin{bmatrix} 1 & 0 & \mathrm{S}_{l2}^{l1} \\ 0 & \mathrm{C}_{l1}^{\bar{l}} & -\mathrm{S}_{l1}^{\bar{l}} \cdot \mathrm{C}_{l2}^{l1} \\ 0 & \mathrm{S}_{l1}^{\bar{l}} & \mathrm{C}_{l1}^{\bar{l}} \cdot \mathrm{C}_{l2}^{l1} \end{bmatrix} \cdot \begin{bmatrix} \dot{\phi}_{l1}^{\bar{l}} \\ \dot{\phi}_{l2}^{l1} \\ \dot{\phi}_l^{l2} \end{bmatrix} \tag{3.97}
$$

故有

$$
{}^{\bar{l}}J_l = \begin{bmatrix} 1 & 0 & \mathrm{S}_{l2}^{l1} \\ 0 & \mathrm{C}_{l1}^{\bar{l}} & -\mathrm{S}_{l1}^{\bar{l}} \cdot \mathrm{C}_{l2}^{l1} \\ 0 & \mathrm{S}_{l1}^{\bar{l}} & \mathrm{C}_{l1}^{\bar{l}} \cdot \mathrm{C}_{l2}^{l1} \end{bmatrix} \tag{3.98}
$$

由式（3.97）可知，角速度是关于关节速度 $\dot{q}_{(\bar{l},l]} = [\dot{\phi}_{l1}^{\bar{l}}, \dot{\phi}_{l2}^{l1}, \dot{\phi}_l^{l2}]$ 的线性函数，即角速度是关节速度的线性型。显然，关节速度 $\dot{q}_{(\bar{l},l]}$ 不是矢量。将$\dfrac{\partial^{\bar{l}}\omega_l}{\partial \dot{q}_{(\bar{l},l]}}$称为偏角速度，并记其为${}^{\bar{l}}\Theta_i$，即

$$
{}^{\bar{l}}\Theta_l = \frac{\partial^{\bar{l}}\dot{\phi}_l}{\partial \dot{q}_{(\bar{l},l]}} \tag{3.99}
$$

由式（3.95）可知

$$
{}^{\bar{l}}J_l=\begin{bmatrix}1 & 0 & \mathrm{S}_{l2}^{l1}\\ 0 & \mathrm{C}_{l1}^{\bar{l}} & -\mathrm{S}_{l1}^{\bar{l}}\cdot\mathrm{C}_{l2}^{l1}\\ 0 & \mathrm{S}_{l1}^{\bar{l}} & \mathrm{C}_{l1}^{\bar{l}}\cdot\mathrm{C}_{l2}^{l1}\end{bmatrix}\tag{3.100}
$$

尽管线速度或角速度是关节坐标的非线性函数，但线速度或角速度是关节速度的线性函数。

示例 3.5 给定轴序列$\mathbf{A}=(i,c1,c2,c3,c4,c5,c]$，父轴序列$\bar{\mathbf{A}}=(i,i,c1,c2,c3,c4,c5]$，轴类型序列记为$\mathbf{K}=(\mathbf{F},\mathbf{R},\mathbf{R},\mathbf{R},\mathbf{P},\mathbf{P},\mathbf{P}]$，关节坐标序列记为$q_{(i,c]}=(\phi_{c1},\phi_{c2},\phi_{c3},r_{c4},r_{c5},r_c]$；故该运动链记为${}^{i}\mathbf{1}_c=(i,c1,c2,c3,c4,c5,c]$。且有

$$
{}^{i}n_{c1}={}^{c5}n_c=\mathbf{1}^{[z]},\quad {}^{c1}n_{c2}={}^{c4}n_{c5}=\mathbf{1}^{[y]},\quad {}^{c2}n_{c3}={}^{c3}n_{c4}=\mathbf{1}^{[x]}\tag{3.101}
$$

该运动链表达的是：先执行“3-2-1”转动，再执行“1-2-3”平动。则有

$$
{}^{i}Q_{c1}=\begin{bmatrix}\mathrm{C}_{c1}^{i} & -\mathrm{S}_{c1}^{i} & 0\\ \mathrm{S}_{c1}^{i} & \mathrm{C}_{c1}^{i} & 0\\ 0 & 0 & 1\end{bmatrix},\quad {}^{c1}Q_{c2}=\begin{bmatrix}\mathrm{C}_{c2}^{c1} & 0 & \mathrm{S}_{c2}^{c1}\\ 0 & 1 & 0\\ -\mathrm{S}_{c2}^{c1} & 0 & \mathrm{C}_{c2}^{c1}\end{bmatrix},\quad {}^{c2}Q_{c3}=\begin{bmatrix}1 & 0 & 0\\ 0 & \mathrm{C}_{c3}^{c2} & -\mathrm{S}_{c3}^{c2}\\ 0 & \mathrm{S}_{c3}^{c2} & \mathrm{C}_{c3}^{c2}\end{bmatrix}\tag{3.102}
$$

$$
{}^{i|c1}n_{c2}={}^{i}Q_{c1}\cdot{}^{c1}Q_{c2}=\begin{bmatrix}\mathrm{C}_{c1}^{i} & -\mathrm{S}_{c1}^{i} & 0\\ \mathrm{S}_{c1}^{i} & \mathrm{C}_{c1}^{i} & 0\\ 0 & 0 & 1\end{bmatrix}\cdot\begin{bmatrix}0\\1\\0\end{bmatrix}=\begin{bmatrix}-\mathrm{S}_{c1}^{i}\\ \mathrm{C}_{c1}^{i}\\ 0\end{bmatrix}\tag{3.103}
$$

$$
{}^{i|c2}n_{c3}={}^{i}Q_{c1}\cdot{}^{c1}Q_{c2}\cdot{}^{c2}n_{c3}=\begin{bmatrix}\mathrm{C}_{c1}^{i} & -\mathrm{S}_{c1}^{i} & 0\\ \mathrm{S}_{c1}^{i} & \mathrm{C}_{c1}^{i} & 0\\ 0 & 0 & 1\end{bmatrix}\cdot\begin{bmatrix}\mathrm{C}_{c2}^{c1} & 0 & \mathrm{S}_{c2}^{c1}\\ 0 & 1 & 0\\ -\mathrm{S}_{c2}^{c1} & 0 & \mathrm{C}_{c2}^{c1}\end{bmatrix}\cdot\begin{bmatrix}1\\0\\0\end{bmatrix}=\begin{bmatrix}\mathrm{C}_{c1}^{i}\cdot\mathrm{C}_{c2}^{c1}\\ \mathrm{S}_{c1}^{i}\cdot\mathrm{C}_{c2}^{c1}\\ -\mathrm{S}_{c2}^{c1}\end{bmatrix}\tag{3.104}
$$

$$
\begin{cases}
{}^{i}\phi_c={}^{i}n_{c1}\cdot\phi_{c1}+{}^{i|c1}n_{c2}\cdot\phi_{c2}+{}^{i|c2}n_{c3}\cdot\phi_{c3}=\sum\limits_{k}^{{}^{i}\mathbf{1}_c}({}^{i|\bar{k}}\phi_k)\\
{}^{i}\dot{\phi}_c={}^{i}n_{c1}\cdot\dot{\phi}_{c1}+{}^{i|c1}n_{c2}\cdot\dot{\phi}_{c2}+{}^{i|c2}n_{c3}\cdot\dot{\phi}_{c3}=\sum\limits_{k}^{{}^{i}\mathbf{1}_c}({}^{i|\bar{k}}\dot{\phi}_k)\\
{}^{i}\ddot{\phi}_c={}^{i}n_{c1}\cdot\ddot{\phi}_{c1}+{}^{i|c1}n_{c2}\cdot\ddot{\phi}_{c2}+{}^{i|c2}n_{c3}\cdot\ddot{\phi}_{c3}=\sum\limits_{k}^{{}^{i}\mathbf{1}_c}({}^{i|\bar{k}}\ddot{\phi}_k)
\end{cases}\tag{3.105}
$$

由式（3.101）至式（3.104），得

$$
{}^{i}\boldsymbol{\Theta}_c\triangleq[{}^{i}n_{c1},{}^{i|c1}n_{c2},{}^{i|c2}n_{c3}]=\begin{bmatrix}0 & -\mathrm{S}_{c1}^{i} & \mathrm{C}_{c1}^{i}\cdot\mathrm{C}_{c2}^{c1}\\ 0 & \mathrm{C}_{c1}^{i} & \mathrm{S}_{c1}^{i}\cdot\mathrm{C}_{c2}^{c1}\\ 1 & 0 & -\mathrm{S}_{c2}^{c1}\end{bmatrix}\tag{3.106}
$$

显然，

$$
{}^{i}\boldsymbol{\Theta}_c=\frac{\partial({}^{i}\dot{\phi}_c)}{\partial[\dot{\phi}_{c1},\dot{\phi}_{c2},\dot{\phi}_{c3}]}
$$

故有

$$
{}^{i}\dot{\phi}_{c}={}^{i}\Theta_{c}\cdot\begin{bmatrix}\dot{\phi}_{c1}\\ \dot{\phi}_{c2}\\ \dot{\phi}_{c3}\end{bmatrix},\quad {}^{i}\ddot{\phi}_{c}={}^{i}\Theta_{c}\cdot\begin{bmatrix}\ddot{\phi}_{c1}\\ \ddot{\phi}_{c2}\\ \ddot{\phi}_{c3}\end{bmatrix} \tag{3.107}
$$

由式（3.102）得

$$
\begin{aligned}
{}^{i}Q_{c} &= {}^{i}Q_{c3}={}^{i}Q_{c1}\cdot{}^{c1}Q_{c2}\cdot{}^{c2}Q_{c}\\
&=\begin{bmatrix}
\mathrm{C}_{c1}^{i}\cdot\mathrm{C}_{c2}^{c1} & \mathrm{C}_{c1}^{i}\cdot\mathrm{S}_{c2}^{c1}\cdot\mathrm{S}_{c}^{c2}-\mathrm{S}_{c1}^{i}\cdot\mathrm{C}_{c}^{c2} & \mathrm{S}_{c1}^{i}\cdot\mathrm{S}_{c}^{c2}+\mathrm{C}_{c1}^{i}\cdot\mathrm{S}_{c2}^{c1}\cdot\mathrm{C}_{c}^{c2}\\
\mathrm{S}_{c1}^{i}\cdot\mathrm{C}_{c2}^{c1} & \mathrm{C}_{c1}^{i}\cdot\mathrm{C}_{c}^{c2}+\mathrm{S}_{c1}^{i}\cdot\mathrm{S}_{c2}^{c1}\cdot\mathrm{S}_{c}^{c2} & \mathrm{S}_{c1}^{i}\cdot\mathrm{S}_{c2}^{c1}\cdot\mathrm{C}_{c}^{c2}-\mathrm{C}_{c2}^{c1}\cdot\mathrm{S}_{c}^{c2}\\
-\mathrm{S}_{c2}^{c1} & \mathrm{C}_{c2}^{c1}\cdot\mathrm{S}_{c}^{c2} & \mathrm{C}_{c2}^{c1}\cdot\mathrm{C}_{c}^{c2}
\end{bmatrix}
\end{aligned} \tag{3.108}
$$

由式（3.107）得

$$
\begin{bmatrix}\dot{\phi}_{c1}\\ \dot{\phi}_{c2}\\ \dot{\phi}_{c3}\end{bmatrix}={}^{c}\Theta_{i}\cdot{}^{i}\dot{\phi}_{c},\quad \begin{bmatrix}\ddot{\phi}_{c1}\\ \ddot{\phi}_{c2}\\ \ddot{\phi}_{c3}\end{bmatrix}={}^{c}\Theta_{i}\cdot{}^{i}\ddot{\phi}_{c} \tag{3.109}
$$

其中，

$$
{}^{c}\Theta_{i}={}^{i}\Theta_{c}^{-1} \tag{3.110}
$$

对于精密机电系统而言，由于存在机加工及装配的误差，正交的运动轴或测量轴是不存在的。例如，惯性单元的 3 个体轴方向安装有加速度计及角速度陀螺，分别检测 3 个轴向的平动加速度及转动角速度；有时，出于可靠性考虑，通常斜装 1 只加速度计及 1 只速度陀螺用作备份。工程上，斜装运动轴及测量轴的情况非常普遍，因此需要将自然的运动轴及测量轴作为系统的参考轴，建立基于轴不变量的多轴系统运动学理论。

给定运动链 ${}^{i}\mathbf{l}_{n}=(i,\cdots,\bar{n},n]$ 且 $k\in{}^{i}\mathbf{l}_{n}$，由式（3.32）得

$$
\frac{\partial}{\partial\phi_{k}^{\bar{k}}}({}^{i}Q_{n})=\frac{\partial}{\partial\phi_{k}^{\bar{k}}}\left(\prod_{l}^{{}^{i}\mathbf{l}_{n}}({}^{\bar{l}}Q_{l})\right) \tag{3.111}
$$

同样，由式（3.29）得

$$
\frac{\partial}{\partial\phi_{k}^{\bar{k}}}({}^{i}r_{nS})=\frac{\partial}{\partial\phi_{k}^{\bar{k}}}\left(\sum_{l}^{{}^{i}\mathbf{l}_{nS}}({}^{i|\bar{l}}r_{l})\right),\quad \frac{\partial}{\partial r_{k}^{\bar{k}}}({}^{i}r_{nS})=\frac{\partial}{\partial r_{k}^{\bar{k}}}\left(\sum_{l}^{{}^{i}\mathbf{l}_{nS}}({}^{i|\bar{l}}r_{l})\right) \tag{3.112}
$$

式（3.111）及式（3.112）的偏速度在机器人运动学及动力学分析中具有非常重要的地位，偏速度问题需要进一步解决。

由式（3.91）得

$$
{}^{\bar{l}}\dot{r}_{lS}={}^{\bar{l}}_{0}\dot{r}_{l}+{}^{\bar{l}}Q_{l}\cdot{}^{l}\dot{r}_{lS}+{}^{\bar{l}}\dot{Q}_{l}\cdot{}^{l}r_{lS}={}^{\bar{l}}Q_{l}\cdot{}^{l}\dot{r}_{lS}+{}^{\bar{l}}\dot{Q}_{l}\cdot{}^{l}r_{lS} \tag{3.113}
$$

对式（3.113）需要计算 ${}^{\bar{l}}\dot{Q}_{l}$。由式可知，${}^{\bar{l}}Q_{l}$ 是［$\phi_{l1}^{\bar{l}}$，ϕ_{l2}^{l1}，ϕ_{l}^{l2}］的函数，且［$\phi_{l1}^{\bar{l}},\phi_{l2}^{l1},\phi_{l}^{l2}$］是时间 t 的函数；故直接计算 ${}^{\bar{l}}\dot{Q}_{l}$ 非常麻烦。旋转变换阵的求导问题需要进一步解决。

3.5.3　“正交归一化”问题

示例 3.6　相机体系 c 相对巡视器本体系 r 的安装关系由两系坐标轴间的夹角确定：

Rad	x_c	y_c	z_c
x_r	ϕ_{xc}^{xr}	ϕ_{yc}^{xr}	ϕ_{zc}^{xr}
y_r	ϕ_{xc}^{yr}	ϕ_{yc}^{yr}	ϕ_{zc}^{yr}
z_r	ϕ_{xc}^{zr}	ϕ_{yc}^{zr}	ϕ_{zc}^{zr}

其中，ϕ_{xc}^{xr}表示由轴 x_r 至轴 x_c 的角度，其他亦然。求${}^rQ_c$。

【解】 相机坐标轴 x_c 在巡视器体系下的投影为${}^r\mathbf{e}_c^{[x]}=[\mathrm{C}_{xc}^{xr},\mathrm{C}_{xc}^{yr},\mathrm{C}_{xc}^{zr}]$，相机坐标轴 y_c 在巡视器体系下的投影为${}^r\mathbf{e}_c^{[y]}=[\mathrm{C}_{yc}^{xr},\mathrm{C}_{yc}^{yr},\mathrm{C}_{yc}^{zr}]$，相机坐标轴 z_c 在巡视器体系下的投影为${}^r\mathbf{e}_c^{[z]}=[\mathrm{C}_{zc}^{xr},\mathrm{C}_{zc}^{yr},\mathrm{C}_{zc}^{zr}]$，故有

$$
{}^rQ_c=[{}^r\mathbf{e}_c^{[x]},{}^r\mathbf{e}_c^{[y]},{}^r\mathbf{e}_c^{[z]}]=\begin{bmatrix}\mathrm{C}_{xc}^{xr} & \mathrm{C}_{yc}^{xr} & \mathrm{C}_{zc}^{xr}\\ \mathrm{C}_{xc}^{yr} & \mathrm{C}_{yc}^{yr} & \mathrm{C}_{zc}^{yr}\\ \mathrm{C}_{xc}^{zr} & \mathrm{C}_{yc}^{zr} & \mathrm{C}_{zc}^{zr}\end{bmatrix} \tag{3.114}
$$

解毕。

示例 3.6 应用方向余弦计算旋转变换阵，在原理上是正确的，但在工程上存在一个关键的缺点：由于 9 个角度的测量存在误差，旋转变换阵的“正交归一”约束被破坏。示例如下。

示例 3.7　继示例 3.6，经工程测量得

Deg	x_c	y_c	z_c
x_r	$\phi_{xc}^{xr}=90.15$	$\phi_{yc}^{xr}=0.15$	$\phi_{zc}^{xr}=90.00$
y_r	$\phi_{xc}^{yr}=90.00$	$\phi_{yc}^{yr}=90.00$	$\phi_{zc}^{yr}=0.00$
z_r	$\phi_{xc}^{zr}=0.15$	$\phi_{yc}^{zr}=89.85$	$\phi_{zc}^{zr}=90.00$

由式（3.114）计算得

$$
{}^rQ_c=\begin{bmatrix}-0.002\,617\,763\,715\,0 & 0.999\,996\,573\,057 & 0.000\,000\,226\,795\\ 0.000\,000\,022\,679\,5 & 0.000\,000\,226\,795 & 1.000\,000\,000\,000\\ 0.999\,996\,573\,057 & 0.002\,618\,217\,304 & 0.000\,002\,267\,95\end{bmatrix} \tag{3.115}
$$

由计算结果可知${}^rQ_c$ 是病态的，精度仅有 6 位。

应用式（3.88）或式（3.90）计算姿态角$[\phi_{l1}^{\bar{l}},\phi_{l2}^{l1},\phi_{l}^{l2}]$在理论上是成立的；其前提是，旋转变换阵必须满足“正交归一”约束，当这一约束不能完全满足时，$[\phi_{l1}^{\bar{l}},\phi_{l2}^{l1},\phi_{l}^{l2}]$的计算误差可能较大。对于病态${}^{\bar{l}}Q_l$，式（3.88）及式（3.90）未充分利用${}^{\bar{l}}Q_l$ 各分量，导致姿态角序列 $[\phi_{l1}^{\bar{l}},\ \phi_{l2}^{l1},\ \phi_{l}^{l2}]$ 的精度比余弦角的测量精度低。

除工程测量误差外，计算机存在的数字截断误差也会导致旋转变换阵的病态。对于运动链${}^k\mathbf{1}_j$，$\forall l\in{}^k\mathbf{1}_j$，由于${}^{\bar{l}}Q_l$ 存在一定的病态，${}^kQ_j$ 误差会不断累积；但在实际应用时，需要对

$^{\bar{i}}Q_l$进行正交归一化。对式（3.115）进行正交归一化的结果如下：

$$
^rQ_c=\begin{bmatrix} -0.002\,617\,997\,583 & 0.999\,996\,602\,535 & 0.000\,000\,059\,527 \\ 0.000\,000\,059\,527 & 0.000\,000\,015\,190 & 1.000\,000\,000\,000 \\ 0.999\,996\,602\,535 & 0.002\,617\,953\,112 & -0.000\,001\,041\,76 \end{bmatrix}
$$

正交归一化处理后的精度达到8位。因此，通过方向余弦计算旋转变换阵时，一方面需要提高测量精度，另一方面需要对旋转变换阵进行正交归一化处理。否则，将导致运动链$^i\mathbf{1}_n=(i,\cdots,\bar{n},n]$的计算精度逐级衰减。如何对旋转变换阵进行正交归一化是需要进一步解决的问题。

3.5.4　极性参考与线性约束求解问题

在进行机器人运动学及动力学分析时，关心的是运动量间的相互关系，即张量坐标阵列的相互关系，而不必关心参考基间的相互关系。张量坐标阵列可以通过矩阵表示，包含标量、列矢量或行矢量、矩阵。高阶张量的坐标阵列可以表示为矩阵的向量、矩阵的矩阵。矩阵是信息的有序排列方式，不仅适用人们对于事物的认知方式，也适用现代数值计算机进行信息处理的内在机理。

1. 坐标轴序的初等变换

一个立方体6个面的单位法向可以确定6个不同的参考轴，可以建立120种坐标系；任两个坐标系存在等价关系。由于极性定义不同，经常需要对以不同极性定义的坐标进行转换。

示例3.8　继示例3.7，定义与坐标系r、c分别对应的坐标系r'、c'，相互关系如图3.17所示，求$^{r'}Q'_c$。

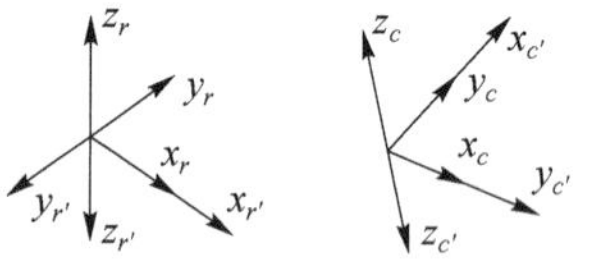

图3.17　两组坐标系间的关系

【解法1】由坐标系的方向余弦关系得

$$
^{r'}Q_{c'}=\left[\,^{r'}\mathbf{e}_{c'}^{[x]},{}^{r'}\mathbf{e}_{c'}^{[y]},{}^{r'}\mathbf{e}_{c'}^{[z]}\right]=\begin{bmatrix} C_{xc'}^{xr'} & C_{yc'}^{xr'} & C_{zc'}^{xr'} \\ C_{xc'}^{yr'} & C_{yc'}^{yr'} & C_{zc'}^{yr'} \\ C_{xc'}^{zr'} & C_{yc'}^{zr'} & C_{zc'}^{zr'} \end{bmatrix}=\begin{bmatrix} C_{yc}^{xr} & C_{xc}^{xr} & -C_{zc}^{xr} \\ -C_{yc}^{yr} & -C_{xc}^{yr} & C_{zc}^{yr} \\ -C_{yc}^{zr} & -C_{xc}^{zr} & C_{zc}^{zr} \end{bmatrix}
$$

【解法2】先对^rQ_c作初等列变换，即交换x_c及y_c、z_c取反，得$^rQ_{c'}$：

$$
\begin{array}{|cccc|}\hline {}^rQ_c & x_c & y_c & z_c \\ x_r & C_{xc}^{xr} & C_{yc}^{xr} & C_{zc}^{xr} \\ y_r & C_{xc}^{yr} & C_{yc}^{yr} & C_{zc}^{yr} \\ z_r & C_{xc}^{zr} & C_{yc}^{zr} & C_{zc}^{zr} \\ \hline \end{array}\;\rightarrow\;\begin{array}{|cccc|}\hline {}^rQ_{c'} & y_{c'} & x_{c'} & -z_{c'} \\ x_r & C_{yc'}^{xr} & C_{xc'}^{xr} & -C_{zc'}^{xr} \\ y_r & C_{yc'}^{yr} & C_{xc'}^{yr} & -C_{zc'}^{yr} \\ z_r & C_{yc'}^{zr} & C_{xc'}^{zr} & -C_{zc'}^{zr} \\ \hline \end{array} \tag{3.116}
$$

再对$^rQ_{c'}$作初等行变换，即y_r取反、z_r取反，得$^{r'}Q_{c'}$：

$$
\begin{array}{|cccc|}
\hline
{}^{r}Q_{c'} & y_{c'} & x_{c'} & -z_{c'} \\
x_{r} & \mathrm{C}_{yc'}^{xr} & \mathrm{C}_{xc'}^{xr} & -\mathrm{C}_{zc'}^{xr} \\
y_{r} & \mathrm{C}_{yc'}^{yr} & \mathrm{C}_{xc'}^{yr} & -\mathrm{C}_{zc'}^{yr} \\
z_{r} & \mathrm{C}_{yc'}^{zr} & \mathrm{C}_{xc'}^{zr} & -\mathrm{C}_{zc'}^{zr} \\
\hline
\end{array}
\rightarrow
\begin{array}{|cccc|}
\hline
{}^{r'}Q_{c'} & x_{c'} & y_{c'} & z_{c'} \\
x_{r'} & \mathrm{C}_{yc'}^{xr'} & \mathrm{C}_{xc'}^{xr'} & -\mathrm{C}_{zc'}^{xr'} \\
-y_{r'} & -\mathrm{C}_{yc'}^{yr'} & -\mathrm{C}_{xc'}^{yr'} & \mathrm{C}_{zc'}^{yr'} \\
-z_{r'} & -\mathrm{C}_{yc'}^{zr'} & -\mathrm{C}_{xc'}^{zr'} & \mathrm{C}_{zc'}^{zr'} \\
\hline
\end{array}
$$

$$
\rightarrow
\begin{array}{|cccc|}
\hline
{}^{r'}Q_{c'} & x_{c'} & y_{c'} & z_{c'} \\
x_{r'} & \mathrm{C}_{yc'}^{xr'} & \mathrm{C}_{xc'}^{xr'} & -\mathrm{C}_{zc'}^{xr'} \\
y_{r'} & -\mathrm{C}_{yc'}^{yr'} & -\mathrm{C}_{xc'}^{yr'} & \mathrm{C}_{zc'}^{yr'} \\
z_{r'} & -\mathrm{C}_{yc'}^{zr'} & -\mathrm{C}_{xc'}^{zr'} & \mathrm{C}_{zc'}^{zr'} \\
\hline
\end{array}
$$

解毕。

由示例 3.8 的求解过程可知，包含“行交换”“列交换”“行取反”“列取反”的初等变换本质上改变了参考基的次序与极性，但不改变矩阵表示的本征运动关系。因此，通过初等变换即可完成笛卡儿轴平行的坐标变换。

2. 坐标变换的初等变换

由式（3.56）可知 ${}^{i|k}r_{l}={}^{i}Q_{k}\cdot{}^{k}r_{l}$，即矩阵右乘变换

$$
\begin{array}{|cccc|}
\hline
{}^{i}Q_{k} & x_{k} & y_{k} & z_{k} \\
x_{i} & {}^{i}Q_{k}^{[1][x]} & {}^{i}Q_{k}^{[1][y]} & {}^{i}Q_{k}^{[1][z]} \\
y_{i} & {}^{i}Q_{k}^{[2][x]} & {}^{i}Q_{k}^{[2][y]} & {}^{i}Q_{k}^{[2][z]} \\
z_{i} & {}^{i}Q_{k}^{[3][x]} & {}^{i}Q_{k}^{[3][y]} & {}^{i}Q_{k}^{[3][z]} \\
\hline
\end{array}
\cdot
\begin{bmatrix}
{}^{k}r_{l} \\ {}^{k}r_{l}^{[1]} \\ {}^{k}r_{l}^{[2]} \\ {}^{k}r_{l}^{[3]}
\end{bmatrix}
=
\begin{bmatrix}
{}^{i|k}r_{l} \\ {}^{i|k}r_{l}^{[1]} \\ {}^{i|k}r_{l}^{[2]} \\ {}^{i|k}r_{l}^{[3]}
\end{bmatrix}
\tag{3.117}
$$

式（3.117）等价为

$$
\begin{array}{|cccc|}
\hline
{}^{i}Q_{k} & x_{k} & y_{k} & z_{k} \\
x_{i} & {}^{i}Q_{k}^{[1][x]} & {}^{i}Q_{k}^{[1][y]} & {}^{i}Q_{k}^{[1][z]} \\
y_{i} & {}^{i}Q_{k}^{[2][x]} & {}^{i}Q_{k}^{[2][y]} & {}^{i}Q_{k}^{[2][z]} \\
z_{i} & {}^{i}Q_{k}^{[3][x]} & {}^{i}Q_{k}^{[3][y]} & {}^{i}Q_{k}^{[3][z]} \\
\hline
\end{array}
\cdot
\begin{bmatrix}
{}^{k}r_{l} \\ {}^{k}r_{l}^{[1]} \\ {}^{k}r_{l}^{[2]} \\ {}^{k}r_{l}^{[3]}
\end{bmatrix}
=
\begin{bmatrix}
{}^{i}T_{k} & x_{k} & y_{k} & z_{k} \\
x_{i} & 1 & 0 & 0 \\
y_{i} & 0 & 1 & 0 \\
z_{i} & 0 & 0 & 1
\end{bmatrix}
\cdot
\begin{bmatrix}
{}^{i|k}r_{l} \\ {}^{i|k}r_{l}^{[1]} \\ {}^{i|k}r_{l}^{[2]} \\ {}^{i|k}r_{l}^{[3]}
\end{bmatrix}
\tag{3.118}
$$

对（3.118）进行“初等行变换操作”。例如，交换式（3.118）中 x_i 行及 y_i 行，对 z_i 行乘常数 c_i，其中，$c_i\in\mathcal{R}$，得

$$
\begin{array}{|cccc|}
\hline
{}^{i}Q_{k} & x_{k} & y_{k} & z_{k} \\
y_{i} & {}^{i}Q_{k}^{[2][x]} & {}^{i}Q_{k}^{[2][y]} & {}^{i}Q_{k}^{[2][z]} \\
x_{i} & {}^{i}Q_{k}^{[1][x]} & {}^{i}Q_{k}^{[1][y]} & {}^{i}Q_{k}^{[1][z]} \\
c_{i}z_{i} & c_{i}\cdot{}^{i}Q_{k}^{[3][x]} & c_{i}\cdot{}^{i}Q_{k}^{[3][y]} & c_{i}\cdot{}^{i}Q_{k}^{[3][z]} \\
\hline
\end{array}
\cdot
\begin{bmatrix}
{}^{k}r_{l} \\ {}^{k}r_{l}^{[1]} \\ {}^{k}r_{l}^{[2]} \\ {}^{k}r_{l}^{[3]}
\end{bmatrix}
=
\begin{bmatrix}
{}^{i}T_{k} & x_{k} & y_{k} & z_{k} \\
y_{i} & 0 & 1 & 0 \\
x_{i} & 1 & 0 & 0 \\
c_{i}z_{i} & 0 & 0 & c_{n}
\end{bmatrix}
\cdot
\begin{bmatrix}
{}^{i|k}r_{l} \\ {}^{i|k}r_{l}^{[1]} \\ {}^{i|k}r_{l}^{[2]} \\ {}^{i|k}r_{l}^{[3]}
\end{bmatrix}
\tag{3.119}
$$

显然，式（3.118）与式（3.119）是等价的。将${}^{i}T_{k}$称为${}^{i}Q_{k}$的“初等行变换矩阵”。关系矩阵${}^{i}Q_{k}$及${}^{i}T_{k}$的“初等行变换操作”与方程求解的输入${}^{i|k}r_{l}$及输出${}^{k}r_{l}$的成员及成员的排序次序是无关的或者说独立的，即不影响求解的结果与解的排列次序。

对于式（3.57）即矩阵左乘变换${}^{l}r_{lS}^{\mathrm{T}}={}^{\bar{l}|l}r_{lS}^{\mathrm{T}}\cdot{}^{\bar{l}}Q_{l}$，存在初等列变换及初等列变换矩阵。

由线性代数理论可知，通过初等行变换或初等列变换可以使${}^{n}Q_{k}$变换为单位阵1，则相应有${}^{k}T_{n}={}^{n}Q_{k}^{-1}$，从而有${}^{k}r_{l}={}^{k}Q_{n}\cdot{}^{n|k}r_{l}$。

3.5.5 绝对求导的问题

给定运动链${}^{i}\mathbf{1}_{n}=(i,\cdots,\bar{n},n]$，${}^{\bar{l}}Q_{l}$由式（3.53）计算得到。由式（3.32）及式（3.48）得

$$
{}^{i}Q_{n}=\prod_{l}^{{}^{i}\mathbf{1}_{n}}({}^{\bar{l}}Q_{l})\tag{3.120}
$$

由式（3.120）完成运动链${}^{i}\mathbf{1}_{n}$的姿态计算。一方面，由于工程上${}^{\bar{l}}Q_{l}$存在病态，导致${}^{i}Q_{n}$病态加剧；另一方面，由式（3.53）计算${}^{\bar{l}}Q_{l}$不通用，仅适用于笛卡儿轴链，而通常的转动轴并不与坐标轴一致。

由式（3.24）、式（3.25）计算${}^{\bar{l}}\dot{\phi}_{l}$及${}^{\bar{l}}r_{l}$。由式（3.32）及式（3.73）得

$$
{}^{i}\dot{\phi}_{n}=\sum_{l}^{{}^{i}\mathbf{1}_{n}}({}^{i|\bar{l}}n_{l}\cdot\dot{\phi}_{l}^{\bar{l}})\tag{3.121}
$$

由式（3.31）及式（3.56）得

$$
{}^{i}r_{nS}=\sum_{l}^{{}^{i}\mathbf{1}_{nS}}({}^{i|\bar{l}}r_{l})\tag{3.122}
$$

由式（3.122）完成运动链${}^{i}\mathbf{1}_{nS}$的位置计算。

由式（3.16）和式（3.17）得

$$
\begin{cases}
{}^{\bar{l}}\dot{\phi}_{l}={}^{\bar{l}}n_{l}\cdot\dot{\phi}_{l}^{\bar{l}}, & {}^{\bar{l}}\boldsymbol{k}_{l}\in\boldsymbol{R}\\
{}^{\bar{l}}\dot{r}_{l}={}^{\bar{l}}n_{l}\cdot\dot{r}_{l}^{\bar{l}}, & {}^{\bar{l}}\boldsymbol{k}_{l}\in\boldsymbol{P}
\end{cases}\tag{3.123}
$$

$$
\begin{cases}
{}^{\bar{l}}\ddot{\phi}_{l}={}^{\bar{l}}n_{l}\cdot\ddot{\phi}_{l}^{\bar{l}}, & {}^{\bar{l}}\boldsymbol{k}_{l}\in\boldsymbol{R}\\
{}^{\bar{l}}\ddot{r}_{l}={}^{\bar{l}}n_{l}\cdot\ddot{r}_{l}^{\bar{l}}, & {}^{\bar{l}}\boldsymbol{k}_{l}\in\boldsymbol{P}
\end{cases}\tag{3.124}
$$

显然，相对转动速度${}^{\bar{l}}\dot{\phi}_{l}$及相对平动速度${}^{\bar{l}}\dot{r}_{l}$是矢量；相对转动加速度${}^{\bar{l}}\ddot{\phi}_{l}$及相对平动加速度${}^{\bar{l}}\ddot{r}_{l}$也是矢量。

定义

$$
\begin{aligned}
&{}^{i|\bar{l}}\dot{r}_{l}\triangleq{}^{i}Q_{\bar{l}}\cdot\frac{\mathrm{d}}{\mathrm{d}t}({}^{\bar{l}}r_{l}),\quad {}^{i|\bar{l}}\ddot{r}_{l}\triangleq{}^{i}Q_{\bar{l}}\cdot\frac{\mathrm{d}^{2}}{\mathrm{d}t^{2}}({}^{\bar{l}}r_{l})\\
&{}^{i|\bar{l}}\dot{\tilde{\phi}}_{l}\triangleq{}^{i}Q_{\bar{l}}\cdot\frac{\mathrm{d}}{\mathrm{d}t}({}^{\bar{l}}\tilde{\phi}_{l}),\quad {}^{i|\bar{l}}\ddot{\tilde{\phi}}_{l}\triangleq{}^{i}Q_{\bar{l}}\cdot\frac{\mathrm{d}^{2}}{\mathrm{d}t^{2}}({}^{\bar{l}}\tilde{\phi}_{l})
\end{aligned}\tag{3.125}
$$

由式（3.126）知：求导符$\dot{\square}$优先级高于投影符$|\square$。称该求导运算为相对求导，并没有考虑基矢量$\mathbf{e}_{\bar{l}}$相对惯性基矢量$\mathbf{e}_i$的运动带来的影响。

由式（3.122）得

$$ {}^{i}\dot{r}_{nS}=\sum_{l}^{{}^{i}\mathbf{1}_{nS}}\left({}^{i|\bar{l}}\dot{r}_{l}\right) \tag{3.126}$$

$$ {}^{i}\ddot{r}_{nS}=\sum_{l}^{{}^{i}\mathbf{1}_{nS}}\left({}^{i|\bar{l}}\ddot{r}_{l}\right) \tag{3.127}$$

由式（3.126）及式（3.127）分别完成运动链${}^{i}\mathbf{1}_{nS}$的相对平动速度${}^{i}\dot{r}_{nS}$及相对平动加速度${}^{i}\ddot{r}_{nS}$的计算；显然，它们并未考虑运动链各杆件的牵连速度。

由式（3.121）得

$$ {}^{i}\ddot{\phi}_{n}=\sum_{l}^{{}^{i}\mathbf{1}_{n}}\left({}^{i|\bar{l}}n_{l}\cdot\ddot{\phi}_{l}^{\bar{l}}\right) \tag{3.128}$$

由式（3.121）及式（3.128）分别完成运动链${}^{i}\mathbf{1}_{nS}$的相对转动速度${}^{i}\dot{\phi}_{n}$及相对转动加速度${}^{i}\ddot{\phi}_{n}$计算；显然，它们并未考虑运动链各杆件的牵连加速度。

相对速度及相对加速度具有理论上的意义，但不表示运动链的真实速度及加速度。只有考虑运动链各杆件间的牵连效应，才能正确表征系统速度、加速度、能量等基本属性。

3.5.6 基于轴不变量的多轴系统研究思路

后续章节，针对精密多轴系统的需求，以运动链符号演算系统为基础，建立基于轴不变量的多轴系统理论，主要考虑的因素有：

（1）建模与解算的实时性与准确性问题，需要考虑高自由度多轴系统带来的计算复杂性。一方面，需要建立迭代式的运动学方程与动力学方程；另一方面，需要采用与系统自由度一致的运动参考。以运动链符号演算系统为基础，建立基于轴不变量的多轴系统建模理论，保障多轴系统计算的实时性与准确性。

（2）工程开发的效率问题。高自由度多轴系统不仅带来计算复杂性，也带来工程实现的复杂性。一方面，需要为工程技术人员提供精确、简洁、结构化的符号语言，既包括属性量的准确描述，又包括属性量间的作用关系，还需要考虑现代数字计算机的矩阵运算特点；另一方面，应用结构化的符号系统提高工程实现的效率，既需要直接以结构化的运动学与动力学符号方程替代编程实现所需的伪代码，又需要应用计算机软件实现运动学与动力学的建模与分析功能。运动链符号演算系统是满足上述需求的结构化的符号语言。基于轴不变量的运动学与动力学方程，具有伪代码的功能及迭代的计算过程，易于工程实现。

基于轴不变量的多轴系统的内涵在于：

（1）以运动链符号演算系统为基础，轴不变量为核心，建立多轴系统建模与控制理论；

（2）多轴系统是自然坐标轴系统，它以自然坐标轴作为系统的参考基元；

（3）多轴系统模型是具有链符号系统的、以轴不变量及自然坐标表征的代数方程；

（4）多轴系统理论是研究自然参考轴空间下的、具有树链拓扑操作的3D矢量空间代数系统。

多轴系统建模与控制理论研究思路：

（1）先分析轴不变量基本属性，再研究以自然参考轴为参考的 3D 矢量空间操作代数，建立基于轴不变量的多轴系统正运动学理论；

（2）研究逆运动学，建立基于轴不变量的多轴系统逆运动学理论；

（3）研究质点动力学及刚体动力学，建立牛顿-欧拉动力学符号演算系统；

（4）研究树链系统动力学，建立基于轴不变量的多轴系统动力学理论。

3.6 附录　本章公式证明

【式（3.44）证明】

$$\mathbf{e}_l\cdot{}^l r_{lS}\times\mathbf{e}_l\cdot{}^l r_{lS'}={}^l r_{lS}^{\mathrm{T}}\cdot{}^l\mathbf{e}\times\mathbf{e}_l\cdot{}^l r_{lS'}={}^l r_{lS}^{\mathrm{T}}\cdot\tilde{\mathbf{e}}_l\cdot{}^l r_{lS'}$$

$$=\left[{}^l r_{lS}^{[1]},{}^l r_{lS}^{[2]},{}^l r_{lS}^{[3]}\right]\cdot\begin{bmatrix}0 & \mathbf{e}_l^{[z]} & -\mathbf{e}_l^{[y]}\\ -\mathbf{e}_l^{[z]} & 0 & \mathbf{e}_l^{[x]}\\ \mathbf{e}_l^{[y]} & -\mathbf{e}_l^{[x]} & 0\end{bmatrix}\cdot\begin{bmatrix}{}^l r_{lS'}^{[1]}\\ {}^l r_{lS'}^{[2]}\\ {}^l r_{lS'}^{[3]}\end{bmatrix}$$

$$=\left[{}^l r_{lS}^{[1]},{}^l r_{lS}^{[2]},{}^l r_{lS}^{[3]}\right]\cdot\begin{bmatrix}{}^l r_{lS'}^{[2]}\cdot\mathbf{e}_l^{[z]}-{}^l r_{lS'}^{[3]}\cdot\mathbf{e}_l^{[y]}\\ -{}^l r_{lS'}^{[1]}\cdot\mathbf{e}_l^{[z]}+{}^l r_{lS'}^{[3]}\cdot\mathbf{e}_l^{[x]}\\ {}^l r_{lS'}^{[1]}\cdot\mathbf{e}_l^{[y]}-{}^l r_{lS'}^{[2]}\cdot\mathbf{e}_l^{[x]}\end{bmatrix}=\begin{vmatrix}\mathbf{e}_l^{[x]} & \mathbf{e}_l^{[y]} & \mathbf{e}_l^{[z]}\\ {}^l r_{lS}^{[1]} & {}^l r_{lS}^{[2]} & {}^l r_{lS}^{[3]}\\ {}^l r_{lS'}^{[1]} & {}^l r_{lS'}^{[2]} & {}^l r_{lS'}^{[3]}\end{vmatrix}$$

证毕。

【式（3.46）证明】

$${}^{\bar{l}}Q_l\triangleq{}^{\bar{l}}\mathbf{e}_l=\begin{bmatrix}\mathbf{e}_{\bar{l}}^{[x]}\\ \mathbf{e}_{\bar{l}}^{[y]}\\ \mathbf{e}_{\bar{l}}^{[z]}\end{bmatrix}\cdot\left[\mathbf{e}_l^{[x]},\mathbf{e}_l^{[y]},\mathbf{e}_l^{[z]}\right]=\begin{bmatrix}\mathbf{e}_{\bar{l}}^{[x]}\cdot\mathbf{e}_l^{[x]} & \mathbf{e}_{\bar{l}}^{[x]}\cdot\mathbf{e}_l^{[y]} & \mathbf{e}_{\bar{l}}^{[x]}\cdot\mathbf{e}_l^{[z]}\\ \mathbf{e}_{\bar{l}}^{[y]}\cdot\mathbf{e}_l^{[x]} & \mathbf{e}_{\bar{l}}^{[y]}\cdot\mathbf{e}_l^{[y]} & \mathbf{e}_{\bar{l}}^{[y]}\cdot\mathbf{e}_l^{[z]}\\ \mathbf{e}_{\bar{l}}^{[z]}\cdot\mathbf{e}_l^{[x]} & \mathbf{e}_{\bar{l}}^{[z]}\cdot\mathbf{e}_l^{[y]} & \mathbf{e}_{\bar{l}}^{[z]}\cdot\mathbf{e}_l^{[z]}\end{bmatrix}$$

则有

$$\left[\mathbf{e}_{\bar{l}}^{[x]},\mathbf{e}_{\bar{l}}^{[y]},\mathbf{e}_{\bar{l}}^{[z]}\right]\cdot{}^{\bar{l}}\mathbf{e}_l\cdot\begin{bmatrix}\mathbf{e}_l^{[x]}\\ \mathbf{e}_l^{[y]}\\ \mathbf{e}_l^{[z]}\end{bmatrix}=\left[\mathbf{e}_{\bar{l}}^{[x]},\mathbf{e}_{\bar{l}}^{[y]},\mathbf{e}_{\bar{l}}^{[z]}\right]\cdot\begin{bmatrix}\mathbf{e}_{\bar{l}}^{[x]}\\ \mathbf{e}_{\bar{l}}^{[y]}\\ \mathbf{e}_{\bar{l}}^{[z]}\end{bmatrix}\cdot\left[\mathbf{e}_l^{[x]},\mathbf{e}_l^{[y]},\mathbf{e}_l^{[z]}\right]\cdot\begin{bmatrix}\mathbf{e}_l^{[x]}\\ \mathbf{e}_l^{[y]}\\ \mathbf{e}_l^{[z]}\end{bmatrix}$$

由式（2.1）得

$$\left[\mathbf{e}_{\bar{l}}^{[x]},\mathbf{e}_{\bar{l}}^{[y]},\mathbf{e}_{\bar{l}}^{[z]}\right]\cdot{}^{\bar{l}}\mathbf{e}_l\cdot\begin{bmatrix}\mathbf{e}_l^{[x]}\\ \mathbf{e}_l^{[y]}\\ \mathbf{e}_l^{[z]}\end{bmatrix}=1$$

证毕。

【式（3.59）证明】

由式（3.44）得

$$
{}^{l}\omega_j^{\mathrm{T}}\cdot{}^{l}\mathbf{e}\times\mathbf{e}_l\cdot{}^{l|j}r_k={}^{l}\omega_j^{\mathrm{T}}\cdot\tilde{\mathbf{e}}_l\cdot{}^{l|j}r_k=\mathbf{e}_l^{[x]}\cdot({}^{l}\omega_j^{[2]}\cdot{}^{l|j}r_k^{[3]}-{}^{l}\omega_j^{[3]}\cdot{}^{l|j}r_k^{[2]})
$$

$$
\backslash-\mathbf{e}_l^{[y]}\cdot({}^{l}\omega_j^{[1]}\cdot{}^{l|j}r_k^{[3]}-{}^{l}\omega_j^{[3]}\cdot{}^{l|j}r_k^{[1]})+\mathbf{e}_l^{[z]}\cdot({}^{l}\omega_j^{[1]}\cdot{}^{l|j}r_k^{[2]}-{}^{l}\omega_j^{[2]}\cdot{}^{l|j}r_k^{[1]})
$$

其中，\ 为续行符。又

$$
\mathbf{e}_l\cdot{}^{l}\tilde{r}_{lS}\cdot{}^{l}r_{lS'}=
$$

$$
[\mathbf{e}_l^{[x]},\mathbf{e}_l^{[y]},\mathbf{e}_l^{[z]}]\cdot\begin{bmatrix}0 & -{}^{l}r_{lS}^{[3]} & {}^{l}r_{lS}^{[2]}\\ {}^{l}r_j^{[3]} & 0 & -{}^{l}r_{lS}^{[1]}\\ -{}^{l}r_{lS}^{[2]} & {}^{l}r_{lS}^{[1]} & 0\end{bmatrix}\cdot\begin{bmatrix}{}^{l}r_{lS}^{[1]}\\ {}^{l}r_{lS}^{[2]}\\ {}^{l}r_{lS}^{[3]}\end{bmatrix}\begin{matrix}\mathbf{e}_l^{[x]}\cdot({}^{l}r_{lS}^{[2]}\cdot{}^{l}r_{lS'}^{[3]}-{}^{l}r_{lS}^{[3]}\cdot{}^{l}r_{lS'}^{[2]})\\ =\backslash-\mathbf{e}_l^{[y]}\cdot({}^{l}r_{lS}^{[1]}\cdot{}^{l}r_{lS'}^{[3]}-{}^{l}r_{lS}^{[3]}\cdot{}^{l}r_{lS'}^{[1]})\\ \backslash+\mathbf{e}_l^{[z]}\cdot({}^{l}r_{lS}^{[1]}\cdot{}^{l}r_{lS'}^{[2]}-{}^{l}r_{lS}^{[2]}\cdot{}^{l}r_{lS'}^{[1]})\end{matrix}
$$

故有

$$
{}^{l}r_{lS}^{\mathrm{T}}\cdot{}^{l}\mathbf{e}\times\mathbf{e}_l\cdot{}^{l}r_{lS'}=\mathbf{e}_l\cdot\begin{bmatrix}{}^{l}r_{lS}^{[2]}\cdot{}^{l}r_{lS'}^{[3]}-{}^{l}r_{lS}^{[3]}\cdot{}^{l}r_{lS'}^{[2]}\\ {}^{l}r_{lS}^{[1]}\cdot{}^{l}r_{lS'}^{[3]}-{}^{l}r_{lS}^{[3]}\cdot{}^{l}r_{lS'}^{[1]}\\ {}^{l}r_{lS}^{[1]}\cdot{}^{l}r_{lS'}^{[2]}-{}^{l}r_{lS}^{[2]}\cdot{}^{l}r_{lS'}^{[1]}\end{bmatrix}=\mathbf{e}_l\cdot{}^{l}\tilde{r}_{lS}\cdot{}^{l}r_{lS'}
$$

$$
\mathbf{e}_l\cdot{}^{l}\tilde{r}_{lS}={}^{l}r_{lS}^{\mathrm{T}}\cdot\tilde{\mathbf{e}}_l
$$

证毕。

【式（3.61）证明】

因

$$
\begin{bmatrix}0 & -{}^{\bar{l}}\omega_l^{[3]} & {}^{\bar{l}}\omega_l^{[2]}\\ {}^{\bar{l}}\omega_l^{[3]} & 0 & -{}^{\bar{l}}\omega_l^{[1]}\\ -{}^{\bar{l}}\omega_l^{[2]} & {}^{\bar{l}}\omega_l^{[1]} & 0\end{bmatrix}\cdot\begin{bmatrix}{}^{\bar{l}|l}r_{lS}^{[1]}\\ {}^{\bar{l}|l}r_{lS}^{[2]}\\ {}^{\bar{l}|l}r_{lS}^{[3]}\end{bmatrix}=\begin{bmatrix}{}^{\bar{l}}\omega_l^{[2]}\cdot{}^{\bar{l}|l}r_{lS}^{[3]}-{}^{\bar{l}}\omega_l^{[3]}\cdot{}^{\bar{l}|l}r_{lS}^{[2]}\\ {}^{\bar{l}}\omega_l^{[3]}\cdot{}^{\bar{l}|l}r_{lS}^{[1]}-{}^{\bar{l}}\omega_l^{[1]}\cdot{}^{\bar{l}|l}r_{lS}^{[3]}\\ {}^{\bar{l}}\omega_l^{[1]}\cdot{}^{\bar{l}|l}r_{lS}^{[2]}-{}^{\bar{l}}\omega_l^{[2]}\cdot{}^{\bar{l}|l}r_{lS}^{[1]}\end{bmatrix}
$$

又

$$
\begin{bmatrix}0 & {}^{\bar{l}|l}r_{lS}^{[3]} & -{}^{\bar{l}|l}r_{lS}^{[2]}\\ -{}^{\bar{l}|l}r_{lS}^{[3]} & 0 & {}^{\bar{l}|l}r_{lS}^{[1]}\\ {}^{\bar{l}|l}r_{lS}^{[2]} & -{}^{\bar{l}|l}r_{lS}^{[1]} & 0\end{bmatrix}\cdot\begin{bmatrix}{}^{\bar{l}}\omega_j^{[1]}\\ {}^{\bar{l}}\omega_j^{[2]}\\ {}^{\bar{l}}\omega_j^{[3]}\end{bmatrix}=\begin{bmatrix}{}^{\bar{l}}\omega_l^{[2]}\cdot{}^{l|j}r_{lS}^{[3]}-{}^{\bar{l}}\omega_l^{[3]}\cdot{}^{l|j}r_{lS}^{[2]}\\ {}^{\bar{l}}\omega_l^{[3]}\cdot{}^{l|j}r_{lS}^{[1]}-{}^{\bar{l}}\omega_l^{[1]}\cdot{}^{l|j}r_{lS}^{[3]}\\ {}^{\bar{l}}\omega_l^{[1]}\cdot{}^{l|j}r_{lS}^{[2]}-{}^{\bar{l}}\omega_l^{[2]}\cdot{}^{l|j}r_{lS}^{[1]}\end{bmatrix}
$$

证毕。

【式（3.65）证明】

${}^{\bar{l}}\omega_l\cdot{}^{\bar{l}|l}r_{lS}^{\mathrm{T}}-{}^{\bar{l}|l}r_{lS}\cdot{}^{\bar{l}}\omega_l^{\mathrm{T}}$ 是反对称矩阵，是矩阵${}^{\bar{l}}\omega_l\cdot{}^{\bar{l}|l}r_{lS}^{\mathrm{T}}$的反对称阵部分。对 $\forall\,{}^{\bar{l}}p_*$（$*$ 表示任意点），有

$$
({}^{\bar{l}}\omega_l\cdot{}^{\bar{l}|l}r_{lS}^{\mathrm{T}}-{}^{\bar{l}|l}r_{lS}\cdot{}^{\bar{l}}\omega_l^{\mathrm{T}})\cdot{}^{\bar{l}}p_*={}^{\bar{l}}\omega_l\cdot{}^{\bar{l}|l}r_{lS}^{\mathrm{T}}\cdot{}^{\bar{l}}p_*-{}^{\bar{l}|l}r_{lS}\cdot{}^{\bar{l}}\omega_l^{\mathrm{T}}\cdot{}^{\bar{l}}p_*
$$

考虑式（2.6），由式（2.5）得

$$
\begin{aligned}
-\widetilde{{}^{\bar{l}}\tilde{\omega}_l \cdot {}^{\bar{l}|l}r_{lS}} \cdot {}^{l}p_* &= {}^{\bar{l}}\tilde{p}_* \cdot ({}^{\bar{l}}\tilde{\omega}_l \cdot {}^{\bar{l}|l}r_{lS}) \\
&= ({}^{\bar{l}}p_*^{\mathrm{T}} \cdot {}^{\bar{l}|l}r_{lS}) \cdot {}^{\bar{l}}\omega_l - ({}^{\bar{l}}\omega_l^{\mathrm{T}} \cdot {}^{\bar{l}}p_*) \cdot {}^{\bar{l}|l}r_{lS} \\
&= ({}^{\bar{l}}\omega_l \cdot {}^{\bar{l}|l}r_{lS}^{\mathrm{T}} - {}^{\bar{l}|l}r_{lS} \cdot {}^{\bar{l}}\omega_l^{\mathrm{T}}) \cdot {}^{\bar{l}}p_*
\end{aligned}
$$

故有

$$
-\widetilde{{}^{\bar{l}}\tilde{\omega}_l \cdot {}^{\bar{l}|l}r_{lS}} = {}^{\bar{l}}\omega_l \cdot {}^{\bar{l}|l}r_{lS}^{\mathrm{T}} - {}^{\bar{l}|l}r_{lS} \cdot {}^{\bar{l}}\omega_l^{\mathrm{T}}
$$

考虑式（3.63）的轴矢量定义，可知式（3.65）成立。故矢量的外积具有一阶矩不变性。证毕。

【式（3.81）证明】

由式（2.5），$*$代表任意点，得

$$
\begin{aligned}
{}^{k}\tilde{r}_{kS} \cdot ({}^{k|l}\tilde{r}_{lS} \cdot {}^{k}r_*) &= ({}^{k}r_{kS}^{\mathrm{T}} \cdot {}^{k}r_*) \cdot {}^{k|l}r_{lS} - ({}^{k|l}r_{lS}^{\mathrm{T}} \cdot {}^{k}r_{kS}) \cdot {}^{k}r_* \\
&= {}^{k|l}r_{lS} \cdot {}^{k}r_{kS}^{\mathrm{T}} \cdot {}^{k}r_* - {}^{k|l}r_{lS}^{\mathrm{T}} \cdot {}^{k}r_{kS} \cdot {}^{k}r_* \\
&= ({}^{k|l}r_{lS} \cdot {}^{k}r_{kS}^{\mathrm{T}} - {}^{k|l}r_{lS}^{\mathrm{T}} \cdot {}^{k}r_{kS} \cdot \mathbf{1}) \cdot {}^{k}r_*
\end{aligned}
$$

因${}^{k}r_*$是任意矢量，证毕。

【式（3.82）证明】

由式（2.6），$*$代表任意点，故得

$$
\widetilde{{}^{k}\tilde{r}_{kS} \cdot {}^{k|l}r_{lS}} \cdot {}^{k}r_* = ({}^{k|l}r_{lS} \cdot {}^{k}r_{kS}^{\mathrm{T}} - {}^{k}r_{kS} \cdot {}^{k|l}r_{lS}^{\mathrm{T}}) \cdot {}^{k}r_*
$$

因${}^{k}r_*$代表任意矢量，证毕。

思 考 题

基矢量 $\mathbf{e}_l$ 的维度如何与有序基分量$[\mathbf{e}_l^{[x]}, \mathbf{e}_l^{[y]}, \mathbf{e}_l^{[z]}]$的维度等价？

第 4 章

基于轴不变量的多轴系统运动学

4.1 引言

本章以运动链演算符号系统（简称链符号系统）为基础，建立基于轴不变量的多轴系统运动学理论。

首先，以链符号系统为基础，在分析及证明轴不变量的零位、幂零特性、投影变换、镜像变换、定轴转动、Cayley 变换及其逆变换的基础上，建立基于轴不变量的 3D 矢量空间操作代数，将轴链位姿表述为关于结构矢量及关节变量（标量）的多元二阶矢量多项式方程；通过轴不变量表征 Rodrigues 四元数、欧拉四元数，统一相关运动学理论。

其次，以链符号系统为基础，以绝对导数、轴矢量及迹为核心，分析并建立基于轴不变量的 3D 矢量空间微分操作代数。证明轴不变量对时间的微分具有不变性。

最后，提出并证明树链偏速度计算方法，建立基于轴不变量的迭代式运动学方程。

4.2 本章学习基础

(1) 由第 3 章可知，运动链 ${}^{i}\mathbf{1}_{n}=(i,\cdots,\bar{n},n]$ 具有以下基本公理：

(1.1) ${}^{i}\mathbf{1}_{n}$ 具有半开属性，即

$$i\notin{}^{i}\mathbf{1}_{n},\quad n\in{}^{i}\mathbf{1}_{n} \tag{4.1}$$

(1.2) ${}^{i}\mathbf{1}_{n}$ 存在一个空链或平凡链 ${}^{i}\mathbf{1}_{i}$，即

$${}^{i}\mathbf{1}_{i}\in{}^{i}\mathbf{1}_{n},\quad \mathbf{1}_{i}^{i}=0 \tag{4.2}$$

(1.3) ${}^{i}\mathbf{1}_{n}$ 运动链具有串接性（可加性或可积性），即

$${}^{i}\mathbf{1}_{n}={}^{i}\mathbf{1}_{l}+{}^{l}\mathbf{1}_{n} \tag{4.3}$$

$${}^{i}\mathbf{1}_{n}={}^{i}\mathbf{1}_{l}\cdot{}^{l}\mathbf{1}_{n} \tag{4.4}$$

(1.4) ${}^{l}\mathbf{1}_{n}$ 具有可逆性，即

$${}^{l}\mathbf{1}_{n}=-{}^{n}\mathbf{1}_{l} \tag{4.5}$$

(2) 对于轴链 ${}^{i}\mathbf{1}_{n}=(i,\cdots,\bar{n},n]$，有以下基本结论：

$${}^{i}Q_{n}=\prod_{l}^{{}^{i}\mathbf{1}_{n}}({}^{\bar{l}}Q_{l}) \tag{4.6}$$

$${}^{i}r_{nS}=\sum_{l}^{{}^{i}\mathbf{1}_{nS}}({}^{i|\bar{l}}r_{l})=\sum_{l}^{{}^{i}\mathbf{1}_{nS}}({}^{i|\bar{l}}l_{l}+{}^{i|\bar{l}}n_{l}\cdot r_{l}^{\bar{l}}) \tag{4.7}$$

$$\begin{cases} {}^{i|\bar{l}}\dot{\phi}_l = {}^iQ_{\bar{l}} \cdot {}^{\bar{l}}n_l \cdot \dot{\phi}_l^{\bar{l}}, & {}^{\bar{l}}\boldsymbol{k}_l \in \boldsymbol{R} \\ {}^{i|\bar{l}}\dot{r}_l = {}^iQ_{\bar{l}} \cdot {}^{\bar{l}}n_l \cdot \dot{r}_l^{\bar{l}}, & {}^{\bar{l}}\boldsymbol{k}_l \in \boldsymbol{P} \end{cases} \tag{4.8}$$

$$\begin{cases} {}^{i|\bar{l}}\ddot{\phi}_l = {}^iQ_{\bar{l}} \cdot {}^{\bar{l}}n_l \cdot \ddot{\phi}_l^{\bar{l}}, & {}^{\bar{l}}\boldsymbol{k}_l \in \boldsymbol{R} \\ {}^{i|\bar{l}}\ddot{r}_l = {}^iQ_{\bar{l}} \cdot {}^{\bar{l}}n_l \cdot \ddot{r}_l^{\bar{l}}, & {}^{\bar{l}}\boldsymbol{k}_l \in \boldsymbol{P} \end{cases} \tag{4.9}$$

（3）若 k，$l \in \boldsymbol{A}$，则存在以下二阶矩关系：

$${}^k\tilde{r}_{kS} \cdot {}^{k|l}\tilde{r}_{lS} = {}^{k|l}r_{lS} \cdot {}^kr_{kS}^{\mathrm{T}} - {}^{k|l}r_{lS}^{\mathrm{T}} \cdot {}^kr_{kS} \cdot \mathbf{1} \tag{4.10}$$

$$\widetilde{{}^k\tilde{r}_{kS} \cdot {}^{k|l}r_{lS}} = {}^{k|l}r_{lS} \cdot {}^kr_{kS}^{\mathrm{T}} - {}^kr_{kS} \cdot {}^{k|l}r_{lS}^{\mathrm{T}} \tag{4.11}$$

$${}^k\tilde{r}_{kS} \cdot {}^{k|l}\tilde{r}_{lS} - {}^{k|l}\tilde{r}_{lS} \cdot {}^k\tilde{r}_{kS} = {}^{k|l}r_{lS} \cdot {}^kr_{kS}^{\mathrm{T}} - {}^kr_{kS} \cdot {}^{k|l}r_{lS}^{\mathrm{T}} \tag{4.12}$$

$${}^k\tilde{r}_{kS} \cdot {}^{k|l}\tilde{r}_{lS} - {}^{k|l}\tilde{r}_{lS} \cdot {}^k\tilde{r}_{kS} = \widetilde{{}^k\tilde{r}_{kS} \cdot {}^{k|l}r_{lS}} \tag{4.13}$$

机械运动副多种多样，本书将其提炼为平动和转动两种基本形式，其余运动副均由这两种复合而成，且如式（4.8）和式（4.9），后续建立的关节空间运动学和动力学方程均分为两类，即平动轴和转动轴，从而严格保证建立的方程是3D的，方程不存在冗余，减少了计算量。将多种多样的机械运动副“数学化”为平动轴和转动轴，是本书重要特色之一。

（4）左序叉乘与转置的关系：

$${}^i\dot{\phi}_l^{\mathrm{T}} \cdot {}^{i|l}\tilde{r}_{lS} = -{}^{i|l}r_{lS}^{\mathrm{T}} \cdot {}^i\tilde{\dot{\phi}}_l, \quad ({}^i\dot{\phi}_l^{\mathrm{T}} \cdot {}^{i|l}\tilde{r}_{lS})^{\mathrm{T}} = {}^i\tilde{\dot{\phi}}_l \cdot {}^{i|l}r_{lS} \tag{4.14}$$

证明见本章附录。

（5）3D空间操作代数。

尽管多体动力学已得到广泛的研究，但缺乏运动链符号系统，也未建立基于轴不变量的空间代数系统。空间操作代数与传统的空间算子代数具有以下不同点：

（5.1）操作是指空间中的基本动作或计算机执行的运算；操作既包含地址访问、矩阵的行列置换、拓扑关系的访问，又包含函数的计算，故操作是算子概念的推广。多轴系统运动学与动力学既与系统拓扑相关，又需要通过计算机实现，自然需要建立与之相应的操作代数。

（5.2）一方面，空间操作或计算机操作更直接，易于理解；通过系统操作执行系统状态的变更，在新的变更状态下，再执行相应的操作，完成系统的演化与计算。另一方面，易于计算机软件实现，计算机系统自身就是基于一组基本操作的计算系统；地址访问、枢轴操作、LU及LDL^{T}分解等的矩阵运算是计算机数值计算的基础。

（5.3）空间操作代数主体上通过空间或计算机操作序列表征空间运动关系，链序是空间操作的基本特征；空间运算既需要保证序不变性（拓扑不变性）、张量不变性（度量不变性）及对偶性，又需要保证测量及数值计算的精确性与实时性，它们是空间操作代数的基本特征。

（5.4）空间操作代数需要确定空间操作的基元，以保证复杂空间操作的效率；自然参考轴及以自然坐标系为基础的 3D 关节空间轴不变量是空间操作的基元；通过一组自然参考轴可以建立笛卡儿直角坐标系及其他所需的坐标系系统。

总之，3D 空间操作代数是以运动链符号系统为基础，以符号演算、动作及矩阵操作为主体的 3D 空间运动学计算系统。

4.3　基于轴不变量的 3D 矢量空间操作代数

以固定轴不变量表征系统的结构参量，结构参数间的代数运算结果仍为结构参量；以自然坐标即关节变量表征系统的关节变量，关节变量间的代数运算结果仍为关节变量。由系统结构参量构成的 3D 矢量，称为结构矢量。基于轴不变量的 3D 矢量空间操作代数系统既是以轴不变量为核心的 3D 空间操作代数系统，又是关于结构矢量与关节变量的二阶多项式系统。

运动副 $^{\bar{l}}\boldsymbol{k}_l$ 的坐标轴矢量 $^{\bar{l}}n_l$ 表示运动轴的单位方向，表示自然参考轴，该坐标轴矢量由其成员 $[^{\bar{l}}n_l^{[1]},{}^{\bar{l}}n_l^{[2]},{}^{\bar{l}}n_l^{[3]}]$ 确定；坐标轴矢量 $^{\bar{l}}n_l$ 具有如下不变性：

$$^{\bar{l}}n_l={}^{l}n_{\bar{l}},\quad -^{\bar{l}}n_l=-^{l}n_{\bar{l}} \tag{4.15}$$

由式（4.15）可知，坐标轴矢量 $^{\bar{l}}n_l$ 是全序的矢量，即其连接次序是双向的，负号“−”不改变连接次序，即 $^{\bar{l}}n_l\neq-^{l}n_{\bar{l}}$；但可改变 $^{\bar{l}}n_l$ 的坐标分量，即 $-^{\bar{l}}n_l=[-^{\bar{l}}n_l^{[1]},-^{\bar{l}}n_l^{[2]},-^{\bar{l}}n_l^{[3]}]$。故轴矢量 $^{\bar{l}}n_l$ 又称为轴不变量。轴矢量 $^{\bar{l}}n_l$ 作为杆件 $\Omega_{\bar{l}}$ 及杆件 Ω_l 的公共参考轴，在系统演算前确定，在系统演算过程中不能人为地更改，否则会导致参考不一致。

轴不变量可以方便地确定零位轴系，具有优良的空间操作性能，应用轴不变量可以有效地解决多轴系统理论及工程技术问题。

4.3.1　基于轴不变量的零位轴系

如图 4.1 所示，给定运动副 $^{\bar{l}}\boldsymbol{k}_l$ 的轴矢量 $^{\bar{l}}n_l$ 及具有单位长度的零位矢量 $^{l}_{0}r_{lS}$，且 S 位于单位球面上；称轴矢量 $^{\bar{l}}n_l$ 向零位矢量 $^{l}_{0}r_{lS}$ 方向转动 90°后的单位矢量为零位轴矢量，记为 $^{\bar{l}}_{\cdot}n_l$。由轴矢量 $^{\bar{l}}n_l$ 及零位轴 $^{\bar{l}}_{\cdot}n_l$ 按右手系可以确定一阶螺旋轴 $^{\bar{l}}_{\perp}n_l$。

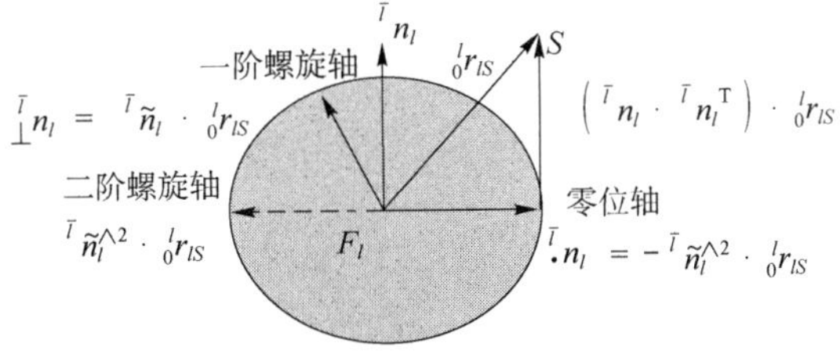

图 4.1　径向投影及自然零位

由此则有：零位矢量 ${}^{l}_{0}r_{lS}$对轴矢量 ${}^{\bar{l}}n_l$ 的投影标量即坐标 ${}^{\bar{l}}n_l^{\mathrm{T}}\cdot{}^{l}_{0}r_{lS}$，零位矢量 ${}^{l}_{0}r_{lS}$对轴矢量 ${}^{\bar{l}}n_l$ 的投影矢量为$({}^{\bar{l}}n_l\cdot{}^{\bar{l}}n_l^{\mathrm{T}})\cdot{}^{l}_{0}r_{lS}$；零位矢量 ${}^{l}_{0}r_{lS}$对零位轴矢量 ${}^{\bar{l}}_{*}n_l$ 的投影矢量为$-{}^{\bar{l}}\tilde{n}_l^{\wedge 2}\cdot{}^{l}_{0}r_{lS}$。故得零位矢量 ${}^{l}_{0}r_{lS}$的径向投影变换${}^{\bar{l}}A_l$ 及系统零位投影变换${}^{\bar{l}}N_l$ 分别为

$$
{}^{\bar{l}}A_l={}^{\bar{l}}n_l\odot{}^{\bar{l}}n_l={}^{\bar{l}}n_l\cdot{}^{\bar{l}}n_l^{\mathrm{T}} \tag{4.16}
$$

$$
{}^{\bar{l}}N_l=\mathbf{1}-{}^{\bar{l}}n_l\cdot{}^{\bar{l}}n_l^{\mathrm{T}} \tag{4.17}
$$

轴矢量 ${}^{\bar{l}}n_l$ 对 ${}^{l}_{0}r_{lS}$的螺旋矢量为 ${}^{\bar{l}}\tilde{n}_l\cdot{}^{l}_{0}r_{lS}$；零位矢量 ${}^{l}_{0}r_{lS}$表达为

$$
{}^{l}_{0}r_{lS}=({}^{\bar{l}}n_l\cdot{}^{\bar{l}}n_l^{\mathrm{T}})\cdot{}^{l}_{0}r_{lS}-{}^{\bar{l}}\tilde{n}_l^{\wedge 2}\cdot{}^{l}_{0}r_{lS}=({}^{\bar{l}}n_l\cdot{}^{\bar{l}}n_l^{\mathrm{T}})\cdot{}^{l}_{0}r_{lS}+(\mathbf{1}-{}^{\bar{l}}n_l\cdot{}^{\bar{l}}n_l^{\mathrm{T}})\cdot{}^{l}_{0}r_{lS}
$$

（1）若给定零位矢量 ${}^{l}_{0}r_{lS}$，则系统零位轴矢量 ${}^{\bar{l}}_{\cdot}n_l$、系统一阶螺旋轴矢量 ${}^{\bar{l}}_{\perp}n_l$ 及轴矢量 ${}^{\bar{l}}n_l$构成零位轴系，该轴系由系统零位轴矢量 ${}^{\bar{l}}_{\cdot}n_l$ 及轴矢量 ${}^{\bar{l}}n_l$ 唯一确定；一般情况下，该轴与自然坐标系$\boldsymbol{F}_l$ 方向不一致。

（2）给定径向约束力${}^{l}f_{lS}^{\mathrm{C}}$，因其与轴矢量 ${}^{\bar{l}}n_l$ 正交，则有

$$
{}^{\bar{l}}n_l^{\mathrm{T}}\cdot{}^{l}f_{lS}^{\mathrm{C}}=0_3 \tag{4.18}
$$

称 $\mathrm{Diag}[{}^{i}\tilde{n}_1,\cdots,{}^{i|\bar{k}}\tilde{n}_k,\cdots,{}^{i|\bar{\nu}}\tilde{n}_\nu]$为自然正交补矩阵。

（3）零位投影变换${}^{\bar{l}}N_l$ 具有对称性，即

$$
{}^{\bar{l}}N_l^{\mathrm{T}}={}^{\bar{l}}N_l,\quad {}^{\bar{l}}N_l^{\wedge 2}={}^{\bar{l}}N_l \tag{4.19}
$$

证明见本章附录。

4.3.2 基于轴不变量的镜像变换

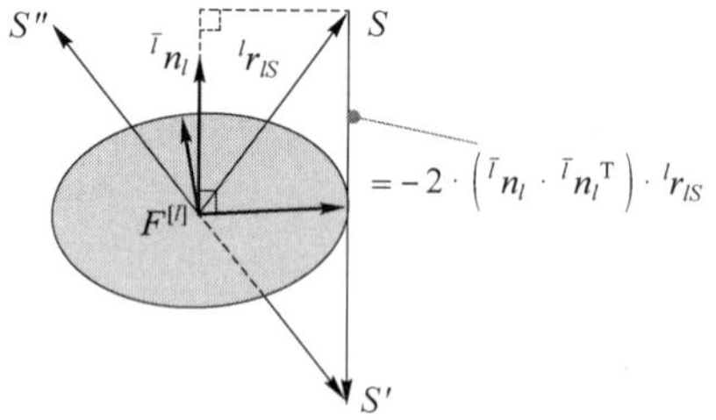

图 4.2　镜像变换

轴不变量可以方便地实现矢量的镜像。如图 4.2 所示，点 S'是点 S 的镜像，镜面轴矢量记为${}^{\bar{l}}n_l$，点 S''是点 S 的逆像，且有${}^{l}r_{lS}=r_{lS}^{l}\cdot{}^{\bar{l}}n_l$。易得

$$
\begin{aligned}
{}^{l}r_{lS'}&={}^{l}r_{lS}-2\cdot({}^{\bar{l}}n_l\cdot{}^{\bar{l}}n_l^{\mathrm{T}})\cdot{}^{l}r_{lS}\\
&=(\mathbf{1}-2\cdot{}^{\bar{l}}n_l\cdot{}^{\bar{l}}n_l^{\mathrm{T}})\cdot{}^{l}r_{lS}
\end{aligned} \tag{4.20}
$$

且有

$$
{}^{l}r_{lS''}=-{}^{l}r_{lS'}=(2\cdot{}^{\bar{l}}n_l\cdot{}^{\bar{l}}n_l^{\mathrm{T}}-\mathbf{1})\cdot{}^{l}r_{lS} \tag{4.21}
$$

记

$$
{}^{\bar{l}}\mathrm{M}_l=\mathbf{1}-2\cdot{}^{\bar{l}}n_l\cdot{}^{\bar{l}}n_l^{\mathrm{T}} \tag{4.22}
$$

称${}^{\bar{l}}\mathrm{M}_l$ 为像变换，$-{}^{\bar{l}}\mathrm{M}_l$ 为逆像变换。显然，有

$$
\begin{aligned}
{}^{\bar{l}}\mathrm{M}_l^{\wedge 2}&=(\mathbf{1}-2\cdot{}^{\bar{l}}n_l\cdot{}^{\bar{l}}n_l^{\mathrm{T}})\cdot(\mathbf{1}-2\cdot{}^{\bar{l}}n_l\cdot{}^{\bar{l}}n_l^{\mathrm{T}})\\
&=\mathbf{1}-2\cdot{}^{\bar{l}}n_l\cdot{}^{\bar{l}}n_l^{\mathrm{T}}-2\cdot{}^{\bar{l}}n_l\cdot{}^{\bar{l}}n_l^{\mathrm{T}}+4\cdot{}^{\bar{l}}n_l\cdot{}^{\bar{l}}n_l^{\mathrm{T}}\cdot{}^{\bar{l}}n_l\cdot{}^{\bar{l}}n_l^{\mathrm{T}}=\mathbf{1}
\end{aligned}
$$

即$^{\bar{l}}\mathrm{M}_l$ 是自逆的矩阵：

$$^{\bar{l}}\mathrm{M}_l^{\wedge 2}=\mathbf{1} \tag{4.23}$$

应用镜像变换可以解决光的反射、折射、映像等问题，在光学系统中有广泛的应用。

示例 4.1　如图 4.2 所示，3D 世界系为 $\bar{l}$，正射投影即是由镜面法向$^{\bar{l}}n_l$ 观察场景的像，其中$^{\bar{l}}n_l=\dfrac{1}{\sqrt{3}}\cdot[1,\ 1,\ 1]^{\mathrm{T}}$，则有正射投影变换：

$$^{\bar{l}}\mathrm{M}_l=\mathbf{1}-2\cdot{}^{\bar{l}}n_l\cdot{}^{\bar{l}}n_l^{\mathrm{T}}=\mathbf{1}-\frac{2}{3}\cdot\begin{bmatrix}1\\1\\1\end{bmatrix}\cdot[1,1,1]=\frac{1}{3}\cdot\begin{bmatrix}1&-2&-2\\-2&1&-2\\-2&-2&1\end{bmatrix} \tag{4.24}$$

4.3.3　基于轴不变量的定轴转动

由式（4.15）可知，轴矢量 $^{\bar{l}}n_l$ 相对于杆件 $\Omega_{\bar{l}}$ 及 Ω_l 或自然坐标系$\boldsymbol{F}_{\bar{l}}$ 及$\boldsymbol{F}_l$ 是固定不变的，故称该转动为定轴转动。

如图 4.3 所示，固结矢量 $^{l}r_{lS}$零时刻位置记为$_0^{l}r_{lS}$，可得一阶螺旋轴矢量为$^{\bar{l}}\tilde{n}_l\cdot{}_0^{l}r_{lS}$及零位轴$-{}^{\bar{l}}\tilde{n}_l^{\wedge 2}\cdot{}_0^{l}r_{lS}$。

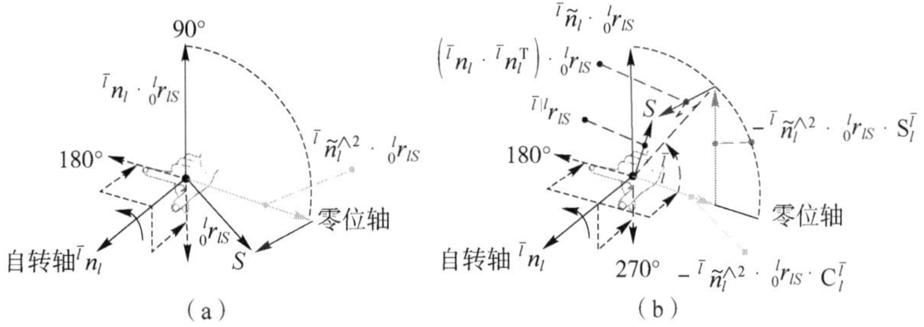

图 4.3　定轴转动

（a）初始时刻；（b）当前时刻

记 $\mathrm{C}_l^{\bar{l}}=\mathrm{C}(\phi_l^{\bar{l}}),\mathrm{S}_l^{\bar{l}}=\mathrm{S}(\phi_l^{\bar{l}})$；当矢量 $^{l}r_{lS}$绕轴$^{\bar{l}}n_l$ 转动至当前角位置 $\phi_l^{\bar{l}}$ 时，将矢量 $^{l}r_{lS}$投影到零位轴、一阶螺旋轴及转动轴，考虑到各径向矢量的模相等，分别得$-{}^{\bar{l}}\tilde{n}_l^{\wedge 2}\cdot{}_0^{l}r_{lS}\cdot\mathrm{C}_l^{\bar{l}}$、$^{\bar{l}}\tilde{n}_l^{\wedge 2}\cdot{}_0^{l}r_{lS}\cdot\mathrm{S}_l^{\bar{l}}$ 及$(^{\bar{l}}n_l\cdot{}^{\bar{l}}n_l^{\mathrm{T}})\cdot{}_0^{l}r_{lS}$。故有具有链指标的 Rodrigues 方程：

$$^{l}r_{lS}=[{}^{\bar{l}}n_l\cdot{}^{\bar{l}}n_l^{\mathrm{T}}-{}^{\bar{l}}\tilde{n}_l^{\wedge 2}\cdot\mathrm{C}_l^{\bar{l}}+{}^{\bar{l}}\tilde{n}_l\cdot\mathrm{S}_l^{\bar{l}}]\cdot{}_0^{\bar{l}|l}r_{lS} \tag{4.25}$$

因矢量 $_0^{l}r_{lS}$是任意的，故$^{l}r_{lS}={}^{\bar{l}}Q_l\cdot{}_0^{\bar{l}|l}r_{lS}$。因此，得具有链指标的 Rodrigues 转动方程：

$$^{\bar{l}}Q_l={}^{\bar{l}}n_l\cdot{}^{\bar{l}}n_l^{\mathrm{T}}-{}^{\bar{l}}\tilde{n}_l^{\wedge 2}\cdot\mathrm{C}_l^{\bar{l}}+{}^{\bar{l}}\tilde{n}_l\cdot\mathrm{S}_l^{\bar{l}} \tag{4.26}$$

由式（4.17）得

$$-{}^{\bar{l}}\tilde{n}_l^{\wedge 2}=\mathbf{1}-{}^{\bar{l}}n_l\cdot{}^{\bar{l}}n_l^{\mathrm{T}}\triangleq{}^{\bar{l}}N_l \tag{4.27}$$

由式（4.26）及式（4.27）分别得

$$^{\bar{l}}Q_l={}^{\bar{l}}n_l\cdot{}^{\bar{l}}n_l^{\mathrm{T}}+(\mathbf{1}-{}^{\bar{l}}n_l\cdot{}^{\bar{l}}n_l^{\mathrm{T}})\cdot\mathrm{C}_l^{\bar{l}}+{}^{\bar{l}}\tilde{n}_l\cdot\mathrm{S}_l^{\bar{l}} \tag{4.28}$$

$$^{\bar{l}}Q_l=\mathbf{1}+{}^{\bar{l}}\tilde{n}_l\cdot\mathrm{S}_l^{\bar{l}}+{}^{\bar{l}}\tilde{n}_l^{\wedge 2}\cdot(1-\mathrm{C}_l^{\bar{l}}) \tag{4.29}$$

若 ${}_0\phi_l^{\bar{l}}=0$，由式（4.28），得 ${}^{\bar{l}}_0Q_l=\mathbf{1}$。若 ${}^{\bar{l}}Q_l=\mathbf{1}$，即 Frame#$\bar{l}$ 与 Frame#l 方向一致，由式（4.28）可知，反对称部分 ${}^{\bar{l}}\tilde{n}_l\cdot \mathrm{S}_l^{\bar{l}}=\mathbf{0}$，必有 ${}_0\phi_l^{\bar{l}}=0$。因此，系统零位是 Frame#$\bar{l}$ 与 Frame#l 重合的充分必要条件，即初始时刻的自然坐标系方向一致是系统零位定义的前提条件。利用自然坐标系可以很方便地分析多轴系统运动学和动力学。

式（4.29）是关于 $\mathrm{C}_l^{\bar{l}}$ 和 $\mathrm{S}_l^{\bar{l}}$ 的多重线性方程，是 ${}^{\bar{l}}\tilde{n}_l$ 的二阶多项式。给定自然零位矢量 ${}^{l}l_{lS}$ 作为 $\phi_l^{\bar{l}}$ 的零位参考，则 $-{}^{\bar{l}}\tilde{n}_l^{\wedge 2}\cdot {}^{l}l_{lS}$ 及 ${}^{\bar{l}}\tilde{n}_l\cdot {}^{l}l_{lS}$ 分别表示零位矢量及径向矢量。式（4.29）中对称部分 $-{}^{\bar{l}}\tilde{n}_l^{\wedge 2}$ 表示零位轴张量，反对称部分 ${}^{\bar{l}}\tilde{n}_l$ 表示径向轴张量，分别与轴向外积张量 $\mathbf{1}+{}^{\bar{l}}\tilde{n}_l^{\wedge 2}={}^{\bar{l}}n_l\cdot{}^{\bar{l}}n_l^{\mathrm{T}}$ 正交，从而确定三维自然轴空间。式（4.29）仅含 1 个正弦及余弦运算、6 个积运算及 6 个和运算，计算复杂度低；同时，通过轴不变量 ${}^{\bar{l}}n_l$ 及关节变量 $\phi_l^{\bar{l}}$ 实现了坐标系及极性的参数化。

显然，$\mathrm{S}_l^{\bar{l}}$ 是自然轴 ${}^{\bar{l}}n_l$ 上的坐标，$\mathrm{C}_l^{\bar{l}}$ 是系统零位轴 ${}^{\bar{l}}.n_l$ 上的坐标。固结于体自然坐标系 $\boldsymbol{F}^{[l]}$ 的单位矢量 ${}^{\bar{l}|l}r_{lS}$ 与［${}^{\bar{l}}n_l\cdot \mathrm{S}_l^{\bar{l}}$，$\mathrm{C}_l^{\bar{l}}$］一一映射，即等价。自然零位轴和自然坐标轴分别是四维复空间的 1 个实轴及 3 个虚轴。式（4.28）中，右式前两项是关于角度 $\phi_l^{\bar{l}}$ 的对称矩阵，故有 Trace（${}^{\bar{l}}Q_l$）$=1+2\cdot \mathrm{C}_l^{\bar{l}}$。最后一项是关于角度 $\phi_l^{\bar{l}}$ 的反对称矩阵，故有 Vector（${}^{\bar{l}}Q_l$）$={}^{\bar{l}}n_l\cdot \mathrm{S}_l^{\bar{l}}$；因此，${}^{\bar{l}}Q_l$ 由 Trace（${}^{\bar{l}}Q_l$）及 Vector（${}^{\bar{l}}Q_l$）唯一确定。即 ${}^{\bar{l}}Q_l$ 由矢量 ${}^{\bar{l}}n_l\cdot \mathrm{S}_l^{\bar{l}}$ 及标量 $\mathrm{C}_l^{\bar{l}}$ 唯一确定，这是后续诸多问题讨论的基础。

由式（4.28）得

$$
{}^{\bar{l}}Q_l(\phi_l^{l})={}^{l}Q_{\bar{l}}(\phi_l^{\bar{l}})={}^{\bar{l}}Q_l^{-1}(\phi_l^{\bar{l}}) \tag{4.30}
$$

示例 4.2 当 ${}^{\bar{l}}n_l=\mathbf{1}^{[x]}$，即 ${}^{\bar{l}}\tilde{n}_l=\begin{bmatrix}0&0&0\\0&0&-1\\0&1&0\end{bmatrix}$，${}^{\bar{l}}\tilde{n}_l^{\wedge 2}=\begin{bmatrix}0&0&0\\0&-1&0\\0&0&-1\end{bmatrix}$时，求 ${}^{\bar{l}}Q_l$。

【解】 ${}^{\bar{l}}Q_l=\mathbf{1}+\mathrm{S}_l^{\bar{l}}\cdot\begin{bmatrix}0&0&0\\0&0&-1\\0&1&0\end{bmatrix}+(1-\mathrm{C}_l^{\bar{l}})\cdot\begin{bmatrix}0&0&0\\0&-1&0\\0&0&-1\end{bmatrix}=\begin{bmatrix}1&0&0\\0&\mathrm{C}_l^{\bar{l}}&-\mathrm{S}_l^{\bar{l}}\\0&\mathrm{S}_l^{\bar{l}}&\mathrm{C}_l^{\bar{l}}\end{bmatrix}$

示例 4.3 当 ${}^{\bar{l}}n_l=\mathbf{1}^{[y]}$，即 ${}^{\bar{l}}\tilde{n}_l=\begin{bmatrix}0&0&1\\0&0&0\\-1&0&0\end{bmatrix}$，${}^{\bar{l}}\tilde{n}_l^{\wedge 2}=\begin{bmatrix}-1&0&0\\0&0&0\\0&0&-1\end{bmatrix}$时，求 ${}^{\bar{l}}Q_l$。

【解】 由式（4.29）得

$$
{}^{\bar{l}}Q_l=\mathbf{1}+\mathrm{S}_l^{\bar{l}}\cdot\begin{bmatrix}0&0&1\\0&0&0\\-1&0&0\end{bmatrix}+(1-\mathrm{C}_l^{\bar{l}})\cdot\begin{bmatrix}-1&0&0\\0&0&0\\0&0&-1\end{bmatrix}=\begin{bmatrix}\mathrm{C}_l^{\bar{l}}&0&\mathrm{S}_l^{\bar{l}}\\0&1&0\\-\mathrm{S}_l^{\bar{l}}&0&\mathrm{C}_l^{\bar{l}}\end{bmatrix}
$$

示例 4.4 当 ${}^{\bar{l}}n_l=\mathbf{1}^{[z]}$，即 ${}^{\bar{l}}\tilde{n}_l=\begin{bmatrix}0&-1&0\\1&0&0\\0&0&0\end{bmatrix}$，${}^{\bar{l}}\tilde{n}_l^{\wedge 2}=\begin{bmatrix}-1&0&0\\0&-1&0\\0&0&0\end{bmatrix}$时，求 ${}^{\bar{l}}Q_l$。

【解】由式（4.29）得

$$
{}^{\bar{l}}Q_l = 1 + S_l^{\bar{l}} \cdot \begin{bmatrix} 0 & -1 & 0 \\ 1 & 0 & 0 \\ 0 & 0 & 0 \end{bmatrix} + (1 - C_l^{\bar{l}}) \cdot \begin{bmatrix} -1 & 0 & 0 \\ 0 & -1 & 0 \\ 0 & 0 & 0 \end{bmatrix} = \begin{bmatrix} C_l^{\bar{l}} & S_l^{\bar{l}} & 0 \\ -S_l^{\bar{l}} & C_l^{\bar{l}} & 0 \\ 0 & 0 & 1 \end{bmatrix}
$$

示例 4.5　已知 $\phi_l^{\bar{l}} = 60°$，${}^{\bar{l}}n_l = [0 \quad 6\sqrt{3}/11 \quad \sqrt{13}/11]^{\mathrm{T}}$，求 ${}^{\bar{l}}Q_l$。

【解】

$$
S_l^{\bar{l}} \cdot {}^{\bar{l}}\tilde{n}_l = S_l^{\bar{l}} \cdot \begin{bmatrix} 0 & -{}^{\bar{l}}n_l^{[3]} & {}^{\bar{l}}n_l^{[2]} \\ {}^{\bar{l}}n_l^{[3]} & 0 & -{}^{\bar{l}}n_l^{[1]} \\ -{}^{\bar{l}}n_l^{[2]} & {}^{\bar{l}}n_l^{[1]} & 0 \end{bmatrix} = \frac{\sqrt{3}}{2} \cdot \begin{bmatrix} 0 & -\sqrt{13}/11 & 6\sqrt{3}/11 \\ \sqrt{13}/11 & 0 & 0 \\ -6\sqrt{3}/11 & 0 & 0 \end{bmatrix}
$$

$$
(1 - C_l^{\bar{l}}) \cdot {}^{\bar{l}}\tilde{n}_l^{\wedge 2} = (1 - C_l^{\bar{l}}) \begin{bmatrix} 0 & -{}^{\bar{l}}n_l^{[3]} & {}^{\bar{l}}n_l^{[2]} \\ {}^{\bar{l}}n_l^{[3]} & 0 & -{}^{\bar{l}}n_l^{[1]} \\ -{}^{\bar{l}}n_l^{[2]} & {}^{\bar{l}}n_l^{[1]} & 0 \end{bmatrix}^2 = \frac{1}{2} \begin{bmatrix} -1 & 0 & 0 \\ 0 & -13/121 & 6\sqrt{39}/121 \\ 0 & 6\sqrt{39}/121 & -108/121 \end{bmatrix}
$$

由式（4.29）得

$$
{}^{\bar{l}}Q_l = \begin{bmatrix} 1/2 & -\sqrt{39}/22 & 9/11 \\ \sqrt{39}/22 & -13/242 & 3\sqrt{39}/121 \\ -9/11 & 3\sqrt{39}/121 & -54/121 \end{bmatrix}
$$

4.3.4　轴不变量的操作性能

轴不变量 ${}^{\bar{l}}\underset{\cdot}{n}_l \triangleq [{}^{\bar{l}}n_l, 1]$ 的矢部以自然轴为参考，其标部以零位轴为参考。

1. 共轴矢量的不变量

由式（4.28）得

$$
{}^{l|\bar{l}}n_l = [{}^{\bar{l}}n_l \cdot {}^{\bar{l}}n_l^{\mathrm{T}} + (\mathbf{1} - {}^{\bar{l}}n_l \cdot {}^{\bar{l}}n_l^{\mathrm{T}}) \cdot \mathrm{C}(-\phi_l^{\bar{l}}) + {}^{\bar{l}}\tilde{n}_l \cdot \mathrm{S}(-\phi_l^{\bar{l}})] \cdot {}^{\bar{l}}n_l = {}^{\bar{l}}n_l
$$

即

$$
{}^{l|\bar{l}}n_l = {}^{\bar{l}}n_l, \quad {}^{l}n_{\bar{l}} = {}^{\bar{l}|l}n_{\bar{l}} \tag{4.31}
$$

式（4.31）表明，一方面，在相邻自然坐标系下，相邻杆件 l 和 $\bar{l}$ 的轴矢量具有相同的坐标；另一方面，轴矢量 ${}^{\bar{l}}n_l$ 由原点 $O_{\bar{l}}$ 指向 $O_{\bar{l}}$ 的外侧，轴矢量 ${}^{l}n_{\bar{l}}$ 由 O_l 指向 O_l 外侧，它们具有相同的坐标，即轴矢量 ${}^{\bar{l}}n_l$ 具有全序关系，它的正序与逆序无区别。因此

$$
{}^{\bar{l}}n_l = {}^{l}n_{\bar{l}}, \quad -{}^{\bar{l}}n_l = -{}^{l}n_{\bar{l}} \tag{4.32}
$$

若 $-{}^{\bar{l}}n_l = {}^{\bar{l}|l}n_{\bar{l}}$，由式（4.31）得 $-{}^{\bar{l}}n_l = {}^{\bar{l}|l}n_{\bar{l}} = {}^{l}n_{\bar{l}}$。将之代入式（4.28）得

$$(-{}^{\bar{l}}n_l)\cdot(-{}^{\bar{l}}n_l^{\mathrm{T}})+(\mathbf{1}-(-{}^{\bar{l}}n_l)\cdot(-{}^{\bar{l}}n_l^{\mathrm{T}}))\cdot\mathrm{C}_l^{\bar{l}}-{}^{\bar{l}}\tilde{n}_l\cdot\mathrm{S}_l^{\bar{l}}$$

$$={}^{l}n_{\bar{l}}\cdot{}^{l}n_{\bar{l}}^{\mathrm{T}}+(\mathbf{1}-{}^{l}n_{\bar{l}}\cdot{}^{l}n_{\bar{l}}^{\mathrm{T}})\cdot\mathrm{C}_l^{\bar{l}}+{}^{l}\tilde{n}_{\bar{l}}\cdot\mathrm{S}_l^{\bar{l}}={}^{l}Q_{\bar{l}}$$

即有

$${}^{\bar{l}}Q_l(-{}^{\bar{l}}n_l)={}^{l}Q_{\bar{l}}({}^{l}n_{\bar{l}})\tag{4.33}$$

由式（4.30）及式（4.33）可知，对轴矢量 ${}^{\bar{l}}n_l$ 数值取负与对关节角 $\phi_l^{\bar{l}}$ 取逆序都可得到${}^{\bar{l}}Q_l$ 的逆。轴矢量 ${}^{\bar{l}}n_l$ 是自由矢量，其方向总由坐标系原点 $O_{\bar{l}}$ 指向 $O_{\bar{l}}$ 的外侧；显然，数值取负与拓扑（连接）次序取反是两个不同的概念。在多轴系统理论中，因轴矢量 ${}^{\bar{l}}n_l$ 用作关节执行器及传感器的参考轴，是系统参考规范，故式${}^{\bar{l}}n_l={}^{l}n_{\bar{l}}$ 恒成立，即轴矢量 ${}^{\bar{l}}n_l$ 是不变量。

2. 螺旋矩阵的幂零特性

下面探讨螺旋矩阵的幂零特性（nilpotency），它们是后续研究的基础。由图 4.4 可知，螺旋操作具有周期性及反对称性，故螺旋矩阵具有二阶幂零特性。

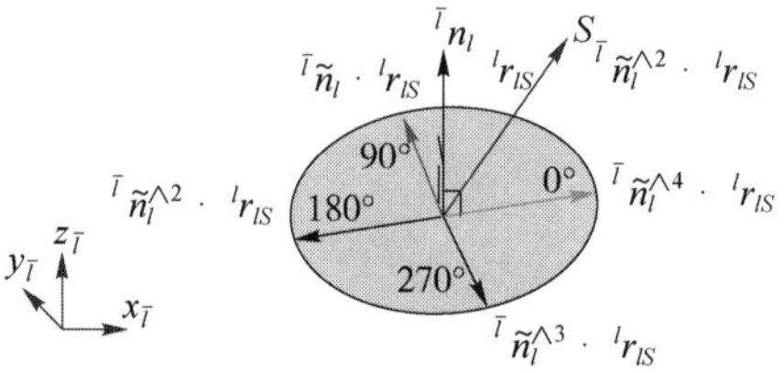

图 4.4　螺旋的周期性及反对称性

给定运动副${}^{\bar{l}}\boldsymbol{k}_l$ 的轴矢量 ${}^{\bar{l}}n_l$，则有轴矢量 ${}^{\bar{l}}n_l$ 的二阶幂零特性：

$${}^{\bar{l}}\tilde{n}_l^{\wedge 2p}=(-1)^p\cdot(\mathbf{1}-{}^{\bar{l}}n_l\cdot{}^{\bar{l}}n_l^{\mathrm{T}})=(-1)^{p+1}\cdot{}^{\bar{l}}\tilde{n}_l^{\wedge 2},\quad p\in\mathcal{N}\tag{4.34}$$

$${}^{\bar{l}}\tilde{n}_l^{\wedge 2p+1}=(-1)^p\cdot{}^{\bar{l}}\tilde{n}_l,\quad p\in\mathcal{N}\tag{4.35}$$

式（4.34）及式（4.35）证明见本章附录。

因此，称${}^{\bar{l}}\tilde{n}_l$ 为一阶螺旋，具有反对称性；相应地，分别称${}^{\bar{l}}\tilde{n}_l^{\wedge 2}$ 及${}^{\bar{l}}\tilde{n}_l^{\wedge 3}$ 为二阶及三阶螺旋；如式（4.34）及式（4.35）所示，${}^{\bar{l}}\tilde{n}_l^{\wedge k}$ 具有周期性。

因${}^{\bar{l}}\tilde{n}_l$ 是二阶坐标张量，所以

$${}^{i|\bar{l}}\tilde{n}_l={}^{i}Q_{\bar{l}}\cdot{}^{\bar{l}}\tilde{n}_l\cdot{}^{\bar{l}}Q_i\tag{4.36}$$

由式（4.36）得

$${}^{\bar{l}}Q_i\cdot{}^{i|\bar{l}}\tilde{n}_l={}^{\bar{l}}\tilde{n}_l\cdot{}^{\bar{l}}Q_i\tag{4.37}$$

由式（4.10）得

$${}^{\bar{l}|\bar{\bar{l}}}\tilde{n}_{\bar{l}}\cdot{}^{\bar{l}}\tilde{n}_l={}^{\bar{l}}n_l\cdot{}^{\bar{l}|\bar{\bar{l}}}n_{\bar{l}}^{\mathrm{T}}-{}^{\bar{l}}n_l^{\mathrm{T}}\cdot{}^{\bar{l}|\bar{\bar{l}}}n_{\bar{l}}\cdot\mathbf{1}\tag{4.38}$$

3. 轴四元数特性

轴不变量 ${}^{\bar{l}}\underset{\cdot}{n}_l=[{}^{\bar{l}}n_l,1]$ 的矢部以 Frame#$\bar{l}$ 或 Frame#l 为参考，其标部以零位轴 ${}^{\bar{l}}.\ n_l$ 为参考，构成 4D 空间。下面，分别定义左叉乘矩阵 ${}^{\bar{l}}\underset{\leftarrow}{\tilde{n}}_l$ 及右叉乘矩阵 ${}^{\bar{l}}\underset{\rightarrow}{\tilde{n}}_l$：

$$
{}^{\bar{l}}\underset{\cdot}{\tilde{n}}^*_l={}^{\bar{l}}\underset{\leftarrow}{\tilde{n}}_l\triangleq\begin{bmatrix}-{}^{\bar{l}}\tilde{n}_l & -{}^{\bar{l}}n_l\\ {}^{\bar{l}}n_l^{\mathrm{T}} & 0\end{bmatrix},\quad {}^{\bar{l}}\underset{\cdot}{\tilde{n}}_l={}^{\bar{l}}\underset{\rightarrow}{\tilde{n}}_l\triangleq\begin{bmatrix}{}^{\bar{l}}\tilde{n}_l & {}^{\bar{l}}n_l\\ -{}^{\bar{l}}n_l^{T} & 0\end{bmatrix} \tag{4.39}
$$

显然有

$$
{}^{\bar{l}}\underset{\rightarrow}{\tilde{n}}_l\cdot{}^{\bar{l}}\underset{\cdot}{n}_l=[{}^{\bar{l}}n_l,-1]^{\mathrm{T}},\quad {}^{\bar{l}}\underset{\leftarrow}{\tilde{n}}_l\cdot{}^{\bar{l}}\underset{\cdot}{n}_l=[-{}^{\bar{l}}n_l,1]^{\mathrm{T}} \tag{4.40}
$$

记 $\mathbf{i}$ 为纯虚数，则 $\mathbf{i}^2=-1$。显然，有

$$
\begin{bmatrix}\mathbf{i}\cdot{}^{\bar{l}}\tilde{n}_l & \mathbf{i}\cdot{}^{\bar{l}}n_l\\ -\mathbf{i}\cdot{}^{\bar{l}}n_l^{T} & 0\end{bmatrix}\cdot\begin{bmatrix}\mathbf{i}\cdot{}^{\bar{l}}n_l\\ 1\end{bmatrix}=1\cdot\begin{bmatrix}\mathbf{i}\cdot{}^{\bar{l}}n_l\\ 1\end{bmatrix}
$$

即特征值为 1 的特征矢量为 ${}^{\bar{l}}\underset{\cdot}{n}_l$。故有

$$
\mathrm{Vector}({}^{\bar{l}}\underset{\rightarrow}{\tilde{n}}_l)={}^{\bar{l}}\underset{\cdot}{n}_l,\quad \mathrm{Vector}({}^{\bar{l}}\underset{\leftarrow}{\tilde{n}}_l)=-{}^{\bar{l}}\underset{\cdot}{n}_l \tag{4.41}
$$

由式（4.34）、式（4.35）及式（4.39）得

$$
\begin{cases}{}^{\bar{l}}\underset{\cdot}{\tilde{n}}_l^{\wedge 2p}=(-1)^p\cdot\underset{\cdot}{\mathbf{1}},\quad {}^{\bar{l}}\underset{\cdot}{\tilde{n}}_l^{\wedge 2p+1}=(-1)^p\cdot{}^{\bar{l}}\underset{\cdot}{\tilde{n}}_l,\quad p\in\mathcal{N}\\ {}^{\bar{l}}\underset{\leftarrow}{\tilde{n}}_l^{\wedge 2p}=(-1)^p\cdot\underset{\cdot}{\mathbf{1}},\quad {}^{\bar{l}}\underset{\leftarrow}{\tilde{n}}_l^{\wedge 2p+1}=(-1)^p\cdot{}^{\bar{l}}\underset{\leftarrow}{\tilde{n}}_l,\quad p\in\mathcal{N}\end{cases} \tag{4.42}
$$

其中，

$$
\begin{bmatrix}\mathbf{1} & 0\\ 0 & \mathbf{1}\end{bmatrix}=\underset{\cdot}{\mathbf{1}}
$$

给定轴不变量 ${}^{\bar{l}}n_l$，$p\in\mathcal{N}$，并记

$$
{}^{\bar{l}}\underset{\leftarrow}{\dot{\tilde{\phi}}}_l=\dot{\phi}_l^{\bar{l}}\cdot\begin{bmatrix}-{}^{\bar{l}}\tilde{n}_l & -{}^{\bar{l}}n_l\\ {}^{\bar{l}}n_l^{\mathrm{T}} & 0\end{bmatrix} \tag{4.43}
$$

则有

$$
{}^{\bar{l}}\underset{\leftarrow}{\dot{\tilde{\phi}}}_l^{\wedge 2p}=(-1)^p\cdot\dot{\phi}_l^{\bar{l}\wedge 2p}\cdot\begin{bmatrix}\mathbf{1} & 0\\ 0 & 1\end{bmatrix}=(-1)^p\cdot\dot{\phi}_l^{\bar{l}\wedge 2p}\cdot\underset{\cdot}{\mathbf{1}} \tag{4.44}
$$

$$
{}^{\bar{l}}\underset{\leftarrow}{\dot{\tilde{\phi}}}_l^{\wedge 2p+1}=(-1)^p\cdot\dot{\phi}_l^{\bar{l}\wedge 2p+1}\cdot\begin{bmatrix}-{}^{\bar{l}}\tilde{n}_l & -{}^{\bar{l}}n_l\\ {}^{\bar{l}}n_l^{\mathrm{T}} & 0\end{bmatrix}=(-1)^p\cdot\dot{\phi}_l^{\bar{l}\wedge 2p+1}\cdot{}^{\bar{l}}\underset{\leftarrow}{\tilde{n}}_l \tag{4.45}
$$

由式（4.44）得

$$ {}^{\bar{l}}\dot{\tilde{\phi}}_{l}^{\wedge 2p} = (-1)^{p} \cdot \dot{\phi}_{l}^{\bar{l}\wedge 2p} \cdot \mathbf{1} \tag{4.46} $$

由式（4.45）得

$$ {}^{\bar{l}}\dot{\tilde{\phi}}_{l}^{\wedge 2p+1} = (-1)^{p} \cdot \dot{\phi}_{l}^{\bar{l}\wedge 2p+1} \cdot {}^{\bar{l}}\tilde{n}_{l} \tag{4.47} $$

式（4.46）及式（4.47）表明，角速度叉乘矩阵的幂具有周期性，证明见本章附录。

4. DCM 的 3 种表示形式

式（4.28）及式（4.29）分别为

$$ {}^{\bar{l}}Q_{l} = {}^{\bar{l}}n_{l} \cdot {}^{\bar{l}}n_{l}^{\mathrm{T}} + (\mathbf{1} - {}^{\bar{l}}n_{l} \cdot {}^{\bar{l}}n_{l}^{\mathrm{T}}) \cdot \mathrm{C}_{l}^{\bar{l}} + {}^{\bar{l}}\tilde{n}_{l} \cdot \mathrm{S}_{l}^{\bar{l}} $$

$$ {}^{\bar{l}}Q_{l} = \mathbf{1} + {}^{\bar{l}}\tilde{n}_{l} \cdot \mathrm{S}_{l}^{\bar{l}} + {}^{\bar{l}}\tilde{n}_{l}^{\wedge 2} \cdot (1 - \mathrm{C}_{l}^{\bar{l}}) $$

同时，该 DCM 可以表示为

$$ {}^{\bar{l}}Q_{l} = \exp({}^{\bar{l}}\tilde{\phi}_{l}) \triangleq \exp({}^{\bar{l}}\tilde{n}_{l} \cdot \phi_{l}^{\bar{l}}) \tag{4.48} $$

因 DCM 矩阵 ${}^{\bar{l}}Q_{l}$ 一定存在为 1 的特征值，其对应特征向量是 ${}^{\bar{l}}n_{l}$；由 Cayley-Hamilton 原理，式（4.29）可以表示为式（4.48）。而式（4.29）比式（4.48）的计算复杂度低，更适合于数值计算。式（4.48）证明见本章附录。

> 定轴转动的 3 种表示方法中，第一种表示为一阶螺旋的形式，第二种表示为二阶螺旋的形式，比指数形式的计算复杂度低。指数形式主要用于分析，对其求导非常方便，因此在运动学和动力学建模中非常重要。

5. 转动矢量

应用轴不变量，可以将转动表达为转动矢量。

称体 l 由初始姿态 $\bar{l}$ 绕单位轴矢量 ${}^{\bar{l}}n_{l}$ 转动角度 $\phi_{l}^{\bar{l}}$ 后，至终止姿态 l 的过程为定轴转动（fixed-axis rotation）。显然，相对 Frame#$\bar{l}$ 的单位轴矢量 ${}^{\bar{l}}n_{l}$ 是常矢量，即定轴。单位转动轴 ${}^{\bar{l}}n_{l}$ 确定了定轴转动的方向，角度 $\phi_{l}^{\bar{l}}$ 确定了该定轴转动的幅度或大小。故定义**转动矢量**（rotation vector）或罗德里格参数（Rodrigues parameters）${}^{\bar{l}}\phi_{l}$ 如下：

$$ {}^{\bar{l}}\phi_{l} = {}^{\bar{l}}_{0}\phi_{l} + {}^{\bar{l}}n_{l} \cdot \phi_{l}^{\bar{l}}, \quad {}^{l}\phi_{\bar{l}} = {}^{l}_{0}\phi_{\bar{l}} + {}^{l}n_{\bar{l}} \cdot \phi_{\bar{l}}^{l} \tag{4.49} $$

在自然坐标系下，${}^{\bar{l}}_{0}\phi_{l} = 0_{3}$，故有

$$ {}^{\bar{l}}\tilde{\phi}_{l} = \phi_{l}^{\bar{l}} \cdot {}^{\bar{l}}\tilde{n}_{l} \tag{4.50} $$

其中，

$$ {}^{\bar{l}}\tilde{\phi}_{l} = \begin{bmatrix} 0 & -{}^{\bar{l}}\phi_{l}^{[3]} & {}^{\bar{l}}\phi_{l}^{[2]} \\ {}^{\bar{l}}\phi_{l}^{[3]} & 0 & -{}^{\bar{l}}\phi_{l}^{[1]} \\ -{}^{\bar{l}}\phi_{l}^{[2]} & {}^{\bar{l}}\phi_{l}^{[1]} & 0 \end{bmatrix} \tag{4.51} $$

因 $|n_{l}^{\bar{l}}| = 1$，故 $|\phi_{l}^{\bar{l}}| = \|{}^{\bar{l}}\phi_{l}\|$，有

$$|\phi_l^{\bar{l}}| = \sqrt{{}^{\bar{l}}\phi_l^{[1]\wedge 2} + {}^{\bar{l}}\phi_l^{[2]\wedge 2} + {}^{\bar{l}}\phi_l^{[3]\wedge 2}} \geqslant 0 \tag{4.52}$$

因 ${}^{\bar{l}}\tilde{\phi}_l$ 是二阶坐标张量，故有

$$^{i|\bar{l}}\tilde{\phi}_l = {}^iQ_{\bar{l}} \cdot {}^{\bar{l}}\tilde{\phi}_l \cdot {}^{\bar{l}}Q_i = -{}^{i|l}\tilde{\phi}_{\bar{l}} \tag{4.53}$$

若 ${}^{\bar{\bar{l}}}n_{\bar{l}} \parallel {}^{\bar{l}}n_l$，由式（4.48）及式（4.6）得

$${}^{\bar{\bar{l}}}Q_l = {}^{\bar{\bar{l}}}Q_{\bar{l}} \cdot {}^{\bar{l}}Q_l = \exp({}^{\bar{\bar{l}}}\tilde{\phi}_{\bar{l}}) \cdot \exp({}^{\bar{\bar{l}}|\bar{l}}\tilde{\phi}_l) = \exp({}^{\bar{\bar{l}}}\tilde{\phi}_{\bar{l}} + {}^{\bar{\bar{l}}|\bar{l}}\tilde{\phi}_l) = \exp({}^{\bar{\bar{l}}}\tilde{\phi}_l) \tag{4.54}$$

故

$${}^{\bar{\bar{l}}}\phi_l = {}^{\bar{\bar{l}}}\phi_{\bar{l}} + {}^{\bar{\bar{l}}|\bar{l}}\phi_l, \quad {}^{\bar{\bar{l}}}\tilde{\phi}_l = {}^{\bar{\bar{l}}}\tilde{\phi}_{\bar{l}} + {}^{\bar{\bar{l}}|\bar{l}}\tilde{\phi}_l, \quad {}^{\bar{\bar{l}}}n_{\bar{l}} \parallel {}^{\bar{l}}n_l \tag{4.55}$$

由式（4.55）可知，转动矢量表示等价的定轴转动的轴矢量，不具有可加性。

由式（4.32）及式（4.48）得

$$\mathrm{Vector}\left(\frac{\partial}{\partial \phi_l^{\bar{l}}}({}^{\bar{l}}Q_l)\right) = \mathrm{Vector}({}^{\bar{l}}\tilde{n}_l \cdot {}^{\bar{l}}Q_l) = {}^{\bar{l}}n_l \cdot \mathrm{C}_l^{\bar{l}} \tag{4.56}$$

6. 参考轴的不变性

由式（4.48）得

$${}^{\bar{l}}\dot{Q}_l = {}^{\bar{l}}\dot{\tilde{\phi}}_l \cdot \exp({}^{\bar{l}}\tilde{\phi}_l) = {}^{\bar{l}}\dot{\tilde{\phi}}_l \cdot {}^{\bar{l}}Q_l$$

即有

$${}^{\bar{l}}\dot{\tilde{\phi}}_l = {}^{\bar{l}}\dot{Q}_l \cdot {}^lQ_{\bar{l}} \tag{4.57}$$

由式（4.57）可知，式（4.48）适用于理论分析，具有优良的操作性能。由式（4.53）及式（4.57）得

$$\begin{aligned}{}^{\bar{\bar{l}}}\dot{\tilde{\phi}}_l &= {}^{\bar{\bar{l}}}\dot{Q}_l \cdot {}^lQ_{\bar{\bar{l}}} = ({}^{\bar{\bar{l}}}\dot{Q}_{\bar{l}} \cdot {}^{\bar{l}}Q_l + {}^{\bar{\bar{l}}}Q_{\bar{l}} \cdot {}^{\bar{l}}\dot{Q}_l) \cdot {}^lQ_{\bar{l}} \cdot {}^{\bar{l}}Q_{\bar{\bar{l}}} \\ &= {}^{\bar{\bar{l}}}\dot{Q}_{\bar{l}} \cdot {}^{\bar{l}}Q_{\bar{\bar{l}}} + {}^{\bar{\bar{l}}}Q_{\bar{l}} \cdot {}^{\bar{l}}\dot{Q}_l \cdot {}^lQ_{\bar{l}} \cdot {}^{\bar{l}}Q_{\bar{\bar{l}}} = {}^{\bar{\bar{l}}}\dot{\tilde{\phi}}_{\bar{l}} + {}^{\bar{\bar{l}}|\bar{l}}\dot{\tilde{\phi}}_l\end{aligned}$$

即

$${}^{\bar{\bar{l}}}\dot{\tilde{\phi}}_l = {}^{\bar{\bar{l}}}\dot{\tilde{\phi}}_{\bar{l}} + {}^{\bar{\bar{l}}|\bar{l}}\dot{\tilde{\phi}}_l \tag{4.58}$$

或

$${}^{\bar{\bar{l}}}\dot{\phi}_l = {}^{\bar{\bar{l}}}\dot{\phi}_{\bar{l}} + {}^{\bar{\bar{l}}|\bar{l}}\dot{\phi}_l \tag{4.59}$$

式（4.59）表明，角速度具有可加性，同时可以得到

$${}^{\bar{l}}n_l \cdot \dot{\phi}_l^{\bar{\bar{l}}} = {}^{\bar{l}}n_{\bar{l}} \cdot \dot{\phi}_{\bar{l}}^{\bar{\bar{l}}} + {}^{\bar{\bar{l}}|\bar{l}}n_l \cdot \dot{\phi}_l^{\bar{l}} = {}^{\bar{l}}n_{\bar{l}} \cdot \dot{\phi}_{\bar{l}}^{\bar{\bar{l}}} + {}^{\bar{\bar{l}}|\bar{l}}n_l \cdot \dot{\phi}_l^{\bar{l}} \tag{4.60}$$

由式（4.60）得

$$\frac{\mathrm{d}}{\mathrm{d}t}({}^{\bar{l}}n_l) = \frac{\mathrm{d}}{\mathrm{d}t}\left(\begin{bmatrix}{}^{\bar{l}}n_l \\ 1\end{bmatrix}\right) = 0_4 \tag{4.61}$$

式（4.61）表明，轴矢量对时间的变化具有不变性，即作为参考轴的轴不变量具有参考不变性。

由上述可知，$^{\bar{l}}\underline{n}_l=[{}^{\bar{l}}n_l,\ 1]$ 作为转动参考轴，具有对相邻自然坐标系的不变性及对其他坐标系的时间不变性，并具有优良的操作性能，故称之为轴不变量。

4.3.5 基于轴不变量的 Cayley 变换

当给定角度 $\phi_l^{\bar{l}}$ 后，其正余弦及其半角的正余弦均是常数，为方便表达，记

$$\begin{cases} \mathrm{C}_l=\mathrm{C}(0.5\cdot\phi_l^{\bar{l}}),\mathrm{S}_l=\mathrm{S}(0.5\cdot\phi_l^{\bar{l}}) \\ \mathrm{C}_l^{\bar{l}}=\mathrm{C}(\phi_l^{\bar{l}}),\mathrm{S}_l^{\bar{l}}=\mathrm{S}(\phi_l^{\bar{l}}) \end{cases} \tag{4.62}$$

由式（4.62）得

$$\mathrm{C}_l^{\bar{l}}=\frac{1-\tau_l^{\wedge 2}}{1+\tau_l^{\wedge 2}},\quad \mathrm{S}_l^{\bar{l}}=\frac{2\cdot\tau_l}{1+\tau_l^{\wedge 2}} \tag{4.63}$$

定义

$$\tau_l^{\bar{l}}\triangleq\tan(0.5\cdot\phi_l^{\bar{l}})=\tau_l \tag{4.64}$$

故有

$$\tau_l^{\bar{l}}=-\tau_{\bar{l}}^{l} \tag{4.65}$$

定义

$$\begin{cases} {}^{\bar{l}}\boldsymbol{Q}_l\triangleq\mathbf{1}+2\cdot\tau_l\cdot{}^{\bar{l}}\tilde{n}_l+\tau_l^{\wedge 2}\cdot{}^{\bar{l}}\mathrm{N}_l \\ \boldsymbol{\tau}_l^{\bar{l}}\triangleq 1+\tau_l^{\wedge 2},\quad {}^{\bar{l}}\mathrm{N}_l\triangleq\mathbf{1}+2\cdot{}^{\bar{l}}\tilde{n}_l^{\wedge 2} \end{cases} \tag{4.66}$$

由式（4.29）及式（4.66）得

$$\boldsymbol{\tau}_l^{\bar{l}}\cdot{}^{\bar{l}}Q_l={}^{\bar{l}}\boldsymbol{Q}_l \tag{4.67}$$

由式（4.64），必有

$${}^{\bar{l}}Q_l=(\mathbf{1}+{}^{\bar{l}}\tilde{n}_l\cdot\tau_l)\cdot(\mathbf{1}-{}^{\bar{l}}\tilde{n}_l\cdot\tau_l)^{-1}=(\mathbf{1}-{}^{\bar{l}}\tilde{n}_l\cdot\tau_l)^{-1}\cdot(\mathbf{1}+{}^{\bar{l}}\tilde{n}_l\cdot\tau_l) \tag{4.68}$$

称为定轴转动的 Cayley 正变换公式，Cayley 逆变换公式证明见本章附录。

Cayley 于 1846 年表达了没有链指标的 Cayley 变换。称式（4.64）中的 τ_l 为 Cayley 参数，其含义如图 4.5 所示，它是切向矢量与径向矢量的正切，且有

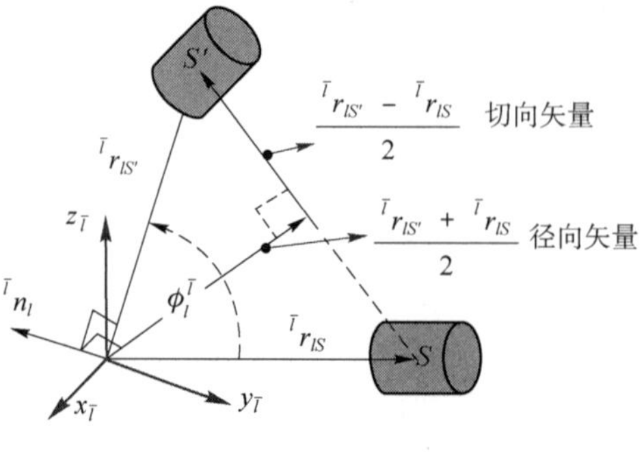

图 4.5　Cayley 参数的含义

$$\begin{cases} {}^{\bar{l}}\tilde{n}_l \cdot \tau_l \cdot ({}^{\bar{l}}r_{lS'} + {}^{\bar{l}}r_{lS}) = {}^{\bar{l}}r_{lS'} - {}^{\bar{l}}r_{lS} \\ -{}^{\bar{l}}\tilde{n}_l \cdot ({}^{\bar{l}}r_{lS'} - {}^{\bar{l}}r_{lS}) = \tau_l \cdot ({}^{\bar{l}}r_{lS'} + {}^{\bar{l}}r_{lS}) \end{cases} \tag{4.69}$$

由式（4.69）可知，${}^{\bar{l}}n_l \cdot \tau_l$ 与径向矢量 ${}^{\bar{l}}r_{lS'} + {}^{\bar{l}}r_{lS}$ 及切向矢量 ${}^{\bar{l}}r_{lS'} - {}^{\bar{l}}r_{lS}$ 是线性关系，称 ${}^{\bar{l}}n_l \cdot \tau_l$ 为“Rodrigues 线性不变量”。通常称 ${}^{\bar{l}}n_l \cdot \tau_l$ 即 ${}^{\bar{l}}n_l \cdot \tan(0.5 \cdot \phi_l^{\bar{l}})$ 为 Rodrigues 或 Gibbs 矢量，而将 ${}^{\bar{l}}n_l \cdot \tan(0.25 \cdot \phi_l^{\bar{l}})$ 称为修正的 Rodrigues 参数。

Gibbs 矢量 ${}^{\bar{l}}n_l \cdot \tau_l$、DCM 矩阵 ${}^{\bar{l}}Q_l$ 及转动矢量 ${}^{\bar{l}}n_l \cdot \phi_l^{\bar{l}}$ 一一映射，即

$${}^{\bar{l}}n_l \cdot \tau_l \leftrightarrow {}^{\bar{l}}n_l \cdot \phi_l^{\bar{l}} \leftrightarrow {}^{\bar{l}}Q_l \tag{4.70}$$

因此，轴不变量叉乘矩阵 ${}^{\bar{l}}\tilde{n}_l$ 的性质具有非常重要的作用。

${}^{\bar{l}}\tilde{n}_l$ 是二阶张量，同时 ${}^{\bar{l}}\tilde{n}_l$ 具有反对称性，满足相似变换，即

$${}^{\bar{l}}\tilde{n}_l = {}^{\bar{l}}Q_l \cdot {}^{l}\tilde{n}_{\bar{l}} \cdot {}^{l}Q_{\bar{l}} = {}^{\bar{l}}Q_l \cdot {}^{\bar{l}}\tilde{n}_l \cdot {}^{l}Q_{\bar{l}} \tag{4.71}$$

证明见本章附录。

4.3.6　基于轴不变量的 3D 矢量位姿方程

下面，阐述 3D 矢量位姿定理，并予以证明。

定理 4.1　给定运动链 ${}^{i}\mathbf{1}_n$，则有基于轴不变量的 3D 矢量姿态方程

$$\prod_{l}^{{}^{i}\mathbf{1}_n} (\tau_l^{\bar{l}}) \cdot \mathrm{Vector}({}^{i}Q_n) = \mathrm{Vector}\left(\prod_{l}^{{}^{i}\mathbf{1}_n} ({}^{\bar{l}}\boldsymbol{Q}_l)\right) \tag{4.72}$$

及基于轴不变量的 3D 矢量位置方程

$${}^{i}r_{nS} \cdot \prod_{k}^{{}^{i}\mathbf{1}_n} (\tau_k^{\bar{k}}) = \sum_{l}^{{}^{i}\mathbf{1}_{nS}} \left(\prod_{k}^{{}^{i}\mathbf{1}_{\bar{l}}} ({}^{\bar{k}}\boldsymbol{Q}_k) \cdot \prod_{k}^{{}^{\bar{l}}\mathbf{1}_n} (\tau_k^{\bar{k}}) \cdot {}^{\bar{l}}r_l \right) \tag{4.73}$$

其中，

$${}^{\bar{l}}r_l = {}^{\bar{l}}l_l + {}^{\bar{l}}n_l \cdot r_l^{\bar{l}}$$

$$\begin{cases} \phi_l^{\bar{l}} \equiv 0, & {}^{\bar{l}}k_l \in R \\ {}^{\bar{l}}r_l \equiv 0, & {}^{\bar{l}}k_l \in P \end{cases}$$

证明见本章附录。

式（4.72）及式（4.73）表明，姿态 $\prod_{l}^{{}^{i}\mathbf{1}_n} (\tau_l^{\bar{l}}) \cdot \mathrm{Vector}({}^{i}Q_n)$ 及位置矢量 ${}^{i}r_{nS}$ 是关于 τ_k 的 6 个“n 维二阶”多项式方程。式（4.72）及式（4.73）是关于结构矢量及关节变量的矢量方程，称定理 4.1 为 3D 矢量位姿定理。式（4.73）所示的位置逆问题是，当给定期望位置 ${}^{i}r_{nS}$ 时如何求解该多项式方程的关节变量 τ_l 及 $r_l^{\bar{l}}$ 的问题，其中 $l \in {}^{i}\mathbf{1}_n$。

同时，式（4.72）及式（4.73）表明，因相关的结构矢量可以事先计算，且可以表示为逆向递归过程，具有线性的计算复杂度，故可以带来计算速度的提升。又因在结构参数 ${}^{\bar{l}}n_l$

归一化后，$^{i}Q_{n}$ 的“正交归一”性由两个正交的矩阵即 $^{\bar{l}}\tilde{n}_{l}$ 及 $\mathbf{1}+{}^{\bar{l}}\tilde{n}_{l}^{\wedge 2}$ 而得到保证，且与 τ_{l} 无关，其中 $l\in{}^{i}\mathbf{1}_{n}$，故式（4.72）及式（4.73）的计算精度不会因为数字截断误差而累积，从而保证了矢量位姿方程的计算精度。

因此，基于轴不变量的 3D 矢量位姿方程不仅方程数与 3D 空间的位姿维度相等，而且具有计算速度及计算精度的优势。

示例 4.6 如图 4.6 所示，对于解耦机械手而言，拾取点 S 位于以腕心为球心的球面上。记转动链为 $^{\bar{l}}\mathbf{l}_{l}=(\bar{l},l1,l2,l]$，转动轴链为 $[{}^{\bar{l}}n_{l1},{}^{l1}n_{l2},{}^{l2}n_{l}]$，角序列为 $q_{(\bar{l},l]}=[\phi_{l1}^{\bar{l}},\phi_{l2}^{l1},\phi_{l}^{l2}]$。

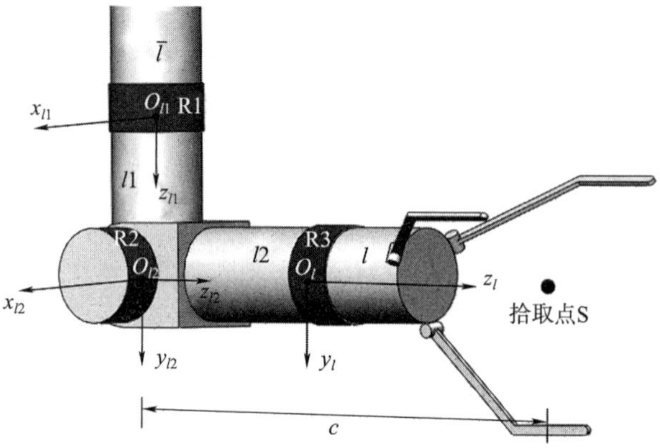

图 4.6 解耦机械手

因定轴转动的轴矢量序列 $[{}^{\bar{l}}n_{l1},{}^{l1}n_{l2},{}^{l2}n_{l}]$ 是自然不变量，故由式（4.59）得角速度 $^{\bar{l}}\dot{\phi}_{l}$ 为

$$^{\bar{l}}\dot{\phi}_{l}={}^{\bar{l}}n_{l1}\cdot\dot{\phi}_{l1}^{\bar{l}}+{}^{\bar{l}|l1}n_{l2}\cdot\dot{\phi}_{l2}^{l1}+{}^{\bar{l}|l2}n_{l}\cdot\dot{\phi}_{l}^{l2} \tag{4.74}$$

由式（4.74）得雅可比矩阵，即偏速度

$$\frac{\partial{}^{\bar{l}}\dot{\phi}_{l}}{\partial\dot{q}_{(\bar{l},l]}}=[{}^{\bar{l}}n_{l1},{}^{\bar{l}|l1}n_{l2},{}^{\bar{l}|l2}n_{l}] \tag{4.75}$$

由式（4.75）得出的角速度矢量 $^{\bar{l}}\dot{\phi}_{l}$ 的雅可比矩阵可知，它仅与运动副的结构参量即轴矢量相关，而与关节变量无关。由式（4.48）得

$$\frac{\partial}{\partial q_{(\bar{l},l]}}({}^{\bar{l}}Q_{l1}\cdot{}^{l1}Q_{l2}\cdot{}^{l2}Q_{l})=[{}^{\bar{l}}\tilde{n}_{l1}\cdot{}^{\bar{l}}Q_{l},{}^{\bar{l}}Q_{l1}\cdot{}^{l1}\tilde{n}_{l2}\cdot{}^{l1}Q_{l},{}^{\bar{l}}Q_{l2}\cdot{}^{l2}\tilde{n}_{l}\cdot{}^{l2}Q_{l}] \tag{4.76}$$

由式（4.37）及式（4.76）得旋转变换阵的偏速度

$$\frac{\partial}{\partial q_{(\bar{l},l]}}({}^{\bar{l}}Q_{l1}\cdot{}^{l1}Q_{l2}\cdot{}^{l2}Q_{l})\cdot{}^{l}r_{lS}=[{}^{\bar{l}}\tilde{n}_{l1}\cdot{}^{\bar{l}|l}r_{lS},{}^{\bar{l}|l1}\tilde{n}_{l2}\cdot{}^{\bar{l}|l}r_{lS},{}^{\bar{l}|l2}\tilde{n}_{l}\cdot{}^{\bar{l}|l}r_{lS}] \tag{4.77}$$

由式（4.77）得

$$\frac{\partial}{\partial q_{(\bar{l},l]}}({}^{\bar{l}|l}r_{lS})=[{}^{\bar{l}}\tilde{n}_{l1}\cdot{}^{\bar{l}|l}r_{lS},\quad{}^{\bar{l}|l1}\tilde{n}_{l2}\cdot{}^{\bar{l}|l}r_{lS},\quad{}^{\bar{l}|l2}\tilde{n}_{l}\cdot{}^{\bar{l}|l}r_{lS}] \tag{4.78}$$

由式（4.78）可知，旋转变换阵的偏速度就是角速度的偏速度。显然，以自然不变量

表达的转动可以解决偏速度的计算问题，反映了运动由叶至根的矩不变性。

由本节可知，轴不变量具有优良的空间操作性能，给转动分析与计算带来了极大方便。因为轴不变量是转动及平动的本征量，所以需要建立基于轴不变量的多轴系统运动学及动力学理论，以揭示多轴系统内在的规律。

4.4　基于轴不变量的四元数演算

4.4.1　四维空间复数

因转动轴矢量 ${}^{\bar{l}}n_l$ 是自然不变量，故对于转动链 ${}^{i}\mathbf{l}_l=(i,\cdots,\bar{l},l]$ 而言，可将 ${}^{\bar{l}}n_l$ 视为参考轴。在工程上，仅需要确定世界系或惯性系 $\boldsymbol{F}_i$；多轴系统处于零位时，$\boldsymbol{F}_{\bar{l}}$ 平行于 $\boldsymbol{F}_l$，即该参考系统为自然坐标系统。笛卡儿直角坐标系是理想的坐标系统，应该在理想的情况下进行应用，即应用 3.3.3 节的关节变量及自然坐标系，以固定轴矢量为参考，建立通用的运动学方程及动力学方程。在自然坐标系下，只需定义世界系或惯性系即根杆件的体系；其他杆件的体系只发生在理想的概念上，因为它们可以由固定轴矢量及关节变量确定。

由 2.4 节可知，3D 转动可在 4D 复数空间下表示，4D 复数空间与笛卡儿空间等价。定义四元数 ${}^{\bar{l}}\underset{:}{q}_l$ 及保证模不变的共轭四元数 ${}^{\bar{l}}\underset{:}{q}_l^*$：

$$\begin{cases} {}^{\bar{l}}\underset{:}{q}_l \triangleq [{}^{\bar{l}}q_l, {}^{\bar{l}}\underset{:}{q}_l^{[4]}]^{\mathrm{T}}, & {}^{l}\underset{:}{q}_{\bar{l}} \triangleq [-{}^{\bar{l}}q_l, {}^{\bar{l}}\underset{:}{q}_l^{[4]}] \\ {}^{\bar{l}}\underset{:}{q}_l^* \triangleq [-{}^{\bar{l}}q_l, {}^{\bar{l}}\underset{:}{q}_l^{[4]}], & \|{}^{\bar{l}}\underset{:}{q}_l\| = \|{}^{\bar{l}}\underset{:}{q}_l^*\| \end{cases} \tag{4.79}$$

四元数 ${}^{\bar{l}}\underset{:}{q}_l$ 的虚部与实部表示的是不变量，故左上角指标不表示参考系，而仅表示链的作用关系。因此，${}^{\bar{l}}\underset{:}{q}_l$ 可视为四维空间的复数，其中 ${}^{\bar{l}}q_l^{[4]}$ 是实部，${}^{\bar{l}}q_l$ 是虚部。${}^{\bar{l}}\underset{:}{q}_l$ 前 3 个数构成矢量，对应基 $\mathbf{i}$ 的坐标，最后 1 个是实部，即有 $\underset{:}{\mathbf{i}}\cdot{}^{\bar{l}}\underset{:}{q}_l={}^{\bar{l}}q_l^{[1]}\cdot \mathrm{i}x+{}^{\bar{l}}q_l^{[2]}\cdot \mathrm{i}y+{}^{\bar{l}}q_l^{[3]}\cdot \mathrm{i}z+{}^{\bar{l}}\underset{:}{q}_l^{[4]}$。

因 4D 复数的矢部参考基是唯一的自然参考基，故四维复数的左上角的参考指标仅表明运动关系，已失去投影参考系的含义，具有不同左上角指标的 4D 复数可以进行代数运算。尽管参考指标在 4D 复数中无意义，但不表明指标关系无意义，因为复数的乘除运算与复数的作用顺序密切相关。

记 4D 复数为 $\underset{:}{\mathbf{i}}\cdot{}^{\bar{\bar{l}}}\underset{:}{q}_{\bar{l}}={}^{\bar{\bar{l}}}q_{\bar{l}}^{[1]}\cdot \mathrm{i}x+{}^{\bar{\bar{l}}}q_{\bar{l}}^{[2]}\cdot \mathrm{i}y+{}^{\bar{\bar{l}}}q_{\bar{l}}^{[3]}\cdot \mathrm{i}z+{}^{\bar{\bar{l}}}\underset{:}{q}_{\bar{l}}^{[4]}$，且有任一常数 c，具有如下复数加“+”、数乘“·”、共轭“□*”及复数乘“*”运算：

$$\begin{aligned} \underset{:}{\mathbf{i}}\cdot{}^{\bar{\bar{l}}}\underset{:}{q}_{\bar{l}}+\underset{:}{\mathbf{i}}\cdot{}^{\bar{\bar{l}}|\bar{l}}\underset{:}{q}_l &= ({}^{\bar{\bar{l}}}q_{\bar{l}}^{[1]}+{}^{\bar{\bar{l}}|\bar{l}}q_l^{[1]})\cdot \mathrm{i}x+({}^{\bar{\bar{l}}}q_{\bar{l}}^{[2]}+{}^{\bar{\bar{l}}|\bar{l}}q_l^{[2]})\cdot \mathrm{i}y \\ &\quad +({}^{\bar{\bar{l}}}q_{\bar{l}}^{[3]}+{}^{\bar{\bar{l}}|\bar{l}}q_l^{[3]})\cdot \mathrm{i}z+{}^{\bar{\bar{l}}}\underset{:}{q}_{\bar{l}}^{[4]}+{}^{\bar{\bar{l}}|\bar{l}}\underset{:}{q}_l^{[4]} \end{aligned} \tag{4.80}$$

$$\begin{cases} c\cdot\underset{\cdot}{\mathbf{i}}\cdot{}^{\bar{l}}\underset{\cdot}{q}_{l}=(c\cdot{}^{\bar{l}}q_{l}^{[1]})\cdot\mathrm{i}x+(c\cdot{}^{\bar{l}}q_{l}^{[2]})\cdot\mathrm{i}y+(c\cdot{}^{\bar{l}}q_{l}^{[3]})\cdot\mathrm{i}z+c\cdot{}^{\bar{l}}\underset{\cdot}{q}_{l}^{[4]} \\ \underset{\cdot}{\mathbf{i}}\cdot{}^{\bar{l}}\underset{\cdot}{q}_{l}^{*}=-{}^{\bar{l}}q_{l}^{[1]}\cdot\mathrm{i}x-{}^{\bar{l}}q_{l}^{[2]}\cdot\mathrm{i}y-{}^{\bar{l}}q_{l}^{[3]}\cdot\mathrm{i}z+{}^{\bar{l}}\underset{\cdot}{q}_{l}^{[4]}=(\underset{\cdot}{\mathbf{i}}\cdot{}^{\bar{l}}\underset{\cdot}{q}_{l})^{*} \end{cases} \tag{4.81}$$

将式（4.80）写成数组形式：

$${}^{\bar{l}}\underset{\cdot}{q}_{\bar{l}}+{}^{\bar{l}|\bar{l}}\underset{\cdot}{q}_{l}=\begin{bmatrix} {}^{\bar{l}}q_{\bar{l}}+{}^{\bar{l}|\bar{l}}q_{l} \\ {}^{\bar{l}}\underset{\cdot}{q}_{\bar{l}}^{[4]}+{}^{\bar{l}|\bar{l}}\underset{\cdot}{q}_{l}^{[4]} \end{bmatrix},\quad {}^{\bar{l}}\underset{\cdot}{q}_{l}^{*}=\begin{bmatrix} -{}^{\bar{l}}q_{\bar{l}} \\ {}^{\bar{l}}\underset{\cdot}{q}_{\bar{l}}^{[4]} \end{bmatrix} \tag{4.82}$$

称式（4.82）为四元数的代数加公式。

将式（4.81）写成数组形式：

$$c\cdot{}^{\bar{l}}\underset{\cdot}{q}_{l}=\begin{bmatrix} c\cdot{}^{\bar{l}}q_{l} \\ c\cdot{}^{\bar{l}}\underset{\cdot}{q}_{l}^{[4]} \end{bmatrix} \tag{4.83}$$

称式（4.83）为四元数的标量乘公式。

下面，分析复数乘“ ∗ ”的计算规律。

$$({}^{\bar{l}}\underset{\cdot}{q}_{\bar{l}}^{\mathrm{T}}\cdot\underset{\cdot}{\mathbf{i}}^{\mathrm{T}})*(\underset{\cdot}{\mathbf{i}}\cdot{}^{\bar{l}}\underset{\cdot}{q}_{l})=[{}^{\bar{l}}q_{\bar{l}}^{\mathrm{T}}\,{}^{\bar{l}}\underset{\cdot}{q}_{\bar{l}}^{[4]}]\cdot(\underset{\cdot}{\mathbf{i}}^{\mathrm{T}}*\underset{\cdot}{\mathbf{i}})\cdot\begin{bmatrix} {}^{\bar{l}}q_{l} \\ {}^{\bar{l}}\underset{\cdot}{q}_{l}^{[4]} \end{bmatrix}$$

$$=[{}^{\bar{l}}q_{\bar{l}}^{\mathrm{T}}\,{}^{\bar{l}}\underset{\cdot}{q}_{\bar{l}}^{[4]}]\cdot\begin{bmatrix} \tilde{\mathbf{i}}-\mathbf{1} & \mathbf{i}^{\mathrm{T}} \\ \mathbf{i} & 1 \end{bmatrix}\cdot\begin{bmatrix} {}^{\bar{l}}q_{l} \\ {}^{\bar{l}}\underset{\cdot}{q}_{l}^{[4]} \end{bmatrix}$$

$$=-{}^{\bar{l}}q_{\bar{l}}^{\mathrm{T}}\cdot{}^{\bar{l}}q_{l}+{}^{\bar{l}}q_{\bar{l}}^{\mathrm{T}}\cdot\tilde{\mathbf{i}}\cdot{}^{\bar{l}}q_{l}+{}^{\bar{l}}\underset{\cdot}{q}_{l}^{[4]}\cdot{}^{\bar{l}}q_{\bar{l}}^{\mathrm{T}}\cdot\mathbf{i}^{\mathrm{T}}+{}^{\bar{l}}\underset{\cdot}{q}_{\bar{l}}^{[4]}\cdot\mathbf{i}\cdot{}^{\bar{l}}q_{l}+{}^{\bar{l}}\underset{\cdot}{q}_{\bar{l}}^{[4]}\cdot{}^{\bar{l}}\underset{\cdot}{q}_{l}^{[4]}$$

$$=({}^{\bar{l}}\underset{\cdot}{q}_{l}^{[4]}\cdot{}^{\bar{l}}q_{\bar{l}}^{\mathrm{T}}+{}^{\bar{l}}\underset{\cdot}{q}_{\bar{l}}^{[4]}\cdot{}^{\bar{l}}q_{l}^{\mathrm{T}}-{}^{\bar{l}}q_{l}^{\mathrm{T}}\cdot{}^{\bar{l}}\tilde{q}_{\bar{l}})\cdot\mathbf{i}^{\mathrm{T}}+{}^{\bar{l}}\underset{\cdot}{q}_{\bar{l}}^{[4]}\cdot{}^{\bar{l}}\underset{\cdot}{q}_{l}^{[4]}-{}^{\bar{l}}q_{\bar{l}}^{\mathrm{T}}\cdot{}^{\bar{l}}q_{l}$$

$$=\mathbf{i}\cdot({}^{\bar{l}}\underset{\cdot}{q}_{\bar{l}}^{[4]}\cdot{}^{\bar{l}}q_{l}+{}^{\bar{l}}\tilde{q}_{\bar{l}}\cdot{}^{\bar{l}}q_{l}+{}^{\bar{l}}q_{\bar{l}}\cdot{}^{\bar{l}}\underset{\cdot}{q}_{l}^{[4]})+{}^{\bar{l}}\underset{\cdot}{q}_{\bar{l}}^{[4]}\cdot{}^{\bar{l}}\underset{\cdot}{q}_{l}^{[4]}-{}^{\bar{l}}q_{\bar{l}}^{\mathrm{T}}\cdot{}^{\bar{l}}q_{l}$$

即

$$\begin{aligned} {}^{\bar{l}}\underset{\cdot}{q}_{\bar{l}}^{\mathrm{T}}\cdot\underset{\cdot}{\mathbf{i}}^{\mathrm{T}}*\underset{\cdot}{\mathbf{i}}\cdot{}^{\bar{l}}\underset{\cdot}{q}_{l}=&\,\mathbf{i}\cdot({}^{\bar{l}}\underset{\cdot}{q}_{\bar{l}}^{[4]}\cdot{}^{\bar{l}}q_{l}+{}^{\bar{l}}\tilde{q}_{\bar{l}}\cdot{}^{\bar{l}}q_{l}+{}^{\bar{l}}q_{\bar{l}}\cdot{}^{\bar{l}}\underset{\cdot}{q}_{l}^{[4]}) \\ &+{}^{\bar{l}}\underset{\cdot}{q}_{\bar{l}}^{[4]}\cdot{}^{\bar{l}}\underset{\cdot}{q}_{l}^{[4]}-{}^{\bar{l}}q_{\bar{l}}^{\mathrm{T}}\cdot{}^{\bar{l}}q_{l} \end{aligned} \tag{4.84}$$

将式（4.84）写成伪坐标（pseudo-coordinates）或数组形式：

$${}^{\bar{l}}\underset{\cdot}{q}_{\bar{l}}*{}^{\bar{l}}\underset{\cdot}{q}_{l}=\left[{}^{\bar{l}}\underset{\cdot}{q}_{\bar{l}}^{[4]}\cdot{}^{\bar{l}}q_{l}+{}^{\bar{l}}\tilde{q}_{\bar{l}}\cdot{}^{\bar{l}}q_{l}+{}^{\bar{l}}q_{\bar{l}}\cdot{}^{\bar{l}}\underset{\cdot}{q}_{l}^{[4]},\quad {}^{\bar{l}}\underset{\cdot}{q}_{\bar{l}}^{[4]}\cdot{}^{\bar{l}}\underset{\cdot}{q}_{l}^{[4]}-{}^{\bar{l}}q_{\bar{l}}^{\mathrm{T}}\cdot{}^{\bar{l}}q_{l}\right] \tag{4.85}$$

即

$$
{}^{\bar{\bar{l}}}\underset{\cdot}{q}_{\bar{l}} * {}^{\bar{l}}\underset{\cdot}{q}_{l}=\begin{bmatrix} {}^{\bar{\bar{l}}}\underset{\cdot}{q}_{\bar{l}}^{[4]}\cdot{}^{\bar{l}}q_{l}+{}^{\bar{\bar{l}}}q_{\bar{l}}\cdot{}^{\bar{l}}\underset{\cdot}{q}_{l}^{[4]}+{}^{\bar{\bar{l}}}\tilde{q}_{\bar{l}}\cdot{}^{\bar{l}}q_{l} \\ {}^{\bar{\bar{l}}}\underset{\cdot}{q}_{\bar{l}}^{[4]}\cdot{}^{\bar{l}}\underset{\cdot}{q}_{l}^{[4]}-{}^{\bar{\bar{l}}}q_{\bar{l}}^{\mathrm{T}}\cdot{}^{\bar{l}}q_{l} \end{bmatrix} \tag{4.86}
$$

另外，

$$
\begin{bmatrix} {}^{\bar{\bar{l}}}\underset{\cdot}{q}_{\bar{l}}^{[4]}\cdot\mathbf{1}+{}^{\bar{\bar{l}}}\tilde{q}_{\bar{l}} & {}^{\bar{\bar{l}}}q_{\bar{l}} \\ -{}^{\bar{\bar{l}}}q_{\bar{l}}^{\mathrm{T}} & {}^{\bar{\bar{l}}}\underset{\cdot}{q}_{\bar{l}}^{[4]} \end{bmatrix}\cdot\begin{bmatrix} {}^{\bar{l}}q_{l} \\ {}^{\bar{l}}\underset{\cdot}{q}_{l}^{[4]} \end{bmatrix}=\begin{bmatrix} {}^{\bar{\bar{l}}}\underset{\cdot}{q}_{\bar{l}}^{[4]}\cdot{}^{\bar{l}}q_{l}+{}^{\bar{\bar{l}}}q_{\bar{l}}\cdot{}^{\bar{l}}\underset{\cdot}{q}_{l}^{[4]}+{}^{\bar{\bar{l}}}\tilde{q}_{\bar{l}}\cdot{}^{\bar{l}}q_{l} \\ {}^{\bar{\bar{l}}}\underset{\cdot}{q}_{\bar{l}}^{[4]}\cdot{}^{\bar{l}}\underset{\cdot}{q}_{l}^{[4]}-{}^{\bar{\bar{l}}}q_{\bar{l}}^{\mathrm{T}}\cdot{}^{\bar{l}}q_{l} \end{bmatrix} \tag{4.87}
$$

故式（4.85）中的复数乘“ * ”可以转化为数乘“ · ”运算，即有

$$
{}^{\bar{\bar{l}}}\underset{\cdot}{q}_{\bar{l}} * {}^{\bar{l}}\underset{\cdot}{q}_{l}=\begin{bmatrix} {}^{\bar{\bar{l}}}\underset{\cdot}{q}_{\bar{l}}^{[4]}\cdot\mathbf{1}+{}^{\bar{\bar{l}}}\tilde{q}_{\bar{l}} & {}^{\bar{\bar{l}}}q_{\bar{l}} \\ -{}^{\bar{\bar{l}}}q_{\bar{l}}^{\mathrm{T}} & {}^{\bar{\bar{l}}}\underset{\cdot}{q}_{\bar{l}}^{[4]} \end{bmatrix}\cdot\begin{bmatrix} {}^{\bar{l}}q_{l} \\ {}^{\bar{l}}\underset{\cdot}{q}_{l}^{[4]} \end{bmatrix} \tag{4.88}
$$

故定义

$$
{}^{\bar{\bar{l}}}\underset{\cdot}{\tilde{q}}_{\bar{l}}\triangleq\begin{bmatrix} {}^{\bar{\bar{l}}}\underset{\cdot}{q}_{\bar{l}}^{[4]}\cdot\mathbf{1}+{}^{\bar{\bar{l}}}\tilde{q}_{\bar{l}} & {}^{\bar{\bar{l}}}q_{\bar{l}} \\ -{}^{\bar{\bar{l}}}q_{\bar{l}}^{\mathrm{T}} & {}^{\bar{\bar{l}}}\underset{\cdot}{q}_{\bar{l}}^{[4]} \end{bmatrix},\quad {}^{\bar{\bar{l}}}\underset{\cdot}{\tilde{q}}_{\bar{l}}^{*}\triangleq\begin{bmatrix} {}^{\bar{\bar{l}}}\underset{\cdot}{q}_{\bar{l}}^{[4]}\cdot\mathbf{1}-{}^{\bar{\bar{l}}}\tilde{q}_{\bar{l}} & -{}^{\bar{\bar{l}}}q_{\bar{l}} \\ {}^{\bar{\bar{l}}}q_{\bar{l}}^{\mathrm{T}} & {}^{\bar{\bar{l}}}\underset{\cdot}{q}_{\bar{l}}^{[4]} \end{bmatrix} \tag{4.89}
$$

称 ${}^{\bar{\bar{l}}}\underset{\cdot}{\tilde{q}}_{\bar{l}}$ 为四元数 ${}^{\bar{\bar{l}}}\underset{\cdot}{q}_{\bar{l}}$ 的叉乘（共轭）矩阵。由式（4.86）易得

$$
{}^{\bar{\bar{l}}}\underset{\cdot}{q}_{\bar{l}}^{*} * {}^{\bar{l}}\underset{\cdot}{q}_{l}^{*}=\begin{bmatrix} {}^{\bar{\bar{l}}}\underset{\cdot}{q}_{\bar{l}}^{[4]}\cdot\mathbf{1}-{}^{\bar{\bar{l}}}\tilde{q}_{\bar{l}} & -{}^{\bar{\bar{l}}}q_{\bar{l}} \\ {}^{\bar{\bar{l}}}q_{\bar{l}}^{\mathrm{T}} & {}^{\bar{\bar{l}}}\underset{\cdot}{q}_{\bar{l}}^{[4]} \end{bmatrix}\cdot\begin{bmatrix} -{}^{\bar{l}}q_{l} \\ {}^{\bar{l}}\underset{\cdot}{q}_{l}^{[4]} \end{bmatrix}=({}^{\bar{l}}\underset{\cdot}{q}_{l} * {}^{\bar{\bar{l}}}\underset{\cdot}{q}_{\bar{l}})^{*} \tag{4.90}
$$

由式（4.88）及上式得

$$
{}^{\bar{\bar{l}}}\underset{\cdot}{q}_{\bar{l}} * {}^{\bar{l}}\underset{\cdot}{q}_{l}={}^{\bar{\bar{l}}}\underset{\cdot}{\tilde{q}}_{\bar{l}}\cdot{}^{\bar{l}}\underset{\cdot}{q}_{l},\quad ({}^{\bar{l}}\underset{\cdot}{q}_{l} * {}^{\bar{\bar{l}}}\underset{\cdot}{q}_{\bar{l}})^{*}={}^{\bar{\bar{l}}}\underset{\cdot}{q}_{\bar{l}}^{*} * {}^{\bar{l}}\underset{\cdot}{q}_{l}^{*} \tag{4.91}
$$

式（4.89）及式（4.90）的作用在于，四元数的乘法运算可用四元数的共轭矩阵运算替换。与矢量叉乘运算相似，四元数乘可应用相应的共轭矩阵替代；称式（4.90）为 4D 复数乘公式。

> 叉乘矩阵理应具有反对称性，其对角元素为 0，如式（4.39）所示。${}^{\bar{\bar{l}}}\underset{\cdot}{\tilde{q}}_{\bar{l}}$ 称为四元数 ${}^{\bar{\bar{l}}}\underset{\cdot}{q}_{\bar{l}}$ 的叉乘矩阵只是为了方便，和 3D 矢量的叉乘矩阵类似，目的是将四元数乘法运算转化为矩阵运算。

4.4.2 Rodrigues 四元数

定轴转动通过轴不变量 ${}^{\bar{l}}n_l$ 及转动角度 $\phi_l^{\bar{l}}$ 唯一确定，即通过转动矢量 ${}^{\bar{l}}\phi_l={}^{\bar{l}}n_l\cdot\phi_l^{\bar{l}}$ 唯一表示。将转动矢量的变体形式 $\left[{}^{\bar{l}}n_l\cdot \mathrm{S}_l^{\bar{l}} \quad \mathrm{C}_l^{\bar{l}}\right]^{\mathrm{T}}$ 称为 Rodrigues 四元数（quaternion），亦称 Rodrigues 参数。四元数意为 4 个数，前 3 个${}^{\bar{l}}n_l\cdot \mathrm{S}_l^{\bar{l}}$ 是矢量，最后 1 个 $\mathrm{C}_l^{\bar{l}}$ 是标量。显然，Rodrigues 四元数不满足可加性，故 Rodrigues 四元数是四维数组。将 Rodrigues 四元数表示为

$$ {}^{\bar{l}}\underset{:}{q}_l=[{}^{\bar{l}}n_l\cdot \mathrm{S}_l^{\bar{l}},\mathrm{C}_l^{\bar{l}}] \tag{4.92} $$

并记${}^{\bar{l}}\underset{:}{q}_l=[{}^{\bar{l}}q_l,{}^{\bar{l}}\underset{:}{q}_l^{[4]}]$，其中，称${}^{\bar{l}}q_l$ 为 Rodrigues 四元数矢部，称${}^{\bar{l}}\underset{:}{q}_l^{[4]}$ 为 Rodrigues 四元数实部或标部。显然，有 $|\underset{:}{q}_l^{\bar{l}}|=1$，即模为 1。式（4.92）是美式 Rodrigues 四元数。

由式（4.92）得

$$ \phi_l^{\bar{l}}=\mathrm{acos}({}^{\bar{l}}\underset{:}{q}_l^{[4]})\in[0,\pi) \tag{4.93} $$

$$ {}^{\bar{l}}\phi_l=\begin{cases}\dfrac{\phi_l^{\bar{l}}}{\mathrm{S}_l^{\bar{l}}}\cdot{}^{\bar{l}}q_l, & \phi_l^{\bar{l}}\neq 0\\ 0_3, & \phi_l^{\bar{l}}=0\end{cases} \tag{4.94} $$

由式（4.93）可知，$\phi_l^{\bar{l}}$ 不能覆盖一周，故${}^{\bar{l}}q_l$ 与${}^{\bar{l}}\phi_l$ 不是一一映射的关系。本书中的轴矢量是不变量，作为运动链的自然参考轴，其方向先于系统分析确定，之后不可重新定义。

欧式 Rodrigues 四元数习惯表示为

$$ {}^{\bar{l}}\underset{:}{q}_l=[\mathrm{C}_l^{\bar{l}},{}^{\bar{l}}n_l\cdot \mathrm{S}_l^{\bar{l}}] \tag{4.95} $$

由式（4.92）知

$$ {}^{l}\underset{:}{q}_{\bar{l}}=[{}^{\bar{l}}n_l\cdot\sin(-\phi_l^{\bar{l}}),\cos_l^{\bar{l}}]=[-{}^{\bar{l}}q_l,{}^{\bar{l}}\underset{:}{q}_l^{[4]}]\triangleq{}^{\bar{l}}\underset{:}{q}_l^{*} \tag{4.96} $$

${}^{\bar{l}}\underset{:}{q}_l^{*}$ 为${}^{\bar{l}}\underset{:}{q}_l$ 的逆四元数，即共轭四元数；显然，${}^{\bar{l}}\underset{:}{q}_l^{*}$ 是 ${}^{\bar{l}}\underset{:}{q}_l$ 转动的逆过程。给定一个 Rodrigues 四元数时，只能确定定轴转动的角度范围为 $[0,\pi)$。故称定轴转动的 Rodrigues 四元数为有限转动四元数。注意，${}^{l}\underset{:}{q}_{\bar{l}}$ 为${}^{\bar{l}}\underset{:}{q}_l$ 的逆四元数，且有

$$ {}^{l}\underset{:}{q}_{\bar{l}}={}^{\bar{l}}\underset{:}{q}_l^{-1} \tag{4.97} $$

若给定未归一化的 ${}^{\bar{l}}\underset{:}{q}_l$，即矢部${}^{\bar{l}}q_l$ 不是单位的，显然，${}^{\bar{l}}n_l={}^{\bar{l}}q_l/|q_l^{\bar{l}}|$；则由式（4.28）得对应的旋转变换阵${}^{\bar{l}}Q_l$

$$ {}^{\bar{l}}Q_l=\frac{{}^{\bar{l}}q_l\cdot{}^{\bar{l}}q_l^{\mathrm{T}}}{|q_l^{\bar{l}}|^2}+{}^{\bar{l}}\underset{:}{q}_l^{[4]}\cdot\left(\mathbf{1}-\frac{{}^{\bar{l}}q_l\cdot{}^{\bar{l}}q_l^{\mathrm{T}}}{|q_l^{\bar{l}}|^2}\right)+{}^{\bar{l}}\tilde{q}_l \tag{4.98} $$

对于规范 Rodrigues 四元数${}^{\bar{l}}\underset{:}{q}_{l}$，有 $|q_l^{\bar{l}}|=1$ 及 $|q_l^{\bar{l}}|^2=1-{}^{\bar{l}}\underset{:}{q}_{l}^{[4]\wedge 2}$。由式（4.98）得

$$
{}^{\bar{l}}Q_l={}^{\bar{l}}\underset{:}{q}_{l}^{[4]}\cdot\mathbf{1}+\frac{1}{1+{}^{\bar{l}}\underset{:}{q}_{l}^{[4]}}\cdot{}^{\bar{l}}q_l\cdot{}^{\bar{l}}q_l^{\mathrm{T}}+{}^{\bar{l}}\tilde{q}_l \tag{4.99}
$$

即

$$
{}^{\bar{l}}Q_l=\begin{bmatrix}
\dfrac{{}^{\bar{l}}\underset{:}{q}_{l}^{[1]\wedge 2}}{1+{}^{\bar{l}}\underset{:}{q}_{l}^{[4]}}+{}^{\bar{l}}\underset{:}{q}_{l}^{[4]} & \dfrac{{}^{\bar{l}}\underset{:}{q}_{l}^{[1]}\cdot{}^{\bar{l}}\underset{:}{q}_{l}^{[2]}}{1+{}^{\bar{l}}\underset{:}{q}_{l}^{[4]}}-{}^{\bar{l}}\underset{:}{q}_{l}^{[3]} & \dfrac{{}^{\bar{l}}\underset{:}{q}_{l}^{[1]}\cdot{}^{\bar{l}}\underset{:}{q}_{l}^{[3]}}{1+{}^{\bar{l}}\underset{:}{q}_{l}^{[4]}}+{}^{\bar{l}}\underset{:}{q}_{l}^{[2]} \\
\dfrac{{}^{\bar{l}}\underset{:}{q}_{l}^{[2]}\cdot{}^{\bar{l}}\underset{:}{q}_{l}^{[1]}}{1+{}^{\bar{l}}\underset{:}{q}_{l}^{[4]}}+{}^{\bar{l}}\underset{:}{q}_{l}^{[3]} & \dfrac{{}^{\bar{l}}\underset{:}{q}_{l}^{[2]\wedge 2}}{1+{}^{\bar{l}}\underset{:}{q}_{l}^{[4]}}+{}^{\bar{l}}\underset{:}{q}_{l}^{[4]} & \dfrac{{}^{\bar{l}}\underset{:}{q}_{l}^{[2]}\cdot{}^{\bar{l}}\underset{:}{q}_{l}^{[3]}}{1+{}^{\bar{l}}\underset{:}{q}_{l}^{[4]}}-{}^{\bar{l}}\underset{:}{q}_{l}^{[1]} \\
\dfrac{{}^{\bar{l}}\underset{:}{q}_{l}^{[3]}\cdot{}^{\bar{l}}\underset{:}{q}_{l}^{[1]}}{1+{}^{\bar{l}}\underset{:}{q}_{l}^{[4]}}-{}^{\bar{l}}\underset{:}{q}_{l}^{[2]} & \dfrac{{}^{\bar{l}}\underset{:}{q}_{l}^{[3]}\cdot{}^{\bar{l}}\underset{:}{q}_{l}^{[2]}}{1+{}^{\bar{l}}\underset{:}{q}_{l}^{[4]}}+{}^{\bar{l}}\underset{:}{q}_{l}^{[1]} & \dfrac{{}^{\bar{l}}\underset{:}{q}_{l}^{[3]\wedge 2}}{1+{}^{\bar{l}}\underset{:}{q}_{l}^{[4]}}+{}^{\bar{l}}\underset{:}{q}_{l}^{[4]}
\end{bmatrix} \tag{4.100}
$$

由式（4.100）及 $1-{}^{\bar{l}}\underset{:}{q}_{l}^{[4]\wedge 2}={}^{\bar{l}}q_l^{[1]\wedge 2}+{}^{\bar{l}}q_l^{[2]\wedge 2}+{}^{\bar{l}}q_l^{[3]\wedge 2}$ 得

$$
{}^{\bar{l}}\underset{:}{q}_{l}^{[4]}=0.5\cdot\left[\mathrm{Trace}({}^{\bar{l}}Q_l)-1\right] \tag{4.101}
$$

$$
\begin{cases}
0.5\cdot({}^{\bar{l}}Q_l^{[3][2]}-{}^{\bar{l}}Q_l^{[2][3]})={}^{\bar{l}}\underset{:}{q}_{l}^{[1]}\\
0.5\cdot({}^{\bar{l}}Q_l^{[1][3]}-{}^{\bar{l}}Q_l^{[3][1]})={}^{\bar{l}}\underset{:}{q}_{l}^{[2]}\\
0.5\cdot({}^{\bar{l}}Q_l^{[2][1]}-{}^{\bar{l}}Q_l^{[1][2]})={}^{\bar{l}}\underset{:}{q}_{l}^{[3]}
\end{cases} \tag{4.102}
$$

由式（4.101）及式（4.102）计算${}^{\bar{l}}\underset{:}{q}_{l}$时，充分应用了矩阵${}^{\bar{l}}Q_l$每一元素，对于病态矩阵${}^{\bar{l}}Q_l$具有鲁棒能力。

定轴转动是树形运动链系统的基本问题，由于角度测量噪声及计算机有限字长的截断误差，旋转变换阵的正交约束被破坏，经树链旋转变换，造成误差放大，难以满足工程需求。通过 Rodrigues 四元数来表征旋转变换阵，保证了旋转变换阵的正交归一化。应用基于轴不变量的转动可以降低测量及数字截断误差。

有限转动四元数的转动角度范围为 $[0,\pi)$，它有下面基本特点：

（1）对于定轴转动，有限转动四元数可以唯一确定旋转变换阵；反之，则不成立，即${}^{\bar{l}}\underset{:}{q}_{l}\rightarrow{}^{\bar{l}}Q_l$。

（2）有限转动四元数 ${}^{\bar{l}}\underset{:}{q}_{l}$ 及 ${}^{l}\underset{:}{q}_{\bar{l}}$ 有如下关系：${}^{\bar{l}}\underset{:}{q}_{l}^{[4]}={}^{l}\underset{:}{q}_{\bar{l}}^{[4]}$，${}^{\bar{l}}q_l=-\mathbf{1}\cdot{}^{l}q_{\bar{l}}={}^{l}q_{\bar{l}}^{-1}$。前者是标量，称为标量部分；后者是转动轴矢量，称为矢量部分。

对于定轴转动的逆问题，由旋转变换阵计算有限转动四元数时有一个特别重要的约束条

件：$0\leqslant\phi_l^{\bar{l}}<\pi$。机器人或航天器或其机构在定轴转动时常常要求在［0，2π）内实现连续转动，显然 $0\leqslant\phi_l^{\bar{l}}<\pi$ 不能满足要求。这正是该四元数命名为有限转动四元数的原因。对于定轴转动的逆问题，有限转动四元数与对应的旋转变换阵并不完全等价，这反映了有限转动四元数的局限性。

尽管如此，因为通过有限转动四元数可以表示旋转变换阵，且有限转动四元数表示定轴转动是自然的，所以在表示定轴转动时常常用它作为人机交互的接口来计算旋转变换阵。在以自然坐标系为基础的定轴转动中，通过转动矢量、Rodrigues 四元数可以确定相邻两个坐标系的关系；此时，除根坐标系外，其他体系不必定义，即在多轴系统中，只需要关注底座坐标基。在机器人或航天器及其机构规划与控制时需要通过欧拉四元数表示，欧拉四元数与对应的旋转变换阵完全等价。

4.4.3 欧拉四元数

1. 欧拉四元数的定义

定义

$$\begin{cases}{}^{\bar{l}}\underset{\cdot}{\lambda}_l\triangleq[{}^{\bar{l}}\boldsymbol{\lambda}_l,{}^{\bar{l}}\underset{\cdot}{\lambda}_l^{[4]}]=[{}^{\bar{l}}n_l\cdot \mathrm{S}_l,\mathrm{C}_l]\\ \underset{\cdot}{\mathbf{i}}\cdot{}^{\bar{l}}\underset{\cdot}{\lambda}_l=\mathrm{C}_l+\mathbf{i}\cdot{}^{\bar{l}}n_l\cdot \mathrm{S}_l\end{cases}\tag{4.103}$$

其中，${}^{\bar{l}}\underset{\cdot}{\lambda}_l^{[4]}=\mathrm{C}_l$，${}^{\bar{l}}\boldsymbol{\lambda}_l={}^{\bar{l}}n_l\cdot \mathrm{S}_l$。称 ${}^{\bar{l}}\underset{\cdot}{\lambda}_l\triangleq$［${}^{\bar{l}}\boldsymbol{\lambda}_l,{}^{\bar{l}}\underset{\cdot}{\lambda}_l^{[4]}$］为 Euler-Rodrigues 四元数或欧拉四元数。显然，它是模为 1 的四元数，又称为规范四元数。基于 Rodrigues 四元数，欧拉首次采用了半角表示的 Rodrigues 四元数。传统的欧拉四元数的转动轴只表示转动的方向，未规定转动的正负，而本书以 ${}^{\bar{l}}n_l$ 作为转动的参考轴，已给定转动方向的正负，不会产生歧义。

式（4.103）是美式欧拉四元数表示法；与 Rodrigues 四元数一样，欧式欧拉四元数表示为

$${}^{\bar{l}}\underset{\cdot}{\lambda}_l\triangleq[\mathrm{C}_l,{}^{\bar{l}}n_l\cdot \mathrm{S}_l]$$

本书中，仅使用式（4.103）所示的美式欧拉四元数表示法。

2. 由欧拉四元数表示旋转变换阵

由式（4.28）可知

$$\begin{aligned}&(2\cdot{}^{\bar{l}}\underset{\cdot}{\lambda}_l^{[4]\wedge 2}-1)\cdot\mathbf{1}+2\cdot{}^{\bar{l}}\boldsymbol{\lambda}_l\cdot{}^{\bar{l}}\boldsymbol{\lambda}_l^{\mathrm{T}}+2\cdot{}^{\bar{l}}\underset{\cdot}{\lambda}_l^{[4]}\cdot{}^{\bar{l}}\tilde{\boldsymbol{\lambda}}_l\\
&=({}^{\bar{l}}\underset{\cdot}{\lambda}_l^{[4]\wedge 2}-{}^{\bar{l}}\boldsymbol{\lambda}_l^{\mathrm{T}}\cdot{}^{\bar{l}}\boldsymbol{\lambda}_l)\cdot\mathbf{1}+2\cdot{}^{\bar{l}}\boldsymbol{\lambda}_l\cdot{}^{\bar{l}}\boldsymbol{\lambda}_l^{\mathrm{T}}+2\cdot{}^{\bar{l}}\underset{\cdot}{\lambda}_l^{[4]}\cdot{}^{\bar{l}}\tilde{\boldsymbol{\lambda}}_l\\
&=(\mathrm{C}_l^{\wedge 2}-\mathrm{S}_l^{\wedge 2})\cdot\mathbf{1}+2\cdot \mathrm{S}_l^{\wedge 2}\cdot{}^{\bar{l}}n_l\cdot{}^{\bar{l}}n_l^{\mathrm{T}}+2\cdot \mathrm{C}_l\cdot \mathrm{S}_l\cdot{}^{\bar{l}}\tilde{n}_l\\
&=\mathbf{1}\cdot \mathrm{C}_l^{\bar{l}}+(1-\mathrm{C}_l^{\bar{l}})\cdot(\mathbf{1}+{}^{\bar{l}}\tilde{n}_l^{\wedge 2})+{}^{\bar{l}}\tilde{n}_l\cdot \mathrm{S}_l^{\bar{l}}\\
&=\mathbf{1}+{}^{\bar{l}}\tilde{n}_l\cdot \mathrm{S}_l^{\bar{l}}+(1-\mathrm{C}_l^{\bar{l}})\cdot{}^{\bar{l}}\tilde{n}_l^{\wedge 2}\\
&={}^{\bar{l}}Q_l\end{aligned}$$

因此，欧拉四元数$^{\bar{l}}\lambda_l$ 表示了定轴转动，并确定了旋转变换阵$^{\bar{l}}Q_l$。这表明，欧拉四元数与旋转变换阵等价。考虑式（4.34）得

$$
\begin{aligned}
^{\bar{l}}Q_l &= (2\cdot {}^{\bar{l}}\dot{\lambda}_l^{[4]\wedge 2}-1)\cdot \mathbf{1}+2\cdot {}^{\bar{l}}\lambda_l\cdot {}^{\bar{l}}\lambda_l^{\mathrm{T}}+2\cdot {}^{\bar{l}}\dot{\lambda}_l^{[4]}\cdot {}^{\bar{l}}\tilde{\lambda}_l \\
&= \mathbf{1}+2\cdot {}^{\bar{l}}\dot{\lambda}_l^{[4]}\cdot {}^{\bar{l}}\tilde{\lambda}_l+2\cdot {}^{\bar{l}}\tilde{\lambda}_l^{\wedge 2}
\end{aligned}
\tag{4.104}
$$

式（4.91）及式（4.102）的关系为

$$
\begin{cases}
^{\bar{l}}\dot{q}_l = [2\cdot {}^{\bar{l}}\dot{\lambda}_l^{[4]}\cdot {}^{\bar{l}}\lambda_l, 2\cdot {}^{\bar{l}}\dot{\lambda}_l^{[4]\wedge 2}-1] \\
^{\bar{l}}\dot{\lambda}_l = \left[{}^{\bar{l}}q_l\Big/\sqrt{2\cdot({}^{\bar{l}}\dot{q}_l^{[4]}+1)}, \sqrt{2\cdot({}^{\bar{l}}\dot{q}_l^{[4]}+1)}\right]
\end{cases}
\tag{4.105}
$$

由式（4.104）可知旋转变换阵为

$$
^{\bar{l}}Q_l = (2\cdot \mathrm{C}_l^{\wedge 2}-1)\cdot \mathbf{1}+2\cdot {}^{\bar{l}}\lambda_l\cdot {}^{\bar{l}}\lambda_l^{\mathrm{T}}+2\cdot \mathrm{C}_l\cdot {}^{\bar{l}}\tilde{\lambda}_l
$$

$$
=\begin{bmatrix}
2(\mathrm{C}_l^{\wedge 2}+{}^{\bar{l}}\lambda_l^{[1]\wedge 2})-1 & 2({}^{\bar{l}}\lambda_l^{[1]}\cdot {}^{\bar{l}}\lambda_l^{[2]}-\mathrm{C}_l\cdot {}^{\bar{l}}\lambda_l^{[3]}) & 2({}^{\bar{l}}\lambda_l^{[1]}\cdot {}^{\bar{l}}\lambda_l^{[3]}+\mathrm{C}_l\cdot {}^{\bar{l}}\lambda_l^{[2]}) \\
2({}^{\bar{l}}\lambda_l^{[1]}\cdot {}^{\bar{l}}\lambda_l^{[2]}+\mathrm{C}_l\cdot {}^{\bar{l}}\lambda_l^{[3]}) & 2(\mathrm{C}_l^{2}+{}^{\bar{l}}\lambda_l^{[2]\wedge 2})-1 & 2({}^{\bar{l}}\lambda_l^{[2]}\cdot {}^{\bar{l}}\lambda_l^{[3]}-\mathrm{C}_l\cdot {}^{\bar{l}}\lambda_l^{[1]}) \\
2({}^{\bar{l}}\lambda_l^{[1]}\cdot {}^{\bar{l}}\lambda_l^{[3]}-\mathrm{C}_l\cdot {}^{\bar{l}}\lambda_l^{[2]}) & 2({}^{\bar{l}}\lambda_l^{[2]}\cdot {}^{\bar{l}}\lambda_l^{[3]}+\mathrm{C}_l\cdot {}^{\bar{l}}\lambda_l^{[1]}) & 2(\mathrm{C}_l^{2}+{}^{\bar{l}}\lambda_l^{[3]\wedge 2})-1
\end{bmatrix}
\tag{4.106}
$$

其中，

$$
^{\bar{l}}Q_l = (2\cdot \mathrm{C}_l^{\wedge 2}-1)\cdot \mathbf{1}+2\cdot {}^{\bar{l}}\lambda_l\cdot {}^{\bar{l}}\lambda_l^{\mathrm{T}}+2\cdot \mathrm{C}_l\cdot {}^{\bar{l}}\tilde{\lambda}_l \tag{4.107}
$$

由式（4.103）及式（4.92）可知，欧拉四元数与 Rodrigues 四元数的区别在于，前者是 $[{}^{\bar{l}}n_l\cdot \mathrm{S}_l,\ \mathrm{C}_l]$，后者是 $[{}^{\bar{l}}n_l\cdot \mathrm{S}_l^{\bar{l}},\ \mathrm{C}_l^{\bar{l}}]$。而式（4.107）的计算复杂度相对式（4.29）的要高一些。

3. 由旋转变换阵计算欧拉四元数

下面，讨论由旋转变换阵$^{\bar{l}}Q_l$ 求四元数$^{\bar{l}}\dot{\lambda}_l$ 的问题。由式（4.106）可知

$$
\phi_l^{\bar{l}} = 2\cdot \mathrm{acos}(0.5\cdot\sqrt{1+\mathrm{Trace}({}^{\bar{l}}Q_l)})\in[0,\pi) \tag{4.108}
$$

$$
\begin{cases}
0.25\cdot(1+{}^{\bar{l}}Q_l^{[1][1]}-{}^{\bar{l}}Q_l^{[2][2]}-{}^{\bar{l}}Q_l^{[3][3]}) = {}^{\bar{l}}\dot{\lambda}_l^{[1]\wedge 2} \\
0.25\cdot(1-{}^{\bar{l}}Q_l^{[1][1]}+{}^{\bar{l}}Q_l^{[2][2]}-{}^{\bar{l}}Q_l^{[3][3]}) = {}^{\bar{l}}\dot{\lambda}_l^{[2]\wedge 2} \\
0.25\cdot(1-{}^{\bar{l}}Q_l^{[1][1]}-{}^{\bar{l}}Q_l^{[2][2]}+{}^{\bar{l}}Q_l^{[3][3]}) = {}^{\bar{l}}\dot{\lambda}_l^{[3]\wedge 2}
\end{cases}
\tag{4.109}
$$

由式（4.109）得

$$
^{\bar{l}}\dot{\lambda}_l^{[n]} = \sqrt{\mathrm{Max}\{{}^{\bar{l}}\dot{\lambda}_l^{[m]\wedge 2}\mid m\in\{1,2,3,4\}\}},\quad n\in\{1,2,3,4\},\quad m\neq n \tag{4.110}
$$

$$\begin{cases}0.25\cdot({}^{\bar{l}}Q_l^{[1][2]}+{}^{\bar{l}}Q_l^{[2][1]})={}^{\bar{l}}\lambda_l^{[1]}\cdot{}^{\bar{l}}\underset{\cdot}{\lambda}_l^{[2]}\\0.25\cdot({}^{\bar{l}}Q_l^{[1][3]}+{}^{\bar{l}}Q_l^{[3][1]})={}^{\bar{l}}\lambda_l^{[1]}\cdot{}^{\bar{l}}\underset{\cdot}{\lambda}_l^{[3]}\\0.25\cdot({}^{\bar{l}}Q_l^{[2][3]}+{}^{\bar{l}}Q_l^{[3][2]})={}^{\bar{l}}\lambda_l^{[2]}\cdot{}^{\bar{l}}\underset{\cdot}{\lambda}_l^{[3]}\end{cases}\tag{4.111}$$

$$\begin{cases}0.25\cdot({}^{\bar{l}}Q_l^{[2][1]}-{}^{\bar{l}}Q_l^{[1][2]})={}^{\bar{l}}\underset{\cdot}{\lambda}_l^{[4]}\cdot{}^{\bar{l}}\lambda_l^{[3]}\\0.25\cdot({}^{\bar{l}}Q_l^{[3][1]}-{}^{\bar{l}}Q_l^{[1][3]})={}^{\bar{l}}\underset{\cdot}{\lambda}_l^{[4]}\cdot{}^{\bar{l}}\lambda_l^{[2]}\\0.25\cdot({}^{\bar{l}}Q_l^{[3][2]}-{}^{\bar{l}}Q_l^{[2][3]})={}^{\bar{l}}\underset{\cdot}{\lambda}_l^{[4]}\cdot{}^{\bar{l}}\lambda_l^{[1]}\end{cases}\tag{4.112}$$

即

$${}^{\bar{l}}\underset{\cdot}{\lambda}_l^{[4]}\cdot{}^{\bar{l}}\lambda_l=0.5\cdot\mathrm{Vector}({}^{\bar{l}}Q_l)\tag{4.113}$$

式（4.108）的角度范围与本书文献［5，6］中的不同，该文献中的转动轴方向是可重定义的；而本书中的轴矢量是不变量，它作为运动链的自然参考轴，方向是先于系统分析确定的，在以后的运算过程中不应该对之重新定义。$\phi_l^{\bar{l}}$ 可以完整地覆盖一周，欧拉四元数与姿态具有一一映射的关系。

由式（4.109）及式（4.112）计算${}^{\bar{l}}\underset{\cdot}{\lambda}_l$时，充分应用了矩阵元素的信息，它们由 Trace（${}^{\bar{l}}Q_l$）及 Vector（${}^{\bar{l}}Q_l$）确定。与笛卡儿坐标轴链的姿态计算相比，欧拉四元数对病态旋转变换矩阵具有更强的鲁棒能力。由式（4.107）可知，${}^{l}\underset{\cdot}{\lambda}_{\bar{l}}$ 与${}^{\bar{l}}\underset{\cdot}{\lambda}_l$ 分别描述的是旋转变换阵${}^{l}Q_{\bar{l}}$及${}^{\bar{l}}Q_l$。由式（4.108）及式（4.113）唯一确定 $\phi_l^{\bar{l}}$ 及轴不变量 ${}^{\bar{l}}n_l$，即有${}^{\bar{l}}\lambda_l\leftrightarrow{}^{\bar{l}}\phi_l$。将式（4.103）重新表示为

$${}^{\bar{l}}\underset{\cdot}{\lambda}_l=[{}^{\bar{l}}n_l\cdot\mathrm{S}_l,\mathrm{C}_l],\quad 0\leqslant\phi_l^{\bar{l}}<2\pi$$

将[0,2π)的姿态角称为最短路径全姿态角。欧拉四元数能区分最短路径全姿态角，而 Rodrigues 四元数只能区分[0,π)内的姿态角。

4. 四元数的逆

由式（4.105）及式（4.107）可知

$$\begin{aligned}{}^{l}Q_{\bar{l}}&=[(2\cdot{}^{\bar{l}}\underset{\cdot}{\lambda}_l^{[4]\wedge 2}-1)\cdot\mathbf{1}+2\cdot{}^{\bar{l}}\lambda_l\cdot{}^{\bar{l}}\lambda_l^{\mathrm{T}}+2\cdot{}^{\bar{l}}\underset{\cdot}{\lambda}_l^{[4]}\cdot{}^{\bar{l}}\tilde{\lambda}_l]^{\mathrm{T}}\\&=(2\cdot{}^{\bar{l}}\underset{\cdot}{\lambda}_l^{[4]\wedge 2}-1)\cdot\mathbf{1}+2\cdot(-{}^{\bar{l}}\lambda_l)\cdot(-{}^{\bar{l}}\lambda_l^{\mathrm{T}})-2\cdot{}^{\bar{l}}\underset{\cdot}{\lambda}_l^{[4]}\cdot{}^{\bar{l}}\tilde{\lambda}_l\\&=(2\cdot{}^{l}\underset{\cdot}{\lambda}_{\bar{l}}^{[4]\wedge 2}1)\cdot\mathbf{1}+2\cdot{}^{l}\lambda_{\bar{l}}\cdot{}^{l}\lambda_{\bar{l}}^{\mathrm{T}}+2\cdot{}^{l}\underset{\cdot}{\lambda}_{\bar{l}}^{[4]}\cdot{}^{l}\tilde{\lambda}_{\bar{l}}\end{aligned}$$

故有${}^{l}\lambda_{\bar{l}}=-{}^{\bar{l}}\lambda_l,{}^{l}\underset{\cdot}{\lambda}_{\bar{l}}^{[4]}={}^{\bar{l}}\underset{\cdot}{\lambda}_l^{[4]}$，即

$${}^{l}\underset{\cdot}{\lambda}_{\bar{l}}=[-{}^{\bar{l}}\lambda_l,{}^{\bar{l}}\underset{\cdot}{\lambda}_l^{[4]}]\tag{4.115}$$

由式（4.105）知${}^{l}\underset{\cdot}{\lambda}_{\bar{l}}=[-{}^{\bar{l}}\lambda_l,{}^{\bar{l}}\underset{\cdot}{\lambda}_l^{[4]}]=[{}^{l}n_{\bar{l}}\cdot\sin(-0.5\cdot\phi_l^{\bar{l}}),\cos(-0.5\cdot\phi_l^{\bar{l}})]$，

它是 ${}^{\bar{l}}\underset{\cdot}{\lambda}_{l}$ 的反或逆，且有

$$ {}^{l}\underset{\cdot}{\lambda}_{\bar{l}}={}^{\bar{l}}\underset{\cdot}{\lambda}_{l}^{-1}={}^{\bar{l}}\underset{\cdot}{\lambda}_{l}^{*}=[-{}^{\bar{l}}\lambda_{l},{}^{\bar{l}}\underset{\cdot}{\lambda}_{l}^{[4]}] \tag{4.116}$$

注意：单位四元数 ${}^{\bar{l}}\underset{\cdot}{\lambda}_{l}$ 的共轭四元数 ${}^{\bar{l}}\underset{\cdot}{\lambda}_{l}^{*}$ 为 ${}^{\bar{l}}\underset{\cdot}{\lambda}_{l}^{-1}$，即有 ${}^{\bar{l}}\underset{\cdot}{\lambda}_{l}^{*}={}^{\bar{l}}\underset{\cdot}{\lambda}_{l}^{-1}$；因 ${}^{\bar{l}}\underset{\cdot}{\lambda}_{l}^{*}={}^{\bar{l}}\underset{\cdot}{\lambda}_{l}(-\phi_{l}^{\bar{l}})$，故共轭四元数 ${}^{\bar{l}}\underset{\cdot}{\lambda}_{l}^{*}$ 表示的是 ${}^{\bar{l}}\underset{\cdot}{\lambda}_{l}$ 的逆转动。由式（4.116）可知 ${}^{l}\underset{\cdot}{\lambda}_{\bar{l}}$ 及 ${}^{\bar{l}}\underset{\cdot}{\lambda}_{l}^{-1}$ 等价。

4.4.4　欧拉四元数的链关系

由式（4.89）及式（4.90）可知，四元数乘法运算可用其共轭矩阵运算替代，故有

$$ {}^{\bar{\bar{l}}}\underset{\cdot}{\lambda}_{l}={}^{\bar{\bar{l}}}\underset{\cdot}{\lambda}_{\bar{l}}*{}^{\bar{l}}\underset{\cdot}{\lambda}_{l}={}^{\bar{\bar{l}}}\underset{\cdot}{\tilde{\lambda}}_{\bar{l}}\cdot{}^{\bar{l}}\underset{\cdot}{\lambda}_{l} \tag{4.117}$$

其中，由式（4.89）得

$$ {}^{\bar{\bar{l}}}\underset{\cdot}{\tilde{\lambda}}_{\bar{l}}=\begin{bmatrix} {}^{\bar{\bar{l}}}\underset{\cdot}{\lambda}_{\bar{l}}^{[4]} & -{}^{\bar{\bar{l}}}\lambda_{\bar{l}}^{[3]} & {}^{\bar{\bar{l}}}\lambda_{\bar{l}}^{[2]} & {}^{\bar{\bar{l}}}\lambda_{\bar{l}}^{[1]} \\ {}^{\bar{\bar{l}}}\lambda_{\bar{l}}^{[3]} & {}^{\bar{\bar{l}}}\underset{\cdot}{\lambda}_{\bar{l}}^{[4]} & -{}^{\bar{\bar{l}}}\lambda_{\bar{l}}^{[1]} & {}^{\bar{\bar{l}}}\lambda_{\bar{l}}^{[2]} \\ -{}^{\bar{\bar{l}}}\lambda_{\bar{l}}^{[2]} & {}^{\bar{\bar{l}}}\lambda_{\bar{l}}^{[1]} & {}^{\bar{\bar{l}}}\underset{\cdot}{\lambda}_{\bar{l}}^{[4]} & {}^{\bar{\bar{l}}}\lambda_{\bar{l}}^{[3]} \\ -{}^{\bar{\bar{l}}}\lambda_{\bar{l}}^{[1]} & -{}^{\bar{\bar{l}}}\lambda_{\bar{l}}^{[2]} & -{}^{\bar{\bar{l}}}\lambda_{\bar{l}}^{[3]} & {}^{\bar{\bar{l}}}\underset{\cdot}{\lambda}_{\bar{l}}^{[4]} \end{bmatrix} \tag{4.118}$$

$$ =\begin{bmatrix} {}^{\bar{\bar{l}}}\underset{\cdot}{\lambda}_{\bar{l}}^{[4]}\cdot\mathbf{1}+{}^{\bar{\bar{l}}}\tilde{\lambda}_{\bar{l}} & {}^{\bar{\bar{l}}}\lambda_{\bar{l}} \\ -{}^{\bar{\bar{l}}}\lambda_{\bar{l}}^{\mathrm{T}} & {}^{\bar{\bar{l}}}\underset{\cdot}{\lambda}_{\bar{l}}^{[4]} \end{bmatrix}$$

且有 ${}^{\bar{l}}\tilde{\lambda}_{\bar{l}}^{\mathrm{T}}=-{}^{\bar{\bar{l}}}\tilde{\lambda}_{\bar{l}}^{\mathrm{T}}$，称 ${}^{\bar{l}}\tilde{\lambda}_{\bar{l}}^{\mathrm{T}}$ 为 ${}^{\bar{l}}\underset{\cdot}{\lambda}_{\bar{l}}$ 的共轭矩阵。同时，因为四元数是四维空间复数，矢部对参考基的矢量投影应相对于同一个参考基。称式（4.117）为四元数串接性运算，与齐次变换相对应。因此，序列姿态运算具有运动链串接性；与矢量叉乘运算相似，四元数乘可应用相应的共轭矩阵替代。

由式（4.118）、式（4.62）及式（4.39），得

$$\begin{cases} {}^{\bar{l}}\underset{\cdot}{\tilde{\lambda}}_{l}=\begin{bmatrix} \mathrm{C}_{l}\cdot\mathbf{1}+\mathrm{S}_{l}\cdot{}^{\bar{l}}\tilde{n}_{l} & \mathrm{S}_{l}\cdot{}^{\bar{l}}n_{l} \\ -\mathrm{S}_{l}\cdot{}^{\bar{l}}n_{l}^{\mathrm{T}} & \mathrm{C}_{l} \end{bmatrix}=\mathrm{C}_{l}\cdot\underset{\cdot}{\mathbf{1}}+\mathrm{S}_{l}\cdot{}^{\bar{l}}\underset{\to}{\tilde{n}}_{l} \\ {}^{\bar{l}}\underset{\cdot}{\tilde{\lambda}}_{l}^{-1}=\begin{bmatrix} \mathrm{C}_{l}\cdot\mathbf{1}-\mathrm{S}_{l}\cdot{}^{\bar{l}}\tilde{n}_{l} & -\mathrm{S}_{l}\cdot{}^{\bar{l}}n_{l} \\ \mathrm{S}_{l}\cdot{}^{\bar{l}}n_{l}^{\mathrm{T}} & \mathrm{C}_{l} \end{bmatrix}=\mathrm{C}_{l}\cdot\underset{\cdot}{\mathbf{1}}-\mathrm{S}_{l}\cdot{}^{\bar{l}}\underset{\to}{\tilde{n}}_{l} \end{cases} \tag{4.119}$$

式（4.117）应用计算机编程实现时，可用下式替代：

$$ {}^{\bar{\bar{l}}}\underset{\cdot}{\lambda}_{l}={}^{\bar{\bar{l}}}\underset{\cdot}{\lambda}_{\bar{l}}*{}^{\bar{l}}\underset{\cdot}{\lambda}_{l}=\begin{bmatrix} \mathrm{S}_{\bar{l}}\mathrm{C}_{l}\cdot{}^{\bar{\bar{l}}}n_{\bar{l}}+\mathrm{S}_{l}\cdot(\mathrm{C}_{\bar{l}}\cdot\mathbf{1}+\mathrm{S}_{\bar{l}}\cdot{}^{\bar{\bar{l}}}\tilde{n}_{\bar{l}})\cdot{}^{\bar{l}}n_{l} \\ \mathrm{C}_{\bar{l}}\mathrm{C}_{l}-\mathrm{S}_{\bar{l}}\mathrm{S}_{l}\cdot{}^{\bar{\bar{l}}}n_{\bar{l}}^{\mathrm{T}}\cdot{}^{\bar{l}}n_{l} \end{bmatrix} \tag{4.120}$$

式（4.120）仅包含 16 个乘法运算及 12 个加法运算，而 ${}^{\bar{\bar{l}}}Q_l={}^{\bar{\bar{l}}}Q_{\bar{l}}\cdot{}^{\bar{l}}Q_l$ 需要进行 27 个乘法运算及 18 个加法运算。在得到 ${}^{\bar{\bar{l}}}\underset{\cdot}{\lambda}_l$ 后，计算 ${}^{\bar{l}}n_l$、$\mathrm{S}_l^{\bar{l}}$ 及 $\mathrm{C}_l^{\bar{l}}$，再由式（4.29）计算 ${}^{\bar{\bar{l}}}Q_l$。${}^{\bar{\bar{l}}}\tilde{\lambda}_{\bar{l}}$是 4×4 的矩阵，其构成如下：第 4 列为右手序的四元数 ${}^{\bar{\bar{l}}}\underset{\cdot}{\lambda}_{\bar{l}}$；第 4 行为左手序的四元数 ${}^{\bar{\bar{l}}}\underset{\cdot}{\lambda}_{\bar{l}}$，即$-{}^{\bar{\bar{l}}}\underset{\cdot}{\lambda}_{\bar{l}}^{\mathrm{T}}$；左上 3×3 部分为 ${}^{\bar{\bar{l}}}\underset{\cdot}{\lambda}_{\bar{l}}^{[4]}\cdot\mathbf{1}+{}^{\bar{\bar{l}}}\tilde{\lambda}_{\bar{l}}$，其中 ${}^{\bar{\bar{l}}}\tilde{\lambda}_{\bar{l}}$ 的右上三角为右手序的矢量 ${}^{\bar{\bar{l}}}\lambda_{\bar{l}}$；${}^{\bar{\bar{l}}}\tilde{\lambda}_{\bar{l}}$的左下三角为左手序的矢量 ${}^{\bar{\bar{l}}}\lambda_{\bar{l}}$，即$-{}^{\bar{\bar{l}}}\lambda_{\bar{l}}$；${}^{\bar{\bar{l}}}\tilde{\lambda}_{\bar{l}}$ 的主对角为 ${}^{\bar{\bar{l}}}\underset{\cdot}{\lambda}_{\bar{l}}$ 的第 4 个元素。

由式（4.120）得

$$
{}^{i}\underset{\cdot}{\lambda}_j=\prod_{k}^{{}^{i}\mathbf{1}_j}\left({}^{\bar{k}}\underset{\cdot}{\tilde{\lambda}}_k\right)\cdot{}^{\bar{j}}\underset{\cdot}{\lambda}_j \tag{4.121}
$$

式（4.117）表示的是位置矢量转动算子，即表示的是转动。欧拉四元数乘积运算对应旋转变换阵的乘积运算。因此旋转变换链等价于定轴转动链，即

$$
{}^{\bar{\bar{l}}}Q_l={}^{\bar{\bar{l}}}Q_{\bar{l}}\cdot{}^{\bar{l}}Q_l\Leftrightarrow{}^{\bar{\bar{l}}}\underset{\cdot}{\lambda}_l={}^{\bar{\bar{l}}}\underset{\cdot}{\lambda}_{\bar{l}}*{}^{\bar{l}}\underset{\cdot}{\lambda}_l={}^{\bar{\bar{l}}}\underset{\cdot}{\tilde{\lambda}}_{\bar{l}}\cdot{}^{\bar{l}}\underset{\cdot}{\lambda}_l \tag{4.122}
$$

由上述可知，欧拉四元数可以唯一确定旋转变换阵；旋转变换阵也可以唯一确定欧拉四元数，即欧拉四元数与旋转变换阵等价。转动矢量与规范四元数一一对应，即四元数表示定轴转动；旋转变换阵的计算等价于链式四元数的矩阵计算。

4.4.5 基于四元数的转动链

1. 基于双矢量的定姿四元数确定原理

由初始单位径向矢量 ${}^{\bar{l}}_{a}u_l$ 至目标单位径向矢量 ${}^{\bar{l}}_{b}u_l$ 的姿态，等价于绕轴 ${}^{\bar{l}}n_l$ 转动角度 $\phi_l^{\bar{l}}\in(-\pi,\pi]$，其中${}^{\bar{l}}_{b}u_l\neq{}^{\bar{l}}_{a}u_l$，则有双矢量姿态（double vector attitude）确定过程：

$$
\begin{cases}
\mathrm{C}_l^{\bar{l}}={}^{\bar{l}}_{a}u_l^{\mathrm{T}}\cdot{}^{\bar{l}}_{b}u_l, \quad {}^{\bar{l}}n_l\cdot\mathrm{S}_l^{\bar{l}}={}^{\bar{l}}_{a}\tilde{u}_l\cdot{}^{\bar{l}}_{b}u_l \\
{}^{\bar{l}}n_l={}^{\bar{l}}_{a}\tilde{u}_l\cdot{}^{\bar{l}}_{b}u_l/\left\|{}^{\bar{l}}_{a}\tilde{u}_l\cdot{}^{\bar{l}}_{b}u_l\right\|
\end{cases} \tag{4.123}
$$

由式（4.123）得

$$
\begin{cases}
{}^{\bar{l}}\underset{\cdot}{\lambda}_l^{[4]}=\mathrm{C}_l=\sqrt{\left|1+\mathrm{C}_l^{\bar{l}}\right|/2} \\
{}^{\bar{l}}\lambda_l={}^{\bar{l}}n_l\cdot\dfrac{\mathrm{S}_l^{\bar{l}}}{2\cdot\mathrm{C}_l}=\dfrac{{}^{\bar{l}}_{a}\tilde{u}_l\cdot{}^{\bar{l}}_{b}u_l}{2\cdot{}^{\bar{l}}\underset{\cdot}{\lambda}_l^{[4]}}
\end{cases} \tag{4.124}
$$

由式（4.103），得

$$
\phi_l^{\bar{l}}=2\cdot\operatorname{atan}\left({}^{\bar{l}}\lambda_l^{\mathrm{T}}\cdot{}^{\bar{l}}n_l,\quad{}^{\bar{l}}\underset{\cdot}{\lambda}_l^{[4]}\right)\in(-\pi,\pi] \tag{4.125}
$$

由式（4.125）可知，$\phi_l^{\bar{l}}\in(-\pi,\pi]$。在许多软件（如 Coin3D）中，双矢量定姿算法对用户来说非常不方便，因为它们要求初始矢量至目标矢量的角度范围仅为 $[0,\pi)$。双矢量姿态确定过程表明，欧拉四元数本质上统一了双矢量叉乘与点乘运算，表达了覆盖（$-\pi$， π] 的整周转动。

2. 基于轴不变量的正交三轴姿态

示例 4.7　记巡视器体系为 $o_c - x_c y_c z_c$，惯性系为 $o_i - x_i y_i z_i$；给定轴链 ${}^i\mathbf{1}_c = (i, c1, c2, c]$，轴不变量序列为 $\{{}^{\bar{l}}n_l \mid l \in {}^i\mathbf{1}_c\}$，角序列记为 $q_{(i,c]} = \{\phi_l^{\bar{l}} \mid l \in {}^i\mathbf{1}_c\}$；初始体系与导航系一致，分别绕 ${}^i n_{c1} = \mathbf{1}^{[z]}$、${}^{c1}n_{c2} = \mathbf{1}^{[y]}$、${}^{c2}n_c = \mathbf{1}^{[x]}$ 旋转至巡视器当前姿态。

【解】 由式（4.103）得

$$ {}^i\underset{\cdot}{\lambda}_{c1} = [0, 0, S_{c1}, C_{c1}], {}^{c1}\underset{\cdot}{\lambda}_{c2} = [0, S_{c2}, 0, C_{c2}], {}^{c2}\underset{\cdot}{\lambda}_c = [S_c, 0, 0, C_c] \tag{4.126} $$

由式（4.122）得

$$ {}^i\underset{\cdot}{\lambda}_c = {}^i\underset{\cdot}{\lambda}_{c1} \times {}^{c1}\underset{\cdot}{\lambda}_{c2} \times {}^{c2}\underset{\cdot}{\lambda}_c = {}^i\underset{\cdot}{\tilde{\lambda}}_{c1} \cdot {}^{c1}\underset{\cdot}{\tilde{\lambda}}_{c2} \cdot {}^{c2}\underset{\cdot}{\lambda}_c $$

$$ = \begin{bmatrix} C_{c1} & -S_{c1} & 0 & 0 \\ S_{c1} & C_{c1} & 0 & 0 \\ 0 & 0 & C_{c1} & S_{c1} \\ 0 & 0 & -S_{c1} & C_{c1} \end{bmatrix} \cdot \begin{bmatrix} C_{c2} & 0 & S_{c2} & 0 \\ 0 & C_{c2} & 0 & S_{c2} \\ -S_{c2} & 0 & C_{c2} & 0 \\ 0 & -S_{c2} & 0 & C_{c2} \end{bmatrix} \cdot \begin{bmatrix} S_c \\ 0 \\ 0 \\ C_c \end{bmatrix} = \begin{bmatrix} C_{c1}C_{c2}S_c - S_{c1}S_{c2}C_c \\ S_{c1}C_{c2}S_c + C_{c1}S_{c2}C_c \\ -C_{c1}S_{c2}S_c + S_{c1}C_{c2}C_c \\ S_{c1}S_{c2}S_c + C_{c1}C_{c2}C_c \end{bmatrix} $$

即

$$ {}^i\underset{\cdot}{\lambda}_c = \begin{bmatrix} C_{c1}C_{c2}S_c - S_{c1}S_{c2}C_c \\ S_{c1}C_{c2}S_c + C_{c1}S_{c2}C_c \\ -C_{c1}S_{c2}S_c + S_{c1}C_{c2}C_c \\ S_{c1}S_{c2}S_c + C_{c1}C_{c2}C_c \end{bmatrix} \tag{4.127} $$

其中，$|\underset{\cdot}{\lambda}_c^i| = 1$。由式（4.106）可知

$$ {}^iQ_c = \begin{bmatrix} 2({}^i\underset{\cdot}{\lambda}_c^{[4]\wedge 2} + {}^i\lambda_c^{[1]\wedge 2}) - 1 & 2({}^i\lambda_c^{[1]} \cdot {}^i\lambda_c^{[2]} - {}^i\underset{\cdot}{\lambda}_c^{[4]} \cdot {}^i\lambda_c^{[3]}) & 2({}^i\lambda_c^{[1]} \cdot {}^i\lambda_c^{[3]} + {}^i\underset{\cdot}{\lambda}_c^{[4]} \cdot {}^i\lambda_c^{[2]}) \\ 2({}^i\lambda_c^{[1]} \cdot {}^i\lambda_c^{[2]} + {}^i\underset{\cdot}{\lambda}_c^{[4]} \cdot {}^i\lambda_c^{[3]}) & 2({}^i\underset{\cdot}{\lambda}_c^{[4]\wedge 2} + {}^i\lambda_c^{[2]\wedge 2}) - 1 & 2({}^i\lambda_c^{[2]} \cdot {}^i\lambda_c^{[3]} - {}^i\underset{\cdot}{\lambda}_c^{[4]} \cdot {}^i\lambda_c^{[1]}) \\ 2({}^i\lambda_c^{[1]} \cdot {}^i\lambda_c^{[3]} - {}^i\underset{\cdot}{\lambda}_c^{[4]} \cdot {}^i\lambda_c^{[2]}) & 2({}^i\lambda_c^{[2]} \cdot {}^i\lambda_c^{[3]} + {}^i\underset{\cdot}{\lambda}_c^{[4]} \cdot {}^i\lambda_c^{[1]}) & 2({}^i\underset{\cdot}{\lambda}_c^{[4]\wedge 2} + {}^i\lambda_c^{[3]\wedge 2}) - 1 \end{bmatrix} \tag{4.128} $$

"3-2-1" 姿态角由式（3.88）得

$$ \begin{cases} \phi_{c1}^i = \operatorname{atan}(2({}^i\lambda_c^{[1]} \cdot {}^i\lambda_c^{[2]} + {}^i\underset{\cdot}{\lambda}_c^{[4]} \cdot {}^i\lambda_c^{[3]}), 2({}^i\underset{\cdot}{\lambda}_c^{[4]\wedge 2} + {}^i\lambda_c^{[1]\wedge 2}) - 1) \\ \phi_c^{c2} = \operatorname{atan}(2({}^i\lambda_c^{[2]} \cdot {}^i\lambda_c^{[3]} + {}^i\underset{\cdot}{\lambda}_c^{[4]} \cdot {}^i\lambda_c^{[1]}), 2({}^i\underset{\cdot}{\lambda}_c^{[4]\wedge 2} + {}^i\lambda_c^{[3]\wedge 2}) - 1) \\ \phi_{c2}^{c1} = \arcsin(-2({}^i\lambda_c^{[1]} \cdot {}^i\lambda_c^{[3]} - {}^i\underset{\cdot}{\lambda}_c^{[4]} \cdot {}^i\lambda_c^{[2]})) \end{cases} \tag{4.129} $$

在已知 ${}^iQ_c$ 时，由式（3.88）及式（4.128）分别计算 $[\phi_{c1}^i, \phi_{c2}^{c1}, \phi_c^{c2}]$ 时存在重要区别。由式（3.87）计算 ${}^iQ_c$ 时，${}^iQ_{c1} \cdot {}^{c1}Q_{c2} \cdot {}^{c2}Q_c$ 中任一项在一定程度上违反了"正交归一化"，致使 ${}^iQ_c$ 具有明显的"病态"；而由式（4.128）计算 ${}^iQ_c$ 时，是由式（4.126）分别得到相应的四元数并"单位化"后得到 ${}^iQ_c$，其精度主要由计算机字长确定，具有极高的精度。因此，通过四元数计算 DCM 是树链系统运动学计算的基本准则。

示例 4.8　在示例 4.6 中，已知机械手姿态转动的期望姿态为 ${}^{\bar{l}}n_l \cdot \phi_l^{\bar{l}}$，则有

$$\begin{cases}\phi_{l1}^{\bar{l}}=\mathrm{atan}(2({}^{\bar{l}}\lambda_l^{[1]}\cdot{}^{\bar{l}}\lambda_l^{[3]}+{}^{\bar{l}}\dot{\lambda}_l^{[4]}\cdot{}^{\bar{l}}\lambda_l^{[2]}),-2({}^{\bar{l}}\lambda_l^{[2]}\cdot{}^{\bar{l}}\lambda_l^{[3]}-{}^{\bar{l}}\dot{\lambda}_l^{[4]}\cdot{}^{\bar{l}}\lambda_l^{[1]}))\\ \phi_{l2}^{l1}=\arccos(2({}^{\bar{l}}\dot{\lambda}_l^{[4]\wedge 2}+{}^{\bar{l}}\lambda_l^{[3]\wedge 2})-1)\\ \phi_l^{l2}=\mathrm{atan}(2({}^{\bar{l}}\lambda_l^{[1]}\cdot{}^{\bar{l}}\lambda_l^{[3]}-{}^{\bar{l}}\dot{\lambda}_l^{[4]}\cdot{}^{\bar{l}}\lambda_l^{[2]}),2({}^{\bar{l}}\lambda_l^{[2]}\cdot{}^{\bar{l}}\lambda_l^{[3]}+{}^{\bar{l}}\dot{\lambda}_l^{[4]}\cdot{}^{\bar{l}}\lambda_l^{[1]}))\end{cases}\tag{4.130}$$

【解】 给定被抓工件轴向${}^{\bar{l}}n_l$ 及转动角度为 $\phi_l^{\bar{l}}$ 时，由式（4.103）得欧拉四元数

$${}^{\bar{l}}\dot{\lambda}_l=[\mathrm{S}_l\cdot{}^{\bar{l}}n_l,\mathrm{C}_l]$$

由式（4.106）可知

$${}^{\bar{l}}Q_l=\begin{bmatrix}2(\mathrm{C}_l^{\wedge 2}+{}^{\bar{l}}\dot{\lambda}_l^{[1]\wedge 2})-1 & 2({}^{\bar{l}}\lambda_l^{[1]}\cdot{}^{\bar{l}}\lambda_l^{[2]}-\mathrm{C}_l\cdot{}^{\bar{l}}\lambda_l^{[3]}) & 2({}^{\bar{l}}\lambda_l^{[1]}\cdot{}^{\bar{l}}\lambda_l^{[3]}+\mathrm{C}_l\cdot{}^{\bar{l}}\lambda_l^{[2]})\\ 2({}^{\bar{l}}\lambda_l^{[1]}\cdot{}^{\bar{l}}\lambda_l^{[2]}+\mathrm{C}_l\cdot{}^{\bar{l}}\lambda_l^{[3]}) & 2(\mathrm{C}_l^{\wedge 2}+{}^{\bar{l}}\dot{\lambda}_l^{[2]\wedge 2})-1 & 2({}^{\bar{l}}\lambda_l^{[2]}\cdot{}^{\bar{l}}\lambda_l^{[3]}-\mathrm{C}_l\cdot{}^{\bar{l}}\lambda_l^{[1]})\\ 2({}^{\bar{l}}\lambda_l^{[1]}\cdot{}^{\bar{l}}\lambda_l^{[3]}-\mathrm{C}_l\cdot{}^{\bar{l}}\lambda_l^{[2]}) & 2({}^{\bar{l}}\lambda_l^{[2]}\cdot{}^{\bar{l}}\lambda_l^{[3]}+\mathrm{C}_l\cdot{}^{\bar{l}}\lambda_l^{[1]}) & 2(\mathrm{C}_l^{\wedge 2}+{}^{\bar{l}}\dot{\lambda}_l^{[3]\wedge 2})-1\end{bmatrix}$$

由式（3.90）得

$$\phi_{l1}^{\bar{l}}=\mathrm{atan}(2({}^{\bar{l}}\lambda_l^{[1]}\cdot{}^{\bar{l}}\lambda_l^{[3]}+{}^{\bar{l}}\dot{\lambda}_l^{[4]}\cdot{}^{\bar{l}}\lambda_l^{[2]}),\quad -2({}^{\bar{l}}\lambda_l^{[2]}\cdot{}^{\bar{l}}\lambda_l^{[3]}-{}^{\bar{l}}\dot{\lambda}_l^{[4]}\cdot{}^{\bar{l}}\lambda_l^{[1]}))$$

$$\phi_{l2}^{l1}=\arccos(2({}^{\bar{l}}\dot{\lambda}_l^{[4]\wedge 2}+{}^{\bar{l}}\lambda_l^{[3]\wedge 2})-1)$$

$$\phi_l^{l2}=\mathrm{atan}(2({}^{\bar{l}}\lambda_l^{[1]}\cdot{}^{\bar{l}}\lambda_l^{[3]}-{}^{\bar{l}}\dot{\lambda}_l^{[4]}\cdot{}^{\bar{l}}\lambda_l^{[2]}),\quad 2({}^{\bar{l}}\lambda_l^{[2]}\cdot{}^{\bar{l}}\lambda_l^{[3]}+{}^{\bar{l}}\dot{\lambda}_l^{[4]}\cdot{}^{\bar{l}}\lambda_l^{[1]}))$$

故式（4.130）成立。

同样，因${}^{\bar{l}}n_l$ 存在测量误差，在由式（4.130）计算${}^{\bar{l}}Q_l$ 过程中，应用了四元数并在“单位化”后得到“正交归一化”的 ${}^{\bar{l}}Q_l$，其精度主要由计算机字长确定，具有极高的精度。

4.5 基于轴不变量的 3D 矢量空间微分操作代数

4.5.1 绝对导数

首先，定义绝对求导符号

$$\begin{cases}{}^{i|\bar{l}}r_l'\triangleq\dfrac{\mathrm{d}}{\mathrm{d}t}({}^{i|\bar{l}}r_l),\quad {}^{i|\bar{l}}r_l''\triangleq\dfrac{\mathrm{d}^2}{\mathrm{d}^2t}({}^{i|\bar{l}}r_l)\\ {}^{i|\bar{l}}\tilde{\phi}_l'\triangleq\dfrac{\mathrm{d}}{\mathrm{d}t}({}^{i|\bar{l}}\tilde{\phi}_l),\quad {}^{i|\bar{l}}\tilde{\phi}_l''\triangleq\dfrac{\mathrm{d}^2}{\mathrm{d}^2t}({}^{i|\bar{l}}\tilde{\phi}_l)\end{cases}\tag{4.131}$$

由式（4.131）知，求导符□′及□″优先级低于投影符 ${}^{|}$□。称该求导运算为绝对求导，考虑了基矢量 $\mathbf{e}_{\bar{l}}$ 相对惯性基矢量 $\mathbf{e}_i$ 的运动带来的影响。

相对求导运算符是衍生操作符，它的优先级高于投影符，即先进行求导运算再进行投影

运算。绝对求导符也是衍生操作符，它的优先级低于投影符，即先进行投影运算再进行求导运算。

1. 角速度的叉乘矩阵

因 ${}^{\bar{l}}Q_l \cdot {}^{l}Q_{\bar{l}} = \mathbf{1}$，则

$$
{}^{\bar{l}}\dot{Q}_l \cdot {}^{l}Q_{\bar{l}} + {}^{\bar{l}}Q_l \cdot {}^{l}\dot{Q}_{\bar{l}} = \mathbf{0} \tag{4.132}
$$

即 ${}^{\bar{l}}\dot{Q}_l \cdot {}^{l}Q_{\bar{l}} = -{}^{\bar{l}}Q_l \cdot {}^{l}\dot{Q}_{\bar{l}}$。显然，${}^{\bar{l}}\dot{Q}_l \cdot {}^{l}Q_{\bar{l}}$ 与 $-{}^{\bar{l}}Q_l \cdot {}^{l}\dot{Q}_{\bar{l}}$ 互为反对称阵。

将式（4.57）代入式（4.132）得

$$
\begin{cases}
{}^{\bar{l}}\dot{\tilde{\phi}}_l = -{}^{\bar{l}}Q_l \cdot {}^{l}\dot{Q}_{\bar{l}} = {}^{\bar{l}}\dot{Q}_l \cdot {}^{l}Q_{\bar{l}} \\
{}^{\bar{l}}\dot{Q}_l = {}^{\bar{l}}\dot{\tilde{\phi}}_l \cdot {}^{\bar{l}}Q_l = -{}^{\bar{l}}Q_l \cdot {}^{l}\dot{\tilde{\phi}}_{\bar{l}}
\end{cases} \tag{4.133}
$$

角速度叉乘矩阵 ${}^{\bar{l}}\dot{\tilde{\phi}}_l$ 是反对称阵。由式（4.57）及式（4.133）可知，角速度方向由求导的旋转变换阵方向确定，且有

$$
{}^{\bar{l}}\dot{\phi}_l = \mathrm{Vector}({}^{\bar{l}}\dot{\tilde{\phi}}_l) = \mathrm{Vector}({}^{\bar{l}}\dot{Q}_l \cdot {}^{l}Q_{\bar{l}}) \tag{4.134}
$$

因此，角速度 ${}^{\bar{l}}\dot{\phi}_l$ 及 ${}^{l}\dot{\phi}_{\bar{l}}$ 是矢量，具有可加性，即对于任一矢量 ${}^{\bar{l}}r_S$ 有 ${}^{\bar{l}}\dot{\tilde{\phi}}_l \cdot {}^{\bar{l}}r_S = {}^{\bar{l}}\dot{\phi}_l \times {}^{\bar{l}}r_S$。${}^{\bar{l}}\dot{\tilde{\phi}}_l$ 服从矩阵运算，${}^{\bar{l}}\dot{\phi}_l$ 服从矢量运算。同样，${}^{\bar{l}}\ddot{\phi}_l$ 亦服从矢量运算，即 ${}^{\bar{l}}\ddot{\phi}_l$ 是矢量。故有

$$
{}^{\bar{\bar{l}}|\bar{l}}\dot{\phi}_l = {}^{\bar{\bar{l}}}Q_{\bar{l}} \cdot {}^{\bar{l}}\dot{\phi}_l \tag{4.135}
$$

$$
{}^{\bar{\bar{l}}|\bar{l}}\ddot{\phi}_l = {}^{\bar{\bar{l}}}Q_{\bar{l}} \cdot {}^{\bar{l}}\ddot{\phi}_l \tag{4.136}
$$

同理，有

$$
\begin{cases}
{}^{l}\dot{\tilde{\phi}}_{\bar{l}} = {}^{l}\dot{Q}_{\bar{l}} \cdot {}^{\bar{l}}Q_l\,, \quad {}^{l}\dot{\tilde{\phi}}_{\bar{l}} = -{}^{l}Q_{\bar{l}} \cdot {}^{\bar{l}}\dot{Q}_l \\
{}^{l}\dot{\phi}_{\bar{l}} = \mathrm{Vector}({}^{l}\dot{\tilde{\phi}}_{\bar{l}}) = \mathrm{Vector}(-{}^{l}Q_{\bar{l}} \cdot {}^{\bar{l}}\dot{Q}_l)
\end{cases} \tag{4.137}
$$

角速度叉乘矩阵 ${}^{l}\dot{\tilde{\phi}}_{\bar{l}}$ 是反对称阵。

因 ${}^{l}\dot{\tilde{\phi}}_{\bar{l}} = -{}^{l}Q_{\bar{l}} \cdot {}^{\bar{l}}\dot{Q}_l$ 及 ${}^{\bar{l}}\dot{\tilde{\phi}}_l = {}^{\bar{l}}\dot{Q}_l \cdot {}^{l}Q_{\bar{l}}$，则

$$
\begin{cases}
{}^{l}\dot{\tilde{\phi}}_{\bar{l}} = -{}^{l}Q_{\bar{l}} \cdot {}^{\bar{l}}\dot{\tilde{\phi}}_l \cdot {}^{\bar{l}}Q_l \\
{}^{\bar{l}}\dot{\tilde{\phi}}_l = -{}^{\bar{l}}Q_l \cdot {}^{l}\dot{\tilde{\phi}}_{\bar{l}} \cdot {}^{l}Q_{\bar{l}}
\end{cases} \tag{4.138}
$$

由式（4.138）知，角速度叉乘矩阵是二阶不变量，${}^{l}\dot{\tilde{\phi}}_{\bar{l}}$ 或 ${}^{\bar{l}}\dot{\tilde{\phi}}_l$ 服从相似变换。

2. 绝对导数

给定链节 ${}^{\bar{l}}\mathbf{1}_l$，lS 是 l 系中的点，l 系在初始时刻方向与 $\bar{l}$ 系方向一致，l 系经时间 t 后相对 $\bar{l}$ 系的姿态记为 ${}^{\bar{l}}Q_l$。显然，${}^{\bar{l}}Q_l$ 是时间 t 的函数，位置矢量 ${}^{l}r_{lS}$ 经无穷次、时间间隔为无穷小的转动至位置矢量 ${}^{\bar{l}}r_{lS}$，则有

$$
{}^{\bar{l}}r_{lS} = {}^{\bar{l}}r_l + {}^{\bar{l}|l}r_{lS} \tag{4.139}
$$

式（4.139）是运动链${}^{\bar l}\mathbf{1}_{lS}$的运动方程，对之求导得

$$
{}^{\bar l}\dot r_{lS} = {}^{\bar l}\dot r_l + {}^{\bar l}\dot Q_l \cdot {}^{l} r_{lS} + {}^{\bar l}Q_l \cdot {}^{l}\dot r_{lS} \tag{4.140}
$$

考虑式（4.133）及式（4.140），即有运动链${}^{\bar l}\mathbf{1}_{lS}$的速度公式

$$
{}^{\bar l}\dot r_{lS} = {}^{\bar l}\dot r_l + {}^{\bar l|l}\dot r_{lS} + {}^{\bar l}\dot{\tilde\phi}_l \cdot {}^{\bar l|l} r_{lS} \tag{4.141}
$$

由运动链的偏序性可知，根向转动与叶向平动牵连。因此，${}^{\bar l}\dot{\tilde\phi}_l \cdot {}^{\bar l|l} r_{lS}$链指标满足${}_l \cdot {}^l$对消运算法则。

当${}^l r_{lS}$为常数时，即${}^l r_{lS} = {}^l l_{lS}$，则有

$$
{}^{\bar l}\dot r_{lS} = {}^{\bar l}\dot r_l + {}^{\bar l}\dot{\tilde\phi}_l \cdot {}^{\bar l|l} r_{lS} \tag{4.142}
$$

若${}^{\bar l}\dot r_l = 0_3$，即无平动速度，由式（4.141）得

$$
{}^{\bar l}\dot r_{lS} = {}^{\bar l|l}\dot r_{lS} + {}^{\bar l}\dot{\tilde\phi}_l \cdot {}^{\bar l|l} r_{lS} \tag{4.143}
$$

对比式（4.139）与式（4.141）的链指标关系，令

$$
{}^{\bar l|l} r'_{lS} \triangleq {}^{\bar l}\dot{\tilde\phi}_l \cdot {}^{\bar l|l} r_{lS} + {}^{\bar l|l}\dot r_{lS} \tag{4.144}
$$

则式（4.141）可表达为

$$
{}^{\bar l} r'_{lS} \triangleq {}^{\bar l}\dot r_{lS} = {}^{\bar l}\dot r_l + {}^{\bar l|l} r'_{lS} = {}^{\bar l}\dot r_l + {}^{\bar l}\dot{\tilde\phi}_l \cdot {}^{\bar l|l} r_{lS} + {}^{\bar l|l}\dot r_{lS} \tag{4.145}
$$

式（4.145）满足链序不变性，${}^{\bar l} r_{lS}$是矢量，具有可加性。

称式（4.144）中${}^{\bar l|l} r'_{lS}$为绝对导数，${}^{\bar l|l}\square'$表示度量坐标系 l 向 Frame#$\bar l$ 投影，左上角的投影坐标系 $\bar l$ 位于根方向。

由式（4.145）得

$$
{}^{\bar{\bar l}}\dot r_l = {}^{\bar{\bar l}}\dot r_{\bar l} + {}^{\bar{\bar l}}\dot{\tilde\phi}_{\bar l} \cdot {}^{\bar{\bar l}|\bar l} r_l + {}^{\bar{\bar l}|\bar l}\dot r_l \tag{4.146}
$$

本书建立的符号系统具有链指标，是多轴系统动力学和动力学建模的核心。

（1）链符号揭示了多轴系统的传递性，如式（4.146）所示，等号左端表示坐标系$\bar{\bar l}$原点 $O_{\bar{\bar l}}$ 至坐标系 l 原点 O_l 的速度矢量，等号左端第一项表示坐标系$\bar{\bar l}$原点 $O_{\bar{\bar l}}$ 至坐标系 $\bar l$ 原点 $O_{\bar l}$ 的速度矢量，后两项表示坐标系 $\bar l$ 原点 $O_{\bar l}$ 至坐标系 l 原点 O_l 的速度矢量，体现了传递性。

（2）式（4.146）体现了投影符${}^{\bar{\bar l}|}\square$的作用。首先，所有的方程等号两边必须具有相同的投影坐标系，否则无法计算。其次，投影符将投影坐标系与度量坐标系分开，保留了链符号的传递性。

4.5.2 基的绝对导数

1. 基的绝对导数

若由基 $\mathbf{e}_{\bar l}$ 至动基 $\mathbf{e}_l$ 的姿态为${}^{\bar l}Q_l$，绝对导数${}^{i|}\square'$表示对投影坐标系 i 求绝对导数，则

$$
{}^{i|}\mathbf{e}_{l}^{\prime}=\mathbf{e}_{i}\cdot{}^{i}\dot{\tilde{\phi}}_{l} \tag{4.147}
$$

证明见本章附录。

式（4.147）的特点如下：

（1）满足链指标运算律；

（2）${}^{i}\dot{\tilde{\phi}}_{l}$ 是投影参考系 i 至度量参考系 l 的角速度叉乘矩阵；

（3）${}^{i|}\mathbf{e}_{l}^{\prime}$ 求导结果以投影参考系 i 为参考。

2. 绝对求导公式

绝对求导公式为

$$
\frac{{}^{i}\mathrm{d}}{\mathrm{d}t}\left({}^{l}r_{lS}\right)={}^{i|l}r_{lS}^{\prime}={}^{i}\dot{\tilde{\phi}}_{l}\cdot{}^{i|l}r_{lS}+{}^{i|l}\dot{r}_{lS} \tag{4.148}
$$

证明过程见本章附录式（4.147）的证明过程。绝对求导公式特点如下：

（1）与相对求导的不同之处在于增加了牵连项 ${}^{i}\dot{\tilde{\phi}}_{l}\cdot{}^{i|l}r_{lS}$；

（2）所有和项与积项满足链指标运算律；

（3）${}^{i}\dot{\tilde{\phi}}_{l}$ 是由投影参考系 i 至测量参考系 l 的角速度叉乘矩阵；

（4）${}^{i|l}r_{lS}^{\prime}$结果以投影参考系 i 为参考，所有和项的投影参考系具有一致性。

由式（4.133）得

$$
\begin{aligned}
{}^{i}\tilde{\phi}_{l}^{\prime}-{}^{i}\tilde{\phi}_{\bar{l}}^{\backprime}&={}^{i}\dot{\tilde{\phi}}_{l}-{}^{i}\dot{\tilde{\phi}}_{\bar{l}}\\
&=\left({}^{i}\dot{Q}_{\bar{l}}\cdot{}^{\bar{l}}Q_{l}+{}^{i}Q_{\bar{l}}\cdot{}^{\bar{l}}\dot{Q}_{l}\right)\cdot{}^{l}Q_{\bar{l}}\cdot{}^{\bar{l}}Q_{i}-{}^{i}\dot{Q}_{\bar{l}}\cdot{}^{\bar{l}}Q_{i}\\
&=\left({}^{i}Q_{\bar{l}}\cdot{}^{\bar{l}}\dot{Q}_{l}\cdot{}^{l}Q_{\bar{l}}\right)\cdot{}^{\bar{l}}Q_{i}={}^{i}Q_{\bar{l}}\cdot{}^{\bar{l}}\dot{\tilde{\phi}}_{l}\cdot{}^{\bar{l}}Q_{i}={}^{i|\bar{l}}\dot{\tilde{\phi}}_{l}
\end{aligned}
$$

$$
{}^{i|\bar{l}}\phi_{l}^{\prime}\triangleq\mathrm{Vector}\left({}^{i}\tilde{\phi}_{l}^{\prime}-{}^{i}\tilde{\phi}_{l}^{\backprime}\right)={}^{i}\dot{\phi}_{l}-{}^{i}\dot{\phi}_{\bar{l}}={}^{i|\bar{l}}\dot{\phi}_{l}
$$

故有

$$
{}^{i|\bar{l}}\phi_{l}^{\prime}={}^{i|\bar{l}}\dot{\phi}_{l}={}^{i}\dot{\phi}_{l}-{}^{i}\dot{\phi}_{\bar{l}}={}^{i|\bar{l}}n_{l}\cdot\dot{\phi}_{l}^{\bar{l}} \tag{4.149}
$$

式（4.149）表明，绝对角速度与相对角速度是等价的。

4.5.3　加速度

由式（4.141）可知，${}^{\bar{l}}\dot{r}_{lS}={}^{\bar{l}}\dot{r}_{l}+{}^{\bar{l}}\dot{\tilde{\phi}}_{l}\cdot{}^{\bar{l}|l}r_{lS}+{}^{\bar{l}|l}\dot{r}_{lS}$，由绝对求导公式（4.148）得

$$
\begin{aligned}
{}^{\bar{l}}\ddot{r}_{lS}&=\frac{{}^{\bar{l}}\mathrm{d}}{\mathrm{d}t}\left({}^{\bar{l}}\dot{r}_{l}+{}^{\bar{l}}\dot{\tilde{\phi}}_{l}\cdot{}^{\bar{l}|l}r_{lS}+{}^{\bar{l}|l}\dot{r}_{lS}\right)\\
&=\frac{{}^{\bar{l}}\mathrm{d}}{\mathrm{d}t}\left({}^{\bar{l}}\dot{r}_{l}\right)+\frac{{}^{\bar{l}}\mathrm{d}}{\mathrm{d}t}\left({}^{\bar{l}}\dot{\tilde{\phi}}_{l}\cdot{}^{\bar{l}|l}r_{lS}\right)+\frac{{}^{\bar{l}}\mathrm{d}}{\mathrm{d}t}\left({}^{\bar{l}|l}\dot{r}_{lS}\right)\\
&={}^{\bar{l}}\ddot{r}_{l}+\left({}^{\bar{l}}\ddot{\tilde{\phi}}_{l}\cdot{}^{\bar{l}|l}r_{lS}+{}^{\bar{l}}\dot{\tilde{\phi}}_{l}\cdot{}^{\bar{l}|l}\dot{r}_{lS}+{}^{\bar{l}}\dot{\tilde{\phi}}_{l}\cdot{}^{\bar{l}}\dot{\tilde{\phi}}_{l}\cdot{}^{\bar{l}|l}r_{lS}\right)+\left({}^{\bar{l}|l}\ddot{r}_{lS}+{}^{\bar{l}}\dot{\tilde{\phi}}_{l}\cdot{}^{\bar{l}|l}\dot{r}_{lS}\right)\\
&={}^{\bar{l}}\ddot{r}_{l}+{}^{\bar{l}}Q_{l}\cdot{}^{l}\ddot{r}_{lS}+{}^{\bar{l}}\ddot{\tilde{\phi}}_{l}\cdot{}^{\bar{l}|l}r_{lS}+{}^{\bar{l}}\dot{\tilde{\phi}}_{l}^{\wedge 2}\cdot{}^{\bar{l}|l}r_{lS}+2\cdot{}^{\bar{l}}\dot{\tilde{\phi}}_{l}\cdot{}^{\bar{l}|l}\dot{r}_{lS}
\end{aligned}
$$

即

$$
{}^{\bar{l}}\ddot{r}_{lS}={}^{\bar{l}}\ddot{r}_{l}+{}^{\bar{l}}Q_{l}\cdot{}^{l}\ddot{r}_{lS}+({}^{\bar{l}}\ddot{\tilde{\phi}}_{l}+{}^{\bar{l}}\dot{\tilde{\phi}}_{l}^{\wedge 2})\cdot{}^{\bar{l}|l}r_{lS}+2\cdot{}^{\bar{l}}\dot{\tilde{\phi}}_{l}\cdot{}^{\bar{l}|l}\dot{r}_{lS} \tag{4.150}
$$

其中，${}^{\bar{l}}\ddot{r}_{l}+{}^{\bar{l}|l}\ddot{r}_{lS}$为平动加速度；$({}^{\bar{l}}\ddot{\tilde{\phi}}_{l}+{}^{\bar{l}}\dot{\tilde{\phi}}_{l}^{2})\cdot{}^{\bar{l}|l}r_{lS}$为转动加速度，其中${}^{\bar{l}}\dot{\tilde{\phi}}_{l}^{\wedge 2}\cdot{}^{\bar{l}|l}r_{lS}$为向心加速度；$2\cdot{}^{\bar{l}}\dot{\tilde{\phi}}_{l}\cdot{}^{\bar{l}|l}\dot{r}_{lS}$为哥氏加速度，是平动与转动的耦合加速度。

由式（4.150）可知，平动加速度${}^{\bar{l}}\ddot{r}_{lS}$是矢量，具有可加性。由运动链的偏序性可知，根向转动与叶向平动牵连。因此，${}^{\bar{l}}\dot{\tilde{\phi}}_{l}\cdot{}^{\bar{l}|l}\dot{r}_{lS}$及$({}^{\bar{l}}\ddot{\tilde{\phi}}_{l}+{}^{\bar{l}}\dot{\tilde{\phi}}_{l}^{\wedge 2})\cdot{}^{\bar{l}|l}r_{lS}$链指标满足$_{l}\cdot{}^{l}$对消运算法则。定义角加速度

$$
{}^{\bar{l}}\tilde{\Psi}_{l}\triangleq{}^{\bar{l}}\ddot{\tilde{\phi}}_{l}+{}^{\bar{l}}\dot{\tilde{\phi}}_{l}^{\wedge 2} \tag{4.151}
$$

其中，${}^{\bar{l}}\ddot{\tilde{\phi}}_{l}$是反对称阵，${}^{\bar{l}}\dot{\tilde{\phi}}_{l}^{\wedge 2}$是对称阵。由式（4.151）得

$$
\mathrm{Vector}({}^{i|\bar{l}}\tilde{\Psi}_{l})=\mathrm{Vector}({}^{i|\bar{l}}\ddot{\tilde{\phi}}_{l}+{}^{i|\bar{l}}\dot{\tilde{\phi}}_{l}^{\wedge 2})=\mathrm{Vector}({}^{i|\bar{l}}\ddot{\tilde{\phi}}_{l})={}^{i|\bar{l}}\ddot{\phi}_{l} \tag{4.152}
$$

由式（4.152）可知，角加速度${}^{\bar{l}}\Psi_{l}$是矢量，具有可加性。同时，有

$$
\begin{aligned}
\mathrm{Trace}({}^{\bar{l}}\tilde{\Psi}_{l})&=\mathrm{Trace}({}^{\bar{l}}\ddot{\tilde{\phi}}_{l}+{}^{\bar{l}}\dot{\tilde{\phi}}_{l}^{\wedge 2})=\mathrm{Trace}({}^{\bar{l}}\dot{\tilde{\phi}}_{l}^{\wedge 2})=\mathrm{Trace}(-\dot{\phi}_{l}^{\bar{l}\wedge 2}\cdot\mathbf{1}+{}^{\bar{l}}\dot{\phi}_{l}\cdot{}^{\bar{l}}\dot{\phi}_{l}^{\mathrm{T}})\\
&=-\dot{\phi}_{l}^{\bar{l}\wedge 2}\cdot\mathrm{Trace}(\mathbf{1})+\mathrm{Trace}({}^{\bar{l}}\dot{\phi}_{l}\cdot{}^{\bar{l}}\dot{\phi}_{l}^{\mathrm{T}})=-2\cdot\dot{\phi}_{l}^{\bar{l}\wedge 2}
\end{aligned}
$$

$$
\begin{aligned}
{}^{i|\bar{l}}\phi''_{l}&=\mathrm{Vector}({}^{i|\bar{l}}\tilde{\phi}''_{l})=\mathrm{Vector}\left(\frac{\mathrm{d}}{\mathrm{d}t}({}^{i}Q_{\bar{l}}\cdot{}^{\bar{l}}\dot{\tilde{\phi}}_{l}\cdot{}^{\bar{l}}Q_{i})\right)\\
&=\mathrm{Vector}({}^{i|\bar{l}}\ddot{\tilde{\phi}}_{l}+{}^{i}\dot{Q}_{\bar{l}}\cdot{}^{\bar{l}}\dot{\tilde{\phi}}_{l}\cdot{}^{\bar{l}}Q_{i}+{}^{i}Q_{\bar{l}}\cdot{}^{\bar{l}}\dot{\tilde{\phi}}_{l}\cdot{}^{\bar{l}}\dot{Q}_{i})\\
&=\mathrm{Vector}({}^{i|\bar{l}}\ddot{\tilde{\phi}}_{l}+{}^{i}\dot{\tilde{\phi}}_{\bar{l}}\cdot{}^{i|\bar{l}}\dot{\tilde{\phi}}_{l}-{}^{i|\bar{l}}\dot{\tilde{\phi}}_{l}\cdot{}^{i}\dot{\tilde{\phi}}_{\bar{l}})\\
&=\mathrm{Vector}({}^{i|\bar{l}}\ddot{\tilde{\phi}}_{l}+\widetilde{{}^{i}\dot{\tilde{\phi}}_{\bar{l}}\cdot{}^{i|\bar{l}}\dot{\phi}_{l}})={}^{i|\bar{l}}\ddot{\phi}_{l}+{}^{i}\dot{\tilde{\phi}}_{\bar{l}}\cdot{}^{i|\bar{l}}\dot{\phi}_{l}
\end{aligned}
$$

故得

$$
{}^{i|\bar{l}}\phi''_{l}={}^{i|\bar{l}}\ddot{\phi}_{l}+{}^{i}\dot{\tilde{\phi}}_{\bar{l}}\cdot{}^{i|\bar{l}}\dot{\phi}_{l} \tag{4.153}
$$

式（4.153）表明，绝对角加速度存在牵连项。若${}^{i}\dot{\phi}_{\bar{l}}$为天体角速度，${}^{\bar{l}}\dot{\phi}_{l}$为陀螺角速度，则${}^{i}\dot{\tilde{\phi}}_{\bar{l}}\cdot{}^{i|\bar{l}}\dot{\phi}_{l}$对应的陀螺力矩使陀螺自转轴趋向天体自转轴。同样，由绝对求导公式（4.148）得

$$
{}^{i|\bar{l}}\phi''_{l}=\frac{\mathrm{d}}{\mathrm{d}t}({}^{i|\bar{l}}\dot{\phi}_{l})={}^{i|\bar{l}}n_{l}\cdot\ddot{\phi}_{l}^{\bar{l}}+{}^{i}\dot{\tilde{\phi}}_{\bar{l}}\cdot{}^{i|\bar{l}}n_{l}\cdot\dot{\phi}_{l}^{\bar{l}}={}^{i|\bar{l}}\ddot{\phi}_{l}+{}^{i}\dot{\tilde{\phi}}_{\bar{l}}\cdot{}^{i|\bar{l}}\dot{\phi}_{l}
$$

其结果与式（4.153）一样。

示例 4.9 已知${}^{i}L_{lI}={}^{i|lI}\boldsymbol{J}_{lI}\cdot{}^{i}\dot{\phi}_{l}$，则

$$
{}^{i}L'_{lI}={}^{i|lI}\boldsymbol{J}_{lI}\cdot{}^{i}\ddot{\phi}_{l}+{}^{i}\dot{\tilde{\phi}}_{l}\cdot{}^{i|lI}\boldsymbol{J}_{lI}\cdot{}^{i}\dot{\phi}_{l} \tag{4.154}
$$

【证明】 一方面，由绝对求导公式（4.148）得

$$
{}^{i|}L'_{lI}=\frac{{}^{i}\mathrm{d}}{\mathrm{d}t}({}^{i|lI}\boldsymbol{J}_{lI}\cdot{}^{i}\dot{\phi}_{l})={}^{i|lI}\boldsymbol{J}_{lI}\cdot{}^{i}\ddot{\phi}_{l}+{}^{i}\dot{\tilde{\phi}}_{l}\cdot{}^{i|lI}\boldsymbol{J}_{lI}\cdot{}^{i}\dot{\phi}_{l}
$$

另一方面，

$$\frac{\mathrm{d}}{\mathrm{d}t}({}^{i|lI}\boldsymbol{J}_{lI})\cdot{}^{i}\dot{\phi}_{l}=\frac{\mathrm{d}}{\mathrm{d}t}({}^{i}Q_{l}\cdot{}^{lI}\boldsymbol{J}_{lI}\cdot{}^{l}Q_{i})\cdot{}^{i}\dot{\phi}_{l}$$
$$=({}^{i}\dot{Q}_{l}\cdot{}^{lI}\boldsymbol{J}_{lI}\cdot{}^{l}Q_{i}+{}^{i}Q_{l}\cdot{}^{lI}\boldsymbol{J}_{lI}\cdot{}^{l}\dot{Q}_{i})\cdot{}^{i}\dot{\phi}_{l}$$
$$=({}^{i}\dot{Q}_{l}\cdot{}^{l}Q_{i}\cdot{}^{i}Q_{l}\cdot{}^{lI}\boldsymbol{J}_{lI}\cdot{}^{l}Q_{i}+{}^{i}Q_{l}\cdot{}^{lI}\boldsymbol{J}_{lI}\cdot{}^{l}Q_{i}\cdot{}^{i}Q_{l}\cdot{}^{l}\dot{Q}_{i})\cdot{}^{i}\dot{\phi}_{l}$$
$$=({}^{i}\dot{\tilde{\phi}}_{l}\cdot{}^{i|lI}\boldsymbol{J}_{lI}-{}^{i|lI}\boldsymbol{J}_{lI}\cdot{}^{i}\dot{\tilde{\phi}}_{l})\cdot{}^{i}\dot{\phi}_{l}$$
$$={}^{i}\dot{\tilde{\phi}}_{l}\cdot{}^{i|lI}\boldsymbol{J}_{lI}\cdot{}^{i}\dot{\phi}_{l}$$

证毕。

由式（4.149）、式（4.153）及式（4.154）得

$$ {}^{i}\dot{L}_{lI}={}^{i|lI}\boldsymbol{J}_{lI}\cdot{}^{i}\ddot{\phi}_{l}+{}^{i}\dot{\tilde{\phi}}_{l}\cdot{}^{i|lI}\boldsymbol{J}_{lI}\cdot{}^{i}\dot{\phi}_{l} \tag{4.155}$$

式（4.154）是著名的欧拉方程。该式等价为

$$ {}^{l|i}\dot{L}_{lI}=-{}^{lI}\boldsymbol{J}_{lI}\cdot{}^{l}\ddot{\phi}_{i}+{}^{l}\dot{\tilde{\phi}}_{i}\cdot{}^{lI}\boldsymbol{J}_{lI}\cdot{}^{l}\dot{\phi}_{i} \tag{4.156}$$

证明见本章附录。

式（4.156）为“相对空间欧拉方程”，称式（4.154）为“绝对空间欧拉方程”。尽管式（4.154）与式（4.156）是等价的，但这种等价是建立在各运动量无噪声的理想条件基础上的。在工程上，二者有着重要的区别：相对空间欧拉方程中不需要相对绝对空间的姿态，${}^{i}\dot{\tilde{\phi}}_{l}$ 可以通过速率陀螺等惯性器件直接测量得到；绝对空间欧拉方程需要相对绝对空间的旋转变换阵 ${}^{i}Q_{l}$，而 ${}^{i}Q_{l}$ 含有测量噪声。

4.6　多轴系统运动学

4.6.1　理想树形运动学计算流程

给定树形运动链 ${}^{i}\mathbf{1}_{n}$，l，$n\in\boldsymbol{A}$，$n>l$，S 是体 l 上的任一点。当 ${}^{\bar{l}}\phi_{l}$ 无测量噪声时，运动链 ${}^{i}\mathbf{1}_{n}$ 运动学计算流程如下。

【1】链节 ${}^{\bar{l}}\mathbf{1}_{l}$ 运动学计算。

【1.1】若 ${}^{\bar{l}}\boldsymbol{k}_{l}\in\boldsymbol{R}$，则由结构参数 ${}^{\bar{l}}n_{l}$ 及关节变量 $\phi_{l}^{\bar{l}}$，根据式（4.105）计算欧拉四元数 ${}^{\bar{l}}\underset{\cdot}{\lambda}_{l}$，或由式（4.92）计算 ${}^{\bar{l}}\underset{\cdot}{q}_{l}$；

【1.2】若 ${}^{\bar{l}}\boldsymbol{k}_{l}\in\boldsymbol{R}$，则由式（4.106）计算旋转变换阵 ${}^{\bar{l}}Q_{l}$，或由式（4.98）计算旋转变换阵 ${}^{\bar{l}}Q_{l}$；若 ${}^{\bar{l}}\boldsymbol{k}_{l}\in\boldsymbol{P}$，则有 ${}^{\bar{l}}Q_{l}=\mathbf{1}$。

【2】运动链 ${}^{i}\mathbf{1}_{n}$ 的位形计算。

【2.1】由式（4.6）计算齐次变换阵 ${}^{i}Q_{n}$；

【2.2】由式（4.7）计算位置矢量 ${}^{i}r_{nS}$。

在理想运动学计算流程中，既可以应用欧拉四元数又可以应用有限转动四元数计算链节旋转变换阵。上述理想运动学计算流程在 Open Inventor、Coin3D 等 3D 软件中得到广泛

应用。但在有测量噪声时，所有的旋转变换阵计算均应使用式（4.106）及式（4.122）所示的过程。一方面，需要降低测量噪声导致的旋转变换阵的“病态”；另一方面，阻止“病态”旋转变换阵在串接性运动时的进一步恶化。

4.6.2 基于轴不变量的迭代式运动学计算流程

给定运动链$^{i}\mathbf{1}_{n}$，l，$n\in\mathbf{A}$，$n>l$，S是体l上的任一点。当$^{\bar{l}}\phi_{l}$有测量噪声时，运动链$^{i}l_{n}$的迭代式运动学数值计算流程如下：

【1】链节$^{\bar{l}}\mathbf{1}_{l}$运动学计算流程。

【1.1】已知转动矢量$^{\bar{l}}\phi_{l}$，根据式（4.105）计算欧拉四元数$^{\bar{l}}\underset{\cdot}{\lambda}_{l}$，并归一化；

【1.2】由式（4.106）计算旋转变换阵$^{\bar{l}}Q_{l}$；

【1.3】由式（4.8）计算链节速度；

【1.4】由式（4.9）计算链节加速度。

【2】运动链$^{i}\mathbf{1}_{n}$的位形计算流程。

【2.1】由式（4.121）计算欧拉四元数序列$\{{}^{i}\underset{\cdot}{\lambda}_{l}\mid l\in\mathbf{A}\}$；

【2.2】因式（4.106）较式（4.29）计算复杂度高，故由式（4.29）计算旋转变换阵序列$\{{}^{i}Q_{l}\mid l\in\mathbf{A}\}$；

【2.3】由式（4.7）计算位置矢量$^{i}r_{nS}$。

【3】运动链$^{i}\mathbf{1}_{n}$的速度及加速度计算流程。

【3.1】由式（4.157）计算绝对角速度：

$$
{}^{i}\dot{\phi}_{n}=\sum_{k}^{{}^{i}\mathbf{1}_{n}}({}^{i|\bar{k}}\dot{\phi}_{k})=\sum_{k}^{{}^{i}\mathbf{1}_{n}}({}^{i|\bar{k}}n_{k}\cdot\dot{\phi}_{k}^{\bar{k}}) \tag{4.157}
$$

【3.2】由式（4.158）计算绝对角加速度：

$$
{}^{i}\ddot{\phi}_{n}={}^{i}\phi_{n}''=\sum_{l}^{{}^{i}\mathbf{1}_{n}}({}^{i|\bar{l}}\ddot{\phi}_{l}+{}^{i}\dot{\tilde{\phi}}_{\bar{l}}\cdot{}^{i|\bar{l}}\dot{\phi}_{l}) \tag{4.158}
$$

【3.3】由式（4.159）计算绝对平动速度：

$$
{}^{i}\dot{r}_{nS}=\sum_{k}^{{}^{i}\mathbf{1}_{n}}({}^{i|\bar{k}}n_{k}\cdot\dot{r}_{k}^{\bar{k}}+{}^{i}\dot{\tilde{\phi}}_{\bar{k}}\cdot({}^{i|\bar{k}}l_{k}+{}^{i|\bar{k}}n_{k}\cdot r_{k}^{\bar{k}}))+{}^{i|n}\dot{r}_{nS}+{}^{i}\dot{\tilde{\phi}}_{n}{}^{i|n}r_{nS} \tag{4.159}
$$

【3.4】由式（4.160）计算绝对平动加速度：

$$
\begin{aligned}
{}^{i}\ddot{r}_{nS}=&\sum_{k}^{{}^{i}\mathbf{1}_{n}}({}^{i|\bar{k}}n_{k}\cdot\ddot{r}_{k}^{\bar{k}}+2\cdot{}^{i}\dot{\tilde{\phi}}_{\bar{k}}\cdot{}^{i|\bar{k}}n_{k}\cdot\dot{r}_{k}^{\bar{k}}+({}^{i}\ddot{\tilde{\phi}}_{\bar{k}}+{}^{i}\dot{\tilde{\phi}}_{\bar{k}}^{\wedge 2})\cdot({}^{i|\bar{k}}l_{k}+{}^{i|\bar{k}}n_{k}\cdot r_{k}^{\bar{k}}))+\\
&{}^{i|n}\ddot{r}_{nS}+2\cdot{}^{i}\dot{\tilde{\phi}}_{n}\cdot{}^{i|n}\dot{r}_{nS}+({}^{i}\ddot{\tilde{\phi}}_{n}+{}^{i}\dot{\tilde{\phi}}_{n}^{\wedge 2})\cdot{}^{i|n}r_{nS}
\end{aligned} \tag{4.160}
$$

式（4.157）至式（4.160）的证明见本章附录。

4.6.3 基于轴不变量的偏速度计算原理

很多文献将偏速度称为雅可比矩阵，但在运动学及动力学分析时，称为偏速度更合适。雅可比矩阵泛指偏导数，不一定具有可加性；在运动学及动力学中偏速度特指矢量对关节变量的偏导数，具有可加性。偏速度是对应速度的变换矩阵，是对单位方向矢量的矢量投影。在运动学分析及动力学分析中，偏速度起着关键性的作用，偏速度的计算是动力学系统演算的基本前提。

定理 4.2　若给定运动链${}^i\mathbf{1}_n$，则有

$$\begin{cases}\dfrac{\partial^i\dot{\phi}_n}{\partial\dot{\phi}_k^{\bar{k}}}=\dfrac{\partial^i\ddot{\phi}_n}{\partial\ddot{\phi}_k^{\bar{k}}}={}^{i|\bar{k}}n_k\\[2ex]\dfrac{\partial^i r_{nS}}{\partial r_k^{\bar{k}}}=\dfrac{\partial^i\dot{r}_{nS}}{\partial\dot{r}_k^{\bar{k}}}=\dfrac{\partial^i\ddot{r}_{nS}}{\partial\ddot{r}_k^{\bar{k}}}={}^{i|\bar{k}}n_k\end{cases}\tag{4.161}$$

$$\begin{cases}\dfrac{\partial^i\phi_n}{\partial r_k^{\bar{k}}}=\dfrac{\partial^i\dot{\phi}_n}{\partial\dot{r}_k^{\bar{k}}}=\dfrac{\partial^i\ddot{\phi}_n}{\partial\ddot{r}_k^{\bar{k}}}=0_3\\[2ex]\dfrac{\partial^i r_{nS}}{\partial\phi_k^{\bar{k}}}=\dfrac{\partial^i\dot{r}_{nS}}{\partial\dot{\phi}_k^{\bar{k}}}=\dfrac{\partial^i\ddot{r}_{nS}}{\partial\ddot{\phi}_k^{\bar{k}}}={}^{i|\bar{k}}\tilde{n}_k\cdot{}^{i|k}r_{nS}\end{cases}\tag{4.162}$$

$$\begin{cases}\dfrac{\partial}{\partial\phi_k^{\bar{k}}}({}^iQ_n)={}^{i|\bar{k}}\tilde{n}_k\cdot{}^iQ_n\\[2ex]\dfrac{\partial}{\partial\phi_k^{\bar{k}}}({}^{i|\bar{u}}\phi_u)={}^{i|\bar{k}}\tilde{n}_k\cdot{}^{i|\bar{u}}\phi_u\end{cases}\tag{4.163}$$

式（4.161）表示绝对角速度、角加速度、位置、平动速度及平动加速度矢量对相应关节变量的偏速度。式（4.162）中第一子式表示${}^i\phi_n$ 及${}^i\dot{\phi}_n$ 与 $r_k^{\bar{k}}$ 及 $\dot{r}_k^{\bar{k}}$ 无关，即关节线位移不引起系统角位置的变化；反过来，关节角位移会引起系统线位置发生变化。式（4.163）表示旋转变换矩阵及角位置矢量对关节角度的偏速度。定理 4.2 证明见本章附录。

如图 4.7 所示，一方面，从几何角度看，式（4.161）中的偏速度即为对应的轴不变量，式（4.162）表示的是位置矢量对轴不变量的一阶矩，即轴矢量${}^{i|\bar{k}}n_k$ 与矢量 ${}^{i|k}r_{nS}$ 的叉乘；另一方面，从力的作用关系看，${}^{i|\bar{k}}n_k^{\mathrm{T}}\cdot{}^if_{nS}$是 ${}^if_{nS}$在轴向${}^{i|\bar{k}}n_k$ 的投影。

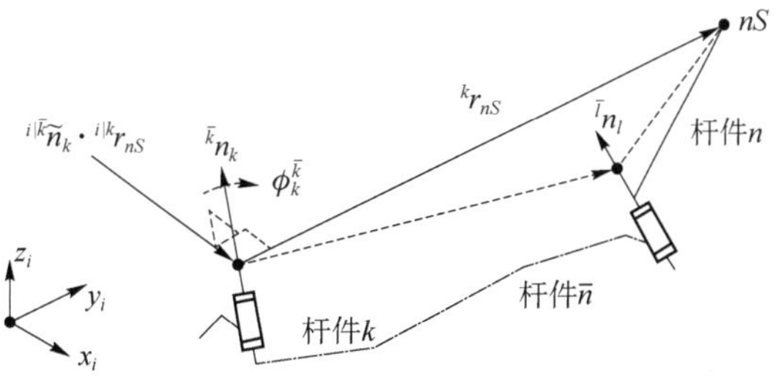

图 4.7　偏速度的含义

> 一阶矩对于计算力矩、角动量非常重要。

由式（4.14）可知

$$\frac{\partial^i \dot{r}_{nS}^{\mathrm{T}}}{\partial \dot{\phi}_k^{\bar{k}}} \cdot {}^i f_{nS} = -{}^{i|k} r_{nS}^{\mathrm{T}} \cdot {}^{i|\bar{k}} \tilde{n}_k \cdot {}^i f_{nS} = {}^{i|\bar{k}} n_k^{\mathrm{T}} \cdot {}^{i|k} \tilde{r}_{nS} \cdot {}^i f_{nS} \tag{4.164}$$

式（4.164）表明，$\partial^i \dot{r}_{nS}^{\mathrm{T}} / \partial \dot{\phi}_k^{\bar{k}}$ 完成了力${}^i f_{nS}$传递（Transmit）至轴${}^{i|\bar{k}} n_k$ 作用效应即力矩的计算。

式（4.164）中${}^{i|k} \tilde{r}_{nS} \cdot {}^i f_{nS}$与式（4.159）中${}^i \dot{\tilde{\phi}}_{\underset{\cdot}{n}} {}^{i|n} r_{nS}$的链序不同，前者是作用力，后者是运动量，二者是对偶的，具有相反的序。

4.6.4 轴不变量对时间微分的不变性

由式（4.149）及式（4.153）可知

$$\frac{\mathrm{d}}{\mathrm{d}t}({}^{\bar{l}} n_l \cdot \phi_l^{\bar{l}}) = {}^{\bar{l}} n_l \cdot \dot{\phi}_l^{\bar{l}}, \quad \frac{\mathrm{d}^2}{\mathrm{d}t^2}({}^{\bar{l}} n_l \cdot \phi_l^{\bar{l}}) = {}^{\bar{l}} n_l \cdot \ddot{\phi}_l^{\bar{l}} \tag{4.165}$$

故有

$$\frac{\mathrm{d}}{\mathrm{d}t}({}^{\bar{l}} n_l) = {}^{\bar{l}} \underset{\cdot}{n}_l = 0_3, \quad \frac{\mathrm{d}^2}{\mathrm{d}t^2}({}^{\bar{l}} n_l) = {}^{\bar{l}} \ddot{n}_l = 0_3 \tag{4.166}$$

式（4.166）表明，对轴不变量而言，其绝对导数就是其相对导数。因轴不变量是具有不变性的自然参考轴，故其绝对导数恒为零矢量。因此，作为参考轴的轴不变量具有对时间微分的不变性。

因

$$\frac{\mathrm{d}}{\mathrm{d}t}({}^{i|\bar{k}} n_k^{\mathrm{T}}) = \frac{\mathrm{d}}{\mathrm{d}t}({}^i \dot{Q}^{\bar{k}} \cdot {}^{\bar{k}} n_k)^{\mathrm{T}}$$

$$= ({}^i \dot{\tilde{\phi}}_{\bar{k}} \cdot {}^{i|\bar{k}} n_k)^{\mathrm{T}} = -{}^{i|\bar{k}} n_k^{\mathrm{T}} \cdot {}^i \dot{\tilde{\phi}}_{\bar{k}}$$

$$\frac{\mathrm{d}^2}{\mathrm{d}t^2}({}^{i|\bar{k}} n_k^{\mathrm{T}}) = \frac{\mathrm{d}}{\mathrm{d}t}({}^i \dot{\tilde{\phi}}_{\bar{k}} \cdot {}^{i|\bar{k}} n_k)^{\mathrm{T}}$$

$$= ({}^i \dot{\tilde{\phi}}_{\bar{k}}^{\wedge 2} \cdot {}^{i|\bar{k}} n_k)^{\mathrm{T}} - {}^{i|\bar{k}} n_k^{\mathrm{T}} \cdot \frac{\mathrm{d}}{\mathrm{d}t}({}^i \dot{\tilde{\phi}}_{\bar{k}})$$

$$= {}^{i|\bar{k}} n_k^{\mathrm{T}} \cdot ({}^i \dot{\tilde{\phi}}_{\bar{k}}^{\wedge 2} - {}^i \ddot{\tilde{\phi}}_{\bar{k}})$$

进而，由式（4.161）及式（4.166）得

$$\begin{cases} \dfrac{\mathrm{d}}{\mathrm{d}t}\left(\dfrac{\partial^i \dot{\phi}_n^{\mathrm{T}}}{\partial \dot{\phi}_k^{\bar{k}}}\right) = \dfrac{\mathrm{d}}{\mathrm{d}t}\left(\dfrac{\partial^i r_{nS}^{\mathrm{T}}}{\partial r_k^{\bar{k}}}\right) = \dfrac{\mathrm{d}}{\mathrm{d}t}\left(\dfrac{\partial^i \dot{r}_{nS}^{\mathrm{T}}}{\partial \dot{r}_k^{\bar{k}}}\right) = -{}^{i|\bar{k}} n_k^{\mathrm{T}} \cdot {}^i \dot{\tilde{\phi}}_{\bar{k}} \\ \dfrac{\mathrm{d}^2}{\mathrm{d}t^2}\left(\dfrac{\partial^i \dot{\phi}_n^{\mathrm{T}}}{\partial \dot{\phi}_k^{\bar{k}}}\right) = \dfrac{\mathrm{d}^2}{\mathrm{d}t^2}\left(\dfrac{\partial^i r_{nS}^{\mathrm{T}}}{\partial r_k^{\bar{k}}}\right) = \dfrac{\mathrm{d}^2}{\mathrm{d}t^2}\left(\dfrac{\partial^i \dot{r}_{nS}^{\mathrm{T}}}{\partial \dot{r}_k^{\bar{k}}}\right) = {}^{i|\bar{k}} n_k^{\mathrm{T}} \cdot ({}^i \dot{\tilde{\phi}}_{\bar{k}}^{\wedge 2} - {}^i \ddot{\tilde{\phi}}_{\bar{k}}) \end{cases} \tag{4.167}$$

由式（4.148）及式（4.166）得

$$\frac{\mathrm{d}}{\mathrm{d}t}\left(\frac{\partial^{i}\dot{r}_{nS}^{\mathrm{T}}}{\partial\dot{\phi}_{k}^{\bar{k}}}\right)=\frac{\mathrm{d}}{\mathrm{d}t}({}^{i|\bar{k}}n_{k}^{\mathrm{T}}\cdot{}^{i|k}\tilde{r}_{nS})=\frac{\mathrm{d}}{\mathrm{d}t}({}^{i|\bar{k}}n_{k}^{\mathrm{T}})\cdot{}^{i|k}\tilde{r}_{nS}+{}^{i|\bar{k}}n_{k}^{\mathrm{T}}\cdot\frac{\mathrm{d}}{\mathrm{d}t}({}^{i|k}\tilde{r}_{nS})$$

$$=({}^{i}\dot{\tilde{\phi}}_{k}\cdot{}^{i|\bar{k}}n_{k})^{\mathrm{T}}\cdot{}^{i|k}\tilde{r}_{nS}+{}^{i|\bar{k}}n_{k}^{\mathrm{T}}\cdot({}^{i}\dot{\tilde{\phi}}_{k}\cdot{}^{i|k}\tilde{r}_{nS}+{}^{i|k}\dot{\tilde{r}}_{nS}+{}^{i}Q_{k}\cdot{}^{k}\tilde{r}_{nS}\cdot{}^{i}\dot{Q}_{k})$$

$$=({}^{i}\dot{\tilde{\phi}}_{k}\cdot{}^{i|\bar{k}}n_{k})^{\mathrm{T}}\cdot{}^{i|k}\tilde{r}_{nS}+{}^{i|\bar{k}}n_{k}^{\mathrm{T}}\cdot({}^{i}\dot{\tilde{\phi}}_{k}\cdot{}^{i|k}\tilde{r}_{nS}+{}^{i|k}\dot{\tilde{r}}_{nS}-{}^{i|k}\tilde{r}_{nS}\cdot{}^{i}\dot{\tilde{\phi}}_{k})$$

$$={}^{i|\bar{k}}n_{k}^{\mathrm{T}}\cdot({}^{i|k}\dot{\tilde{r}}_{nS}-{}^{i|k}\tilde{r}_{nS}\cdot{}^{i}\dot{\tilde{\phi}}_{k})$$

由上式得

$$\frac{\mathrm{d}^2}{\mathrm{d}t^2}\left(\frac{\partial^{i}\dot{r}_{nS}^{\mathrm{T}}}{\partial\dot{\phi}_{k}^{\bar{k}}}\right)=\frac{\mathrm{d}}{\mathrm{d}t}({}^{i|\bar{k}}n_{k}^{\mathrm{T}}\cdot({}^{i|k}\dot{\tilde{r}}_{nS}-{}^{i|k}\tilde{r}_{nS}\cdot{}^{i}\dot{\tilde{\phi}}_{k}))$$

$$=({}^{i}\dot{\tilde{\phi}}_{k}\cdot{}^{i|\bar{k}}n_{k})^{\mathrm{T}}\cdot({}^{i|k}\dot{\tilde{r}}_{nS}-{}^{i|k}\tilde{r}_{nS}\cdot{}^{i}\dot{\tilde{\phi}}_{k})+{}^{i|\bar{k}}n_{k}^{\mathrm{T}}\cdot\frac{\mathrm{d}}{\mathrm{d}t}({}^{i|k}\dot{\tilde{r}}_{nS}-{}^{i|k}\tilde{r}_{nS}\cdot{}^{i}\dot{\tilde{\phi}}_{k})$$

$$=({}^{i}\dot{\tilde{\phi}}_{k}\cdot{}^{i|\bar{k}}n_{k})^{\mathrm{T}}\cdot({}^{i|k}\dot{\tilde{r}}_{nS}-{}^{i|k}\tilde{r}_{nS}\cdot{}^{i}\dot{\tilde{\phi}}_{k})$$

$$\backslash+{}^{i|\bar{k}}n_{k}^{\mathrm{T}}\cdot\begin{pmatrix}{}^{i}\dot{\tilde{\phi}}_{k}\cdot{}^{i|k}\dot{\tilde{r}}_{nS}+{}^{i|k}\ddot{\tilde{r}}_{nS}-{}^{i|k}\dot{\tilde{r}}_{nS}\cdot{}^{i}\dot{\tilde{\phi}}_{k}-{}^{i|k}\tilde{r}_{nS}\cdot{}^{i}\ddot{\tilde{\phi}}_{k}\\ \backslash-({}^{i}\dot{\tilde{\phi}}_{k}\cdot{}^{i|k}\tilde{r}_{nS}+{}^{i|k}\dot{\tilde{r}}_{nS}-{}^{i|k}\tilde{r}_{nS}\cdot{}^{i}\dot{\tilde{\phi}}_{k})\cdot{}^{i}\dot{\tilde{\phi}}_{k}\end{pmatrix}$$

$$={}^{i|\bar{k}}n_{k}^{\mathrm{T}}\cdot({}^{i|k}\ddot{\tilde{r}}_{nS}-2\cdot{}^{i|k}\dot{\tilde{r}}_{nS}\cdot{}^{i}\dot{\tilde{\phi}}_{k}+{}^{i|k}\tilde{r}_{nS}\cdot{}^{i}\dot{\tilde{\phi}}_{k}^{\wedge 2}-{}^{i|k}\tilde{r}_{nS}\cdot{}^{i}\ddot{\tilde{\phi}}_{k})$$

即

$$\begin{cases}\dfrac{\mathrm{d}}{\mathrm{d}t}\left(\dfrac{\partial^{i}\dot{r}_{nS}^{\mathrm{T}}}{\partial\dot{\phi}_{k}^{\bar{k}}}\right)={}^{i|\bar{k}}n_{k}^{\mathrm{T}}\cdot({}^{i|k}\dot{\tilde{r}}_{nS}-{}^{i|k}\tilde{r}_{nS}\cdot{}^{i}\dot{\tilde{\phi}}_{k})\\ \dfrac{\mathrm{d}^2}{\mathrm{d}t^2}\left(\dfrac{\partial^{i}\dot{r}_{nS}^{\mathrm{T}}}{\partial\dot{\phi}_{k}^{\bar{k}}}\right)={}^{i|\bar{k}}n_{k}^{\mathrm{T}}\cdot({}^{i|k}\ddot{\tilde{r}}_{nS}-2\cdot{}^{i|k}\dot{\tilde{r}}_{nS}\cdot{}^{i}\dot{\tilde{\phi}}_{k}+{}^{i|k}\tilde{r}_{nS}\cdot{}^{i}\dot{\tilde{\phi}}_{k}^{\wedge 2}-{}^{i|k}\tilde{r}_{nS}\cdot{}^{i}\ddot{\tilde{\phi}}_{k})\end{cases}\tag{4.168}$$

由式（4.167）及式（4.168）可知，偏速度对时间的一阶导数及二阶导数本质上是速度及加速度的螺旋的矩，反映了速度及加速度的传递。

4.7　轴不变量概念的含义与作用

本书提出了轴不变量的概念，建立了基于轴不变量的多轴系统运动学。轴不变量 ${}^{\bar{l}}\underline{n}_{l}\triangleq[{}^{\bar{l}}n_{l},1]$ 的物理含义主要有以下几个方面：

（1）${}^{\bar{l}}\tilde{n}_{l}$ 在 Frame#$\bar{l}$ 下的坐标矢量 ${}^{\bar{l}}n_{l}$ 与 ${}^{\bar{l}}\tilde{n}_{l}$ 在 Frame#l 下的坐标矢量 ${}^{l}n_{\bar{l}}$ 恒等，即有

$${}^{\bar{l}}n_{l}={}^{l}n_{\bar{l}}={}^{\bar{l}|l}n_{\bar{l}}$$

因此，${}^{\bar{l}}n_{l}$ 或 ${}^{l}n_{\bar{l}}$ 不依赖于相邻的 Frame#$\bar{l}$ 与 Frame#l。

（2）在 3D 空间，${}^{\bar{l}}n_{l}$ 是 ${}^{\bar{l}}\tilde{n}_{l}$ 的轴矢量，同时是方向余弦矩阵 ${}^{\bar{l}}Q_{l}$ 的特征矢量，对应特征值为 1。在 4D 复数空间，${}^{\bar{l}}\underline{n}_{l}$ 对应角位移为 0，即初始时刻的 Rodrigues 四元数和欧拉四元数，

也是特征矢量。

（3）4D 复数空间中，自然参考轴${}^{\bar{l}}n_l$ 不变，且零位轴不变。

轴不变量概念的作用包括：

（1）轴不变量 ${}^{\bar{l}}n_l$ 是轴 $\bar{l}$ 及轴 l 的公共参考轴，与关节变量一起，通过 Rodrigues 四元数及欧拉四元数实现自然坐标系$\boldsymbol{F}_l$ 的参数化及轴 l 极性的参数化；${}^{\bar{l}}n_l$ 既表示轴 $\bar{l}$ 及 l 的不变的结构参量，又表示轴 $\bar{l}$ 及 l 的不变的链序，通过拓扑操作实现了拓扑结构的参数化。

（2）以轴不变量 ${}^{\bar{l}}n_l$ 及关节变量 $\phi_l^{\bar{l}}$ 为基础的欧拉四元数保证了与转动矢量 ${}^{\bar{l}}\phi_l$ 的一一映射，保证了自然参考轴定义的不变性，从而保证多轴系统运算的可靠性。

（3）轴不变量 ${}^{\bar{l}}n_l$ 及${}^{\bar{l}}\tilde{n}_l$ 具有不变性，具有优良的操作性能，其衍生的 ${}^{\bar{l}}\tilde{n}_l$ 具有反对称性、${}^{\bar{l}}\tilde{n}_l^{\wedge 2}$ 具有对称性，当 $p>2$，$p\in N$ 时，${}^{\bar{l}}\tilde{n}_l^{\wedge p}$ 具有幂零特性。

（4）轴不变量 ${}^{\bar{l}}n_l$ 是 3D 矢量空间操作代数的基元；具有拓扑操作的 3D 矢量空间操作代数，不仅物理意义清晰，而且计算简单，可以适应变拓扑系统的应用需求。

（5）基于轴不变量 ${}^{\bar{l}}n_l$ 的运动学方程是 ${}^{\bar{l}}n_l$ 的二阶多变量多项式方程，也是关于轴不变量的迭代式方程；不仅统一了运动学方程的形式，而且提高了运动学计算的效率与精度。

（6）通过轴不变量，实现了包含坐标系、极性及系统结构参量的完全参数化建模。

4.8 附录 本章公式证明

【式（4.14）证明】

因

$$({}^{i}\dot{\tilde{\phi}}_l\cdot{}^{i|l}r_{lS})^{\mathrm{T}}=(-{}^{i|l}\tilde{r}_{lS}\cdot{}^{i}\dot{\phi}_l)^{\mathrm{T}}={}^{i}\dot{\phi}_l^{\mathrm{T}}\cdot{}^{i|l}\tilde{r}_{lS}$$

$${}^{i}\dot{\phi}_l^{\mathrm{T}}\cdot{}^{i|l}\tilde{r}_{lS}=-{}^{i|l}r_{lS}^{\mathrm{T}}\cdot{}^{i}\dot{\tilde{\phi}}_l,\quad({}^{i}\dot{\phi}_l^{\mathrm{T}}\cdot{}^{i|l}\tilde{r}_{lS})^{\mathrm{T}}={}^{i}\dot{\tilde{\phi}}_l\cdot{}^{i|l}r_{lS}$$

故式（4.14）成立。

【式（4.19）证明】

由式（4.17）得

$${}^{\bar{l}}N_l^{\mathrm{T}}=(\mathbf{1}-{}^{\bar{l}}n_l\cdot{}^{\bar{l}}n_l^{\mathrm{T}})^{\mathrm{T}}=\mathbf{1}-{}^{\bar{l}}n_l\cdot{}^{\bar{l}}n_l^{\mathrm{T}}={}^{\bar{l}}N_l$$

$${}^{\bar{l}}N_l^{\wedge 2}=(\mathbf{1}-{}^{\bar{l}}n_l\cdot{}^{\bar{l}}n_l^{\mathrm{T}})\cdot(\mathbf{1}-{}^{\bar{l}}n_l\cdot{}^{\bar{l}}n_l^{\mathrm{T}})=\mathbf{1}-{}^{\bar{l}}n_l\cdot{}^{\bar{l}}n_l^{\mathrm{T}}={}^{\bar{l}}N_l$$

证毕。

【式（4.34）、式（4.35）证明】

${}^{\bar{l}}n_l$ 是单位矢量，$|n_l^{\bar{l}}|=1$，利用数学归纳法证明如下。

当 $p=1$ 时，由式（4.27）可知式（4.34）成立。由式（4.34）得

$${}^{\bar{l}}\tilde{n}_l^{\wedge 3}={}^{\bar{l}}\tilde{n}_l\cdot{}^{\bar{l}}\tilde{n}_l^{\wedge 2}={}^{\bar{l}}\tilde{n}_l\cdot({}^{\bar{l}}n_l\cdot{}^{\bar{l}}n_l^{\mathrm{T}}-\mathbf{1})=-{}^{\bar{l}}\tilde{n}_l \tag{4.169}$$

当 $p=k$ 时，假设式（4.34）和式（4.35）成立，即

$$ {}^{\bar{l}}\tilde{n}_l^{\wedge 2k} = (-1)^k \cdot (\mathbf{1} - {}^{\bar{l}}n_l \cdot {}^{\bar{l}}n_l^{\mathrm{T}}) = (-1)^{k+1} \cdot {}^{\bar{l}}\tilde{n}_l^{\wedge 2} \tag{4.170} $$

$$ {}^{\bar{l}}\tilde{n}_l^{\wedge 2k+1} = (-1)^k \cdot {}^{\bar{l}}\tilde{n}_l \tag{4.171} $$

则当 $p=k+1$ 时，由式（4.170）及式（4.171）得

$$ \begin{aligned} {}^{\bar{l}}\tilde{n}_l^{\wedge 2(k+1)} &= {}^{\bar{l}}\tilde{n}_l^{\wedge 2} \cdot {}^{\bar{l}}\tilde{n}_l^{\wedge 2k} = -(\mathbf{1} - {}^{\bar{l}}n_l \cdot {}^{\bar{l}}n_l^{\mathrm{T}}) \cdot (-1)k \cdot (\mathbf{1} - {}^{\bar{l}}n_l \cdot {}^{\bar{l}}n_l^{\mathrm{T}}) \\ &= (-1)^{k+1} \cdot (\mathbf{1} - {}^{\bar{l}}n_l \cdot {}^{\bar{l}}n_l^{\mathrm{T}} + {}^{\bar{l}}n_l \cdot {}^{\bar{l}}n_l^{\mathrm{T}} - {}^{\bar{l}}n_l \cdot {}^{\bar{l}}n_l^{\mathrm{T}}) \\ &= (-1)^{k+1} \cdot (\mathbf{1} - {}^{\bar{l}}n_l \cdot {}^{\bar{l}}n_l^{\mathrm{T}}) = (-1)^{k+2} \cdot {}^{\bar{l}}\tilde{n}_l^{\wedge 2} \end{aligned} $$

$$ {}^{\bar{l}}\tilde{n}_l^{\wedge 2k+3} = {}^{\bar{l}}\tilde{n}_l^{\wedge 2} \cdot {}^{\bar{l}}\tilde{n}_l^{\wedge 2k+1} = -(-1)^k \cdot {}^{\bar{l}}\tilde{n}_l \cdot (\mathbf{1} - {}^{\bar{l}}n_l \cdot {}^{\bar{l}}n_l^{\mathrm{T}}) = (-1)^{k+1} \cdot {}^{\bar{l}}\tilde{n}_l $$

故式（4.34）及式（4.35）成立。

【式（4.44）、式（4.45）证明】

由单位矢量 ${}^{\bar{l}}n_l$，得 $|n_l^{\bar{l}}|=1$。当 $p=1$ 时，

$$ \begin{aligned} {}^{\bar{l}}\underset{\leftarrow}{\dot{\tilde{\phi}}}_l^{\wedge 2} &= \dot{\phi}_l^{\bar{l}\,\wedge 2} \cdot \begin{bmatrix} -{}^{\bar{l}}\tilde{n}_l & -{}^{\bar{l}}n_l \\ {}^{\bar{l}}n_l^{\mathrm{T}} & 0 \end{bmatrix} \cdot \begin{bmatrix} -{}^{\bar{l}}\tilde{n}_l & -{}^{\bar{l}}n_l \\ {}^{\bar{l}}n_l^{\mathrm{T}} & 0 \end{bmatrix} = \dot{\phi}_l^{\bar{l}\,\wedge 2} \cdot \begin{bmatrix} {}^{\bar{l}}\tilde{n}_l & {}^{\bar{l}}n_l \\ -{}^{\bar{l}}n_l^{\mathrm{T}} & 0 \end{bmatrix} \cdot \begin{bmatrix} {}^{\bar{l}}\tilde{n}_l & {}^{\bar{l}}n_l \\ -{}^{\bar{l}}n_l^{\mathrm{T}} & 0 \end{bmatrix} \\ &= \dot{\phi}_l^{\bar{l}\,\wedge 2} \cdot \begin{bmatrix} {}^{\bar{l}}\tilde{n}_l^{\wedge 2} - {}^{\bar{l}}n_l \cdot {}^{\bar{l}}n_l^{\mathrm{T}} & 0 \\ 0 & -{}^{\bar{l}}n_l^{\mathrm{T}} \cdot {}^{\bar{l}}n_l \end{bmatrix} = \dot{\phi}_l^{\bar{l}\,\wedge 2} \cdot \begin{bmatrix} -\mathbf{1} & 0 \\ 0 & -1 \end{bmatrix} = -\dot{\phi}_l^{\bar{l}\,\wedge 2} \cdot \begin{bmatrix} \mathbf{1} & 0 \\ 0 & 1 \end{bmatrix} \end{aligned} $$

即

$$ {}^{\bar{l}}\underset{\leftarrow}{\dot{\tilde{\phi}}}_l^{\wedge 2} = -\dot{\phi}_l^{\bar{l}\,\wedge 2} \cdot \begin{bmatrix} \mathbf{1} & 0 \\ 0 & 1 \end{bmatrix} = -\dot{\phi}_l^{\bar{l}\,\wedge 2} \cdot \underset{\cdot}{\mathbf{1}} \tag{4.172} $$

由式（4.172）得

$$ {}^{\bar{l}}\underset{\leftarrow}{\dot{\tilde{\phi}}}_l^{\wedge 3} = {}^{\bar{l}}\underset{\leftarrow}{\dot{\tilde{\phi}}}_l \cdot {}^{\bar{l}}\underset{\leftarrow}{\dot{\tilde{\phi}}}_l^{\wedge 2} = -\dot{\phi}_l^{\bar{l}\,\wedge 3} \cdot \begin{bmatrix} -{}^{\bar{l}}\tilde{n}_l & -{}^{\bar{l}}n_l \\ {}^{\bar{l}}n_l^{\mathrm{T}} & 0 \end{bmatrix} \cdot \begin{bmatrix} \mathbf{1} & 0 \\ 0 & 1 \end{bmatrix} = -\dot{\phi}_l^{\bar{l}\,\wedge 3} \cdot \begin{bmatrix} -{}^{\bar{l}}\tilde{n}_l & -{}^{\bar{l}}n_l \\ {}^{\bar{l}}n_l^{\mathrm{T}} & 0 \end{bmatrix} $$

即

$$ {}^{\bar{l}}\underset{\leftarrow}{\dot{\tilde{\phi}}}_l^{\wedge 3} = -\dot{\phi}_l^{\bar{l}\,\wedge 3} \cdot \begin{bmatrix} -{}^{\bar{l}}\tilde{n}_l & -{}^{\bar{l}}n_l \\ {}^{\bar{l}}n_l^{\mathrm{T}} & 0 \end{bmatrix} \tag{4.173} $$

当 $p=m$ 时，假设式（4.46）及式（4.47）成立，即

$$ {}^{\bar{l}}\underset{\leftarrow}{\dot{\tilde{\phi}}}_l^{\wedge 2m} = (-1)^m \cdot \dot{\phi}_l^{\bar{l}\,\wedge 2m} \cdot \begin{bmatrix} \mathbf{1} & 0 \\ 0 & 1 \end{bmatrix} = (-1)^m \cdot \dot{\phi}_l^{\bar{l}\,\wedge 2m} \cdot \underset{\cdot}{\mathbf{1}} \tag{4.174} $$

$$ {}^{\bar{l}}\underset{\leftarrow}{\dot{\tilde{\phi}}}_l^{\wedge 2m+1} = (-1)^m \cdot \dot{\phi}_l^{\bar{l}\,\wedge 2m+1} \cdot \begin{bmatrix} -{}^{\bar{l}}\tilde{n}_l & -{}^{\bar{l}}n_l \\ {}^{\bar{l}}n_l^{\mathrm{T}} & 0 \end{bmatrix} \tag{4.175} $$

则 $p=m+1$ 时，由式（4.174）及式（4.172）得

$$\overleftarrow{{}^{\bar{l}}\dot{\tilde{\phi}}_l^{\wedge 2m+2}} = -\dot{\phi}_l^{\bar{l}\wedge 2} \cdot \begin{bmatrix} \mathbf{1} & 0 \\ 0 & 1 \end{bmatrix} \cdot (-1)^m \cdot \dot{\phi}_l^{\bar{l}\wedge 2m} \cdot \begin{bmatrix} \mathbf{1} & 0 \\ 0 & 1 \end{bmatrix} = (-1)^{m+1} \cdot \dot{\phi}_l^{\bar{l}\wedge 2m+2} \cdot \begin{bmatrix} \mathbf{1} & 0 \\ 0 & 1 \end{bmatrix}$$

由式（4.175）及式（4.172）得

$$\overleftarrow{{}^{\bar{l}}\dot{\tilde{\phi}}_l^{\wedge 2m+3}} = -\dot{\phi}_l^{\bar{l}\wedge 2} \cdot \begin{bmatrix} \mathbf{1} & 0 \\ 0 & 1 \end{bmatrix} \cdot (-1)^m \cdot \dot{\phi}_l^{\bar{l}\wedge 2m+1} \cdot \begin{bmatrix} -{}^{\bar{l}}\tilde{n}_l & -{}^{\bar{l}}n_l \\ {}^{\bar{l}}n_l^{\mathrm{T}} & 0 \end{bmatrix}$$

$$= (-1)^{m+1} \cdot \dot{\phi}_l^{\bar{l}\wedge 2m+3} \cdot \begin{bmatrix} -{}^{\bar{l}}\tilde{n}_l & -{}^{\bar{l}}n_l \\ {}^{\bar{l}}n_l^{\mathrm{T}} & 0 \end{bmatrix}$$

由数学归纳法可知，式（4.44）、式（4.45）成立。

【式（4.48）证明】

由式（4.28）得

$$\frac{\mathrm{d}}{\mathrm{d}\phi_l^{\bar{l}}}({}^{\bar{l}}{}_0Q_l) = [-(\mathbf{1}-{}^{\bar{l}}n_l \cdot {}^{\bar{l}}n_l^{\mathrm{T}}) \cdot S(\phi_l^{\bar{l}}) + {}^{\bar{l}}\tilde{n}_l \cdot \mathrm{C}(\phi_l^{\bar{l}})]\,|_{\phi_l^{\bar{l}}=0} = {}^{\bar{l}}\tilde{n}_l$$

$$\frac{\mathrm{d}^2}{\mathrm{d}^2\phi_l^{\bar{l}}}({}^{\bar{l}}{}_0Q_l) = [-(\mathbf{1}-{}^{\bar{l}}n_l \cdot {}^{\bar{l}}n_l^{\mathrm{T}}) \cdot \mathrm{C}(\phi_l^{\bar{l}}) - {}^{\bar{l}}\tilde{n}_l \cdot \mathrm{S}(\phi_l^{\bar{l}})]\,|_{\phi_l^{\bar{l}}=0} = {}^{\bar{l}}\tilde{n}_l^{\wedge 2}$$

易得

$$\begin{aligned} &\frac{\mathrm{d}^{2k+1}}{\mathrm{d}^{2k+1}\phi_l^{\bar{l}}}({}^{\bar{l}}{}_0Q_l) = (-1)^k \cdot {}^{\bar{l}}\tilde{n}_l, \quad k \in N \\ &\frac{\mathrm{d}^{2k}}{\mathrm{d}^{2k}\phi_l^{\bar{l}}}({}^{\bar{l}}{}_0Q_l) = (-1)^{k+1} \cdot {}^{\bar{l}}\tilde{n}_l^{\wedge 2}, \quad k \in N \end{aligned} \tag{4.176}$$

考虑${}^{\bar{l}}Q_l$ 的泰勒展开

$${}^{\bar{l}}Q_l = {}^{\bar{l}}{}_0Q_l + \frac{\mathrm{d}({}^{\bar{l}}{}_0Q_l)}{\mathrm{d}\phi_l^{\bar{l}}} \cdot \phi_l^{\bar{l}} + \frac{1}{2}\frac{\mathrm{d}^2({}^{\bar{l}}{}_0Q_l)}{\mathrm{d}^2\phi_l^{\bar{l}}} \cdot \phi_l^{\bar{l}\wedge 2} + \cdots + \frac{1}{k!}\frac{\mathrm{d}^k({}^{\bar{l}}{}_0Q_l)}{\mathrm{d}^k\phi_l^{\bar{l}}} \cdot \phi_l^{\bar{l}\wedge k} + \cdots \tag{4.177}$$

由式（4.34）及式（4.35）得

$${}^{\bar{l}}Q_l(\phi_l^{\bar{l}}) = \mathbf{1} + {}^{\bar{l}}\tilde{n}_l \cdot \left(\phi_l^{\bar{l}} - \frac{1}{3!} \cdot \phi_l^{\bar{l}\wedge 3} + \cdots + \frac{(-1)^k}{(2k+1)!} \cdot \phi_l^{\bar{l}\wedge 2k+1} + \cdots\right)$$

$$\backslash + {}^{\bar{l}}\tilde{n}_l^{\wedge 2} \cdot \left(\frac{1}{2!} \cdot \phi_l^{\bar{l}\wedge 2} - \frac{1}{4!} \cdot \phi_l^{\bar{l}\wedge 4} + \cdots + \frac{(-1)^k}{2k!} \cdot \phi_l^{\bar{l}\wedge 2k} + \cdots\right) = \exp({}^{\bar{l}}\tilde{n}_l \cdot \phi_l^{\bar{l}})$$

即

$${}^{\bar{l}}Q_l = \exp({}^{\bar{l}}\tilde{\phi}_l) \triangleq \exp({}^{\bar{l}}\tilde{n}_l \cdot \phi_l^{\bar{l}}) \tag{4.178}$$

证毕。

【式（4.68）证明】

由式（4.66）及式（4.67）得

$$\boldsymbol{\tau}_l^{\bar{l}}\cdot(\mathbf{1}-\tau_l\cdot{}^{\bar{l}}\tilde{n}_l)\cdot{}^{\bar{l}}Q_l=(\mathbf{1}-\tau_l\cdot{}^{\bar{l}}\tilde{n}_l)\cdot(\mathbf{1}+2\cdot\tau_l\cdot{}^{\bar{l}}\tilde{n}_l+\tau_l^{\wedge 2}\cdot(\mathbf{1}+2\cdot{}^{\bar{l}}\tilde{n}_l^{\wedge 2}))\quad(4.179)$$

由式（4. 34）、式（4. 35）及式（4. 179）得

$$\boldsymbol{\tau}_l^{\bar{l}}\cdot(\mathbf{1}-\tau_l\cdot{}^{\bar{l}}\tilde{n}_l)\cdot{}^{\bar{l}}Q_l=(\mathbf{1}-\tau_l\cdot{}^{\bar{l}}\tilde{n}_l)\cdot(\mathbf{1}+2\cdot\tau_l\cdot{}^{\bar{l}}\tilde{n}_l+\tau_l^{\wedge 2}\cdot(\mathbf{1}+2\cdot{}^{\bar{l}}\tilde{n}_l^{\wedge 2}))$$

$$=\mathbf{1}+2\cdot\tau_l\cdot{}^{\bar{l}}\tilde{n}_l+\tau_l^{\wedge 2}\cdot(\mathbf{1}+2\cdot{}^{\bar{l}}\tilde{n}_l^{\wedge 2})$$

$$\backslash-\tau_l\cdot({}^{\bar{l}}\tilde{n}_l+2\cdot\tau_l\cdot{}^{\bar{l}}\tilde{n}_l^{\wedge 2}+\tau_l^{\wedge 2}\cdot({}^{\bar{l}}\tilde{n}_l+2\cdot{}^{\bar{l}}\tilde{n}_l^{\wedge 3}))$$

$$=\boldsymbol{\tau}_l^{\bar{l}}\cdot(\mathbf{1}+{}^{\bar{l}}\tilde{n}_l\cdot\tau_l)$$

故有

$$^{\bar{l}}Q_l=(\mathbf{1}+{}^{\bar{l}}\tilde{n}_l\cdot\tau_l)\cdot(\mathbf{1}-{}^{\bar{l}}\tilde{n}_l\cdot\tau_l)^{-1}\quad(4.180)$$

又

$$(\mathbf{1}-{}^{\bar{l}}\tilde{n}_l\cdot\tau_l)\cdot(\mathbf{1}+{}^{\bar{l}}\tilde{n}_l\cdot\tau_l)=(\mathbf{1}+{}^{\bar{l}}\tilde{n}_l\cdot\tau_l)\cdot(\mathbf{1}-{}^{\bar{l}}\tilde{n}_l\cdot\tau_l)$$

故有

$$(\mathbf{1}+{}^{\bar{l}}\tilde{n}_l\cdot\tau_l)\cdot(\mathbf{1}-{}^{\bar{l}}\tilde{n}_l\cdot\tau_l)^{-1}=(\mathbf{1}-{}^{\bar{l}}\tilde{n}_l\cdot\tau_l)^{-1}\cdot(\mathbf{1}+{}^{\bar{l}}\tilde{n}_l\cdot\tau_l)\quad(4.181)$$

由式（4. 180）及式（4. 181）得式（4. 68）成立。

【Cayley 逆变换】

由式（4. 68）得

$$^{\bar{l}}\tilde{n}_l\cdot\tau_l=({}^{\bar{l}}Q_l-\mathbf{1})\cdot({}^{\bar{l}}Q_l+\mathbf{1})^{-1}=({}^{\bar{l}}Q_l+\mathbf{1})^{-1}\cdot({}^{\bar{l}}Q_l-\mathbf{1})\quad(4.182)$$

【证明】　由式（4. 66）及式（4. 67）得

$$\boldsymbol{\tau}_l^{\bar{l}}\cdot{}^{\bar{l}}\tilde{n}_l\cdot\tau_l\cdot({}^{\bar{l}}Q_l+\mathbf{1})={}^{\bar{l}}\tilde{n}_l\cdot\tau_l\cdot(\mathbf{1}+2\cdot\tau_l\cdot{}^{\bar{l}}\tilde{n}_l+\tau_l^{\wedge 2}\cdot(\mathbf{1}+2\cdot{}^{\bar{l}}\tilde{n}_l^{\wedge 2}))$$

由式（4. 34）、式（4. 35）及上式得

$$\boldsymbol{\tau}_l^{\bar{l}}\cdot{}^{\bar{l}}\tilde{n}_l\cdot\tau_l\cdot({}^{\bar{l}}Q_l+\mathbf{1})=\tau_l\cdot({}^{\bar{l}}\tilde{n}_l+2\cdot\tau_l\cdot{}^{\bar{l}}\tilde{n}_l^{\wedge 2}+\tau_l^{\wedge 2}\cdot({}^{\bar{l}}\tilde{n}_l+2\cdot{}^{\bar{l}}\tilde{n}_l^{\wedge 3}))$$

$$=\tau_l\cdot({}^{\bar{l}}\tilde{n}_l+2\cdot\tau_l\cdot{}^{\bar{l}}\tilde{n}_l^{\wedge 2}+\tau_l^{\wedge 2}\cdot({}^{\bar{l}}\tilde{n}_l-2\cdot{}^{\bar{l}}\tilde{n}_l))=\boldsymbol{\tau}_l^{\bar{l}}\cdot({}^{\bar{l}}Q_l-\mathbf{1})$$

故有

$$^{\bar{l}}\tilde{n}_l\cdot\tau_l=({}^{\bar{l}}Q_l-\mathbf{1})\cdot({}^{\bar{l}}Q_l+\mathbf{1})^{-1}\quad(4.183)$$

另外，

$$\boldsymbol{\tau}_l^{\bar{l}}\cdot({}^{\bar{l}}Q_l+\mathbf{1})\cdot{}^{\bar{l}}\tilde{n}_l\cdot\tau_l=\tau_l\cdot(\mathbf{1}+2\cdot\tau_l\cdot{}^{\bar{l}}\tilde{n}_l+\tau_l^{\wedge 2}\cdot(\mathbf{1}+2\cdot{}^{\bar{l}}\tilde{n}_l^{\wedge 2})+\boldsymbol{\tau}_l^{\bar{l}})\cdot{}^{\bar{l}}\tilde{n}_l$$

$$=\tau_l\cdot({}^{\bar{l}}\tilde{n}_l+2\cdot\tau_l\cdot{}^{\bar{l}}\tilde{n}_l^{\wedge 2}+\tau_l^{\wedge 2}\cdot({}^{\bar{l}}\tilde{n}_l+2\cdot{}^{\bar{l}}\tilde{n}_l^{\wedge 3})+\boldsymbol{\tau}_l^{\bar{l}}\cdot{}^{\bar{l}}\tilde{n}_l)$$

$$=\tau_l\cdot({}^{\bar{l}}\tilde{n}_l+2\cdot\tau_l\cdot{}^{\bar{l}}\tilde{n}_l^{\wedge 2}+\tau_l^{\wedge 2}\cdot({}^{\bar{l}}\tilde{n}_l-2\cdot{}^{\bar{l}}\tilde{n}_l)+(1+\tau_l^{\wedge 2})\cdot{}^{\bar{l}}\tilde{n}_l)$$

$$=\boldsymbol{\tau}_l^{\bar{l}}\cdot({}^{\bar{l}}Q_l-\mathbf{1})$$

故有

$$^{\bar{l}}\tilde{n}_l\cdot\tau_l=({}^{\bar{l}}Q_l+\mathbf{1})^{-1}\cdot({}^{\bar{l}}Q_l-\mathbf{1})\quad(4.184)$$

由式（4. 183）及式（4. 184）得式（4. 182）成立。称式（4. 182）为“Cayley 逆变换”。证毕。

【式（4.71）证明】

首先证明：给定任一传递矩阵${}^{\bar{l}}M_l$，其逆矩阵为${}^{l}M_{\bar{l}}$，则有

$$({}^{\bar{l}}M_l+\mathbf{1})^{-1}=\mathbf{1}-({}^{\bar{l}}M_l+\mathbf{1})^{-1}\cdot{}^{\bar{l}}M_l \tag{4.185}$$

证明如下：若式（4.185）成立，则有

$$({}^{\bar{l}}M_l+\mathbf{1})^{-1}\cdot{}^{l}M_{\bar{l}}={}^{l}M_{\bar{l}}-({}^{\bar{l}}M_l+\mathbf{1})^{-1}$$

故有

$$({}^{\bar{l}}M_l+\mathbf{1})^{-1}\cdot{}^{l}M_{\bar{l}}\cdot({}^{\bar{l}}M_l+\mathbf{1})={}^{l}M_{\bar{l}}\cdot({}^{l}M_{\bar{l}}+\mathbf{1})-({}^{\bar{l}}M_l+\mathbf{1})^{-1}\cdot({}^{l}M_{\bar{l}}+\mathbf{1})$$

上式等价为

$${}^{l}M_{\bar{l}}=({}^{\bar{l}}M_l+\mathbf{1})^{-1}\cdot({}^{l}M_{\bar{l}}+\mathbf{1})$$

即$({}^{\bar{l}}M_l+\mathbf{1})\cdot{}^{l}M_{\bar{l}}={}^{l}M_{\bar{l}}+\mathbf{1}$，显然成立。故式（4.185）成立。

接下来证明式（4.71）。由式（4.183）得

$$\begin{aligned}
&({}^{\bar{l}}\tilde{n}_l-{}^{\bar{l}}Q_l\cdot{}^{l}\tilde{n}_{\bar{l}}\cdot{}^{l}Q_{\bar{l}})\cdot\tau_l=({}^{\bar{l}}Q_l-\mathbf{1})\cdot({}^{\bar{l}}Q_l+\mathbf{1})^{-1}\\
&\backslash+{}^{\bar{l}}Q_l\cdot({}^{l}Q_{\bar{l}}-\mathbf{1})\cdot({}^{\bar{l}}Q_l+\mathbf{1})^{-1}\cdot{}^{\bar{l}}Q_l^{-1}\\
&=({}^{\bar{l}}Q_l+\mathbf{1})^{-1}\cdot({}^{\bar{l}}Q_l-\mathbf{1})+(\mathbf{1}-{}^{\bar{l}}Q_l)\cdot(\mathbf{1}+{}^{\bar{l}}Q_l)^{-1}\\
&=({}^{\bar{l}}Q_l+\mathbf{1})^{-1}\cdot{}^{\bar{l}}Q_l-({}^{\bar{l}}Q_l+\mathbf{1})^{-1}-({}^{\bar{l}}Q_l-\mathbf{1})\cdot({}^{\bar{l}}Q_l+\mathbf{1})^{-1}
\end{aligned}$$

由式（4.185）得

$$({}^{\bar{l}}Q_l+\mathbf{1})^{-1}\cdot{}^{\bar{l}}Q_l=\mathbf{1}-({}^{\bar{l}}Q_l+\mathbf{1})^{-1}$$

将之代入上式得

$$\begin{aligned}
&({}^{\bar{l}}Q_l+\mathbf{1})^{-1}\cdot{}^{\bar{l}}Q_l-({}^{\bar{l}}Q_l+\mathbf{1})^{-1}-({}^{\bar{l}}Q_l-\mathbf{1})\cdot({}^{\bar{l}}Q_l+\mathbf{1})^{-1}\\
&=\mathbf{1}-({}^{\bar{l}}Q_l+\mathbf{1})^{-1}-({}^{\bar{l}}Q_l+\mathbf{1})^{-1}+(\mathbf{1}-{}^{\bar{l}}Q_l)\cdot({}^{\bar{l}}Q_l+\mathbf{1})^{-1}\\
&=\mathbf{1}-({}^{\bar{l}}Q_l+\mathbf{1})\cdot({}^{\bar{l}}Q_l+\mathbf{1})^{-1}=\mathbf{0}
\end{aligned}$$

因 $\boldsymbol{\tau}_l^{\bar{l}}$ 是任意的，有${}^{\bar{l}}\tilde{n}_l^{\mathrm{T}}-{}^{\bar{l}}Q_l\cdot{}^{l}\tilde{n}_{\bar{l}}\cdot{}^{l}Q_{\bar{l}}=0$，考虑式（4.15），故式（4.71）得证。

【式（4.73）证明】

由式（4.7）及式（4.29）得${}^{i|k}r_{kS}={}^{i}Q_k\cdot{}^{k}r_{kS}$，则${}^{i|k}r_{kS}$是 $\mathrm{C}_l^{\bar{l}}$ 及 $\mathrm{S}_l^{\bar{l}}$ 的多重线性型，其中 $l\in{}^{i}\mathbf{1}_k$。考虑式（4.67），式（4.7）表示为

$${}^{i}r_{nS}=\sum_{l}^{{}^{i}\mathbf{1}_{nS}}({}^{i}Q_{\bar{l}}\cdot{}^{\bar{l}}r_l)$$

$$=\sum_{l}^{{}^{i}\mathbf{1}_{nS}}\left(\frac{\prod\limits_{k}^{{}^{\bar{l}}\mathbf{1}_n}(\boldsymbol{\tau}_k^{\bar{k}})\cdot\prod\limits_{k}^{{}^{i}\mathbf{1}_{\bar{l}}}({}^{\bar{k}}\boldsymbol{Q}_k)}{\prod\limits_{k}^{{}^{i}\mathbf{1}_{\bar{l}}}(\boldsymbol{\tau}_k^{\bar{k}})\cdot\prod\limits_{k}^{{}^{\bar{l}}\mathbf{1}_n}(\boldsymbol{\tau}_k^{\bar{k}})}\cdot{}^{\bar{l}}r_l\right)=\sum_{l}^{{}^{i}\mathbf{1}_{nS}}\left(\frac{\prod\limits_{k}^{{}^{\bar{l}}\mathbf{1}_n}(\boldsymbol{\tau}_k^{\bar{k}})\cdot\prod\limits_{k}^{{}^{i}\mathbf{1}_{\bar{l}}}({}^{\bar{k}}\boldsymbol{Q}_k)}{\prod\limits_{k}^{{}^{i}\mathbf{1}_n}(\boldsymbol{\tau}_k^{\bar{k}})}\cdot{}^{\bar{l}}r_l\right)$$

即有式（4.73）成立。证毕。

【式（4.147）证明】

将被求导项的参考指标转化为求导时间的参考指标，对于任意有限长度的固定矢量或定位矢量 ${}^{l}r_{lS}$，考虑式（4.144）有

$$\frac{{}^{i}\mathrm{d}}{\mathrm{d}t}(\mathbf{e}_i\cdot{}^{i|l}r_{lS})=\frac{{}^{i}\mathrm{d}}{\mathrm{d}t}(\mathbf{e}_i)\cdot{}^{i|l}r_{lS}+\mathbf{e}_i\cdot\frac{{}^{i}\mathrm{d}}{\mathrm{d}t}({}^{i|l}r_{lS})=\mathbf{e}_i\cdot{}^{i|l}r'_{lS}$$
$$=\mathbf{e}_i\cdot({}^{i}\dot{\tilde{\phi}}_l\cdot{}^{i|l}r_{lS}+{}^{i|l}\dot{r}_{lS})$$
$$=\mathbf{e}_i\cdot{}^{i}\dot{\tilde{\phi}}_l\cdot{}^{i|l}r_{lS}+\mathbf{e}_i\cdot{}^{i|l}\dot{r}_{lS}$$

即

$$\frac{{}^{i}\mathrm{d}}{\mathrm{d}t}(\mathbf{e}_i\cdot{}^{i|l}r_{lS})=\mathbf{e}_i\cdot{}^{i}\dot{\tilde{\phi}}_l\cdot{}^{i|l}r_{lS}+\mathbf{e}_i\cdot{}^{i|l}\dot{r}_{lS}\tag{4.186}$$

另外，

$$\frac{{}^{i}\mathrm{d}}{\mathrm{d}t}(\mathbf{e}_l\cdot{}^{l}r_{lS})={}^{i|}\mathbf{e}'_l\cdot{}^{l}r_{lS}+\mathbf{e}_i\cdot{}^{i|l}\dot{r}_{lS}\tag{4.187}$$

根据矢量绝对求导不变性得

$$\frac{{}^{i}\mathrm{d}}{\mathrm{d}t}(\mathbf{e}_i\cdot{}^{i|l}r_{lS})=\frac{{}^{i}\mathrm{d}}{\mathrm{d}t}(\mathbf{e}_l\cdot{}^{l}r_{lS})\tag{4.188}$$

由式（4.186）、式（4.187）及式（4.188）得式（4.147）。证毕。

【式（4.156）证明】

由式（4.154）得

$${}^{l|i}\dot{L}_{lI}={}^{l}Q_i\cdot{}^{i|lI}\boldsymbol{J}_{lI}\cdot{}^{i}Q_l\cdot{}^{l}Q_i\cdot{}^{i}\ddot{\phi}_l+{}^{l}Q_i\cdot{}^{i}\dot{\tilde{\phi}}_l\cdot{}^{i}Q_l\cdot{}^{l}Q_i\cdot{}^{i|lI}\boldsymbol{J}_{lI}\cdot{}^{i}Q_l\cdot{}^{l}Q_i\cdot{}^{i}\dot{\phi}_l$$

故

$${}^{l|i}\dot{L}_{lI}={}^{l}Q_i\cdot{}^{i|lI}\boldsymbol{J}_{lI}\cdot{}^{i}Q_l\cdot{}^{l}Q_i\cdot{}^{i}\ddot{\phi}_l+{}^{l}Q_i\cdot{}^{i}\dot{\tilde{\phi}}_l\cdot{}^{i}Q_l\cdot{}^{l}Q_i\cdot{}^{i|lI}\boldsymbol{J}_{lI}\cdot{}^{i}Q_l\cdot{}^{l}Q_i\cdot{}^{i}\dot{\phi}_l$$
$$=-{}^{lI}\boldsymbol{J}_{lI}\cdot{}^{l}\ddot{\phi}_i+{}^{l}\dot{\tilde{\phi}}_i\cdot{}^{lI}\boldsymbol{J}_{lI}\cdot{}^{l}\dot{\phi}_i$$

证毕。

【式（4.157）证明】

由式（4.149）得

$${}^{i}\dot{\phi}_n={}^{i}\phi'_n=\sum_{k}^{{}^{i}\mathbf{1}_n}({}^{i|\bar{k}}\phi'_k)=\sum_{k}^{{}^{i}\mathbf{1}_n}({}^{i|\bar{k}}\dot{\phi}_k)=\sum_{k}^{{}^{i}\mathbf{1}_n}({}^{i|\bar{k}}n_k\cdot\dot{\phi}_k^{\bar{k}})$$

证毕。

【式（4.158）证明】

由式（4.153）得

$${}^{i}\ddot{\phi}_n={}^{i}\phi''_n=\sum_{l}^{{}^{i}\mathbf{1}_n}({}^{i|\bar{l}}\phi''_l)=\sum_{l}^{{}^{i}\mathbf{1}_n}({}^{i|\bar{l}}\ddot{\phi}_l+{}^{i}\dot{\tilde{\phi}}_{\bar{l}}\cdot{}^{i|\bar{l}}\dot{\phi}_l)$$

证毕。

【式（4.159）证明】

由式（4.148）得

$$
\begin{aligned}
{}^{i}\dot{r}_{nS} = {}^{i}r'_{nS} &= \sum_{k}^{{}^{i}\mathbf{1}_n} ({}^{i|\bar{k}}r'_k) + {}^{i|n}r'_{nS} \\
&= \sum_{k}^{{}^{i}\mathbf{1}_n} ({}^{i|\bar{k}}\dot{r}_k + {}^{i}\dot{\tilde{\phi}}_{\bar{k}} \cdot {}^{i|\bar{k}}r_k) + {}^{i|n}\dot{r}_{nS} + {}^{i}\dot{\tilde{\phi}}_n \cdot {}^{i|n}r_{nS} \\
&= \sum_{k}^{{}^{i}\mathbf{1}_n} ({}^{i|\bar{k}}n_k \cdot \dot{r}_k^{\bar{k}} + {}^{i}\dot{\tilde{\phi}}_{\bar{k}} \cdot ({}^{i|\bar{k}}l_k + {}^{i|\bar{k}}n_k \cdot r_k^{\bar{k}})) + {}^{i|n}\dot{r}_{nS} + {}^{i}\dot{\tilde{\phi}}_n \cdot {}^{i|n}r_{nS}
\end{aligned}
$$

证毕。

【式（4.160）证明】

由式（4.167）得

$$
\begin{aligned}
{}^{i}\ddot{r}_{nS} = {}^{i}r''_{nS} &= \sum_{k}^{{}^{i}\mathbf{1}_n} ({}^{i|\bar{k}}r''_k) + {}^{i|n}r''_{nS} \\
&= \sum_{k}^{{}^{i}\mathbf{1}_n} ({}^{i|\bar{k}}\ddot{r}_k + 2\cdot{}^{i}\dot{\tilde{\phi}}_{\bar{k}} \cdot {}^{i|\bar{k}}\dot{r}_k + ({}^{i}\ddot{\tilde{\phi}}_{\bar{k}} + {}^{i}\dot{\tilde{\phi}}_{\bar{k}}^{\wedge 2}) \cdot {}^{i|\bar{k}}r_k) + \\
&\quad {}^{i|n}\ddot{r}_{nS} + 2\cdot{}^{i}\dot{\tilde{\phi}}_n \cdot {}^{i|n}\dot{r}_{nS} + ({}^{i}\ddot{\tilde{\phi}}_n + {}^{i}\dot{\tilde{\phi}}_n^{\wedge 2}) \cdot {}^{i|n}r_{nS} \\
&= \sum_{k}^{{}^{i}\mathbf{1}_n} ({}^{i|\bar{k}}n_k \cdot \ddot{r}_k^{\bar{k}} + 2\cdot{}^{i}\dot{\tilde{\phi}}_{\bar{k}} \cdot {}^{i|\bar{k}}n_k \cdot \dot{r}_k^{\bar{k}} + ({}^{i}\ddot{\tilde{\phi}}_{\bar{k}} + {}^{i}\dot{\tilde{\phi}}_{\bar{k}}^{\wedge 2}) \cdot ({}^{i|\bar{k}}l_k + {}^{i|\bar{k}}n_k \cdot r_k^{\bar{k}})) + \\
&\quad {}^{i|n}\ddot{r}_{nS} + 2\cdot{}^{i}\dot{\tilde{\phi}}_n {}^{i|n}\dot{r}_{nS} + ({}^{i}\ddot{\tilde{\phi}}_n + {}^{i}\dot{\tilde{\phi}}_n^{\wedge 2}) \cdot {}^{i|n}r_{nS}
\end{aligned}
$$

证毕。

【定理 4.2 证明】

首先，定义使能函数：

$$
\delta_k^{{}^{i}\mathbf{1}_l} = \begin{cases} 1, & k \in {}^{i}\mathbf{1}_l \\ 0, & k \notin {}^{i}\mathbf{1}_l \end{cases} \tag{4.189}
$$

式（4.189）的特殊形式为

$$
\delta_k^{l} = \begin{cases} 1, & k = l \\ 0, & k \neq l \end{cases} \tag{4.190}
$$

（1）证明绝对角速度对关节角速度的偏速度。

由式（4.157）得

$$
\begin{aligned}
\frac{\partial {}^{i}\phi'_n}{\partial \dot{\phi}_k^{\bar{k}}} &= \frac{\partial}{\partial \dot{\phi}_k^{\bar{k}}}\Big(\sum_{l}^{{}^{i}\mathbf{1}_k} ({}^{i|\bar{l}}\dot{\phi}_l\Big) + \sum_{l}^{{}^{k}\mathbf{1}_n} ({}^{i|\bar{l}}\dot{\phi}_l)) = \sum_{l}^{{}^{i}\mathbf{1}_k} (\delta_k^{l} \cdot {}^{i}Q_{\bar{l}} \cdot \frac{\partial}{\partial \dot{\phi}_k^{\bar{k}}}({}^{\bar{l}}\dot{\phi}_l)) \\
&= \delta_k^{{}^{i}\mathbf{1}_n} \cdot {}^{i}Q_{\bar{k}} \cdot \frac{\partial}{\partial \dot{\phi}_k^{\bar{k}}}({}^{\bar{k}}\dot{\phi}_k) = \delta_k^{{}^{i}\mathbf{1}_n} \cdot {}^{i}Q_{\bar{k}} \cdot \frac{\partial}{\partial \dot{\phi}_k^{\bar{k}}}({}^{\bar{k}}n_k \cdot \dot{\phi}_k^{\bar{k}}) = \delta_k^{{}^{i}\mathbf{1}_n} \cdot {}^{i|\bar{k}}n_k
\end{aligned}
$$

证毕。

（2）证明绝对角加速度对关节角加速度的偏速度。

由式（4.158）得

$$\begin{aligned}\frac{\partial^{i}\ddot{\phi}_n}{\partial\ddot{\phi}_k^{\bar{k}}}&=\frac{\partial}{\partial\ddot{\phi}_k^{\bar{k}}}\sum_{l}^{i\mathbf{1}_n}\left({}^{i|\bar{l}}\ddot{\phi}_l+{}^{i}\dot{\tilde{\phi}}_{\bar{l}}\cdot{}^{i|\bar{l}}\dot{\phi}_l\right)=\sum_{l}^{i\mathbf{1}_k}\left(\delta_k^l\cdot{}^{i}Q_{\bar{l}}\cdot\frac{\partial}{\partial\ddot{\phi}_k^{\bar{k}}}\left({}^{\bar{l}}\ddot{\phi}_l\right)\right)\\&=\delta_k^{i\mathbf{1}_n}\cdot{}^{i}Q_{\bar{k}}\cdot\frac{\partial}{\partial\ddot{\phi}_k^{\bar{k}}}\left({}^{\bar{k}}\ddot{\phi}_k\right)=\delta_k^{i\mathbf{1}_n}\cdot{}^{i|\bar{k}}n_k\end{aligned}\tag{4.191}$$

证毕。

（3）证明绝对位置矢量对关节位移的偏速度。

由式（4.7）得

$$\begin{aligned}\frac{\partial^{i}r_{nS}}{\partial r_k^{\bar{k}}}&=\frac{\partial}{\partial r_k^{\bar{k}}}\left(\sum_{l}^{i\mathbf{1}_k}\left({}^{i|\bar{l}}r_l\right)+\sum_{l}^{k\mathbf{1}_n}\left({}^{i|\bar{l}}r_l\right)+{}^{i|n}r_{nS}\right)\\&=\sum_{l}^{i\mathbf{1}_k}\left(\delta_k^l\cdot{}^{i}Q_{\bar{l}}\cdot\frac{\partial}{\partial r_k^{\bar{k}}}\left({}^{\bar{l}}r_l\right)\right)\\&=\delta_k^{i\mathbf{1}_n}\cdot{}^{i}Q_{\bar{k}}\cdot\frac{\partial}{\partial r_k^{\bar{k}}}\left({}^{\bar{k}}r_k\right)\\&=\delta_k^{i\mathbf{1}_n}\cdot{}^{i}Q_{\bar{k}}\cdot\frac{\partial}{\partial r_k^{\bar{k}}}\left({}^{\bar{k}}n_k\cdot r_k^{\bar{k}}\right)\\&=\delta_k^{i\mathbf{1}_n}\cdot{}^{i|\bar{k}}n_k\end{aligned}\tag{4.192}$$

证毕。

（4）证明绝对平动速度矢量对关节平动速度的偏速度。

$$\begin{aligned}\frac{\partial^{i}r'_{nS}}{\partial\dot{r}_k^{\bar{k}}}&=\frac{\partial}{\partial\dot{r}_k^{\bar{k}}}\left(\sum_{l}^{i\mathbf{1}_k}\left({}^{i|\bar{l}}\dot{r}_l+{}^{i}\dot{\tilde{\phi}}_{\bar{l}}\cdot{}^{i|\bar{l}}r_l\right)+\sum_{l}^{k\mathbf{1}_n}\left({}^{i|\bar{l}}\dot{r}_l+{}^{i}\dot{\tilde{\phi}}_{\bar{l}}\cdot{}^{i|\bar{l}}r_l\right)+{}^{i|n}\dot{r}_{nS}+{}^{i}\dot{\tilde{\phi}}_{n}\,{}^{i|n}r_{nS}\right)\\&=\sum_{l}^{i\mathbf{1}_k}\left(\delta_k^l\cdot{}^{i}Q_{\bar{l}}\cdot\frac{\partial}{\partial\dot{r}_k^{\bar{k}}}\left({}^{\bar{l}}\dot{r}_l\right)\right)=\delta_k^{i\mathbf{1}_n}\cdot{}^{i}Q_{\bar{k}}\cdot\frac{\partial}{\partial\dot{r}_k^{\bar{k}}}\left({}^{\bar{k}}\dot{r}_k\right)=\delta_k^{i\mathbf{1}_n}\cdot{}^{i|\bar{k}}n_k\end{aligned}$$

证毕。

（5）证明绝对平动加速度矢量对关节平动加速度的偏速度。

由式（4.160）得

$$\begin{aligned}\frac{\partial^{i}r''_{nS}}{\partial\ddot{r}_k^{\bar{k}}}&=\frac{\partial}{\partial\ddot{r}_k^{\bar{k}}}\left(\begin{aligned}&\sum_{k}^{i\mathbf{1}_n}\left({}^{i|\bar{k}}n_k\cdot\ddot{r}_k^{\bar{k}}+2\cdot{}^{i}\dot{\tilde{\phi}}_{\bar{k}}\cdot{}^{i|\bar{k}}n_k\cdot\dot{r}_k^{\bar{k}}+\left({}^{i}\ddot{\tilde{\phi}}_{\bar{k}}+{}^{i}\dot{\tilde{\phi}}_{\bar{k}}^{\wedge 2}\right)\cdot\left({}^{i|\bar{k}}l_k+{}^{i|\bar{k}}n_k\cdot r_k^{\bar{k}}\right)\right)\\&+{}^{i|n}\ddot{r}_{nS}+2\cdot{}^{i}\dot{\tilde{\phi}}_{n}\,{}^{i|n}\dot{r}_{nS}+\left({}^{i}\ddot{\tilde{\phi}}_{n}+{}^{i}\dot{\tilde{\phi}}_{n}^{\wedge 2}\right)\cdot{}^{i|n}r_{nS}\end{aligned}\right)\\&=\sum_{l}^{i\mathbf{1}_k}\left(\delta_k^l\cdot{}^{i}Q_{\bar{l}}\cdot\frac{\partial}{\partial\ddot{r}_k^{\bar{k}}}\left({}^{\bar{l}}\ddot{r}_l\right)\right)=\delta_k^{i\mathbf{1}_n}\cdot{}^{i|\bar{k}}n_k\end{aligned}\tag{4.193}$$

综上，式（4.161）得证。

（6）证明旋转变换矩阵对关节角度的偏速度。

由式（4.29）得

$$
{}^{\bar{l}}Q_l \cdot {}^{\bar{l}}\tilde{n}_l = {}^{\bar{l}}\tilde{n}_l + {}^{\bar{l}}\tilde{n}_l^{\wedge 2} \cdot \mathrm{S}_l^{\bar{l}} - {}^{\bar{l}}\tilde{n}_l \cdot (1-\mathrm{C}_l^{\bar{l}}) = {}^{\bar{l}}\tilde{n}_l^{\wedge 2} \cdot \mathrm{S}_l^{\bar{l}} + {}^{\bar{l}}\tilde{n}_l \cdot \mathrm{C}_l^{\bar{l}}
$$

$$
{}^{\bar{l}}\tilde{n}_l \cdot {}^{\bar{l}}Q_l = {}^{\bar{l}}\tilde{n}_l + {}^{\bar{l}}\tilde{n}_l^{\wedge 2} \cdot \mathrm{S}_l^{\bar{l}} - {}^{\bar{l}}\tilde{n}_l \cdot (1-\mathrm{C}_l^{\bar{l}}) = {}^{\bar{l}}\tilde{n}_l^{\wedge 2} \cdot \mathrm{S}_l^{\bar{l}} + {}^{\bar{l}}\tilde{n}_l \cdot \mathrm{C}_l^{\bar{l}}
$$

及

$$
\frac{\partial}{\partial \phi_l^{\bar{l}}}({}^{\bar{l}}Q_l) = {}^{\bar{l}}\tilde{n}_l \cdot \mathrm{C}_l^{\bar{l}} + {}^{\bar{l}}\tilde{n}_l^{\wedge 2} \cdot \mathrm{S}_l^{\bar{l}}
$$

进一步，由式（4.48）得

$$
\frac{\partial}{\partial \phi_l^{\bar{l}}}({}^{\bar{l}}Q_l) = \frac{\partial}{\partial \phi_l^{\bar{l}}}(\exp({}^{\bar{l}}\tilde{n}_l \cdot \phi_l^{\bar{l}})) = {}^{\bar{l}}\tilde{n}_l \cdot {}^{\bar{l}}Q_l = {}^{\bar{l}}Q_l \cdot {}^{\bar{l}}\tilde{n}_l \tag{4.194}
$$

故

$$
\frac{\partial}{\partial \phi_l^{\bar{l}}}({}^{i}Q_u) = {}^{i}Q_{\bar{l}} \cdot \frac{\partial}{\partial \phi_l^{\bar{l}}}({}^{\bar{l}}Q_l) \cdot {}^{l}Q_u = {}^{i}Q_{\bar{l}} \cdot {}^{\bar{l}}\tilde{n}_l \cdot {}^{\bar{l}}Q_i \cdot {}^{i}Q_{\bar{l}} \cdot {}^{\bar{l}}Q_l \cdot {}^{l}Q_u = {}^{i|\bar{l}}\tilde{n}_l \cdot {}^{i}Q_u
$$

进一步得

$$
\frac{\partial}{\partial \phi_k^{\bar{k}}}({}^{i|\bar{u}}\phi_u) = \frac{\partial}{\partial \phi_k^{\bar{k}}}({}^{i}Q_{\bar{u}} \cdot {}^{\bar{u}}\phi_u) = {}^{i|\bar{k}}\tilde{n}_k \cdot {}^{i}Q_{\bar{u}} \cdot {}^{\bar{u}}\phi_u = {}^{i|\bar{k}}\tilde{n}_k \cdot {}^{i|\bar{u}}\phi_u
$$

即

$$
\frac{\partial}{\partial \phi_k^{\bar{k}}}({}^{i|\bar{u}}\phi_u) = {}^{i|\bar{k}}\tilde{n}_k \cdot {}^{i|\bar{u}}\phi_u \tag{4.195}
$$

式（4.163）得证。

（7）证明绝对位置矢量对关节角度的偏速度。

记齐次坐标

$$
{}^{\bar{l}}\underset{\cdot}{r}_{lS} = \begin{bmatrix} {}^{\bar{l}}r_{lS} \\ 1 \end{bmatrix},\quad {}^{l}\underset{\cdot}{r}_{lS} = \begin{bmatrix} {}^{l}r_{lS} \\ 1 \end{bmatrix},\quad {}^{\bar{l}}R_l = \begin{bmatrix} {}^{\bar{l}}Q_l & {}^{\bar{l}}r_l \\ 0_3^{\mathrm{T}} & 1 \end{bmatrix}。 \tag{4.196}
$$

则有齐次变换

$$
{}^{\bar{l}}\underset{\cdot}{r}_{lS} = {}^{\bar{l}}R_l \cdot {}^{l}\underset{\cdot}{r}_{lS} \tag{4.197}
$$

根据式（4.197），有

$$
{}^{i}\underset{\cdot}{r}_{nS} = \prod_{l}^{{}^{i}\mathbf{1}_n}({}^{\bar{l}}R_l) \cdot {}^{n}\underset{\cdot}{r}_{nS} \tag{4.198}
$$

将式（4.198）代入式（4.192），并考虑式（4.194），得

$$
\frac{\partial^{i}\underset{\cdot}{r}_{nS}}{\partial \phi_k^{\bar{k}}} = \frac{\partial}{\partial \phi_k^{\bar{k}}}\left(\prod_{l}^{{}^{i}\mathbf{1}_k}({}^{\bar{l}}R_l) \cdot \prod_{l}^{{}^{k}\mathbf{1}_n}({}^{\bar{l}}R_l) \cdot {}^{n}\underset{\cdot}{r}_{nS}\right)
$$

$$
=\frac{\partial}{\partial \phi_{k}^{\bar{k}}}\Big(\prod_{l}^{{}^{i}\mathbf{1}_{k}}({}^{\bar{l}}R_{l})\Big)\cdot\prod_{l}^{{}^{k}\mathbf{1}_{n}}({}^{\bar{l}}R_{l})\cdot{}^{n}r_{nS}+\prod_{l}^{{}^{i}\mathbf{1}_{k}}({}^{\bar{l}}R_{l})\cdot\frac{\partial}{\partial \phi_{k}^{\bar{k}}}\Big(\prod_{l}^{{}^{k}\mathbf{1}_{n}}({}^{\bar{l}}R_{l})\cdot{}^{n}r_{nS}\Big)
$$

$$
=\frac{\partial}{\partial \phi_{k}^{\bar{k}}}\Big(\prod_{l}^{{}^{i}\mathbf{1}_{k}}({}^{\bar{l}}R_{l})\Big)\cdot\prod_{l}^{{}^{k}\mathbf{1}_{n}}({}^{\bar{l}}R_{l})\cdot{}^{n}r_{nS}
$$

$$
=\prod_{l}^{{}^{i}\mathbf{1}_{\bar{k}}}({}^{\bar{l}}R_{l})\cdot\frac{\partial}{\partial \phi_{k}^{\bar{k}}}({}^{\bar{k}}R_{k})\cdot\prod_{l}^{{}^{k}\mathbf{1}_{n}}({}^{\bar{l}}R_{l})\cdot{}^{n}r_{nS}
$$

$$
=\prod_{l}^{{}^{i}\mathbf{1}_{\bar{k}}}({}^{\bar{l}}R_{l})\cdot\begin{bmatrix}\dfrac{\partial}{\partial \phi_{k}^{\bar{k}}}({}^{\bar{k}}Q_{k}) & 0_{3}\\ 0_{3}^{\mathrm{T}} & 0\end{bmatrix}\cdot\prod_{l}^{{}^{k}\mathbf{1}_{n}}({}^{\bar{l}}R_{l})\cdot{}^{n}r_{nS}
$$

$$
=\delta_{k}^{{}^{i}\mathbf{1}_{n}}\cdot\begin{bmatrix}{}^{i}Q_{\bar{k}}\cdot\dfrac{\partial}{\partial \phi_{k}^{\bar{k}}}({}^{\bar{k}}Q_{k}) & 0_{3}\\ 0_{3}^{\mathrm{T}} & 0\end{bmatrix}\cdot\prod_{l}^{{}^{k}\mathbf{1}_{n}}({}^{\bar{l}}R_{l})\cdot{}^{n}r_{nS}
$$

即

$$
\frac{\partial\,{}^{i}r_{nS}}{\partial \phi_{k}^{\bar{k}}}=\delta_{k}^{{}^{i}\mathbf{1}_{n}}\cdot\begin{bmatrix}{}^{i}Q_{\bar{k}}\cdot\dfrac{\partial}{\partial \phi_{k}^{\bar{k}}}({}^{\bar{k}}Q_{k}) & 0_{3}\\ 0_{3}^{\mathrm{T}} & 0\end{bmatrix}\cdot\prod_{l}^{{}^{k}\mathbf{1}_{n}}({}^{\bar{l}}R_{l})\cdot{}^{n}r_{nS}
$$

故有

$$
\frac{\partial\,{}^{i}r_{nS}}{\partial \phi_{k}^{\bar{k}}}=\delta_{k}^{{}^{i}\mathbf{1}_{n}}\cdot{}^{i}Q_{\bar{k}}\cdot\frac{\partial}{\partial \phi_{k}^{\bar{k}}}({}^{\bar{k}}Q_{k})\cdot{}^{k}r_{nS}=\delta_{k}^{{}^{i}\mathbf{1}_{n}}\cdot{}^{i|\bar{k}}\tilde{n}_{k}\cdot{}^{i|k}r_{nS}
$$

证毕。

（8）证明绝对平动速度矢量对关节角速度的偏速度。

由式（4.159）得

$$
\frac{\partial\,{}^{i}r'_{nS}}{\partial \dot{\phi}_{k}^{\bar{k}}}=\frac{\partial}{\partial \dot{\phi}_{k}^{\bar{k}}}\Big(\sum_{l}^{{}^{i}\mathbf{1}_{k}}({}^{i|\bar{l}}\dot{r}_{l}+{}^{i}\dot{\tilde{\phi}}_{\bar{l}}\cdot{}^{i|\bar{l}}r_{l})+\sum_{l}^{{}^{k}\mathbf{1}_{n}}({}^{i|\bar{l}}\dot{r}_{l}+{}^{i}\dot{\tilde{\phi}}_{\bar{l}}\cdot{}^{i|\bar{l}}r_{l})+{}^{i|n}\dot{r}_{nS}+{}^{i}\dot{\tilde{\phi}}_{n}\,{}^{i|n}r_{nS}\Big)
$$

$$
=\frac{\partial}{\partial \dot{\phi}_{k}^{\bar{k}}}\Big(\sum_{l}^{{}^{k}\mathbf{1}_{n}}({}^{i|\bar{l}}\dot{r}_{l}+{}^{i}\dot{\tilde{\phi}}_{\bar{l}}\cdot{}^{i|\bar{l}}r_{l})\Big)+\frac{\partial}{\partial \dot{\phi}_{k}^{\bar{k}}}({}^{i|n}\dot{r}_{nS}+{}^{i}\dot{\tilde{\phi}}_{n}\cdot{}^{i|n}r_{nS})
$$

$$
=\sum_{l}^{{}^{k}\mathbf{1}_{n}}\left(\frac{\partial}{\partial \dot{\phi}_{k}^{\bar{k}}}({}^{i}\dot{\tilde{\phi}}_{\bar{l}})\cdot{}^{i|\bar{l}}r_{l}\right)+\frac{\partial}{\partial \dot{\phi}_{k}^{\bar{k}}}({}^{i}\dot{\tilde{\phi}}_{n}\cdot{}^{i|n}r_{nS})
$$

$$
=\sum_{l}^{{}^{k}\mathbf{1}_{n}}({}^{i|\bar{k}}\tilde{n}_{k}\cdot{}^{i|\bar{l}}r_{l})+{}^{i|\bar{k}}\tilde{n}_{k}\cdot{}^{i|n}r_{nS}
$$

$$
=\delta_{k}^{{}^{i}\mathbf{1}_{n}}\cdot{}^{i|\bar{k}}\tilde{n}_{k}\cdot{}^{i|k}r_{nS}
$$

证毕。

（9）证明绝对平动加速度矢量对关节角加速度的偏速度。

由式（4.160）得

$$\frac{\partial^i r''_{nS}}{\partial \ddot{\phi}_k^{\bar{k}}} = \frac{\partial}{\partial \ddot{\phi}_k^{\bar{k}}}\left(\begin{array}{c}\sum_{l}^{^i\mathbf{1}_n} \left({}^{i|\bar{l}}n_l \cdot \ddot{r}_l^{\bar{l}} + 2 \cdot {}^i\dot{\tilde{\phi}}_{\bar{l}} \cdot {}^{i|\bar{l}}n_l \cdot \dot{r}_l^{\bar{l}} + \left({}^i\ddot{\tilde{\phi}}_{\bar{l}} + {}^i\dot{\tilde{\phi}}_l^{\wedge 2}\right) \cdot {}^{i|\bar{l}}r_l\right) \\ + {}^{i|n}\ddot{r}_{nS} + 2 \cdot {}^i\dot{\tilde{\phi}}_n \cdot {}^{i|n}\dot{r}_{nS} + \left({}^i\ddot{\tilde{\phi}}_n + {}^i\dot{\tilde{\phi}}_n^{\wedge 2}\right) \cdot {}^{i|n}r_{nS}\end{array}\right)$$

$$= \frac{\partial}{\partial \ddot{\phi}_k^{\bar{k}}}\left(\sum_{l}^{^k\mathbf{1}_n} \left({}^i\ddot{\tilde{\phi}}_{\bar{l}} \cdot {}^{i|\bar{l}}r_l\right) + {}^i\ddot{\tilde{\phi}}_n \cdot {}^{i|n}r_{nS}\right)$$

$$= \frac{\partial}{\partial \ddot{\phi}_k^{\bar{k}}}\left(\sum_{l}^{^k\mathbf{1}_n} \left({}^i\ddot{\tilde{\phi}}_{\bar{l}} \cdot {}^{i|\bar{l}}r_l\right)\right) + \frac{\partial}{\partial \ddot{\phi}_k^{\bar{k}}}\left({}^i\ddot{\tilde{\phi}}_n \cdot {}^{i|n}r_{nS}\right)$$

$$= \sum_{l}^{^k\mathbf{1}_n} \left({}^{i|\bar{k}}\tilde{n}_k \cdot {}^{i|\bar{l}}r_l\right) + {}^{i|\bar{k}}\tilde{n}_k \cdot {}^{i|n}r_{nS}$$

$$= \delta_k^{^i\mathbf{1}_n} \cdot {}^{i|\bar{k}}\tilde{n}_k \cdot {}^{i|k}r_{nS}$$

式（4.162）得证。

思 考 题

1. 分别从双重外积公式和投影的角度证明式（4.27）。

2. 若已知机械臂末端任一矢量${}^{i|6}r_{6S}$及末端轴矢量${}^{i|5}n_6$，给定期望矢量${}^{i|6}_{d}r_{6S}$及期望轴矢量${}^{i|5}_{d}n_6$，求${}^iQ_6$。

3. 数值计算时能否直接运用式（4.6）进行计算？

第 5 章 基于 3D 空间操作代数的多体动力学

5.1 引言

经典的牛顿-欧拉方程、拉格朗日方程和凯恩方程均缺乏结构化的符号演算系统，难以建立迭代式运动学及规范化的动力学方程，无法自动地完成运动学、动力学建模、求解及控制。因此，本章主要目的是建立运动链符号演算的经典动力学系统。

首先，基于第 3 章的运动链符号系统，建立包含质点惯量、动量、能量、牛顿方程、欧拉方程的质点动力学公理化系统；以之为基础，针对一般形式的变质量、变质心、变惯量理想体，建立牛顿-欧拉动力学方程，它们具有迭代式和伪代码功能。

其次，基于轴矢量建立牛顿-欧拉系统的关节空间运动约束方程，以实例说明运动的前向迭代流程，并给出牛顿-欧拉动力学系统建模流程。

再次，研究 CE3 月面巡视器动力学仿真分析系统，证明基于运动链符号演算的牛顿-欧拉动力学系统的正确性。

最后，基于牛顿-欧拉动力学符号演算系统，推导多轴系统的拉格朗日方程与凯恩方程，通过实例阐述它们各自的特点，指出引入运动链符号演算系统建立程序式和迭代式动力学模型是多体动力学的研究方向，为第 6 章奠定理论基础。

5.2 本章学习基础

（1）基于轴不变量的转动。

$$^{\bar{l}}Q_l=\mathbf{1}+\mathrm{S}_l^{\bar{l}}\cdot{}^{\bar{l}}\tilde{n}_l+(1-\mathrm{C}_l^{\bar{l}})\cdot{}^{\bar{l}}\tilde{n}_l^{\wedge 2}=\exp({}^{\bar{l}}\tilde{n}_l\cdot\phi_l^{\bar{l}}) \tag{5.1}$$

$$^{\bar{l}}Q_l=(2\cdot{}^{\bar{l}}\underset{\cdot}{\lambda}_l^{[4]\wedge 2}-1)\cdot\mathbf{1}+2\cdot{}^{\bar{l}}\boldsymbol{\lambda}_l\cdot{}^{\bar{l}}\boldsymbol{\lambda}_l^{\mathrm{T}}+2\cdot{}^{\bar{l}}\underset{\cdot}{\lambda}_l^{[4]}\cdot{}^{\bar{l}}\tilde{\boldsymbol{\lambda}}_l \tag{5.2}$$

$$^{\bar{l}}\underset{\cdot}{\lambda}_l=\begin{bmatrix}{}^{\bar{l}}\boldsymbol{\lambda}_l & {}^{\bar{l}}\boldsymbol{\lambda}_l^{[4]}\end{bmatrix}^{\mathrm{T}}=\begin{bmatrix}{}^{\bar{l}}n_l\cdot\mathrm{S}_l & \mathrm{C}_l\end{bmatrix}^{\mathrm{T}} \tag{5.3}$$

其中，

$$\mathrm{C}_l=\mathrm{C}(0.5\cdot\phi_l^{\bar{l}}),\mathrm{S}_l=\mathrm{S}(0.5\cdot\phi_l^{\bar{l}}),\quad \tau_l=\tau_l^{\bar{l}}=\tan(0.5\cdot\phi_l^{\bar{l}})$$

$$\mathrm{C}_l^{\bar{l}}=\mathrm{C}(\phi_l^{\bar{l}}),\quad \mathrm{S}_l^{\bar{l}}=\mathrm{S}(\phi_l^{\bar{l}}) \tag{5.4}$$

（2）运动学迭代式。

给定轴链$^{i}\mathbf{1}_n$，$\mathbf{1}_l^i\geqslant 2$，有以下速度及加速度迭代式：

$$
{}^{i}Q_{n}=\prod_{l}^{{}^{i}\mathbf{1}_{\bar{n}}}\left({}^{\bar{l}}Q_{l}\right)\cdot{}^{\bar{n}}Q_{n} \tag{5.5}
$$

$$
{}^{i}\lambda_{n}=\prod_{l}^{{}^{i}\mathbf{1}_{\bar{n}}}\left({}^{\bar{l}}\tilde{\lambda}_{l}\right)\cdot{}^{\bar{n}}\lambda_{n} \tag{5.6}
$$

$$
{}^{i}r_{nS}=\sum_{l}^{{}^{i}\mathbf{1}_{nS}}\left({}^{i|\bar{l}}r_{l}\right)=\sum_{l}^{{}^{i}\mathbf{1}_{nS}}\left({}^{i|\bar{l}}l_{l}+{}^{\bar{l}}n_{l}\cdot r_{l}^{\bar{l}}\right) \tag{5.7}
$$

$$
{}^{i}\dot{\phi}_{n}=\sum_{l}^{{}^{i}\mathbf{1}_{n}}\left({}^{i|\bar{l}}\dot{\phi}_{l}\right)=\sum_{l}^{{}^{i}\mathbf{1}_{n}}\left({}^{i|\bar{l}}n_{l}\cdot\dot{\phi}_{l}^{\bar{l}}\right) \tag{5.8}
$$

$$
{}^{i}\ddot{\phi}_{n}=\sum_{l}^{{}^{i}\mathbf{1}_{n}}\left({}^{i|\bar{l}}\ddot{\phi}_{l}+{}^{i}\dot{\tilde{\phi}}_{\bar{l}}\cdot{}^{i|\bar{l}}\dot{\phi}_{l}\right) \tag{5.9}
$$

$$
{}^{i}\dot{r}_{n}=\sum_{l}^{{}^{i}\mathbf{1}_{n}}\left({}^{i|\bar{l}}\dot{r}_{l}+{}^{i}\dot{\tilde{\phi}}_{\bar{l}}\cdot{}^{i|\bar{l}}r_{l}\right) \tag{5.10}
$$

$$
{}^{i}\ddot{r}_{n}=\sum_{l}^{{}^{i}\mathbf{1}_{n}}\left({}^{i|\bar{l}}\ddot{r}_{l}+2\cdot{}^{i}\dot{\tilde{\phi}}_{\bar{l}}\cdot{}^{i|\bar{l}}\dot{r}_{l}+\left({}^{i}\ddot{\tilde{\phi}}_{\bar{l}}+{}^{i}\dot{\tilde{\phi}}_{\bar{l}}^{\wedge 2}\right)\cdot{}^{i|\bar{l}}r_{\bar{l}}\right) \tag{5.11}
$$

（3）给定轴链${}^{i}\mathbf{1}_{n}$，k，$l\in{}^{i}\mathbf{1}_{n}$，有以下二阶矩公式：

$$
{}^{k}\tilde{r}_{kS}\cdot{}^{k|l}\tilde{r}_{lS}={}^{k|l}r_{lS}\cdot{}^{k}r_{kS}^{\mathrm{T}}-{}^{k|l}r_{lS}^{\mathrm{T}}\cdot{}^{k}r_{kS}\cdot\mathbf{1} \tag{5.12}
$$

$$
\widetilde{{}^{k}\tilde{r}_{kS}\cdot{}^{k|l}r_{lS}}={}^{k|l}r_{lS}\cdot{}^{k}r_{kS}^{\mathrm{T}}-{}^{k}r_{kS}\cdot{}^{k|l}r_{lS}^{\mathrm{T}} \tag{5.13}
$$

$$
{}^{k}\tilde{r}_{kS}\cdot{}^{k|l}\tilde{r}_{lS}-{}^{k|l}\tilde{r}_{lS}\cdot{}^{k}\tilde{r}_{kS}={}^{k|l}r_{lS}\cdot{}^{k}r_{kS}^{\mathrm{T}}-{}^{k}r_{kS}\cdot{}^{k|l}r_{lS}^{\mathrm{T}}=\widetilde{{}^{k}\tilde{r}_{kS}\cdot{}^{k|l}r_{lS}} \tag{5.14}
$$

（4）左序叉乘与其转置存在下列关系：

$$
{}^{i}\dot{\phi}_{l}^{\mathrm{T}}\cdot{}^{i|l}\tilde{r}_{lS}=-{}^{i|l}r_{lS}^{\mathrm{T}}\cdot{}^{i}\dot{\tilde{\phi}}_{l},\quad\left({}^{i}\dot{\phi}_{l}^{\mathrm{T}}\cdot{}^{i|l}\tilde{r}_{lS}\right)^{\mathrm{T}}={}^{i}\dot{\tilde{\phi}}_{l}\cdot{}^{i|l}r_{lS} \tag{5.15}
$$

（5）给定轴链${}^{i}\mathbf{1}_{u}$，$k\in{}^{i}\mathbf{1}_{u}$，有以下偏速度迭代式：

$$
\begin{cases}
\dfrac{\partial^{i}\phi_{u}}{\partial r_{k}^{\bar{k}}}=\dfrac{\partial^{i}\dot{\phi}_{u}}{\partial\dot{r}_{k}^{\bar{k}}}=\dfrac{\partial^{i}\ddot{\phi}_{u}}{\partial\ddot{r}_{k}^{\bar{k}}}=\mathbf{0}\cdot{}^{i|\bar{k}}n_{k}, & {}^{\bar{k}}\boldsymbol{k}_{k}\in\boldsymbol{P}\\
\dfrac{\partial^{i}r_{uS}}{\partial\phi_{k}^{\bar{k}}}=\dfrac{\partial^{i}\dot{r}_{uS}}{\partial\dot{\phi}_{k}^{\bar{k}}}=\dfrac{\partial^{i}\ddot{r}_{uS}}{\partial\ddot{\phi}_{k}^{\bar{k}}}=-{}^{i|k}\tilde{r}_{uS}\cdot{}^{i|\bar{k}}n_{k}, & {}^{\bar{k}}\boldsymbol{k}_{k}\in\boldsymbol{R}
\end{cases} \tag{5.16}
$$

$$
\begin{cases}
\dfrac{\partial^{i}r_{uS}}{\partial r_{k}^{\bar{k}}}=\dfrac{\partial^{i}\dot{r}_{uS}}{\partial\dot{r}_{k}^{\bar{k}}}=\dfrac{\partial^{i}\ddot{r}_{uS}}{\partial\ddot{r}_{k}^{\bar{k}}}=\mathbf{1}\cdot{}^{i|\bar{k}}n_{k}, & {}^{\bar{k}}\boldsymbol{k}_{k}\in\boldsymbol{P}\\
\dfrac{\partial^{i}\dot{\phi}_{u}}{\partial\dot{\phi}_{k}^{\bar{k}}}=\dfrac{\partial^{i}\ddot{\phi}_{u}}{\partial\ddot{\phi}_{k}^{\bar{k}}}=\mathbf{1}\cdot{}^{i|\bar{k}}n_{k}, & {}^{\bar{k}}\boldsymbol{k}_{k}\in\boldsymbol{R}
\end{cases} \tag{5.17}
$$

$$
\begin{cases}
\dfrac{\partial}{\partial\phi_{k}^{\bar{k}}}\left({}^{i|\bar{u}}\phi_{u}\right)=-{}^{i|\bar{u}}\tilde{\phi}_{u}\cdot{}^{i|\bar{k}}n_{k}\\
\dfrac{\partial}{\partial\phi_{k}^{\bar{k}}}\left({}^{i|\bar{u}}n_{u}\right)=-{}^{i|\bar{u}}\tilde{n}_{u}\cdot{}^{i|\bar{k}}n_{k}
\end{cases},\quad{}^{\bar{k}}\boldsymbol{k}_{k}\in\boldsymbol{R} \tag{5.18}
$$

5.3　质点动力学符号演算

本节应用运动链符号系统，建立质点动力学符号演算体系，为理想体（理想质点系统）动力学符号演算系统奠定基础。

定义 5.1　称质量及体积为无穷小的质量点为质点。质点的质量及体积与其参考空间无关，即质点的质量及体积具有不变性；质点是运动链中的质点，不存在孤立的质点。

对于质点运动链${}^{\bar{l}}\boldsymbol{\mathit{1}}_{lS}=(\bar{l},l,lS]$，质点 m_{lS}与 3D 轴空间 l 固结。通过质点运动链依次可以推演质点、刚体、理想体及多体系统的动力学模型。例如，若令 i 表示太阳，$\bar{l}$ 表示地球，l 表示月球，lS 表示月球上任一个质点，则可借此运动链分析“日–地–月”动力学关系。${}^{\bar{l}}\boldsymbol{\mathit{1}}_{lS}$表明，3D 空间 l 是可分的，它由任意点 lS 构成；该空间有其上层 3D 空间 $\bar{l}$。

在牛顿力学系统中，惯性空间 i 是指匀速度运动或相对静止的空间。本书中，惯性系视为被研究系统的环境空间，绝对匀速度或静止的空间是不存在的，它是一个相对的概念。惯性空间的选择与我们认识的空间范围有关，环境空间越大，对被研究系统的环境作用力就越多，建模也就越准确。同时，力与力矩是对偶的概念，它们相互依存，因为力的作用具有力及力矩的双重效应。牛顿方程与欧拉方程通常也是不可分割的整体。

5.3.1　质点惯量

在经典力学当中，质点无惯量。其前提是：质点的转心在质点上。然而，质点总是绕着比它质量大得多的对象运动。例如，地球绕太阳公转，电子绕原子核运动。

1. 质点一阶矩及质心

定义质点 m_{lS}的质量一阶矩${}^{l}m_{lS}$为

$$
{}^{l}m_{lS}=m_{lS}\cdot{}^{l}r_{lS} \tag{5.19}
$$

显然，质点 m_{lS}的质心位置矢量 ${}^{l}r_{lI}={}^{l}r_{lS}$。

2. 质点二阶矩

定义 5.2　质点 m_{lS}的质点二阶矩，即相对转动惯量${}^{\bar{l}}J_{lS}$，如式（5.20）所示：

$$
{}^{\bar{l}}J_{lS}\triangleq-m_{lS}\cdot{}^{\bar{l}}\tilde{r}_{lS}\cdot{}^{\bar{l}|l}\tilde{r}_{lS} \tag{5.20}
$$

对于运动链${}^{\bar{l}}\boldsymbol{\mathit{1}}_{lS}$，由式 ${}^{\bar{l}}r_{lS}={}^{\bar{l}}r_{l}+{}^{\bar{l}|l}r_{lS}$及式（5.12）得质点 m_{lS}的二阶矩：

$$
\begin{aligned}
m_{lS}\cdot{}^{\bar{l}}\tilde{r}_{lS}\cdot{}^{\bar{l}|l}\tilde{r}_{lS}&=m_{lS}\cdot({}^{\bar{l}|l}r_{lS}\cdot{}^{\bar{l}}r_{lS}^{\mathrm{T}}-{}^{\bar{l}|l}r_{lS}^{\mathrm{T}}\cdot{}^{\bar{l}}r_{lS}\cdot\mathbf{1})\\
&=m_{lS}\cdot[{}^{\bar{l}|l}r_{lS}\cdot({}^{\bar{l}}r_{l}^{\mathrm{T}}+{}^{k|l}r_{lS}^{\mathrm{T}})-{}^{k|l}r_{lS}^{\mathrm{T}}\cdot({}^{\bar{l}}r_{l}+{}^{\bar{l}|l}r_{lS})\cdot\mathbf{1}]\\
&=m_{lS}\cdot[({}^{\bar{l}|l}r_{lS}\cdot{}^{\bar{l}}r_{l}^{\mathrm{T}}-{}^{\bar{l}|l}r_{lS}^{\mathrm{T}}\cdot{}^{\bar{l}}r_{l}\cdot\mathbf{1})+({}^{k|l}r_{lS}\cdot{}^{\bar{l}|l}r_{lS}^{\mathrm{T}}-{}^{\bar{l}|l}r_{lS}^{\mathrm{T}}\cdot{}^{\bar{l}|l}r_{lS}\cdot\mathbf{1})]\\
&=m_{lS}\cdot({}^{\bar{l}}\tilde{r}_{l}\cdot{}^{\bar{l}|l}\tilde{r}_{lS}+{}^{\bar{l}|l}\tilde{r}_{lS}^{\wedge 2})
\end{aligned}
$$

显然，质点 m_{lS}的二阶矩是 ${}^{\bar{l}}\boldsymbol{\mathit{1}}_{lS}$中两个节点 k 及 l 至点 lS 的双叉乘，故有

$$
m_{lS}\cdot({}^{\bar{l}}\tilde{r}_{lS}\cdot{}^{\bar{l}|l}\tilde{r}_{lS})=m_{lS}\cdot({}^{\bar{l}}\tilde{r}_{l}\cdot{}^{\bar{l}|l}\tilde{r}_{lS}+{}^{\bar{l}|l}\tilde{r}_{lS}^{\wedge 2}) \tag{5.21}
$$

3. 质点相对转动惯量

由式（5.20）及式（5.21）得

$$^{\bar{l}}J_{lS}=-(m_{lS}\cdot{}^{\bar{l}}\tilde{r}_{l}\cdot{}^{\bar{l}|l}\tilde{r}_{lS}+m_{lS}\cdot{}^{\bar{l}|l}\tilde{r}_{lS}^{\wedge 2}) \tag{5.22}$$

若 Frame#$\bar{l}$ 与 Frame#l 重合，则由式（5.12）及式（5.20）得

$$\begin{aligned}^{l}J_{lS}&=m_{lS}\cdot({}^{l}r_{lS}^{\mathrm{T}}\cdot{}^{l}r_{lS}\cdot\mathbf{1}-{}^{l}r_{lS}\cdot{}^{l}r_{lS}^{\mathrm{T}})\\&=m_{lS}\cdot\begin{bmatrix}{}^{l}r_{lS}^{[2]\wedge 2}+{}^{l}r_{lS}^{[3]\wedge 2} & -{}^{l}r_{lS}^{[1]}\cdot{}^{l}r_{lS}^{[2]} & -{}^{l}r_{lS}^{[1]}\cdot{}^{l}r_{lS}^{[3]}\\ -{}^{l}r_{lS}^{[2]}\cdot{}^{l}r_{lS}^{[1]} & {}^{l}r_{lS}^{[3]\wedge 2}+{}^{l}r_{lS}^{[1]\wedge 2} & -{}^{l}r_{lS}^{[2]}\cdot{}^{l}r_{lS}^{[3]}\\ -{}^{l}r_{lS}^{[3]}\cdot{}^{l}r_{lS}^{[1]} & -{}^{l}r_{lS}^{[3]}\cdot{}^{l}r_{lS}^{[2]} & {}^{l}r_{lS}^{[1]\wedge 2}+{}^{l}r_{lS}^{[2]\wedge 2}\end{bmatrix}\end{aligned} \tag{5.23}$$

式（5.20）及式（5.21）相对转动惯量具有两个转心，一个是节点 $\bar{l}$，一个是节点 l，仅一个转心的情况是特例。例如，近地卫星既围绕地球转动，又围绕太阳转动。

5.3.2 质点动量与能量

定义 5.3 位于${}^{l}r_{lS}$的质点 m_{lS}相对惯性空间 i 的线动量${}^{i}p_{lS}$为

$$^{i}p_{lS}\triangleq m_{lS}\cdot{}^{i}\dot{r}_{lS} \tag{5.24}$$

定义 5.4 质点 m_{lS}相对惯性空间 i 的动量矩（简称角动量）${}^{i}h_{lS}$为

$$^{i}h_{lS}\triangleq{}^{i|l}\tilde{r}_{lS}\cdot{}^{i}p_{lS} \tag{5.25}$$

式（5.25）表明，角动量是位置矢量 ${}^{l}r_{lS}$与线动量${}^{i}p_{lS}$的一阶矩。由式（5.25）得

$$\begin{aligned}^{i}h_{lS}&=m_{lS}\cdot{}^{i|l}\tilde{r}_{lS}\cdot{}^{i}\dot{r}_{lS}\\&=m_{lS}\cdot{}^{i|l}\tilde{r}_{lS}\cdot({}^{i}\dot{r}_{l}+{}^{i}\dot{\tilde{\phi}}_{l}\cdot{}^{i|l}r_{lS}+{}^{i|l}\dot{r}_{lS})\\&=-m_{lS}\cdot{}^{i|l}\tilde{r}_{lS}^{\wedge 2}\cdot{}^{i}\dot{\phi}_{l}+m_{lS}\cdot{}^{i|l}\tilde{r}_{lS}\cdot({}^{i}\dot{r}_{l}+{}^{i|l}\dot{r}_{lS})\\&\triangleq{}^{i|l}J_{lS}\cdot{}^{i}\dot{\phi}_{l}+m_{lS}\cdot{}^{i|l}\tilde{r}_{lS}\cdot({}^{i}\dot{r}_{l}+{}^{i|l}\dot{r}_{lS})\end{aligned}$$

故有

$$^{i}h_{lS}={}^{i|l}J_{lS}\cdot{}^{i}\dot{\phi}_{l}+m_{lS}\cdot{}^{i|l}\tilde{r}_{lS}\cdot({}^{i}\dot{r}_{l}+{}^{i|l}\dot{r}_{lS}) \tag{5.26}$$

定义 5.5 将位于${}^{i}r_{lS}$的质点 m_{lS}的能量 $\mathcal{E}_{lS}^{i}$定义为

$$\mathcal{E}_{lS}^{i}=0.5\cdot m_{lS}\cdot{}^{i}\dot{r}_{lS}^{\mathrm{T}}\cdot{}^{i}\dot{r}_{lS} \tag{5.27}$$

对于运动链${}^{i}\mathbf{l}_{lS}=(i,\cdots,l,lS]$，由式（5.27）得

$$\mathcal{E}_{lS}^{i}=0.5\cdot m_{lS}\cdot\begin{pmatrix}({}^{i}\dot{r}_{l}^{\mathrm{T}}+{}^{i|l}\dot{r}_{lS}^{\mathrm{T}})\cdot({}^{i}\dot{r}_{l}+{}^{i|l}\dot{r}_{lS})\\ \backslash +2\cdot{}^{i}\dot{\phi}_{l}^{\mathrm{T}}\cdot{}^{i|l}\tilde{r}_{lS}\cdot({}^{i}\dot{r}_{l}+{}^{i|l}\dot{r}_{lS})\end{pmatrix}+0.5\cdot{}^{i}\dot{\phi}_{l}^{\mathrm{T}}\cdot{}^{i|l}J_{lS}\cdot{}^{i}\dot{\phi}_{l} \tag{5.28}$$

证明见本章附录。式（5.28）中右侧括号中第一项为平动动能，括号中第二项为耦合动能。

5.3.3　质点牛顿-欧拉动力学符号系统

若空间 l 作用于点 lS 的力为 ${}^{i|l}f_{lS}$，则该作用力对体系 l 原点的作用力矩 ${}^{i|l}\tau_{lS}$ 为

$$ {}^{i|l}\tau_{lS}={}^{i|l}\tilde{r}_{lS}\cdot{}^{i|l}f_{lS} \tag{5.29} $$

其中，力臂 ${}^{i|l}r_{lS}$ 的转心为 Frame#l 之原点，${}^{i|l}\tau_{lS}$ 为 ${}^{i|l}f_{lS}$ 对该转动心的作用效应。作用于 3D 体 l 之外的力不改变对体 l 的运动状态，位于 ${}^{l}r_{lS}$ 的质点 m_{lS} 相对惯性空间 i 的动量方程为

$$ \frac{{}^{i}\mathrm{d}}{\mathrm{d}t}({}^{i}p_{lS})={}^{i|l}f_{lS} \tag{5.30} $$

$$ \frac{{}^{i}\mathrm{d}}{\mathrm{d}t}({}^{i}h_{lS})={}^{i|l}\tau_{lS} \tag{5.31} $$

其中，${}^{i|l}f_{lS}$ 为作用于质点 m_{lS} 的合力；${}^{i|l}\tau_{lS}$ 是 ${}^{i|l}f_{lS}$ 以 3D 空间 l 原点为转心的合力矩。式（5.30）及式（5.31）绝对求导后的参考系 i 不发生改变。${}^{l}f_{lS}$ 表示 3D 空间 l 作于点 lS 上的力。

由式（5.26）得变质点 m_{lS} 的欧拉方程为

$$ \begin{aligned} &{}^{i|l}J_{lS}\cdot{}^{i}\ddot{\phi}_{l}+{}^{i|l}\dot{J}_{lS}\cdot{}^{i}\dot{\phi}_{l}+{}^{i}\dot{\tilde{\phi}}_{l}\cdot{}^{i|l}J_{lS}\cdot{}^{i}\dot{\phi}_{l}\\ &\backslash+\dot{m}_{lS}\cdot{}^{i|l}\tilde{r}_{lS}\cdot({}^{i}\dot{r}_{l}+{}^{i|l}\dot{r}_{lS})\\ &\backslash+m_{lS}\cdot(\widetilde{{}^{i|l}\dot{r}_{lS}+{}^{i}\dot{\tilde{\phi}}_{l}\cdot{}^{i|l}r_{lS}})\cdot({}^{i}\dot{r}_{l}+{}^{i|l}\dot{r}_{lS})\\ &\backslash+m_{lS}\cdot{}^{i|l}\tilde{r}_{lS}\cdot({}^{i}\ddot{r}_{l}+{}^{i|l}\ddot{r}_{lS}+{}^{i}\dot{\tilde{\phi}}_{l}\cdot{}^{i|l}\dot{r}_{lS})={}^{i|l}\tau_{lS} \end{aligned} \tag{5.32} $$

由式（5.24）得变质点 m_{lS} 的牛顿方程为

$$ \begin{aligned} &m_{lS}\cdot({}^{i}\ddot{r}_{l}+{}^{i|l}\ddot{r}_{lS}+({}^{i}\ddot{\tilde{\phi}}_{l}+{}^{i}\dot{\tilde{\phi}}_{l}^{\wedge 2})\cdot{}^{i|l}r_{lS}+2\cdot{}^{i}\dot{\tilde{\phi}}_{l}\cdot{}^{i|l}\dot{r}_{lS})\\ &\backslash+\dot{m}_{lS}\cdot({}^{i}\dot{r}_{l}+{}^{i|l}\dot{r}_{lS}+{}^{i}\dot{\tilde{\phi}}_{l}\cdot{}^{i|l}r_{lS})={}^{i|l}f_{lS} \end{aligned} \tag{5.33} $$

式（5.32）及式（5.33）证明见本章附录。

因为平动与转动密不可分，牛顿-欧拉方程应该以不可分割的整体形式表示。由式（5.32）及式（5.33）得如下牛顿-欧拉质点动力学定理。

定理 5.1　给定运动链 ${}^{i}\mathbf{1}_{lS}=(i,\cdots,l,lS]$，质点 lS 的质量为 m_{lS}，其相对转动惯量如式（5.23）所示，则该质点的牛顿-欧拉动力学方程为

$$ \begin{bmatrix} {}^{i|l}\boldsymbol{M}_{lS}^{[1][1]} & {}^{i|l}\boldsymbol{M}_{lS}^{[1][2]}\\ {}^{i|l}\boldsymbol{M}_{lS}^{[2][1]} & {}^{i|l}\boldsymbol{M}_{lS}^{[2][2]} \end{bmatrix}\cdot\begin{bmatrix} {}^{i}\ddot{\gamma}_{lS}^{[1]}\\ {}^{i}\ddot{\gamma}_{lS}^{[2]} \end{bmatrix}+\begin{bmatrix} {}^{i|l}W_{lS}^{[1]}\\ {}^{i|l}W_{lS}^{[2]} \end{bmatrix}=\begin{bmatrix} {}^{i|l}\tau_{lS}\\ {}^{i|l}f_{lS} \end{bmatrix} \tag{5.34} $$

其中，

$$ \begin{aligned} &{}^{i|l}\boldsymbol{M}_{lS}^{[1][1]}={}^{i|l}J_{lS},\qquad {}^{i|l}\boldsymbol{M}_{lS}^{[1][2]}=m_{lS}\cdot{}^{i|l}\tilde{r}_{lS}\\ &{}^{i|l}\boldsymbol{M}_{lS}^{[2][1]}=-m_{lS}\cdot{}^{i|l}\tilde{r}_{lS},\qquad {}^{i|l}\boldsymbol{M}_{lS}^{[2][2]}=m_{lS}\cdot\mathbf{1} \end{aligned} \tag{5.35} $$

$$ {}^{i}\ddot{\gamma}_{lS}^{[1]}={}^{i}\ddot{\phi}_{l},\quad {}^{i}\ddot{\gamma}_{lS}^{[2]}={}^{i}\ddot{r}_{l}+{}^{i|l}\ddot{r}_{lS} \tag{5.36} $$

$$
\begin{aligned}
{}^{i|l}W_{lS}^{[1]} &= {}^{i}\dot{\tilde{\phi}}_{l} \cdot {}^{i|l}J_{lS} \cdot {}^{i}\dot{\phi}_{l} + m_{lS} \cdot \left(\widetilde{{}^{i|l}\dot{r}_{lS} + {}^{i}\dot{\tilde{\phi}}_{l} \cdot {}^{i|l}r_{lS}}\right) \cdot \left({}^{i}\dot{r}_{l} + {}^{i|l}\dot{r}_{lS}\right) \\
&\backslash + m_{lS} \cdot {}^{i|l}\tilde{r}_{lS} \cdot {}^{i}\dot{\tilde{\phi}}_{l} \cdot {}^{i|l}\dot{r}_{lS} + {}^{i|l}\dot{J}_{lS} \cdot {}^{i}\dot{\phi}_{l} + \dot{m}_{lS} \cdot {}^{i|l}\tilde{r}_{lS} \cdot \left({}^{i}\dot{r}_{l} + {}^{i|l}\dot{r}_{lS}\right) \\
{}^{i|l}W_{lS}^{[2]} &= m_{lS} \cdot \left({}^{i}\dot{\tilde{\phi}}_{l}^{\wedge 2} \cdot {}^{i|l}r_{lS} + 2 \cdot {}^{i}\dot{\tilde{\phi}}_{l} \cdot {}^{i|l}\dot{r}_{lS}\right) + \dot{m}_{lS} \cdot \left({}^{i}\dot{r}_{l} + {}^{i|l}\dot{r}_{lS} + {}^{i}\dot{\tilde{\phi}}_{l} \cdot {}^{i|l}r_{lS}\right)
\end{aligned}
\tag{5.37}
$$

式（5.37）中，对体系 l 的原点 O_l 不加约束；平动加速度是体系 l 原点 O_l 相对惯性空间的加速度${}^{i}\ddot{r}_{l}$；外力${}^{i|l}f_{lS}$是环境 i 作用于质点 lS 上的力。外作用力矩${}^{i}\tau_{lS}$是外力${}^{i|l}f_{lS}$相对于转轴 l 的力矩。定理 5.1 既直观地反映质点天体动力学过程又是理想体动力学的基础。显然，惯性矩阵${}^{i|l}M_{lS}$是对称阵。

显然，当质点 m_{lS}位于体系 l 的原点 O_l 时，即质点 m_{lS}与 O_l 重合时，由式（5.32）及式（5.33）得牛顿-欧拉方程

$$
\begin{cases}
{}^{i|l}J_{lS} \cdot {}^{i}\ddot{\phi}_{l} + {}^{i}\dot{\tilde{\phi}}_{l} \cdot {}^{i|l}J_{lS} \cdot {}^{i}\dot{\phi}_{l} + {}^{i|l}\dot{J}_{lS} \cdot {}^{i}\dot{\phi}_{l} = {}^{i|l}\tau_{lS} \\
m_{lS} \cdot {}^{i}\ddot{r}_{lS} + \dot{m}_{lS} \cdot {}^{i}\dot{r}_{lS} = {}^{i|l}f_{lS}
\end{cases}
\tag{5.38}
$$

牛顿-欧拉方程的前提条件是：以质心系为参考，即${}^{i}\ddot{r}_{lS}$是质心的加速度，${}^{i}f_{lS}$是作用于质心的外力。式（5.34）及式（5.37）的广义质点牛顿-欧拉方程特点：

（1）投影参考系 i 不一定是牛顿力学中的惯性参考系，绝对的惯性空间不存在；

（2）投影参考系 i 表示的是质点及外作用力构成的树链系统的根节点，该节点不一定是惯性空间；因此，称该系统为广义质点牛顿-欧拉系统。

5.4 理想体牛顿-欧拉动力学符号系统

定义 5.6 称由可数个质点构成的系统为质点系统。质点系统是空间及质量无穷可分的系统，是一个质点序列。

定义 5.7 将具有以下属性的质点系统称为理想质点系统，简称理想体。

（1）质点系统中的任一质点的运动不影响其他质点的质量与能量；

（2）质点的质量、能量及转动惯量具有可加性；

（3）无外作用力时，质点系统的动量与能量保持不变。

在现实系统中，有很好的理想体系统。例如，被柔性体封装的密度不变的液体，火箭的等压封装的燃料贮罐。刚体是理想体的特例，刚体不存在形变。理想体的质心、惯量及形态均可以改变，但不影响系统内的任一点质点的质量、能量及动量。

本节基于质点动力学符号演算系统，建立理想体的广义牛顿-欧拉动力学方程。由质点的质量、转动惯量、动量（线动量、转动动量）、能量可加性，建立理想体的质量、转动惯量、动量、能量演算方法，以惯性系及体系分别表示理想体的广义牛顿-欧拉动力学方程。对于理想体，质点体积及质量为无穷小，质点及求和符号应分别理解为密度及对体的积分。

理想动力体$\boldsymbol{B}_l$ 表示为

$$
\boldsymbol{B}_l = \{ m_{lS} \mid lS \in \Omega_l \}
\tag{5.39}
$$

且有质点 m_{lS}与${}^{l}r_{lS}$无关，即理想体中任一点的密度是常数。

5.4.1　理想体惯量

1. 平动惯量及质心

对于理想体，m_{lS}与${}^{l}r_{lS}$不相关，由式（5.19）得理想体一阶矩 $m_l \cdot {}^{l}r_{lI}$

$$\sum_{lS}^{\Omega_l} ({}^{l}m_{lS}) = \sum_{lS}^{\Omega_l} (m_{lS} \cdot {}^{l}r_{lS}) = m_l \cdot {}^{l}r_{lI} \tag{5.40}$$

由式（5.40）得

$$m_l \cdot {}^{l}r_{lI} = \sum_{lS}^{\Omega_l} (m_{lS} \cdot {}^{l}r_{lS}) \tag{5.41}$$

其中，m_l 为理想体，${}^{l}r_{lI}$为理想体质心坐标矢量，且有

$$m_l = \sum_{lS}^{\Omega_l} (m_{lS}),\quad {}^{l}r_{lI} = \frac{1}{m_l} \cdot \sum_{lS}^{\Omega_l} (m_{lS} \cdot {}^{l}r_{lS})$$

由式（5.41）可知，质心由质点系统各个质点共同确定。

> 质心在工程上难以精确测量，经常通过理论计算得到近似的质心，故以质心为参考点会导致计算误差。计算机无法直接计算连续体的积分，因此式（5.41）写为求和形式。

2. 相对转动惯量

由式（5.41）及式（5.20）得理想体 l 的相对转动惯量${}^{\bar{l}}J_{lI}$

$${}^{\bar{l}}J_{lI} \triangleq \sum_{lS}^{\Omega_l} ({}^{\bar{l}}J_{lS}) = -\sum_{lS}^{\Omega_l} (m_{lS} \cdot {}^{\bar{l}}\tilde{r}_{lS} \cdot {}^{\bar{l}|l}\tilde{r}_{lS}) \tag{5.42}$$

因理想体的质点 m_{lS}不依赖于位置矢量 ${}^{\bar{l}|l}r_{lS}$，故由式（5.41）及式（5.22）得理想体转动惯量${}^{\bar{l}}J_{lI}$

$$\begin{aligned}
{}^{\bar{l}}J_{lI} &\triangleq -\sum_{lS}^{\Omega_l} (m_{lS} \cdot {}^{\bar{l}}\tilde{r}_{l} \cdot {}^{\bar{l}|l}\tilde{r}_{lS}) - \sum_{lS}^{\Omega_l} (m_{lS} \cdot {}^{\bar{l}|l}\tilde{r}_{lS}^{\wedge 2}) \\
&= -{}^{\bar{l}}\tilde{r}_{l} \cdot \sum_{lS}^{\Omega_l} (m_{lS} \cdot {}^{\bar{l}|l}\tilde{r}_{lS}) - \sum_{lS}^{\Omega_l} (m_{lS} \cdot {}^{\bar{l}|l}\tilde{r}_{lS}^{\wedge 2}) \\
&= -m_l \cdot {}^{\bar{l}}\tilde{r}_{l} \cdot {}^{\bar{l}|l}\tilde{r}_{lI} + {}^{\bar{l}|l}J_{lI}
\end{aligned}$$

即有

$${}^{\bar{l}}J_{lI} = -m_l \cdot {}^{\bar{l}}\tilde{r}_{l} \cdot {}^{\bar{l}|l}\tilde{r}_{lI} + {}^{\bar{l}|l}J_{lI} \tag{5.43}$$

3. 质心惯量及平行轴定理

由式（5.42）得

$${}^{\bar{l}|l}J_{lI} = \sum_{lS}^{\Omega_l} (-m_{lS} \cdot {}^{\bar{l}|l}\tilde{r}_{lS}^{\wedge 2}) \tag{5.44}$$

由式（5.44）得

$$^{lI}J_{lI}=\sum_{lS}^{\Omega_l}\left(-m_{lS}\cdot{}^{lI}\tilde{r}_{lS}^{\wedge 2}\right) \tag{5.45}$$

由式（5.43）及式（5.44）得

$$^{\bar{l}}J_{lI}=-m_l\cdot{}^{\bar{l}}\tilde{r}_l\cdot{}^{\bar{l}|l}\tilde{r}_{lI}+{}^{\bar{l}|l}J_{lI} \tag{5.46}$$

称$^{\bar{l}}J_{lI}$为理想体 l 的转动惯量，它具有可加性。

若 Frame#$\bar{l}$ 原点位于理想体 l 质心 lI 上，且与 Frame#l 重合，由式（5.46）得理想体绝对惯量$^{lI}J_{lI}$

$$^{lI}J_{lI}=m_l\cdot{}^{l}\tilde{r}_{lI}^{\wedge 2}+{}^{l}J_{lI} \tag{5.47}$$

即得转动惯量的平行轴定理：

$$^{l}J_{lI}=-m_l\cdot{}^{l}\tilde{r}_{lI}^{\wedge 2}+{}^{lI}J_{lI} \tag{5.48}$$

由式（5.48）可知，质心惯量是最小转动惯量。由式（5.45）及式（5.12）得

$$^{lI}J_{lI}=-\sum_{S}^{\Omega_l}\left(m_{lS}\cdot{}^{lI}\tilde{r}_{lS}^{\wedge 2}\right)=\sum_{S}^{\Omega_l}\left(m_{lS}\cdot\left({}^{lI}r_{lS}^{\mathrm{T}}\cdot{}^{lI}r_{lS}\cdot\mathbf{1}-{}^{lI}r_{lS}\cdot{}^{lI}r_{lS}^{\mathrm{T}}\right)\right) \tag{5.49}$$

由式（5.49）得质心转动惯量$^{lI}J_{lI}$分量形式：

$$^{lI}J_{lI}=\sum_{lS}^{\Omega_l}\left(m_{lS}\cdot\begin{bmatrix}{}^{lI}r_{lS}^{[2]\wedge 2}+{}^{lI}r_{lS}^{[3]\wedge 2} & -{}^{lI}r_{lS}^{[1]}\cdot{}^{lI}r_{lS}^{[2]} & -{}^{lI}r_{lS}^{[1]}\cdot{}^{lI}r_{lS}^{[3]}\\ -{}^{lI}r_{lS}^{[2]}\cdot{}^{lI}r_{lS}^{[1]} & {}^{lI}r_{lS}^{[3]\wedge 2}+{}^{lI}r_{lS}^{[1]\wedge 2} & -{}^{lI}r_{lS}^{[2]}\cdot{}^{lI}r_{lS}^{[3]}\\ -{}^{lI}r_{lS}^{[3]}\cdot{}^{lI}r_{lS}^{[1]} & -{}^{lI}r_{lS}^{[3]}\cdot{}^{lI}r_{lS}^{[2]} & {}^{lI}r_{lS}^{[1]\wedge 2}+{}^{lI}r_{lS}^{[2]\wedge 2}\end{bmatrix}\right) \tag{5.50}$$

因$^{lI}J_{lI}$及$^{l}J_{lI}$是二阶惯性张量，故有

$$^{k|lI}J_{lI}={}^{k}Q_l\cdot{}^{lI}J_{lI}\cdot{}^{l}Q_k,\quad {}^{k|l}J_{lI}={}^{k}Q_l\cdot{}^{l}J_{lI}\cdot{}^{l}Q_k \tag{5.51}$$

> 与 DCM$^{\bar{l}}Q_l$ 的链指标含义不同，转动惯量$^{lI}J_{lI}$的左上指标 lI 表示转心，右下指标 lI 表示体$\boldsymbol{B}_l$ 的等效质量中心。由于惯量$^{lI}J_{lI}$是二阶矩，$^{lI}J_{lI}$不等于 0，且满足如式（5.51）所示的相似变换。另外，要注意$^{l}J_{lI}\neq-m_l\cdot{}^{l}\tilde{r}_{lI}^{\wedge 2}$，质心 lI 是质量等效中心。

5.4.2 理想体能量

给定运动链$^{i}\mathbf{l}_l$，由式（5.28）得体 l 动能

$$\begin{aligned}\mathcal{E}_l={}&0.5\cdot m_l\cdot{}^{i}\dot{r}_l^{\mathrm{T}}\cdot{}^{i}\dot{r}_l+m_l\cdot{}^{i}\dot{r}_l^{\mathrm{T}}\cdot{}^{i|l}\dot{r}_{lI}+0.5\cdot\sum_{lS}^{\Omega_l}\left(m_{lS}\cdot{}^{i|l}\dot{r}_{lS}^{\mathrm{T}}\cdot{}^{i|l}\dot{r}_{lS}\right)\\ &+0.5\cdot{}^{i}\dot{\phi}_l^{\mathrm{T}}\cdot{}^{i|l}J_{lI}\cdot{}^{i}\dot{\phi}_l+m_l\cdot{}^{i}\dot{\phi}_l^{\mathrm{T}}\cdot{}^{i|l}\tilde{r}_{lI}\cdot{}^{i}\dot{r}_l+\sum_{lS}^{\Omega_l}m_{lS}\cdot\left({}^{i}\dot{\phi}_l^{\mathrm{T}}\cdot{}^{i|l}\tilde{r}_{lS}\cdot{}^{i|l}\dot{r}_{lS}\right)\end{aligned} \tag{5.52}$$

证明见本章附录。在式（5.52）右侧，前三项为平动动能，第四项为转动动能，第五、六项为耦合动能。

若考虑刚体，则有柯尼希定理（König's theorem）

$$\mathcal{E}_l^i = 0.5\cdot m_l\cdot {}^i\dot{r}_{lI}^{\mathrm{T}}\cdot {}^i\dot{r}_{lI} + 0.5\cdot {}^i\dot{\phi}_l^{\mathrm{T}}\cdot {}^{i|lI}J_{lI}\cdot {}^i\dot{\phi}_l \tag{5.53}$$

证明见本章附录。由式（5.53）得

$$\mathcal{E}_l^i = 0.5\cdot {}^i\dot{\gamma}_{lI}^{\mathrm{T}}\cdot {}^{i|lI}\boldsymbol{M}_{lI}\cdot {}^i\dot{\gamma}_{lI} \tag{5.54}$$

其中，

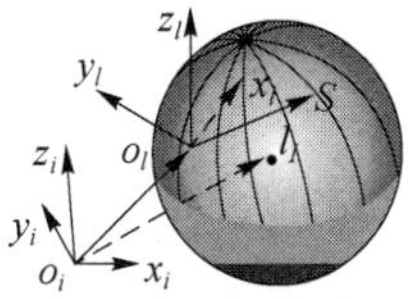

图 5.1　理想体质心与质点关系

$${}^{i|lI}\boldsymbol{M}_{lI} = \begin{bmatrix} {}^{i|lI}J_{lI} & \mathbf{0} \\ \mathbf{0} & m_l\cdot\mathbf{1} \end{bmatrix},\quad {}^i\gamma\cdot{}_{lI} = \begin{bmatrix} {}^i\dot{\phi}_l \\ {}^i\dot{r}_{lI} \end{bmatrix}$$

5.4.3　理想体线动量与牛顿方程

如图 5.1 所示，给定运动链${}^i\mathbf{1}_l$，则理想体 l 动量表示为

$${}^ip_{lI} = \sum_{lS}^{\Omega_l}({}^ip_{lS}) = m_l\cdot{}^i\dot{r}_{lI} \tag{5.55}$$

证明见本章附录。

如图 5.1 所示，给定运动链${}^i\mathbf{1}_l$，则有理想体 l 广义牛顿方程

$$\begin{aligned} & m_l\cdot\left[{}^i\ddot{r}_l + {}^{i|l}\ddot{r}_{lI} + ({}^i\ddot{\tilde{\phi}}_l + {}^i\dot{\tilde{\phi}}_l^{\wedge 2})\cdot{}^{i|l}r_{lI} + 2\cdot{}^i\dot{\tilde{\phi}}_l\cdot{}^{i|l}\dot{r}_{lI}\right] \\ & \backslash + \dot{m}_l\cdot({}^i\dot{r}_l + {}^{i|l}\dot{r}_{lI} + {}^i\dot{\tilde{\phi}}_l\cdot{}^{i|l}r_{lI}) = {}^{i|l}f_{lI} \end{aligned} \tag{5.56}$$

证明见本章附录。

当理想体 l 为刚体时，考虑惯性中心 lI 系 l 原点的特定形式，得牛顿方程

$$m_l\cdot{}^i\ddot{r}_{lI} = {}^{i|l}f_{lI} \tag{5.57}$$

5.4.4　理想体角动量与欧拉方程

给定运动链${}^i\mathbf{1}_l$，由式（5.26）得理想体 l 的角动量${}^ih_l$

$${}^ih_l = {}^{i|l}J_{lI}\cdot{}^i\dot{\phi}_l + m_l\cdot{}^{i|l}\tilde{r}_{lI}\cdot{}^i\dot{r}_l + \sum_{lS}^{\Omega_l}(m_{lS}\cdot{}^{i|l}\tilde{r}_{lS}\cdot{}^{i|l}\dot{r}_{lS}) \tag{5.58}$$

证明见本章附录。

若体 l 的惯性中心 lI 位于坐标系 l 原点特定情形，则有角动量表示

$${}^ih_l = {}^{i|lI}J_{lI}\cdot{}^i\dot{\phi}_l \tag{5.59}$$

如图 5.1 所示，给定运动链${}^i\mathbf{1}_l$，由式（5.32）得理想体 l 的欧拉方程

$$\begin{aligned} {}^{i|l}\tau_{lI} = & {}^{i|l}J_{lI}\cdot{}^i\ddot{\phi}_l + {}^{i|l}\dot{J}_{lI}\cdot{}^i\dot{\phi}_l + {}^i\dot{\tilde{\phi}}_l\cdot{}^{i|l}J_{lI}\cdot{}^i\dot{\phi}_l \\ & \backslash + \dot{m}_l\cdot{}^{i|l}\tilde{r}_{lI}\cdot{}^i\dot{r}_l + m_l\cdot{}^{i|l}\tilde{r}_{lI}\cdot{}^i\ddot{r}_l + m_l\cdot(\widetilde{{}^{i|l}\dot{r}_{lI} + {}^i\dot{\tilde{\phi}}_l\cdot{}^{i|l}r_{lI}})\cdot{}^i\dot{r}_l \\ & \backslash + \sum_{lS}^{\Omega_l}(\dot{m}_{lS}\cdot{}^{i|l}\tilde{r}_{lS}\cdot{}^{i|l}\dot{r}_{lS} + m_{lS}\cdot({}^i\dot{\tilde{\phi}}_l\cdot{}^{i|l}\tilde{r}_{lS}\cdot{}^{i|l}\dot{r}_{lS} + {}^{i|l}\tilde{r}_{lS}\cdot{}^{i|l}\ddot{r}_{lS})) \end{aligned} \tag{5.60}$$

其中，

$${}^{i|l}\tau_{lI} = \sum_{lS}^{\Omega_l}({}^{i|l}\tau_{lS}) \tag{5.61}$$

表示作用在体 l 上的合外力 ${}^{i}f_{ll}$ 相对于轴 l 的力矩。证明见本章附录。

通过本节的证明结果可知，理想体基本属性量的计算、动力学方程与矢量力学相应的结论，本质上是兼容的；由于加入了运动链符号指标，使理想体属性量的表征与动力学系统方程的物理内涵及作用关系更清晰，为计算机自主完成动力学建模提供了严谨的形式化的理论基础。

5.4.5 理想体的牛顿-欧拉方程

本节阐述理想体（变质心、变质量及变惯量）的动力学方程及其求解原理。首先，基于理想体的牛顿方程及欧拉方程得如下理想体牛顿-欧拉动力学定理。

定理 5.2 给定运动链 ${}^{\bar{l}}\mathbf{1}_{ll}$，理想 l 的质量为 m_l，其相对转动惯量如式（5.48）所示，则由式（5.37）得该理想体牛顿-欧拉动力学方程：

$$\begin{bmatrix} {}^{i|l}\boldsymbol{M}_{ll}^{[1][1]} & {}^{i|l}\boldsymbol{M}_{ll}^{[1][2]} \\ {}^{i|l}\boldsymbol{M}_{ll}^{[2][1]} & {}^{i|l}\boldsymbol{M}_{ll}^{[2][2]} \end{bmatrix} \cdot \begin{bmatrix} {}^{i}\ddot{\gamma}_{ll}^{[1]} \\ {}^{i}\ddot{\gamma}_{ll}^{[2]} \end{bmatrix} + \begin{bmatrix} {}^{i|l}W_{ll}^{[1]} \\ {}^{i|l}W_{ll}^{[2]} \end{bmatrix} = \begin{bmatrix} {}^{i|l}\tau_{ll} \\ {}^{i|l}f_{ll} \end{bmatrix} \tag{5.62}$$

其中，

$$\begin{gathered} {}^{i|l}\boldsymbol{M}_{ll}^{[1][1]} = {}^{i|l}J_{ll}, \quad {}^{i|l}\boldsymbol{M}_{ll}^{[1][2]} = m_l \cdot {}^{i|l}\tilde{r}_{ll} \\ {}^{i|l}\boldsymbol{M}_{ll}^{[2][1]} = -m_l \cdot {}^{i|l}\tilde{r}_{ll}, \quad {}^{i|l}\boldsymbol{M}_{ll}^{[2][2]} = m_l \cdot \mathbf{1} \end{gathered} \tag{5.63}$$

$${}^{i}\ddot{\gamma}_{ll}^{[1]} = {}^{i}\ddot{\phi}_l, \quad {}^{i}\ddot{\gamma}_{ll}^{[2]} = {}^{i}\ddot{r}_l \tag{5.64}$$

$$\begin{aligned} {}^{i|l}W_{ll}^{[1]} = {} & {}^{i}\dot{\tilde{\phi}}_l \cdot {}^{i|l}J_{ll} \cdot {}^{i}\dot{\phi}_l + {}^{i|l}\dot{J}_{ll} \cdot {}^{i}\dot{\phi}_l + \dot{m}_l \cdot {}^{i|l}\tilde{r}_{ll} \cdot {}^{i}\dot{r}_l \\ & \backslash + \sum_{lS}^{\Omega_l} (\dot{m}_{lS} \cdot {}^{i|l}\tilde{r}_{lS} \cdot {}^{i|l}\dot{r}_{lS}) + m_l \cdot ({}^{i|l}\dot{\tilde{r}}_{ll} + \widetilde{{}^{i}\dot{\tilde{\phi}}_l \cdot {}^{i|l}r_{ll}}) \cdot {}^{i}\dot{r}_l \\ & \backslash + \sum_{lS}^{\Omega_l} (m_{lS} \cdot ({}^{i}\dot{\tilde{\phi}}_l \cdot {}^{i|l}\tilde{r}_{lS} \cdot {}^{i|l}\dot{r}_{lS} + {}^{i|l}\tilde{r}_{lS} \cdot {}^{i|l}\ddot{r}_{lS})) \\ {}^{i|l}W_{ll}^{[2]} = {} & m_l \cdot ({}^{i|l}\ddot{r}_{ll} + {}^{i}\dot{\tilde{\phi}}_l^{\wedge 2} \cdot {}^{i|l}r_{ll} + 2 \cdot {}^{i}\dot{\tilde{\phi}}_l \cdot {}^{i|l}\dot{r}_{ll}) \\ & + \dot{m}_l \cdot ({}^{i}\dot{r}_l + {}^{i|l}\dot{r}_{ll} + {}^{i}\dot{\tilde{\phi}}_l \cdot {}^{i|l}r_{ll}) \end{aligned} \tag{5.65}$$

式（5.62）是以自然状态 $[{}^{i}\dot{\phi}_l, {}^{i}\dot{r}_l]$、$[{}^{i}\ddot{\phi}_l, {}^{i}\ddot{r}_l]$ 描述的理想体动力学方程，应用时非常方便。定理 5.2 既直观地反映了天体动力学过程，又是多体动力学的基础。

对于刚体 l，其质心位置矢量、质量及转动惯量不变，即 ${}^{l}r_{ll} \equiv {}^{l}l_{ll}$，由式（5.62）得

$$\begin{bmatrix} {}^{i|l}J_{ll} & m_l \cdot {}^{i|l}\tilde{r}_{ll} \\ -m_l \cdot {}^{i|l}\tilde{r}_{ll} & m_l \cdot \mathbf{1} \end{bmatrix} \cdot \begin{bmatrix} {}^{i}\ddot{\phi}_l \\ {}^{i}\ddot{r}_l \end{bmatrix} + \begin{bmatrix} {}^{i}\dot{\tilde{\phi}}_l \cdot {}^{i|l}J_{ll} \cdot {}^{i}\dot{\phi}_l + m_l \cdot (\widetilde{{}^{i}\dot{\tilde{\phi}}_l \cdot {}^{i|l}r_{ll}}) \cdot {}^{i}\dot{r}_l \\ m_l \cdot {}^{i}\dot{\tilde{\phi}}_l^{\wedge 2} \cdot {}^{i|l}r_{ll} \end{bmatrix} = \begin{bmatrix} {}^{i|l}\tau_{ll} \\ {}^{i|l}f_{ll} \end{bmatrix} \tag{5.66}$$

考虑刚体 l 质心 lI 与原点 O_l 重合的特定情形，${}^{l}r_{lI}\equiv 0_3$，由式（5.66）得牛顿–欧拉方程

$$\begin{bmatrix} {}^{i|lI}J_{lI} & 0 \\ 0 & m_l\cdot 1 \end{bmatrix}\cdot\begin{bmatrix} {}^{i}\ddot{\phi}_l \\ {}^{i}\ddot{r}_l \end{bmatrix}+\begin{bmatrix} {}^{i}\dot{\tilde{\phi}}_l\cdot{}^{i|lI}J_{lI}\cdot{}^{i}\dot{\phi}_l \\ 0_3 \end{bmatrix}=\begin{bmatrix} {}^{i|l}\tau_{lI} \\ {}^{i|l}f_{lI} \end{bmatrix} \tag{5.67}$$

称${}^{i}\dot{\tilde{\phi}}_l\cdot{}^{i|lI}J_{lI}\cdot{}^{i}\dot{\phi}_l$ 为科里奥利力。牛顿–欧拉方程的前提是刚体及质心参考系。对输入$[{}^{i|l}\tau_{lI},{}^{i|l}f_{lI}]$而言，理想体牛顿–欧拉方程（5.62）是线性的，因此该系统是六维二阶仿射性动力学系统。

5.5　牛顿–欧拉动力学系统

一方面，通过运动副将多个刚体连接为多自由度树链系统；另一方面，通过约束副约束两个刚体的相对运动，构成回路。对于牛顿–欧拉动力学系统，1R/1P 运动副自身有 5 个约束度。因任一运动副可视作运动轴的串接，故多轴系统原理可以改造经典的动力学系统。

本节应用多轴系统的基本原理，阐述牛顿–欧拉动力学系统的机理。它是对刚体间施加运动约束的多体动力学系统。因此，运动约束方程的建立是牛顿–欧拉动力学系统的重要内容。但是，由于存在外力及数值计算误差，需要反馈控制才能保证运动约束得到满足及对伺服指令的跟踪控制。

5.5.1　关节空间运动约束

1R/1P 运动轴各有 5 个约束度，运动约束是牛顿–欧拉动力学的核心问题。本节讲解运动约束及偏速度的内涵，以之为基础建立运动约束方程。

1. 运动约束内涵

考虑转动型约束轴#u，即${}^{\bar{u}}\mathbf{k}_u\in\mathbf{R}$，在理想情况下它有 2 个共轴的单位矢量 ${}^{\bar{u}}n_u$ 及${}^{u}n_{\bar{u}}$，即${}^{\bar{u}}n_u={}^{u}n_{\bar{u}}$；当约束被违反时，${}^{\bar{u}}Q_u\neq\mathbf{1}$，故${}^{\bar{u}}n_u\neq{}^{u}n_{\bar{u}}$。因此，所谓转动轴约束是指 2 个轴必须保持同轴，同时不能存在轴向的相对转动。

考虑平动型约束轴#u，即${}^{\bar{u}}\mathbf{k}_u\in\mathbf{P}$，在理想情况下它有 2 个共轴的单位矢量 ${}^{\bar{u}}n_u$ 及${}^{u}n_{\bar{u}}$，即${}^{\bar{u}}n_u={}^{u}n_{\bar{u}}$；当约束被违反时，${}^{i}Q_{\bar{u}}\cdot{}^{\bar{u}}n_u\cdot r_u^{\bar{u}}-{}^{i}Q_u\cdot{}^{u}n_{\bar{u}}\cdot r_{\bar{u}}^{u}\neq\mathbf{0}$，故${}^{\bar{u}}n_u\neq{}^{u}n_{\bar{u}}$。因此，所谓平动轴约束是指 2 个轴必须保持同轴，同时不能存在轴向的相对平移。

共轴的方向约束是平动轴与转动轴都必须遵循的约束，共轴方向通过轴矢量表征，故共轴方向约束即为轴矢量（自由）约束。具有原点的平动矢量及具有零方向的转动矢量都是固定矢量。其中，方向约束是平动约束的特例。

因此，运动约束可划分为两类：3D 的平动轴约束及转动轴约束。2D 的共轴约束是平动轴约束的特例。

2. 偏速度内涵

给定轴链${}^{i}\mathbf{1}_u$，将式（5.16）及式（5.17）重新表示为

$$\begin{cases}\dfrac{\partial^{i}\phi_{u}}{\partial r_{k}^{\bar{k}}}=\dfrac{\partial^{i}\dot{\phi}_{u}}{\partial \dot{r}_{k}^{\bar{k}}}=\dfrac{\partial^{i}\ddot{\phi}_{u}}{\partial \ddot{r}_{k}^{\bar{k}}}={}^{i|u}J_{k}\cdot{}^{i|\bar{k}}n_{k}, & {}^{\bar{k}}\boldsymbol{k}_{k}\in\boldsymbol{P}\\ \dfrac{\partial^{i}r_{uS}}{\partial\phi_{k}^{\bar{k}}}=\dfrac{\partial^{i}\dot{r}_{uS}}{\partial\dot{\phi}_{k}^{\bar{k}}}=\dfrac{\partial^{i}\ddot{r}_{uS}}{\partial\ddot{\phi}_{k}^{\bar{k}}}={}^{i|u}J_{k}\cdot{}^{i|\bar{k}}n_{k}, & {}^{\bar{k}}\boldsymbol{k}_{k}\in\boldsymbol{R}\end{cases}\tag{5.68}$$

$$\begin{cases}\dfrac{\partial^{i}\phi_{u}}{\partial r_{k}^{\bar{k}}}=\dfrac{\partial^{i}\dot{\phi}_{u}}{\partial \dot{r}_{k}^{\bar{k}}}=\dfrac{\partial^{i}\ddot{\phi}_{u}}{\partial \ddot{r}_{k}^{\bar{k}}}={}^{i|u}J_{k}\cdot{}^{i|\bar{k}}n_{k}, & {}^{\bar{k}}\boldsymbol{k}_{k}\in\boldsymbol{P}\\ \dfrac{\partial^{i}r_{uS}}{\partial\phi_{k}^{\bar{k}}}=\dfrac{\partial^{i}\dot{r}_{uS}}{\partial\dot{\phi}_{k}^{\bar{k}}}=\dfrac{\partial^{i}\ddot{r}_{uS}}{\partial\ddot{\phi}_{k}^{\bar{k}}}={}^{i|u}J_{k}\cdot{}^{i|\bar{k}}n_{k}, & {}^{\bar{k}}\boldsymbol{k}_{k}\in\boldsymbol{R}\end{cases}\tag{5.69}$$

$$\begin{cases}\dfrac{\partial}{\partial\phi_{k}^{\bar{k}}}({}^{i|\bar{u}}\phi_{u})={}^{i|u}J_{k}\cdot{}^{i|\bar{k}}n_{k}\\ \dfrac{\partial}{\partial\phi_{k}^{\bar{k}}}({}^{i|\bar{u}}n_{u})={}^{i|u}J_{k}\cdot{}^{i|\bar{k}}n_{k}\end{cases},\quad {}^{\bar{k}}\boldsymbol{k}_{k}\in\boldsymbol{R}\tag{5.70}$$

显然，式（5.70）是式（5.69）中第 2 子式之特例，且有平凡关系

$${}^{i|u}J_{k}=\mathbf{0},\quad k\notin{}^{i}\mathbf{1}_{u}\tag{5.71}$$

一方面，式（5.71）及式（5.71）用于建立约束轴#u 的运动约束方程，${}^{i|u}J_{k}\cdot{}^{i|\bar{k}}n_{k}$ 作用如下：

（1）由式（5.16）及式（5.17）可知，${}^{i|u}J_{k}$ 是大小为 3×3 的对称或反对称矩阵，通常称之为偏速度矩阵或统称为雅可比矩阵；

（2）${}^{i|u}J_{k}\cdot{}^{i|\bar{k}}n_{k}\cdot\ddot{q}_{k}^{\bar{k}}$ 表示运动及力的传递性，表征右侧输入的运动矢量（位置、速度或加速度）与左输出的运动矢量的关系，它由输入运动矢量的类别（平动或转动）及输出运动矢量的类别确定，故${}^{i|u}J_{k}$ 有 $\boldsymbol{PP}$、$\boldsymbol{PR}$、$\boldsymbol{RP}$ 及 $\boldsymbol{RR}$ 4 个类别。

另一方面，式（5.68）及式（5.71）用于表达约束轴#u 上的约束力$\pounds_{u}^{\bar{u}}\cdot{}^{\bar{u}}n_{u}$，它反向传递至根，对其路径上的轴#$k$ 同样施加相应的作用力，${}^{i|\bar{k}}n_{k}^{\mathrm{T}}\cdot{}^{i|u}J_{k}^{\mathrm{T}}$ 作用如下：

（1）约束轴#k 上的约束力$\pounds_{k}^{\bar{k}}$标量，常称为拉格朗日乘子，参考轴矢量为${}^{\bar{k}}n_{k}$；

（2）$\pounds_{k}^{\bar{k}}\cdot{}^{i|\bar{k}}n_{k}^{\mathrm{T}}$ 表示 3D 约束力矢量，$-\pounds_{k}^{\bar{k}}\cdot{}^{i|\bar{k}}n_{k}^{\mathrm{T}}$ 为约束反力；

（3）运动矢量${}^{i|\bar{k}}n_{k}\cdot\ddot{q}_{k}^{\bar{k}}$ 与约束力$\pounds_{k}^{\bar{k}}\cdot{}^{i|\bar{k}}n_{k}^{\mathrm{T}}$ 是对耦的。

3. 运动约束方程

现在，讨论如何建立约束轴的运动约束方程。给定约束轴#u，${}^{\bar{u}}\boldsymbol{k}_{u}\in\{\boldsymbol{R},\boldsymbol{P}\}$，轴链${}^{i}\mathbf{1}_{\bar{u}}$ 及${}^{i}\mathbf{1}_{u}$ 中的任一轴都可能对约束轴#u 产生影响。一种情况是轴链${}^{i}\mathbf{1}_{\bar{u}}$ 是 ${}^{i}\mathbf{1}_{u}$ 的一个部分；另一种情况是轴链${}^{i}\mathbf{1}_{\bar{u}}$ 及${}^{i}\mathbf{1}_{u}$ 可能是具有局部重合的闭链。因运动约束包含两类，即 2D 的共轴约束、3D 的平动轴约束及转动轴约束，故需建立与其对应的两类约束方程。

对于平动轴约束，因约束轴#u 使两个轴矢量 ${}^{\bar{u}}n_{u}$ 及${}^{u}n_{\bar{u}}$ 方向一致，无相对平移，故有

$${}^{i|\bar{u}}n_{u}^{\mathrm{T}}\cdot({}^{i}Q_{\bar{u}}\cdot{}^{\bar{u}}n_{u}\cdot r_{u}^{\bar{u}}-{}^{i}Q_{u}\cdot{}^{u}n_{\bar{u}}\cdot r_{\bar{u}}^{u})=0\tag{5.72}$$

对于转动轴约束，因约束轴#u 使两个轴矢量 ${}^{\bar{u}}n_u$ 及 ${}^{u}n_{\bar{u}}$ 方向一致，无相对转动，故有

$$ {}^{i|\bar{u}}n_u^{\mathrm{T}} \cdot ({}^{i}Q_{\bar{u}} \cdot {}^{\bar{u}}n_u \cdot \phi_u^{\bar{u}} - {}^{i}Q_u \cdot {}^{u}n_{\bar{u}} \cdot \phi_u^{\bar{u}}) = 0 \tag{5.73} $$

对于共轴约束，因约束轴#u 使两个轴矢量 ${}^{\bar{u}}n_u$ 及 ${}^{u}n_{\bar{u}}$ 方向严格一致，故有

$$ {}^{i|\bar{u}}n_u^{\mathrm{T}} \cdot ({}^{i}Q_{\bar{u}} \cdot {}^{\bar{u}}n_u - {}^{i}Q_u \cdot {}^{u}n_{\bar{u}}) = 0 \tag{5.74} $$

它是式（5.72）的特例。考虑式（5.70）第 2 个子式，由式（5.74）或式（5.72）或式（5.73）得关节加速度表征的运动约束方程

$$ {}^{i|\bar{u}}n_u^{\mathrm{T}} \cdot \left(\sum_{k}^{{}^{i}\mathbf{1}_{\bar{u}}} ({}^{i|u}J_k \cdot {}^{i|\bar{k}}n_k \cdot \ddot{q}_k^{\bar{k}}) - \sum_{{}^{i}l_u}^{i|u} (J_{k'} \cdot {}^{i|\bar{k}'}n_{k'} \cdot \ddot{q}_{k'}^{\bar{k}'}) \right) = 0 \tag{5.75} $$

又因轴向约束力及反约束力是平衡的，故得

$$ {}^{i|\bar{u}}n_u^{\mathrm{T}} \cdot ({}^{i}Q_{\bar{u}} \cdot {}^{\bar{u}}n_u \cdot \pounds_u^{\bar{u}} - {}^{i}Q_u \cdot {}^{u}n_{\bar{u}} \cdot \pounds_u^{\bar{u}}) = 0 \tag{5.76} $$

考虑式（5.70）第 2 个子式，由式（5.76）或式（5.72）或式（5.73）得统一的约束力平衡方程

$$ {}^{i|\bar{u}}n_u^{\mathrm{T}} \cdot ({}^{i|\bar{u}}J_u \cdot {}^{i|\bar{u}}n_u \cdot \pounds_u^{\bar{u}} - {}^{i|u}J_{\bar{u}} \cdot {}^{i|u}n_{\bar{u}} \cdot \pounds_u^{\bar{u}}) = 0 \tag{5.77} $$

显然，式（5.75）及式（5.77）具有一样的形式。约束力矢量 ${}^{i|\bar{u}}n_u \cdot \pounds_u^{\bar{u}}$ 由叶至根反向传递，对轴链中的任一轴#k 的作用力为 ${}^{i|k}J_u \cdot {}^{i|\bar{u}}n_u \cdot \pounds_u^{\bar{u}}$。

5.5.2　运动的前向迭代及力的反向迭代

对于轴链 ${}^{i}\mathbf{1}_k$，式（5.1）至式（5.11）完成运动学迭代计算，计算复杂度为 $O(l_k^i)$。对于树链，应用前向分层迭代完成正运动学的计算，应用逆向分层迭代完成力的传递性迭代。从而保证动力学过程的实时性。

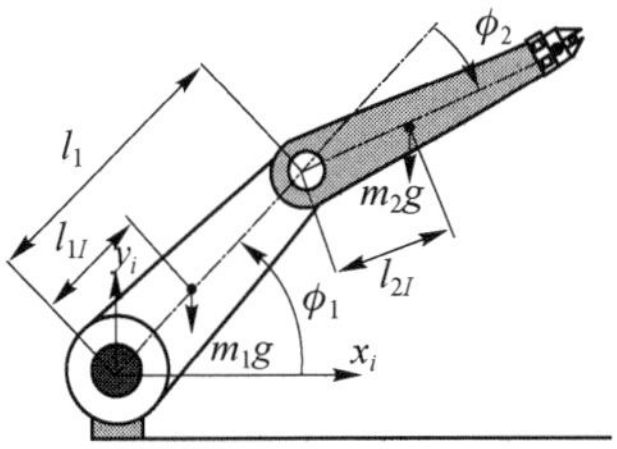

图 5.2　平面 2R 机械臂系统

实例 5.1　如图 5.2 所示的平面 2R 机械臂系统，$\mathbf{A} = (i, 1, 2]$，关节坐标序列 $\phi_{(i,2]}^{\mathrm{T}} = [\phi_1^i, \phi_2^1]$，应用自然坐标系统，其中惯性系记为 $\mathbf{F}_i$；质心位置矢量 ${}^{1}r_{1I}^{\mathrm{T}} = [l_{1I}, 0, 0]$，${}^{2}r_{2I}^{\mathrm{T}} = [l_{2I}, 0, 0]$。应用式（5.1）至式（5.11）完成运动学迭代计算；验证式（5.16）至式（5.17）所示的偏速度迭代过程的正确性。

【解】显然，结构参数为

$$ {}^{i}n_1 = \mathbf{1}^{[z]}, \quad {}^{1}n_2 = \mathbf{1}^{[z]} \tag{5.78} $$

$$ {}^{i}r_1 = 0_3, \quad {}^{1}r_{1I} = l_{1I} \cdot \mathbf{1}^{[x]}, \quad {}^{1}r_2 = l_1 \cdot \mathbf{1}^{[x]}, \quad {}^{2}r_{2I} = l_{2I} \cdot \mathbf{1}^{[x]} \tag{5.79} $$

引力常数为

$$ {}^{i}g_{1I} = {}^{i}g_{2I} = [0, -g, 0] \tag{5.80} $$

1. 平动与转动

1）旋转变换阵

由式（5.1）得

$$ {}^{i}Q_1 = \begin{bmatrix} \mathrm{C}_1^i & -\mathrm{S}_1^i & 0 \\ \mathrm{S}_1^i & \mathrm{C}_1^i & 0 \\ 0 & 0 & 1 \end{bmatrix}, \quad {}^{1}Q_2 = \begin{bmatrix} \mathrm{C}_2^1 & -\mathrm{S}_2^1 & 0 \\ \mathrm{S}_2^1 & \mathrm{C}_2^1 & 0 \\ 0 & 0 & 1 \end{bmatrix} \tag{5.81} $$

由式（5.1）及式（5.88）得

$$ {}^{i}Q_2=\begin{bmatrix} C_1^i & -S_1^i & 0 \\ S_1^i & C_1^i & 0 \\ 0 & 0 & 1 \end{bmatrix}\cdot\begin{bmatrix} C_2^1 & -S_2^1 & 0 \\ S_2^1 & C_2^1 & 0 \\ 0 & 0 & 1 \end{bmatrix}=\begin{bmatrix} C_2^i & -S_2^i & 0 \\ S_2^i & C_2^i & 0 \\ 0 & 0 & 1 \end{bmatrix} \tag{5.82} $$

2）转动矢量

$$ {}^{i}\phi_1=\mathbf{1}^{[z]}\cdot\phi_1^i,\quad {}^{1}\phi_2=\mathbf{1}^{[z]}\cdot\phi_2^1 \tag{5.83} $$

3）位置矢量

$$ {}^{i}r_1=0_3,\quad {}^{1}r_{1I}=\mathbf{1}^{[x]}\cdot l_{1I},\quad {}^{1}r_2=\mathbf{1}^{[x]}\cdot l_1,\quad {}^{2}r_{2I}=\mathbf{1}^{[x]}\cdot l_{2I} \tag{5.84} $$

由式（5.7）得

$$ {}^{i|2}r_{2I}={}^{i}Q_2\cdot{}^{2}r_{2I}=[l_{2I}\cdot C_2^i,l_{2I}\cdot S_2^i,0]^{\mathrm{T}} \tag{5.85} $$

$$ {}^{i}r_{1I}={}^{i|1}r_{1I}={}^{i}Q_1\cdot{}^{1}r_{1I}=\begin{bmatrix} C_1^i & -S_1^i & 0 \\ S_1^i & C_1^i & 0 \\ 0 & 0 & 1 \end{bmatrix}\cdot\begin{bmatrix} l_{1I} \\ 0 \\ 0 \end{bmatrix}=\begin{bmatrix} l_{1I}\cdot C_1^i \\ l_{1I}\cdot S_1^i \\ 0 \end{bmatrix} \tag{5.86} $$

$$ {}^{i|1}r_2=\begin{bmatrix} C_1^i & -S_1^i & 0 \\ S_1^i & C_1^i & 0 \\ 0 & 0 & 1 \end{bmatrix}\cdot\begin{bmatrix} l_1 \\ 0 \\ 0 \end{bmatrix}=\begin{bmatrix} l_1\cdot C_1^i \\ l_1\cdot S_1^i \\ 0 \end{bmatrix},{}^{i|2}r_{2I}=\begin{bmatrix} C_1^i & -S_1^i & 0 \\ S_1^i & C_1^i & 0 \\ 0 & 0 & 1 \end{bmatrix}\cdot\begin{bmatrix} l_{2I}\cdot C_2^i \\ l_{2I}\cdot S_2^1 \\ 0 \end{bmatrix}=\begin{bmatrix} l_{2I}\cdot C_2^i \\ l_{2I}\cdot S_2^i \\ 0 \end{bmatrix} \tag{5.87} $$

$$ {}^{i}r_{2I}={}^{i}r_1+{}^{i|1}r_2+{}^{i|2}r_{2I}=\begin{bmatrix} l_1\cdot C_1^i \\ l_1\cdot S_1^i \\ 0 \end{bmatrix}+\begin{bmatrix} l_{2I}\cdot C_2^i \\ l_{2I}\cdot S_2^i \\ 0 \end{bmatrix}=\begin{bmatrix} l_1\cdot C_1^i+l_{2I}\cdot C_2^i \\ l_1\cdot S_1^i+l_{2I}\cdot S_2^i \\ 0 \end{bmatrix} \tag{5.88} $$

4）转动速度矢量

$$ {}^{i}\dot{\phi}_1=\mathbf{1}^{[z]}\cdot\dot{\phi}_1^i,\quad {}^{1}\dot{\phi}_2=\mathbf{1}^{[z]}\cdot\dot{\phi}_2^1 \tag{5.89} $$

由式（5.8）得

$$ {}^{i}\dot{\phi}_2={}^{i}\dot{\phi}_1+{}^{i}Q_1\cdot{}^{1}\dot{\phi}_2=\mathbf{1}^{[z]}\cdot\dot{\phi}_1^i+\begin{bmatrix} C_1^i & -S_1^i & 0 \\ S_1^i & C_1^i & 0 \\ 0 & 0 & 1 \end{bmatrix}\cdot\begin{bmatrix} 0 \\ 0 \\ 1 \end{bmatrix}\cdot\dot{\phi}_2^1=\mathbf{1}^{[z]}\cdot\dot{\phi}_2^i \tag{5.90} $$

5）平动速度矢量

$$ {}^{i}\dot{r}_1={}^{1}\dot{r}_{1I}={}^{2}\dot{r}_{2I}=0_3 \tag{5.91} $$

由式（5.10）得

$$ {}^{i}\dot{r}_{1I}={}^{i}\dot{\tilde{\phi}}_1\cdot{}^{i}r_{1I}=\begin{bmatrix} 0 & -\dot{\phi}_1^i & 0 \\ \dot{\phi}_1^i & 0 & 0 \\ 0 & 0 & 0 \end{bmatrix}\cdot\begin{bmatrix} l_{1I}\cdot C_1^i \\ l_{1I}\cdot S_1^i \\ 0 \end{bmatrix}=\begin{bmatrix} -l_{1I}\cdot S_1^i\cdot\dot{\phi}_1^i \\ l_{1I}\cdot C_1^i\cdot\dot{\phi}_1^i \\ 0 \end{bmatrix} \tag{5.92} $$

$$ {}^{i}\dot{r}_2={}^{i}\dot{\tilde{\phi}}_1\cdot{}^{i|1}r_2=[-l_1\cdot S_1^i\cdot\dot{\phi}_1^i,l_1\cdot C_1^i\cdot\dot{\phi}_1^i,0]^{\mathrm{T}} \tag{5.93} $$

$$
{}^{i}\dot{\tilde{\phi}}_{2}\cdot{}^{i|2}r_{2I}=\begin{bmatrix}0&-\dot{\phi}_{2}^{i}&0\\ \dot{\phi}_{2}^{i}&0&0\\ 0&0&0\end{bmatrix}\cdot\begin{bmatrix}l_{2I}\cdot \mathrm{C}_{2}^{i}\\ l_{2I}\cdot \mathrm{S}_{2}^{i}\\ 0\end{bmatrix}=\begin{bmatrix}-l_{2I}\cdot \mathrm{S}_{2}^{i}\cdot\dot{\phi}_{2}^{i}\\ l_{2I}\cdot \mathrm{C}_{2}^{i}\cdot\dot{\phi}_{2}^{i}\\ 0\end{bmatrix} \tag{5.94}
$$

由式（5.10）并考虑式（5.94）得

$$
{}^{i}\dot{r}_{2I}={}^{i}\dot{\tilde{\phi}}_{1}\cdot{}^{i|1}r_{2}+{}^{i}\dot{\tilde{\phi}}_{2}\cdot{}^{i|2}r_{2I}=\begin{bmatrix}-l_{1}\cdot \mathrm{S}_{1}^{i}\cdot\dot{\phi}_{1}^{i}\\ l_{1}\cdot \mathrm{C}_{1}^{i}\cdot\dot{\phi}_{1}^{i}\\ 0\end{bmatrix}+\begin{bmatrix}-l_{2I}\cdot \mathrm{S}_{2}^{i}\cdot\dot{\phi}_{2}^{i}\\ l_{2I}\cdot \mathrm{C}_{2}^{i}\cdot\dot{\phi}_{2}^{i}\\ 0\end{bmatrix} \tag{5.95}
$$

6）转动加速度矢量

由式（5.9）得

$$
\begin{aligned}
{}^{i}\ddot{\phi}_{2}&={}^{i}\ddot{\phi}_{1}+{}^{i}Q_{1}\cdot{}^{1}\ddot{\phi}_{2}+{}^{i}\dot{\tilde{\phi}}_{1}\cdot{}^{i|1}\dot{\phi}_{2}=\mathbf{1}^{[z]}\cdot\ddot{\phi}_{1}^{i}+\begin{bmatrix}\mathrm{C}_{1}^{i}&-\mathrm{S}_{1}^{i}&0\\ \mathrm{S}_{1}^{i}&\mathrm{C}_{1}^{i}&0\\ 0&0&1\end{bmatrix}\cdot\mathbf{1}^{[z]}\cdot\ddot{\phi}_{2}^{1}\\
&=1^{[z]}\cdot\ddot{\phi}_{1}^{i}+\mathbf{1}^{[z]}\cdot\ddot{\phi}_{2}^{1}
\end{aligned} \tag{5.96}
$$

7）平动加速度矢量

由式（5.11）得

$$
\begin{aligned}
{}^{i}\ddot{r}_{1I}&=({}^{i}\dot{\tilde{\phi}}_{1}^{\wedge 2}+{}^{i}\ddot{\tilde{\phi}}_{1})\cdot{}^{i|1}r_{1I}=\begin{bmatrix}-\dot{\phi}_{1}^{i\wedge 2}&-\ddot{\phi}_{1}^{i}&0\\ \ddot{\phi}_{1}^{i}&-\dot{\phi}_{1}^{i\wedge 2}&0\\ 0&0&0\end{bmatrix}\cdot\begin{bmatrix}l_{1I}\cdot \mathrm{C}_{1}^{i}\\ l_{1I}\cdot \mathrm{S}_{1}^{i}\\ 0\end{bmatrix}\\
&=\begin{bmatrix}-l_{1I}\cdot \mathrm{C}_{1}^{i}\cdot\dot{\phi}_{1}^{i\wedge 2}-l_{1I}\cdot \mathrm{S}_{1}^{i}\cdot\ddot{\phi}_{1}^{i}\\ l_{1I}\cdot \mathrm{C}_{1}^{i}\cdot\ddot{\phi}_{1}^{i}-l_{1I}\cdot \mathrm{S}_{1}^{i}\cdot\dot{\phi}_{1}^{i\wedge 2}\\ 0\end{bmatrix}
\end{aligned} \tag{5.97}
$$

由式（5.97）得

$$
{}^{i}\ddot{r}_{2}=({}^{i}\dot{\tilde{\phi}}_{1}^{\wedge 2}+{}^{i}\ddot{\tilde{\phi}}_{1})\cdot{}^{i|1}r_{2}=\begin{bmatrix}-l_{1}\cdot(\mathrm{C}_{1}^{i}\cdot\dot{\phi}_{1}^{i\wedge 2}+\mathrm{S}_{1}^{i}\cdot\ddot{\phi}_{1}^{i})\\ l_{1}\cdot(\mathrm{C}_{1}^{i}\cdot\ddot{\phi}_{1}^{i}-\mathrm{S}_{1}^{i}\cdot\dot{\phi}_{1}^{i\wedge 2})\\ 0\end{bmatrix} \tag{5.98}
$$

由式（5.11）得

$$
{}^{i|2}\ddot{r}_{2I}=({}^{i}\ddot{\tilde{\phi}}_{2}+{}^{i}\dot{\tilde{\phi}}_{2}^{\wedge 2})\cdot{}^{i|2}r_{2I}=\begin{bmatrix}-\dot{\phi}_{2}^{i\wedge 2}&-\ddot{\phi}_{2}^{i}&0\\ \ddot{\phi}_{2}^{i}&-\dot{\phi}_{2}^{i\wedge 2}&0\\ 0&0&0\end{bmatrix}\cdot\begin{bmatrix}l_{2I}\cdot \mathrm{C}_{2}^{i}\\ l_{2I}\cdot \mathrm{S}_{2}^{i}\\ 0\end{bmatrix}
$$

即

$$
^{i|2}\ddot{r}_{2I}=\begin{bmatrix} -l_{2I}\cdot(\mathrm{C}_2^i\cdot\dot{\phi}_2^{i\wedge 2}+\mathrm{S}_2^i\cdot\ddot{\phi}_2^i) \\ l_{2I}\cdot(\mathrm{C}_2^i\cdot\ddot{\phi}_2^i-\mathrm{S}_2^i\cdot\dot{\phi}_2^{i\wedge 2}) \\ 0 \end{bmatrix} \tag{5.99}
$$

由式（5.11）得

$$
{}^i\ddot{r}_{2I}={}^i\ddot{r}_2+{}^{i|2}\ddot{r}_{2I}=\begin{bmatrix} -\dot{\phi}_1^{i\wedge 2} & -\ddot{\phi}_1^i & 0 \\ \ddot{\phi}_1^i & -\dot{\phi}_1^{i\wedge 2} & 0 \\ 0 & 0 & 0 \end{bmatrix}\cdot\begin{bmatrix} l_1\mathrm{C}_1^i \\ l_1\mathrm{S}_1^i \\ 0 \end{bmatrix}+\begin{bmatrix} -\dot{\phi}_2^{i\wedge 2} & -\ddot{\phi}_2^i & 0 \\ \ddot{\phi}_2^i & -\dot{\phi}_2^{i\wedge 2} & 0 \\ 0 & 0 & 0 \end{bmatrix}\cdot\begin{bmatrix} l_{2I}\cdot\mathrm{C}_2^i \\ l_{2I}\cdot\mathrm{S}_2^i \\ 0 \end{bmatrix}
$$

即

$$
{}^i\ddot{r}_{2I}=\begin{bmatrix} -l_1\cdot(\mathrm{C}_1^i\cdot\dot{\phi}_1^{i\wedge 2}+\mathrm{S}_1^i\cdot\ddot{\phi}_1^i) \\ l_1\cdot(\mathrm{C}_1^i\cdot\ddot{\phi}_1^i-\mathrm{S}_1^i\cdot\dot{\phi}_1^{i\wedge 2}) \\ 0 \end{bmatrix}+\begin{bmatrix} -l_{2I}\cdot(\mathrm{C}_2^i\cdot\dot{\phi}_2^{i\wedge 2}+\mathrm{S}_2^i\cdot\ddot{\phi}_2^i) \\ l_{2I}\cdot(\mathrm{C}_2^i\cdot\ddot{\phi}_2^i-\mathrm{S}_2^i\cdot\dot{\phi}_2^{i\wedge 2}) \\ 0 \end{bmatrix} \tag{5.100}
$$

2. 偏速度验证

由式（5.89）得

$$
\frac{\partial}{\partial\dot{\phi}_1^i}({}^i\dot{\phi}_1^{\mathrm{T}})=\mathbf{1}^{[3]},\quad \frac{\partial}{\partial\dot{\phi}_2^1}({}^i\dot{\phi}_1^{\mathrm{T}})=0_3^{\mathrm{T}}
$$

故有

$$
{}^iJ_1=\frac{\partial{}^i\dot{\phi}_1^{\mathrm{T}}}{\partial[\dot{\phi}_1^i\quad\dot{\phi}_2^1]^{\mathrm{T}}}=\begin{bmatrix} \partial{}^i\dot{\phi}_1/\partial\dot{\phi}_1^i \\ \partial{}^i\dot{\phi}_1/\partial\dot{\phi}_2^1 \end{bmatrix}=\begin{bmatrix} 0 & 0 & 1 \\ 0 & 0 & 0 \end{bmatrix} \tag{5.101}
$$

由式（5.90）得

$$
\frac{\partial{}^i\dot{\phi}_2}{\partial\dot{\phi}_1^i}=\frac{\partial{}^i\dot{\phi}_1}{\partial\dot{\phi}_1^i}=\mathbf{1}^{[z]},\quad \frac{\partial{}^i\dot{\phi}_2}{\partial\dot{\phi}_2^1}={}^iQ_1\cdot\frac{\partial{}^1\dot{\phi}_2}{\partial\dot{\phi}_2^1}=\begin{bmatrix} \mathrm{C}_1^i & -\mathrm{S}_1^i & 0 \\ \mathrm{S}_1^i & \mathrm{C}_1^i & 0 \\ 0 & 0 & 1 \end{bmatrix}\cdot\mathbf{1}^{[z]}=\mathbf{1}^{[z]}
$$

故有

$$
\frac{\partial{}^i\dot{\phi}_2^{\mathrm{T}}}{\partial[\dot{\phi}_1^i\quad\dot{\phi}_2^1]^{\mathrm{T}}}=\begin{bmatrix} \dfrac{\partial{}^i\dot{\phi}_2^{\mathrm{T}}}{\partial\dot{\phi}_1^i} \\ \dfrac{\partial{}^i\dot{\phi}_2^{\mathrm{T}}}{\partial\dot{\phi}_2^1} \end{bmatrix}=\begin{bmatrix} 0 & 0 & 1 \\ 0 & 0 & 1 \end{bmatrix} \tag{5.102}
$$

由式（5.101）及式（5.102）的特例验证了式（5.17）的正确性。由式（5.86）得

$$
\frac{\partial{}^ir_{1I}}{\partial\phi_2^1}=0_3,\quad \frac{\partial{}^ir_{1I}}{\partial\phi_1^i}=\frac{\partial{}^iQ_1}{\partial\phi_1^i}\cdot{}^1r_{1I}=\begin{bmatrix} -\mathrm{S}_1^i & -\mathrm{C}_1^i & 0 \\ \mathrm{C}_1^i & -\mathrm{S}_1^i & 0 \\ 0 & 0 & 1 \end{bmatrix}\cdot\begin{bmatrix} l_{1I} \\ 0 \\ 0 \end{bmatrix}=\begin{bmatrix} -l_{1I}\cdot\mathrm{S}_1^i \\ l_{1I}\cdot\mathrm{C}_1^i \\ 0 \end{bmatrix}
$$

故有

$$\frac{\partial^{i}r_{1I}^{\mathrm{T}}}{\partial[\phi_1^i \quad \phi_2^1]^{\mathrm{T}}}=\begin{bmatrix}\partial^{i}r_{1I}^{\mathrm{T}}/\partial\phi_1^i\\ \partial^{i}r_{1I}^{\mathrm{T}}/\partial\phi_2^1\end{bmatrix}=\begin{bmatrix}-l_{1I}\cdot \mathrm{S}_1^i & l_{1I}\cdot \mathrm{C}_1^i & 0\\ 0 & 0 & 0\end{bmatrix} \tag{5.103}$$

由式（5.98）得

$$\frac{\partial^{i}r_{2I}}{\partial\phi_1^i}=\frac{\partial}{\partial\phi_1^i}({}^{i}Q_1)\cdot({}^{1}r_2+{}^{1|2}r_{2I})=\begin{bmatrix}-\mathrm{S}_1^i & -\mathrm{C}_1^i & 0\\ \mathrm{C}_1^i & -\mathrm{S}_1^i & 0\\ 0 & 0 & 1\end{bmatrix}\cdot\left(\begin{bmatrix}l_1\\0\\0\end{bmatrix}+\begin{bmatrix}l_{2I}\cdot \mathrm{C}_2^1\\ l_{2I}\cdot \mathrm{S}_2^1\\ 0\end{bmatrix}\right)$$

$$=\begin{bmatrix}-\mathrm{S}_1^i\cdot l_1-l_{2I}\cdot \mathrm{S}_1^i\cdot \mathrm{C}_2^1-l_{2I}\cdot \mathrm{C}_1^i\cdot \mathrm{S}_2^1\\ \mathrm{C}_1^i\cdot l_1+l_{2I}\cdot \mathrm{C}_1^i\cdot \mathrm{C}_2^1-l_{2I}\cdot \mathrm{S}_1^i\cdot \mathrm{S}_2^1\\ 0\end{bmatrix}=\begin{bmatrix}-l_1\cdot \mathrm{S}_1^i-l_{2I}\cdot \mathrm{S}_2^i\\ l_1\cdot \mathrm{C}_1^i+l_{2I}\cdot \mathrm{C}_2^i\\ 0\end{bmatrix}$$

$$\frac{\partial^{i}r_{2I}}{\partial\phi_2^1}={}^{i}Q_1\cdot\frac{\partial^{1}Q_2}{\partial\phi_2^1}({}^{2}r_{2I})=\begin{bmatrix}\mathrm{C}_1^i & -\mathrm{S}_1^i & 0\\ \mathrm{S}_1^i & \mathrm{C}_1^i & 0\\ 0 & 0 & 1\end{bmatrix}\cdot\begin{bmatrix}-\mathrm{S}_2^1 & -\mathrm{C}_2^1 & 0\\ \mathrm{C}_2^1 & -\mathrm{S}_2^1 & 0\\ 0 & 0 & 1\end{bmatrix}\cdot\begin{bmatrix}l_{2I}\\0\\0\end{bmatrix}$$

$$=\begin{bmatrix}\mathrm{C}_1^i & -\mathrm{S}_1^i & 0\\ \mathrm{S}_1^i & \mathrm{C}_1^i & 0\\ 0 & 0 & 1\end{bmatrix}\cdot\begin{bmatrix}-l_{2I}\cdot \mathrm{S}_2^1\\ l_{2I}\cdot \mathrm{C}_2^1\\ 0\end{bmatrix}=\begin{bmatrix}-l_{2I}\cdot \mathrm{C}_1^i\cdot \mathrm{S}_2^1-l_{2I}\cdot \mathrm{S}_1^i\cdot \mathrm{C}_2^1\\ -l_{2I}\cdot \mathrm{S}_1^i\cdot \mathrm{S}_2^1+l_{2I}\cdot \mathrm{C}_1^i\cdot \mathrm{C}_2^1\\ 0\end{bmatrix}=\begin{bmatrix}-l_{2I}\cdot \mathrm{S}_2^i\\ l_{2I}\cdot \mathrm{C}_2^i\\ 0\end{bmatrix}$$

故有

$$\frac{\partial^{i}r_{2I}^{\mathrm{T}}}{\partial[\phi_1^i \quad \phi_2^1]^{\mathrm{T}}}=\begin{bmatrix}\partial({}^{i}r_{2I}^{\mathrm{T}})/\partial\phi_1^i\\ \partial({}^{i}r_{2I}^{\mathrm{T}})/\partial\phi_2^1\end{bmatrix}=\begin{bmatrix}-l_1\cdot \mathrm{S}_1^i-l_{2I}\cdot \mathrm{S}_2^i & l_1\cdot \mathrm{C}_1^i+l_{2I}\cdot \mathrm{C}_2^i & 0\\ -l_{2I}\cdot \mathrm{S}_2^i & l_{2I}\cdot \mathrm{C}_2^i & 0\end{bmatrix} \tag{5.104}$$

式（5.103）及式（5.104）的特例验证了式（5.16）的正确性。由式（5.92）得

$$\frac{\partial^{i}\dot{r}_{1I}}{\partial\dot{\phi}_2^1}=\frac{\partial}{\partial\dot{\phi}_2^1}({}^{i}\dot{\tilde{\phi}}_1\cdot{}^{i}r_{1I})=0_3$$

$$\frac{\partial^{i}\dot{r}_{1I}}{\partial\dot{\phi}_1^i}=\frac{\partial}{\partial\dot{\phi}_1^i}({}^{i}\dot{\tilde{\phi}}_1)\cdot{}^{i|1}r_{1I}=\tilde{\mathbf{1}}^{[z]}\cdot\begin{bmatrix}\mathrm{C}_1^i & -\mathrm{S}_1^i & 0\\ \mathrm{S}_1^i & \mathrm{C}_1^i & 0\\ 0 & 0 & 1\end{bmatrix}\cdot\begin{bmatrix}l_{1I}\\0\\0\end{bmatrix}=\begin{bmatrix}-l_{1I}\cdot \mathrm{S}_1^i\\ l_{1I}\cdot \mathrm{C}_1^i\\ 0\end{bmatrix}$$

故有

$$\frac{\partial^{i}\dot{r}_{1I}^{\mathrm{T}}}{\partial[\dot{\phi}_1^i \quad \dot{\phi}_2^1]^{\mathrm{T}}}=\begin{bmatrix}-l_{1I}\cdot \mathrm{S}_1^i & l_{1I}\cdot \mathrm{C}_1^i & 0\\ 0 & 0 & 0\end{bmatrix} \tag{5.105}$$

由式（5.105）得

$$\frac{\partial^{i}\dot{r}_{2I}}{\partial\dot{\phi}_1^i}=\tilde{\mathbf{1}}^{[z]}\cdot\begin{bmatrix}\mathrm{C}_1^i & -\mathrm{S}_1^i & 0\\ \mathrm{S}_1^i & \mathrm{C}_1^i & 0\\ 0 & 0 & 1\end{bmatrix}\cdot{}^{1}r_{2I}=\tilde{\mathbf{1}}^{[z]}\cdot\begin{bmatrix}l_1\cdot \mathrm{C}_1^i+l_{2I}\cdot \mathrm{C}_2^i\\ l_1\cdot \mathrm{S}_1^i+l_{2I}\cdot \mathrm{S}_2^i\\ 0\end{bmatrix}=\begin{bmatrix}-l_1\cdot \mathrm{S}_1^i-l_{2I}\cdot \mathrm{S}_2^i\\ l_1\cdot \mathrm{C}_1^i+l_{2I}\cdot \mathrm{C}_2^i\\ 0\end{bmatrix}$$

$$\frac{\partial^{i}\dot{r}_{2I}}{\partial\dot{\phi}_2^1}=\begin{bmatrix}\mathrm{C}_1^i & -\mathrm{S}_1^i & 0\\ \mathrm{S}_1^i & \mathrm{C}_1^i & 0\\ 0 & 0 & 1\end{bmatrix}\cdot\tilde{\mathbf{1}}^{[z]}\cdot\begin{bmatrix}l_{2I}\cdot \mathrm{C}_2^1\\ l_{2I}\cdot \mathrm{S}_2^1\\ 0\end{bmatrix}=\begin{bmatrix}\mathrm{C}_1^i & -\mathrm{S}_1^i & 0\\ \mathrm{S}_1^i & \mathrm{C}_1^i & 0\\ 0 & 0 & 1\end{bmatrix}\cdot\begin{bmatrix}-l_{2I}\cdot \mathrm{S}_2^1\\ l_{2I}\cdot \mathrm{C}_2^1\\ 0\end{bmatrix}=\begin{bmatrix}-l_{2I}\cdot \mathrm{S}_2^i\\ l_{2I}\cdot \mathrm{C}_2^i\\ 0\end{bmatrix}$$

故有

$$\frac{\partial^i \dot{r}_{2I}^{\mathrm{T}}}{\partial[\dot{\phi}_1^i,\dot{\phi}_2^1]^{\mathrm{T}}}=\begin{bmatrix}-l_1\cdot \mathrm{S}_1^i-l_{2I}\cdot \mathrm{S}_2^i & l_1\cdot \mathrm{C}_1^i+l_{2I}\cdot \mathrm{C}_2^i & 0\\ -l_{2I}\cdot \mathrm{S}_2^i & l_{2I}\cdot \mathrm{C}_2^i & 0\end{bmatrix} \tag{5.106}$$

式（5.105）及式（5.106）的特例验证了式（5.16）的正确性。解毕。

5.5.3 动力学系统建模流程

牛顿-欧拉动力学系统 $i\boldsymbol{L}$ 是对多个刚体相互施加运动约束的多体系统。

1. 笛卡儿空间运动约束

记该系统有 n 个理想体及 m 个约束度。将笛卡儿空间加速度序列记为 $\ddot{\gamma}=[\ddot{\gamma}_1:\ddot{\gamma}_{2n}]$；将拉格朗日乘子序列记为$\pounds=[\pounds_1:\pounds_m]$。式（5.75）所示的运动约束方程及式（5.77）所示的约束力平衡方程具有一样的形式，必须同时成立。于是，由式（5.75）得笛卡儿空间转动约束方程

$$^{i|\bar{u}}n_u^{\mathrm{T}}\cdot\left(\sum_{l}^{^i\mathbf{1}_{\bar{u}}}\left(^{i|u}J_l^{[1]}\cdot\begin{pmatrix}^i\ddot{\gamma}_{\bar{l}I}^{[2l+1]}-\\ \backslash\ ^i\ddot{\gamma}_{lI}^{[2l+1]}\end{pmatrix}\right)-\sum_{l}^{^i\mathbf{1}_u}\left(^{i|u}J_{l'}^{[1]}\cdot\begin{pmatrix}^i\ddot{\gamma}_{\bar{l}'I}^{[2l+1]}-\\ \backslash\ ^i\ddot{\gamma}_{l'I}^{[2l+1]}\end{pmatrix}\right)\right)={}^{i|\bar{u}}\mathcal{W}_{ex}^{[1]} \tag{5.107}$$

及笛卡儿空间平动约束方程

$$^{i|\bar{u}}n_u^{\mathrm{T}}\cdot\left(\sum_{l}^{^i\mathbf{1}_{\bar{u}}}\left(^{i|u}J_l^{[2]}\cdot\begin{pmatrix}^i\ddot{\gamma}_{\bar{l}I}^{[2l+2]}-\\ \backslash\ ^i\ddot{\gamma}_{lI}^{[2l+2]}\end{pmatrix}\right)-\sum_{l}^{^i\mathbf{1}_u}\left(^{i|u}J_{l'}^{[2]}\cdot\begin{pmatrix}^i\ddot{\gamma}_{\bar{l}'I}^{[2l+2]}-\\ \backslash\ ^i\ddot{\gamma}_{l'I}^{[2l+2]}\end{pmatrix}\right)\right)={}^{i|\bar{u}}\mathcal{W}_{ex}^{[2]} \tag{5.108}$$

式（5.107）及式（5.108）中，$^{i|\bar{u}}\mathcal{W}_{ex}$为包含外力的运动轴控制力。对于约束轴，驱动器根据位置或速度偏差产生控制力$^{i|\bar{u}}\mathcal{W}_{ex}$，控制约束误差；对于接触副，驱动器根据位置或速度偏差产生单边接触力$^{i|\bar{u}}\mathcal{W}_{ex}$，控制接触误差。

2. 牛顿-欧拉动力学系统流程

（1）更新系统拓扑、结构参数、质惯量、力学参数及控制参数。

（2）完成前向正运动学迭代及力的反向迭代计算。

（3）建立系统方程。

由式（5.62）、式（5.83）及式（5.84）得牛顿-欧拉动力学系统方程的一般形式：

$$\begin{bmatrix}\boldsymbol{M}^{[1][1]} & \boldsymbol{M}^{[1][2]}\\ \boldsymbol{M}^{[2][1]} & \boldsymbol{M}^{[2][2]}\end{bmatrix}\cdot\begin{bmatrix}\ddot{\gamma}\\ \pounds\end{bmatrix}+\begin{bmatrix}\mathcal{W}^{[1]}\\ \mathcal{W}^{[2]}\end{bmatrix}=\begin{bmatrix}\mathcal{W}_{ex}^{[1]}\\ \mathcal{W}_{ex}^{[2]}\end{bmatrix} \tag{5.109}$$

其中，

$$\boldsymbol{M}^{[1][1]}=\begin{bmatrix}\ddots & \mathbf{0} & \mathbf{0} & \mathbf{0}\\ \mathbf{0} & ^{i|l}\boldsymbol{M}_{lI}^{[2l][2l+1]} & ^{i|l}\boldsymbol{M}_{lI}^{[2l][2l+2]} & \mathbf{0}\\ \mathbf{0} & ^{i|l}\boldsymbol{M}_{lI}^{[2l+1][2l+1]} & ^{i|l}\boldsymbol{M}_{lI}^{[2l+2][2l+2]} & \mathbf{0}\\ \mathbf{0} & \mathbf{0} & \mathbf{0} & \ddots\end{bmatrix},\boldsymbol{M}^{[1][2]}=\begin{bmatrix}\ddots & \vdots & ⋰\\ \cdots & ^{i|u}J_l^{[1]\wedge\mathrm{T}}\cdot{}^{i|\bar{u}}n_u & \cdots\\ \cdots & ^{i|u}J_l^{[2]\wedge\mathrm{T}}\cdot{}^{i|\bar{u}}n_u & \cdots\\ ⋰ & \vdots & \ddots\end{bmatrix}$$

$$M^{[2][1]}=\begin{bmatrix}\ddots & \vdots & \vdots & \iddots \\ \cdots & {}^{i|\bar{u}}n_u^{\mathrm{T}}\cdot{}^{i|u}J_l^{[1]} & {}^{i|\bar{u}}n_u^{\mathrm{T}}\cdot{}^{i|u}J_l^{[2]} & \cdots \\ \iddots & \vdots & \vdots & \ddots\end{bmatrix},\ M^{[2][2]}=\begin{bmatrix}\ddots & \mathbf{0} & \mathbf{0} \\ \mathbf{0} & {}^{i|\bar{u}}n_u^{\mathrm{T}}\cdot{}^{i|u}J_u & \mathbf{0} \\ \mathbf{0} & \mathbf{0} & \ddots\end{bmatrix}。$$

由上可知，分块矩阵是对称阵，整个系统矩阵 M 大小为 $6n+m$ 的方阵。$\mathcal{W}$ 及 $\mathcal{W}_{ex}$ 为大小为 $6n+m$ 的列。对于运动轴，$\mathcal{W}_{ex}$ 不仅包含外力，还包含驱动器产生的控制力，使运动状态跟踪控制指令。

（4）进行前向动力学计算，新笛卡儿空间运动状态。

由式（5.109）得

$$M^{[1][1]}\cdot\ddot{\gamma}+M^{[1][2]}\cdot\pounds=\mathcal{W}_{ex}^{[1]}-\mathcal{W}^{[1]} \tag{5.110}$$

$$M^{[2][1]}\cdot\ddot{\gamma}+M^{[2][2]}\cdot\pounds=\mathcal{W}_{ex}^{[2]}-\mathcal{W}^{[2]} \tag{5.111}$$

由式（5.111）得

$$\pounds=M^{[2][2]\wedge-1}\cdot(\mathcal{W}_{ex}^{[2]}-\mathcal{W}^{[2]}-M^{[2][1]}\cdot\ddot{\gamma}) \tag{5.112}$$

将之代入式（5.110）得

$$\begin{aligned}\ddot{\gamma}=&(M^{[1][1]}-M^{[1][2]}\cdot M^{[2][2]\wedge-1}\cdot M^{[2][1]})^{-1}\cdot\\ &\backslash(\mathcal{W}_{ex}^{[1]}-\mathcal{W}^{[1]}-M^{[1][2]}\cdot M^{[2][2]\wedge-1}\cdot(\mathcal{W}_{ex}^{[2]}-\mathcal{W}^{[2]}))\end{aligned} \tag{5.113}$$

进而，根据加速度 $\ddot{\gamma}$ 积分更新速度 $\dot{\gamma}$；根据速度 $\dot{\gamma}$ 积分更新位置 γ；因 4 个分块矩阵是对称阵，故式（5.112）及（5.113）中矩阵的逆可以应用 LTLT 分解得到。

（5）进行逆向动力学计算：首先将式（5.113）代入式（5.112）得约束力

$$\pounds=M^{[2][2]\wedge-1}\cdot\left(\begin{aligned}&\mathcal{W}_{ex}^{[2]}-\mathcal{W}^{[2]}-M^{[2][1]}\cdot(M^{[1][1]}-M^{[1][2]}\cdot M^{[2][2]\wedge-1}\cdot M^{[2][1]})^{-1}\\ &\qquad\backslash\cdot(\mathcal{W}_{ex}^{[1]}-\mathcal{W}^{[1]}-M^{[1][2]}\cdot M^{[2][2]\wedge-1}\cdot(\mathcal{W}_{ex}^{[2]}-\mathcal{W}^{[2]}))\end{aligned}\right) \tag{5.114}$$

进而，根据期望加速度，由式（5.110）计算合外力 $\mathcal{W}_{ex}^{[1]}$。

（6）更新控制力。根据合外力 $\mathcal{W}_{ex}^{[1]}$ 计算运动轴驱动力，转至步骤（1）。

5.5.4　CE3 巡视器动力学系统

CE3 巡视器动力学与控制系统具有两个版本：一个是超实时仿真版本；另一个是在回路实时仿真版本。该系统作用包括：

（1）分析 CE3 巡视器任务系统的约束条件。根据巡视器着陆及地面站位置，完成星历计算、地面测控、数传窗口及巡视器能源窗口计算，从而获得巡视探测任务的基本约束条件。

（2）模拟月面环境。模拟月面地形与地貌、重力环境、光照环境、热力环境，分析环境对巡视器移动系统、通信系统、能源系统、温控系统的影响。

（3）模拟巡视器动力学过程。根据巡视器移动系统结构，进行巡视器动力学仿真分析，完成巡视器移动系统的迭代设计。

（4）通过在回路实时仿真，分析与验证巡视器综合电分系统的内在逻辑关系及各分系统解算过程的正确性。

（5）通过在回路实时仿真，完成巡视器综合电分系统的传感器控制数据及光学数据的注入、执行器系统的负荷加载及综合电分系统的高低温加载，进行长期的月面环境模拟测试，验证综合电分系统对月面环境的适应性。

（6）通过巡视器动力学与控制的仿真，完成巡视器任务规划，生成巡视器任务控制指令，实施巡视探测任务。

CE3 巡视器实时动力学系统由环境模拟与动力学解算控制子系统（上位机）及巡视器动力学解算子系统（下位机）组成。上位机完成地形模拟、光照模拟、星历计算及“日-地-月”关系模拟、障碍提取与环境表示、基于 D * Lite 的路径规划与基于消息的 TCP/IP 通信等功能。该系统为巡视器动力学解算系统提供初始状态、地形更新服务、人机交互及巡视器动力学解算结果的显示。

下位机由嵌入式计算机及运行于 VxWorks 下的巡视器实时动力学软件组成，如图 5.3 所示。通过接收动力学解算控制软件计算的巡视器状态、地形数据及巡视器控制指令，完成刚轮软土动力学计算、巡视器实时动力学解算及自主牵引控制，并将巡视器位姿、速度、加速度、轮土作用力、运动副内力等计算结果发送给 GNC 测试系统、环境模拟与动力学解算控制子系统。通过 CAN 卡实现与巡视器 GNC 系统的通信；既可以接收由巡视器 GNC 系统发出的包含舵机方向及驱动轮速度的牵引控制命令，完成巡视器的直接牵引控制；又可以接收由动力学解算控制系统发出的巡视器移动速度及偏航速度，自主地完成牵引控制。通过网络的实时消息通信，完成与环境模拟与动力学解算控制子系统的通信。

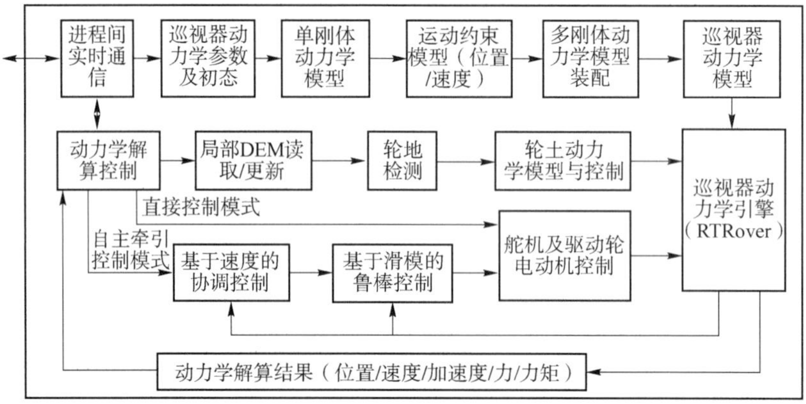

图 5.3　CE3 巡视器实时动力学系统

系统输出巡视器任一运动副的运动状态（关节坐标、关节速度与关节加速度）及受力状态。如图 5.4 所示，巡视器停放于 10°的坡面上时，巡视器姿态、三轴平动速度与转动角速度解算结果正确。理论俯仰角为 10°，解算的俯仰角约为 9.7°，造成误差的主要原因是在弹塑性地形上巡视器前侧驱动轮较后侧驱动轮的沉陷量大。

可以实现任务规划结果的仿真，测试规划结果是否满足任务规划的基本约束，测试规划的行为序列及动作参数是否合理，以评定任务规划结果的有效性。操作人员可以清晰地了解任务指令执行后的巡视器及地面站的状态。同时，在巡视器执行任务期间，通过对预定任务的仿真分析，可以预报巡视器在执行任务时是否存在全向通信链路遮挡、数传通信链路遮挡等风险；若存在风险，则需要对任务指令进行重新规划，以规避该风险。任务规划验证和预测控制结果分别如图 5.5 和图 5.6 所示。本系统应用于 CE3 巡视器第 1 个月球日的任务支持，圆满地完成了 CE3 巡视器在轨支持任务。

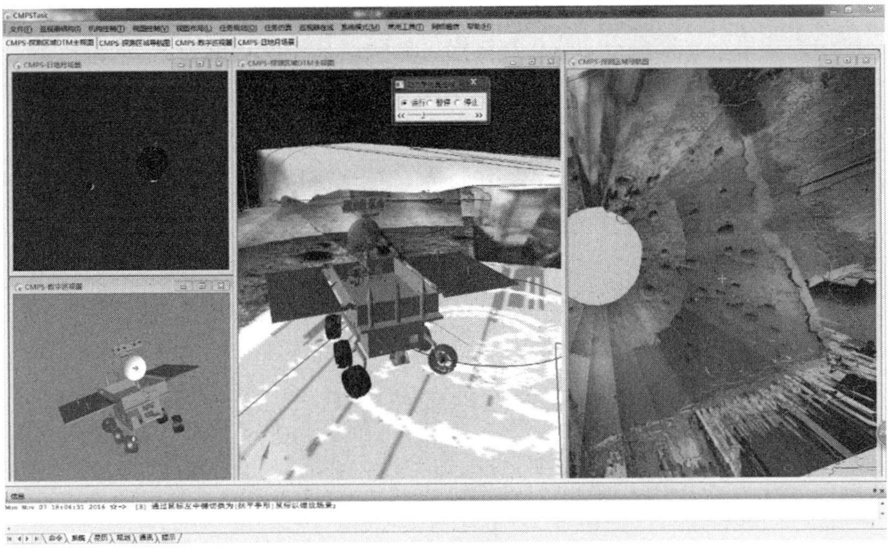

图 5.4　10°坡面上巡视器移动过程动力学仿真（见彩插）

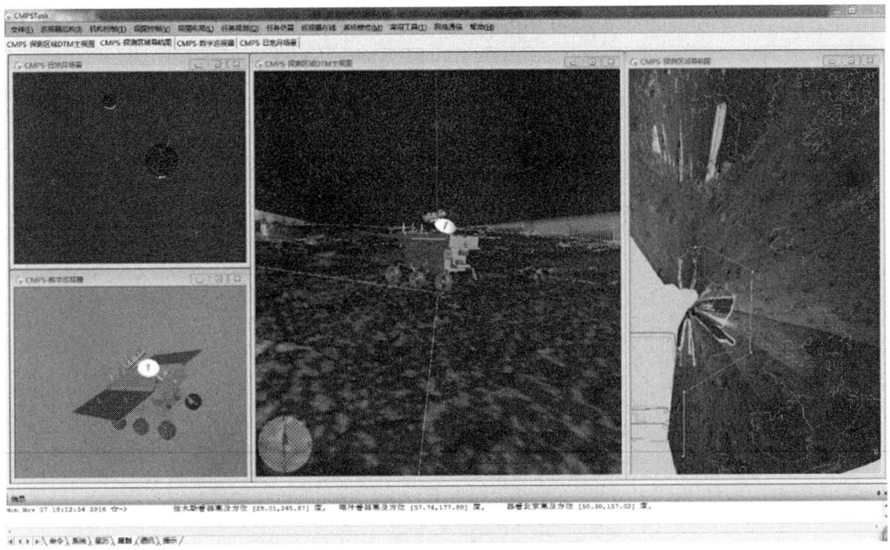

图 5.5　月面环境模拟与动力学解算系统的任务规划验证功能（见彩插）

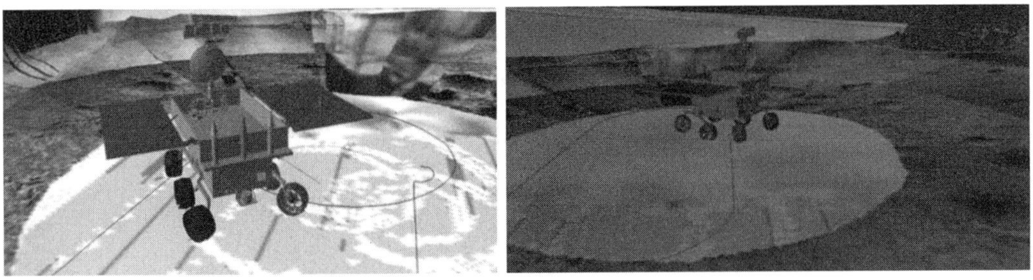

图 5.6　月面环境模拟与动力学解算系统的预测控制功能（见彩插）

通过工程应用与测试，牛顿-欧拉动力学系统具有以下局限性：

（1）在计算方面，牛顿-欧拉动力学需要进一步提高。由式（5.109）可知，任一实体需要6个动力学方程，任一约束度需要一个约束方程。对于通过转动轴与地面连接一个实体的牛顿-欧拉动力学系统，需要建立11个方程，显然这是不合理的。

（2）对于树链系统，需要显式地建立约束方程，在求解时由于存在数值计算误差且不断累积，导致动力学解算的精度有限，约束容易违反。

（3）对于正动力学，若实体质惯量差异较大，导致刚性的系统矩阵求逆精度不能保证。

因此，降低系统方程数是提高动力学系统性能的关键问题。

5.6 经典分析动力学建模

5.6.1 多轴系统的拉格朗日方程推导与应用

1764年，拉格朗日在研究月球天平动问题时提出了拉格朗日方法。该方法是以广义坐标表达动力学方程的基本方法，同时也是描述量子场论的基本方法。本节推导拉格朗日方程，并应用链符号系统对之进行重新表述。

下面考虑质点动力学系统 $i\boldsymbol{L}$，首先根据牛顿力学推导自由质点 m_{lS} 的拉格朗日方程；然后，推广至受约束的质点系统。对于一组受保守力作用的质点，在牛顿惯性空间的笛卡儿直角坐标系下，有

$$m_{lS}\cdot{}^{i}\ddot{r}_{lS}={}^{i|l}f_{lS} \tag{5.115}$$

式（5.115）中的保守力 ${}^{i|l}f_{lS}$ 相对质点惯性力 $m_{lS}\cdot{}^{i}\ddot{r}_{lS}$ 具有相同的链序，即 ${}^{i|l}f_{lS}$ 为正序，质点 m_{lS} 的合力为零。质点 m_{lS} 的能量记为 $\mathcal{E}^{i}_{\boldsymbol{L}}$，由动能 ${}_{v}\mathcal{E}^{i}_{\boldsymbol{L}}$ 及势能 ${}_{g}\mathcal{E}^{i}_{\boldsymbol{L}}$ 组成，即有

$$\mathcal{E}^{i}_{\boldsymbol{L}}={}_{v}\mathcal{E}^{i}_{\boldsymbol{L}}-{}_{g}\mathcal{E}^{i}_{\boldsymbol{L}}=\sum_{l}^{i\boldsymbol{L}}\left({}_{v}\mathcal{E}^{i}_{lS}\right)-\sum_{l}^{i\boldsymbol{L}}\left({}_{g}\mathcal{E}^{i}_{lS}\right) \tag{5.116}$$

由式（5.116）得

$${}^{i}p_{\boldsymbol{L}}=\sum_{l}^{i\boldsymbol{L}}\left({}^{i}p_{l}\right),\quad {}^{i}p_{l}=\frac{\partial\mathcal{E}^{i}_{\boldsymbol{L}}}{\partial{}^{i}\dot{r}_{l}} \tag{5.117}$$

由式（5.117）得

$$\frac{{}^{i}\mathrm{d}}{\mathrm{d}t}\left(\frac{\partial\mathcal{E}^{i}_{\boldsymbol{L}}}{\partial^{i}\dot{r}^{[k]}_{l}}\right)-\frac{\partial\mathcal{E}^{i}_{\boldsymbol{L}}}{\partial^{i}r^{[k]}_{l}}=0,\quad k\in[x,y,z] \tag{5.118}$$

称式（5.118）为笛卡儿矢量空间的拉格朗日方程。

广义坐标序列 $\{q^{\bar{l}}_{l}\mid l\in\boldsymbol{A}\}$ 与笛卡儿空间的位置矢量序列 $\{{}^{i}r_{l}\mid l\in\boldsymbol{A}\}$ 的关系记为

$$q^{\bar{l}}_{l}=q^{\bar{l}}_{l}(\cdots,{}^{i}r_{l},\cdots;t),\quad {}^{i}r_{l}={}^{i}r_{l}(\cdots,q^{\bar{l}}_{l},\cdots;t) \tag{5.119}$$

由式（5.119）得

$$\dot{q}^{\bar{k}}_{k}=\sum_{j}^{i\boldsymbol{L}}\left(\frac{\partial q^{\bar{k}}_{k}}{\partial^{i}r^{[w]}_{j}}\cdot{}^{i}\dot{r}^{[w]}_{j}\right)+\frac{\partial q^{\bar{k}}_{k}}{\partial t} \tag{5.120}$$

式（5.120）中的右上指标$\square^{[w]}$为哑标，成对出现时应遍历求和。

显然，有

$$\frac{\partial q_k^{\bar{k}}}{\partial^i r_l^{[w]}}=\frac{\partial \dot{q}_k^{\bar{k}}}{\partial^i \dot{r}_l^{[w]}} \tag{5.121}$$

由式（5.118）及式（5.119）得

$$\frac{\partial \mathcal{E}_{\boldsymbol{L}}^{i}}{\partial^i \dot{r}_l^{[w]}}=\sum_{k}^{i\boldsymbol{L}}\left(\frac{\partial \mathcal{E}_{\boldsymbol{L}}^{i}}{\partial \dot{q}_k^{\bar{k}}}\cdot\frac{\partial \dot{q}_k^{\bar{k}}}{\partial^i \dot{r}_l^{[w]}}\right) \tag{5.122}$$

由式（5.122）及式（5.121）得

$$\frac{^i\mathrm{d}}{\mathrm{d}t}\left(\frac{\partial \mathcal{E}_{\boldsymbol{L}}^{i}}{\partial^i \dot{r}_l^{[w]}}\right)=\sum_{k}^{i\boldsymbol{L}}\left(\frac{^i\mathrm{d}}{\mathrm{d}t}\left(\frac{\partial \mathcal{E}_{\boldsymbol{L}}^{i}}{\partial \dot{q}_k^{\bar{k}}}\right)\cdot\frac{\partial q_k^{\bar{k}}}{\partial^i r_l^{[w]}}\right)+\sum_{k}^{i\boldsymbol{L}}\left(\frac{\partial \mathcal{E}_{\boldsymbol{L}}^{i}}{\partial \dot{q}_k^{\bar{k}}}\cdot\frac{^i\mathrm{d}}{\mathrm{d}t}\left(\frac{\partial q_k^{\bar{k}}}{\partial^i r_l^{[w]}}\right)\right) \tag{5.123}$$

对于任一函数f（$\cdots,{}^i r_l$，$\cdots$；t），其时间微分为

$$\frac{\mathrm{d}f}{\mathrm{d}t}=\sum_{k}^{i\boldsymbol{L}}\left(\frac{\partial f}{\partial^i r_k^{[m]}}\cdot{}^i\dot{r}_k^{[m]}\right)+\frac{\partial f}{\partial t}$$

由式（5.124）的莱布尼兹规则及式（5.123）右侧第二项得

$$\begin{aligned}\frac{^i\mathrm{d}}{\mathrm{d}t}\left(\frac{\partial \mathcal{E}_{\boldsymbol{L}}^{i}}{\partial^i \dot{r}_l^{[w]}}\right)=&\sum_{k}^{i\boldsymbol{L}}\left(\frac{\mathrm{d}}{\mathrm{d}t}\left(\frac{\partial \mathcal{E}_{\boldsymbol{L}}^{i}}{\partial \dot{q}_k^{\bar{k}}}\right)\cdot\frac{\partial q_k^{\bar{k}}}{\partial^i r_l^{[w]}}\right)\\ \backslash +&\sum_{k}^{i\boldsymbol{L}}\left(\frac{\partial \mathcal{E}_{\boldsymbol{L}}^{i}}{\partial \dot{q}_k^{\bar{k}}}\cdot\left(\sum_{j}^{i\boldsymbol{L}}\left(\frac{\partial^2 q_k^{\bar{k}}}{\partial^i r_l^{[w]}\partial^i r_j^{[m]}}{}^i\dot{r}_j^{[m]}\right)+\frac{\partial^2 q_k^{\bar{k}}}{\partial^i r_l^{[w]}\partial t}\right)\right)\end{aligned} \tag{5.124}$$

由式（5.120）得

$$\frac{\partial \dot{q}_k^{\bar{k}}}{\partial^i r_l^{[w]}}=\sum_{j}^{i\boldsymbol{L}}\left(\frac{\partial^2 q_k^{\bar{k}}}{\partial^i r_l^{[w]}\partial^i r_j^{[m]}}\cdot{}^i\dot{r}_j^{[m]}\right)+\frac{\partial^2 q_k^{\bar{k}}}{\partial^i r_l^{[w]}\partial t} \tag{5.125}$$

又由偏导数链规则可知

$$\frac{\partial \mathcal{E}_{\boldsymbol{L}}^{i}}{\partial^i r_l^{[w]}}=\sum_{k}^{i\boldsymbol{L}}\left(\frac{\partial \mathcal{E}_{\boldsymbol{L}}^{i}}{\partial q_k^{\bar{k}}}\cdot\frac{\partial q_k^{\bar{k}}}{\partial^i r_l^{[w]}}\right)+\sum_{k}^{i\boldsymbol{L}}\left(\frac{\partial \mathcal{E}_{\boldsymbol{L}}^{i}}{\partial \dot{q}_k^{\bar{k}}}\cdot\frac{\partial \dot{q}_k^{\bar{k}}}{\partial^i r_l^{[w]}}\right) \tag{5.126}$$

由式（5.125）及式（5.126）得

$$\frac{\partial \mathcal{E}_{\boldsymbol{L}}^{i}}{\partial^i r_l^{[w]}}=\sum_{k}^{i\boldsymbol{L}}\left(\frac{\partial \mathcal{E}_{\boldsymbol{L}}^{i}}{\partial q_k^{\bar{k}}}\cdot\frac{\partial q_k^{\bar{k}}}{\partial^i r_l^{[w]}}\right)+\sum_{k}^{i\boldsymbol{L}}\left(\frac{\partial \mathcal{E}_{\boldsymbol{L}}^{i}}{\partial \dot{q}_k^{\bar{k}}}\cdot\left(\sum_{j}^{i\boldsymbol{L}}\left(\frac{\partial^2 q_k^{\bar{k}}}{\partial^i r_l^{[w]}\partial^i r_j^{[m]}}\cdot{}^i\dot{r}_j^{[m]}\right)+\frac{\partial^2 q_k^{\bar{k}}}{\partial^i r_l^{[w]}\partial t}\right)\right) \tag{5.127}$$

将式（5.124）及式（5.127）代入式（5.118）得

$$\sum_{j}^{i\boldsymbol{L}}\left(\frac{^i\mathrm{d}}{\mathrm{d}t}\left(\frac{\partial \mathcal{E}_{\boldsymbol{L}}^{i}}{\partial \dot{q}_l^{\bar{l}}}\right)-\frac{\partial \mathcal{E}_{\boldsymbol{L}}^{i}}{\partial q_l^{\bar{l}}}\right)\cdot\frac{\partial q_j^{\bar{j}}}{\partial^i r_l^{[w]}}=0 \tag{5.128}$$

若$\partial q_j^{\bar{j}} / \partial^i r_l^{[w]}$非奇异，则$\partial^i r_l^{[w]} / \partial q_j^{\bar{j}}$存在，故得关节空间的拉格朗日方程：

$$\frac{{}^i\mathrm{d}}{\mathrm{d}t}\left(\frac{\partial \mathcal{E}_{\boldsymbol{L}}^i}{\partial \dot{q}_k^{\bar{k}}}\right)-\frac{\partial \mathcal{E}_{\boldsymbol{L}}^i}{\partial q_k^{\bar{k}}}=0 \tag{5.129}$$

式（5.129）是应用系统的能量及广义坐标建立的系统方程。关节变量$q_l^{\bar{l}}$与坐标矢量${}^i r_l$的关系如式（5.119）所示，称式（5.119）为关节空间与笛卡儿空间的点变换（Point transformation）。

在推导拉格朗日方程时，前提是式（5.116）及式（5.118）成立。保守力与惯性力具有相反的链序。拉格朗日系统内的约束既可以是质点间的固结约束，又可以是质点系统间的运动约束。刚体自身是质点系统$\boldsymbol{B}_l=[m_{lS} \mid lS\in\Omega_l]$，质点能量具有可加性。下面，就简单运动副$\boldsymbol{R}/\boldsymbol{P}$分别建立拉格朗日方程，为后续进一步推出新的动力学理论奠定基础。

给定刚体多轴系统$i\boldsymbol{L}$，惯性空间记为i，$\forall l\in\boldsymbol{A}$；轴$l$的能量记为$\mathcal{E}_{\boldsymbol{L}}^i$，其中平动动能为${}_v\mathcal{E}_{\boldsymbol{L}}^i$，转动动能为${}_\omega\mathcal{E}_{\boldsymbol{L}}^i$，引力势能为${}_g\mathcal{E}_{\boldsymbol{L}}^i$；轴$l$受除引力外的外部合力及合力矩分别为${}^{i|l\boldsymbol{L}}f_l$及${}^{\boldsymbol{D}}\tau_l$；轴$l$的质量及质心转动惯量分别为$m_l$及${}^{lI}J_{lI}$；轴$u$的单位轴不变量为${}^{\bar{u}}n_u$；环境$i$作用于$lI$的惯性加速度记为${}^i g_{lI}$。重力加速度${}^i g_{lI}$链序由$i$至$lI$。

1. 系统能量

系统$i\boldsymbol{L}$能量$\mathcal{E}_{\boldsymbol{L}}^i$表达为

$$\mathcal{E}_{\boldsymbol{L}}^i={}_m\mathcal{E}_{\boldsymbol{L}}^i+{}_g\mathcal{E}_{\boldsymbol{L}}^i \tag{5.130}$$

其中，

$$\begin{cases} {}_m\mathcal{E}_{\boldsymbol{L}}^i=\sum\limits_k^{i\boldsymbol{L}}\left({}_v\mathcal{E}_k^i\right)+\sum\limits_k^{i\boldsymbol{L}}\left({}_\omega\mathcal{E}_k^i\right) \quad ,{}_g\mathcal{E}_{\boldsymbol{L}}^i=\sum\limits_k^{i\boldsymbol{L}}\left({}_g\mathcal{E}_k^i\right) \\ {}_v\mathcal{E}_{\boldsymbol{L}}^i=\dfrac{1}{2}\cdot m_l\cdot{}^i\dot{r}_{lI}^{\mathrm{T}}\cdot{}^i\dot{r}_{lI}, \quad {}_\omega\mathcal{E}_{\boldsymbol{L}}^i=\dfrac{1}{2}\cdot{}^i\dot{\phi}_l^{\mathrm{T}}\cdot{}^{i|lI}J_{lI}\cdot{}^i\dot{\phi}_l \\ {}_g\mathcal{E}_{\boldsymbol{L}}^i=m_l\cdot{}^i r_{lI}^{\mathrm{T}}\cdot{}^i g_{lI}=-m_l\cdot{}^i r_{lI}^{\mathrm{T}}\cdot{}^{i|lI}g_i \end{cases} \tag{5.131}$$

2. 多轴系统拉格朗日方程

由式（5.129）得多轴系统拉格朗日方程：

$$\begin{cases} \dfrac{{}^i\mathrm{d}}{\mathrm{d}t}\left(\dfrac{\partial_m\mathcal{E}_{\boldsymbol{L}}^i}{\partial\dot{r}_u^{\bar{u}}}\right)-\dfrac{\partial\mathcal{E}_{\boldsymbol{L}}^i}{\partial r_u^{\bar{u}}}={}^{i|\bar{u}}n_u^{\mathrm{T}}\cdot{}^{i|uL}f_u, \qquad {}^{\bar{u}}\boldsymbol{k}_u\in\boldsymbol{P} \\ \dfrac{{}^i\mathrm{d}}{\mathrm{d}t}\left(\dfrac{\partial_m\mathcal{E}_{\boldsymbol{L}}^i}{\partial\dot{\phi}_u^{\bar{u}}}\right)-\dfrac{\partial\mathcal{E}_{\boldsymbol{L}}^i}{\partial\phi_u^{\bar{u}}}={}^{i|\bar{u}}n_u^{\mathrm{T}}\cdot{}^{i|uL}\tau_u, \qquad {}^{\bar{u}}\boldsymbol{k}_u\in\boldsymbol{R} \end{cases} \tag{5.132}$$

式（5.132）为轴u的控制方程，即在轴不变量${}^{\bar{u}}n_u$上的力平衡方程；${}^{i|\bar{u}}n_u^{\mathrm{T}}\cdot{}^{i|u\boldsymbol{L}}f_u$是合力${}^{i|u\boldsymbol{L}}f_u$在${}^{\bar{u}}n_u$上的分量，${}^{i|\bar{u}}n_u^{\mathrm{T}}\cdot{}^{i|u\boldsymbol{L}}\tau_u$是合力矩${}^{i|u\boldsymbol{L}}\tau_u$在${}^{\bar{u}}n_u$上的分量。

对于轴u而言，约束力是轴矢量${}^{\bar{u}}n_u$的自然正交补，有效控制力施加的方向均沿轴向。${}^{i|\bar{u}}n_u^{\mathrm{T}}\cdot{}^{i|uL}f_u$是合力${}^{i|uL}f_u$在${}^{\bar{u}}n_u$上的投影，即为施加的有效控制力。

实例 5.2　继实例 5.1，重力加速度矢量记为${}^{i}g_{II}^{\mathrm{T}}=[0,-g,0]$；质量序列$\{m_l \mid l\in\boldsymbol{A}\}$，质心转动惯量序列$\{{}^{II}J_{lI}\mid l\in\boldsymbol{A}\}$；关节驱动力矩分别为$\tau_1^i$及$\tau_2^i$。应用式（5.132）建立该系统的拉格朗日方程。

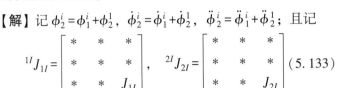

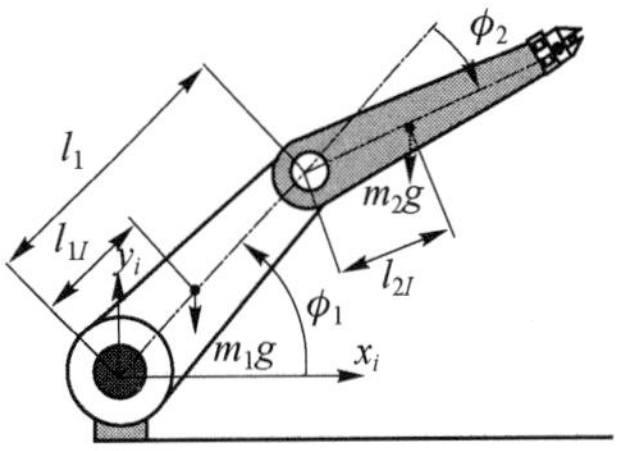

图 5.7　平面 2R 机械臂系统

【解】记$\phi_2^i=\phi_1^i+\phi_2^1$，$\dot\phi_2^i=\dot\phi_1^i+\dot\phi_2^1$，$\ddot\phi_2^i=\ddot\phi_1^i+\ddot\phi_2^1$；且记

$$
{}^{1I}J_{1I}=\begin{bmatrix} * & * & * \\ * & * & * \\ * & * & J_{1I}\end{bmatrix},\quad {}^{2I}J_{2I}=\begin{bmatrix} * & * & * \\ * & * & * \\ * & * & J_{2I}\end{bmatrix} \tag{5.133}
$$

其中，∗表示未知量。

步骤 1　表达系统的能量。杆件 1 的动能：

$$
\begin{aligned}
{}_v\mathcal{E}_1^i+{}_\omega\mathcal{E}_1^i&=0.5\cdot m_1\cdot \dot r_{1I}^{i\wedge 2}+0.5\cdot J_{1I}\cdot\dot\phi_1^{i\wedge 2}\\
&=0.5\cdot m_1\cdot l_{1I}^2\cdot\dot\phi_1^{i\wedge 2}+0.5\cdot J_{1I}\cdot\dot\phi_1^{i\wedge 2}
\end{aligned} \tag{5.134}
$$

杆件 1 的重力势能：

$$
{}_g\mathcal{E}_1^i=m_1\cdot {}^ir_{1I}^{\mathrm{T}}\cdot {}^ig_{1I}=-m_1\cdot g\cdot l_{1I}\cdot \mathrm{S}_1^i \tag{5.135}
$$

杆件 2 的动能：

$$
\begin{aligned}
{}_v\mathcal{E}_2^i+{}_\omega\mathcal{E}_2^i&=0.5\cdot m_2\cdot \dot r_{2I}^{i\wedge 2}+0.5\cdot J_{2I}\cdot\dot\phi_2^{i\wedge 2}\\
&=0.5\cdot m_2\cdot((l_1\cdot\dot\phi_1^i\cdot \mathrm{C}_2^1+l_{2I}\cdot\dot\phi_2^i)^2+(l_1\cdot\dot\phi_1^i\cdot\mathrm{S}_2^1)^2)+0.5\cdot J_{2I}\cdot\dot\phi_2^{i\wedge 2}\\
&=0.5\cdot m_2\cdot(l_1^{\wedge 2}\cdot\dot\phi_1^{i\wedge 2}+2\cdot l_1\cdot l_{2I}\cdot\mathrm{C}_2^1\cdot(\dot\phi_1^i\cdot\dot\phi_2^1+\dot\phi_1^{i\wedge 2})+l_{2I}^{\wedge 2}\cdot\dot\phi_2^{i\wedge 2})\\
&\quad\backslash+0.5\cdot J_{2I}\cdot\dot\phi_2^{i\wedge 2}
\end{aligned} \tag{5.136}
$$

杆件 2 的重力势能：

$$
{}_g\mathcal{E}_2^i=m_2\cdot {}^ir_{2I}^{\mathrm{T}}\cdot {}^ig_{2I}=-m_2\cdot g\cdot(l_1\cdot\mathrm{S}_1^i+l_{2I}\cdot\mathrm{S}_2^i) \tag{5.137}
$$

系统重力势能：

$$
{}_g\mathcal{E}_{\boldsymbol{L}}^i={}_g\mathcal{E}_1^i+{}_g\mathcal{E}_2^i
$$

系统能量：

$$
\mathcal{E}_{\boldsymbol{L}}^i={}_v\mathcal{E}_1^i+{}_\omega\mathcal{E}_1^i+{}_v\mathcal{E}_2^i+{}_\omega\mathcal{E}_2^i+{}_g\mathcal{E}_{\boldsymbol{L}}^i
$$

步骤 2　获得系统能量对关节速度的偏导数：

$$
\begin{aligned}
\frac{\partial\mathcal{E}_{\boldsymbol{L}}^i}{\partial\dot\phi_1^i}&=m_1\cdot l_{1I}^{\wedge 2}\cdot\dot\phi_1^i+J_{1I}\cdot\dot\phi_1^i+m_2\cdot l_1^{\wedge 2}\cdot\dot\phi_1^i+m_2\cdot l_1\cdot l_{2I}\cdot\mathrm{C}_2^1\cdot\dot\phi_2^1\\
&\quad\backslash+2\cdot m_2\cdot l_1\cdot l_{2I}\cdot\mathrm{C}_2^1\cdot\dot\phi_1^i+m_2\cdot l_{2I}^{\wedge 2}\cdot\dot\phi_2^i+J_{2I}\cdot\dot\phi_2^i\\
&=m_1\cdot l_{1I}^{\wedge 2}\cdot\dot\phi_1^i+J_{1I}\cdot\dot\phi_1^i+m_2\cdot l_1^{\wedge 2}\cdot\dot\phi_1^i+2\cdot m_2\cdot l_1\cdot l_{2I}\cdot\mathrm{C}_2^1\cdot\dot\phi_1^i\\
&\quad\backslash+m_2\cdot l_1\cdot l_{2I}\cdot\mathrm{C}_2^1\cdot\dot\phi_2^1+m_2\cdot l_{2I}^{\wedge 2}\cdot\dot\phi_2^i+J_{2I}\cdot\dot\phi_2^i
\end{aligned}
$$

$$
\frac{\partial\mathcal{E}_{\boldsymbol{L}}^i}{\partial\dot\phi_2^1}=m_2\cdot l_1\cdot l_{2I}\cdot\mathrm{C}_2^1\cdot\dot\phi_1^i+m_2\cdot l_{2I}^{\wedge 2}\cdot\dot\phi_2^i+J_{2I}\cdot\dot\phi_2^i
$$

步骤 3 获得系统能量对关节角度的偏导数：

$$\frac{\partial \mathcal{E}_{\boldsymbol{L}}^{i}}{\partial \phi_{(i,2]}}=\begin{bmatrix} 0 \\ -m_2 \cdot l_1 \cdot l_{2I} \cdot \mathrm{S}_2^1 \cdot (\dot{\phi}_1^i \cdot \dot{\phi}_2^1+\dot{\phi}_1^{i\wedge 2}) \end{bmatrix}$$

$$\backslash -\begin{bmatrix} m_1 \cdot g \cdot l_{1I} \cdot \mathrm{C}_1^i+m_2 \cdot g \cdot (l_1 \cdot \mathrm{C}_1^i+l_{2I} \cdot \mathrm{C}_2^i) \\ m_2 \cdot g \cdot l_{2I} \cdot \mathrm{C}_2^i \end{bmatrix} \tag{5.138}$$

步骤 4 获得偏速度对时间 t 的导数：

$$\frac{\mathrm{d}}{\mathrm{d}t}\left(\frac{\partial \mathcal{E}_{\boldsymbol{L}}^{i}}{\partial \dot{\phi}_{(i,2]}}\right)=\frac{\mathrm{d}}{\mathrm{d}t}(m_1 \cdot l_{1I}^{\wedge 2} \cdot \dot{\phi}_1^i+J_{1I} \cdot \dot{\phi}_1^i+m_2 \cdot l_1^{\wedge 2} \cdot \dot{\phi}_1^i+m_2 \cdot l_1 \cdot l_{2I} \cdot \mathrm{C}_2^1 \cdot \dot{\phi}_2^1$$

$$\backslash +2 \cdot m_2 \cdot l_1 \cdot l_{2I} \cdot \mathrm{C}_2^1 \cdot \dot{\phi}_1^i+m_2 \cdot l_{2I}^{\wedge 2} \cdot \dot{\phi}_2^i+J_{2I} \cdot \dot{\phi}_2^i$$

$$m_2 \cdot l_1 \cdot l_{2I} \cdot \mathrm{C}_2^1 \cdot \dot{\phi}_1^i+m_2 \cdot l_{2I}^{\wedge 2} \cdot \dot{\phi}_2^i+J_{2I} \cdot \dot{\phi}_2^i)$$

$$=\begin{bmatrix} (m_1 \cdot l_{1I}^{\wedge 2}+J_{1I}+m_2 \cdot (l_1^{\wedge 2}+2 \cdot l_1 \cdot l_{2I} \cdot \mathrm{C}_2^1+l_{2I}^{\wedge 2})+J_{2I}) \cdot \ddot{\phi}_1^i \\ (m_2 \cdot (l_{2I}^{\wedge 2}+l_1 \cdot l_{2I} \cdot \mathrm{C}_2^1)+J_{2I}) \cdot \ddot{\phi}_1^i \end{bmatrix}$$

$$\backslash +\begin{bmatrix} (m_2 \cdot (l_{2I}^{\wedge 2}+l_1 \cdot l_{2I} \cdot \mathrm{C}_2^1)+J_{2I}) \cdot \ddot{\phi}_2^1 \\ (m_2 \cdot l_{2I}^{\wedge 2}+J_{2I}) \cdot \ddot{\phi}_2^1 \end{bmatrix}$$

$$\backslash -\begin{bmatrix} m_2 \cdot l_1 \cdot l_{2I} \cdot \mathrm{S}_2^1 \cdot (\dot{\phi}_2^{1\wedge 2}+2 \cdot \dot{\phi}_1^i \cdot \dot{\phi}_2^1) \\ m_2 \cdot l_1 \cdot l_{2I} \cdot \mathrm{S}_2^1 \cdot \dot{\phi}_1^i \cdot \dot{\phi}_2^1 \end{bmatrix}$$

整理得

$$\frac{\mathrm{d}}{\mathrm{d}t}\left(\frac{\partial \mathcal{E}_{\boldsymbol{L}}^{i}}{\partial \dot{\phi}_{(i,2]}}\right)=\boldsymbol{M} \cdot \begin{bmatrix} \ddot{\phi}_1^i \\ \ddot{\phi}_2^1 \end{bmatrix}+b \tag{5.139}$$

其中，

$$\boldsymbol{M}^{[1][1]}=m_1 \cdot l_{1I}^{\wedge 2}+J_{1I}+J_{2I}+m_2 \cdot (l_1^{\wedge 2}+2 \cdot l_1 \cdot l_{2I} \cdot \mathrm{C}_2^1+l_{2I}^{\wedge 2})$$

$$\boldsymbol{M}^{[1][2]}=m_2 \cdot (l_{2I}^{\wedge 2}+l_1 \cdot l_{2I} \cdot \mathrm{C}_2^1)+J_{2I}$$

$$\boldsymbol{M}^{[2][1]}=m_2 \cdot (l_{2I}^{\wedge 2}+l_1 \cdot l_{2I} \cdot \mathrm{C}_2^1)+J_{2I}$$

$$\boldsymbol{M}^{[2][2]}=m_2 \cdot l_{2I}^{\wedge 2}+J_{2I}$$

$$\boldsymbol{b}^{[1]}=-m_2 \cdot l_1 \cdot l_{2I} \cdot \mathrm{S}_2^1 \cdot [\dot{\phi}_2^{1\wedge 2}+2 \cdot \dot{\phi}_1^i \cdot \dot{\phi}_2^1]$$

$$\boldsymbol{b}^{[2]}=-m_2 \cdot l_1 \cdot l_{2I} \cdot \mathrm{S}_2^1 \cdot \dot{\phi}_1^i \cdot \dot{\phi}_2^1$$

步骤 5 由式（5.132）、式（5.138）及式（5.139）得该平面 2R 机械臂系统的拉格朗日方程：

$$\boldsymbol{M} \cdot \begin{bmatrix} \ddot{\phi}_1^i \\ \ddot{\phi}_2^1 \end{bmatrix}+\boldsymbol{h}=\begin{bmatrix} \tau_1^i \\ \tau_2^i \end{bmatrix} \tag{5.140}$$

其中，

$$\boldsymbol{h}^{[1]}=m_1\cdot g\cdot l_{1I}\cdot \mathrm{C}_1^i+m_2\cdot g\cdot(l_1\cdot \mathrm{C}_1^i+l_{2I}\cdot \mathrm{C}_2^i)-m_2\cdot l_1\cdot l_{2I}\cdot \mathrm{S}_2^1\cdot(\dot{\phi}_2^{1\wedge 2}+2\cdot\dot{\phi}_1^i\cdot\dot{\phi}_2^1)$$

$$\boldsymbol{h}^{[2]}=m_2\cdot l_1\cdot l_{2I}\cdot \mathrm{S}_2^1\cdot\dot{\phi}_1^{i\wedge 2}+m_2\cdot g\cdot l_{2I}\cdot \mathrm{C}_2^i$$

由实例 5.2 可知，对于 2DOF 的平面机械臂，应用拉格朗日法建立动力学方程是一个烦琐的过程；随着系统自由度 N 的增加，计算复杂度也会剧增。原因在于：

（1）平动速度及转动速度的计算复杂度为 $O(N)$；

（2）通过平动速度及转动速度表达系统能量的计算复杂度为 $O(N^2)$；

（3）由系统能量计算偏速度的复杂度为 $O(N^3)$；

（4）由偏速度对时间求导的复杂度为 $O(N^4)$；

（5）存在与系统方程无关的计算，如式（5.138）及式（5.19）中的 $m_2\cdot l_1\cdot l_{2I}\cdot \mathrm{S}_2^1\cdot\dot{\phi}_1^i\cdot\dot{\phi}_2^1$ 对消。

尽管拉格朗日方程依据系统能量的不变性推导系统的动力学方程，具有理论分析上的优势，但是在工程应用中，随着系统自由度的增加，方程推导的复杂度剧增，难以得到普遍应用。

5.6.2　多轴系统的凯恩方程推导与应用

本节首先分析由 Thomas Kane 提出的凯恩方程，并应用链符号系统对之进行重新表述。

给定多轴树链系统 $\boldsymbol{iL}$；考虑由 N 个刚体构成的多轴系统，任一刚体受到外力及关节内力的作用。惯性系记为 $\boldsymbol{F}^{[i]}$；体 k 的质心 kI 所受的合外力及力矩坐标矢量分别记为 ${}^if_{kI}$ 及 ${}^i\tau_{kI}$，$k\in[1,2,\cdots,N]$。关节内力及力矩矢量分别记为 ${}^{i|k}f_{kI}^c$ 及 ${}^{i|k}\tau_{kI}^c$。应用达朗贝尔原理建立体 k 的力平衡方程：

$$
{}^if_{kI}^*-{}^if_{kI}-{}^{i|k}f_{kI}^c=0 \tag{5.141}
$$

其中，${}^if_{kI}^*$ 为体 k 的惯性力。将惯性力 ${}^if_{kI}^*$ 表示为

$$
{}^if_{kI}^*=m_k\cdot{}^i\ddot{r}_{kI} \tag{5.142}
$$

记质心 kI 的虚位移为 $\delta{}^ir_{kI}$，它是时间 $\delta t\to 0$ 的位移增量；根据虚功原理得虚功 δW：

$$\delta W=\delta{}^ir_{kI}^{\mathrm{T}}\cdot({}^if_{kI}^*-{}^if_{kI}-{}^{i|k}f_{kI}^c)=0,\quad k\in[1,2,\cdots,N]$$

在关节内力不引起功率损失的假设下，有

$$\delta{}^ir_{kI}^{\mathrm{T}}\cdot{}^{i|k}f_{kI}^c=0$$

故有

$$
\delta W=\delta{}^ir_{kI}^{\mathrm{T}}\cdot({}^if_{kI}^*-{}^if_{kI})=0,\quad k\in[1,2,\cdots,N] \tag{5.143}
$$

由式（5.143）得

$$
\delta W=\delta q_l^{\bar{l}}\cdot\frac{\partial}{\partial q_l^{\bar{l}}}({}^ir_{kI}^{\mathrm{T}})\cdot({}^if_{kI}^*-{}^if_{kI})=0,\quad k,l\in[1,2,\cdots,N] \tag{5.144}
$$

因位置矢量 ${}^ir_{kI}$ 为

$${}^ir_{kI}={}^ir_{kI}(\cdots,q_l^{\bar{l}},\cdots;t)$$

故有

$$
{}^{i}\dot{r}_{kI}=\frac{\partial^{i}r_{kI}}{\partial q_{l}^{\bar{l}}}\cdot\frac{\mathrm{d}q_{l}^{\bar{l}}}{\mathrm{d}t}+\frac{\partial^{i}r_{kI}}{\partial t}=\frac{\partial^{i}r_{kI}}{\partial q_{l}^{\bar{l}}}\cdot\dot{q}_{l}^{\bar{l}}+\frac{\partial^{i}r_{kI}}{\partial t}
$$

显然，有

$$
\frac{\partial}{\partial\dot{q}_{l}^{\bar{l}}}({}^{i}\dot{r}_{kI})=\frac{\partial}{\partial q_{l}^{\bar{l}}}({}^{i}r_{kI}) \tag{5.145}
$$

因虚位移 $\delta q_{l}^{\bar{l}}$ 是任意的，故由式（5.144）得

$$
\frac{\partial}{\partial\dot{q}_{l}^{\bar{l}}}({}^{i}\dot{r}_{kI}^{\mathrm{T}})\cdot({}^{i}f_{kI}^{*}-{}^{i}f_{kI})=0,\quad k,l\in[1,2,\cdots,N] \tag{5.146}
$$

由式（5.142）及式（5.146）得

$$
m_{k}\cdot\frac{\partial}{\partial\dot{q}_{l}^{\bar{l}}}({}^{i}\dot{r}_{kI}^{\mathrm{T}})\cdot{}^{i}\ddot{r}_{kI}=\frac{\partial}{\partial\dot{q}_{l}^{\bar{l}}}({}^{i}\dot{r}_{kI}^{\mathrm{T}})\cdot{}^{i|k\mathbf{L}}f_{kI},\quad k,l\in[1,2,\cdots,N] \tag{5.147}
$$

相似地，应用虚功原理得

$$
\frac{\partial}{\partial\dot{q}_{l}^{\bar{l}}}({}^{i}\dot{r}_{kI}^{\mathrm{T}})\cdot{}^{i}\tau_{kI}-\frac{\partial}{\partial\dot{q}_{l}^{\bar{l}}}({}^{i}\dot{r}_{kI}^{\mathrm{T}})\cdot{}^{i}\tau_{kI}^{*}=0,\quad k,l\in[1,2,\cdots,N] \tag{5.148}
$$

其中，${}^{i}\tau_{kI}$及${}^{i}\tau_{kI}^{*}$分别为外力矩及惯性力矩的坐标矢量，且有

$$
{}^{i|kI}J_{kI}\cdot{}^{i}\ddot{\phi}_{k}+{}^{i}\dot{\tilde{\phi}}_{k}\cdot{}^{i|kI}J_{kI}\cdot{}^{i}\dot{\phi}_{k}={}^{i|k\mathbf{L}}\tau_{kI}^{*} \tag{5.149}
$$

其中，${}^{i|kI}J_{kI}$为体 k 的质心转动惯量。由式（5.148）及式（5.149）得

$$
\frac{\partial^{i}\dot{\phi}_{k}^{\mathrm{T}}}{\partial\dot{q}_{l}^{\bar{l}}}\cdot({}^{i|kI}J_{kI}\cdot{}^{i}\ddot{\phi}_{k}+{}^{i}\dot{\tilde{\phi}}_{k}\cdot{}^{i|kI}J_{kI}\cdot{}^{i}\dot{\phi}_{k})=\frac{\partial^{i}\dot{\phi}_{k}^{\mathrm{T}}}{\partial\dot{q}_{l}^{\bar{l}}}\cdot{}^{i|k\mathbf{L}}\tau_{kI} \tag{5.150}
$$

将式（5.147）及式（5.150）组合在一起得轴#l 的凯恩方程：

$$
\begin{aligned}
&m_{k}\cdot\frac{\partial^{i}\dot{r}_{kI}^{\mathrm{T}}}{\partial\dot{q}_{l}^{\bar{l}}}\cdot{}^{i}\ddot{r}_{kI}+\frac{\partial^{i}\dot{\phi}_{k}^{\mathrm{T}}}{\partial\dot{q}_{l}^{\bar{l}}}\cdot({}^{i|kI}J_{kI}\cdot{}^{i}\ddot{\phi}_{k}+{}^{i}\dot{\tilde{\phi}}_{k}\cdot{}^{i|kI}J_{kI}\cdot{}^{i}\dot{\phi}_{k})\\
&=\frac{\partial^{i}\dot{r}_{kI}^{\mathrm{T}}}{\partial\dot{q}_{l}^{\bar{l}}}\cdot{}^{i}f_{kI}+\frac{\partial^{i}\dot{\phi}_{k}^{\mathrm{T}}}{\partial\dot{q}_{l}^{\bar{l}}}\cdot{}^{i\mathbf{L}}\tau_{kI}
\end{aligned} \tag{5.151}
$$

根据式（5.151），对多轴系统 $i\mathbf{L}$ 的轴#l，有

$$
\begin{aligned}
&\sum_{k}^{i\mathbf{L}}\left(m_{k}\cdot\frac{\partial^{i}\dot{r}_{kI}^{\mathrm{T}}}{\partial\dot{q}_{l}^{\bar{l}}}\cdot{}^{i}\ddot{r}_{kI}+\frac{\partial^{i}\dot{\phi}_{k}^{\mathrm{T}}}{\partial\dot{q}_{l}^{\bar{l}}}\cdot({}^{i|kI}J_{kI}\cdot{}^{i}\ddot{\phi}_{k}+{}^{i}\dot{\tilde{\phi}}_{k}\cdot{}^{i|kI}J_{kI}\cdot{}^{i}\dot{\phi}_{k})\right)\\
&=\sum_{k}^{i\mathbf{L}}\left(\frac{\partial^{i}\dot{r}_{kI}^{\mathrm{T}}}{\partial\dot{q}_{l}^{\bar{l}}}\cdot{}^{i|k\mathbf{L}}f_{kI}+\frac{\partial^{i}\dot{\phi}_{k}^{\mathrm{T}}}{\partial\dot{q}_{l}^{\bar{l}}}\cdot{}^{i|k\mathbf{L}}\tau_{kI}\right)
\end{aligned} \tag{5.152}
$$

其中，$\dot{q}_{k}^{\bar{k}}$、$\dot{\phi}_{k}^{\bar{k}}$、$\dot{r}_{k}^{\bar{k}}$ 分别为轴#k 的速度、角速度和线速度，均为标量。

由式（5.152）可知，多轴系统凯恩方程的建立步骤如下：

（1）标识质心、力的作用点等关键点；

（2）选取独立的一组关节坐标，并得到方向余弦矩阵；

（3）通过关节坐标及关节速度表达平动速度、平动加速度、转动速度及转动加速度；

（4）如表 5.1 所示，计算偏速度；

（5）将计算出的偏速度、速度及加速度代入式（5.152）得系统的动力学方程；

表 5.1　偏速度表

关节速度（$\dot{q}_l^{\bar{l}}$）	$\partial^i \dot{r}_{kl}^{\mathrm{T}}/\partial\ \dot{q}_l^{\bar{l}}$	$\partial^i \dot{\phi}_k^{\mathrm{T}}/\partial\ \dot{q}_l^{\bar{l}}$
$l=1$	…	…
…	…	…

（6）将动力学方程写成标准形式，即获得规范化动力学方程：

$$[M]\{\ddot{q}\}=\{\mathrm{RHS}(q,\dot{q})\} \tag{5.153}$$

其中，RHS 表示右手侧（Right Hand Side）。

实例 5.3　图 5.8 所示的是一个理想的弹簧质量摆，应用凯恩方法及拉格朗日方法分别建立该系统的动力学方程。

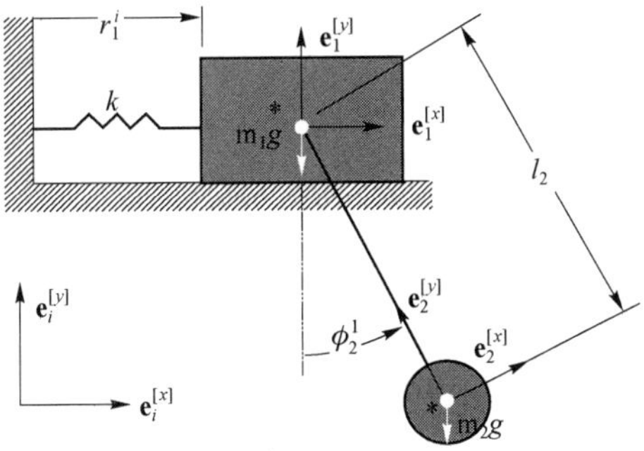

图 5.8　理想的弹簧质量摆

【解法 1】凯恩方法。

（1）如图 5.8 所示，质心位置标识为 *。

（2）得到 DCM：

${}^iQ_2={}^i\vert\mathbf{e}_2$	$\mathbf{e}_2^{[x]}$	$\mathbf{e}_2^{[y]}$	$\mathbf{e}_2^{[z]}$
$\mathbf{e}_i^{[x]}$	C_2^1	$-\mathrm{S}_2^1$	0
$\mathbf{e}_i^{[y]}$	S_2^1	C_2^1	0
$\mathbf{e}_i^{[z]}$	0	0	1

（3）选取关节坐标 $q_1^i=r_1^i$，$q_2^1=\phi_2^1$；计算转动速度及加速度：${}^i\dot{\phi}_1=0_3, {}^i\dot{\phi}_2=\mathbf{1}^{[z]}\cdot\dot{\phi}_2^1$，${}^i\ddot{\phi}_1=0_3, {}^i\ddot{\phi}_2=\mathbf{1}^{[z]}\cdot\ddot{\phi}_2^1$；计算平动速度及加速度，如表 5.2 所示。

表 5.2 平动速度及加速度

平动速度	平动加速度
${}^{i}\dot{r}_{1I}=\mathbf{1}^{[x]}\cdot\dot{q}_{1}^{i}$	${}^{i}\ddot{r}_{1I}=\mathbf{1}^{[x]}\cdot\ddot{q}_{1}^{i}$
${}^{i}\dot{r}_{2I}=\begin{bmatrix}\dot{q}_{1}^{i}+l_2\cdot\dot{q}_{2}^{1}\cdot C_2^1\\ l_2\cdot\dot{q}_{2}^{1}\cdot S_2^1\\ 0\end{bmatrix}$	${}^{i}\ddot{r}_{2I}=\begin{bmatrix}\ddot{q}_{1}^{i}+l_2\cdot\ddot{q}_{2}^{1}\cdot C_2^1-l_2\cdot\dot{q}_{2}^{1\wedge 2}\cdot S_2^1\\ l_2\cdot\ddot{q}_{2}^{1}\cdot S_2^1+l_2\cdot\dot{q}_{2}^{1\wedge 2}\cdot C_2^1\\ 0\end{bmatrix}$

（4）构建偏速度表，如表 5.3 所示。

表 5.3 偏速度

$q_l^{\bar{l}}$	$\partial\,{}^{i}\dot{\phi}_{k}^{\mathrm{T}}/\partial\ \dot{q}_{l}^{\bar{l}}$	$\partial\,{}^{i}\dot{r}_{kI}^{\mathrm{T}}/\partial\ \dot{q}_{l}^{\bar{l}}$
$l=1$	0_3^{T}	$\mathbf{1}^{[x]}$
$l=2$	$\mathbf{1}^{[z]}$	$l_2\cdot[C_2^1\quad S_2^1\quad 0]$

（5）将计算出的偏速度、速度及加速度代入式（5.152）得系统动力学方程各项，如表 5.4 所示。

表 5.4 系统动力学方程各项

$m_2\cdot\dfrac{\partial\,{}^{i}\dot{r}_{2I}^{\mathrm{T}}}{\partial\dot{q}_{1}^{i}}\cdot{}^{i}\ddot{r}_{2I}=m_2\cdot\ddot{q}_{1}^{i}+m_2\cdot l_2\cdot C_2^1\cdot\ddot{q}_{2}^{1}-m_2\cdot l_2\cdot S_2^1\cdot\dot{q}_{2}^{1\wedge 2}$	$\dfrac{\partial\,{}^{i}\dot{r}_{2I}^{\mathrm{T}}}{\partial\dot{q}_{1}^{i}}\cdot{}^{i}f_{2I}=0$
$m_1\cdot\dfrac{\partial\,{}^{i}\dot{r}_{1I}^{\mathrm{T}}}{\partial\dot{q}_{1}^{i}}\cdot{}^{i}\ddot{r}_{1I}=m_1\cdot\ddot{q}_{1}^{i}$	$\dfrac{\partial\,{}^{i}\dot{r}_{1I}^{\mathrm{T}}}{\partial\dot{q}_{1}^{i}}\cdot{}^{i}f_{1I}=-k\cdot q_1^i$
$m_2\cdot\dfrac{\partial\,{}^{i}\dot{r}_{2I}^{\mathrm{T}}}{\partial\dot{q}_{2}^{1}}\cdot{}^{i}\ddot{r}_{2I}=m_2\cdot l_2\cdot C_2^1\cdot\ddot{q}_{1}^{i}+m_2\cdot l_2^{\wedge 2}\cdot\ddot{q}_{2}^{1}$	$\dfrac{\partial\,{}^{i}\dot{r}_{2I}^{\mathrm{T}}}{\partial\dot{q}_{2}^{1}}\cdot{}^{i}f_{2I}=-l_2\cdot m_2\cdot g\cdot S_2^1$
$m_1\cdot\dfrac{\partial\,{}^{i}\dot{r}_{1I}^{\mathrm{T}}}{\partial\dot{q}_{2}^{1}}\cdot{}^{i}\ddot{r}_{1I}=0$	$\dfrac{\partial\,{}^{i}\dot{r}_{1I}^{\mathrm{T}}}{\partial\dot{q}_{2}^{1}}\cdot{}^{i}f_{1I}=0$

（6）将动力学方程写成标准形式，即得到规范化动力学方程：

$$\begin{bmatrix}m_1+m_2 & m_2\cdot l_2\cdot C_2^1\\ m_2\cdot l_2\cdot C_2^1 & m_2\cdot l_2^{\wedge 2}\end{bmatrix}\cdot\begin{bmatrix}\ddot{q}_{1}^{i}\\ \ddot{q}_{2}^{1}\end{bmatrix}=\begin{bmatrix}m_2\cdot l_2\cdot\dot{q}_{2}^{1\wedge 2}\cdot S_2^1-k\cdot q_1^i\\ -m_2\cdot l_2\cdot g\cdot S_2^1\end{bmatrix}\tag{5.154}$$

【解法 2】拉格朗日方法。

（1）表达系统的能量。

质点 1 动能：

$${}_{v}\mathcal{E}_{1}^{i}=0.5\cdot m_1\cdot\dot{r}_{1}^{i\wedge 2}$$

选取地面为零势能面，质点 1 势能：

$${}_{g}\mathcal{E}_{1}^{i}=0$$

质点 2 动能：

$$\begin{aligned}{}_{v}\mathcal{E}_{2}^{i}&=0.5\cdot m_2\cdot((\dot{r}_{1}^{i}+l_2\cdot C_2^1\cdot\dot{\phi}_{2}^{1})^2+(l_2\cdot S_2^1\cdot\dot{\phi}_{2}^{1})^2)\\&=0.5\cdot m_2\cdot\dot{r}_{1}^{i\wedge 2}+m_2\cdot l_2\cdot C_2^1\cdot\dot{r}_{1}^{i}\cdot\dot{\phi}_{2}^{1}+0.5\cdot m_2\cdot l_2^{\wedge 2}\cdot\dot{\phi}_{2}^{1\wedge 2}\end{aligned}$$

质点 2 势能：

$$ {}_{g}\mathcal{E}_2^i = m_2 \cdot g \cdot l_2 \cdot \mathrm{C}_2^1 $$

系统总能量：

$$ \begin{aligned} \mathcal{E}_{\boldsymbol{L}}^i &= {}_{v}\mathcal{E}_1^i + {}_{v}\mathcal{E}_2^i + {}_{g}\mathcal{E}_1^i + {}_{g}\mathcal{E}_2^i \\ &= 0.5 \cdot m_1 \cdot \dot{r}_1^{i\wedge 2} + 0.5 \cdot m_2 \cdot \dot{r}_1^{i\wedge 2} + m_2 \cdot l_2 \cdot \mathrm{C}_2^1 \cdot \dot{r}_1^i \cdot \dot{\phi}_2^1 \\ &\backslash +0.5 \cdot m_2 \cdot l_2^{\wedge 2} \cdot \dot{\phi}_2^{1\wedge 2} + m_2 \cdot g \cdot l_2 \cdot \mathrm{C}_2^1 \end{aligned} $$

（2）获取系统能量对速度的偏导数：

$$ \frac{\partial \mathcal{E}_{\boldsymbol{L}}^i}{\partial \dot{r}_1^i} = m_1 \cdot \dot{r}_1^i + m_2 \cdot \dot{r}_1^i + m_2 \cdot l_2 \cdot \mathrm{C}_2^1 \cdot \dot{\phi}_2^1 $$

$$ \frac{\partial \mathcal{E}_{\boldsymbol{L}}^i}{\partial \dot{\phi}_2^1} = m_2 \cdot l_2 \cdot \mathrm{C}_2^1 \cdot \dot{r}_1^i + m_2 \cdot l_2^{\wedge 2} \cdot \dot{\phi}_2^1 $$

（3）获取系统能量对位移、角度的偏导数：

$$ \frac{\partial \mathcal{E}_{\boldsymbol{L}}^i}{\partial r_1^i} = 0, \quad \frac{\partial \mathcal{E}_{\boldsymbol{L}}^i}{\partial \phi_2^1} = -m_2 \cdot l_2 \cdot S_2^1 \cdot \dot{r}_1^i \cdot \dot{\phi}_2^1 - m_2 \cdot g \cdot l_2 \cdot \mathrm{S}_2^1 $$

（4）获得偏速度对时间 t 的导数：

$$ \frac{\mathrm{d}}{\mathrm{d}t}\left(\frac{\partial \mathcal{E}_{\boldsymbol{L}}^i}{\partial \dot{r}_1^i}\right) = m_1 \cdot \ddot{r}_1^i + m_2 \cdot \ddot{r}_1^i - m_2 \cdot l_2 \cdot \mathrm{S}_2^1 \cdot \dot{\phi}_2^{1\wedge 2} + m_2 \cdot l_2 \cdot \mathrm{C}_2^1 \cdot \ddot{\phi}_2^1 $$

$$ \frac{\mathrm{d}}{\mathrm{d}t}\left(\frac{\partial \mathcal{E}_{\boldsymbol{L}}^i}{\partial \dot{\phi}_2^1}\right) = -m_2 \cdot l_2 \cdot \mathrm{S}_2^1 \cdot \dot{r}_1^i \cdot \dot{\phi}_2^1 + \mathrm{m}_2 \cdot l_2 \cdot \mathrm{C}_2^1 \cdot \ddot{r}_1^i + m_2 \cdot l_2^{\wedge 2} \cdot \ddot{\phi}_2^1 $$

（5）将各项代入拉格朗日动力学方程，整理得

$$ \begin{bmatrix} m_1 + m_2 & m_2 \cdot l_2 \cdot \mathrm{C}_2^1 \\ m_2 \cdot l_2 \cdot \mathrm{C}_2^1 & m_2 \cdot l_2^{\wedge 2} \end{bmatrix} \cdot \begin{bmatrix} \ddot{r}_1^i \\ \ddot{\phi}_2^1 \end{bmatrix} = \begin{bmatrix} m_2 \cdot l_2 \cdot \mathrm{S}_2^1 \cdot \dot{\phi}_2^{1\wedge 2} - k \cdot r_1^i \\ -m_2 \cdot g \cdot l_2 \cdot \mathrm{S}_2^1 \end{bmatrix} $$

因 $q_1^i = r_1^i$，$q_2^1 = \phi_2^1$，上式与式（5.154）一致。解毕。

由上可知，与拉格朗日方程相比，凯恩方程建立过程通过系统的偏速度、速度及加速度直接表达动力学方程。对于自由度为 N 的系统，首先计算速度及加速度的复杂度为 $O(N)$，然后计算偏速度的复杂度为 $O(N)$，故凯恩动力学建模的复杂度为 $O(N^2)$。

凯恩动力学方法与拉格朗日方法相比，由于省去了系统能量的表达及对时间的求导过程，极大地降低了系统建模的难度。然而，对于高自由度的系统，凯恩动力学建模方法仍难以适用。因为凯恩动力学建模过程还需解决以下问题：

（1）需要解决建立迭代式运动学方程的问题；

（2）需要解决偏速度求解的问题；

（3）需要解决建立式（5.153）所示的规范化动力学方程的问题。

5.6.3　经典分析动力学的局限性

拉格朗日方程及凯恩方程极大地推动了多体动力学的研究，以空间算子代数为基础的动力学由于应用了迭代式的过程，计算速度及精度都有了一定程度的提高。这些动力学方法无

论是运动学过程还是动力学过程都需要在体空间、体子空间、系统空间及系统子空间中进行复杂的变换，建模过程及模型表达非常复杂，难以满足高自由度系统建模与控制的需求，主要表现于：

（1）对于高自由度的系统，由于缺乏规范的动力学符号系统，技术交流产生严重障碍。虽然本章文献各自有相应的符号，但它们是示意性的，不能准确反映物理量的内涵，未能体现运动链的本质；需要专业人员具有长期的动力学建模经验，否则难以保证建模过程的工程质量及普遍应用。

（2）在系统结构参数、质惯量参数给定时，尽管存在多种动力学分析及计算方法，但由于动力学建模过程复杂，所以不能清晰地表达统一的动力学模型，难以适应动力学控制的需求。同时，无论是拉格朗日动力学方程还是凯恩方程，建模过程都表明 3D 空间的动力学方程可以表达多体动力学过程。

（3）6D 空间（位姿空间）算子代数的物理含义非常抽象，建立的动力学算法缺乏严谨的公理化证明，复杂的计算过程由于缺乏简洁、准确的符号系统，在一定程度上牺牲了计算速度。即使一个低自由度的系统，建模过程也相当冗长。其根本原因在于该 6D 空间是双 3D 矢量空间，以笛卡儿直角坐标系作为系统的基元。

因此，需要建立动力学模型的简洁表达式；既要保证建模的准确性，又要保证建模的实时性。没有简洁的动力学表达式，就难以保证高自由度系统动力学工程实现的可靠性与准确性。同时，传统非结构化运动学及动力学符号通过注释约定符号内涵，无法被计算机理解，导致计算机不能自主地建立及分析运动学与动力学模型。

5.7 附录 本章公式证明

【式（5.21）证明】

由式${}^{i}\dot{r}_{lS}={}^{i}\dot{r}_{l}+{}^{i}\dot{\tilde{\phi}}_{l}\cdot{}^{i|l}r_{lS}+{}^{i|l}\dot{r}_{lS}$、式（5.15）及式（5.27）得

$$
\begin{aligned}
\mathcal{E}^{i}_{lS}&=0.5\cdot m_{lS}\cdot\left({}^{i}\dot{r}_{l}+{}^{i}\dot{\tilde{\phi}}_{l}\cdot{}^{i|l}r_{lS}+{}^{i|l}\dot{r}_{lS}\right)^{\mathrm{T}}\cdot\left({}^{i}\dot{r}_{l}+{}^{i}\dot{\tilde{\phi}}_{l}\cdot{}^{i|l}r_{lS}+{}^{i|l}\dot{r}_{lS}\right)\\
&=0.5\cdot m_{lS}\cdot\left({}^{i}\dot{r}^{\mathrm{T}}_{l}+{}^{i|l}\dot{r}^{\mathrm{T}}_{lS}+{}^{i}\dot{\phi}^{\mathrm{T}}_{l}\cdot{}^{i|l}\tilde{r}_{lS}\right)\cdot\left({}^{i}\dot{r}_{l}+{}^{i|l}\dot{r}_{lS}-{}^{i|l}\tilde{r}_{lS}\cdot{}^{i}\dot{\phi}_{l}\right)\\
&=0.5\cdot m_{lS}\cdot\begin{pmatrix}\left({}^{i}\dot{r}^{\mathrm{T}}_{l}+{}^{i|l}\dot{r}^{\mathrm{T}}_{lS}\right)\cdot\left({}^{i}\dot{r}_{l}+{}^{i|l}\dot{r}_{lS}\right)-{}^{i}\dot{\phi}^{\mathrm{T}}_{l}\cdot{}^{i|l}\tilde{r}^{\wedge 2}_{lS}\cdot{}^{i}\dot{\phi}_{l}\\
\backslash -\left({}^{i}\dot{r}^{\mathrm{T}}_{l}+{}^{i|l}\dot{r}^{\mathrm{T}}_{lS}\right)\cdot{}^{i|l}\tilde{r}_{lS}\cdot{}^{i}\dot{\phi}_{l}+{}^{i}\dot{\phi}^{\mathrm{T}}_{l}\cdot{}^{i|l}\tilde{r}_{lS}\cdot\left({}^{i}\dot{r}_{l}+{}^{i|l}\dot{r}_{lS}\right)\end{pmatrix}\\
&=0.5\cdot m_{lS}\cdot\begin{pmatrix}\left({}^{i}\dot{r}^{\mathrm{T}}_{l}+{}^{i|l}\dot{r}^{\mathrm{T}}_{lS}\right)\cdot\left({}^{i}\dot{r}_{l}+{}^{i|l}\dot{r}_{lS}\right)-{}^{i}\dot{\phi}^{\mathrm{T}}_{l}\cdot{}^{i|l}\tilde{r}^{\wedge 2}_{lS}\cdot{}^{i}\dot{\phi}_{l}\\
\backslash +2\cdot{}^{i}\dot{\phi}^{\mathrm{T}}_{l}\cdot{}^{i|l}\tilde{r}_{lS}\cdot\left({}^{i}\dot{r}_{l}+{}^{i|l}\dot{r}_{lS}\right)\end{pmatrix}
\end{aligned}
$$

证毕。

【式（5.25）证明】

证明：考虑式$\frac{{}^{i}\mathrm{d}}{\mathrm{d}t}\left({}^{i|l}J_{lS}\right)={}^{i}\dot{\tilde{\phi}}_{l}\cdot{}^{i|l}J_{lS}+{}^{i|l}\dot{J}_{lS}$，由式（5.26）得

$$\frac{{}^{i}\mathrm{d}}{\mathrm{d}t}({}^{i}h_{lS})=\frac{{}^{i}\mathrm{d}}{\mathrm{d}t}({}^{i|l}J_{lS}\cdot{}^{i}\dot{\phi}_{l}+m_{lS}\cdot{}^{i|l}\tilde{r}_{lS}\cdot({}^{i}\dot{r}_{l}+{}^{i|l}\dot{r}_{lS}))$$

$$={}^{i|l}J_{lS}\cdot{}^{i}\ddot{\phi}_{l}+{}^{i|l}\dot{J}_{lS}\cdot{}^{i}\dot{\phi}_{l}+{}^{i}\dot{\tilde{\phi}}_{l}\cdot{}^{i|l}J_{lS}\cdot{}^{i}\dot{\phi}_{l}$$

$$\backslash+\dot{m}_{lS}\cdot{}^{i|l}\tilde{r}_{lS}\cdot({}^{i}\dot{r}_{l}+{}^{i|l}\dot{r}_{lS})$$

$$\backslash+m_{lS}\cdot\widetilde{({}^{i|l}\dot{r}_{lS}+{}^{i}\dot{\tilde{\phi}}_{l}\cdot{}^{i|l}r_{lS})}\cdot({}^{i}\dot{r}_{l}+{}^{i|l}\dot{r}_{lS})$$

$$\backslash+m_{lS}\cdot{}^{i|l}\tilde{r}_{lS}\cdot({}^{i}\ddot{r}_{l}+{}^{i|l}\ddot{r}_{lS}+{}^{i}\dot{\tilde{\phi}}_{l}\cdot{}^{i|l}\dot{r}_{lS})={}^{i|l}\tau_{lS}$$

证毕。

【式（5.26）证明】

由式（5.24）及式（5.30）得

$${}^{i}p_{lS}=m_{lS}\cdot{}^{i}\dot{r}_{lS}=m_{lS}\cdot({}^{i}\dot{r}_{l}+{}^{i|l}\dot{r}_{lS}+{}^{i}\dot{\tilde{\phi}}_{l}\cdot{}^{i|l}r_{lS})$$

考虑式$\frac{{}^{i}\mathrm{d}}{\mathrm{d}t}({}^{i|l}r_{lS})={}^{i}\dot{\tilde{\phi}}_{l}\cdot{}^{i|l}r_{lS}+{}^{i|l}\dot{r}_{lS}$及式$\frac{{}^{i}\mathrm{d}}{\mathrm{d}t}({}^{i|l}\dot{r}_{lS})={}^{i}\dot{\tilde{\phi}}_{l}\cdot{}^{i|l}\dot{r}_{lS}+{}^{i|l}\ddot{r}_{lS}$，故有

$$\frac{{}^{i}\mathrm{d}}{\mathrm{d}t}({}^{i}p_{lS})=\frac{{}^{i}\mathrm{d}}{\mathrm{d}t}(m_{lS}\cdot({}^{i}\dot{r}_{l}+{}^{i|l}\dot{r}_{lS}+{}^{i}\dot{\tilde{\phi}}_{l}\cdot{}^{i|l}r_{lS}))$$

$$=m_{lS}\cdot({}^{i}\ddot{r}_{l}+{}^{i|l}\ddot{r}_{lS}+{}^{i}\ddot{\tilde{\phi}}_{l}\cdot{}^{i|l}r_{lS}+2\cdot{}^{i}\dot{\tilde{\phi}}_{l}\cdot{}^{i|l}\dot{r}_{lS}+{}^{i}\dot{\tilde{\phi}}_{l}^{\wedge 2}\cdot{}^{i|l}r_{lS})$$

$$\backslash+\dot{m}_{lS}\cdot({}^{i}\dot{r}_{l}+{}^{i|l}\dot{r}_{lS}+{}^{i}\dot{\tilde{\phi}}_{l}\cdot{}^{i|l}r_{lS})={}^{i|l}f_{lS}$$

证毕。

【式（5.45）证明】

由式（5.28）及理想体的能量可加性，且因质点 m_{lS}不依赖于位置矢量 ${}^{l}r_{lS}$，得

$$\mathcal{E}_{l}=\sum_{lS}^{\Omega_{l}}(\mathcal{E}_{lS}^{i})=\sum_{lS}^{\Omega_{l}}\begin{pmatrix}0.5\cdot m_{lS}\cdot\begin{pmatrix}({}^{i}\dot{r}_{l}^{\mathrm{T}}+{}^{i|l}\dot{r}_{lS}^{\mathrm{T}})\cdot({}^{i}\dot{r}_{l}+{}^{i|l}\dot{r}_{lS})\\ \backslash+2\cdot{}^{i}\dot{\phi}_{l}^{\mathrm{T}}\cdot{}^{i|l}\tilde{r}_{lS}\cdot({}^{i}\dot{r}_{l}+{}^{i|l}\dot{r}_{lS})\end{pmatrix}\\ \backslash+0.5\cdot{}^{i}\dot{\phi}_{l}^{\mathrm{T}}\cdot{}^{i|l}J_{lS}\cdot{}^{i}\dot{\phi}_{l}\end{pmatrix}$$

$$=0.5\cdot m_{l}\cdot({}^{i}\dot{r}_{l}^{\mathrm{T}}\cdot{}^{i}\dot{r}_{l}+2\cdot m_{l}\cdot{}^{i}\dot{r}_{l}^{\mathrm{T}}\cdot{}^{i|l}\dot{r}_{lI})+0.5\cdot{}^{i}\dot{\phi}_{l}^{\mathrm{T}}\cdot{}^{i|l}J_{lI}\cdot{}^{i}\dot{\phi}_{l}$$

$$\backslash+m_{l}\cdot{}^{i}\dot{\phi}_{l}^{\mathrm{T}}\cdot{}^{i|l}\tilde{r}_{lI}\cdot{}^{i}\dot{r}_{l}+\sum_{lS}^{\Omega_{l}}[m_{lS}\cdot({}^{i}\dot{\phi}_{l}^{\mathrm{T}}\cdot{}^{i|l}\tilde{r}_{lS}+0.5\cdot{}^{i|l}\dot{r}_{lS}^{\mathrm{T}})\cdot{}^{i|l}\dot{r}_{lS}]$$

证毕。

【式（5.46）证明】

对于刚体，${}^{i|l}\dot{r}_{lI}=0_{3}$，式（5.52）变为

$$\mathcal{E}_{l}=0.5\cdot m_{l}\cdot{}^{i}\dot{r}_{l}^{\mathrm{T}}\cdot{}^{i}\dot{r}_{l}+0.5\cdot{}^{i}\dot{\phi}_{l}^{\mathrm{T}}\cdot{}^{i|l}J_{lI}\cdot{}^{i}\dot{\phi}_{l}+m_{l}\cdot{}^{i}\dot{\phi}_{l}^{\mathrm{T}}\cdot{}^{i|l}\tilde{r}_{lI}\cdot{}^{i}\dot{r}_{l}$$

将式（5.48）代入上式得

$$\mathcal{E}_l = 0.5 \cdot m_l \cdot {}^i\dot{r}_l^{\mathrm{T}} \cdot {}^i\dot{r}_l + 0.5 \cdot {}^i\dot{\phi}_l^{\mathrm{T}} \cdot (-m_l \cdot {}^{i|l}\tilde{r}_{lI}^{\wedge 2} + {}^{i|lI}J_{lI}) \cdot {}^i\dot{\phi}_l + m_l \cdot {}^i\dot{\phi}_l^{\mathrm{T}} \cdot {}^{i|l}\tilde{r}_{lI} \cdot {}^i\dot{r}_l$$

$$= 0.5 \cdot {}^i\dot{\phi}_l^{\mathrm{T}} \cdot {}^{i|lI}J_{lI} \cdot {}^i\dot{\phi}_l + 0.5 \cdot m_l \cdot ({}^i\dot{r}_l^{\mathrm{T}} \cdot {}^i\dot{r}_l - {}^i\dot{\phi}_l^{\mathrm{T}} \cdot {}^{i|l}\tilde{r}_{lI}^{\wedge 2} \cdot {}^i\dot{\phi}_l + 2 \cdot {}^i\dot{\phi}_l^{\mathrm{T}} \cdot {}^{i|l}\tilde{r}_{lI} \cdot {}^i\dot{r}_l)$$

$$= 0.5 \cdot {}^i\dot{\phi}_l^{\mathrm{T}} \cdot {}^{i|lI}J_{lI} \cdot {}^i\dot{\phi}_l + 0.5 \cdot m_l \cdot ({}^i\dot{r}_l - {}^{i|l}\tilde{r}_{lI} \cdot {}^i\dot{\phi}_l)^{\mathrm{T}} \cdot ({}^i\dot{r}_l - {}^{i|l}\tilde{r}_{lI} \cdot {}^i\dot{\phi}_l)$$

$$= 0.5 \cdot {}^i\dot{\phi}_l^{\mathrm{T}} \cdot {}^{i|lI}J_{lI} \cdot {}^i\dot{\phi}_l + 0.5 \cdot m_l \cdot ({}^i\dot{r}_l + {}^i\dot{\tilde{\phi}}_l \cdot {}^{i|l}r_{lI})^{\mathrm{T}} \cdot ({}^i\dot{r}_l + {}^i\dot{\tilde{\phi}}_l \cdot {}^{i|l}r_{lI})$$

$$= 0.5 \cdot {}^i\dot{\phi}_l^{\mathrm{T}} \cdot {}^{i|lI}J_{lI} \cdot {}^i\dot{\phi}_l + 0.5 \cdot m_l \cdot {}^i\dot{r}_{lI}^{\mathrm{T}} \cdot {}^i\dot{r}_{lI}$$

证毕。

【式（5.48）证明】

因为质点系的总动量是所有质点动量之和，记质点 lS 质量 m_{lS} 及位置矢量 ${}^l r_{lS}$，质点 m_{lS} 不依赖于位置矢量 ${}^l r_{lS}$，因此由式（5.24）得

$${}^i p_{lI} = \sum_{lS}^{\Omega_l} ({}^i p_{lS}) = \sum_{lS}^{\Omega_l} (m_{lS} \cdot {}^i\dot{r}_{lS}) = m_l \cdot {}^i\dot{r}_{lI}$$

证毕。

【式（5.49）证明】

由式（5.33）得

$$\sum_{lS}^{\Omega_l} \begin{pmatrix} m_{lS} \cdot [{}^i\ddot{r}_l + {}^{i|l}\ddot{r}_{lS} + ({}^i\ddot{\tilde{\phi}}_l + {}^i\dot{\tilde{\phi}}_l^{\wedge 2}) \cdot {}^{i|l}r_{lS} + 2 \cdot {}^i\dot{\tilde{\phi}}_l \cdot {}^{i|l}\dot{r}_{lS}] \\ \backslash + \dot{m}_{lS} \cdot ({}^i\dot{r}_l + {}^{i|l}\dot{r}_{lS} + {}^i\dot{\tilde{\phi}}_l \cdot {}^{i|l}r_{lS}) \end{pmatrix} = \sum_{lS}^{\Omega_l} ({}^{i|l}f_{lS}) = {}^{i|l}f_{lI}$$

其左式为

$$m_l \cdot [{}^i\ddot{r}_l + {}^{i|l}\ddot{r}_{lI} + ({}^i\ddot{\tilde{\phi}}_l + {}^i\ddot{\tilde{\phi}}_l^{\wedge 2}) \cdot {}^{i|l}r_{lI} + 2 \cdot {}^i\ddot{\tilde{\phi}}_l \cdot {}^{i|l}\dot{r}_{lI}]$$

$$\backslash + \dot{m}_l \cdot ({}^i\dot{r}_l + {}^{i|l}\dot{r}_{lI} + {}^i\ddot{\tilde{\phi}} \cdot {}^{i|l}r_{lI})$$

因理想体内部合力为零，故其右式$= {}^{i|l}f_{lI}$。证毕。

【式（5.51）证明】

由式（5.26）得${}^i h_l = {}^{i|l}J_{lS} \cdot {}^i\dot{\phi}_l$，质点 m_{lS}不依赖于位置矢量 ${}^l r_{lS}$，考虑理想体的二阶矩及动量具有可加性得

$${}^i h_l = \sum_{lS}^{\Omega_l} ({}^i h_{lS}) = \sum_{S}^{\Omega_l} ({}^{i|l}J_{lS} \cdot {}^i\dot{\phi}_l + m_{lS} \cdot {}^{i|l}\tilde{\mathrm{r}}_{lS} \cdot ({}^i\dot{r}_l + {}^{i|l}\dot{\mathrm{r}}_{lS}))$$

$$= {}^{i|l}J_{lI} \cdot {}^i\dot{\phi}_l + m_l \cdot {}^{i|l}\tilde{r}_{lI} \cdot {}^i\dot{r}_l + \sum_{lS}^{\Omega_l} (m_{lS} \cdot {}^{i|l}\tilde{r}_{lS} \cdot {}^{i|l}\dot{r}_{lS})$$

证毕。

【式（5.54）证明】

由式（5.32）得

$$\sum_{lS}^{\Omega_l}\begin{pmatrix} {}^{i|l}J_{lS}\cdot{}^{i}\ddot{\phi}_l+{}^{i|l}\dot{J}_{lS}\cdot{}^{i}\dot{\phi}_l+{}^{i}\dot{\tilde{\phi}}_l\cdot{}^{i|l}J_{lS}\cdot{}^{i}\dot{\phi}_l \\ \backslash\ +\dot{m}_{lS}\cdot{}^{i|l}\tilde{r}_{lS}\cdot({}^{i}\dot{r}_l+{}^{i|l}\dot{r}_{lS}) \\ \backslash\ +m_{lS}\cdot({}^{i|l}\dot{\tilde{r}}_{lS}+\widetilde{{}^{i}\dot{\tilde{\phi}}_l\cdot{}^{i|l}r_{lS}})\cdot({}^{i}\dot{r}_l+{}^{i|l}\dot{r}_{lS}) \\ \backslash\ +m_{lS}\cdot{}^{i|l}\tilde{r}_{lS}\cdot({}^{i}\ddot{r}_l+{}^{i|l}\ddot{r}_{lS}+{}^{i}\dot{\tilde{\phi}}_l\cdot{}^{i|l}\dot{r}_{lS}) \end{pmatrix}=\sum_{lS}^{\Omega_l}({}^{i|l}\tau_{lS})$$

因质点 m_{lS}不依赖于位置矢量 ${}^{l}r_{lS}$，理想体二阶矩具有可加性，故左式为

$$\begin{aligned}&{}^{i|l}J_{lI}\cdot{}^{i}\ddot{\phi}_l+{}^{i|l}\dot{J}_{lI}\cdot{}^{i}\dot{\phi}_l+{}^{i}\dot{\tilde{\phi}}_l\cdot{}^{i|l}J_{lI}\cdot{}^{i}\dot{\phi}_l\\ &\backslash\ +\dot{m}_l\cdot{}^{i|l}\tilde{r}_{lI}\cdot{}^{i}\dot{r}_l+m_l\cdot{}^{i|l}\tilde{r}_{lI}\cdot{}^{i}\ddot{r}_l+m_l\cdot({}^{i|l}\dot{\tilde{r}}_{lI}+\widetilde{{}^{i}\dot{\tilde{\phi}}_l\cdot{}^{i|l}r_{lI}})\cdot{}^{i}\dot{r}_l\\ &\backslash\ +\sum_{lS}^{\Omega_l}(\dot{m}_{lS}\cdot{}^{i|l}\tilde{r}_{lS}\cdot{}^{i|l}\dot{r}_{lS}+m_{lS}\cdot({}^{i}\dot{\tilde{\phi}}_l\cdot{}^{i|l}\tilde{r}_{lS}\cdot{}^{i|l}\dot{r}_{lS}+{}^{i|l}\tilde{r}_{lS}\cdot{}^{i|l}\ddot{r}_{lS}))\end{aligned}$$

因理想体内部合力为零，故右式为${}^{i|l}\tau_{lI}$，证毕。

第 6 章 基于轴不变量的多轴系统动力学与控制

6.1 引言

第 5 章给出的牛顿-欧拉动力学方程属于矢量力学系统，理论的建立高度依赖几何关系，处理约束十分复杂；拉格朗日方法以能量作为关键量，属于分析力学，得到的拉格朗日方程包含能量对关节变量及关节速度的导数，实例表明应用拉格朗日方法建立多轴系统动力学方程的过程极其繁琐；凯恩方法进一步简化，无须计算系统能量对关节变量及速度的导数，降低了建模的难度，有效解决了三自由度系统的动力学建模问题，但由于需要计算偏速度，高自由度系统建模过程十分复杂。因此，现有方法无法满足高自由度系统自动建模、自动求解和自动控制的需求，仍需解决偏速度计算、迭代式运动学/动力学方程及规范化动力学方程建立的问题。

本章基于轴不变量和运动链符号演算系统，研究多轴系统动力学建模与控制问题。

首先，以多轴系统的拉格朗日方程与凯恩方程为基础，给出并证明多轴系统的 Ju-Kane 动力学预备定理，该定理以自然坐标系为基础，具有链指标符号系统，且无须计算偏速度，并通过实例验证该定理的正确性。

接着，在预备定理及外力、驱动力反向迭代的分析与证明的基础上，给出并证明树链刚体系统的 Ju-Kane 动力学定理，并通过实例阐述该定理的正确性及应用优势。

进而，给出并证明运动链的规范型动力学方程及闭子树的规范型动力学方程，从而完成树链刚体系统的 Ju-Kane 动力学方程的规范化，并表述为树链刚体系统的 Ju-Kane 动力学定理，通过实例验证其正确性及技术优势。至此，建立树链刚体系统的“拓扑、坐标系、极性、结构参数、动力学参数、轴驱动力及外部作用力”完全参数化的、迭代式的、通用的显式动力学模型。

继之，分析该建模过程及动力学正逆解的计算复杂度。同时，提出并证明闭链刚体系统的 Ju-Kane 动力学定理、闭链刚体非理想约束系统的 Ju-Kane 动力学定理，以及动基座刚体系统的 Ju-Kane 动力学定理，建立基于轴不变量的多轴系统动力学理论。

最后，在分析基于轴不变量的多轴系统动力学方程特点的基础上，整理并证明基于线性化补偿器及双曲正切变结构的多轴系统跟踪控制原理，给出 CE3 月面巡视器应用实例。

6.2 基础公式

（1）给定轴链 ${}^{i}\mathbf{1}_{n}$，则有

$$i \notin {}^{i}\mathbf{1}_{n}, \quad n \in {}^{i}\mathbf{1}_{n} \tag{6.1}$$

$$ {}^{i}\mathbf{1}_{i} \in {}^{i}\mathbf{1}_{n},\quad \mathbf{1}_{i}^{i}=0 \tag{6.2} $$

$$ {}^{k}\mathbf{1}_{n} = -{}^{n}\mathbf{1}_{k} \tag{6.3} $$

$$ {}^{i}\mathbf{1}_{n}={}^{i}\mathbf{1}_{l}+{}^{l}\mathbf{1}_{n},\quad {}^{i}\mathbf{1}_{n}={}^{i}\mathbf{1}_{l}\cdot{}^{l}\mathbf{1}_{n} \tag{6.4} $$

（2）自然不变量：

$$ r_{l}^{\bar{l}}=-r_{\bar{l}}^{l},\quad \phi_{l}^{\bar{l}}=-\phi_{\bar{l}}^{l} \tag{6.5} $$

$$ q_{l}^{\bar{l}}=\begin{cases} r_{l}^{\bar{l}}, & {}^{\bar{l}}\boldsymbol{k}_{l}\in\boldsymbol{P} \\ \phi_{l}^{\bar{l}}, & {}^{\bar{l}}\boldsymbol{k}_{l}\in\boldsymbol{R} \end{cases} \tag{6.6} $$

$$ {}^{\bar{l}}n_{l}={}^{\bar{l}|l}n_{\bar{l}}={}^{l}n_{\bar{l}} \tag{6.7} $$

（3）基于轴不变量的转动：

$$ {}^{\bar{l}}Q_{l}=\mathbf{1}+\mathrm{S}_{l}^{\bar{l}}\cdot{}^{\bar{l}}\tilde{n}_{l}+(1-\mathrm{C}_{l}^{\bar{l}})\cdot{}^{\bar{l}}\tilde{n}_{l}^{\wedge 2}=\exp({}^{\bar{l}}\tilde{n}_{l}\cdot\phi_{l}^{\bar{l}}) \tag{6.8} $$

$$ {}^{\bar{l}}Q_{l}=(2\cdot{}^{\bar{l}}\underset{\cdot}{\lambda}_{l}^{[4]\wedge 2}-1)\cdot\mathbf{1}+2\cdot{}^{\bar{l}}\lambda_{l}\cdot{}^{\bar{l}}\lambda_{l}^{\mathrm{T}}+2\cdot{}^{\bar{l}}\underset{\cdot}{\lambda}_{l}^{[4]}\cdot{}^{\bar{l}}\tilde{\lambda}_{l} \tag{6.9} $$

$$ {}^{\bar{l}}\underset{\cdot}{\lambda}_{l}=\left[{}^{\bar{l}}\lambda_{l}\quad {}^{\bar{l}}\lambda_{l}^{[4]}\right]^{\mathrm{T}}=\left[{}^{\bar{l}}n_{l}\cdot\mathrm{S}_{l}\quad \mathrm{C}_{l}\right]^{\mathrm{T}} \tag{6.10} $$

其中，

$$ \begin{gathered} \mathrm{C}_{l}^{\bar{l}}=\mathrm{C}(\phi_{l}^{\bar{l}}),\quad \mathrm{S}_{l}^{\bar{l}}=\mathrm{S}(\phi_{l}^{\bar{l}}) \\ \mathrm{C}_{l}=\mathrm{C}(0.5\cdot\phi_{l}^{\bar{l}}),\quad \mathrm{S}_{l}=\mathrm{S}(0.5\cdot\phi_{l}^{\bar{l}}) \end{gathered} \tag{6.11} $$

（4）运动学迭代式。给定轴链${}^{i}\mathbf{1}_{l}$，$\mathbf{1}_{l}^{i}\geqslant 2$，有以下速度及加速度迭代式：

$$ {}^{i}Q_{l}=\prod_{k}^{{}^{i}\mathbf{1}_{\bar{l}}}({}^{\bar{k}}Q_{k})\cdot{}^{\bar{l}}Q_{l} \tag{6.12} $$

$$ {}^{i}\underset{\cdot}{\lambda}_{l}=\prod_{k}^{{}^{i}\mathbf{1}_{\bar{l}}}({}^{\bar{k}}\underset{\cdot}{\tilde{\lambda}}_{k})\cdot{}^{\bar{l}}\underset{\cdot}{\lambda}_{l} \tag{6.13} $$

$$ {}^{i}r_{lS}=\sum_{k}^{{}^{i}\mathbf{1}_{lS}}({}^{i|\bar{k}}r_{k}) \tag{6.14} $$

$$ {}^{i}\dot{\phi}_{n}=\sum_{k}^{{}^{i}\mathbf{1}_{n}}({}^{i|\bar{k}}\dot{\phi}_{k})=\sum_{k}^{{}^{i}\mathbf{1}_{n}}({}^{i|\bar{k}}n_{k}\cdot\dot{\phi}_{k}^{\bar{k}}) \tag{6.15} $$

$$ {}^{i}\dot{r}_{lS}=\sum_{k}^{{}^{i}\mathbf{1}_{lS}}({}^{i}\dot{\tilde{\phi}}_{\bar{k}}\cdot{}^{i|\bar{k}}r_{k}+{}^{i|\bar{k}}\dot{r}_{k}) \tag{6.16} $$

$$ {}^{i}\ddot{\phi}_{n}=\sum_{k}^{{}^{i}\mathbf{1}_{n}}({}^{i|\bar{k}}\ddot{\phi}_{k}+{}^{i}\dot{\tilde{\phi}}_{\bar{k}}\cdot{}^{i|\bar{k}}\dot{\phi}_{k}) \tag{6.17} $$

$$ {}^{i}\ddot{r}_{lS}=\sum_{k}^{{}^{i}\mathbf{1}_{l}}({}^{i|\bar{k}}\ddot{r}_{k}+2\cdot{}^{i}\dot{\tilde{\phi}}_{\bar{k}}\cdot{}^{i|\bar{k}}\dot{r}_{k}+({}^{i}\ddot{\tilde{\phi}}_{\bar{k}}+{}^{i}\dot{\tilde{\phi}}_{\bar{k}}^{\wedge 2})\cdot{}^{i|\bar{k}}r_{k}) \tag{6.18} $$

（5）二阶张量投影：

$$ {}^{i|kI}J_{kI}={}^{i}Q_{k}\cdot{}^{kI}J_{kI}\cdot{}^{k}Q_{i} \tag{6.19} $$

$$^{i|\bar{k}}\tilde{\phi}_k = {}^iQ_{\bar{k}} \cdot {}^{\bar{k}}\tilde{\phi}_k \cdot {}^{\bar{k}}Q_i \tag{6.20}$$

（6）给定运动链${}^kl_{lI}$，则有惯性坐标张量：

$$^lJ_{lI} = \sum_S^{\Omega_l} (-m_l^{[S]} \cdot {}^l\tilde{r}_{lS} \cdot {}^l\tilde{r}_{lS}) \tag{6.21}$$

$$^kJ_l = -m_l \cdot {}^k\tilde{r}_l \cdot {}^{k|l}\tilde{r}_{lI} \tag{6.22}$$

$$^{lI}J_{lI} = -m_l \cdot {}^{lI}\tilde{r}_l \cdot {}^l\tilde{r}_{lI} + {}^lJ_{lI} = m_l \cdot {}^l\tilde{r}_{lI}^{\wedge 2} + {}^lJ_{lI} \tag{6.23}$$

$$^lJ_{lI} = -m_l \cdot {}^l\tilde{r}_{lI}^{\wedge 2} + {}^{lI}J_{lI} \tag{6.24}$$

（7）给定轴链${}^i\mathbf{1}_n, k \in {}^i\mathbf{1}_n$，有以下偏速度：

$$\begin{cases} \dfrac{\partial^i\phi_u}{\partial r_k^{\bar{k}}} = \dfrac{\partial^i\dot{\phi}_u}{\partial \dot{r}_k^{\bar{k}}} = \dfrac{\partial^i\ddot{\phi}_u}{\partial \ddot{r}_k^{\bar{k}}} = \mathbf{0} \cdot {}^{i|\bar{k}}n_k, & {}^{\bar{k}}\boldsymbol{k}_k \in \boldsymbol{P} \\ \dfrac{\partial^i r_{uS}}{\partial \phi_k^{\bar{k}}} = \dfrac{\partial^i \dot{r}_{uS}}{\partial \dot{\phi}_k^{\bar{k}}} = \dfrac{\partial^i \ddot{r}_{uS}}{\partial \ddot{\phi}_k^{\bar{k}}} = -{}^{i|k}\tilde{r}_{uS} \cdot {}^{i|\bar{k}}n_k, & {}^{\bar{k}}\boldsymbol{k}_k \in \boldsymbol{R} \end{cases} \tag{6.25}$$

$$\begin{cases} \dfrac{\partial^i r_{uS}}{\partial r_k^{\bar{k}}} = \dfrac{\partial^i \dot{r}_{uS}}{\partial \dot{r}_k^{\bar{k}}} = \dfrac{\partial^i \ddot{r}_{uS}}{\partial \ddot{r}_k^{\bar{k}}} = \mathbf{1} \cdot {}^{i|\bar{k}}n_k, & {}^{\bar{k}}\boldsymbol{k}_k \in \boldsymbol{P} \\ \dfrac{\partial^i\dot{\phi}_u}{\partial \dot{\phi}_k^{\bar{k}}} = \dfrac{\partial^i\ddot{\phi}_u}{\partial \ddot{\phi}_k^{\bar{k}}} = \mathbf{1} \cdot {}^{i|\bar{k}}n_k, & {}^{\bar{k}}\boldsymbol{k}_k \in \boldsymbol{R} \end{cases} \tag{6.26}$$

$$\begin{cases} \dfrac{\partial}{\partial \phi_k^{\bar{k}}}({}^{i|\bar{u}}\phi_u) = -{}^{i|\bar{u}}\tilde{\phi}_u \cdot {}^{i|\bar{k}}n_k \\ \dfrac{\partial}{\partial \phi_k^{\bar{k}}}({}^{i|\bar{u}}n_u) = -{}^{i|\bar{u}}\tilde{n}_u \cdot {}^{i|\bar{k}}n_k \end{cases}, {}^{\bar{k}}\boldsymbol{k}_k \in \boldsymbol{R} \tag{6.27}$$

（8）给定轴链${}^i\mathbf{1}_n, k, l \in {}^i\mathbf{1}_n$，有以下二阶矩公式：

$$^k\tilde{r}_{kS} \cdot {}^{k|l}\tilde{r}_{lS} = {}^{k|l}r_{lS} \cdot {}^kr_{kS}^{\mathrm{T}} - {}^{k|l}r_{lS}^{\mathrm{T}} \cdot {}^kr_{kS} \cdot \mathbf{1} \tag{6.28}$$

$$\widetilde{{}^k\tilde{r}_{kS} \cdot {}^{k|l}r_{lS}} = {}^{k|l}r_{lS} \cdot {}^kr_{kS}^{\mathrm{T}} - {}^kr_{kS} \cdot {}^{k|l}r_{lS}^{\mathrm{T}} \tag{6.29}$$

$$^k\tilde{r}_{kS} \cdot {}^{k|l}\tilde{r}_{lS} - {}^{k|l}\tilde{r}_{lS} \cdot {}^k\tilde{r}_{kS} = {}^{k|l}r_{lS} \cdot {}^kr_{kS}^{\mathrm{T}} - {}^kr_{kS} \cdot {}^{k|l}r_{lS}^{\mathrm{T}} = \widetilde{{}^k\tilde{r}_{kS} \cdot {}^{k|l}r_{lS}} \tag{6.30}$$

（9）左序叉乘与转置的关系

$$^i\dot{\phi}_l^{\mathrm{T}} \cdot {}^{i|l}\tilde{r}_{lS} = -{}^{i|l}r_{lS}^{\mathrm{T}} \cdot {}^i\dot{\tilde{\phi}}_l, ({}^i\dot{\phi}_l^{\mathrm{T}} \cdot {}^{i|l}\tilde{r}_{lS})^{\mathrm{T}} = {}^i\dot{\tilde{\phi}}_l \cdot {}^{i|l}r_{lS} \tag{6.31}$$

6.3 Ju-Kane 动力学预备定理

6.3.1 运动链符号与动力学系统

轴是多轴系统的基元。在工程上，表示加工中心的主轴及机器人的运动轴，是相应系统的核心部件，既是产品价格的重要组分，又是影响产品性能的核心要素。在理论上，表示

3D 空间轴，是表征空间及空间的相互关系的核心要素，具有优异的操作性能。轴不变量就是表征运动轴客观性的量。不变性既是数理研究的起点，也是数理研究的终点。

如图 6.1 所示，给定一个根为惯性空间 i 的树系统，记为 $i\mathbf{L}$。将运动副 $^{\bar{l}}\mathbf{k}_l$ 的轴#$\bar{l}$ 与轴#l 的分离，得到轴#l 的闭子树为 $l\mathbf{L}$。因此，系统 $i\mathbf{L}$ 包含与之拓扑自同构（Selfmorphism）的子系统 $l\mathbf{L}$。无论系统多么复杂，在计算机算法层面上，表征递归（Recursion）或迭代（Iteration）；在符号系统层面上，可以显式地表征系统方程。下面，阐明运动链符号与动力学系统 $l\mathbf{L}$ 的关系。

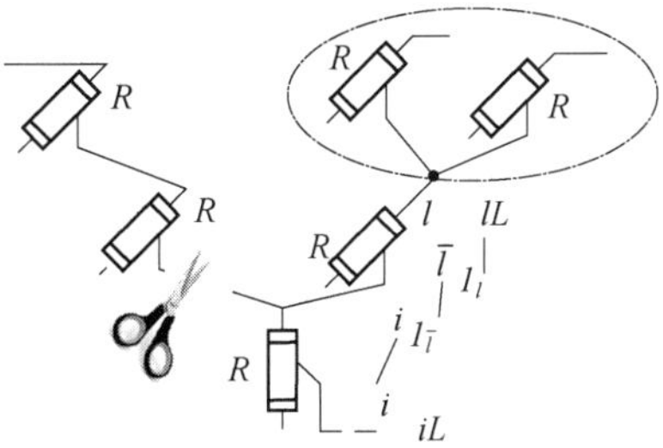

图 6.1　多轴系统的闭子树

（1）系统与子系统的对偶关系：系统 $i\mathbf{L}$ 与子系统 $l\mathbf{L}$ 相互依存，不可分割。子系统 $l\mathbf{L}$ 的惯性力及外力对系统 $i\mathbf{L}$ 产生反作用，即为力的反向传递（Transmittion）；系统 $i\mathbf{L}$ 的运动通过运动链 $^{i}\mathbf{1}_{\bar{l}}$ 传递至子系统 $l\mathbf{L}$，即为"根动叶动"的运动正向迭代。

（2）力与力矩的对偶关系：分离后的子系统 $l\mathbf{L}$ 在轴#l 上等价增加外力 $^{i|l\mathbf{L}}f_{ll}$ 及外力矩 $^{i|l}\tau_{l\mathbf{L}}$。其中，$^{i|l\mathbf{L}}f_{ll}$ 为系统 $l\mathbf{L}$ 作用于轴#l 的合力；$^{i|l}\tau_{l\mathbf{L}}$ 为作用于系统 $l\mathbf{L}$ 的合力对转心 O_l 的力矩。显然，力矩 $^{i|l}\tau_{l\mathbf{L}}$ 是力 $^{i|l\mathbf{L}}f_{ll}$ 的传递效应，二者是对偶的。

（3）运动符号的作用：运动链符号 $^{i}\mathbf{1}_{\bar{l}}$ 及 $l\mathbf{L}$ 表征连接关系，没有连接关系就没有函数关系。在符号系统层面，首先界定与被研究属性或规律的相关的对象，以进一步研究度量关系。如图 6.1 所示，首先界定了系统 $i\mathbf{L}$ 中 $^{i}\mathbf{1}_{\bar{l}}$ 及 $l\mathbf{L}$ 的对象。图中左侧对象与建立轴#l 动力学方程无关，从而简化系统的分析。在运用拉格朗日或凯恩方法建立动力学方程时，不得不考虑系统中所有的对象，以至于对高自由度系统中不能应用。

（4）运动轴的平衡方程：运动轴方向的惯性力与外力平衡的方程。给定系统 $l\mathbf{L}$ 在轴#l 的合外力 $^{i|l\mathbf{L}}f_{ll}$ 及力矩 $^{i|l}\tau_{l\mathbf{L}}$，则轴向 $^{i|\bar{l}}n_l$ 的平衡方程为

$$\begin{cases} ^{i|\bar{l}}n_l^{\mathrm{T}}\cdot{}^{i|lL}f_{ll}=0, & ^{\bar{l}}\mathbf{k}_l\in\mathbf{P} \\ ^{i|\bar{l}}n_l^{\mathrm{T}}\cdot{}^{i|l}\tau_{lL}=0, & ^{\bar{l}}\mathbf{k}_l\in\mathbf{R} \end{cases} \tag{6.32}$$

动力学方程本质上是运动轴轴向力或力矩的平衡方程。

（5）轴向与径向的对偶关系：给定轴向 $^{i|\bar{l}}n_l$ 及轴#l 的合外力 $^{i|l\mathbf{L}}f_{ll}$ 及力矩 $^{i|l}\tau_{l\mathbf{L}}$，则有：轴向力矢量 $^{\bar{l}}n_l\cdot{}^{\bar{l}}n_l^{\mathrm{T}}\cdot{}^{i|l\mathbf{L}}f_l$ 及力矩矢量 $^{\bar{l}}n_l\cdot{}^{\bar{l}}n_l^{\mathrm{T}}\cdot{}^{i|l}\tau_{l\mathbf{L}}$；径向支撑力 $(1-{}^{\bar{l}}n_l\cdot{}^{\bar{l}}n_l^{\mathrm{T}})\cdot{}^{i|l\mathbf{L}}f_l$ 及支撑力矩 $(\mathbf{1}-{}^{\bar{l}}n_l\cdot{}^{\bar{l}}n_l^{\mathrm{T}})\cdot{}^{i|l}\tau_{l\mathbf{L}}$，即分别为 $-{}^{\bar{l}}\tilde{n}_l^{\wedge 2}\cdot{}^{i|l\mathbf{L}}f_l$ 及 $-{}^{\bar{l}}\tilde{n}_l^{\wedge 2}\cdot{}^{i|l}\tau_{l\mathbf{L}}$。轴向力/力矩与径向力/力矩正交或不相关，二者互补，又称为自然正交补（Natural orthogonal complement）。

进而，可以计算摩擦力/力矩以及黏滞力/力矩。

（6）运动与力的对偶关系：尽管式（6.32）中外力${}^{i|l\mathbf{L}}f_{lI}$及外力矩${}^{i|l}\tau_{l\mathbf{L}}$通常是未知的，但它们的作用效应即包含位姿、速度及加速度的运动状态是可以测量的，同时各对象的质量、转动惯量是可以度量的，进而由它们表征的惯性力是可以建模的。惯性力与外力保持平衡的准则表明运动与力具有对偶关系。

（7）运动学的前向迭代：无论是有根系统还是无根系统，应将根的位形、速度及加速度视为已知量，由根至叶的运动学计算，可以确定任一轴的位形、速度及加速度。这是由式（6.4）所示的系统拓扑的传递性决定的。

（8）动力学的反向迭代：力的传递由叶向根反向传递，力的作用具有双重效应，由闭子树 $l\mathbf{L}$ 至轴#l 的作用力${}^{i|l\mathbf{L}}f_{lI}$及作用力矩${}^{i|l}\tau_{l\mathbf{L}}$是闭子树成员的惯性力及外力在轴#$l$ 上的等价作用力及力矩。

运动轴轴向平衡方程的建立依赖于轴不变量的基本性质；运动学的前向迭代依赖于运动链的拓扑操作及基于轴不变量的迭代式运动学计算；动力学的反向迭代依赖于闭子树的拓扑操作及迭代式的偏速度计算。

三维空间操作代数的基元是轴不变量。将多体运动学理论与链拓扑论、计算机理论相结合，遵从张量不变性、序不变性及轴不变性的基本原理，基于轴不变量的多轴系统动力学的目标是通过 3D 空间操作代数建立完全参数化的迭代式的动力学方程。

完全参数化的迭代式的动力学作用在于：不需要应用现有分析力学原理推导建立动力学方程，也不需要应用控制原理设计运动轴的控制律，只需要将系统的拓扑、结构、力及控制参数代入显式动力学方程，即可完成建模与实时控制。它是动力学领域的专业人工智能。从而，解决高自由度、高动态及变拓扑系统的人工推导动力学系统方程、设计控制律及整定控制参数的难题。

6.3.2 Ju-Kane 动力学预备定理证明

下面基于多轴系统拉格朗日方程（5.133）推导 Ju-Kane 动力学预备定理。先进行拉格朗日方程与凯恩方程的等价性证明，然后计算能量对关节速度及坐标的偏速度，再对时间求导，最后给出 Ju-Kane 动力学预备定理。

1. 拉格朗日方程与凯恩方程的等价性证明

$$
\begin{aligned}
&\frac{\mathrm{d}}{\mathrm{d}t}\left(\frac{\partial}{\partial \dot{q}_u^{\bar{u}}}\left(0.5\cdot m_k\cdot {}^i\dot{r}_{kI}^{\mathrm{T}}\cdot {}^i\dot{r}_{kI}\right)\right)=\frac{\partial}{\partial q_u^{\bar{u}}}\left({}_v\mathcal{E}_k^i\right)+m_k\cdot\frac{\partial {}^i\dot{r}_{kI}^{\mathrm{T}}}{\partial \dot{q}_u^{\bar{u}}}\cdot {}^i\ddot{r}_{kI}\\
&\frac{\mathrm{d}}{\mathrm{d}t}\left(\frac{\partial}{\partial \dot{q}_u^{\bar{u}}}\left(0.5\cdot {}^i\dot{\phi}_k^{\mathrm{T}}\cdot {}^{i|kI}J_{kI}\cdot {}^i\dot{\phi}_k\right)\right)=\frac{\partial}{\partial q_u^{\bar{u}}}\left({}_\omega\mathcal{E}_k^i\right)+\frac{\partial {}^i\dot{\phi}_k^{\mathrm{T}}}{\partial \dot{q}_u^{\bar{u}}}\cdot\frac{\mathrm{d}}{\mathrm{d}t}\left({}^{i|kI}J_{kI}\cdot {}^i\dot{\phi}_k\right)
\end{aligned}
\tag{6.33}
$$

证明见本章附录页。因${}_g\mathcal{E}_k^i$ 与 $\dot{q}_u^{\bar{u}}$ 不相关，由式（6.33）及多轴系统拉格朗日方程（5.133）得

$$
\begin{aligned}
&\frac{\mathrm{d}}{\mathrm{d}t}\left(\frac{\partial}{\partial \dot{q}_u^{\bar{u}}}\left({}_v\mathcal{E}_k^i+{}_\omega\mathcal{E}_k^i+{}_g\mathcal{E}_k^i\right)\right)-\frac{\partial}{\partial q_u^{\bar{u}}}\left({}_v\mathcal{E}_k^i+{}_\omega\mathcal{E}_k^i+{}_g\mathcal{E}_k^i\right)\\
&=\frac{\mathrm{d}}{\mathrm{d}t}\left(\frac{\partial}{\partial \dot{q}_u^{\bar{u}}}\left({}_v\mathcal{E}_k^i+{}_\omega\mathcal{E}_k^i\right)\right)-\frac{\partial}{\partial q_u^{\bar{u}}}\left({}_v\mathcal{E}_k^i+{}_\omega\mathcal{E}_k^i+{}_g\mathcal{E}_k^i\right)
\end{aligned}
$$

$$=m_k\cdot\frac{\partial^i\dot{r}_{kI}^{\mathrm{T}}}{\partial\dot{q}_u^{\bar{u}}}\cdot{}^i\ddot{r}_{kI}+\frac{\partial^i\dot{\phi}_k^{\mathrm{T}}}{\partial\dot{q}_u^{\bar{u}}}\cdot\frac{\mathrm{d}}{\mathrm{d}t}({}^{i|kI}J_{kI}\cdot{}^i\dot{\phi}_k)-\frac{\partial}{\partial q_u^{\bar{u}}}({}_g\mathcal{E}_k^i)$$

$$=m_k\cdot\frac{\partial^i\dot{r}_{kI}^{\mathrm{T}}}{\partial\dot{q}_u^{\bar{u}}}\cdot{}^i\ddot{r}_{kI}+\frac{\partial^i\dot{\phi}_k^{\mathrm{T}}}{\partial\dot{q}_u^{\bar{u}}}\cdot({}^i\tilde{\dot{\phi}}_k\cdot{}^{i|kI}J_{kI}\cdot{}^i\dot{\phi}_k+{}^{i|kI}J_{kI}\cdot{}^i\ddot{\phi}_k)-\frac{\partial}{\partial q_u^{\bar{u}}}({}_g\mathcal{E}_k^i)$$

动力学系统 $i\boldsymbol{L}$ 的平动动能及转动动能分别表示为

$${}_v\mathcal{E}_L^i=\sum_k^{i\boldsymbol{L}}({}_v\mathcal{E}_k^i),\qquad {}_\omega\mathcal{E}_L^i=\sum_k^{i\boldsymbol{L}}({}_\omega\mathcal{E}_k^i)$$

考虑式（5.131）及式（5.132），即有

$$\frac{\mathrm{d}}{\mathrm{d}t}\left(\frac{\partial}{\partial\dot{q}_u^{\bar{u}}}(\mathcal{E}_L^i)\right)-\frac{\partial}{\partial q_u^{\bar{u}}}(\mathcal{E}_L^i)=\sum_k^{i\boldsymbol{L}}\left(m_k\cdot\frac{\partial^i\dot{r}_{kI}^{\mathrm{T}}}{\partial\dot{q}_u^{\bar{u}}}\cdot{}^i\ddot{r}_{kI}\right)+$$
$$\sum_k^{i\boldsymbol{L}}\left(\frac{\partial^i\dot{\phi}_k^{\mathrm{T}}}{\partial\dot{q}_u^{\bar{u}}}\cdot({}^i\tilde{\dot{\phi}}_k\cdot{}^{i|kI}J_{kI}\cdot{}^i\dot{\phi}_k+{}^{i|kI}J_{kI}\cdot{}^i\ddot{\phi}_k)\right)-\sum_k^{i\boldsymbol{L}}\left(\frac{\partial}{\partial q_u^{\bar{u}}}({}_g\mathcal{E}_k^i)\right)\tag{6.34}$$

式（6.33）及式（6.34）是 Ju-Kane 动力学预备定理证明的依据，即 Ju-Kane 动力学预备定理本质上与拉格朗日法是等价的。同时，式（6.34）右侧包含了式（5.153）左侧各项；表明拉格朗日法与凯恩法的惯性力计算是一致的，即拉格朗日法与凯恩法也是等价的。

式（6.34）同时表明，在拉格朗日方程（5.133）中存在$\partial({}_v\mathcal{E}_k^i+{}_\omega\mathcal{E}_k^i)/\partial q_u^{\bar{u}}$ 重复计算的问题。

2. 能量对关节速度及坐标的偏速度

（1）若${}^{\bar{u}}\boldsymbol{k}_u\in\boldsymbol{P}$，并考虑 $u\in u\boldsymbol{L}\subset i\boldsymbol{L}$，$r_u^{\bar{u}}$ 及 $\dot{r}_u^{\bar{u}}$ 仅与闭子树 $u\boldsymbol{L}$ 相关，由式（5.131）及式（5.132），得

$$\frac{\partial}{\partial\dot{r}_u^{\bar{u}}}({}_v\mathcal{E}_{\boldsymbol{L}}^i)=\frac{\partial}{\partial\dot{r}_u^{\bar{u}}}\left(\sum_k^{u\boldsymbol{L}}(0.5\cdot m_k\cdot{}^i\dot{r}_{kI}^{\mathrm{T}}\cdot{}^i\dot{r}_{kI})\right)=\sum_k^{u\boldsymbol{L}}\left(m_k\cdot\frac{\partial^i\dot{r}_{kI}^{\mathrm{T}}}{\partial\dot{r}_u^{\bar{u}}}\cdot{}^i\dot{r}_{kI}\right)\tag{6.35}$$

$$\frac{\partial}{\partial\dot{r}_u^{\bar{u}}}({}_\omega\mathcal{E}_{\boldsymbol{L}}^i)=\frac{\partial}{\partial\dot{r}_u^{\bar{u}}}\left(\sum_k^{u\boldsymbol{L}}(0.5\cdot{}^i\dot{\phi}_k^{\mathrm{T}}\cdot{}^{i|kI}J_{kI}\cdot{}^i\dot{\phi}_k)\right)=\sum_k^{u\boldsymbol{L}}\left(\frac{\partial^i\dot{\phi}_k^{\mathrm{T}}}{\partial\dot{r}_u^{\bar{u}}}\cdot{}^{i|kI}J_{kI}\cdot{}^i\dot{\phi}_k\right)\tag{6.36}$$

$$\frac{\partial}{\partial r_u^{\bar{u}}}({}_g\mathcal{E}_{\boldsymbol{L}}^i)=\frac{\partial}{\partial r_u^{\bar{u}}}\left(\sum_k^{u\boldsymbol{L}}(m_k\cdot{}^ir_{kI}^{\mathrm{T}}\cdot{}^ig_{kI})\right)=\sum_k^{u\boldsymbol{L}}\left(m_k\cdot\frac{\partial^ir_{kI}^{\mathrm{T}}}{\partial r_u^{\bar{u}}}\cdot{}^ig_{kI}\right)\tag{6.37}$$

（2）若${}^{\bar{u}}\boldsymbol{k}_u\in\boldsymbol{R}$，并考虑 $u\in u\boldsymbol{L}\subset i\boldsymbol{L}$，$\phi_u^{\bar{u}}$ 及 $\dot{\phi}_u^{\bar{u}}$ 仅与闭子树 $u\boldsymbol{L}$ 相关，由式（5.131）及式（5.132），得

$$\frac{\partial}{\partial\dot{\phi}_u^{\bar{u}}}({}_v\mathcal{E}_{\boldsymbol{L}}^i)=\frac{\partial}{\partial\dot{\phi}_u^{\bar{u}}}\left(\sum_k^{u\boldsymbol{L}}(0.5\cdot m_k\cdot{}^i\dot{r}_{kI}^{\mathrm{T}}\cdot{}^i\dot{r}_{kI})\right)=\sum_k^{u\boldsymbol{L}}\left(m_k\cdot\frac{\partial^i\dot{r}_{kI}^{\mathrm{T}}}{\partial\dot{\phi}_u^{\bar{u}}}\cdot{}^i\dot{r}_{kI}\right)\tag{6.38}$$

$$\frac{\partial}{\partial\dot{\phi}_u^{\bar{u}}}({}_\omega\mathcal{E}_{\boldsymbol{L}}^i)=\frac{\partial}{\partial\dot{\phi}_u^{\bar{u}}}\left(\sum_k^{u\boldsymbol{L}}(0.5\cdot{}^i\dot{\phi}_k^{\mathrm{T}}\cdot{}^{i|kI}J_{kI}\cdot{}^i\dot{\phi}_k)\right)=\sum_k^{u\boldsymbol{L}}\left(\frac{\partial^i\dot{\phi}_k^{\mathrm{T}}}{\partial\dot{\phi}_u^{\bar{u}}}\cdot{}^{i|kI}J_{kI}\cdot{}^i\dot{\phi}_k\right)\tag{6.39}$$

$$\frac{\partial}{\partial\phi_u^{\bar{u}}}({}_g\mathcal{E}_{\boldsymbol{L}}^i)=\frac{\partial}{\partial\phi_u^{\bar{u}}}\left(\sum_k^{u\boldsymbol{L}}(m_k\cdot{}^ir_{kI}^{\mathrm{T}}\cdot{}^ig_{kI})\right)=\sum_k^{u\boldsymbol{L}}\left(m_k\cdot\frac{\partial^ir_{kI}^{\mathrm{T}}}{\partial\phi_u^{\bar{u}}}\cdot{}^ig_{kI}\right)\tag{6.40}$$

至此，已完成能量对关节速度及坐标的偏速度计算。

3. 求对时间的导数

（1）若 $^{\bar{u}}\boldsymbol{k}_u \in \boldsymbol{P}$，由式（6.33）、式（6.35）及式（6.36）得

$$\frac{^i\mathrm{d}}{\mathrm{d}t}\left(\frac{\partial}{\partial \dot{r}_u^{\bar{u}}}({}_m\mathcal{E}_{\boldsymbol{L}}^i)\right)=\frac{\mathrm{d}}{\mathrm{d}t}\left(\sum_k^{u\boldsymbol{L}}\left(m_k\cdot\frac{\partial^i\dot{r}_{kI}^{\mathrm{T}}}{\partial \dot{r}_u^{\bar{u}}}\cdot{}^i\dot{r}_{kI}\right)+\sum_k^{u\boldsymbol{L}}\left(\frac{\partial^i\dot{\phi}_k^{\mathrm{T}}}{\partial \dot{r}_u^{\bar{u}}}\cdot{}^{i|kI}J_{kI}\cdot{}^i\dot{\phi}_k\right)\right)$$
$$=\frac{\partial}{\partial r_u^{\bar{u}}}({}_m\mathcal{E}_{\boldsymbol{L}}^i)+\sum_k^{u\boldsymbol{L}}\left(m_k\cdot\frac{\partial^i\dot{r}_{kI}^{\mathrm{T}}}{\partial \dot{r}_u^{\bar{u}}}\cdot{}^i\ddot{r}_{kI}+\frac{\partial^i\dot{\phi}_k^{\mathrm{T}}}{\partial \dot{r}_u^{\bar{u}}}\cdot\left({}^{i|kI}J_{kI}\cdot{}^i\ddot{\phi}_k+{}^i\dot{\tilde{\phi}}_k\cdot{}^{i|kI}J_{kI}\cdot{}^i\dot{\phi}_k\right)\right) \tag{6.41}$$

（2）若 $^{\bar{u}}\boldsymbol{k}_u \in \boldsymbol{R}$，由式（6.33）、式（6.38）及式（6.39）得

$$\frac{\mathrm{d}}{\mathrm{d}t}\left(\frac{\partial}{\partial \dot{\phi}_u^{\bar{u}}}({}_m\mathcal{E}_{\boldsymbol{L}}^i)\right)=\frac{\mathrm{d}}{\mathrm{d}t}\left(\sum_k^{u\boldsymbol{L}}\left(m_k\cdot\frac{\partial^i\dot{r}_{kI}^{\mathrm{T}}}{\partial \dot{\phi}_u^{\bar{u}}}\cdot{}^i\dot{r}_{kI}\right)+\sum_k^{u\boldsymbol{L}}\left(\frac{\partial^i\dot{\phi}_k^{\mathrm{T}}}{\partial \dot{\phi}_u^{\bar{u}}}\cdot{}^{i|kI}J_{kI}\cdot{}^i\dot{\phi}_k\right)\right)$$
$$=\frac{\partial}{\partial \phi_u^{\bar{u}}}({}_m\mathcal{E}_{\boldsymbol{L}}^i)+\sum_k^{u\boldsymbol{L}}\left(m_k\cdot\frac{\partial^i\dot{r}_{kI}^{\mathrm{T}}}{\partial \dot{\phi}_u^{\bar{u}}}\cdot{}^i\ddot{r}_{kI}+\frac{\partial^i\dot{\phi}_k^{\mathrm{T}}}{\partial \dot{\phi}_u^{\bar{u}}}\cdot\left({}^{i|kI}J_{kI}\cdot{}^i\ddot{\phi}_k+{}^i\dot{\tilde{\phi}}_k\cdot{}^{i|kI}J_{kI}\cdot{}^i\dot{\phi}_k\right)\right) \tag{6.42}$$

至此，已完成对时间 t 的求导。

4. Ju-Kane 动力学预备定理

将式（6.37）、式（6.40）、式（6.41）及式（6.42）代入式（6.34）得定理 6.1，表述如下：

定理 6.1 给定多轴刚体树链系统 $i\boldsymbol{L}$，惯性系记为 $\boldsymbol{F}_i$，$\forall k,\ u\in\boldsymbol{A}$；除了重力外，作用于轴#$u$ 的合外力及力矩分别记为 $^{i|u\boldsymbol{L}}f_u$ 及 $^{i|u}\tau_{u\boldsymbol{L}}$；轴#$k$ 的质量及质心转动惯量分别记为 m_k 及 $^{kI}J_{kI}$；轴#k 的重力加速度为 $^ig_{kI}$；并考虑定理 4.2，则轴#u 的 Ju-Kane 动力学预备方程为

$$\begin{cases}{}^{i|\bar{u}}n_u^{\mathrm{T}}\cdot\sum\limits_k^{u\boldsymbol{L}}\left(m_k\cdot\left({}^i\ddot{r}_{kI}-{}^ig_{kI}\right)\right)={}^{i|\bar{u}}n_u^{\mathrm{T}}\cdot{}^{i|u\boldsymbol{L}}f_{uI},\quad {}^{\bar{u}}\boldsymbol{k}_u\in\boldsymbol{P}\\ {}^{i|\bar{u}}n_u^{\mathrm{T}}\cdot\sum\limits_k^{u\boldsymbol{L}}\left(\begin{pmatrix}m_k\cdot{}^{i|u}r_{kI}^{\mathrm{T}}\cdot{}^{i|\bar{u}}\tilde{n}_u^{\mathrm{T}}\cdot{}^i\ddot{r}_{kI}\\ \backslash+\left({}^{i|kI}J_{kI}\cdot{}^i\ddot{\phi}_k+{}^i\dot{\tilde{\phi}}_k\cdot{}^{i|kI}J_{kI}\cdot{}^i\dot{\phi}_k\right)\\ \backslash-m_k\cdot{}^{i|u}r_{kI}^{\mathrm{T}}\cdot{}^{i|\bar{u}}\tilde{n}_u^{\mathrm{T}}\cdot{}^ig_{kI}\end{pmatrix}\right)={}^{i|\bar{u}}n_u^{\mathrm{T}}\cdot{}^{i|u}\tau_{u\boldsymbol{L}},\quad {}^{\bar{u}}\boldsymbol{k}_u\in\boldsymbol{R}\end{cases} \tag{6.43}$$

尽管式（6.43）是根据拉格朗日方程（5.133）推导的，式（6.43）与凯恩方程（5.153）有相似之处。因此，称定理 6.1 为 Ju-Kane 动力学预备定理。虽然式（6.43）形式上是凯恩方程对两种基本运动副的不同表示，但存在本质的不同，因为式（6.43）具有了树链拓扑结构。

> Ju-Kane 动力学预备定理的特征在于：
>
> （1）式（6.43）是轴 u 的动力学方程，以自然坐标系统为基础，具有运动链指标系统。

（2）当给定系统 $i\mathbf{L}$ 时，即给定系统拓扑、参考轴极性、结构参量及动力学参量时，代入式（6.43）即可完成动力学建模。

（3）式（6.43）中的自然坐标是关节坐标 $\phi_u^{\bar{u}}$ 或 $r_u^{\bar{u}}$，其中 $\forall u \in \boldsymbol{A}$。

（4）式（6.43）中的参考点是 Frame# k 的原点 O_k，而不是质心 kI，其中 $\forall k \in \boldsymbol{A}$。

（5）式（6.43）的参考方向是自然参考轴或轴不变量 ${}^{\bar{u}}n_u$，其中 $u \neq i$，$u \in \boldsymbol{A}$。

（6）式（6.43）是基于轴链系统的；仅当轴 u 与动力学体 $\boldsymbol{B}_u$ 固结时，$m_u \neq 0$ 及 ${}^{uI}J_{uI} \neq \mathbf{0}$；其他轴的质量与惯量为零；在软件实现时，跳过零质量的轴。

6.3.3 Ju-Kane 动力学预备定理应用

示例 6.1 继示例 5.1 及示例 5.2，$\phi_{(i,2]}^{\mathrm{T}} \triangleq [\phi_1^i \quad \phi_2^1]$，应用 Ju-Kane 预备定理建立该机械臂的动力学模型。

【解】 由式（6.26）得

$$\frac{\partial^i \dot{\phi}_1^{\mathrm{T}}}{\partial \dot{\phi}_{(i,2]}} \cdot {}^{i|1I}J_{1I} \cdot {}^i\ddot{\phi}_1 = \begin{bmatrix} \mathbf{1}^{[3]} \\ 0_3^{\mathrm{T}} \end{bmatrix} \cdot \begin{bmatrix} * & * & * \\ * & * & * \\ * & * & J_{1I} \end{bmatrix} \cdot \mathbf{1}^{[z]} \cdot \ddot{\phi}_1^i = \begin{bmatrix} J_{1I} & 0 \\ 0 & 0 \end{bmatrix} \cdot \begin{bmatrix} \ddot{\phi}_1^i \\ \ddot{\phi}_2^1 \end{bmatrix} \tag{6.44}$$

由式（6.26）及式（6.17）得

$$\frac{\partial^i \dot{\phi}_2^{\mathrm{T}}}{\partial \dot{\phi}_{(i,2]}} \cdot {}^{i|2I}J_{2I} \cdot {}^i\ddot{\phi}_2 = \begin{bmatrix} \mathbf{1}^{[3]} \\ \mathbf{1}^{[3]} \end{bmatrix} \cdot \begin{bmatrix} * & * & * \\ * & * & * \\ * & * & J_{2I} \end{bmatrix} \cdot \mathbf{1}^{[z]} \cdot (\ddot{\phi}_1^i + \ddot{\phi}_2^1) = \begin{bmatrix} J_{2I} & J_{2I} \\ J_{2I} & J_{2I} \end{bmatrix} \cdot \begin{bmatrix} \ddot{\phi}_1^i \\ \ddot{\phi}_2^1 \end{bmatrix} \tag{6.45}$$

由式（6.25）及式（6.18）得

$$\frac{\partial^i \dot{r}_{1I}^{\mathrm{T}}}{\partial \dot{\phi}_{(i,2]}} \cdot {}^i\ddot{r}_{1I} = \begin{bmatrix} -l_{1I} \cdot \mathrm{S}_1^i & l_{1I} \cdot \mathrm{C}_1^i & 0 \\ 0 & 0 & 0 \end{bmatrix} \cdot \begin{bmatrix} -l_{1I} \cdot \mathrm{C}_1^i \cdot \dot{\phi}_1^{i\wedge 2} - l_{1I} \cdot \mathrm{S}_1^i \cdot \ddot{\phi}_1^i \\ l_{1I} \cdot \mathrm{C}_1^i \cdot \ddot{\phi}_1^i - l_{1I} \cdot \mathrm{S}_1^i \cdot \dot{\phi}_1^{i\wedge 2} \\ 0 \end{bmatrix} = \begin{bmatrix} l_{1I}^{\wedge 2} \cdot \ddot{\phi}_1^i \\ 0 \end{bmatrix}$$

故有

$$\frac{\partial^i \dot{r}_{1I}^{\mathrm{T}}}{\partial \dot{\phi}_{(i,2]}} \cdot {}^i\ddot{r}_{1I} = \begin{bmatrix} l_{1I}^{\wedge 2} \cdot \ddot{\phi}_1^i \\ 0 \end{bmatrix} \tag{6.46}$$

由式（6.25）及式（6.18）得

$$\frac{\partial^i \dot{r}_{2I}^{\mathrm{T}}}{\partial \dot{\phi}_{(i,2]}} \cdot {}^i\ddot{r}_2 = \begin{bmatrix} -l_1 \cdot \mathrm{S}_1^i - l_{2I} \cdot \mathrm{S}_2^i & l_1 \cdot \mathrm{C}_1^i + l_{2I} \cdot \mathrm{C}_2^i & 0 \\ -l_{2I} \cdot \mathrm{S}_2^i & l_{2I} \cdot \mathrm{C}_2^i & 0 \end{bmatrix} \cdot \begin{bmatrix} -l_1 \cdot \mathrm{C}_1^i \cdot \dot{\phi}_1^{i\wedge 2} - l_1 \cdot \mathrm{S}_1^i \cdot \ddot{\phi}_1^i \\ l_1 \cdot \mathrm{C}_1^i \cdot \ddot{\phi}_1^i - l_1 \cdot \mathrm{S}_1^i \cdot \dot{\phi}_1^{i\wedge 2} \\ 0 \end{bmatrix}$$

$$=\begin{bmatrix} l_1^{\wedge 2}\cdot\ddot{\phi}_1^i+l_1\cdot l_{2I}\cdot \mathrm{C}_2^1\cdot\ddot{\phi}_1^i+l_1\cdot l_{2I}\cdot \mathrm{S}_2^1\cdot\dot{\phi}_1^{i\wedge 2}\\ l_1\cdot l_{2I}\cdot \mathrm{C}_2^1\cdot\ddot{\phi}_1^i+l_1\cdot l_{2I}\cdot \mathrm{S}_2^1\cdot\dot{\phi}_1^{i\wedge 2}\end{bmatrix}$$

即

$$\frac{\partial^i\dot{r}_{2I}^{\mathrm{T}}}{\partial\dot{\phi}_{(i,2]}}\cdot{}^i\ddot{r}_2=\begin{bmatrix} l_1^{\wedge 2}\cdot\ddot{\phi}_1^i+l_1\cdot l_{2I}\cdot \mathrm{C}_2^1\cdot\ddot{\phi}_1^i+l_1\cdot l_{2I}\cdot \mathrm{S}_2^1\cdot\dot{\phi}_1^{i\wedge 2}\\ l_1\cdot l_{2I}\cdot \mathrm{C}_2^1\cdot\ddot{\phi}_1^i+l_1\cdot l_{2I}\cdot \mathrm{S}_2^1\cdot\dot{\phi}_1^{i\wedge 2}\end{bmatrix} \tag{6.47}$$

由式（6.25）及式（6.18）得

$$\frac{\partial^i\dot{r}_{2I}^{\mathrm{T}}}{\partial\dot{\phi}_{(i,2]}}\cdot{}^{i|2}\ddot{r}_{2I}=\begin{bmatrix}-l_1\cdot \mathrm{S}_1^i-l_{2I}\cdot \mathrm{S}_2^i & l_1\cdot \mathrm{C}_1^i+l_{2I}\cdot \mathrm{C}_2^i & 0\\ -l_{2I}\cdot \mathrm{S}_2^i & l_{2I}\cdot \mathrm{C}_2^i & 0\end{bmatrix}\cdot\begin{bmatrix}-l_{2I}\cdot \mathrm{C}_2^i\cdot\dot{\phi}_2^{i\wedge 2}-l_{2I}\cdot \mathrm{S}_2^i\cdot\ddot{\phi}_2^i\\ l_{2I}\cdot \mathrm{C}_2^i\cdot\ddot{\phi}_2^i+l_{2I}\cdot \mathrm{S}_2^i\cdot\dot{\phi}_2^{i\wedge 2}\\ 0\end{bmatrix}$$

$$=\begin{bmatrix} l_{2I}^{\wedge 2}\cdot\ddot{\phi}_2^i-l_1\cdot l_{2I}\cdot(\mathrm{S}_2^1\cdot\dot{\phi}_2^{i\wedge 2}-\mathrm{C}_2^1\cdot\ddot{\phi}_2^i)\\ l_{2I}^{\wedge 2}\cdot\ddot{\phi}_2^i\end{bmatrix}$$

即

$$\frac{\partial^i\dot{r}_{2I}^{\mathrm{T}}}{\partial\dot{\phi}_{(i,2]}}\cdot{}^{i|2}\ddot{r}_{2I}=\begin{bmatrix} l_{2I}^{\wedge 2}\cdot\ddot{\phi}_2^i-l_1\cdot l_{2I}\cdot(\mathrm{S}_2^1\cdot\dot{\phi}_2^{i\wedge 2}-\mathrm{C}_2^1\cdot\ddot{\phi}_2^i)\\ l_{2I}^{\wedge 2}\cdot\ddot{\phi}_2^i\end{bmatrix} \tag{6.48}$$

由式（6.47）及式（6.48）得

$$\frac{\partial^i\dot{r}_{2I}^{\mathrm{T}}}{\partial\dot{\phi}_{(i,2]}}\cdot{}^i\ddot{r}_{2I}=\begin{bmatrix}(l_1^{\wedge 2}+2\cdot l_1\cdot l_{2I}\cdot \mathrm{C}_2^1+l_{2I}^{\wedge 2})\cdot\ddot{\phi}_1^i+(l_1\cdot l_{2I}\cdot \mathrm{C}_2^1+l_{2I}^{\wedge 2})\cdot\ddot{\phi}_2^1\\ \backslash -2\cdot l_1\cdot l_{2I}\cdot \mathrm{S}_2^1\cdot\dot{\phi}_1^i\cdot\dot{\phi}_2^1-l_1\cdot l_{2I}\cdot \mathrm{S}_2^1\cdot\dot{\phi}_2^{1\wedge 2}\\ (l_{2I}^{\wedge 2}+l_1\cdot l_{2I}\cdot \mathrm{C}_2^1)\cdot\ddot{\phi}_1^i+l_{2I}^{\wedge 2}\cdot\ddot{\phi}_2^1+l_1\cdot l_{2I}\cdot \mathrm{S}_2^1\cdot\dot{\phi}_1^{i\wedge 2}\end{bmatrix} \tag{6.49}$$

由式（6.25）得

$$\frac{\partial^i r_{1I}^{\mathrm{T}}}{\partial\phi_{(i,2]}}\cdot{}^i g_{1I}=\begin{bmatrix}-l_{1I}\cdot \mathrm{S}_1^i & l_{1I}\cdot \mathrm{C}_1^i & 0\\ 0 & 0 & 0\end{bmatrix}\cdot\mathbf{1}^{[y]}\cdot(-m_1\cdot g)=\begin{bmatrix}-m_1\cdot g\cdot l_{1I}\cdot \mathrm{C}_1^i\\ 0\end{bmatrix} \tag{6.50}$$

由式（6.25）得

$$\frac{\partial^i r_{2I}^{\mathrm{T}}}{\partial\phi_{(i,2]}}\cdot{}^i g_{2I}=\begin{bmatrix}-l_1\cdot \mathrm{S}_1^i-l_{2I}\cdot \mathrm{S}_2^i & l_1\cdot \mathrm{C}_1^i+l_{2I}\cdot \mathrm{C}_2^i & 0\\ -l_{2I}\cdot \mathrm{S}_2^i & l_{2I}\cdot \mathrm{C}_2^i & 0\end{bmatrix}\cdot\mathbf{1}^{[y]}\cdot(-m_2\cdot g)$$
$$=\begin{bmatrix}-m_2\cdot g\cdot l_1\cdot \mathrm{C}_1^i-m_2\cdot g\cdot l_{2I}\cdot \mathrm{C}_2^i\\ -m_2\cdot g\cdot l_{2I}\cdot \mathrm{C}_2^i\end{bmatrix} \tag{6.51}$$

由式（6.50）及式（6. 51）得

$$\frac{\partial^i r_{1I}^{\mathrm{T}}}{\partial\phi_{(i,2]}}\cdot{}^i g_{1I}+\frac{\partial^i r_{2I}^{\mathrm{T}}}{\partial\phi_{(i,2]}}\cdot{}^i g_{2I}=\begin{bmatrix}-m_1\cdot g\cdot l_{1I}\cdot \mathrm{C}_1^i-m_2\cdot g\cdot(l_1\cdot \mathrm{C}_1^i+l_{2I}\cdot \mathrm{C}_2^i)\\ -m_2\cdot g\cdot l_{2I}\cdot \mathrm{C}_2^i\end{bmatrix} \tag{6.52}$$

将式（6.44）、式（6.45）、式（6.46）、式（6.48）、式（6.49）及式（6.52）代入式

(6.43) 得

$$\boldsymbol{M}\cdot\begin{bmatrix}\ddot{\phi}_1^i\\ \ddot{\phi}_2^1\end{bmatrix}+\boldsymbol{h}=\begin{bmatrix}\tau_1^i\\ \tau_2^i\end{bmatrix} \tag{6.53}$$

其中，

$$\boldsymbol{M}^{[1][1]}=m_1\cdot l_{1I}^{\wedge 2}+J_{1I}+J_{2I}+m_2\cdot(l_1^{\wedge 2}+2\cdot l_1\cdot l_{2I}\cdot \mathrm{C}_2^1+l_{2I}^{\wedge 2})$$

$$\boldsymbol{M}^{[1][2]}=m_2\cdot(l_{2I}^{\wedge 2}+l_1\cdot l_{2I}\cdot \mathrm{C}_2^1)+J_{2I}$$

$$\boldsymbol{M}^{[2][1]}=m_2\cdot(l_{2I}^{\wedge 2}+l_1\cdot l_{2I}\cdot \mathrm{C}_2^1)+J_{2I}$$

$$\boldsymbol{M}^{[2][2]}=m_2\cdot l_{2I}^{\wedge 2}+J_{2I}$$

$$\boldsymbol{h}^{[1]}=m_1\cdot g\cdot l_{1I}\cdot \mathrm{C}_1^i+m_2\cdot g\cdot(l_1\cdot \mathrm{C}_1^i+l_{2I}\cdot \mathrm{C}_2^i)$$
$$-m_2\cdot l_1\cdot l_{2I}\cdot \mathrm{S}_2^1\cdot(\dot{\phi}_2^{1\wedge 2}+2\cdot\dot{\phi}_1^i\cdot\dot{\phi}_2^1)$$

$$\boldsymbol{h}^{[2]}=m_2\cdot l_1\cdot l_{2I}\cdot \mathrm{S}_2^1\cdot\dot{\phi}_1^{i\wedge 2}+m_2\cdot g\cdot l_{2I}\cdot \mathrm{C}_2^i$$

对比式（5.141）及式（6.53）可知，它们完全一致。该例间接证明了 Ju-Kane 预备定理的正确性。解毕。

示例 6.2　继示例 5.3，应用 Ju-Kane 预备定理建立该系统的动力学方程。

【解】　考虑质点 1：

$$^i\dot{r}_{1I}=\mathbf{1}^{[x]}\cdot\dot{r}_1^i,\ ^i\ddot{r}_{1I}=\mathbf{1}^{[x]}\cdot\ddot{r}_1^i$$

故有

$$\frac{\partial\, ^i\dot{r}_{1I}^{\mathrm{T}}}{\partial\dot{r}_1^i}=\mathbf{1}^{[1]},\ \frac{\partial\, ^i r_{1I}^{\mathrm{T}}}{\partial r_1^i}=\mathbf{1}^{[1]}$$

$$m_1\cdot\frac{\partial\, ^i\dot{r}_{1I}^{\mathrm{T}}}{\partial\dot{r}_1^i}\cdot\, ^i\ddot{r}_{1I}=m_1\cdot\mathbf{1}^{[1]}\cdot\mathbf{1}^{[1]}\cdot\ddot{r}_1^i=m_1\cdot\ddot{r}_1^i$$

$$m_1\cdot\frac{\partial\, ^i r_{1I}^{\mathrm{T}}}{\partial r_1^i}\cdot\, ^i g_{1I}=m_1\cdot\mathbf{1}^{[1]}\cdot\mathbf{1}^{[y]}\cdot(-g)=0$$

考虑质点 2：

$$\dot{\phi}_2^i=\dot{\phi}_1^i+\dot{\phi}_2^1=\dot{\phi}_2^1,\ \ddot{\phi}_2^i=\ddot{\phi}_1^i+\ddot{\phi}_2^1=\ddot{\phi}_2^1$$

$$^i r_{2I}=\,^i r_1+\,^{i|1}r_2+\,^{i|2}r_{2I}=\begin{bmatrix}r_1^i\\0\\0\end{bmatrix}+\begin{bmatrix}l_2\cdot \mathrm{S}_2^1\\-l_2\cdot \mathrm{C}_2^1\\0\end{bmatrix}=\begin{bmatrix}r_1^i+l_2\cdot \mathrm{S}_2^1\\-l_2\cdot \mathrm{C}_2^1\\0\end{bmatrix}$$

$$^i\dot{r}_{2I}=\,^i\dot{r}_1+\,^i\dot{\tilde{\phi}}_1\cdot\,^{i|1}r_2+\,^i\dot{\tilde{\phi}}_2\cdot\,^{i|2}r_{2I}=\begin{bmatrix}\dot{r}_1^i+l_2\cdot \mathrm{C}_2^1\cdot\dot{\phi}_2^1\\ l_2\cdot \mathrm{S}_2^1\cdot\dot{\phi}_2^1\\0\end{bmatrix}$$

$$
{}^{i}\ddot{r}_{2I}={}^{i}\ddot{r}_{1}+({}^{i}\ddot{\tilde{\phi}}_{2}+{}^{i}\dot{\tilde{\phi}}_{2}^{:2})\cdot{}^{i|2}r_{2I}=\begin{bmatrix}\ddot{r}_{1}^{i}+l_2\cdot \mathrm{C}_2^1\cdot\ddot{\phi}_2^1-l_2\cdot \mathrm{S}_2^1\cdot\dot{\phi}_2^{1\wedge 2}\\ l_2\cdot \mathrm{S}_2^1\cdot\ddot{\phi}_2^1+l_2\cdot \mathrm{C}_2^1\cdot\dot{\phi}_2^{1\wedge 2}\\ 0\end{bmatrix}
$$

$$
\frac{\partial^{i}\dot{r}_{2I}^{\mathrm{T}}}{\partial\dot{r}_{1}^{i}}=\mathbf{1}^{[1]},\quad \frac{\partial^{i}\dot{r}_{2I}}{\partial\dot{\phi}_{2}^{1}}=[l_2\cdot \mathrm{C}_2^1,l_2\cdot \mathrm{S}_2^1,0]
$$

$$
\frac{\partial^{i}r_{2I}^{\mathrm{T}}}{\partial r_{1}^{i}}=\mathbf{1}^{[1]},\quad \frac{\partial^{i}r_{2I}^{\mathrm{T}}}{\partial\phi_{2}^{1}}=[l_2\cdot \mathrm{C}_2^1,l_2\cdot \mathrm{S}_2^1,0]
$$

故有

$$
m_2\cdot\frac{\partial^{i}\dot{r}_{2I}^{\mathrm{T}}}{\partial\dot{r}_{1}^{i}}\cdot{}^{i}\ddot{r}_{2I}=m_2\cdot\mathbf{1}^{[1]}\cdot\begin{bmatrix}\ddot{r}_{1}^{i}+l_2\cdot \mathrm{C}_2^1\cdot\ddot{\phi}_2^1-l_2\cdot \mathrm{S}_2^1\cdot\dot{\phi}_2^{1\wedge 2}\\ l_2\cdot \mathrm{S}_2^1\cdot\ddot{\phi}_2^1+l_2\cdot \mathrm{C}_2^1\cdot\dot{\phi}_2^{1\wedge 2}\\ 0\end{bmatrix}=\begin{matrix}m_2\cdot\ddot{r}_{1}^{i}+m_2\cdot l_2\cdot \mathrm{C}_2^1\cdot\ddot{\phi}_2^1\\ \backslash -m_2\cdot l_2\cdot \mathrm{S}_2^1\cdot\dot{\phi}_2^{1\wedge 2}\end{matrix}
$$

$$
m_2\cdot\frac{\partial^{i}\dot{r}_{2I}^{\mathrm{T}}}{\partial\dot{\phi}_{2}^{1}}\cdot{}^{i}\ddot{r}_{2I}=m_2\cdot[l_2\cdot \mathrm{C}_2^1,l_2\cdot \mathrm{S}_2^1,0]\cdot\begin{bmatrix}\ddot{r}_{1}^{i}+l_2\cdot \mathrm{C}_2^1\cdot\ddot{\phi}_2^1-l_2\cdot \mathrm{S}_2^1\cdot\dot{\phi}_2^{1\wedge 2}\\ l_2\cdot \mathrm{S}_2^1\cdot\ddot{\phi}_2^1+l_2\cdot \mathrm{C}_2^1\cdot\dot{\phi}_2^{1\wedge 2}\\ 0\end{bmatrix}
$$

$$
=m_2\cdot l_2\cdot \mathrm{C}_2^1\cdot\ddot{r}_{1}^{i}+m_2\cdot l_2^{\wedge 2}\cdot\ddot{\phi}_2^1
$$

$$
m_2\cdot\frac{\partial^{i}r_{2I}^{\mathrm{T}}}{\partial r_{1}^{i}}\cdot{}^{i}g_{2I}=m_2\cdot\mathbf{1}^{[1]}\cdot\mathbf{1}^{[y]}\cdot(-g)=0
$$

$$
m_2\cdot\frac{\partial^{i}r_{2I}^{\mathrm{T}}}{\partial\phi_{2}^{1}}\cdot{}^{i}g_{2I}=m_2\cdot[l_2\cdot \mathrm{C}_2^1,l_2\cdot \mathrm{S}_2^1,0]\cdot\mathbf{1}^{[y]}\cdot(-g)=-m_2\cdot g\cdot l_2\cdot \mathrm{S}_2^1
$$

将上述结果代入 Ju-Kane 动力学方程（6.43）得

$$
\begin{bmatrix}m_1+m_2 & m_2\cdot l_2\cdot \mathrm{C}_2^1\\ m_2\cdot l_2\cdot \mathrm{C}_2^1 & m_2\cdot l_2^{\wedge 2}\end{bmatrix}\cdot\begin{bmatrix}\ddot{r}_{1}^{i}\\ \ddot{\phi}_2^1\end{bmatrix}=\begin{bmatrix}m_2\cdot l_2\cdot \mathrm{S}_2^1\cdot\dot{\phi}_2^{1\wedge 2}-k\cdot r_1^i\\ -m_2\cdot g\cdot l_2\cdot \mathrm{S}_2^1\end{bmatrix}
$$

显然，上式与式（5.154）一致。解毕。

6.4 树链刚体系统 Ju-Kane 动力学显式模型

下面，针对 Ju-Kane 动力学预备定理，解决式（6.43）右侧${}^{i|u\mathbf{L}}f_{u}$及${}^{i|u}\tau_{u\mathbf{L}}$的计算问题，进一步建立树链刚体系统 Ju-Kane 动力学方程。

6.4.1 外力反向迭代

给定施力点 iS 至 lS 的双边外力${}^{iS}f_{lS}$及外力矩${}^{i}\tau_{l}$，它们的瞬时功率 p_{ex}表示为

$$
p_{ex}=\sum_{l}^{i\mathbf{L}}({}^{iS}\dot{r}_{lS}^{\mathrm{T}}\cdot{}^{iS}f_{lS}+{}^{i}\dot{\phi}_{l}^{\mathrm{T}}\cdot{}^{i}\tau_{l}) \tag{6.54}
$$

其中，${}^{iS}f_{lS}$及${}^{i}\tau_{l}$不受$\dot{\phi}_{k}^{\bar{k}}$及$\dot{r}_{k}^{\bar{k}}$控制，即${}^{iS}f_{lS}$及${}^{i}\tau_{l}$不依赖于$\dot{\phi}_{k}^{\bar{k}}$及$\dot{r}_{k}^{\bar{k}}$。定义

$$\delta_{k}^{{}^{i}\mathbf{1}_{l}}=\begin{cases}1, & k\in{}^{i}\mathbf{1}_{l}\\ 0, & k\notin{}^{i}\mathbf{1}_{l}\end{cases}\tag{6.55}$$

（1）若$k\in{}^{i}\mathbf{1}_{l}$，则有$\delta_{k}^{{}^{i}\mathbf{1}_{l}}=1$；由式（6.25）及式（6.26）得

$$\begin{aligned}\frac{\partial}{\partial\dot{\phi}_{k}^{\bar{k}}}(p_{ex})&=\frac{\partial}{\partial\dot{\phi}_{k}^{\bar{k}}}\Big(\sum_{l}^{i\mathbf{L}}({}^{iS}\dot{r}_{lS}^{\mathrm{T}}\cdot{}^{iS}f_{lS}+{}^{i}\dot{\phi}_{l}^{\mathrm{T}}\cdot{}^{i}\tau_{l})\Big)\\&=\sum_{l}^{i\mathbf{L}}\left(\frac{\partial}{\partial\dot{\phi}_{k}^{\bar{k}}}({}^{iS}\dot{r}_{lS}^{\mathrm{T}})\cdot{}^{iS}f_{lS}+\frac{\partial}{\partial\dot{\phi}_{k}^{\bar{k}}}({}^{i}\dot{\phi}_{l}^{\mathrm{T}})\cdot{}^{i}\tau_{l}\right)\\&=\sum_{l}^{k\mathbf{L}}({}^{i|\bar{k}}n_{k}^{\mathrm{T}}\cdot{}^{i|k}\tilde{r}_{lS}\cdot{}^{iS}f_{lS}+{}^{i|\bar{k}}n_{k}^{\mathrm{T}}\cdot{}^{i}\tau_{l})\end{aligned}\tag{6.56}$$

即

$$\frac{\partial}{\partial\dot{\phi}_{k}^{\bar{k}}}(p_{ex})={}^{i|\bar{k}}n_{k}^{\mathrm{T}}\cdot\sum_{l}^{k\mathbf{L}}({}^{i|k}\tilde{r}_{lS}\cdot{}^{iS}f_{lS}+{}^{i}\tau_{l})$$

式（6.56）中${}^{i|k}\tilde{r}_{lS}\cdot{}^{iS}f_{lS}$与式（6.18）中${}^{i}\dot{\tilde{\phi}}_{\bar{l}}\cdot{}^{i|\bar{l}}r_{l}$的链序不同，前者是作用力，后者是运动量，二者是对偶的，具有相反的序。

（2）若$k\in{}^{i}\mathbf{1}_{l}$，则有$\delta_{k}^{{}^{i}\mathbf{1}_{l}}=1$；由式（6.31）及式（6.54）得

$$\begin{aligned}\frac{\partial}{\partial\dot{r}_{k}^{\bar{k}}}(p_{ex})&=\frac{\partial}{\partial\dot{r}_{k}^{\bar{k}}}\Big(\sum_{l}^{i\mathbf{L}}({}^{iS}\dot{r}_{lS}^{\mathrm{T}}\cdot{}^{iS}f_{lS}+{}^{i}\dot{\phi}_{l}^{\mathrm{T}}\cdot{}^{i}\tau_{l})\Big)\\&=\sum_{l}^{i\mathbf{L}}\left(\frac{\partial}{\partial\dot{r}_{k}^{\bar{k}}}({}^{iS}\dot{r}_{lS}^{\mathrm{T}})\cdot{}^{iS}f_{lS}+\frac{\partial}{\partial\dot{r}_{k}^{\bar{k}}}({}^{i}\dot{\phi}_{l}^{\mathrm{T}})\cdot{}^{i}\tau_{l}\right)\\&=\sum_{l}^{k\mathbf{L}}(\delta_{k}^{{}^{i}\mathbf{1}_{l}}\cdot{}^{i|\bar{k}}n_{k}^{\mathrm{T}}\cdot{}^{iS}f_{lS})\end{aligned}$$

即有

$$\frac{\partial}{\partial\dot{r}_{k}^{\bar{k}}}(p_{ex})={}^{i|\bar{k}}n_{k}^{\mathrm{T}}\cdot\sum_{l}^{k\mathbf{L}}({}^{iS}f_{lS})\tag{6.57}$$

式（6.56）及式（6.57）表明环境作用于轴k的合外力或力矩等价于闭子树$k\mathbf{L}$对轴k的合外力或力矩，将式（6.56）及式（6.57）合写为

$$\begin{cases}\dfrac{\partial}{\partial\dot{r}_{k}^{\bar{k}}}(p_{ex})={}^{i|\bar{k}}n_{k}^{\mathrm{T}}\cdot\displaystyle\sum_{l}^{k\mathbf{L}}({}^{iS}f_{lS}), & {}^{\bar{k}}\boldsymbol{k}_{k}\in\boldsymbol{P}\\ \dfrac{\partial}{\partial\dot{\phi}_{k}^{\bar{k}}}(p_{ex})={}^{i|\bar{k}}n_{k}^{\mathrm{T}}\cdot\displaystyle\sum_{l}^{k\mathbf{L}}({}^{i|k}\tilde{r}_{lS}\cdot{}^{iS}f_{lS}+{}^{i}\tau_{l}), & {}^{\bar{k}}\boldsymbol{k}_{k}\in\boldsymbol{R}\end{cases}\tag{6.58}$$

至此，解决了外力反向迭代的计算问题。在式（6.58）中，闭子树对轴k的广义力具有可加性；力的作用具有双重效应，且是反向迭代的。所谓反向迭代是指：${}^{k}r_{lS}$需要通过链节位置矢量迭代；${}^{i|k}\tilde{r}_{lS}\cdot{}^{iS}f_{lS}$的序与前向运动学${}^{i}\dot{\tilde{\phi}}_{\bar{l}}\cdot{}^{i|\bar{l}}r_{l}$计算的序相反。

6.4.2 共轴驱动力反向迭代

若轴 l 是驱动轴，轴 l 的驱动力及驱动力矩分别为 ${}^{\bar{l}S}f^{c}_{lS}$ 及 ${}^{\bar{l}}\tau^{c}_{l}$；则驱动力 ${}^{\bar{l}S}f^{c}_{lS}$ 及驱动力矩 ${}^{\bar{l}}\tau^{c}_{l}$ 产生的功率 p_{ac} 表示为

$$\begin{aligned} p_{ac} &= \sum_{l}^{i\boldsymbol{L}} \left({}^{i|\bar{l}S}\dot{r}^{\mathrm{T}}_{lS} \cdot {}^{i|\bar{l}S}f^{c}_{lS}(\dot{r}^{\bar{l}}_{l}) + {}^{i|\bar{l}}\dot{\phi}^{\mathrm{T}}_{l} \cdot {}^{i|\bar{l}}\tau^{c}_{l}(\dot{\phi}^{\bar{l}}_{l}) \right) \\ &= \sum_{l}^{i\boldsymbol{L}} \left(({}^{i}\dot{r}^{\mathrm{T}}_{lS} - {}^{i}\dot{r}^{\mathrm{T}}_{\bar{l}S}) \cdot {}^{i|\bar{l}S}f^{c}_{lS}(\dot{r}^{\bar{l}}_{l}) + ({}^{i}\dot{\phi}^{\mathrm{T}}_{l} - {}^{i}\dot{\phi}^{\mathrm{T}}_{\bar{l}}) \cdot {}^{i|\bar{l}}\tau^{c}_{l}(\dot{\phi}^{\bar{l}}_{l}) \right) \end{aligned} \tag{6.59}$$

（1）由式（6.25）、式（6.26）及式（6.59）得

$$\begin{aligned} \frac{\partial}{\partial \dot{\phi}^{\bar{k}}_{k}}(p_{ac}) &= \frac{\partial}{\partial \dot{\phi}^{\bar{k}}_{k}}\left(\sum_{l}^{i\boldsymbol{L}} \left(({}^{i}\dot{r}^{\mathrm{T}}_{lS} - {}^{i}\dot{r}^{\mathrm{T}}_{\bar{l}S}) \cdot {}^{i|\bar{l}S}f^{c}_{lS} + ({}^{i}\dot{\phi}^{\mathrm{T}}_{l} - {}^{i}\dot{\phi}^{\mathrm{T}}_{\bar{l}}) \cdot {}^{i|\bar{l}}\tau^{c}_{l} \right) \right) \\ &= \sum_{l}^{k\boldsymbol{L}} \left(\frac{\partial}{\partial \dot{\phi}^{\bar{k}}_{k}}({}^{i}\dot{r}^{\mathrm{T}}_{lS} - {}^{i}\dot{r}^{\mathrm{T}}_{\bar{l}S}) \cdot {}^{i|\bar{l}S}f^{c}_{lS} + \frac{\partial}{\partial \dot{\phi}^{\bar{k}}_{k}}({}^{i}\dot{\phi}^{\mathrm{T}}_{l} - {}^{i}\dot{\phi}^{\mathrm{T}}_{\bar{l}}) \cdot {}^{i|\bar{l}}\tau^{c}_{l} \right) \\ &\quad + \sum_{l}^{k\boldsymbol{L}} \left(({}^{i}\dot{r}^{\mathrm{T}}_{lS} - {}^{i}\dot{r}^{\mathrm{T}}_{\bar{l}S}) \cdot \frac{\partial}{\partial \dot{\phi}^{\bar{k}}_{k}}({}^{i|\bar{l}S}f^{c}_{lS}) + ({}^{i}\dot{\phi}^{\mathrm{T}}_{l} - {}^{i}\dot{\phi}^{\mathrm{T}}_{\bar{l}}) \cdot \frac{\partial}{\partial \dot{\phi}^{\bar{k}}_{k}}({}^{i|\bar{l}}\tau^{c}_{l}) \right) \\ &= \sum_{l}^{k\boldsymbol{L}} \left({}^{i|\bar{k}}n^{\mathrm{T}}_{k} \cdot (\delta^{i\boldsymbol{1}_{l}}_{k} \cdot {}^{i|k}\tilde{r}_{lS} - \delta^{i\boldsymbol{1}_{\bar{l}}}_{k} \cdot {}^{i|k}\tilde{r}_{\bar{l}S}) \cdot {}^{i|\bar{l}S}f^{c}_{lS} + {}^{i|\bar{k}}n^{\mathrm{T}}_{k} \cdot (\delta^{i\boldsymbol{1}_{l}}_{k} - \delta^{i\boldsymbol{1}_{\bar{l}}}_{k}) \cdot {}^{i|\bar{l}}\tau^{c}_{l} \right) \\ &\quad + \sum_{l}^{k\boldsymbol{L}} \left({}^{i|\bar{l}S}\dot{r}^{\mathrm{T}}_{lS} \cdot \frac{\partial}{\partial \dot{\phi}^{\bar{k}}_{k}}({}^{i|\bar{l}S}f^{c}_{lS}) + {}^{i|\bar{l}}\dot{\phi}^{\mathrm{T}}_{l} \cdot \frac{\partial}{\partial \dot{\phi}^{\bar{k}}_{k}}({}^{i|\bar{l}}\tau^{c}_{l}) \right) \end{aligned}$$

即

$$\begin{aligned} \frac{\partial}{\partial \dot{\phi}^{\bar{k}}_{k}}(p_{ac}) &= {}^{i|\bar{k}}n^{\mathrm{T}}_{k} \cdot \sum_{l}^{k\boldsymbol{L}} \begin{pmatrix} (\delta^{i\boldsymbol{1}_{l}}_{k} \cdot {}^{i|k}\tilde{r}_{lS} - \delta^{i\boldsymbol{1}_{\bar{l}}}_{k} \cdot {}^{i|k}\tilde{r}_{\bar{l}S}) \cdot {}^{i|\bar{l}S}f^{c}_{lS} \\ + (\delta^{i\boldsymbol{1}_{l}}_{k} - \delta^{i\boldsymbol{1}_{\bar{l}}}_{k}) \cdot {}^{i|\bar{l}}\tau^{c}_{l} \end{pmatrix} \\ &\quad + \sum_{l}^{k\boldsymbol{L}} \left({}^{i|\bar{l}S}\dot{r}^{\mathrm{T}}_{lS} \cdot \frac{\partial}{\partial \dot{\phi}^{\bar{k}}_{k}}({}^{i|\bar{l}S}f^{c}_{lS}) + {}^{i|\bar{l}}\dot{\phi}^{\mathrm{T}}_{l} \cdot \frac{\partial}{\partial \dot{\phi}^{\bar{k}}_{k}}({}^{i|\bar{l}}\tau^{c}_{l}) \right) \end{aligned} \tag{6.60}$$

因 u 与 $\bar{u}$ 共轴，故有 ${}^{k}\tilde{r}_{uS} = {}^{k}\tilde{r}_{\bar{u}S}$；记 $\tau^{c}_{u} = {}^{i|\bar{u}}n^{\mathrm{T}}_{u} \cdot {}^{i|\bar{u}}\tau^{c}_{u}$，$\partial\tau^{c}_{u}/\partial\dot{\phi}^{\bar{u}}_{u} \triangleq G(\tau^{c}_{u})$，$f^{c}_{u} = {}^{i|\bar{u}}n^{\mathrm{T}}_{u} \cdot {}^{i|\bar{u}S}f^{c}_{uS}$；因 ${}^{i|\bar{u}S}f^{c}_{uS}$ 与 $\dot{\phi}^{\bar{u}}_{u}$ 无关，由式（6.60）得

$$\begin{cases} \dfrac{\partial}{\partial \dot{\phi}^{\bar{u}}_{u}}(p_{ac}) = 0, & k \neq u \\ \dfrac{\partial}{\partial \dot{\phi}^{\bar{u}}_{u}}(p_{ac}) = {}^{i|\bar{u}}n^{\mathrm{T}}_{u} \cdot {}^{i|\bar{u}}\tilde{r}_{uS} \cdot {}^{i|\bar{u}S}f^{c}_{uS} + \tau^{c}_{u} + \dot{\phi}^{\bar{u}}_{u} \cdot G(\tau^{c}_{u}), & k = u \end{cases}$$

因 ${}^{i|\bar{u}}r_{uS}$ 与 ${}^{i|\bar{u}S}f^{c}_{uS}$ 共轴，故有

$$\begin{cases}\dfrac{\partial}{\partial\dot{\phi}_u^{\bar{u}}}(p_{ac})=0, & k\neq u\\ \dfrac{\partial}{\partial\dot{\phi}_u^{\bar{u}}}(p_{ac})=\tau_u^c+\dot{\phi}_u^{\bar{u}}\cdot G(\tau_u^c), & k=u\end{cases}\tag{6.61}$$

（2）由式（6.26）、式（6.25）及式（6.59）得

$$\begin{aligned}\frac{\partial}{\partial\dot{r}_k^{\bar{k}}}(p_{ac})&=\frac{\partial}{\partial\dot{r}_k^{\bar{k}}}\left(\sum_l^{i\boldsymbol{L}}\left(\left({}^i\dot{r}_{lS}^{\mathrm{T}}-{}^i\dot{r}_{\bar{l}S}^{\mathrm{T}}\right)\cdot{}^{i|\bar{l}S}f_{lS}^c+\left({}^i\dot{\phi}_l^{\mathrm{T}}-{}^i\dot{\phi}_{\bar{l}}^{\mathrm{T}}\right)\cdot{}^{i|\bar{l}}\tau_l^c\right)\right)\\&=\sum_l^{i\boldsymbol{L}}\left(\frac{\partial}{\partial\dot{r}_k^{\bar{k}}}\left({}^i\dot{r}_{lS}^{\mathrm{T}}-{}^i\dot{r}_{\bar{l}S}^{\mathrm{T}}\right)\cdot{}^{i|\bar{l}S}f_{lS}^c+\frac{\partial}{\partial\dot{r}_k^{\bar{k}}}\left({}^i\dot{\phi}_l^{\mathrm{T}}-{}^i\dot{\phi}_{\bar{l}}^{\mathrm{T}}\right)\cdot{}^{i|\bar{l}}\tau_l^c\right)\\&\quad\backslash+\sum_l^{i\boldsymbol{L}}\left({}^{i|\bar{l}S}\dot{r}_{lS}^{\mathrm{T}}\cdot\frac{\partial}{\partial\dot{r}_k^{\bar{k}}}\left({}^{i|\bar{l}S}f_{lS}^c\right)+{}^{i|\bar{l}}\dot{\phi}_l^{\mathrm{T}}\cdot\frac{\partial}{\partial\dot{r}_k^{\bar{k}}}\left({}^{i|\bar{l}}\tau_l^c\right)\right)\\&=\left(\sum_l^{k\boldsymbol{L}}\left({}^{i|\bar{k}}n_k^{\mathrm{T}}\cdot\left(\delta_k^{i\boldsymbol{1}_l}-\delta_k^{i\boldsymbol{1}_{\bar{l}}}\right)\cdot{}^{i|\bar{l}S}f_{lS}^c\right)+\dot{r}_k^{\bar{k}}\cdot\frac{\partial}{\partial\dot{r}_k^{\bar{k}}}\left({}^{i|kS}f_{kS}^c\right)\right)\end{aligned}$$

即

$$\frac{\partial}{\partial\dot{r}_k^{\bar{k}}}(p_{ac})={}^{i|\bar{k}}n_k^{\mathrm{T}}\cdot\left(\sum_l^{k\boldsymbol{L}}\left(\left(\delta_k^{i\boldsymbol{1}_l}-\delta_k^{i\boldsymbol{1}_{\bar{l}}}\right)\cdot{}^{i|\bar{l}S}f_{lS}^c\right)+\dot{r}_k^{\bar{k}}\cdot\frac{\partial}{\partial\dot{r}_k^{\bar{k}}}\left({}^{i|\bar{k}S}f_{kS}^c\right)\right)\tag{6.62}$$

因 u 与 $\bar{u}$ 共轴，故有 ${}^k\tilde{r}_{uS}={}^k\tilde{r}_{\bar{u}S}$；记 $f_u^c(\dot{r}_u^{\bar{u}})={}^{i|\bar{u}}n_u^{\mathrm{T}}\cdot{}^{i|\bar{u}S}f_{uS}^c(\dot{r}_u^{\bar{u}}),\partial f_u^c/\partial\dot{r}_u^{\bar{u}}\triangleq G(f_u^c)$；由式（6.62）得

$$\begin{cases}\dfrac{\partial}{\partial\dot{r}_u^{\bar{u}}}(p_{ac})=0, & k\neq u\\ \dfrac{\partial}{\partial\dot{r}_u^{\bar{u}}}(p_{ac})=f_u^c+\dot{r}_u^{\bar{u}}\cdot G(f_u^c), & k=u\end{cases}\tag{6.63}$$

至此，完成了共轴驱动力反向迭代计算问题。

6.4.3　树链刚体系统 Ju-Kane 动力学显式模型

下面，先陈述树链刚体系统 Ju-Kane 动力学定理，简称 Ju-Kane 定理；然后，对之进行证明。

定理 6.2　给定多轴刚体树链系统 $i\boldsymbol{L}$，惯性系记为 $\boldsymbol{F}_i$，$\forall k,\ l,\ u\in\boldsymbol{A}$；除了重力外，作用于轴#$u$ 的合外力及力矩在 ${}^{\bar{u}}n_u$ 上的分量分别记为 $f_u^{u\boldsymbol{L}}$ 及 $\tau_{u\boldsymbol{L}}^u$；轴#k 的质量及质心转动惯量分别记为 m_k 及 ${}^{kI}J_{kI}$；轴#k 的重力加速度为 ${}^ig_{kI}$；驱动轴#u 的双边驱动力及驱动力矩在 ${}^{\bar{u}}n_u$ 上的分量分别记为 $f_u^c(\dot{r}_l^{\bar{l}})$ 及 $\tau_u^c(\dot{\phi}_l^{\bar{l}})$；环境 i 对轴#l 的力及力矩分别为 ${}^{iS}f_{lS}$ 及 ${}^i\tau_l$；则轴 u 的树链 Ju-Kane 动力学方程为

$$\begin{cases}{}^{i|\bar{u}}n_u^{\mathrm{T}}\cdot\left(\boldsymbol{M}_{\boldsymbol{P}}^{[u][*]}\cdot\ddot{\boldsymbol{q}}+\boldsymbol{h}_{\boldsymbol{P}}^{[u]}\right)=f_u^{u\boldsymbol{L}}, & {}^{\bar{u}}\boldsymbol{k}_u\in\boldsymbol{P}\\ {}^{i|\bar{u}}n_u^{\mathrm{T}}\cdot\left(\boldsymbol{M}_{\boldsymbol{R}}^{[u][*]}\cdot\ddot{\boldsymbol{q}}+\boldsymbol{h}_{\boldsymbol{R}}^{[u]}\right)=\tau_{u\boldsymbol{L}}^u, & {}^{\bar{u}}\boldsymbol{k}_u\in\boldsymbol{R}\end{cases}\tag{6.64}$$

其中，$\boldsymbol{M}_{\boldsymbol{P}}^{[u][*]}$ 及 $\boldsymbol{M}_{\boldsymbol{R}}^{[u][*]}$ 是 3×3 的分块矩阵，$\boldsymbol{h}_{\boldsymbol{P}}^{[u]}$ 及 $\boldsymbol{h}_{\boldsymbol{R}}^{[u]}$ 是 3D 矢量，且有

$$\ddot{\boldsymbol{q}} \triangleq \left\{ {}^{i|\bar{l}}\ddot{q}_l = {}^{i|\bar{l}}n_l \cdot \ddot{q}_l^{\bar{l}} \;\middle|\; \begin{matrix} \ddot{q}_l^{\bar{l}} = \ddot{r}_l^{\bar{l}}, & {}^{\bar{l}}\boldsymbol{k}_l \in \boldsymbol{P}; \\ \ddot{q}_l^{\bar{l}} = \ddot{\phi}_l^{\bar{l}}, & {}^{\bar{l}}\boldsymbol{k}_l \in \boldsymbol{R}; \end{matrix} \quad l \in \boldsymbol{A} \right\} \tag{6.65}$$

$$\boldsymbol{M}_{\boldsymbol{P}}^{[u][*]} \cdot \ddot{\boldsymbol{q}} \triangleq \sum_k^{u\boldsymbol{L}} \left(m_k \cdot \sum_l^{{}^i\boldsymbol{1}_{kI}} \left({}^i\ddot{\tilde{\phi}}_{\bar{l}} \cdot {}^{i|\bar{l}}r_l + {}^{i|\bar{l}}\ddot{r}_l \right) \right) \tag{6.66}$$

$$\boldsymbol{M}_{\boldsymbol{R}}^{[u][*]} \cdot \ddot{\boldsymbol{q}} \triangleq \sum_k^{u\boldsymbol{L}} \left({}^{i|kI}J_{kI} \cdot {}^i\ddot{\phi}_k + m_k \cdot {}^{i|u}\tilde{r}_{kI} \cdot \sum_l^{{}^i\boldsymbol{1}_{kI}} \left({}^i\ddot{\tilde{\phi}}_{\bar{l}} \cdot {}^{i|\bar{l}}r_l + {}^{i|\bar{l}}\ddot{r}_l \right) \right) \tag{6.67}$$

$$\boldsymbol{h}_{\boldsymbol{P}}^{[u]} \triangleq \sum_k^{u\boldsymbol{L}} \left(m_k \cdot \sum_l^{{}^i\boldsymbol{1}_{kI}} \left({}^i\dot{\tilde{\phi}}_{\bar{l}}^{\wedge 2} \cdot {}^{i|\bar{l}}r_l + 2 \cdot {}^i\dot{\tilde{\phi}}_{\bar{l}} \cdot {}^{i|\bar{l}}\dot{r}_l \right) \right) - \sum_k^{u\boldsymbol{L}} \left(m_k \cdot {}^ig_{kI} \right) \tag{6.68}$$

$$\begin{aligned} \boldsymbol{h}_{\boldsymbol{R}}^{[u]} \triangleq & \sum_k^{u\boldsymbol{L}} \left(m_k \cdot {}^{i|u}\tilde{r}_{kI} \cdot \sum_l^{{}^i\boldsymbol{1}_{kI}} \left({}^i\dot{\tilde{\phi}}_{\bar{l}}^{\wedge 2} \cdot {}^{i|\bar{l}}r_l + 2 \cdot {}^i\dot{\tilde{\phi}}_{\bar{l}} \cdot {}^{i|\bar{l}}\dot{r}_l \right) \right) \\ & \backslash + \sum_k^{u\boldsymbol{L}} \left({}^i\dot{\tilde{\phi}}_k \cdot {}^{i|kI}J_{kI} \cdot {}^i\dot{\phi}_k \right) - \sum_k^{u\boldsymbol{L}} \left(m_k \cdot {}^{i|u}\tilde{r}_{kI} \cdot {}^ig_{kI} \right) \end{aligned} \tag{6.69}$$

$$\begin{cases} f_u^{u\boldsymbol{L}} = f_u^c + \dot{r}_u^{\bar{u}} \cdot G(f_u^c) + {}^{i|\bar{u}}n_u^{\mathrm{T}} \cdot \sum_l^{u\boldsymbol{L}} \left({}^{iS}f_{lS} \right), & {}^{\bar{u}}\boldsymbol{k}_u \in \boldsymbol{P} \\ \tau_{u\boldsymbol{L}}^u = \tau_u^c + \dot{\phi}_u^{\bar{u}} \cdot G(\tau_u^c) + {}^{i|\bar{u}}n_u^{\mathrm{T}} \cdot \sum_l^{u\boldsymbol{L}} \left({}^{i|u}\tilde{r}_{lS} \cdot {}^{iS}f_{lS} + {}^i\tau_l \right), & {}^{\bar{u}}\boldsymbol{k}_u \in \boldsymbol{R} \end{cases} \tag{6.70}$$

证明见本章附录。

对于纯转动轴系统，由式（6.17）及式（6.69）得

$$\begin{aligned} & \sum_k^{u\boldsymbol{L}} \left({}^i\dot{\phi}_k^{\mathrm{T}} \cdot \begin{pmatrix} {}^i\dot{\tilde{\phi}}_k \cdot {}^{i|kI}J_{kI} \cdot {}^i\dot{\phi}_k - \\ \backslash {}^{i|kI}J_{kI} \cdot {}^i\dot{\tilde{\phi}}_{\bar{k}} \cdot {}^{i|\bar{k}}\dot{\phi}_k \end{pmatrix} \right) = \sum_k^{u\boldsymbol{L}} \left({}^i\dot{\phi}_k^{\mathrm{T}} \cdot \left({}^i\dot{\tilde{\phi}}_{\bar{k}} \cdot {}^{i|kI}J_{kI} \cdot {}^{i|\bar{k}}\dot{\phi}_k \right) \right) = \\ & \sum_k^{u\boldsymbol{L}} \left({}^{i|\bar{k}}\dot{\phi}_k^{\mathrm{T}} \cdot \left({}^i\dot{\tilde{\phi}}_{\bar{k}} \cdot {}^{i|kI}J_{kI} \cdot {}^{i|\bar{k}}\dot{\phi}_k \right) \right) = -\sum_k^{u\boldsymbol{L}} \left({}^i\dot{\phi}_k^{\mathrm{T}} \cdot \left({}^{i|\bar{k}}\dot{\tilde{\phi}}_{\bar{k}} \cdot {}^{i|kI}J_{kI} \cdot {}^{i|\bar{k}}\dot{\phi}_k \right) \right) \end{aligned} \tag{6.71}$$

由式（6.71）可知，对于纯转动轴系统，相对转动能量可以转换为陀螺力矩。

与凯恩动力学方程（5.153）具有本质不同，一方面，Ju-Kane 动力学方程根据所建方程轴的类型分为两大类，方程更简洁；另一方面，不需要分析建模过程，直接获得系统动力学方程。同时，Ju-Kane 动力学方程中的闭子树确定了与该方程相关的拓扑结构，计算复杂度正比于系统轴数，故该方程的建立过程具有线性复杂度。

6.4.4 树链刚体系统 Ju-Kane 动力学建模示例

示例 6.3 给定如图 6.2 所示的通用 3R 机械臂，$\boldsymbol{A} = (i, 1:3]$；应用树链 Ju-Kane 动力

学定理建立其动力学方程，并得到广义惯性矩阵。

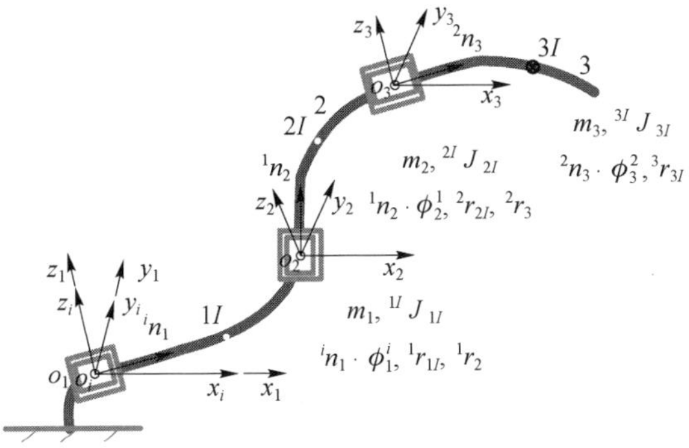

图 6.2　通用 3R 机械臂

【解】（步骤 1）建立基于轴不变量的迭代式运动方程。由式（6.8）得

$$
{}^{\bar{l}}Q_l = \mathbf{1} + \mathrm{S}_l^{\bar{l}} \cdot {}^{\bar{l}}\tilde{n}_l + (1 - \mathrm{C}_l^{\bar{l}}) \cdot {}^{\bar{l}}\tilde{n}_l^{\wedge 2}, \quad l \in [1:3] \tag{6.72}
$$

由式（6.12）及式（6.72）得

$$
{}^iQ_l = \prod_k^{{}^i\mathbf{1}_{\bar{l}}} ({}^{\bar{k}}Q_k) \cdot {}^{\bar{l}}Q_l, \quad l \in [2,3] \tag{6.73}
$$

由式（6.14）、式（6.72）及式（6.73）得

$$
\begin{cases}
{}^ir_l = \sum\limits_k^{{}^i\mathbf{1}_l} ({}^{i|\bar{k}}r_k), \quad l \in [2,3] \\
{}^ir_{lI} = {}^ir_l + {}^{i|l}r_{lI}, \quad l \in [1:3]
\end{cases} \tag{6.74}
$$

由式（6.15）及式（6.73）得

$$
{}^i\dot{\phi}_l = \sum_k^{{}^i\mathbf{1}_l} ({}^{i|\bar{k}}\dot{\phi}_k), \quad l \in [2,3] \tag{6.75}
$$

由式（6.16）、式（6.73）及式（6.75）得

$$
\begin{cases}
{}^i\dot{r}_l = \sum\limits_k^{{}^i\mathbf{1}_l} ({}^i\dot{\tilde{\phi}}_{\bar{k}} \cdot {}^{i|\bar{k}}r_k + {}^{i|\bar{k}}\dot{r}_k), \quad l \in [2,3] \\
{}^i\dot{r}_{lI} = {}^i\dot{r}_l + {}^{i|l}\dot{r}_{lI}, \quad l \in [1,2,3]
\end{cases} \tag{6.76}
$$

由式（6.17）及式（6.73）得

$$
{}^i\ddot{\phi}_l = \sum_k^{{}^i\mathbf{1}_l} ({}^{i|\bar{k}}\ddot{\phi}_k + {}^i\dot{\tilde{\phi}}_{\bar{k}} \cdot {}^{i|\bar{k}}\dot{\phi}_k), \quad l \in [2,3] \tag{6.77}
$$

由式（6.19）及式（6.73）得

$$
{}^{i|lI}J_{lI} = {}^{i}Q_{l} \cdot {}^{lI}J_{lI} \cdot {}^{l}Q_{i}, \quad l \in [1:3] \tag{6.78}
$$

（步骤 2）建立动力学方程。先建立第 1 轴的动力学方程。由式（6.67）及（6.69）分别得

$$
{}^{i}n_{1}^{\mathrm{T}} \cdot \boldsymbol{M}_{\boldsymbol{R}}^{[1][*]} \cdot \ddot{q} = {}^{i}n_{1}^{\mathrm{T}} \cdot
$$

$$
\backslash \left(\begin{array}{l}
({}^{i|1I}J_{1I} - m_{1} \cdot {}^{i|1}\tilde{r}_{1I}^{\wedge 2} + {}^{i|2I}J_{2I} - m_{2} \cdot {}^{i|1}\tilde{r}_{2I}^{\wedge 2} + {}^{i|3I}J_{3I} - m_{3} \cdot {}^{i|1}\tilde{r}_{3I}^{\wedge 2}) \cdot {}^{i}n_{1} \cdot \ddot{\phi}_{1}^{i} \\
\backslash + ({}^{i|2I}J_{2I} - m_{2} \cdot {}^{i|1}\tilde{r}_{2I} \cdot {}^{i|2}\tilde{r}_{2I} + {}^{i|3I}J_{3I} - m_{3} \cdot {}^{i|1}\tilde{r}_{3I} \cdot {}^{i|2}\tilde{r}_{3I}) \cdot {}^{i|1}n_{2} \cdot \ddot{\phi}_{2}^{1} \\
({}^{i|3I}J_{3I} - m_{3} \cdot {}^{i|1}\tilde{r}_{3I} \cdot {}^{i|3}\tilde{r}_{3I}) \cdot {}^{i|2}n_{3} \cdot \ddot{\phi}_{3}^{2}
\end{array} \right) \tag{6.79}
$$

$$
{}^{i}n_{1}^{\mathrm{T}} \cdot \boldsymbol{h}_{\boldsymbol{R}}^{[1]} = {}^{i}n_{1}^{\mathrm{T}} \cdot \left(\begin{array}{l}
m_{1} \cdot {}^{i|1}\tilde{r}_{1I} \cdot {}^{i}\dot{\tilde{\phi}}_{1}^{\wedge 2} \cdot {}^{i|1}r_{1I} + m_{2} \cdot {}^{i|1}\tilde{r}_{2I} \cdot ({}^{i}\dot{\tilde{\phi}}_{1}^{\wedge 2} \cdot {}^{i|1}r_{2} + {}^{i}\dot{\tilde{\phi}}_{2}^{\wedge 2} \cdot {}^{i|2}r_{2I}) \\
\backslash + m_{3} \cdot {}^{i|1}\tilde{r}_{3I} \cdot ({}^{i}\dot{\tilde{\phi}}_{1}^{\wedge 2} \cdot {}^{i|1}r_{2} + {}^{i}\dot{\tilde{\phi}}_{2}^{\wedge 2} \cdot {}^{i|2}r_{3} + {}^{i}\dot{\tilde{\phi}}_{3}^{\wedge 2} \cdot {}^{i|3}r_{3I}) \\
\backslash + {}^{i}\dot{\tilde{\phi}}_{1} \cdot {}^{i|1I}J_{1I} \cdot {}^{i}\dot{\phi}_{1} + {}^{i}\dot{\tilde{\phi}}_{2} \cdot {}^{i|2I}J_{2I} \cdot {}^{i}\dot{\phi}_{2} + {}^{i}\dot{\tilde{\phi}}_{3} \cdot {}^{i|3I}J_{3I} \cdot {}^{i}\dot{\phi}_{3} \\
\backslash - (m_{1} \cdot {}^{i|1}\tilde{r}_{1I} \cdot {}^{i}g_{1} + m_{2} \cdot {}^{i|1}\tilde{r}_{2I} \cdot {}^{i}g_{2} + m_{3} \cdot {}^{i|1}\tilde{r}_{3I} \cdot {}^{i}g_{3}) \\
\backslash + ({}^{i|2I}J_{2I} - m_{2} \cdot {}^{i|1}\tilde{r}_{2I} \cdot {}^{i|2}\tilde{r}_{2I} + {}^{i|3I}J_{3I} - m_{3} \cdot {}^{i|1}\tilde{r}_{3I} \cdot {}^{i|2}\tilde{r}_{3I}) \\
\backslash \cdot {}^{i}\dot{\tilde{\phi}}_{1} \cdot {}^{i|1}n_{2} \cdot \dot{\phi}_{2}^{1} + ({}^{i|3I}J_{3I} - m_{3} \cdot {}^{i|1}\tilde{r}_{3I} \cdot {}^{i|3}\tilde{r}_{3I}) \cdot {}^{i}\dot{\tilde{\phi}}_{2} \cdot {}^{i|2}n_{3} \cdot \dot{\phi}_{3}^{2}
\end{array} \right) \tag{6.80}
$$

由式（6.79）及式（6.80）得第 1 轴的动力学方程：

$$
{}^{i}n_{1}^{\mathrm{T}} \cdot (\boldsymbol{M}_{\boldsymbol{R}}^{[1][*]} \cdot \ddot{\boldsymbol{q}} + \boldsymbol{h}_{\boldsymbol{R}}^{[1]}) = {}^{1|i}n_{1}^{\mathrm{T}} \cdot {}^{i|1}\boldsymbol{L}\tau_{1} \tag{6.81}
$$

建立第 2 轴的动力学方程。由式（6.67）及式（6.69）分别得

$$
{}^{i|1}n_{2}^{\mathrm{T}} \cdot \boldsymbol{M}_{\boldsymbol{R}}^{[2][*]} \cdot \ddot{\boldsymbol{q}} = {}^{i|1}n_{2}^{\mathrm{T}} \cdot
$$

$$
\left(\begin{array}{l}
({}^{i|2I}J_{2I} - m_{2} \cdot {}^{i|2}\tilde{r}_{2I} \cdot {}^{i|1}\tilde{r}_{2I} + {}^{i|3I}J_{3I} - m_{3} \cdot {}^{i|2}\tilde{r}_{3I} \cdot {}^{i|1}\tilde{r}_{3I}) \cdot {}^{i}n_{1} \cdot \ddot{\phi}_{1}^{i} \\
\backslash + ({}^{i|2I}J_{2I} - m_{2} \cdot {}^{i|2}\tilde{r}_{2I}^{\wedge 2} + {}^{i|3I}J_{3I} - m_{3} \cdot {}^{i|2}\tilde{r}_{3I}^{\wedge 2}) \cdot {}^{i|1}n_{2} \cdot \ddot{\phi}_{2}^{1} \\
\backslash + ({}^{i|3I}J_{3I} - m_{3} \cdot {}^{i|2}\tilde{r}_{3I} \cdot {}^{i|3}\tilde{r}_{3I}) \cdot {}^{i|2}n_{3} \cdot \ddot{\phi}_{3}^{2}
\end{array} \right) \tag{6.82}
$$

$$
{}^{i|1}n_{2}^{\mathrm{T}} \cdot \boldsymbol{h}_{\boldsymbol{R}}^{[2]} = {}^{i|1}n_{2}^{\mathrm{T}} \cdot
$$

$$
\backslash \left(\begin{array}{l}
m_{2} \cdot {}^{i|2}\tilde{r}_{2I} \cdot ({}^{i}\dot{\tilde{\phi}}_{1}^{\wedge 2} \cdot {}^{i|1}r_{2} + {}^{i}\dot{\tilde{\phi}}_{2}^{\wedge 2} \cdot {}^{i|2}r_{2I}) \\
\backslash + m_{3} \cdot {}^{i|2}\tilde{r}_{3I} \cdot ({}^{i}\dot{\tilde{\phi}}_{1}^{\wedge 2} \cdot {}^{i|1}r_{2} + {}^{i}\dot{\tilde{\phi}}_{2}^{\wedge 2} \cdot {}^{i|2}r_{3} + {}^{i}\dot{\tilde{\phi}}_{3}^{\wedge 2} \cdot {}^{i|3}r_{3I}) \\
\backslash + ({}^{i|2I}J_{2I} - m_{2} \cdot {}^{i|2}\tilde{r}_{2I}^{\wedge 2} + {}^{i|3I}J_{3I} - m_{3} \cdot {}^{i|2}\tilde{r}_{3I}^{\wedge 2}) \cdot {}^{i}\dot{\tilde{\phi}}_{1} \cdot {}^{i|1}n_{2} \cdot \dot{\phi}_{2}^{1} \\
\backslash + ({}^{i|3I}J_{3I} - m_{3} \cdot {}^{i|2}\tilde{r}_{3I} \cdot {}^{i|3}\tilde{r}_{3I}) \cdot {}^{i}\dot{\tilde{\phi}}_{2} \cdot {}^{i|2}n_{3} \cdot \dot{\phi}_{3}^{2} \\
\backslash + ({}^{i}\dot{\tilde{\phi}}_{2} \cdot {}^{i|2I}J_{2I} \cdot {}^{i}\dot{\phi}_{2} + {}^{i}\dot{\tilde{\phi}}_{3} \cdot {}^{i|3I}J_{3I} \cdot {}^{i}\dot{\phi}_{3}) \\
\backslash - (m_{2} \cdot {}^{i|2}\tilde{r}_{2I} \cdot {}^{i}g_{2} + m_{3} \cdot {}^{i|2}\tilde{r}_{3I} \cdot {}^{i}g_{3})
\end{array} \right) \tag{6.83}
$$

由式（6.82）及式（6.83）得第 2 轴的动力学方程：

$$ {}^{2|1}n_2^{\mathrm{T}} \cdot \left(\boldsymbol{M}_{\boldsymbol{R}}^{[2][*]} \cdot \ddot{\boldsymbol{q}} + \boldsymbol{h}_{\boldsymbol{R}}^{[2]} \right) = {}^{2|1}n_2^{\mathrm{T}} \cdot {}^{i|2}\boldsymbol{\mathcal{L}}\,\tau_2 \tag{6.84} $$

最后，建立第3轴的动力学方程。由式（6.67）及式（6.69）分别得

$$ {}^{i|2}n_3^{\mathrm{T}} \cdot \boldsymbol{M}_{\boldsymbol{R}}^{[3][*]} \cdot \ddot{\boldsymbol{q}} = {}^{i|2}n_3^{\mathrm{T}} \cdot \begin{pmatrix} ({}^{i|3I}J_{3I} - m_3 \cdot {}^{i|3}\tilde{r}_{3I} \cdot {}^{i|1}\tilde{r}_{3I}) \cdot {}^{i}n_1 \cdot \ddot{\phi}_1^i \\ \backslash + ({}^{i|3I}J_{3I} - m_3 \cdot {}^{i|3}\tilde{r}_{3I} \cdot {}^{i|2}\tilde{r}_{3I}) \cdot {}^{i|1}n_2 \cdot \ddot{\phi}_2^1 \\ \backslash + ({}^{i|3I}J_{3I} - m_3 \cdot {}^{i|3}\tilde{r}_{3I}^{\,2}) \cdot {}^{i|2}n_3 \cdot \ddot{\phi}_3^2 \end{pmatrix} \tag{6.85} $$

$$ {}^{i|2}n_3^{\mathrm{T}} \cdot h_{\boldsymbol{R}}^{[3]} = {}^{i|2}n_3^{\mathrm{T}} \cdot \begin{pmatrix} m_3 \cdot {}^{i|3}\tilde{r}_{3I} \cdot ({}^{i}\dot{\phi}_1^{\wedge 2} \cdot {}^{i|1}r_2 + {}^{i}\dot{\phi}_2^{\wedge 2} \cdot {}^{i|2}r_3 + {}^{i}\dot{\phi}_3^{\wedge 2} \cdot {}^{i|3}r_{3I}) \\ \backslash + {}^{i}\dot{\tilde{\phi}}_3 \cdot {}^{i|3I}J_{3I} \cdot {}^{i}\dot{\phi}_3 - m_3 \cdot {}^{i|3}\tilde{r}_{3I} \cdot {}^{i}g_3 \\ \backslash + ({}^{i|3I}J_{3I} - m_3 \cdot {}^{i|3}\tilde{r}_{3I} \cdot {}^{i|2}\tilde{r}_{3I}) \cdot {}^{i}\dot{\tilde{\phi}}_1 \cdot {}^{i|1}n_2 \cdot \dot{\phi}_2^1 \\ \backslash + ({}^{i|3I}J_{3I} - m_3 \cdot {}^{i|3}\tilde{r}_{3I}^{\wedge 2}) \cdot {}^{i}\dot{\tilde{\phi}}_2 \cdot {}^{i|2}n_3 \cdot \dot{\phi}_3^2 \end{pmatrix} \tag{6.86} $$

由式（6.85）及式（6.86）得第3轴的动力学方程：

$$ {}^{3|2}n_3^{\mathrm{T}} \cdot \left(\boldsymbol{M}_{\boldsymbol{R}}^{[3][*]} \cdot \ddot{\boldsymbol{q}} + \boldsymbol{h}_{\boldsymbol{R}}^{[3]} \right) = {}^{3|2}n_3^{\mathrm{T}} \cdot {}^{i|3}\boldsymbol{\mathcal{L}}\,\tau_3 \tag{6.87} $$

由式(6.79)、式(6.81)及式(6.85)得广义惯性矩阵：

$$ \begin{aligned} &\boldsymbol{M}_{[1][1]} = {}^{i}n_1^{\mathrm{T}} \cdot ({}^{i|1I}J_{1I} - m_1 \cdot {}^{i|1}\tilde{r}_{1I}^{\wedge 2} + {}^{i|2I}J_{2I} - m_2 \cdot {}^{i|1}\tilde{r}_{2I}^{\wedge 2} + {}^{i|3I}J_{3I} - m_3 \cdot {}^{i|1}\tilde{r}_{3I}^{\wedge 2}) \cdot {}^{i}n_1 \\ &\boldsymbol{M}_{[1][2]} = {}^{i}n_1^{\mathrm{T}} \cdot ({}^{i|2I}J_{2I} - m_2 \cdot {}^{i|1}\tilde{r}_{2I} \cdot {}^{i|2}\tilde{r}_{2I} + {}^{i|3I}J_{3I} - m_3 \cdot {}^{i|1}\tilde{r}_{3I} \cdot {}^{i|2}\tilde{r}_{3I}) \cdot {}^{i|1}n_2 \\ &\boldsymbol{M}_{[1][3]} = {}^{i}n_1^{\mathrm{T}} \cdot ({}^{i|3I}J_{3I} - m_3 \cdot {}^{i|1}\tilde{r}_{3I} \cdot {}^{i|3}\tilde{r}_{3I}) \cdot {}^{i|2}n_3 \\ &\boldsymbol{M}_{[2][1]} = {}^{i|1}n_2^{\mathrm{T}} \cdot ({}^{i|2I}J_{2I} - m_2 \cdot {}^{i|2}\tilde{r}_{2I} \cdot {}^{i|1}\tilde{r}_{2I} + {}^{i|3I}J_{3I} - m_3 \cdot {}^{i|2}\tilde{r}_{3I} \cdot {}^{i|1}\tilde{r}_{3I}) \cdot {}^{i}n_1 \\ &\boldsymbol{M}_{[2][2]} = {}^{i|1}n_2^{\mathrm{T}} \cdot ({}^{i|2I}J_{2I} - m_2 \cdot {}^{i|2}\tilde{r}_{2I}^{\wedge 2} + {}^{i|3I}J_{3I} - m_3 \cdot {}^{i|2}\tilde{r}_{3I}^{\wedge 2}) \cdot {}^{i|1}n_2 \\ &\boldsymbol{M}_{[2][3]} = {}^{i|1}n_2^{\mathrm{T}} \cdot ({}^{i|3I}J_{3I} - m_3 \cdot {}^{i|2}\tilde{r}_{3I} \cdot {}^{i|3}\tilde{r}_{3I}) \cdot {}^{i|2}n_3 \\ &\boldsymbol{M}_{[3][1]} = {}^{i|2}n_3^{\mathrm{T}} \cdot ({}^{i|3I}J_{3I} - m_3 \cdot {}^{i|3}\tilde{r}_{3I} \cdot {}^{i|1}\tilde{r}_{3I}) \cdot {}^{i}n_1 \\ &\boldsymbol{M}_{[3][2]} = {}^{i|2}n_3^{\mathrm{T}} \cdot ({}^{i|3I}J_{3I} - m_3 \cdot {}^{i|3}\tilde{r}_{3I} \cdot {}^{i|2}\tilde{r}_{3I}) \cdot {}^{i|1}n_2 \\ &\boldsymbol{M}_{[3][3]} = {}^{i|2}n_3^{\mathrm{T}} \cdot ({}^{i|3I}J_{3I} - m_3 \cdot {}^{i|3}\tilde{r}_{3I}^{\wedge 2}) \cdot {}^{i|2}n_3 \end{aligned} \tag{6.88} $$

解毕。

由示例6.3可知，只要程式化地将系统的拓扑、结构参数、质惯量等参数代入式（6.66)至式（6.70）就可以完成动力学建模。通过编程，很容易得到Ju-Kane动力学方程。因后续的树链Ju-Kane规范方程是以Ju-Kane动力学方程推导的，树链Ju-Kane动力学方程的有效性可由Ju-Kane规范型实例证明。

6.5　树链刚体系统Ju-Kane动力学规范型

在建立系统动力学方程后，紧接着就是方程求解的问题。显然，动力学方程的逆问题在上一节已得到解决。在动力学系统仿真时，通常给定环境作用的广义力及驱动轴的广义驱动力，需要求解动力学系统的加速度；这是动力学方程求解的正问题。在求解前，首先需要得到式（5.154)所示的规范方程。显然，规范化过程就是将所有关节加速度项进行合并的过程；从

而，得到关节加速度的系数。将该问题分解为运动链的规范型及闭子树的规范型两个子问题。

6.5.1 运动链的规范型方程

将式（6.66）及式（6.67）中关节加速度项的前向迭代过程转化为反向求和过程，以便后续应用；显然，其中含有 6 种不同类型的加速度项，分别予以处理。

（1）给定运动链${}^{i}\mathbf{1}_{nI}$，则有

$$\sum_{k}^{{}^{i}\mathbf{1}_{nI}}\left({}^{i}\ddot{\tilde{\phi}}_{\bar{k}}\cdot{}^{i|\bar{k}}r_{k}\right)=\sum_{k}^{{}^{i}\mathbf{1}_{n}}\left(\left({}^{i|\bar{k}}\ddot{\tilde{\phi}}_{k}+\widetilde{{}^{i}\dot{\tilde{\phi}}_{\bar{k}}\cdot{}^{i|\bar{k}}\dot{\phi}_{k}}\right)\cdot{}^{i|k}r_{nI}\right)\tag{6.89}$$

（2）给定运动链${}^{i}\mathbf{1}_{n}$，则有

$$\begin{aligned}
&\sum_{k}^{{}^{i}\mathbf{1}_{n}}\left({}^{i|kI}J_{kI}\cdot=\sum_{k'}^{{}^{i}\mathbf{1}_{k}}\left({}^{i|\bar{k}'}\ddot{\phi}_{k'}+{}^{i}\dot{\tilde{\phi}}_{\bar{k}'}\cdot{}^{i|\bar{k}'}\dot{\phi}_{k'}\right)\right)\\
&=\sum_{k}^{{}^{i}\mathbf{1}_{\bar{l}}}\left(\sum_{k'}^{{}^{i}\mathbf{1}_{\bar{l}}}\left({}^{i|k'I}J_{k'I}\right)\cdot\left({}^{i|\bar{k}}\ddot{\phi}_{k}+{}^{i}\dot{\tilde{\phi}}_{\bar{k}}\cdot{}^{i|\bar{k}}\dot{\phi}_{k}\right)\right)\\
&\backslash+\sum_{k}^{{}^{\bar{l}}\mathbf{1}_{n}}\left(\sum_{k'}^{{}^{\bar{k}}\mathbf{1}_{n}}\left({}^{i|k'I}J_{k'I}\right)\cdot\left({}^{i|\bar{k}}\ddot{\phi}_{k}+{}^{i}\dot{\tilde{\phi}}_{\bar{k}}\cdot{}^{i|\bar{k}}\dot{\phi}_{k}\right)\right)
\end{aligned}\tag{6.90}$$

（3）给定运动链${}^{i}\mathbf{1}_{n}$，则有

$$\begin{aligned}
&\sum_{k}^{{}^{i}\mathbf{1}_{n}}\left(m_{k}\cdot\sum_{k'}^{{}^{i}\mathbf{1}_{kI}}\left({}^{i|\bar{k}'}\ddot{r}_{k'}\right)\right)=\sum_{k'}^{{}^{\bar{l}}\mathbf{1}_{n}}\left(m_{k'}\right)\cdot\sum_{k}^{{}^{i}\mathbf{1}_{\bar{l}}}\left({}^{i|\bar{k}}\ddot{r}_{k}\right)\\
&\backslash+\sum_{k}^{{}^{\bar{l}}\mathbf{1}_{n}}\left(\sum_{k'}^{{}^{\bar{k}}\mathbf{1}_{n}}\left(m_{k'}\right)\cdot{}^{i|\bar{k}}\ddot{r}_{k}\right)+\sum_{k}^{{}^{\bar{l}}\mathbf{1}_{n}}\left(m_{k}\cdot{}^{i|k}\ddot{r}_{kI}\right)
\end{aligned}\tag{6.91}$$

（4）给定运动链${}^{i}\mathbf{1}_{n}$，则有

$$\begin{aligned}
&\sum_{k}^{{}^{\bar{l}}\mathbf{1}_{n}}\left(m_{k}\cdot\sum_{j}^{{}^{i}\mathbf{1}_{kI}}\left(\sum_{k'}^{{}^{i}\mathbf{1}_{j}}\left({}^{i|\bar{\bar{k}}'}\ddot{\tilde{\phi}}_{\bar{k}}+\widetilde{{}^{i}\dot{\tilde{\phi}}_{\bar{k}}\cdot{}^{i|\bar{k}}\dot{\phi}_{k}}\right)\cdot{}^{i|j}r_{j}\right)\right)\\
&=-\sum_{k}^{{}^{i}\mathbf{1}_{\bar{l}}}\left(\sum_{k'}^{{}^{\bar{l}}\mathbf{1}_{n}}\left(m_{k'}\cdot{}^{i|k}\tilde{r}_{k'I}\right)\cdot\left({}^{i|k}\ddot{\phi}_{k}+{}^{i}\ddot{\tilde{\phi}}_{k}\cdot{}^{i|k}\dot{\phi}_{k}\right)\right)\\
&\backslash-\sum_{k}^{{}^{i}\mathbf{1}_{\bar{l}}}\left(\sum_{k'}^{{}^{\bar{l}}\mathbf{1}_{n}}\left(m_{k'}\cdot{}^{i|k}\tilde{r}_{k'I}\right)\cdot\left({}^{i|k}\ddot{\phi}_{k}+{}^{i}\ddot{\tilde{\phi}}_{k}\cdot{}^{i|k}\dot{\phi}_{k}\right)\right)
\end{aligned}\tag{6.92}$$

（5）给定运动链${}^{i}\mathbf{1}_{n}$，则有

$$\begin{aligned}
&\sum_{k}^{{}^{\bar{l}}\mathbf{1}_{n}}\left(m_{k}\cdot{}^{i|l}\tilde{r}_{kI}\cdot\sum_{j}^{{}^{i}\mathbf{1}_{k}}\left(\sum_{j}^{{}^{i}\mathbf{1}_{k}}\left({}^{i|\bar{j}}\ddot{\tilde{\phi}}_{j}+\widetilde{{}^{i}\dot{\tilde{\phi}}_{\bar{j}}\cdot{}^{i|\bar{j}}\dot{\phi}_{j}}\right)\cdot{}^{i|\bar{k}}r_{k}\right)\right)\\
&=-\sum_{k}^{{}^{i}\mathbf{1}_{\bar{l}}}\left(\sum^{{}^{\bar{l}}\mathbf{1}_{n}}\left(m_{k'}\cdot{}^{i|l}\tilde{r}_{k'I}\cdot{}^{i|k}\tilde{r}_{k'I}\right)\cdot\left({}^{i|\bar{k}}\ddot{\phi}_{k}+{}^{i}\dot{\tilde{\phi}}_{\bar{k}}\cdot{}^{i|\bar{k}}\dot{\phi}_{k}\right)\right)\\
&\backslash-\sum_{k}^{{}^{\bar{l}}\mathbf{1}_{n}}\left(\sum_{k}^{{}^{\bar{l}}\mathbf{1}_{n}}\left(m_{k'}\cdot{}^{i|l}\tilde{r}_{k'I}\cdot{}^{i|k}\tilde{r}_{k'I}\right)\cdot\left({}^{i|\bar{k}}\ddot{\phi}_{k}+{}^{i}\dot{\tilde{\phi}}_{\bar{k}}\cdot{}^{i|\bar{k}}\dot{\phi}_{k}\right)\right)
\end{aligned}\tag{6.93}$$

（6）给定运动链${}^{i}\mathbf{1}_n$，则有

$$\sum_{k}^{{}^{\bar{l}}\mathbf{1}_n}\left(m_k\cdot{}^{i|l}\tilde{r}_{kI}\cdot\sum_{k'}^{{}^{i}\mathbf{1}_{kI}}\left({}^{i|\bar{k}'}\ddot{r}_{k'}\right)\right)=\sum_{k}^{{}^{\bar{l}}\mathbf{1}_n}\left(m_k\cdot{}^{i|l}\tilde{r}_{kI}\right)\cdot\sum_{k'}^{{}^{i}\mathbf{1}_{\bar{l}}}\left({}^{i|\bar{k}'}\ddot{r}_{k'}\right)$$

$$\backslash+\sum_{k}^{{}^{\bar{l}}\mathbf{1}_n}\left(\sum_{k'}^{{}^{\bar{k}}\mathbf{1}_n}\left(m_{k'}\cdot{}^{i|l}\tilde{r}_{k'I}\right)\cdot{}^{i|\bar{k}}\ddot{r}_k\right)+\sum_{k}^{{}^{\bar{l}}\mathbf{1}_n}\left(m_k\cdot{}^{i|k}\tilde{r}_{kI}\right)\cdot{}^{i|k}\ddot{r}_{kI} \tag{6.94}$$

式（6.89）至式（6.94）证明见本章附录。

6.5.2　闭子树的规范型方程

因闭子树 $u\mathbf{L}$ 中的广义力具有可加性，所以闭子树中的节点有唯一一条至根的轴链，式（6.90）至式（6.94）的运动链${}^{i}\mathbf{1}_n$ 可以被 $u\mathbf{L}$ 替换。由式（6.90）得

$$\sum_{k}^{u\mathbf{L}}\left({}^{i|kI}J_{kI}\cdot\sum_{l}^{{}^{i}\mathbf{1}_k}\left({}^{i|\bar{l}}\ddot{\phi}_l+{}^{i}\dot{\tilde{\phi}}_{\bar{l}}\cdot{}^{i|\bar{l}}\dot{\phi}_l\right)\right)$$

$$=\sum_{k}^{{}^{i}l_{\bar{u}}}\left(\sum_{j}^{u\mathbf{L}}\left({}^{i|jI}J_{jI}\right)\cdot\left({}^{i|\bar{k}}\ddot{\phi}_k+{}^{i}\dot{\tilde{\phi}}_{\bar{k}}\cdot{}^{i|\bar{k}}\dot{\phi}_k\right)\right) \tag{6.95}$$

$$\backslash+\sum_{k}^{u\mathbf{L}}\left(\sum_{j}^{k\mathbf{L}}\left({}^{i|jI}J_{jI}\right)\cdot\left({}^{i|\bar{k}}\ddot{\phi}_k+{}^{i}\dot{\tilde{\phi}}_{\bar{k}}\cdot{}^{i|\bar{k}}\dot{\phi}_k\right)\right)$$

由式（6.91）及式（6.92）分别得

$$\sum_{k}^{u\mathbf{L}}\left(m_k\cdot\sum_{l}^{{}^{i}\mathbf{1}_{kI}}\left({}^{i|\bar{l}}\ddot{r}_l\right)\right)=\sum_{k}^{u\mathbf{L}}\left(m_k\right)\cdot\sum_{l}^{{}^{i}l_{\bar{u}}}\left({}^{i|\bar{l}}\ddot{r}_l\right)$$

$$\backslash+\sum_{k}^{u\mathbf{L}}\left(\sum_{j}^{k\mathbf{L}}\left(m_j\right)\cdot{}^{i|\bar{k}}\ddot{r}_k\right)+\sum_{k}^{u\mathbf{L}}\left(m_k\cdot{}^{i|k}\ddot{r}_{kI}\right) \tag{6.96}$$

$$-\sum_{k}^{u\mathbf{L}}\left(m_k\cdot\sum_{l}^{{}^{i}\mathbf{1}_{kI}}\left(\sum_{j}^{{}^{i}\mathbf{1}_l}\left({}^{i|\bar{j}}\ddot{\tilde{\phi}}_{\bar{j}}+\widetilde{{}^{i}\dot{\tilde{\phi}}_{\bar{j}}\cdot{}^{i|\bar{j}}\dot{\phi}_j}\right)\cdot{}^{i|\bar{l}}r_l\right)\right)$$

$$=\sum_{l}^{{}^{i}l_{\bar{u}}}\left(\sum_{k}^{u\mathbf{L}}\left(m_k\cdot{}^{i|l}\tilde{r}_{kI}\right)\cdot\left({}^{i|\bar{l}}\ddot{\phi}_l+{}^{i}\dot{\tilde{\phi}}_{\bar{l}}\cdot{}^{i|\bar{l}}\dot{\phi}_l\right)\right) \tag{6.97}$$

$$\backslash+\sum_{k}^{u\mathbf{L}}\left(\sum_{j}^{k\mathbf{L}}\left(m_j\cdot{}^{i|k}\tilde{r}_{jI}\right)\cdot\left({}^{i|\bar{k}}\ddot{\phi}_k+{}^{i}\dot{\tilde{\phi}}_{\bar{k}}\cdot{}^{i|\bar{k}}\dot{\phi}_k\right)\right)$$

由式（6.93）及式（6.94）分别得

$$\sum_{k}^{u\mathbf{L}}\left(m_k\cdot{}^{i|u}\tilde{r}_{kI}\cdot\sum_{l}^{{}^{i}\mathbf{1}_{kI}}\left(\sum_{j}^{{}^{i}l_l}\left({}^{i|j}\ddot{\tilde{\phi}}_{\bar{j}}+\widetilde{{}^{i}\dot{\tilde{\phi}}_{\bar{j}}\cdot{}^{i|\bar{j}}\dot{\phi}_j}\right)\cdot{}^{i|\bar{l}}r_l\right)\right)$$

$$=-\sum_{l}^{{}^{i}l_{\bar{u}}}\left(\sum_{k}^{u\mathbf{L}}\left(m_k\cdot{}^{i|u}\tilde{r}_{kI}\cdot{}^{i|l}\tilde{r}_{kI}\right)\cdot\left({}^{i|\bar{l}}\ddot{\phi}_l+{}^{i}\dot{\tilde{\phi}}_{\bar{l}}\cdot{}^{i|\bar{l}}\dot{\phi}_l\right)\right)$$

$$\backslash-\sum_{k}^{u\mathbf{L}}\left(\sum_{j}^{k\mathbf{L}}\left(m_j\cdot{}^{i|u}\tilde{r}_{jI}\cdot{}^{i|k}\tilde{r}_{jI}\right)\cdot\left({}^{i|\bar{k}}\ddot{\phi}_k+{}^{i}\dot{\tilde{\phi}}_{\bar{k}}\cdot{}^{i|\bar{k}}\dot{\phi}_k\right)\right) \tag{6.98}$$

$$\sum_{k}^{u\mathbf{L}}\left(m_k\cdot{}^{i|u}\tilde{r}_{kI}\cdot\sum_{l}^{i\mathbf{1}_{kI}}\left({}^{i|\bar{l}}\ddot{r}_l\right)\right)=\sum_{k}^{u\mathbf{L}}\left(m_k\cdot{}^{i|u}\tilde{r}_{kI}\right)\cdot\sum_{l}^{i\mathbf{1}_{\bar{u}}}\left({}^{i|\bar{l}}\ddot{r}_l\right)$$
$$\backslash+\sum_{k}^{u\mathbf{L}}\left(\sum_{j}^{k\mathbf{L}}\left(m_j\cdot{}^{i|u}\tilde{r}_{jI}\right)\cdot{}^{i|\bar{k}}\ddot{r}_k\right)+\sum_{k}^{u\mathbf{L}}\left(m_k\cdot{}^{i|k}\tilde{r}_{kI}\cdot{}^{i|k}\ddot{r}_{kI}\right) \tag{6.99}$$

至此，已具备建立规范型的前提条件。

6.5.3 树链刚体系统 Ju-Kane 动力学规范方程

应用 6.5.1 节及 6.5.2 节的结论，建立树结构刚体系统的 Ju-Kane 规范化动力学方程。为表达方便，首先定义

$$\begin{matrix}a\\b\end{matrix}\left\|\cdot{}^{\bar{k}}n_k\cdot\ddot{q}_k^{\bar{k}}\triangleq\begin{cases}a\cdot{}^{\bar{k}}n_k\cdot\ddot{\phi}_k^{\bar{k}}, & {}^{\bar{k}}\boldsymbol{k}_k\in\boldsymbol{R}\\ b\cdot{}^{\bar{k}}n_k\cdot\ddot{r}_k^{\bar{k}}, & {}^{\bar{k}}\boldsymbol{k}_k\in\boldsymbol{P}\end{cases}\right. \tag{6.100}$$

然后，应用式（6.95）至式（6.99），将式（6.66）及式（6.67）表达为规范型。

1. 式（6.66）的规范型

$$\boldsymbol{M}_{\boldsymbol{P}}^{[u][*]}\cdot\ddot{\boldsymbol{q}}=\sum_{l}^{i\mathbf{1}_{\bar{u}}}\left(\begin{matrix}-\sum_{k}^{u\mathbf{L}}\left(m_k\cdot{}^{i|l}\tilde{r}_{kI}\right)\\ \sum_{k}^{u\mathbf{L}}\left(m_k\right)\cdot\mathbf{1}\end{matrix}\right\|\cdot{}^{i|\bar{l}}n_l\cdot\ddot{q}_l^{\bar{l}}\left.\vphantom{\sum}\right)+\sum_{k}^{u\mathbf{L}}\left(\begin{matrix}-\sum_{j}^{k\mathbf{L}}\left(m_j\cdot{}^{i|k}\tilde{r}_{jI}\right)\\ \sum_{j}^{k\mathbf{L}}\left(m_j\right)\cdot\mathbf{1}\end{matrix}\right\|\cdot{}^{i|\bar{k}}n_k\cdot\ddot{q}_k^{\bar{k}}\left.\vphantom{\sum}\right)$$

$$\boldsymbol{h}'^{[u]}_{\boldsymbol{P}}=-\sum_{l}^{i\mathbf{1}_{\bar{u}}}\left(\sum_{k}^{u\mathbf{L}}\left(m_k\cdot{}^{i|l}\tilde{r}_{kI}\right)\cdot{}^{i}\dot{\tilde{\phi}}_{\bar{l}}\cdot{}^{i|\bar{l}}\dot{\phi}_l\right)-\sum_{k}^{u\mathbf{L}}\left(\sum_{j}^{k\mathbf{L}}\left(m_j\cdot{}^{i|k}\tilde{r}_{jI}\right)\cdot{}^{i}\dot{\tilde{\phi}}_{\bar{k}}\cdot{}^{i|\bar{k}}\dot{\phi}_k\right)$$

（6.101）

2. 式（6.67）的规范型

$$\boldsymbol{M}_{\boldsymbol{R}}^{[u][*]}\cdot\ddot{\boldsymbol{q}}=\sum_{l}^{i\mathbf{1}_{\bar{u}}}\left(\begin{matrix}\sum_{k}^{u\mathbf{L}}\left({}^{i|kI}J_{kI}-m_k\cdot{}^{i|u}\tilde{r}_{kI}\cdot{}^{i|l}\tilde{r}_{kI}\right)\\ \sum_{k}^{u\mathbf{L}}\left(m_k\cdot{}^{i|u}\tilde{r}_{kI}\right)\end{matrix}\right\|\cdot{}^{i|\bar{l}}n_l\cdot\ddot{q}_l^{\bar{l}}\left.\vphantom{\sum}\right)$$
$$\backslash+\sum_{k}^{u\mathbf{L}}\left(\begin{matrix}\sum_{j}^{k\mathbf{L}}\left({}^{i|jI}J_{jI}-m_j\cdot{}^{i|u}\tilde{r}_{jI}\cdot{}^{i|k}\tilde{r}_{jI}\right)\\ \sum_{j}^{k\mathbf{L}}\left(m_j\cdot{}^{i|u}\tilde{r}_{jI}\right)\end{matrix}\right\|\cdot{}^{i|\bar{k}}n_k\cdot\ddot{q}_k^{\bar{k}}\left.\vphantom{\sum}\right) \tag{6.102}$$

$$
\begin{aligned}
\boldsymbol{h}'^{[u]}_{\boldsymbol{R}} = & \sum_{l}^{{}^{i}\mathbf{1}_{\bar{u}}} \left(\left(\sum_{k}^{u\boldsymbol{L}} \left({}^{i|kI}J_{kI} - m_k \cdot {}^{i|u}\tilde{r}_{kI} \cdot {}^{i|l}\tilde{r}_{kI} \right) \right) \cdot {}^{i}\dot{\tilde{\phi}}_{\bar{l}} \cdot {}^{i|\bar{l}}\dot{\phi}_{l} \right) \\
& \backslash + \sum_{k}^{u\boldsymbol{L}} \left(\left(\sum_{j}^{k\boldsymbol{L}} \left({}^{i|jI}J_{jI} - m_j \cdot {}^{i|u}\tilde{r}_{jI} \cdot {}^{i|k}\tilde{r}_{jI} \right) \right) \cdot {}^{i}\dot{\tilde{\phi}}_{\bar{k}} \cdot {}^{i|\bar{k}}\dot{\phi}_{k} \right)
\end{aligned} \tag{6.103}
$$

式（6.101）至式（6.103）证明见本章附录。

3. 树链 Ju-Kane 规范型定理

应用式（6.101）及式（6.102），将 Ju-Kane 定理重新表述为如下树链 Ju-Kane 规范型定理。

定理 6.3 给定多轴刚体树链系统 $i\boldsymbol{L}$，惯性系记为$\boldsymbol{F}_i$，$\forall k, l, u \in \boldsymbol{A}$；除了重力外，作用于轴#$u$ 的合外力及力矩在${}^{\bar{u}}n_u$ 上的分量分别记为$f_u^{u\boldsymbol{L}}$ 及 $\tau_u^{u\boldsymbol{L}}$；轴#k 的质量及质心转动惯量分别记为 m_k 及${}^{kI}J_{kI}$；轴#k 的重力加速度为${}^{i}g_{kI}$；轴#u 的双边驱动力及驱动力矩在${}^{\bar{u}}n_u$ 上的分量分别记为$f_u^c(\dot{r}_l^{\bar{l}})$ 及 $\tau_u^c(\dot{\phi}_l^{\bar{l}})$；环境 i 对轴#l 的作用力及力矩分别为${}^{iS}f_{lS}$及${}^{i}\tau_l$；则轴#u 的树链 Ju-Kane 动力学规范方程为

$$
\begin{cases}
{}^{i|\bar{u}}n_u^{\mathrm{T}} \cdot \left(\boldsymbol{M}_{\boldsymbol{P}}^{[u][*]} \cdot \ddot{\boldsymbol{q}} + \boldsymbol{h}_{\boldsymbol{P}}^{[u]} \right) = f_u^{u\boldsymbol{L}}, & {}^{\bar{u}}\boldsymbol{k}_u \in \boldsymbol{P} \\
{}^{i|\bar{u}}n_u^{\mathrm{T}} \cdot \left(\boldsymbol{M}_{\boldsymbol{R}}^{[u][*]} \cdot \ddot{\boldsymbol{q}} + \boldsymbol{h}_{\boldsymbol{R}}^{[u]} \right) = \tau_{u\boldsymbol{L}}^{u}, & {}^{\bar{u}}\boldsymbol{k}_u \in \boldsymbol{R}
\end{cases} \tag{6.104}
$$

其中，$\boldsymbol{M}_{\boldsymbol{P}}^{[u][*]}$ 及 $\boldsymbol{M}_{\boldsymbol{R}}^{[u][*]}$ 是 3×3 的分块矩阵，$\boldsymbol{h}_{\boldsymbol{P}}^{[u]}$ 及 $\boldsymbol{h}_{\boldsymbol{R}}^{[u]}$ 是 3D 矢量，并且

$$
\ddot{\boldsymbol{q}} = \left\{ {}^{i|\bar{l}}\ddot{q}_l = {}^{i|\bar{l}}n_l \cdot \ddot{q}_l^{\bar{l}} \;\middle|\; \begin{matrix} \ddot{q}_l^{\bar{l}} = \ddot{r}_l^{\bar{l}}, & {}^{\bar{l}}\boldsymbol{k}_l \in \boldsymbol{P}; \\ \ddot{q}_l^{\bar{l}} = \ddot{\phi}_l^{\bar{l}}, & {}^{\bar{l}}\boldsymbol{k}_l \in \boldsymbol{R}; \end{matrix} \quad l \in \boldsymbol{A} \right\} \tag{6.105}
$$

$$
\boldsymbol{M}_{\boldsymbol{P}}^{[u][*]} \cdot \ddot{\boldsymbol{q}} = \sum_{l}^{{}^{i}\mathbf{1}_{\bar{u}}} \left(\left\| \begin{matrix} -\sum_{j}^{u\boldsymbol{L}} \left(m_j \cdot {}^{i|l}\tilde{r}_{jI} \right) \\ \sum_{j}^{u\boldsymbol{L}} (m_j) \cdot \mathbf{1} \end{matrix} \right\| \cdot {}^{i|\bar{l}}n_l \cdot \ddot{q}_l^{\bar{l}} \right) + \sum_{k}^{u\boldsymbol{L}} \left(\left\| \begin{matrix} -\sum_{j}^{k\boldsymbol{L}} \left(m_j \cdot {}^{i|k}\tilde{r}_{jI} \right) \\ \sum_{j}^{k\boldsymbol{L}} (m_j) \cdot \mathbf{1} \end{matrix} \right\| \cdot {}^{i|\bar{k}}n_k \cdot \ddot{q}_k^{\bar{k}} \right) \tag{6.106}
$$

$$
\boldsymbol{h}_{\boldsymbol{P}}^{[u]} = -\sum_{l}^{{}^{i}\mathbf{1}_{\bar{u}}} \left(\begin{matrix} \sum_{k}^{u\boldsymbol{L}} \left(m_k \cdot {}^{i|l}\tilde{r}_{kI} \right) \\ \backslash \cdot {}^{i}\dot{\tilde{\phi}}_{\bar{l}} \cdot {}^{i|\bar{l}}\dot{\phi}_{l} \end{matrix} \right) + \sum_{k}^{u\boldsymbol{L}} \left(\begin{matrix} m_k \cdot \sum_{l}^{{}^{i}\mathbf{1}_{kI}} \left({}^{i}\dot{\tilde{\phi}}_{l}^{2} \cdot {}^{i|\bar{l}}r_l + 2 \cdot {}^{i}\dot{\tilde{\phi}}_{\bar{l}} \cdot {}^{i|\bar{l}}\dot{r}_l \right) - \\ \backslash \sum_{j}^{k\boldsymbol{L}} \left(m_j \cdot {}^{i|k}\tilde{r}_{jI} \right) \cdot {}^{i}\dot{\tilde{\phi}}_{\bar{k}} \cdot {}^{i|\bar{k}}\dot{\phi}_{k} - m_k \cdot {}^{i}g_{kI} \end{matrix} \right) \tag{6.107}
$$

$$
\boldsymbol{M}_{\boldsymbol{R}}^{[u][*]}\cdot\ddot{q}=\sum_{l}^{{}^{i}\mathbf{1}_{\bar{u}}}\left(\begin{matrix}\sum\limits_{j}^{u\mathbf{L}}\left({}^{i|jI}J_{jI}-m_{j}\cdot{}^{i|u}\tilde{r}_{jI}\cdot{}^{i|l}\tilde{r}_{jI}\right)\\\sum\limits_{j}^{u\mathbf{L}}\left(m_{j}\cdot{}^{i|u}\tilde{r}_{jI}\right)\end{matrix}\right\|\cdot{}^{i|\bar{l}}n_{l}\cdot\ddot{q}_{l}^{\bar{l}}\Bigg)
$$
$$
\backslash+\sum_{k}^{u\mathbf{L}}\left(\begin{matrix}\sum\limits_{j}^{k\mathbf{L}}\left({}^{i|jI}J_{jI}-m_{j}\cdot{}^{i|u}\tilde{r}_{jI}\cdot{}^{i|k}\tilde{r}_{jI}\right)\\\sum\limits_{j}^{k\mathbf{L}}\left(m_{j}\cdot{}^{i|u}\tilde{r}_{jI}\right)\end{matrix}\right\|\cdot{}^{i|\bar{k}}n_{k}\cdot\ddot{q}_{k}^{\bar{k}}\Bigg) \tag{6.108}
$$

$$
\boldsymbol{h}_{\boldsymbol{R}}^{[u]}=\sum_{l}^{{}^{i}\mathbf{1}_{\bar{u}}}\left(\left(\sum_{k}^{u\mathbf{L}}\left({}^{i|kI}J_{kI}-m_{k}\cdot{}^{i|u}\tilde{r}_{kI}\cdot{}^{i|l}\tilde{r}_{kI}\right)\right)\cdot{}^{i}\dot{\tilde{\phi}}_{\bar{l}}\cdot{}^{i|\bar{l}}\dot{\phi}_{l}\right)
$$
$$
\backslash+\sum_{k}^{u\mathbf{L}}\left(\begin{matrix}\sum\limits_{j}^{k\mathbf{L}}\left({}^{i|jI}J_{jI}-m_{j}\cdot{}^{i|u}\tilde{r}_{jI}\cdot{}^{i|k}\tilde{r}_{jI}\right)\cdot{}^{i}\dot{\tilde{\phi}}_{\bar{k}}\cdot{}^{i|\bar{k}}\dot{\phi}_{k}\\\backslash+m_{k}\cdot{}^{i|u}\tilde{r}_{kI}\cdot\sum\limits_{l}^{{}^{i}\mathbf{1}_{kI}}\left({}^{i}\dot{\tilde{\phi}}_{\bar{l}}^{2}\cdot{}^{i|\bar{l}}r_{l}+2\cdot{}^{i}\dot{\tilde{\phi}}_{\bar{l}}\cdot{}^{i|\bar{l}}\dot{r}_{l}\right)\\\backslash+{}^{i}\dot{\tilde{\phi}}_{k}\cdot{}^{i|kI}J_{kI}\cdot{}^{i}\dot{\phi}_{k}-{}^{i|kI}J_{kI}\cdot{}^{i}\dot{\tilde{\phi}}_{\bar{k}}\cdot{}^{i|\bar{k}}\dot{\phi}_{k}\\\backslash-m_{k}\cdot{}^{i|u}\tilde{r}_{kI}\cdot{}^{i}g_{kI}\end{matrix}\right) \tag{6.109}
$$

$$
\begin{cases}f_{u}^{u\mathbf{L}}=f_{u}^{c}+\dot{r}_{u}^{\bar{u}}\cdot G(f_{u}^{c})+{}^{i|\bar{u}}n_{u}^{\mathrm{T}}\cdot\sum\limits_{l}^{u\mathbf{L}}\left({}^{iS}f_{lS}\right), & {}^{\bar{u}}\boldsymbol{k}_{u}\in\boldsymbol{P}\\\tau_{u\mathbf{L}}^{u}=\tau_{u}^{c}+\dot{\phi}_{u}^{\bar{u}}\cdot G(\tau_{u}^{c})+{}^{i|\bar{u}}n_{u}^{\mathrm{T}}\cdot\sum\limits_{l}^{u\mathbf{L}}\left({}^{i|u}\tilde{r}_{lS}\cdot{}^{iS}f_{lS}+{}^{i}\tau_{l}\right), & {}^{\bar{u}}\boldsymbol{k}_{u}\in\boldsymbol{R}\end{cases} \tag{6.110}
$$

若多轴刚体系统 $i\mathbf{L}$ 仅包含转动轴及树链系统，则式（6.108）可简化为

$$
\boldsymbol{M}_{\boldsymbol{R}}^{[u][*]}\cdot\ddot{q}=\sum_{l}^{{}^{i}\mathbf{1}_{\bar{u}}}\left(\sum_{j}^{u\mathbf{L}}\left({}^{i|jI}J_{jI}-m_{j}\cdot{}^{i|u}\tilde{r}_{jI}\cdot{}^{i|l}\tilde{r}_{jI}\right)\cdot{}^{i|\bar{l}}n_{l}\cdot\ddot{\phi}_{l}^{\bar{l}}\right)
$$
$$
\backslash+\sum_{k}^{u\mathbf{L}}\left(\sum_{j}^{k\mathbf{L}}\left({}^{i|jI}J_{jI}-m_{j}\cdot{}^{i|u}\tilde{r}_{jI}\cdot{}^{i|k}\tilde{r}_{jI}\right)\cdot{}^{i|\bar{k}}n_{k}\cdot\ddot{\phi}_{k}^{\bar{k}}\right) \tag{6.111}
$$

Ju-Kane 规范方程的特征在于：

（1）Ju-Kane 规范方程具有简洁、优雅的链符号系统，具有树链拓扑操作，是轴不变量的迭代式。

（2）在迭代式运动学计算时，不需要列写加速度表达式，Ju-Kane 规范方程是关节加速度的表达式。

（3）广义惯性矩阵 $\boldsymbol{M}$ 可直接列写，是 3×3 的分块矩阵。

（4）通过具有链序的操作代数表达系统动力学方程，物理内涵明晰、准确。

（5）Ju-Kane 规范方程自身具有伪代码的功能，易于工程实现，保证了多轴系统建模的可靠性。

（6）轴的极性可以根据工程需要进行设置，与现有动力学原理相比，减少了为保证系统参考与工程应用参考的一致性而引入的不必要的预处理与后处理。

（7）实现了系统拓扑、坐标系、极性、结构参数及动力学参量的参数化，不必应用分析动力学方法进行推导即可完成复杂刚体系统的动力学建模。

6.5.4　树链刚体系统 Ju-Kane 动力学规范方程应用

示例 6.4　应用 Ju-Kane 规范型定理建立示例 5.1 中的平面 2R 机械臂的动力学方程，并证明两种方程的等价性。

【解】 建立基于轴不变量的迭代式运动学方程。分别建立轴不变量、DCM、位置、平动速度及转动速度表达式。由式（6.111）得

$$
\begin{aligned}
{}^{1|i}n_1^{\mathrm{T}} \cdot \boldsymbol{M}_{\boldsymbol{R}}^{[1][*]} \cdot \ddot{\boldsymbol{q}} = {}^{1|i}n_1^{\mathrm{T}} \cdot &\\
\backslash \begin{pmatrix} ({}^{1I}J_{1I} - m_1 \cdot {}^{1}\tilde{r}_{1I}^{\wedge 2} + {}^{1|2I}J_{2I} - m_2 \cdot {}^{1}\tilde{r}_{2I}^{\wedge 2}) \cdot {}^{1|i}n_1 \cdot \ddot{\phi}_1^i \\ \backslash + ({}^{1|2I}J_{2I} - m_2 \cdot {}^{1}\tilde{r}_{2I} \cdot {}^{2}\tilde{r}_{2I}) \cdot {}^{1}n_2 \cdot \ddot{\phi}_2^1 \end{pmatrix} & \qquad (6.112)\\
= (m_1 \cdot l_{1I}^{\wedge 2} + J_{1I} + m_2 \cdot (l_1^{\wedge 2} + 2 \cdot l_1 \cdot l_{2I} \cdot \mathrm{C}_2^1 + l_{2I}^{\wedge 2}) + J_{2I}) \cdot \ddot{\phi}_1^i &\\
\backslash + (m_2 \cdot (l_{2I}^{\wedge 2} + l_1 \cdot l_{2I} \cdot \mathrm{C}_2^1) + J_{2I}) \cdot \ddot{\phi}_2^1 &
\end{aligned}
$$

$$
{}^{2|1}n_2^{\mathrm{T}} \cdot \boldsymbol{M}_{\boldsymbol{R}}^{[2][*]} \cdot \ddot{\boldsymbol{q}} = {}^{2|1}n_2^{\mathrm{T}} \cdot \begin{pmatrix} ({}^{2I}J_{2I} - m_2 \cdot {}^{2}\tilde{r}_{2I} \cdot {}^{2|1}\tilde{r}_{2I}) \cdot {}^{2|1}n_2 \cdot \ddot{\phi}_1^i \\ \backslash + ({}^{2I}J_{2I} - m_2 \cdot {}^{2}\tilde{r}_{2I}^{\wedge 2}) \cdot {}^{2|1}n_2 \cdot \ddot{\phi}_2^1 \end{pmatrix} \qquad (6.113)
$$

$$
= (m_2 \cdot l_{2I}^{\wedge 2} + m_2 \cdot l_1 \cdot l_{2I} \cdot \mathrm{C}_2^1) \cdot \ddot{\phi}_1^i + (m_2 \cdot l_{2I}^{\wedge 2} + J_{2I}) \cdot \ddot{\phi}_2^1
$$

由式（6.112）及式（6.113）得

$$
\begin{bmatrix} {}^{1|i}n_1^{\mathrm{T}} \\ {}^{2|1}n_2^{\mathrm{T}} \end{bmatrix} \cdot \boldsymbol{M}_{\boldsymbol{R}} \cdot \ddot{\boldsymbol{q}} = \boldsymbol{M} \cdot \begin{bmatrix} \ddot{\phi}_1^i \\ \ddot{\phi}_2^1 \end{bmatrix} \qquad (6.114)
$$

其中，

$$
\boldsymbol{M}^{[1][1]} = m_1 \cdot l_{1I}^{\wedge 2} + J_{1I} + J_{2I} + m_2 \cdot (l_1^{\wedge 2} + 2 \cdot l_1 \cdot l_{2I} \cdot C_2^1 + l_{2I}^{\wedge 2})
$$

$$
\boldsymbol{M}^{[1][2]} = m_2 \cdot (l_{2I}^{\wedge 2} + l_1 \cdot l_{2I} \cdot C_2^1) + J_{2I}
$$

$$
\boldsymbol{M}^{[2][1]} = m_2 \cdot (l_{2I}^{\wedge 2} + l_1 \cdot l_{2I} \cdot C_2^1) + J_{2I}, \quad \boldsymbol{M}^{[2][2]} = m_2 \cdot l_{2I}^{\wedge 2} + J_{2I}
$$

由式（6.109）得

$$
\begin{aligned}
\boldsymbol{h}_{\boldsymbol{R}}^{[1]} = m_1 \cdot {}^{i|1}\tilde{r}_{1I} \cdot {}^{i}\dot{\tilde{\phi}}_1^{\wedge 2} \cdot {}^{i|1}r_{1I} + m_2 \cdot {}^{i|1}\tilde{r}_{2I} \cdot ({}^{i}\dot{\tilde{\phi}}_1^{\wedge 2} \cdot {}^{i|1}r_2 &\\
\backslash + {}^{i}\dot{\tilde{\phi}}_2^{\wedge 2} \cdot {}^{i|2}r_{2I}) + {}^{i}\dot{\tilde{\phi}}_1 \cdot {}^{i|1I}J_{1I} \cdot {}^{i}\dot{\phi}_1 + {}^{i}\dot{\tilde{\phi}}_2 \cdot {}^{i|2I}J_{2I} \cdot {}^{i}\dot{\phi}_2 & \qquad (6.115)\\
\backslash - m_1 \cdot {}^{i|1}\tilde{r}_{1I} \cdot {}^{i}g_{1I} - m_2 \cdot {}^{i|1}\tilde{r}_{2I} \cdot {}^{i}g_{2I} &
\end{aligned}
$$

$$h_{R}^{[2]} = m_2 \cdot {}^{i|2}\tilde{r}_{2I} \cdot {}^{i}\dot{\tilde{\phi}}_2^{\wedge 2} \cdot {}^{i|2}r_{2I} + m_2 \cdot {}^{i|2}\tilde{r}_{2I} \cdot {}^{i}\dot{\tilde{\phi}}_1^{\wedge 2} \cdot {}^{i|1}r_2 \\ \backslash\ + {}^{2|i}\dot{\tilde{\phi}}_2 \cdot {}^{i|2I}J_{2I} \cdot {}^{i}\dot{\phi}_2 - m_2 \cdot {}^{i|2}\tilde{r}_{2I} \cdot {}^{i}g_{2I} \tag{6.116}$$

解毕。

下面证明两种方程的等价性。

【**证明**】一方面，可以验证下面式子成立：

$${}^{i}n_1^{\mathrm{T}} \cdot m_1 \cdot {}^{i|1}\tilde{r}_{1I} \cdot {}^{i}\dot{\tilde{\phi}}_1^{\wedge 2} \cdot {}^{i|1}r_{1I} = 0 \tag{6.117}$$

$${}^{i}n_1^{\mathrm{T}} \cdot {}^{i}\dot{\tilde{\phi}}_1 \cdot {}^{i|1I}J_{1I} \cdot {}^{i}\dot{\phi}_1 = 0 \tag{6.118}$$

$${}^{i|1}n_1^{\mathrm{T}} \cdot {}^{i}\dot{\tilde{\phi}}_2 \cdot {}^{i|2I}J_{2I} \cdot {}^{i}\dot{\phi}_2 = 0 \tag{6.119}$$

$${}^{i}n_1^{\mathrm{T}} \cdot m_2 \cdot {}^{i|1}\tilde{r}_{2I} \cdot {}^{i}\dot{\tilde{\phi}}_1^{\wedge 2} \cdot {}^{i|1}r_2 = m_2 \cdot l_1 \cdot l_{2I} \cdot \mathrm{S}_2^1 \cdot \dot{\phi}_1^{i\wedge 2} \tag{6.120}$$

$${}^{i}n_1^{\mathrm{T}} \cdot m_2 \cdot {}^{i|1}\tilde{r}_{2I} \cdot {}^{i}\dot{\tilde{\phi}}_2^{\wedge 2} \cdot {}^{i|2}r_{2I} = m_2 \cdot \\ \backslash (l_1 \cdot l_{2I} \cdot \mathrm{S}_1^i \cdot \mathrm{C}_2^i - l_1 \cdot l_{2I} \cdot \mathrm{C}_1^i \cdot \mathrm{S}_2^i) \cdot \dot{\phi}_2^{i\wedge 2} - m_2 \cdot l_1 \cdot l_{2I} \cdot \mathrm{S}_2^1 \cdot \dot{\phi}_2^{i\wedge 2} \tag{6.121}$$

$${}^{i}n_1^{\mathrm{T}} \cdot m_2 \cdot {}^{i}\tilde{r}_{2I} \cdot {}^{i}g_{2I} = -m_2 \cdot g \cdot l_1 \cdot \mathrm{C}_1^i - m_2 \cdot g \cdot l_{2I} \cdot \mathrm{C}_2^i \tag{6.122}$$

$${}^{i}n_1^{\mathrm{T}} \cdot m_1 \cdot {}^{i}\tilde{r}_{1I} \cdot {}^{i}g_{1I} = -m_1 \cdot g \cdot l_{1I} \cdot \mathrm{C}_1^i \tag{6.123}$$

将式（6.117）至式（6.123）代入式（6.115）得

$${}^{i}n_1^{\mathrm{T}} \cdot h_{R}^{[1]} = m_2 \cdot l_1 \cdot l_{2I} \cdot \mathrm{S}_2^1 \cdot \dot{\phi}_1^{i\wedge 2} - m_2 \cdot l_1 \cdot l_{2I} \cdot \mathrm{S}_2^1 \cdot \dot{\phi}_2^{i\wedge 2} \\ \backslash\ + m_1 \cdot g \cdot l_{1I} \cdot \mathrm{C}_1^i + m_2 \cdot g \cdot l_1 \cdot \mathrm{C}_1^i + m_2 \cdot g \cdot l_{2I} \cdot \mathrm{C}_2^i \\ = -m_2 \cdot l_1 \cdot l_{2I} \cdot \mathrm{S}_2^1 \cdot (\dot{\phi}_2^{1\wedge 2} + 2 \cdot \dot{\phi}_1^i \cdot \dot{\phi}_2^1) \\ \backslash\ + (m_1 \cdot g \cdot l_{1I} \cdot \mathrm{C}_1^i + m_2 \cdot g \cdot (l_1 \cdot \mathrm{C}_1^i + l_{2I} \cdot \mathrm{C}_2^i)) \tag{6.124}$$

另一方面，可以验证下面式子成立：

$${}^{i|1}n_2^{\mathrm{T}} \cdot m_2 \cdot {}^{i|2}\tilde{r}_{2I} \cdot ({}^{i}\dot{\tilde{\phi}}_2^{\wedge 2} \cdot {}^{i|2}r_{2I}) = 0 \tag{6.125}$$

$${}^{i|1}n_2^{\mathrm{T}} \cdot m_2 \cdot {}^{i|2}\tilde{r}_{2I} \cdot {}^{i}\dot{\tilde{\phi}}_1^{\wedge 2} \cdot {}^{i|1}r_2 = m_2 \cdot l_1 \cdot l_{2I} \cdot \mathrm{S}_2^1 \cdot \dot{\phi}_1^{i\wedge 2} \tag{6.126}$$

$${}^{i|1}n_2^{\mathrm{T}} \cdot {}^{2|i}\dot{\tilde{\phi}}_2 \cdot {}^{i|2I}J_{2I} \cdot {}^{i}\dot{\phi}_2 = 0 \tag{6.127}$$

及

$${}^{i|1}n_2^{\mathrm{T}} \cdot m_2 \cdot {}^{i|2}\tilde{r}_{2I} \cdot {}^{i}g_{2I} = -m_2 \cdot g \cdot l_{2I} \cdot \mathrm{C}_2^i \tag{6.128}$$

将式（6.125）至式（6.128）代入式（6.116）得

$${}^{i|1}n_2^{\mathrm{T}} \cdot h_{R}^{[2]} = m_2 \cdot (l_1 \cdot l_{2I} \cdot \mathrm{C}_1^i \cdot \mathrm{S}_2^i - l_1 \cdot l_{2I} \cdot \mathrm{S}_1^i \cdot \mathrm{C}_2^i) \cdot \dot{\phi}_1^{i\wedge 2} + m_2 \cdot g \cdot l_{2I} \cdot \mathrm{C}_2^i \\ = m_2 \cdot l_1 \cdot l_{2I} \cdot \mathrm{S}_2^i \cdot \dot{\phi}_1^{i\wedge 2} + m_2 \cdot g \cdot l_{2I} \cdot \mathrm{C}_2^i \tag{6.129}$$

由式（6.104）、式（6.114）、式（6.116）及式（6.119）得该系统动力学方程：

$$\boldsymbol{M} \cdot \begin{bmatrix} \ddot{\phi}_1^i \\ \ddot{\phi}_2^1 \end{bmatrix} + \boldsymbol{h} = \begin{bmatrix} \tau_1^i \\ \tau_2^i \end{bmatrix} \tag{6.130}$$

其中，

$$M^{[1][1]}=m_1\cdot l_{1I}^{\wedge 2}+J_{1I}+J_{2I}+m_2\cdot(l_1^{\wedge 2}+2\cdot l_1\cdot l_{2I}\cdot C_2^1+l_{2I}^{\wedge 2})$$

$$M^{[1][2]}=m_2\cdot(l_{2I}^{\wedge 2}+l_1\cdot l_{2I}\cdot C_2^1)+J_{2I}$$

$$M^{[2][1]}=m_2\cdot(l_{2I}^{\wedge 2}+l_1\cdot l_{2I}\cdot C_2^1)+J_{2I}$$

$$M^{[2][2]}=m_2\cdot l_{2I}^{\wedge 2}+J_{2I}$$

$$h^{[1]}=m_1\cdot g\cdot l_{1I}\cdot C_1^i+m_2\cdot g\cdot(l_1\cdot C_1^i+l_{2I}\cdot C_2^i)$$
$$-m_2\cdot l_1\cdot l_{2I}\cdot S_2^1\cdot(\dot\phi_2^{1\wedge 2}+2\cdot\dot\phi_1^i\cdot\dot\phi_2^1)$$

$$h^{[2]}=m_2\cdot l_1\cdot l_{2I}\cdot S_2^1\cdot\dot\phi_1^{i\wedge 2}+m_2\cdot g\cdot l_{2I}\cdot C_2^i$$

对比式（5.141）及式（6.130），两组方程一样。显然，证明过程冗长，原因在于该2R机械臂动力学依赖于特定的结构与参数；Ju-Kane 动力学规范方程是完全参数化的。证毕。

示例 6.5　应用 Ju-Kane 规范型定理建立示例 5.3 中系统的动力学模型，并证明两种方程的等价性。

【解】（步骤 1）建立基于轴不变量的迭代式动力学方程 DCM，位置、平动速度及转动速度表达式，参见示例 5.3。

（步骤 2）由式（6.105）至式（6.109）化简得

$${}^i n_1^{\mathrm T}\cdot M_P^{[1][*]}\cdot\ddot q={}^i n_1^{\mathrm T}\cdot((m_1\cdot\mathbf 1+m_2\cdot\mathbf 1)\cdot{}^i n_1\cdot\ddot q_1^i+(-m_2\cdot{}^{i|2}\tilde r_{2I})\cdot{}^{i|1}n_2\cdot\ddot q_2^1)$$
$$=(m_1+m_2)\cdot\ddot q_1^i+m_2\cdot l_2\cdot C_2^1\cdot\ddot q_2^1$$

$${}^{i|1}n_2^{\mathrm T}\cdot M_R^{[2][*]}\cdot\ddot q={}^{i|1}n_2^{\mathrm T}\cdot((m_2\cdot{}^{i|2}\tilde r_{2I})\cdot{}^i n_1\cdot\ddot q_1^i+({}^{i|2I}J_{2I}-m_2\cdot{}^{i|2}\tilde r_{2I}^{\wedge 2})\cdot{}^{i|1}n_2\cdot\ddot q_2^1)$$
$$=m_2\cdot l_2\cdot C_2^1\cdot\ddot q_1^i+m_2\cdot l_2^{\wedge 2}\cdot\ddot q_2^1$$

$${}^i n_1^{\mathrm T}\cdot h_P^{[1]}={}^i n_1^{\mathrm T}\cdot(m_2\cdot({}^i\dot{\tilde\phi}_2^{\wedge 2}\cdot{}^{i|2}r_{2I}+2\cdot{}^i\dot{\tilde\phi}_2\cdot{}^{i|2}\dot r_{2I})-m_1\cdot{}^i g_{1_I}-m_2\cdot{}^i g_{2I})$$
$$=-m_2\cdot l_2\cdot S_2^1\cdot\dot\phi_2^{1\wedge 2}=-m_2\cdot l_2\cdot S_2^1\cdot\dot q_2^{1\wedge 2}$$

$${}^{i|1}n_2^{\mathrm T}\cdot h_R^{[2]}={}^{i|1}n_2^{\mathrm T}\cdot\begin{pmatrix}m_2\cdot{}^{i|2}\tilde r_{2I}\cdot({}^i\dot{\tilde\phi}_2^{\wedge 2}\cdot{}^{i|2}r_{2I}+2\cdot{}^i\dot{\tilde\phi}_2\cdot{}^{i|2}\dot r_{2I})\\ \backslash+{}^i\dot{\tilde\phi}_2\cdot{}^{i|2I}J_{2I}\cdot{}^i\dot\phi_2-m_2\cdot{}^{i|2}\tilde r_{2I}\cdot{}^i g_{2I}\end{pmatrix}=m_2\cdot g\cdot l_2\cdot S_2^1$$

（步骤 3）由式（6.110）求合外力及合外力矩：

$$f_1^{1L}=f_1^c+\dot r_1^i\cdot G(f_1^c)+{}^i n_1^{\mathrm T}\cdot\sum_l^{1\mathbf L}({}^{iS}f_{lS})=-k\cdot r_1^i\cdot\mathbf 1^{[1]}\cdot\mathbf 1^{[x]}=-k\cdot r_1^i$$
$$\tau_2^{2\mathbf L}=0$$

（步骤 4）由式（7.104）整理可得

$$\begin{bmatrix}m_1+m_2 & m_2\cdot l_2\cdot C_2^1\\ m_2\cdot l_2\cdot C_2^1 & m_2\cdot l_2^{\wedge 2}\end{bmatrix}\cdot\begin{bmatrix}\ddot r_1^i\\ \ddot\phi_2^1\end{bmatrix}=\begin{bmatrix}m_2\cdot l_2\cdot S_2^1\cdot\dot\phi_2^{1\wedge 2}-k\cdot r_1^i\\ -m_2\cdot g\cdot l_2\cdot S_2^1\end{bmatrix}$$

显然，上式与式（5.154）一致。解毕。

示例 6.6　继示例 6.3，应用 Ju-Kane 动力学规范方程得该系统的广义惯性矩阵，并判别是否与应用 Ju-Kane 定理得到的广义惯性矩阵一样。

【解】由式（6.111）得

$$
{}^{i}n_1^{\mathrm T}\cdot \boldsymbol{M}_{\boldsymbol R}^{[1][*]}\cdot \ddot{\boldsymbol q}={}^{i}n_1^{\mathrm T}\cdot
\backslash\left(\begin{array}{l}
({}^{i|1I}J_{1I}-m_1\cdot{}^{i|1}\tilde r_{1I}^{\wedge 2}+{}^{i|2I}J_{2I}-m_2\cdot{}^{i|1}\tilde r_{2I}^{\wedge 2}+{}^{i|3I}J_{3I}-m_3\cdot{}^{i|1}\tilde r_{3I}^{\wedge 2})\cdot{}^{i}n_1\cdot\ddot\phi_1^{i}\\
\backslash+({}^{i|2I}J_{2I}-m_2\cdot{}^{i|1}\tilde r_{2I}\cdot{}^{i|2}\tilde r_{2I}+{}^{i|3I}J_{3I}-m_3\cdot{}^{i|1}\tilde r_{3I}\cdot{}^{i|2}\tilde r_{3I})\cdot{}^{i|1}n_2\cdot\ddot\phi_2^{1}\\
\backslash+({}^{i|3I}J_{3I}-m_3\cdot{}^{i|1}\tilde r_{3I}\cdot{}^{i|3}\tilde r_{3I})\cdot{}^{i|2}n_3\cdot\ddot\phi_3^{2}
\end{array}\right)
\tag{6.131}
$$

$$
{}^{i|1}n_2^{\mathrm T}\cdot \boldsymbol{M}_{\boldsymbol R}^{[2][*]}\cdot \ddot{\boldsymbol q}={}^{i|1}n_2^{\mathrm T}\cdot
\backslash\left(\begin{array}{l}
({}^{i|2I}J_{2I}-m_2\cdot{}^{i|2}\tilde r_{2I}^{\wedge 2}+{}^{i|3I}J_{3I}-m_3\cdot{}^{i|2}\tilde r_{3I}^{\wedge 2})\cdot{}^{i}n_1\cdot\ddot\phi_1^{i}\\
\backslash+({}^{i|2I}J_{2I}-m_2\cdot{}^{i|2}\tilde r_{2I}^{\wedge 2}+{}^{i|3I}J_{3I}-m_3\cdot{}^{i|2}\tilde r_{3I}^{\wedge 2})\cdot{}^{i|1}n_2\cdot\ddot\phi_2^{1}\\
\backslash+({}^{i|3I}J_{3I}-m_3\cdot{}^{i|2}\tilde r_{3I}\cdot{}^{i|3}\tilde r_{3I})\cdot{}^{i|2}n_3\cdot\ddot\phi_3^{2}
\end{array}\right)
\tag{6.132}
$$

$$
{}^{i|2}n_3^{\mathrm T}\cdot \boldsymbol{M}_{\boldsymbol R}^{[3][*]}\cdot \ddot{q}={}^{i|2}n_3^{\mathrm T}\cdot
\left(\begin{array}{l}
({}^{i|3I}J_{3I}-m_3\cdot{}^{i|3}\tilde r_{3I}^{\wedge 2})\cdot{}^{i}n_1\cdot\ddot\phi_1^{i}\\
\backslash+({}^{i|3I}J_{3I}-m_3\cdot{}^{i|3}\tilde r_{3I}^{\wedge 2})\cdot{}^{i|1}n_2\cdot\ddot\phi_2^{1}\\
\backslash+({}^{i|3I}J_{3I}-m_3\cdot{}^{i|3}\tilde r_{3I}^{\wedge 2})\cdot{}^{i|2}n_3\cdot\ddot\phi_3^{2}
\end{array}\right)
\tag{6.133}
$$

由式（6.131）、式（6.132）及式（6.133）得式（6.88）。解毕。

6.6 树链刚体 Ju-Kane 动力学规范方程求解

6.6.1 轴链刚体广义惯性矩阵

将根据运动轴类型及 3D 自然坐标系表达的刚体运动链广义惯性矩阵称为轴链刚体广义惯性矩阵，简称为轴链惯性矩阵（AGIM）。由本章附录式（6.256）及式（6.259）得

$$
\boldsymbol{M}_{\boldsymbol P}^{[u][l]}=\left.\begin{array}{c}
\sum\limits_{j}^{u\boldsymbol L}(\boldsymbol 0-m_j\cdot\boldsymbol 1\cdot{}^{i|l}\tilde r_{jI})\\
\sum\limits_{j}^{u\boldsymbol L}(m_j\cdot\boldsymbol 1)
\end{array}\right\|,\quad
\boldsymbol{M}_{\boldsymbol P}^{[u][k]}=\left.\begin{array}{c}
\sum\limits_{j}^{k\boldsymbol L}(\boldsymbol 0-m_j\cdot\boldsymbol 1\cdot{}^{i|k}\tilde r_{jI})\\
\sum\limits_{j}^{k\boldsymbol L}(m_j\cdot\boldsymbol 1)
\end{array}\right\|
\tag{6.134}
$$

$$
\boldsymbol{M}_{\boldsymbol R}^{[u][l]}=\left.\begin{array}{c}
\sum\limits_{j}^{u\boldsymbol L}({}^{i|jI}J_{jI}-m_j\cdot{}^{i|u}\tilde r_{jI}\cdot{}^{i|l}\tilde r_{jI})\\
\sum\limits_{j}^{u\boldsymbol L}(m_j\cdot{}^{i|u}\tilde r_{jI}\cdot\boldsymbol 1)
\end{array}\right\|,\quad
\boldsymbol{M}_{\boldsymbol R}^{[u][k]}=\left.\begin{array}{c}
\sum\limits_{j}^{k\boldsymbol L}({}^{i|jI}J_{jI}-m_j\cdot{}^{i|u}\tilde r_{jI}\cdot{}^{i|k}\tilde r_{jI})\\
\sum\limits_{j}^{k\boldsymbol L}(m_j\cdot{}^{i|u}\tilde r_{jI}\cdot\boldsymbol 1)
\end{array}\right\|
\tag{6.135}
$$

由式（6.134）及式（6.135）可知，上述轴链惯性矩阵是 3×3 的矩阵，其大小降至传统 6×6 广义惯性矩阵的 1/4；相应地，求逆的复杂度也降至传统的惯性矩阵的 1/4。

闭子树 $u\boldsymbol{L}$ 的能量 $\mathcal{E}^{i}_{u\boldsymbol{L}}$ 表达为

$$\mathcal{E}^{i}_{u\boldsymbol{L}} = 0.5 \cdot \sum_{j}^{u\boldsymbol{L}} ({}^{i}\dot{\phi}_{j}^{\mathrm{T}} \cdot {}^{i|jI}J_{jI} \cdot {}^{i}\dot{\phi}_{j}) + 0.5 \cdot \sum_{j}^{u\boldsymbol{L}} [{}^{i}\dot{r}_{jI}^{\mathrm{T}} \cdot (m_{j} \cdot 1) \cdot {}^{i}\dot{r}_{jI}] \tag{6.136}$$

（1）若${}^{\bar{u}}\boldsymbol{k}_{u} \in \boldsymbol{P}$，$k \in {}^{i}\boldsymbol{1}_{\bar{u}}$，$l \in u\boldsymbol{L}$，则由式（6.25）、式（6.26）及式（6.136）得

$${}^{i|\bar{u}}n_{u}^{\mathrm{T}} \cdot \boldsymbol{M}_{\boldsymbol{P}}^{[u][l]} \cdot {}^{i|\bar{l}}n_{l} = \left\| \begin{matrix} \dfrac{\partial^{2}}{\partial \dot{r}_{u}^{\bar{u}} \partial \dot{\phi}_{l}^{\bar{l}}} (\mathcal{E}^{i}_{u\boldsymbol{L}}) \\ \dfrac{\partial^{2}}{\partial \dot{r}_{u}^{\bar{u}} \partial \dot{r}_{l}^{\bar{l}}} (\mathcal{E}^{i}_{u\boldsymbol{L}}) \end{matrix} \right\| = \left\| \begin{matrix} {}^{i|\bar{u}}n_{u}^{\mathrm{T}} \cdot \sum\limits_{j}^{l\boldsymbol{L}} (-m_{j} \cdot \mathbf{1} \cdot {}^{i|l}\tilde{r}_{jI}) \cdot {}^{i|\bar{l}}n_{l} \\ {}^{i|\bar{u}}n_{u}^{\mathrm{T}} \cdot \sum\limits_{j}^{l\boldsymbol{L}} (m_{j} \cdot \mathbf{1}) \cdot {}^{i|\bar{l}}n_{l} \end{matrix} \right\| \tag{6.137}$$

$${}^{i|\bar{u}}n_{u}^{\mathrm{T}} \cdot \boldsymbol{M}_{\boldsymbol{P}}^{[u][k]} \cdot {}^{i|\bar{k}}n_{k} = \left\| \begin{matrix} \dfrac{\partial^{2}}{\partial \dot{r}_{u}^{\bar{u}} \partial \dot{\phi}_{k}^{\bar{k}}} (\mathcal{E}^{i}_{u\boldsymbol{L}}) \\ \dfrac{\partial^{2}}{\partial \dot{r}_{u}^{\bar{u}} \partial \dot{r}_{k}^{\bar{k}}} (\mathcal{E}^{i}_{u\boldsymbol{L}}) \end{matrix} \right\| = \left\| \begin{matrix} {}^{i|\bar{u}}n_{u}^{\mathrm{T}} \cdot \sum\limits_{j}^{u\boldsymbol{L}} (-m_{j} \cdot \mathbf{1} \cdot {}^{i|k}\tilde{r}_{jI}) \cdot {}^{i|\bar{k}}n_{k} \\ {}^{i|\bar{u}}n_{u}^{\mathrm{T}} \cdot \sum\limits_{j}^{u\boldsymbol{L}} (m_{j} \cdot \mathbf{1}) \cdot {}^{i|\bar{k}}n_{k} \end{matrix} \right\| \tag{6.138}$$

（2）若${}^{\bar{u}}\boldsymbol{k}_{u} \in \boldsymbol{R}$，$k \in {}^{i}\boldsymbol{1}_{\bar{u}}$，$l \in u\boldsymbol{L}$，则由式（6.25）至式（6.27）及式（6.136）得

$${}^{i|\bar{u}}n_{u}^{\mathrm{T}} \cdot \boldsymbol{M}_{\boldsymbol{R}}^{[u][l]} \cdot {}^{i|\bar{l}}n_{l} = \left\| \begin{matrix} \dfrac{\partial^{2}}{\partial \dot{\phi}_{u}^{\bar{u}} \partial \dot{\phi}_{l}^{\bar{l}}} (\mathcal{E}^{i}_{u\boldsymbol{L}}) \\ \dfrac{\partial^{2}}{\partial \dot{\phi}_{u}^{\bar{u}} \partial \dot{r}_{l}^{\bar{l}}} (\mathcal{E}^{i}_{u\boldsymbol{L}}) \end{matrix} \right\| = \left\| \begin{matrix} {}^{i|\bar{u}}n_{u}^{\mathrm{T}} \cdot \sum\limits_{j}^{l\boldsymbol{L}} ({}^{i|jI}J_{jI} - m_{j} \cdot {}^{i|u}\tilde{r}_{jI} \cdot {}^{i|l}\tilde{r}_{jI}) \cdot {}^{i|\bar{l}}n_{l} \\ {}^{i|\bar{u}}n_{u}^{\mathrm{T}} \cdot \sum\limits_{j}^{l\boldsymbol{L}} (m_{j} \cdot {}^{i|u}\tilde{r}_{jI} \cdot \mathbf{1}) \cdot {}^{i|\bar{l}}n_{l} \end{matrix} \right\| \tag{6.139}$$

$${}^{i|\bar{u}}n_{u}^{\mathrm{T}} \cdot \boldsymbol{M}_{\boldsymbol{R}}^{[u][k]} \cdot {}^{i|\bar{k}}n_{k} = \left\| \begin{matrix} \dfrac{\partial^{2}}{\partial \dot{\phi}_{u}^{\bar{u}} \partial \dot{\phi}_{k}^{\bar{k}}} (\mathcal{E}^{i}_{u\boldsymbol{L}}) \\ \dfrac{\partial^{2}}{\partial \dot{\phi}_{u}^{\bar{u}} \partial \dot{r}_{k}^{\bar{k}}} (\mathcal{E}^{i}_{u\boldsymbol{L}}) \end{matrix} \right\| = \left\| \begin{matrix} {}^{i|\bar{u}}n_{u}^{\mathrm{T}} \cdot \sum\limits_{j}^{u\boldsymbol{L}} ({}^{i|jI}J_{jI} - m_{j} \cdot {}^{i|u}\tilde{r}_{jI} \cdot {}^{i|k}\tilde{r}_{jI}) \cdot {}^{i|\bar{k}}n_{k} \\ {}^{i|\bar{u}}n_{u}^{\mathrm{T}} \cdot \sum\limits_{j}^{u\boldsymbol{L}} (m_{j} \cdot {}^{i|u}\tilde{r}_{jI} \cdot \mathbf{1}) \cdot {}^{i|\bar{k}}n_{k} \end{matrix} \right\| \tag{6.140}$$

令

$${}^{u}_{\uparrow}\tilde{r}_{jI} = \begin{cases} {}^{u}\tilde{r}_{jI}, & {}^{\bar{u}}\boldsymbol{k}_{u} \in \boldsymbol{R} \\ \mathbf{1}, & {}^{\bar{u}}\boldsymbol{k}_{u} \in \boldsymbol{P} \end{cases} \tag{6.141}$$

$$\delta_{u} = \begin{cases} -1, & {}^{\bar{u}}\boldsymbol{k}_{u} \in \boldsymbol{R} \\ 1, & {}^{\bar{u}}\boldsymbol{k}_{u} \in \boldsymbol{P} \end{cases} \tag{6.142}$$

且有

$$
{}^{jI}_{\uparrow}J_{jI}=-\sum_{jS}^{\Omega_j}\left(m_j^{[S]}\cdot{}^{i|jI}_{\uparrow}\tilde{r}_{jS}\cdot{}^{i|jI}_{\uparrow}\tilde{r}_{jS}\right)=\begin{cases}{}^{jI}J_{jI}, & {}^{\bar{j}}\boldsymbol{k}_j\in\boldsymbol{R}\\ \mathbf{0}, & {}^{\bar{j}}\boldsymbol{k}_j\in\boldsymbol{P}\end{cases} \tag{6.143}
$$

因此，$\boldsymbol{M}^{[u][k]}$可记为

$$
\boldsymbol{M}^{[u][k]}=\sum_{j}^{u\boldsymbol{L}}\left({}^{i|jI}_{\uparrow}J_{jI}+\delta_k\cdot m_j\cdot{}^{i|u}_{\uparrow}\tilde{r}_{jI}\cdot{}^{i|k}_{\uparrow}\tilde{r}_{jI}\right) \tag{6.144}
$$

式中，$\boldsymbol{M}^{[u][k]}$是3×3 的轴链惯性矩阵，称 δ_k 为运动轴属性符。

6.6.2 轴链刚体广义惯性矩阵特点

给定多轴刚体树链系统 $i\boldsymbol{L}$；l，$u\in{}^{i}\boldsymbol{1}_n$，$k\in u\boldsymbol{L}$；该系统的轴链刚体惯性矩阵在所有运动副类型相同的情况下具有对称性，即有

$$
\boldsymbol{M}^{[u][l]}=\boldsymbol{M}^{[l][u]\mathrm{T}},\quad \boldsymbol{M}^{[u][k]}=\boldsymbol{M}^{[k][u]\mathrm{T}} \tag{6.145}
$$

证明见本章附录。

记$|\boldsymbol{A}|=a$，将轴数为 a 的系统广义惯性矩阵记为 $\boldsymbol{M}_{3a\times3a}$。由式（6.145）得

$$
\boldsymbol{M}_{3a\times3a}=\boldsymbol{M}_{3a\times3a}^{\mathrm{T}} \tag{6.146}
$$

式中，轴链刚体惯性矩阵 $\boldsymbol{M}_{3a\times3a}$具有对称性，其元素即轴链惯性矩阵是 3×3 的矩阵。

给定多轴刚体系统 $i\boldsymbol{L}$，$\boldsymbol{NT}=\varnothing$；轴链刚体惯性矩阵元素具有以下特点：

（1）若${}^{\bar{u}}\boldsymbol{k}_u\in\boldsymbol{P}$，${}^{\bar{l}}\boldsymbol{k}_l\in\boldsymbol{P}$，${}^{\bar{k}}\boldsymbol{k}_k\in\boldsymbol{P}$，由式（6.106）可知 $\boldsymbol{M}_{\boldsymbol{P}}^{[u][l]}$ 及 $\boldsymbol{M}_{\boldsymbol{P}}^{[u][k]}$ 是对称矩阵；

（2）若${}^{\bar{u}}\boldsymbol{k}_u\in\boldsymbol{R}$，${}^{\bar{l}}\boldsymbol{k}_l\in\boldsymbol{R}$，${}^{\bar{k}}\boldsymbol{k}_k\in\boldsymbol{R}$，由式（6.108）可知 $\boldsymbol{M}_{\boldsymbol{R}}^{[u][l]}$ 及 $\boldsymbol{M}_{\boldsymbol{R}}^{[u][k]}$ 是对称矩阵；

（3）若${}^{\bar{u}}\boldsymbol{k}_u\in\boldsymbol{R}$，${}^{\bar{l}}\boldsymbol{k}_l\in\boldsymbol{P}$，${}^{\bar{k}}\boldsymbol{k}_k\in\boldsymbol{P}$ 或 ${}^{\bar{u}}\boldsymbol{k}_u\in\boldsymbol{P}$，${}^{\bar{l}}\boldsymbol{k}_l\in\boldsymbol{R}$，${}^{\bar{k}}\boldsymbol{k}_k\in\boldsymbol{R}$，由式（6.106）及式（6.108）可知 $\boldsymbol{M}_{\boldsymbol{R}}^{[u][l]}$ 无对称性。

由上述可知，轴链惯性矩阵的元素不一定具有对称性。

给定运动链${}^{\bar{u}}\boldsymbol{l}_u=(\bar{u},u1,u2,u3,u4,u5,u]$；笛卡儿坐标轴序列为 $\mathbf{e}_u=[\mathbf{e}_u^{[1]},\mathbf{e}_u^{[2]},\mathbf{e}_u^{[3]},\mathbf{e}_u^{[4]},\mathbf{e}_u^{[5]},\mathbf{e}_u^{[6]}]$。其中，$[\mathbf{e}_u^{[1]},\mathbf{e}_u^{[2]},\mathbf{e}_u^{[3]}]$为转动轴序列，$[\mathbf{e}_u^{[4]},\mathbf{e}_u^{[5]},\mathbf{e}_u^{[6]}]$为平动轴序列，且有${}^{u|}\mathbf{e}_u^{[1]}={}^{u|}\mathbf{e}_u^{[4]}=1^{[x]}$，${}^{u|}\mathbf{e}_u^{[2]}={}^{u|}\mathbf{e}_u^{[5]}=1^{[y]}$，${}^{u|}\mathbf{e}_u^{[3]}={}^{u|}\mathbf{e}_u^{[6]}=\mathbf{1}^{[z]}$。自然坐标序列为 $q_{(\bar{u},u]}=[\phi_1^{\bar{u}},\phi_2^1,\phi_3^2,r_4^3,r_5^4,r_u^5]^{\mathrm{T}}$。由式（6.106）得

$$
\boldsymbol{M}^{[u][*]}\cdot\ddot{\boldsymbol{q}}=\sum_{l}^{i\boldsymbol{1}_u}\left(\begin{bmatrix}\sum_{j}^{u\boldsymbol{L}}\left({}^{i|jI}J_{jI}-m_j\cdot{}^{i|u}\tilde{r}_{jI}\cdot{}^{i|l}\tilde{r}_{jI}\right) & \sum_{j}^{u\boldsymbol{L}}\left(m_j\cdot{}^{i|u}\tilde{r}_{jI}\right)\\ -\sum_{j}^{u\boldsymbol{L}}\left(m_j\cdot{}^{i|l}\tilde{r}_{jI}\right) & \sum_{j}^{u\boldsymbol{L}}\left(m_j\right)\cdot\mathbf{1}\end{bmatrix}\cdot\begin{bmatrix}{}^{i|\bar{l}}\ddot{\phi}_l\\ {}^{i|\bar{l}}\ddot{r}_l\end{bmatrix}\right)
$$

$$
+\sum_{k}^{u\boldsymbol{L}}\left(\begin{bmatrix}\sum_{j}^{k\boldsymbol{L}}\left({}^{i|jI}J_{jI}-m_j\cdot{}^{i|u}\tilde{r}_{jI}\cdot{}^{i|k}\tilde{r}_{jI}\right) & \sum_{j}^{k\boldsymbol{L}}\left(m_j\cdot{}^{i|u}\tilde{r}_{jI}\right)\\ -\sum_{j}^{k\boldsymbol{L}}\left(m_j\cdot{}^{i|k}\tilde{r}_{jI}\right) & \sum_{j}^{k\boldsymbol{L}}\left(m_j\right)\cdot\mathbf{1}\end{bmatrix}\cdot\begin{bmatrix}{}^{i|\bar{k}}\ddot{\phi}_k\\ {}^{i|\bar{k}}\ddot{r}_k\end{bmatrix}\right)
$$

显然，此时有 $u = u\mathbf{L}$ ，$m_l = 0, {}^{ll}J_{ll} = \mathbf{0}$，由上式得

$$M^{[u][u]} = \begin{bmatrix} {}^{i|u}J_{uI} & \mathbf{0} \\ -m_u \cdot {}^{i|u}\tilde{r}_{uI} & m_u \cdot \mathbf{1} \end{bmatrix} \tag{6.147}$$

显然，刚体坐标轴惯性矩阵与 6D 惯性矩阵不同，但二者等价。

6.6.3　轴链刚体系统广义惯性矩阵

将根据运动轴类型及自然参考轴表达的刚体运动链广义惯性矩阵称为轴链刚体系统广义惯性矩阵，简称轴链广义惯性矩阵。定义正交补矩阵 $\boldsymbol{A}_{3a\times a}$ 及对应的叉乘矩阵 $\tilde{\boldsymbol{A}}_{3a\times 3a}$：

$$\boldsymbol{A}_{3a\times a} \triangleq \mathrm{Diag}[\,{}^{i}n_1 \cdots {}^{i|\bar{k}}n_k \cdots {}^{i|\bar{a}}n_a\,] \tag{6.148}$$

$$\tilde{\boldsymbol{A}}_{3a\times 3a} \triangleq \mathrm{Diag}[\,{}^{i}\tilde{n}_1 \cdots {}^{i|\bar{k}}\tilde{n}_k \cdots {}^{i|\bar{a}}\tilde{n}_a\,] \tag{6.149}$$

由式（6.148）得

$$\boldsymbol{A}^{\mathrm{T}}_{3a\times a} \cdot \boldsymbol{A}_{3a\times a} = \mathbf{1}_{a\times a} \tag{6.150}$$

$$\boldsymbol{A}_{3a\times a} \cdot \boldsymbol{A}^{\mathrm{T}}_{3a\times a} = \mathrm{Diag}[\,{}^{i}n_1 \cdots {}^{i|\bar{k}}n_k \cdots {}^{i|\bar{a}}n_a\,] \cdot \mathrm{Diag}[\,{}^{i}n_1^{\mathrm{T}} \cdots {}^{i|\bar{k}}n_k^{\mathrm{T}} \cdots {}^{i|\bar{a}}n_a^{\mathrm{T}}\,] \tag{6.151}$$

考虑由式（6.28）得到的 ${}^{\bar{l}}\tilde{n}_l^{\,2} = {}^{\bar{l}}n_l \cdot {}^{\bar{l}}n_l^{\mathrm{T}} - \mathbf{1}$ 及式（6.151）得

$$\boldsymbol{A}_{3a\times a} \cdot \boldsymbol{A}^{\mathrm{T}}_{3a\times a} = \mathrm{Diag}[\,\mathbf{1} + {}^{i}\tilde{n}_1^{\wedge 2} \cdots \mathbf{1} + {}^{i|\bar{k}}\tilde{n}_k^{\wedge 2} \cdots \mathbf{1} + {}^{i|\bar{a}}n_a^{\wedge 2}\,] = \mathbf{1}_{3a\times 3a} + \tilde{\boldsymbol{A}}^2_{3a\times 3a} \tag{6.152}$$

显然，$\boldsymbol{A}_{3a\times a} \cdot \boldsymbol{A}^{\mathrm{T}}_{3a\times a}$ 是对称矩阵。由式（6.146）得

$$\begin{aligned} \boldsymbol{M}^{\mathrm{T}}_{a\times a} &= (\boldsymbol{A}^{\mathrm{T}}_{3a\times a} \cdot \boldsymbol{M}_{3a\times 3a} \cdot \boldsymbol{A}_{3a\times a})^{\mathrm{T}} = \boldsymbol{A}^{\mathrm{T}}_{3a\times a} \cdot \boldsymbol{M}^{\mathrm{T}}_{3a\times 3a} \cdot \boldsymbol{A}_{3a\times a} \\ &= \boldsymbol{A}^{\mathrm{T}}_{3a\times a} \cdot \boldsymbol{M}_{3a\times 3a} \cdot \boldsymbol{A}_{3a\times a} = \boldsymbol{M}_{a\times a} \end{aligned} \tag{6.153}$$

式（6.153）表明，$\boldsymbol{M}_{a\times a}$ 具有对称性，称之为轴链广义惯性矩阵。由本章附录中式（6.256）及式（6.257）、式（6.259）及式（6.260），知 $\boldsymbol{M}^{[u][k]}_{a\times a}$ 的计算复杂度与闭子树 $k\mathbf{L}$ 的轴数成正比，故有

$$O(\boldsymbol{M}^{[u][k]}_{a\times a}) \propto O(\,|k\mathbf{L}|\,) < O(a) \tag{6.154}$$

对于轴链广义惯性矩阵，由式（6.154）及式（6.146）可得如下结论：

（1）若由单个 CPU 计算 $\boldsymbol{M}_{a\times a}$，则有 $O(\boldsymbol{M}_{a\times a}) \leqslant O(a^2)$；

（2）若由 a 个 CPU 或 GPU 并行计算 $\boldsymbol{M}_{a\times a}$，则有 $O(\boldsymbol{M}_{a\times a}) \leqslant O(a)$。

6.6.4　树链刚体系统 Ju-Kane 动力学方程正解

现在探讨如何得到树链刚体系统 Ju-Kane 动力学方程正解。动力学方程的正解是指给定驱动力时根据动力学方程求解关节加速度或惯性加速度。

给定多轴刚体树链系统 $i\mathbf{L}$；将系统中各轴动力学方程（6.104）按行排列；将重排后的轴驱动广义力及不可测的环境作用力记为 $\boldsymbol{f}^C$，可测的环境广义作用力记为 $\boldsymbol{f}^i$；将系统对应的关节加速度序列记为 $\{\ddot{\boldsymbol{q}}\}$；将重排后的 $\boldsymbol{h}_{\boldsymbol{P}}^{[u]}$ 记为 $\boldsymbol{h}$；考虑式（6.148），则该系统动力学方程为

$$\boldsymbol{A}^{\mathrm{T}}_{3a\times a} \cdot [\,\boldsymbol{M}_{3a\times 3a} \cdot \boldsymbol{A}_{3a\times a} \cdot \{\ddot{\boldsymbol{q}}\} + \boldsymbol{h}\,] - \boldsymbol{A}^{\mathrm{T}}_{3a\times a} \cdot \boldsymbol{f}^{i} = \boldsymbol{f}^{C} \tag{6.155}$$

由式（6.155）得

$$\boldsymbol{M}_{a\times a} \cdot \{\ddot{\boldsymbol{q}}\} + \boldsymbol{A}^{\mathrm{T}}_{3a\times a} \cdot \boldsymbol{h} - \boldsymbol{A}^{\mathrm{T}}_{3a\times a} \cdot \boldsymbol{f}^{i} = \boldsymbol{f}^{C} \tag{6.156}$$

其中，

$$\boldsymbol{M}_{a\times a}=\boldsymbol{A}_{3a\times a}^{\mathrm{T}}\cdot\boldsymbol{M}_{3a\times 3a}\cdot\boldsymbol{A}_{3a\times a}\tag{6.157}$$

由式（6.155）得

$$\{\ddot{q}\}=\boldsymbol{M}_{a\times a}^{-1}\cdot(\boldsymbol{f}^{C}+\boldsymbol{A}_{3a\times a}^{\mathrm{T}}\cdot\boldsymbol{f}^{i}-\boldsymbol{A}_{3a\times a}^{\mathrm{T}}\cdot\boldsymbol{h})\tag{6.158}$$

关键是如何计算式（6.158）中的轴链广义惯性矩阵的逆，即 $\boldsymbol{M}_{a\times a}^{-1}$。若应用枢轴方法蛮力计算 $\boldsymbol{M}_{a\times a}^{-1}$，$O(\boldsymbol{M}_{a\times a}^{-1})\propto a^{3}$；显然，即使对于轴数不多的多轴系统，计算代价也极大，故该方法不宜使用。

由式（6.153）知轴链广义惯性矩阵 $\boldsymbol{M}_{a\times a}$是对称矩阵，且因系统能量 $\{\ddot{\boldsymbol{q}}\}^{\mathrm{T}}\cdot\boldsymbol{M}_{a\times a}\cdot\{\ddot{\boldsymbol{q}}\}$ 大于零，故其是正定矩阵。有效的 $\boldsymbol{M}_{a\times a}^{-1}$ 计算过程如下：

首先，对其进行 LDLT 分解：

$$\boldsymbol{M}_{a\times a}=(\boldsymbol{1}_{a\times a}+\boldsymbol{L}_{a\times a})\cdot\boldsymbol{D}_{a\times a}\cdot(\boldsymbol{1}_{a\times a}+\boldsymbol{L}_{a\times a}^{\mathrm{T}})\tag{6.159}$$

其中，$\boldsymbol{L}_{a\times a}$是唯一存在的下三角矩阵，$\boldsymbol{D}_{a\times a}$是对角矩阵。

（1）若由单个 CPU 进行 LDLT 分解，则分解复杂度为 $O(a^{2})$；

（2）若由 a 个 CPU 或 GPU 并行分解 $\boldsymbol{M}_{a\times a}$，则分解复杂度为 $O(a)$。

然后应用式（6.160）计算 $\boldsymbol{M}_{a\times a}^{-1}$：

$$\boldsymbol{M}_{a\times a}^{-1}=(\boldsymbol{1}_{a\times a}+\boldsymbol{L}_{a\times a}^{\mathrm{T}})^{-1}\cdot\boldsymbol{D}_{a\times a}^{-1}\cdot(\boldsymbol{1}_{a\times a}+\boldsymbol{L}_{a\times a})^{-1}\tag{6.160}$$

将式（6.160）代入式（6.158）得

$$\{\ddot{\boldsymbol{q}}\}=(\boldsymbol{1}_{a\times a}+\boldsymbol{L}_{a\times a}^{\mathrm{T}})^{-1}\cdot\boldsymbol{D}_{a\times a}^{-1}\cdot(\boldsymbol{1}_{a\times a}+\boldsymbol{L}_{a\times a})^{-1}\cdot(\boldsymbol{f}^{C}+\boldsymbol{A}_{3a\times a}^{\mathrm{T}}\cdot(\boldsymbol{f}^{i}-\boldsymbol{h}))\tag{6.161}$$

至此，得到树链刚体系统 Ju-Kane 动力学方程正解。它具有以下特点：

（1）基于 Ju-Kane 规范型的式（6.159）中轴链广义惯性矩阵 $\boldsymbol{M}_{a\times a}$的大小仅是 6D 双矢量空间的广义惯性矩阵的 1/4，$\boldsymbol{M}_{a\times a}$ 的 LDLT 分解使求逆速度得到大幅提升。同时，式（6.161）中 $\boldsymbol{f}^{C}$、$\boldsymbol{f}^{i}$ 及 $\boldsymbol{h}$ 都是关于轴不变量的迭代式，可以保证 $\ddot{\boldsymbol{q}}$ 求解的实时性与精确性；Ju-Kane 规范型具有公理化的理论基础，物理内涵清晰。而基于 6D 空间操作算子的多体系统动力学以整体式的关联矩阵为基础，无论是建模过程还是正解过程都较 Ju-Kane 规范型系统建模与求解过程抽象。特别是借鉴卡尔曼滤波及平滑理论建立的动力学迭代方法，缺乏严谨的公理化分析证明。

（2）式（6.159）中的轴链广义惯性矩阵 $\boldsymbol{M}_{a\times a}$，式（6.161）中 $\boldsymbol{f}^{C}$、$\boldsymbol{f}^{i}$ 及 $\boldsymbol{h}$ 都可以根据系统结构动态更新，可以保证工程应用的灵活性。

（3）式（6.159）中的轴链广义惯性矩阵 $\boldsymbol{M}_{a\times a}$及式（6.161）中的 $\boldsymbol{f}^{C}$、$\boldsymbol{f}^{i}$ 及 $\boldsymbol{h}$ 具有简洁、优雅的链指标系统；同时，具有软件实现的伪代码功能，可以保证工程实现的质量。

（4）因坐标系及轴的极性可以根据工程需要设置，动力学仿真分析的输出结果不必做中间转换，提高了应用方便性与后处理的效率。

6.6.5 树链刚体系统 Ju-Kane 动力学方程逆解

动力学方程的逆解是指已知动力学运动状态、结构参数及质惯性，求解驱动力或驱动力矩。考虑式（6.104）及式（6.110）得

$$
\begin{cases}
f_u^{u\mathbf{L}} - {}^{i|\bar{u}}n_u^{\mathrm{T}} \cdot \sum\limits_{l}^{u\mathbf{L}} ({}^{iS}f_{lS}) - \dot{r}_u^{\bar{u}} \cdot G(f_u^c) = f_u^c, & {}^{\bar{u}}\boldsymbol{k}_u \in \boldsymbol{P} \\
\tau_{u\mathbf{L}}^u - {}^{i|\bar{u}}n_u^{\mathrm{T}} \cdot \sum\limits_{l}^{u\mathbf{L}} ({}^{i|u}\tilde{r}_{lS} \cdot {}^{iS}f_{lS} + {}^{i}\tau_l) - \dot{\phi}_u^{\bar{u}} \cdot G(\tau_u^c) = \tau_u^c, & {}^{\bar{u}}\boldsymbol{k}_u \in \boldsymbol{R}
\end{cases}
\tag{6.162}
$$

当已知关节位形、速度及加速度时，由式（6.64）得${}^{i|u\mathbf{L}}f_u$ 及${}^{i|u\mathbf{L}}\tau_u$。进一步，若外力及外力矩已知，则由式（6.162）求解驱动力 f_u^c 及驱动力矩 τ_u^c。显然，动力学方程的逆解计算复杂度正比于系统轴数 $|\boldsymbol{A}|$。

尽管动力学逆解计算很简单，但它对于多轴系统实时力控制具有非常重要的作用。当多轴系统自由度较高时，实时动力学计算常常是一个重要瓶颈，因为力控制的动态响应通常要求比运动控制的动态响应的频率高 5~10 倍。一方面，由于轴链惯性矩阵 $\boldsymbol{M}_{3a\times 3a}$不仅对称，而且大小仅是传统的体链惯性矩阵 $\boldsymbol{M}_{6a\times 6a}$ 的 1/4，由式（6.157）计算轴链广义惯性矩阵 $\boldsymbol{M}_{a\times a}$时计算量要小很多。另一方面，由式（6.156）计算运动轴轴向惯性力 $\boldsymbol{M}_{a\times a}\cdot\ddot{q}$ 的计算量仅是牛顿-欧拉法的 1/36。

> 由于系统惯性矩阵小，多轴系统动力学计算复杂度远低于现有已知的动力学系统。特征在于：
>
> （1）式（6.144）所示的 3D 广义惯性矩阵空间更加紧凑，是 6D 惯性矩阵大小的 1/4；
>
> （2）可以通过迭代式方程直接列写系统广义惯性矩阵的显式表达式；
>
> （3）正逆动力学计算具有线性复杂度；
>
> （4）具备 Ju-Kane 规范方程的基本特征。

6.7 多轴移动系统的 Ju-Kane 规范方程

动基座刚体系统应用领域越来越广泛，包括空间机械臂、星表巡视器、双足机器人等。下面，先陈述动基座刚体系统的 Ju-Kane 动力学定理。

定理 6.4 给定多轴刚体移动系统 $i\mathbf{L}$，惯性系记为$\boldsymbol{F}_i$，$\forall u,\ u',\ k,\ l\in\boldsymbol{A}$；轴链记为${}^{i}\mathbf{1}_c=(i,c1,c2,c3,c4,c5,c]$，轴类型序列为${}^{i}\boldsymbol{K}_c=(\boldsymbol{X},\boldsymbol{R},\boldsymbol{R},\boldsymbol{R},\boldsymbol{P},\boldsymbol{P},\boldsymbol{P}]$。除了重力外，作用于轴#u 的合外力及力矩在${}^{\bar{u}}n_u$ 上的分量分别为$f_u^{u\mathbf{L}}$ 及 $\tau_{u\mathbf{L}}^u$；轴#k 的质量及质心转动惯量分别为 m_k 及${}^{kI}J_{kI}$；轴#k 的重力加速度为${}^{i}g_{kI}$；驱动轴 u 的双边驱动力及驱动力矩在${}^{\bar{u}}n_u$ 上的分量分别为$f_u^c(\dot{r}_l^{\bar{l}})$及 $\tau_u^c(\dot{\phi}_l^{\bar{l}})$；环境 i 对轴#l 的作用力及作用力矩分别为${}^{iS}f_{lS}$及${}^{i}\tau_l$；作用于体#c 上的合力及合力矩分别为${}^{i|c\mathbf{L}}f_c$ 及${}^{i|c\mathbf{L}}\tau_c$，记 $\phi_{(i,c]}=[\phi_{c1}^{i},\phi_{c2}^{c1},\phi_{c3}^{c2}]$，$r_{(i,c]}=[r_{c4}^{c3},r_{c5}^{c4},r_{c}^{c5}]$；且有

$$
\begin{cases}
{}^{c|i}n_{c1}=\mathbf{1}^{[m]},\quad {}^{c|c1}n_{c2}=\mathbf{1}^{[n]},\quad {}^{c|c2}n_{c3}=\mathbf{1}^{[p]} \\
\qquad m,n,p\in\{x,y,z\},m\neq n,n\neq p \\
{}^{c|c5}n_{c}=\mathbf{1}^{[x]},\quad {}^{c|c4}n_{c5}=\mathbf{1}^{[y]},\quad {}^{c|c3}n_{c4}=\mathbf{1}^{[z]}
\end{cases}
\tag{6.163}
$$

$$ {}_0^{c|c2}r_{c3} = {}_0^{c|c3}r_{c4} = {}_0^{c|c4}r_{c5} = {}_0^{c|c5}r_c = 0_3 \tag{6.164} $$

则有

$$ \begin{cases} \boldsymbol{M}_{\boldsymbol{P}}^{[c][*]} \cdot \ddot{\boldsymbol{q}} + \boldsymbol{h}_{\boldsymbol{P}}^{[c]} = {}^cQ_i \cdot {}^{i|c\boldsymbol{L}}f_c \\ \boldsymbol{M}_{\boldsymbol{R}}^{[c][*]} \cdot \ddot{\boldsymbol{q}} + \boldsymbol{h}_{\boldsymbol{R}}^{[c]} = {}^c\Theta_i \cdot {}^{i|c}\tau_{c\boldsymbol{L}} \end{cases} \tag{6.165} $$

且有

$$ {}^i\Theta_c = \partial^i\dot{\phi}_c / \partial\dot{\phi}_{(i,c]} \tag{6.166} $$

$$ \ddot{\boldsymbol{q}} = \left\{ {}^{i|\bar{l}}\ddot{q}_l = {}^{i|\bar{l}}n_l \cdot \ddot{q}_l^{\bar{l}} \,\middle|\, \begin{matrix} \ddot{q}_l^{\bar{l}} = \ddot{r}_l^{\bar{l}}, & {}^{\bar{l}}\boldsymbol{k}_l \in \boldsymbol{P}; \\ \ddot{q}_l^{\bar{l}} = \ddot{\phi}_l^{\bar{l}}, & {}^{\bar{l}}\boldsymbol{k}_l \in \boldsymbol{R}; \end{matrix} \quad l \in A \right\} \tag{6.167} $$

$$ \boldsymbol{M}_{\boldsymbol{P}}^{[c][*]} \cdot \ddot{q} = {}^cQ_i \cdot \left(\begin{matrix} \left(\begin{matrix} \sum\limits_k^{c\boldsymbol{L}} (m_k) \cdot {}^iQ_c \cdot \ddot{r}_{(i,c]}^{\mathrm{T}} - \backslash \\ \sum\limits_k^{c\boldsymbol{L}} (m_k \cdot {}^{i|c}\tilde{r}_{kI}) \cdot {}^i\Theta_c \cdot \ddot{\phi}_{(i,c]}^{\mathrm{T}} \end{matrix} \right) \\ \backslash + \sum\limits_k^{\underline{c}\boldsymbol{L}} \left(\begin{matrix} \sum\limits_j^{k\boldsymbol{L}} (m_j) \\ -\sum\limits_j^{k\boldsymbol{L}} (m_j \cdot {}^{i|k}\tilde{r}_{jI}) \end{matrix} \right\| \cdot {}^{i|\bar{l}}n_l \cdot \ddot{q}_k^{\bar{k}}) \end{matrix} \right) \tag{6.168} $$

$$ \begin{aligned} M_{\boldsymbol{R}}^{[c][*]} \cdot \ddot{q} = {}^c\Theta_i \cdot & \left(\begin{matrix} \sum\limits_k^{c\boldsymbol{L}} ({}^{i|kI}J_{kI} - m_k \cdot {}^{i|c}\tilde{r}_{kI}^{\wedge 2}) \cdot {}^i\Theta_c \cdot \ddot{\phi}_{(i,c]}^{\mathrm{T}} \\ \backslash + \sum\limits_k^{c\boldsymbol{L}} (m_k \cdot {}^{i|c}\tilde{r}_{kI}) \cdot {}^iQ_c \cdot \ddot{r}_{(i,c]}^{\mathrm{T}} \end{matrix} \right) \\ \backslash + {}^c\Theta_i \cdot \sum_k^{\underline{c}\boldsymbol{L}} & \left(\begin{matrix} \sum\limits_j^{k\boldsymbol{L}} (m_j \cdot {}^{i|c}\tilde{r}_{jI}) \\ \sum\limits_j^{k\boldsymbol{L}} ({}^{i|jI}J_{jI} - m_j \cdot {}^{i|c}\tilde{r}_{jI} \cdot {}^{i|k}\tilde{r}_{jI}) \end{matrix} \right\| \cdot {}^{i|\bar{k}}n_k \cdot \ddot{q}_k^{\bar{k}} \right) \end{aligned} \tag{6.169} $$

其中，$\underline{c}\boldsymbol{L}$ 表示 c 的开子树，$c\boldsymbol{L} - c = \underline{c}\boldsymbol{L}$，其他的参见式（6.107）至式（6.110）。式（6.168)及式（6.169）的证明见本章附录。

由定理 6.4 可知，可以根据需要由式（6.163）确定本体 c 的笛卡儿体系 $\boldsymbol{F}_c$ 的 3 个转动轴的序列，在建立动力学方程后，通过积分完成动力学仿真，直接可以得到所期望的姿态。

6.8　基于轴不变量的多轴系统控制

本节讨论多轴系统的力位控制伺服问题。首先，讨论力位控制的需求及必要条件，再探讨多轴力位控制的原理。

1. 力位控制需求

力位控制在多轴系统特别是机器人系统、精密加工中心当中具有非常重要的作用。

（1）提高作业节拍。在生产线特别是装配、机加工等作业过程中，要求提高机器人及加工中心的作业节拍，从而提高生产效率、降低生产成本。在提高多轴系统作业节拍的同时，需要考虑多轴系统动力学过程的影响。

（2）防止多轴系统结构的损坏，实现柔顺控制。在机器人装配、机加工过程中，拾取机构、切削机构等末端效应器与作业对象发生硬撞击，易导致末端执行器及多轴系统的损伤，需要实现柔顺控制，即当受到过载的作用力时，系统能够具有一定的柔性，不至于产生硬撞击。因此，要求驱动轴的控制力可以根据环境的作用力实时及柔性地调节。考虑不可测的环境作用力，目的是为动力学系统的力位柔顺控制奠定基础。

（3）提高人机协作的安全性。机器人与人合理分工，完成各自的作业劳动，需要保障人机协作的安全性。在高节拍的机器人生产线上，每年都会产生多起机器人伤人事件。一方面，需要减少人机交互的场景；另一方面，需要提升机器人根据环境对象实现柔性力位跟踪控制的能力。例如，从技术上实现机械臂自主控制，不再需要人对机器的示教过程，从而减少人机交互的必要性；或者通过视觉检测，识别人机接触的位置，并通过力传感器检测人机交互的作用力，柔性地调整机器人各轴控制力。但是，目前的力传感器质量及体积过大，成本很高，系统应用复杂，故需要通过动力学建模与控制实现机器人的力位柔顺控制。

2. 基于多轴系统动力学模型的力位控制前提条件

（1）实现环境作用力间接测量。应用多轴系统动力学逆解不仅可以计算驱动器的期望控制力矩或控制力，而且可以间接测量多轴系统与环境的作用力，为多轴系统力位控制提供了原理支撑。

（2）紧凑型力控关节。力控过程的动态响应通常要比位置伺服控制的响应速度高 5~10 倍，要求关节驱动器具有更高的通信速率与可靠性，EtherCAT 通信可以满足力控的通信需求。另外需要电动机及减速器具有良好的力特性，通过电动机驱动电流检测计计算关节驱动力矩，既要求电动机负载与电流的模型准确，又要求减速器力特性达到一定的精度。力矩电动机及 RV 减速器更适应力控的要求。

（3）机器人控制器需要实现多轴系统运动学及动力学的实时解算，通常需要达到 300~500 Hz 以上，即当机器人与环境作用的运动速度为 300~500 mm/s 时，位置控制精度可以达到毫米量级，为保证人身安全奠定了技术基础。

6.8.1　多轴动力学系统的结构

给定系统 $\boldsymbol{iL}$，$|\boldsymbol{NT}|=c$，$|\boldsymbol{A}|=a$，不可测的环境作用力独立维度记为 e，驱动轴维度记为 d，则未知作用力维度为 $w=d+e$，系统方程数为 $n=a+3c$。

将非树约束副代数方程写成整体形式：

$$C_{3c\times a}(\boldsymbol{q}_a,\dot{\boldsymbol{q}}_a)\cdot\ddot{\boldsymbol{q}}_a=\boldsymbol{0}_{3c} \tag{6.170}$$

而驱动轴控制广义力及不可测环境作用力记为 $\boldsymbol{u}_n$；将 $\ddot{\boldsymbol{q}}$ 及非树约束力合写为 $\ddot{\boldsymbol{q}}_n$；将式（6.156）所示的动力学方程及非树约束副代数方程（6.170）写成整体形式：

$$\boldsymbol{M}_{n\times n}\cdot\ddot{\boldsymbol{q}}_n+\boldsymbol{h}_n=\boldsymbol{u}_n \tag{6.171}$$

其中，$\boldsymbol{u}_n$ 为驱动轴轴向广义控制力分量及未知环境作用力。记 $\boldsymbol{B}_{n\times n}$ 为驱动轴广义控制力及未知环境作用力的反向传递矩阵。通常 $\boldsymbol{B}_{n\times n}$ 可逆，将式（6.171）表达为

$$\boldsymbol{M}'(q)\cdot\ddot{\boldsymbol{q}}+\boldsymbol{h}'(\boldsymbol{q},\dot{\boldsymbol{q}})=\boldsymbol{u} \tag{6.172}$$

其中，

$$\boldsymbol{M}'(q)=\boldsymbol{B}_{n\times n}^{-1}\cdot\boldsymbol{M}_{n\times n},\quad \boldsymbol{h}'(\boldsymbol{q},\dot{\boldsymbol{q}})=\boldsymbol{B}_{n\times n}^{-1}\cdot\boldsymbol{h}_n,\quad \boldsymbol{u}_n=\boldsymbol{u} \tag{6.173}$$

由于在多轴系统动力学建模时，存在不准确的结构参数及质惯量参数，故将式（6.172）称为多轴动力学系统的名义模型或理论模型。对应的系统工程模型或实际模型记为

$$\boldsymbol{M}(\boldsymbol{q})\cdot\ddot{\boldsymbol{q}}+\boldsymbol{h}(\boldsymbol{q},\dot{\boldsymbol{q}})=\boldsymbol{u} \tag{6.174}$$

因 $\boldsymbol{M}(\boldsymbol{q},\dot{\boldsymbol{q}};t)\cdot\ddot{\boldsymbol{q}}$ 是轴向惯性力，在系统中是主项，故常常需要考虑 $\boldsymbol{M}'(\boldsymbol{q},\dot{\boldsymbol{q}};t)$ 的上下界，记为

$$\underline{m}\cdot\mathrm{I}\leqslant\boldsymbol{M}'(\boldsymbol{q})\leqslant\bar{m}\cdot\mathbf{I} \tag{6.175}$$

其中，$\underline{m}$ 是下界常数，$\bar{m}$ 是上界常数，$\mathbf{I}$ 是单位矩阵。

将式（6.172）及式（6.174）称为多轴刚体系统动力学控制方程，它们属于仿射性方程，在结构上具有以下特点：

（1）控制输入 $\boldsymbol{u}$ 既包含轴驱动广义力又可能包含环境作用力，这与传统的系统控制模型不同；

（2）它是关于控制输入 $\boldsymbol{u}$ 的线性方程；

（3）它是关于系统状态 $\boldsymbol{q}$ 及 $\dot{\boldsymbol{q}}$ 的非线性方程；

（4）关节加速度 $\ddot{\boldsymbol{q}}$ 及控制输入 $\boldsymbol{u}$ 具有相同的维度。

在了解多轴系统控制方程结构特点的基础上，开展针对性的控制律设计，以达到多轴系统力位控制的目标。

6.8.2 运动轴的伺服控制

除运动学方面的不变性之外，运动轴在力学方面同样具有不变性，包含运动及控制力的有界性、功率负载特性、摩擦与阻尼特性。

运动及控制力的有界性：具有位置、速度及力的量程，超出量程常常导致机电故障。

功率负载特性：运动轴是有源的系统，速度与控制力的反比特性。

摩擦与阻尼特性：静摩擦与黏滞比动摩擦与黏滞要大得多且具有指数形式的非线性，低速的平稳特性是运动轴的重要指标。

依据运动轴的运动学及力学的不变性，才能建立与运动轴同构的伺服控制系统。下面，阐述运动轴的动力学模型、控制模式及控制原理。

1. 运动轴动力学模型

它是以单轴驱动力为输入，单轴加速度为状态，单轴位置或速度为输出的强非线性动力

学系统。因此，运动轴#l 动力学模型可视为有界的单输入单输出、变参数的二阶动力学系统，表示为

$$\boldsymbol{J}_l(\boldsymbol{q}_l)\cdot\ddot{\boldsymbol{q}}_l+\boldsymbol{h}_l(\dot{\boldsymbol{q}}_l,\boldsymbol{q}_l)={}_d\boldsymbol{f}_l+{}_b\boldsymbol{f}_l \tag{6.176}$$

该式是一个仿射性动力学模型。其中，$\ddot{\boldsymbol{q}}_l$为加速度；$\dot{\boldsymbol{q}}_l$ 为速度；$\boldsymbol{q}_l$ 为位置；${}_d\boldsymbol{f}_l$ 为驱动力；${}_b\boldsymbol{f}_l$ 为前馈的外力（负载作用力、摩擦与黏滞力）。负载作用力主要是环境及多体运动产生的，通常是强非线性。

2. 双曲正切控制律

Sigmoid 函数如下：

$$\mathrm{Sigmoid}(x)=(1+\exp(-x))^{-1} \tag{6.177}$$

双曲正切函数如下：

$$\tanh(x)=\frac{\exp(x)-\exp(-x)}{\exp(x)+\exp(-x)}=\frac{2}{1+\exp(-2x)}-1 \tag{6.178}$$

其中，右侧部分有助于提高实时性。双曲正切函数的导数为

$$\frac{\mathrm{d}}{\mathrm{d}x}(\tanh(x))=1-\tanh^2(x) \tag{6.179}$$

上式表明，双曲正切函数是连续可微的。可以验证，双曲正切与 Sigmoid 函数具有如下关系：

$$\tanh(x)=2\cdot\mathrm{Sigmoid}(2x)-1 \tag{6.180}$$

双曲正切及其导数曲线如图 6.3 所示，双曲正切曲线具有反对称性及［-1，1］的有界性；同时，在零点时变化率最大。双曲正切曲线与运动轴的理想功率驱动控制曲线一致。

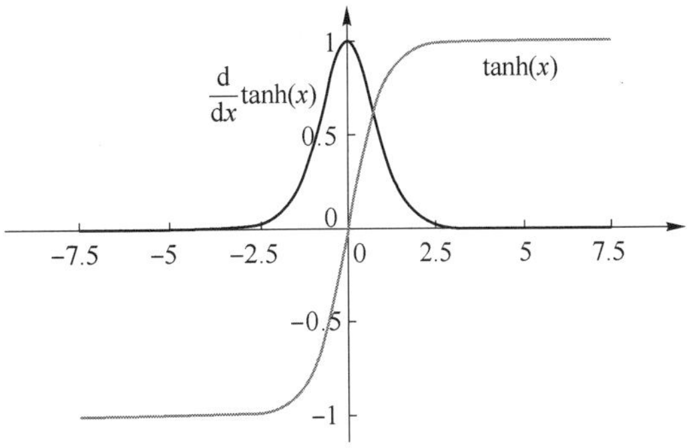

图 6.3　双曲正切及其导数曲线

运动轴的控制模式包含位置模式、速度模式及力控模式。显然，力是运动状态改变的原因，因此力环置于内环；力环跟踪控制产生速度误差，需要中环的速度跟踪控制；速度跟踪误差产生位置误差，需要外环的位置跟踪控制，其中力控模式与电流模式或加速度模式等价。目前具有 EtherCAT 实时通信功能的电机驱动器通常具有电流前馈补偿功能，通过设置驱动器的参数实现力控的等价功能。

根据双曲正切函数并结合运动轴的特点，得位置 q_l 的双曲正切控制律如下：

$$\mathrm{Th}(q_l)=b_l\cdot\tanh(k_l\cdot q_l) \tag{6.181}$$

其中，k_l 为位置响应参数，b_l 为位置上限。相应地，有速度 $\mathrm{Th}(\dot{q}_l)$ 及加速度控制律 $\mathrm{Th}(\ddot{q}_l)$：

$$\begin{aligned}\mathrm{Th}(\dot{q}_l)&=b'_l\cdot\tanh(k'_l\cdot\dot{q}_l)\\ \mathrm{Th}(\ddot{q}_l)&=b''_l\cdot\tanh(k''_l\cdot\ddot{q}_l)\end{aligned} \tag{6.182}$$

双曲正切控制律满足运动轴有界性、连续性、单调性及反对称性约束，是“由下至上”的系统设计思想。

3. 运动轴的三环控制

运动轴的控制原理：采用“位置-速度-力控”三环控制；采用“双曲正切”控制律，保证有界约束，适应摩擦与黏滞的指数形式的非线性，满足工程上对减小超调及快速响应的指数跟踪控制需求。具有前馈的三环控制遵从应用系统动力学模型的先验知识的“由上至下”的系统分析的思想，其控制框图如图 6.4 所示。

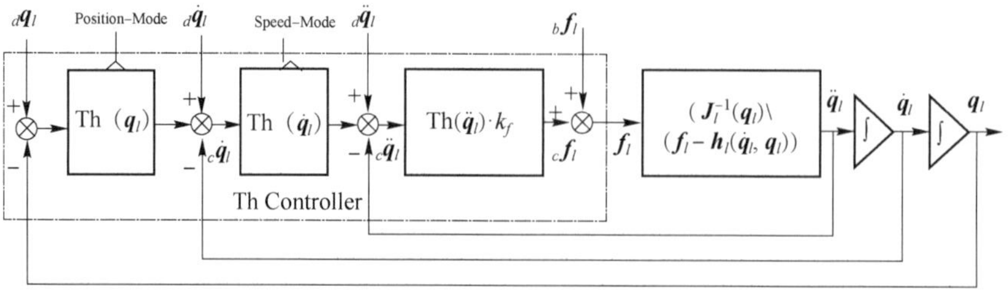

图 6.4　运动轴的三环控制

当给定多体系统期望加速度时，根据每一轴当前位置、速度及关节力学参数，可以实时地计算任一驱动轴期望控制力$_b f_l$。由于多体系统结构参数、质惯量及质心等参数是较精确的，因此多体系统的重力及惯性力几乎被补偿，任一驱动轴只需要克服其外部负载及自身的摩擦及黏滞力等引起的扰动。同时，任一驱动轴视其驱动能力实现最佳的跟踪控制。

6.8.3　基于逆模补偿器的多轴系统跟踪控制

给定仿射性系统

$$\boldsymbol{M}(\boldsymbol{q})\cdot\ddot{\boldsymbol{q}}+\boldsymbol{h}(\boldsymbol{q},\dot{\boldsymbol{q}})=\boldsymbol{u} \tag{6.183}$$

如图 6.5 所示，控制器由 Th 控制器及构造逆模补偿器组成。

$$\boldsymbol{u}_b=\boldsymbol{M}'(\boldsymbol{q})\cdot\ddot{\boldsymbol{q}}_d+\boldsymbol{h}'(\boldsymbol{q},\dot{\boldsymbol{q}}) \tag{6.184}$$

其中，$\boldsymbol{q}$，$\boldsymbol{u}\in R^n$，$\boldsymbol{M}'(\boldsymbol{q})$及$\boldsymbol{h}'(\boldsymbol{q},\dot{\boldsymbol{q}})$分别是$\boldsymbol{M}(\boldsymbol{q})$及$\boldsymbol{h}(\boldsymbol{q},\dot{\boldsymbol{q}})$的名义模型，$\delta\dot{\boldsymbol{q}}=\dot{\boldsymbol{q}}_d-\dot{\boldsymbol{q}}$，$\delta\boldsymbol{q}=\boldsymbol{q}_d-\boldsymbol{q}$。

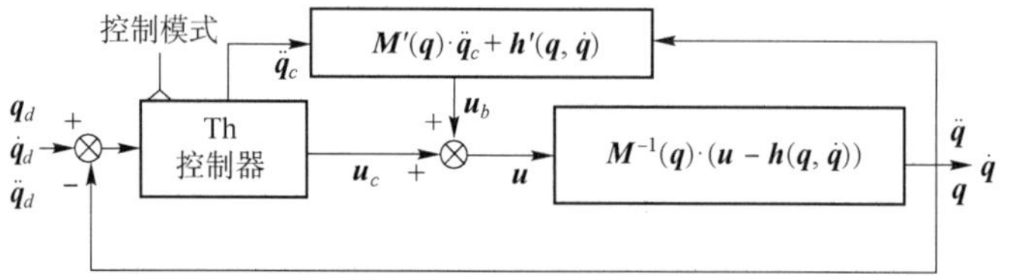

图 6.5　基于补偿器的多轴系统跟踪控制

该控制系统可实现状态$[\ddot{\boldsymbol{q}},\dot{\boldsymbol{q}},\boldsymbol{q}]$对期望状态$[\ddot{\boldsymbol{q}}_d,\dot{\boldsymbol{q}}_d,\boldsymbol{q}_d]$的跟踪控制。

【证明】 如图 6.5 所示，控制对象自身完成逆动力学计算，逆模补偿器完成的是正动力学计算，从而补偿控制对象的输入。

（1）通过线性化补偿器实现全局线性化。

因为$\boldsymbol{M}'(\boldsymbol{q})$及$\boldsymbol{h}'(\boldsymbol{q},\dot{\boldsymbol{q}})$分别是$\boldsymbol{M}(\boldsymbol{q})$及$\boldsymbol{h}(\boldsymbol{q},\dot{\boldsymbol{q}})$的名义模型，所以$\boldsymbol{M}'(\boldsymbol{q})\to\boldsymbol{M}(\boldsymbol{q})$、$\boldsymbol{h}'(\boldsymbol{q},\dot{\boldsymbol{q}})\to\boldsymbol{h}(\boldsymbol{q},\dot{\boldsymbol{q}})$。同时，因单个周期内$\ddot{\boldsymbol{q}}_d\to\ddot{\boldsymbol{q}}$。进而，由式（6.183）及式（6.184）得

$$\boldsymbol{M}^{-1}(\boldsymbol{q})\cdot(\boldsymbol{M}'(\boldsymbol{q})\cdot\boldsymbol{u}_b+\boldsymbol{h}'(\boldsymbol{q},\dot{\boldsymbol{q}})-\boldsymbol{h}(\boldsymbol{q},\dot{\boldsymbol{q}}))\approx\mathbf{I}_{n\times n} \tag{6.185}$$

式（6.185）表明，控制对象被全局线性化。

（2）通过 Th 控制器消除模型不确定性带来的扰动。由式（6.185）可知，$\boldsymbol{u}_b \to \boldsymbol{u}$，故 $\boldsymbol{u}_b \to 0_n$。根据双曲正切曲线特点可知，Th 控制器可使该系统渐近稳定，即 $\ddot{\boldsymbol{q}} \to \ddot{\boldsymbol{q}}_d, \dot{\boldsymbol{q}} \to \dot{\boldsymbol{q}}_d$ 及 $\boldsymbol{q} \to \boldsymbol{q}_d$。证毕。

6.8.4　多轴系统变结构控制

基于逆模补偿器的多轴系统控制原理适用于较精确的被控对象模型及可以检测的环境作用阻抗。当被控对象的模型不精确或环境作用阻抗不可检测时，为保证系统的控制性能，需要设计更鲁棒的控制器，提高控制系统的实时响应能力。

下面，先给出预备知识，再陈述基于双曲正切滑模的变结构控制定理，最后予以证明。

1. 预备知识

定义 6.1　给定一个 $n \times n$ 实对称矩阵 $\boldsymbol{B} \in R^{n \times n}$ 及任一个实向量 $\boldsymbol{x} \in R^n$ 且 $\boldsymbol{x} \neq \boldsymbol{0}$；如果 $\boldsymbol{x}^{\mathrm{T}} \boldsymbol{B} \boldsymbol{x} > 0$，那么 $\boldsymbol{B}$ 是正定矩阵。如果上面的严格不等式被弱化为 $\boldsymbol{x}^{\mathrm{T}} \cdot \boldsymbol{B} \cdot \boldsymbol{x} \geqslant 0$，那么 B 称为半正定矩阵。

定义 6.2　对于所有的 $x \in R$，使标量函数 $f(x): R \to R$ 正定的条件是：

（1）$f(0)=0$；

（2）$f(x)>0$；

（3）$f(x)$ 连续；

（4）$\partial f / \partial x$ 连续。

如果上面的条件（2）被弱化为 $f(x) \geqslant 0$，那么 $f(x)$ 是半正定的。

定义 6.3　假设 $\boldsymbol{A}$，$\boldsymbol{B} \in R^{n \times n}$ 是实对称矩阵，那么当且仅当 $\boldsymbol{A}-\boldsymbol{B}$ 是正定矩阵时，$\boldsymbol{A}>\boldsymbol{B}$；类似地，$\boldsymbol{A}-\boldsymbol{B}$ 是半正定矩阵时，$\boldsymbol{A} \geqslant \boldsymbol{B}$。

定义 6.4　当存在一个正数 $\alpha>0$ 时，如果 $\forall t \geqslant 0$，$\boldsymbol{B}(t) \geqslant \alpha \cdot \mathbf{I}$，那么时变矩阵 $\boldsymbol{B}(t) \in R^{n \times n}$ 是一致正定的。

推论 6.1　当且仅当特征值是正数（或非负）时，实对称矩阵 $\boldsymbol{B} \in R^{n \times n}$ 是正定的（或半正定的）。

推论 6.2　当且仅当逆矩阵 $\boldsymbol{B}^{-1}$ 是正定的时，非奇异矩阵 $\boldsymbol{B} \in R^{n \times n}$ 是正定的。

推论 6.3　如果 $\boldsymbol{A}$，$\boldsymbol{B} \in R^{n \times n}$ 均为实对称矩阵并且 $\boldsymbol{A} \geqslant \boldsymbol{B}$，那么对于任意向量 $\boldsymbol{x} \in R^n$ 均有

$$\boldsymbol{x}^{\mathrm{T}} \cdot \boldsymbol{A} \cdot \boldsymbol{x} \geqslant \boldsymbol{x}^{\mathrm{T}} \cdot \boldsymbol{B} \cdot \boldsymbol{x} \tag{6.186}$$

定理 6.5　如果矩阵 $\boldsymbol{A} \in R^{n \times n}$ 非奇异并具有独立特征值，那么就存在一个相似变换 $\boldsymbol{A} = \boldsymbol{V}^{-1} \cdot \delta(\boldsymbol{A}) \cdot V, \delta(\boldsymbol{A})$ 是由 $\boldsymbol{A}$ 的特征值构成的对角矩阵，而 $\boldsymbol{V}$ 是由特征向量组成的非奇异矩阵。

定理 6.6　如果 $\boldsymbol{A}$，$\boldsymbol{B} \in R^{n \times n}$ 是 $n \times n$ 的具有独立特征值的非奇异矩阵，且 $\boldsymbol{A}$ 和 $\boldsymbol{B}$ 可以互换，即 $\boldsymbol{AB}=\boldsymbol{BA}$，那么它们有相同的特征向量满足 $\boldsymbol{A}=\boldsymbol{V}^{-1} \cdot \delta(\boldsymbol{A}) \cdot \boldsymbol{V}$ 和 $\boldsymbol{B}=\boldsymbol{V}^{-1} \cdot \delta(\boldsymbol{B}) \cdot \boldsymbol{V}$。其中，$\delta(\boldsymbol{A})$ 和 $\delta(\boldsymbol{B})$ 分别是 $\boldsymbol{A}$ 和 $\boldsymbol{B}$ 关于特征向量 $\boldsymbol{V}$ 的对角矩阵。

定理 6.7　有一个 $n \times n$ 的正定矩阵 $\boldsymbol{B} \in R^{n \times n}$ 和两个任意向量 $\boldsymbol{x}$，$\boldsymbol{y} \in R^n$，下面的不等式称为“普遍 Cauchy-Schwarz 不等式”：

$$\boldsymbol{x}^{\mathrm{T}} \cdot \boldsymbol{B} \cdot \boldsymbol{y} \leqslant \sqrt{\boldsymbol{x}^{\mathrm{T}} \cdot \boldsymbol{B} \cdot \boldsymbol{x}} \cdot \sqrt{\boldsymbol{y}^{\mathrm{T}} \cdot \boldsymbol{B} \cdot \boldsymbol{y}} \tag{6.187}$$

根据上面的定理，有下面结论：

推论 6.4 如果 $\boldsymbol{A}$，$\boldsymbol{B}\in R^{n\times n}$是正定的或半正定的，且 $\boldsymbol{A}$ 和 $\boldsymbol{B}$ 可互换，即 $\boldsymbol{A}\cdot\boldsymbol{B}=\boldsymbol{B}\cdot\boldsymbol{A}$，那么矩阵 $\boldsymbol{A}\cdot\boldsymbol{B}$ 也是正定的或半正定的。

【证明】 如果 $\boldsymbol{A}$ 和 $\boldsymbol{B}$ 可互换，根据定理 6.6，有 $\boldsymbol{A}\cdot\boldsymbol{B}=\boldsymbol{V}^{-1}\cdot\delta(\boldsymbol{A})\cdot\boldsymbol{V}\cdot\boldsymbol{V}^{-1}\cdot\delta(\boldsymbol{B})\cdot\boldsymbol{V}=\boldsymbol{V}^{-1}\cdot\delta(A\cdot B)\cdot V$，其中，$\delta(\boldsymbol{A}\cdot\boldsymbol{B})=\delta(\boldsymbol{A})\cdot\delta(\boldsymbol{B})$，$\boldsymbol{A}$ 和 $\boldsymbol{B}$ 乘积的特征值是 $\boldsymbol{A}$ 和 $\boldsymbol{B}$ 的特征值的乘积。根据推论 6.1，如果 $\boldsymbol{A}$ 和 $\boldsymbol{B}$ 是正定或半正定的，那么它们的特征值均为正数（非负），因而它们的乘积也是正数（非负）。由此，证明了 $\boldsymbol{A}\cdot\boldsymbol{B}$ 是正定的或半正定的。证毕。

定理 6.8 假设有一个 $n\times n$ 的正定矩阵 $\boldsymbol{B}\in R^{n\times n}$ 且存在一个正实数 b>0 使得 $b\cdot\mathbf{I}>\boldsymbol{B}$，$\mathbf{I}$ 是 $n\times n$ 的单位矩阵。假设任一向量 $\boldsymbol{y}\in R^{n}$ 且 $\|y\|\leqslant\rho$，那么对于任意向量 $\boldsymbol{x}\in R^{n}$ 有下面的不等式：

$$\boldsymbol{x}^{\mathrm{T}}\cdot\boldsymbol{B}\cdot\boldsymbol{y}\leqslant b\cdot\rho\cdot\|\boldsymbol{x}\| \tag{6.188}$$

【证明】 因为 $b\cdot\mathbf{I}-\boldsymbol{B}$ 是半正定的，所以对于任意向量 $\boldsymbol{x}$，$\boldsymbol{y}\in R^{n}$ 有

$$\boldsymbol{x}^{\mathrm{T}}\cdot(b\cdot\mathbf{I}-\boldsymbol{B})\cdot\boldsymbol{x}\geqslant 0,\boldsymbol{y}^{\mathrm{T}}\cdot(b\cdot\mathbf{I}-\boldsymbol{B})\cdot\boldsymbol{y}\geqslant 0$$

故有

$$\boldsymbol{x}^{\mathrm{T}}\cdot\boldsymbol{B}\cdot\boldsymbol{x}\leqslant b\cdot\|\boldsymbol{x}\|^{2},\boldsymbol{y}^{\mathrm{T}}\cdot\boldsymbol{B}\cdot\boldsymbol{y}\leqslant b\cdot\|\boldsymbol{y}\|^{2}$$

由 $\|\boldsymbol{y}\|\leqslant\rho$ 及式（6.186），得

$$\boldsymbol{y}^{\mathrm{T}}\cdot\boldsymbol{B}\cdot\boldsymbol{y}\leqslant b\cdot\rho^{2} \tag{6.189}$$

根据定理 6.7，对有界向量 $\boldsymbol{y}$ 和任意向量 $\boldsymbol{x}$，有

$$\boldsymbol{x}^{\mathrm{T}}\cdot\boldsymbol{B}\cdot\boldsymbol{y}\leqslant\sqrt{\boldsymbol{x}^{\mathrm{T}}\cdot\boldsymbol{B}\cdot\boldsymbol{x}}\cdot\sqrt{\boldsymbol{y}^{\mathrm{T}}\cdot\boldsymbol{B}\cdot\boldsymbol{y}} \tag{6.190}$$

由式（6.190）及式（6.189）得

$$\boldsymbol{x}^{\mathrm{T}}\cdot\boldsymbol{B}\cdot\boldsymbol{y}\leqslant\sqrt{b\cdot\|\boldsymbol{x}\|^{2}}\cdot\sqrt{b\cdot\rho^{2}}$$

因而 $\boldsymbol{x}^{\mathrm{T}}\cdot\boldsymbol{B}\cdot\boldsymbol{y}\leqslant b\cdot\rho\cdot\|\boldsymbol{x}\|$。证毕。

定理 6.9 考虑 $\boldsymbol{M}\in R^{n\times n}$是 $n\times n$ 正定矩阵且 $\boldsymbol{K}\in R^{n\times n}$是 $n\times n$ 对角正定矩阵。如果存在一个正实数 $m>0$ 且 $m\cdot\mathbf{I}\geqslant\boldsymbol{M}$，那么对于任意向量 $\boldsymbol{x}\in R^{n}$ 有

$$m\cdot\boldsymbol{x}^{\mathrm{T}}\cdot\boldsymbol{M}^{-1}\cdot\boldsymbol{K}\cdot\boldsymbol{x}\geqslant\boldsymbol{x}^{\mathrm{T}}\cdot\boldsymbol{K}\cdot\boldsymbol{x} \tag{6.191}$$

【证明】 $m\cdot\mathbf{I}\geqslant\boldsymbol{M}$ 意味着 $m\cdot\mathbf{I}-\boldsymbol{M}$ 是半正定的。根据推论 6.2，如果 $\boldsymbol{M}$ 是正定的，那么 $\boldsymbol{M}^{-1}$也是正定的。又 $\boldsymbol{K}$ 是对角型，那么 $\boldsymbol{M}^{-1}$和 $\boldsymbol{K}$ 可以互换，根据推论 6.4，$\boldsymbol{M}^{-1}\cdot\boldsymbol{K}$ 也是正定的，因而有

$$(m\cdot\mathbf{IA}-\boldsymbol{M})\cdot\boldsymbol{M}^{-1}\cdot\boldsymbol{K}=\boldsymbol{M}^{-1}\cdot\boldsymbol{K}\cdot(m\cdot\mathbf{I}-\boldsymbol{M})$$

根据推论 6.4，$(m\cdot\mathbf{I}-\boldsymbol{M})\cdot\boldsymbol{M}^{-1}\cdot\boldsymbol{K}$ 半正定的条件是

$$(m\cdot\mathbf{I}-\boldsymbol{M})\cdot\boldsymbol{M}^{-1}\cdot\boldsymbol{K}=\boldsymbol{M}^{-1}\cdot\boldsymbol{K}\cdot(m\cdot\mathbf{I}-\boldsymbol{M})$$

或

$$\boldsymbol{M}^{-1}\cdot\boldsymbol{K}\geqslant\frac{1}{m}\cdot\boldsymbol{K}\cdot\mathbf{I}$$

根据推论 6.3，对于任意向量 $\boldsymbol{x}\in R^{n}$ 有

$$\boldsymbol{x}^{\mathrm{T}}\cdot\boldsymbol{M}^{-1}\cdot\boldsymbol{K}\cdot\boldsymbol{x}\geqslant\frac{1}{m}\cdot\boldsymbol{x}^{\mathrm{T}}\cdot\boldsymbol{K}\cdot\boldsymbol{x}$$

或

$$m\cdot\boldsymbol{x}^{\mathrm{T}}\cdot\boldsymbol{M}^{-1}\cdot\boldsymbol{K}\cdot\boldsymbol{x}\geqslant\boldsymbol{x}^{\mathrm{T}}\cdot\boldsymbol{K}\cdot\boldsymbol{x}$$

亦即

$$\boldsymbol{x}^{\mathrm{T}} \cdot \boldsymbol{M}^{-1} \cdot \boldsymbol{x} \geqslant \frac{1}{m} \cdot \boldsymbol{x}^{\mathrm{T}} \cdot \boldsymbol{x} = \frac{1}{m} \cdot \|\boldsymbol{x}\|^{2}$$

证毕。

2. 多轴系统变结构控制

定理 6.10　如图 6.6 所示，输入为 $\boldsymbol{u}^{\mathrm{T}}=[u_1 : u_n]$ 及状态为 $\boldsymbol{q}^{\mathrm{T}}=[q_1 : q_n]$ 的仿射性动力学系统。

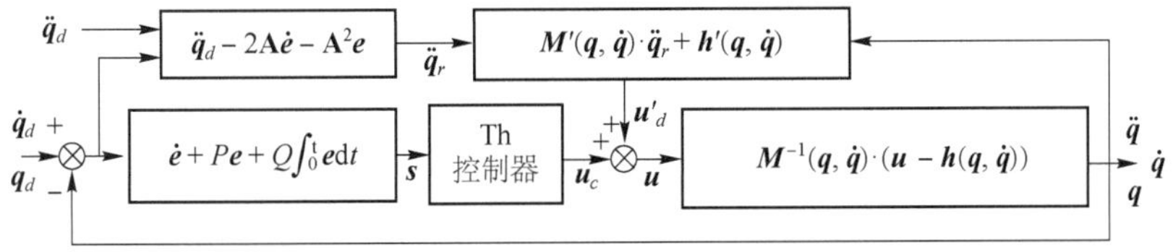

图 6.6　双曲正切变结构控制框图

1）系统结构与参数

（1）仿射性系统模型记为

$$\boldsymbol{u}=\boldsymbol{M}(\boldsymbol{q},\dot{\boldsymbol{q}}) \cdot \ddot{\boldsymbol{q}}+\boldsymbol{h}(\boldsymbol{q},\dot{\boldsymbol{q}})=\boldsymbol{f}(\boldsymbol{q},\dot{\boldsymbol{q}},\ddot{\boldsymbol{q}}) \tag{6.192}$$

（2）名义仿射性系统模型记为

$$\boldsymbol{u}'=\boldsymbol{M}'(\boldsymbol{q},\dot{\boldsymbol{q}}) \cdot \ddot{\boldsymbol{q}}+\boldsymbol{h}'(\boldsymbol{q},\dot{\boldsymbol{q}})=\boldsymbol{f}'(\boldsymbol{q},\dot{\boldsymbol{q}},\ddot{\boldsymbol{q}}) \tag{6.193}$$

$$\underline{m}(\boldsymbol{q},\dot{\boldsymbol{q}}) \cdot \mathbf{I}_n \leqslant \boldsymbol{M}'(\boldsymbol{q},\dot{\boldsymbol{q}}) \leqslant \bar{m}(\boldsymbol{q},\dot{\boldsymbol{q}})) \cdot \mathbf{I}_n \tag{6.194}$$

其中，$\boldsymbol{q} \in R^n$，$\bar{m}$ 及 $\underline{m}$ 分别表示 M' 的上确界与下确界且为正定函数，$\boldsymbol{M}' \in R^{n\times n}$，$\boldsymbol{h}' \in R^{n\times n}$，$\boldsymbol{u}' \in \boldsymbol{R}^n$。

（3）令两系统模型误差满足

$$\|\Delta \boldsymbol{f}(\boldsymbol{q},\dot{\boldsymbol{q}},\ddot{\boldsymbol{q}}_r)\|=\|\boldsymbol{f}'(\boldsymbol{q},\dot{\boldsymbol{q}},\ddot{\boldsymbol{q}})-\boldsymbol{f}(\boldsymbol{q},\dot{\boldsymbol{q}},\ddot{\boldsymbol{q}})\| \leqslant \rho(\boldsymbol{q},\dot{\boldsymbol{q}},\ddot{\boldsymbol{q}}_r)<\infty \tag{6.195}$$

（4）系统偏差记为

$$\boldsymbol{e}=\boldsymbol{q}-\boldsymbol{q}_d \tag{6.196}$$

其中，$\boldsymbol{q}_d$ 为系统控制目标。

（5）广义误差记为

$$\boldsymbol{s}=\dot{\boldsymbol{e}}+\boldsymbol{P} \cdot \boldsymbol{e}+\boldsymbol{Q} \cdot \int_0^t \boldsymbol{e}\mathrm{d}t \tag{6.197}$$

滑模超平面为

$$\dot{\boldsymbol{s}}=\ddot{\boldsymbol{e}}+\boldsymbol{P} \cdot \dot{\boldsymbol{e}}+\boldsymbol{Q} \cdot \boldsymbol{e}=0 \tag{6.198}$$

其中，

$$\boldsymbol{P}=2\boldsymbol{\Lambda}, \quad \boldsymbol{Q}=\boldsymbol{\Lambda}^2 \tag{6.199}$$

$\boldsymbol{\Lambda}$ 为 $n\times n$ 正定对角阵，λ_i 为 $\boldsymbol{\Lambda}$ 的对角元素，且 $\lambda_i>0$。

（6）参考加速度记为

$$\dot{\boldsymbol{q}}_r=\ddot{\boldsymbol{q}}_d-2 \cdot \boldsymbol{\Lambda} \cdot \dot{\boldsymbol{e}}-\boldsymbol{\Lambda}^2 \cdot \boldsymbol{e} \tag{6.200}$$

（7）滑模边界厚度记为 ϕ_i，ϕ_i 表示广义误差控制边界，且 $\phi_i>0$；广义误差控制边界内的状态 q_i 的集合为

$$N_i(s_i,\phi_i)=\{q_i \in R: |s_i| \leqslant \phi_i\} \tag{6.201}$$

称 $N_i(s_i,\phi_i)$ 为滑模面的邻域。

2）控制目标与控制律

若期望该闭环控制系统由初态 $\boldsymbol{q}(0)$ 到滑模面的控制过程满足 Lyapunov-like 稳定，即

$$\frac{1}{2}\cdot\frac{\mathrm{d}}{\mathrm{d}t}(\boldsymbol{s}^{\mathrm{T}}\cdot\boldsymbol{s}) \leqslant -\sum_{i=1}^{n}(\eta_i\cdot(|s_i|-\phi_i)) \tag{6.202}$$

其中，$\eta_i>0$，$\phi_i>0$。则该系统的双曲正切滑模控制律为

$$\begin{cases}\boldsymbol{u}=\boldsymbol{u}'_d+\boldsymbol{u}_c\\ \boldsymbol{u}'_d=\boldsymbol{M}'(\boldsymbol{q},\dot{\boldsymbol{q}})\cdot\ddot{\boldsymbol{q}}_r+\boldsymbol{h}'(\boldsymbol{q},\dot{\boldsymbol{q}})\end{cases} \tag{6.203}$$

记 $k_i>0$，第 i 个控制输入 $u_c^{[i]}$ 满足：

$$u_c^{[i]}=\bar{m}\cdot\left(\frac{\rho}{\underline{m}}+\eta_i\right)\cdot\mathrm{Th}(-k_i\cdot s_i) \tag{6.204}$$

【证明】 由式（6.198）及式（6.199）知，滑模面 $\dot{\boldsymbol{s}}=\ddot{\boldsymbol{e}}+\boldsymbol{P}\cdot\dot{\boldsymbol{e}}+\boldsymbol{Q}\cdot\boldsymbol{e}=0$ 的特征根为 $-\lambda_i$，又 $\lambda_i>0$，故 $\dot{\boldsymbol{s}}$ 按指数趋向稳定。因此任意初始状态 $\boldsymbol{q}(0)$ 能够到达滑模面。由式（6.202）可知，在式（6.201）表示的滑模面邻域 $N_i(s_i,\phi_i)$ 之外状态的广义误差满足渐近稳定，从而避免在滑模控制中的抖颤效应。由式（6.196）及式（6.198）得

$$\dot{\boldsymbol{s}}=\ddot{\boldsymbol{e}}+2\cdot\boldsymbol{\Lambda}\cdot\dot{\boldsymbol{e}}+\boldsymbol{\Lambda}^2\cdot\boldsymbol{e}=\ddot{\boldsymbol{q}}-(\ddot{\boldsymbol{q}}_d-2\cdot\boldsymbol{\Lambda}\cdot\dot{\boldsymbol{e}}-\boldsymbol{\Lambda}^2\cdot\boldsymbol{e}) \tag{6.205}$$

由式（6.172）得

$$\dot{\boldsymbol{q}}=\boldsymbol{M}^{-1}(\boldsymbol{q},\dot{\boldsymbol{q}})\cdot(\boldsymbol{u}-\boldsymbol{h}(\boldsymbol{q},\dot{\boldsymbol{q}})) \tag{6.206}$$

将式（6.206）代入式（6.205）得

$$\dot{\boldsymbol{s}}=\boldsymbol{M}^{-1}(\boldsymbol{q},\dot{\boldsymbol{q}})\cdot(\boldsymbol{u}-(\boldsymbol{M}(\boldsymbol{q},\dot{\boldsymbol{q}})\cdot(\ddot{\boldsymbol{q}}_d-2\cdot\boldsymbol{\Lambda}\cdot\dot{\boldsymbol{e}}-\boldsymbol{\Lambda}^2\cdot\boldsymbol{e})+\boldsymbol{h}(\boldsymbol{q},\dot{\boldsymbol{q}}))) \tag{6.207}$$

将式（6.200）代入式（6.207）得

$$\dot{\boldsymbol{s}}=\boldsymbol{M}^{-1}(\boldsymbol{q},\dot{\boldsymbol{q}})\cdot(\boldsymbol{u}-(\boldsymbol{M}(\boldsymbol{q},\dot{\boldsymbol{q}})\cdot\ddot{\boldsymbol{q}}_r+\boldsymbol{h}(\boldsymbol{q},\dot{\boldsymbol{q}}))) \tag{6.208}$$

将式（6.203）代入式（6.208）得

$$\dot{\boldsymbol{s}}=\boldsymbol{M}^{-1}(\boldsymbol{q},\dot{\boldsymbol{q}})\cdot(\boldsymbol{M}'(\boldsymbol{q},\dot{\boldsymbol{q}})\cdot\ddot{\boldsymbol{q}}_r+\boldsymbol{h}'(\boldsymbol{q},\dot{\boldsymbol{q}})+\boldsymbol{u}_c-(\boldsymbol{M}(\boldsymbol{q},\dot{\boldsymbol{q}})\cdot\ddot{\boldsymbol{q}}_r+\boldsymbol{h}(\boldsymbol{q},\dot{\boldsymbol{q}}))) \tag{6.209}$$

由式（6.195）及式（6.209）得

$$\begin{aligned}\dot{\boldsymbol{s}}&=\boldsymbol{M}^{-1}(\boldsymbol{q},\dot{\boldsymbol{q}})\cdot(\boldsymbol{u}_c+(\boldsymbol{f}'(\boldsymbol{q},\dot{\boldsymbol{q}},\ddot{\boldsymbol{q}}_r)-\boldsymbol{f}(\boldsymbol{q},\dot{\boldsymbol{q}},\ddot{\boldsymbol{q}}_r)))\\&=\boldsymbol{M}^{-1}(\boldsymbol{q},\dot{\boldsymbol{q}})\cdot\boldsymbol{u}_c+\boldsymbol{M}^{-1}(\boldsymbol{q},\dot{\boldsymbol{q}})\cdot\boldsymbol{\Delta f}(\boldsymbol{q},\dot{\boldsymbol{q}},\ddot{\boldsymbol{q}}_r)\end{aligned} \tag{6.210}$$

其中，$\boldsymbol{\Delta f}(\boldsymbol{q},\dot{\boldsymbol{q}},\ddot{\boldsymbol{q}}_r)$ 为系统不确定向量，控制量 $\boldsymbol{u}_c$ 是针对系统不稳定性的补偿输入。由式（6.201）知

$$\boldsymbol{s}^{\mathrm{T}}\cdot\dot{\boldsymbol{s}}=\boldsymbol{s}^{\mathrm{T}}\cdot\boldsymbol{M}^{-1}(\boldsymbol{q},\dot{\boldsymbol{q}})\cdot\boldsymbol{u}_c+\boldsymbol{s}^{\mathrm{T}}\cdot\boldsymbol{M}^{-1}(\boldsymbol{q},\dot{\boldsymbol{q}})\cdot\boldsymbol{\Delta f}(\boldsymbol{q},\dot{\boldsymbol{q}},\ddot{\boldsymbol{q}}_r) \tag{6.211}$$

由式（6.195）、式（6.211）、式（6.175）及定理 6.8 可知

$$\boldsymbol{s}^{\mathrm{T}}\cdot\boldsymbol{M}^{-1}(\boldsymbol{q},\dot{\boldsymbol{q}})\cdot\boldsymbol{\Delta f}(\boldsymbol{q},\dot{\boldsymbol{q}},\ddot{\boldsymbol{q}}_r) \leqslant \frac{1}{\underline{m}}\rho(\boldsymbol{q},\dot{\boldsymbol{q}},\ddot{\boldsymbol{q}}_r)\cdot\|\boldsymbol{s}\| \tag{6.212}$$

因

$$\|\boldsymbol{s}\| \leqslant \sum_{i=1}^{n}|s_i| \tag{6.213}$$

联立式（6.211）得

$$\boldsymbol{s}^{\mathrm{T}} \cdot \dot{\boldsymbol{s}} \leqslant \frac{1}{\underline{m}} \cdot \rho(\boldsymbol{q},\dot{\boldsymbol{q}},\ddot{\boldsymbol{q}}_r) \cdot \sum_{i=1}^{n} |s_i| + \boldsymbol{s}^{\mathrm{T}} \cdot \boldsymbol{M}^{-1}(\boldsymbol{q},\dot{\boldsymbol{q}}) \cdot \boldsymbol{u}_c \tag{6.214}$$

由式（6.214），选择 u_c 满足如下条件：

$$\frac{1}{\underline{m}} \cdot \rho(\boldsymbol{q},\dot{\boldsymbol{q}},\ddot{\boldsymbol{q}}_r) \cdot \sum_{i=1}^{n} |\boldsymbol{s}_i| + \boldsymbol{s}^{\mathrm{T}} \cdot \boldsymbol{M}^{-1}(\boldsymbol{q},\dot{\boldsymbol{q}}) \cdot \boldsymbol{u}_c \leqslant - \sum_{i=1}^{n} (\eta_i \cdot |s_i| - \eta_i \cdot \phi_i) < 0 \tag{6.215}$$

以保证 $\boldsymbol{s}^{\mathrm{T}} \cdot \dot{\boldsymbol{s}}<0$，即保证系统广义误差 $s_{[i]} \to 0$。式（6.215）即为

$$\boldsymbol{s}^{\mathrm{T}} \cdot \boldsymbol{M}^{-1}(\boldsymbol{q},\dot{\boldsymbol{q}}) \cdot \boldsymbol{u}_c \leqslant - \sum_{i=1}^{n} \left(\left(\frac{\rho(\boldsymbol{q},\dot{\boldsymbol{q}},\ddot{\boldsymbol{q}}_r)}{\underline{m}} + \eta_i \right) \cdot |s_i| - \eta_i \cdot \phi_i \right) \tag{6.216}$$

选择 $u_c^{[i]}$ 作为 s_i 的函数，$u_c^{[i]}(s_i)$满足以下条件：①$u_c^{[i]}(s_i)$是连续函数；②当 $0<|s_i|<\phi_i$ 时，$u_c^{[i]}(s_i)$是单调递减的；③$u_c^{[i]}(0)=0$。

因为，当 $u_c^{[i]}(0)=0$ 时，式（6.216）成立；当 $0<|s_i|<\phi_i$ 时，$u_c^{[i]}(s_i)$单调递减，式（6.216）必成立，所以取 $u_c^{[i]}(s_i)$为

$$\boldsymbol{u}_c = -\boldsymbol{G}(s_i) \cdot \boldsymbol{\Omega}(s_i) \cdot \boldsymbol{s} \tag{6.217}$$

其中，$\boldsymbol{G}$ 是一个 $n \times n$ 的正定对角矩阵，$g_i(s_i)$是 $\boldsymbol{G}$ 的对角元素，是正定函数；$\boldsymbol{\Omega}$ 也是 $n \times n$ 的正定对角矩阵，$1/|s_i|$是其对角元素。

当 $s_i=0$ 时，$\boldsymbol{G}(s_i) \cdot \boldsymbol{\Omega}(s_i)$的对角元素为 0。显然，式（6.217）能保证式（6.216）成立。

定义

$$\operatorname{dsgn}(s_i) = \begin{cases} -1, & s_i < 0 \\ 0, & s_i = 0 \\ +1, & s_i > 0 \end{cases} \tag{6.218}$$

将式（6.217）代入式（6.216）得

$$\bar{m} \cdot \boldsymbol{s}^{\mathrm{T}} \cdot \boldsymbol{M}^{-1}(\boldsymbol{q},\dot{\boldsymbol{q}}) \cdot \boldsymbol{G}(s_i) \cdot \boldsymbol{\Omega}(s_i) \cdot \boldsymbol{s} \geqslant \bar{m} \cdot \sum_{i=1}^{n} \left(\left(\frac{\rho(\boldsymbol{q},\dot{\boldsymbol{q}},\ddot{\boldsymbol{q}}_r)}{\underline{m}} + \eta_i \right) \cdot |s_i| - \eta_i \cdot \phi_i \right) \tag{6.219}$$

因为 $\boldsymbol{G}(s_i) \cdot \boldsymbol{\Omega}(s_i)$至少是半正定的，根据定理 6.9 得

$$\begin{aligned} \bar{m} \cdot \boldsymbol{s}^{\mathrm{T}} \cdot \boldsymbol{M}^{-1}(\boldsymbol{q},\dot{\boldsymbol{q}}) \cdot \boldsymbol{G}(s_i) \cdot \boldsymbol{\Omega}(s_i) \cdot \boldsymbol{s} &\geqslant \boldsymbol{s}^{\mathrm{T}} \cdot \boldsymbol{G}(s_i) \cdot \boldsymbol{\Omega}(s_i) \cdot \boldsymbol{s} \\ \backslash = \sum_{i=1}^{n} (g_i(s_i) \cdot s_i \cdot \operatorname{dsgn}(s_i)) &\geqslant 0 \end{aligned} \tag{6.220}$$

考虑式（6.220）及式（6.219），若令

$$\sum_{i=1}^{n} (g_i(s_i) \cdot s_i \cdot \operatorname{dsgn}(s_i)) \geqslant \bar{m} \cdot \sum_{i=1}^{n} \left(\left(\frac{\rho(\boldsymbol{q},\dot{\boldsymbol{q}},\ddot{\boldsymbol{q}}_r)}{\underline{m}} + \eta_i \right) \cdot |s_i| - \eta_i \cdot \phi_i \right) \tag{6.221}$$

成立，又因 $s_i \cdot \operatorname{dsgn}(s_i)=|s_i|$，则需

$$g_i(s_i) > \bar{m} \cdot \left(\frac{\rho(\boldsymbol{q},\dot{\boldsymbol{q}},\ddot{\boldsymbol{q}}_r)}{\underline{m}} + \eta_i \right) - \frac{\bar{m} \cdot \eta_i \cdot \phi_i}{|s_i|} \tag{6.222}$$

成立。式（6.222）是式（6.217）中控制输入 $\boldsymbol{u}_c$ 的约束条件。式（6.217）等价为

$$u_c^{[i]} = -g_i(s_i)\cdot\frac{1}{|s_i|}\cdot s_i = -g_i(s_i)\cdot \mathrm{dsgn}(s_i) \tag{6.223}$$

即当 $s_i>0$ 时，

$$u_c^{[i]} = -g_i(s_i) \tag{6.224}$$

当 $s_i<0$ 时，

$$u_c^{[i]} = g_i(s_i) \tag{6.225}$$

由式（6.224）及式（6.225）分别得式（6.204）成立。证毕。

双曲正切的滑模控制较传统滑模控制具有以下优点：

（1）对不精确的动力学模型具有鲁棒控制能力；

（2）滑模控制律使用了软切换，较传统滑模控制的硬切换，可以降低“震颤”，减小了对系统的硬冲击。

6.9 多轴动力学系统应用

6.9.1 三轮移动动力学系统

本节阐述基于 Ju-Kane 动力学方程的三轮移动系统动力学建模及逆解问题。

示例 6.7 给定三轮移动系统 $\boldsymbol{i L}$，如图 6.7 所示，轴#1、#2 驱动车轮，轴#3 驱动舵机；轴及父轴序列分别为 $\boldsymbol{A}=(i,c1,c2,c3,c4,c5,c,1:4]$，$\bar{\boldsymbol{A}}=(i,i,c1,c2,c3,c4,c5,c,c,c,3]$。轴 l 的质量及质心转动惯量分别为 m_l 及 ${}^{lI}J_{lI}$，$l\in[c,1:4]$。建立各轴动力学方程。

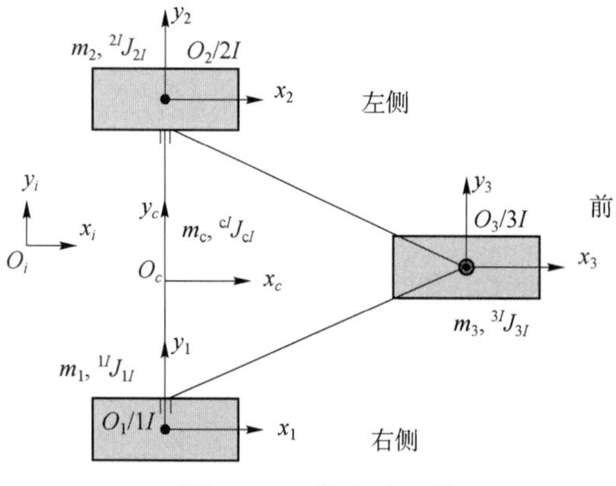

图 6.7 三轮移动系统

【解】（步骤 1）该系统 $\boldsymbol{i L}$ 在自然路面上静定。

（步骤 2）基于轴不变量的正向运动学计算。

由式（6.8）得

$$^{\bar{l}}Q_l = \mathbf{1} + S_l^{\bar{l}}\cdot {}^{\bar{l}}\tilde{n}_l + (1-C_l^{\bar{l}})\cdot {}^{\bar{l}}\tilde{n}_l^{\wedge 2},\quad l\in\boldsymbol{A} \tag{6.226}$$

由式（6.12）及式（6.8）计算

$$^{i}Q_{l} = \prod_{k}^{i\mathbf{1}_{\bar{l}}} ({}^{\bar{k}}Q_{k}) \cdot {}^{\bar{l}}Q_{l}, \quad l \in \boldsymbol{A} \tag{6.227}$$

由式（6.14）计算

$$\begin{gathered} {}^{i}r_{l} = \sum_{k}^{i\mathbf{1}_{l}} ({}^{i|\bar{k}}r_{k}), \quad l \in A \\ {}^{i}r_{lI} = {}^{i}r_{l} + {}^{i|l}r_{lI}, \quad l \in \boldsymbol{A} \end{gathered} \tag{6.228}$$

由式（6.15）计算

$$^{i}\dot{\phi}_{l} = \sum_{k}^{i\mathbf{1}_{l}} ({}^{i|\bar{k}}\dot{\phi}_{k}), \quad l \in \boldsymbol{A} \tag{6.229}$$

考虑${}^{\bar{l}}\dot{r}_{l}=0_3$及${}^{l}\dot{r}_{lI}=0_3$，其中，$l\in[c,1:4]$；由式（6.74）计算

$$\begin{gathered} {}^{i}\dot{r}_{l} = {}^{i}\dot{r}_{c} + \sum_{k}^{c\mathbf{1}_{l}} ({}^{i}\dot{\tilde{\phi}}_{\bar{k}} \cdot {}^{i|\bar{k}}r_{k}), \quad l = \boldsymbol{A} \\ {}^{i}\dot{r}_{lI} = {}^{i}\dot{r}_{l} + {}^{i|l}\dot{r}_{lI}, \quad l = \boldsymbol{A} \end{gathered} \tag{6.230}$$

由式（6.19）计算

$$^{i|lI}J_{lI} = {}^{i}Q_{l} \cdot {}^{lI}J_{lI} \cdot {}^{l}Q_{i}, \quad l \in \boldsymbol{A} \tag{6.231}$$

（步骤 3）建立 Ju-Kane 动力学规范方程。

由式（6.168）及式（6.169）得 $\boldsymbol{M}_{\boldsymbol{P}}^{[c][\cdot]} \cdot \ddot{\boldsymbol{q}}$、$M_{\boldsymbol{R}}^{[c][\cdot]} \cdot \ddot{\boldsymbol{q}}$；由式（6.107）及式（6.109）分别计算 $\boldsymbol{h}_{\boldsymbol{P}}^{[c]}$ 及 $\boldsymbol{h}_{\boldsymbol{R}}^{[c]}$；计算可得

$$\begin{cases} \boldsymbol{M}_{\boldsymbol{P}}^{[c][*]} \cdot \ddot{\boldsymbol{q}} + \boldsymbol{h}_{\boldsymbol{P}}^{[c]} = {}^{c}Q_{i} \cdot {}^{i|c\boldsymbol{L}}f_{c} \\ \boldsymbol{M}_{\boldsymbol{R}}^{[c][*]} \cdot \ddot{\boldsymbol{q}} + \boldsymbol{h}_{\boldsymbol{R}}^{[c]} = {}^{c}\Theta_{i} \cdot {}^{i|c\boldsymbol{L}}\tau_{c} \end{cases} \tag{6.232}$$

由式（6.111）、式（6.109）及式（6.104）得

$$\boldsymbol{M}_{\boldsymbol{R}}^{[u][*]} \cdot \ddot{\boldsymbol{q}} + \boldsymbol{h}_{\boldsymbol{R}}^{[u]} = \tau_{u}^{u\boldsymbol{L}}, \quad u \in [1:4] \tag{6.233}$$

至此，获得全部 10 个轴的动力学方程。

（步骤 4）进行力反向迭代。

根据轮土力学及式（6.110）得

$$^{i|c\boldsymbol{L}}f_{c} = {}^{i}\boldsymbol{S}_{1}^{\mathrm{NS}} \cdot \boldsymbol{F}_{1}^{\mathrm{NS}} + {}^{i}\boldsymbol{S}_{2}^{\mathrm{NS}} \cdot \boldsymbol{F}_{2}^{\mathrm{NS}} + {}^{i}\boldsymbol{S}_{4}^{\mathrm{S}} \cdot \boldsymbol{F}_{4}^{\mathrm{S}} \tag{6.234}$$

$$^{i|c\boldsymbol{L}}\boldsymbol{\tau}_{c} = {}^{i|c}\tilde{r}_{1I} \cdot {}^{i}\boldsymbol{S}_{1}^{\mathrm{NS}} \cdot \boldsymbol{F}_{1}^{\mathrm{NS}} + {}^{i|c}\tilde{r}_{2I} \cdot {}^{i}\boldsymbol{S}_{2}^{\mathrm{NS}} \cdot \boldsymbol{F}_{2}^{\mathrm{NS}} + {}^{i|c}\tilde{r}_{4I} \cdot {}^{i}\boldsymbol{S}_{4}^{\mathrm{S}} \cdot \boldsymbol{F}_{4}^{\mathrm{S}} \tag{6.235}$$

其中，

$$
{}^{l}\boldsymbol{S}_{\bar{l}}^{\mathrm{NS}}=\begin{bmatrix}1 & -{}^{l}\mu_{\bar{l}}^{[1]}\cdot\mathrm{sign}({}^{l|i}\dot{r}_{l}^{[1]}) \\ 0 & -{}^{l}\mu_{\bar{l}}^{[2]}\cdot\mathrm{sign}({}^{l|i}\dot{r}_{l}^{[2]}) \\ 0 & 1\end{bmatrix},\quad \boldsymbol{F}_{\bar{l}}^{\mathrm{NS}}=\begin{bmatrix}T_{\bar{l}}^{l} \\ N_{\bar{l}}^{l}\end{bmatrix}
$$

$$
{}^{l}\boldsymbol{S}_{\bar{l}}^{\mathrm{S}}=\begin{bmatrix}1 & 0 & -{}^{l}\mu_{\bar{l}}^{[1]}\cdot\mathrm{sign}({}^{l|i}\dot{r}_{l}^{[1]}) \\ 0 & 1 & -{}^{l}\mu_{\bar{l}}^{[2]}\cdot\mathrm{sign}({}^{l|i}\dot{r}_{l}^{[2]}) \\ 0 & 0 & 1\end{bmatrix},\quad \boldsymbol{F}_{\bar{l}}^{\mathrm{S}}=\begin{bmatrix}T_{\bar{l}}^{l} \\ L_{\bar{l}}^{l} \\ N_{\bar{l}}^{l}\end{bmatrix}
$$

其中，${}^{l}\mu_{\bar{l}}^{[1]}$ 为前向摩擦系数，${}^{l}\mu_{\bar{l}}^{[2]}$ 为侧向摩擦系数，$T_{\bar{l}}^{l}$ 为牵引力，$N_{\bar{l}}^{l}$ 为轮土正压力，$L_{\bar{l}}^{l}$ 为轮土侧向力。

若仅考虑轮土作用力及主动轴驱动力，则由式（6.110）得

$$
\begin{cases}
{}^{i|1}\boldsymbol{L}\tau_{1}={}^{i|1}\tilde{r}_{1I}\cdot{}^{i}\boldsymbol{S}_{1}^{\mathrm{NS}}\cdot\boldsymbol{F}_{1}^{\mathrm{NS}}+\tau_{1}^{c} \\
{}^{i|2}\boldsymbol{L}\tau_{2}={}^{i|2}\tilde{r}_{2I}\cdot{}^{i}\boldsymbol{S}_{2}^{\mathrm{NS}}\cdot\boldsymbol{F}_{2}^{\mathrm{NS}}+\tau_{2}^{c} \\
{}^{i|3}\boldsymbol{L}\tau_{3}={}^{i|3}\tilde{r}_{4I}\cdot{}^{i}\boldsymbol{S}_{4}^{\mathrm{S}}\cdot\boldsymbol{F}_{4}^{\mathrm{S}} \\
{}^{i|4}\boldsymbol{L}\tau_{4}={}^{i|4}\tilde{r}_{4I}\cdot{}^{i}\boldsymbol{S}_{4}^{\mathrm{S}}\cdot\boldsymbol{F}_{4}^{\mathrm{S}}+\tau_{4}^{c}
\end{cases}
\tag{6.236}
$$

（步骤 5）计算动力学方程逆解。

将式（6.234）至式（6.236）写为整体形式：

$$
\boldsymbol{f}_{10\times1}=\boldsymbol{B}_{10\times10}\cdot\boldsymbol{u}_{10\times1} \tag{6.237}
$$

其中，

$$
\boldsymbol{f}=\begin{bmatrix}{}^{i|c}\boldsymbol{L}f_{c} & {}^{i|c}\boldsymbol{L}\tau_{c} & \tau_{1}^{1L} & \tau_{2}^{2L} & \tau_{3}^{3L} & \tau_{4}^{4L}\end{bmatrix}
$$

$$
\boldsymbol{u}=\begin{bmatrix}\tau_{1}^{c} & \tau_{2}^{c} & \tau_{4}^{c} & \boldsymbol{F}_{1}^{\mathrm{NS}} & \boldsymbol{F}_{2}^{\mathrm{NS}} & \boldsymbol{F}_{4}^{\mathrm{S}}\end{bmatrix}^{\mathrm{T}}
$$

$$
\boldsymbol{B}=\begin{bmatrix}
0_3 & 0_3 & 0_3 & {}^{i}\boldsymbol{S}_{1}^{\mathrm{NS}} & {}^{i}\boldsymbol{S}_{2}^{\mathrm{NS}} & {}^{i}\boldsymbol{S}_{4}^{\mathrm{S}} \\
0_3 & 0_3 & 0_3 & {}^{i|c}\tilde{r}_{1I}\cdot{}^{i}\boldsymbol{S}_{1}^{\mathrm{NS}} & {}^{i|c}\tilde{r}_{2I}\cdot{}^{i}\boldsymbol{S}_{2}^{\mathrm{NS}} & {}^{i|c}\tilde{r}_{4I}\cdot{}^{i}\boldsymbol{S}_{4}^{\mathrm{S}} \\
1 & 0 & 0 & {}^{i|c}n_{1}^{\mathrm{T}}\cdot{}^{i|1}\tilde{r}_{i1}\cdot{}^{i}\boldsymbol{S}_{1}^{\mathrm{NS}} & 0_{2}^{\mathrm{T}} & 0_{3}^{\mathrm{T}} \\
0 & 1 & 0 & 0_{2}^{\mathrm{T}} & {}^{i|c}n_{2}^{\mathrm{T}}\cdot{}^{i|c}\tilde{r}_{2I}\cdot{}^{i}\boldsymbol{S}_{2}^{\mathrm{NS}} & 0_{3}^{\mathrm{T}} \\
0 & 0 & 0 & 0_{2}^{\mathrm{T}} & 0_{2}^{\mathrm{T}} & {}^{i|c}n_{3}^{\mathrm{T}}\cdot{}^{i|3}\tilde{r}_{4I}\cdot{}^{i}\boldsymbol{S}_{4}^{\mathrm{S}} \\
0 & 0 & 1 & 0_{2}^{\mathrm{T}} & 0_{2}^{\mathrm{T}} & {}^{i|c}n_{4}^{\mathrm{T}}\cdot{}^{i|4}\tilde{r}_{4I}\cdot{}^{i}\boldsymbol{S}_{4}^{\mathrm{S}}
\end{bmatrix}
\tag{6.238}
$$

给定 $\{\ddot{q}_{l}^{\bar{l}},\dot{q}_{l}^{\bar{l}},q_{l}^{\bar{l}}\mid l\in\boldsymbol{A}\}$，由式（6.232）及式（6.233）计算 $\boldsymbol{f}$。若 $\boldsymbol{B}^{-1}$ 存在，由式（6.237）得

$$
\boldsymbol{u}=\boldsymbol{B}^{-1}\cdot\boldsymbol{f} \tag{6.239}
$$

由式（6.238）及式（6.239）可知：

（1）控制力矩 τ_{1}^{c}、τ_{2}^{c} 及 τ_{4}^{c} 与轮土作用力 $\boldsymbol{F}_{1}^{\mathrm{NS}}$、$\boldsymbol{F}_{2}^{\mathrm{NS}}$ 及 $\boldsymbol{F}_{4}^{\mathrm{S}}$ 存在耦合；

（2）完成动力学逆解计算后，不仅得到驱动轴控制力矩 τ_1^c、τ_2^c 及 τ_4^c，而且可以得到轮土作用力 $\boldsymbol{F}_1^{\mathrm{NS}}$、$\boldsymbol{F}_2^{\mathrm{NS}}$ 及 $\boldsymbol{F}_4^{\mathrm{S}}$。该逆解作用在于，一方面，计算驱动轴期望控制力矩 τ_1^c、τ_2^c 及 τ_4^c；另一方面，通过运动状态实现轮土作用力 $\boldsymbol{F}_1^{\mathrm{NS}}$、$\boldsymbol{F}_2^{\mathrm{NS}}$ 及 $\boldsymbol{F}_4^{\mathrm{S}}$ 的间接测量。

6.9.2　多轴动力学系统软件及应用

应用本书多轴动力学建模与控制原理，开发 C ++多轴系统动力学软件，实现多轴系统自动建模、自动求解与自动控制。该系统组成如下：

（1）系统配置文件：针对 VS 及 VxWorks 环境，完成功能配置；

（2）MAS 基础类：实现 MAS 系统除错机制及打印输出；

（3）C ++模板类：包含 unique 树模板、矢量模板、矩阵模板，其中后两个模板已在附录中给出；

（4）C ++矩阵类：以矢量模板、矩阵模板为基础，实现三维实矢量及矩阵、四维实矢量及矩阵、一般实矢量及矩阵类、欧拉四元数类；

（5）运动轴类：完成关节类型、结构参数、运动参数、力学参数存储与计算；完成由关节空间至笛卡儿空间坐标变换及运动轴的三环控制；

（6）轴链类：以运动轴为成员，完成树链建立、访问、修改与树链正反向分层迭代功能；

（7）运动学类：继承轴链，完成树链正运动学迭代及力的反向迭代；

（8）动力学类：继承运动学，完成动力学方程及约束方程建立、求解。

将多轴系统软件应用于如图 6.8 所示的火星巡视器动力学系统开发，与第 5 章基于牛顿-欧拉法的多体动力学系统相比，优势在于：

（1）计算速度具有数量级的提升，对于 2.0 G 主频的个人电脑，单线程的动力学步耗时少于 2.6 ms；

（2）因不存在关节约束的违反及存在“位置-速度及力控”误差的反馈，系统可以长期运行，计算精度及稳定性大幅提高；

（3）得益于完善的运动链符号系统，相应地确定了动力学软件的规范；得益于多轴系统公式的伪代码，软件系统结构紧凑，可靠性也大幅提高；

（4）因运动轴只有两个类型，系统代码量仅为 ODE 及 RecurDyn 等动力学软件的 1/10；

（5）因不存在多体系统为保证关节约束满足而引入的 ERP 及 CFM 等参数，以及采用与机械装配一致的自然坐标系统，大幅降低了应用开发的工作量；

（6）多轴系统的运动轴与在位置、速度、加速度、驱动力、摩擦与黏滞、三环控制等方面均与实际运动轴同构，动力学仿真更真实。

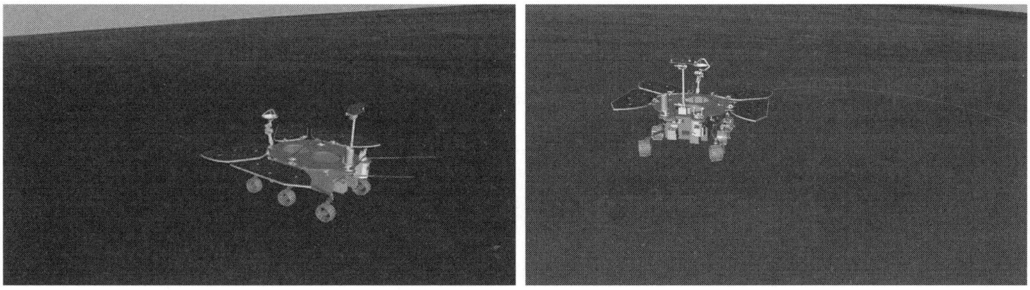

图 6.8　火星巡视器超实时仿真（见彩插）

6.10 附录 本章公式证明

【式（6.33）证明】

考虑刚体 k 平动动能对 $\dot{q}_u^{\bar{u}}$ 的偏速度对时间的导数，得

$$\begin{aligned}\frac{\mathrm{d}}{\mathrm{d}t}\left(\frac{\partial}{\partial \dot{q}_u^{\bar{u}}}({}_v\mathcal{E}_k^i)\right)&=\frac{\mathrm{d}}{\mathrm{d}t}\left(\frac{\partial}{\partial \dot{q}_u^{\bar{u}}}\left(\frac{1}{2}\cdot m_k\cdot {}^i\dot{r}_{kI}^{\mathrm{T}}\cdot {}^i\dot{r}_{kI}\right)\right)=\frac{\mathrm{d}}{\mathrm{d}t}\left(m_k\cdot\frac{\partial^i\dot{r}_{kI}^{\mathrm{T}}}{\partial \dot{q}_u^{\bar{u}}}\cdot {}^i\dot{r}_{kI}\right)\\&=m_k\cdot\frac{\mathrm{d}}{\mathrm{d}t}\left(\frac{\partial^i\dot{r}_{kI}^{\mathrm{T}}}{\partial \dot{q}_u^{\bar{u}}}\right)\cdot {}^i\dot{r}_{kI}+m_k\cdot\frac{\partial^i\dot{r}_{kI}^{\mathrm{T}}}{\partial \dot{q}_u^{\bar{u}}}\cdot {}^i\ddot{r}_{kI}\\&=m_k\cdot\frac{\partial^i\dot{r}_{kI}^{\mathrm{T}}}{\partial q_u^{\bar{u}}}\cdot {}^i\dot{r}_{kI}+m_k\cdot\frac{\partial^i\dot{r}_{kI}^{\mathrm{T}}}{\partial \dot{q}_u^{\bar{u}}}\cdot {}^i\ddot{r}_{kI}\\&=\frac{\partial}{\partial q_u^{\bar{u}}}({}_v\mathcal{E}_k^i)+m_k\cdot\frac{\partial^i\dot{r}_{kI}^{\mathrm{T}}}{\partial \dot{q}_u^{\bar{u}}}\cdot {}^i\ddot{r}_{kI}\end{aligned}$$

考虑刚体 k 转动动能对 $\dot{q}_u^{\bar{u}}$ 的偏速度对时间的导数，得

$$\begin{aligned}\frac{\mathrm{d}}{\mathrm{d}t}\left(\frac{\partial}{\partial \dot{q}_u^{\bar{u}}}({}_\omega\mathcal{E}_k^i)\right)&=\frac{\mathrm{d}}{\mathrm{d}t}\left(\frac{\partial}{\partial \dot{q}_u^{\bar{u}}}\left(\frac{1}{2}\cdot {}^i\dot{\phi}_k^{\mathrm{T}}\cdot {}^{i|kI}J_{kI}\cdot {}^i\dot{\phi}_k\right)\right)=\frac{\mathrm{d}}{\mathrm{d}t}\left(\frac{\partial^i\dot{\phi}_k^{\mathrm{T}}}{\partial \dot{q}_u^{\bar{u}}}\cdot {}^{i|kI}J_{kI}\cdot {}^i\dot{\phi}_k\right)\\&=\frac{\mathrm{d}}{\mathrm{d}t}\left(\frac{\partial^i\dot{\phi}_k^{\mathrm{T}}}{\partial \dot{q}_u^{\bar{u}}}\right)\cdot {}^{i|kI}J_{kI}\cdot {}^i\dot{\phi}_k+\frac{\partial^i\dot{\phi}_k^{\mathrm{T}}}{\partial \dot{q}_u^{\bar{u}}}\cdot({}^{i|kI}J_{kI}\cdot {}^i\ddot{\phi}_k+{}^i\dot{\tilde{\phi}}_k\cdot {}^{i|kI}J_{kI}\cdot {}^i\dot{\phi}_k)\\&=\frac{\partial^i\dot{\phi}_k^{\mathrm{T}}}{\partial q_u^{\bar{u}}}\cdot {}^{i|kI}J_{kI}\cdot {}^i\dot{\phi}_k+\frac{\partial^i\dot{\phi}_k^{\mathrm{T}}}{\partial \dot{q}_u^{\bar{u}}}\cdot({}^{i|kI}J_{kI}\cdot {}^i\ddot{\phi}_k+{}^i\dot{\tilde{\phi}}_k\cdot {}^{i|kI}J_{kI}\cdot {}^i\dot{\phi}_k)\\&=\frac{\partial}{\partial q_u^{\bar{u}}}({}_\omega\mathcal{E}_k^i)+\frac{\partial^i\dot{\phi}_k^{\mathrm{T}}}{\partial \dot{q}_u^{\bar{u}}}\cdot({}^{i|kI}J_{kI}\cdot {}^i\ddot{\phi}_k+{}^i\dot{\tilde{\phi}}_k\cdot {}^{i|kI}J_{kI}\cdot {}^i\dot{\phi}_k)\end{aligned}$$

证毕。

【式（6.64）证明】

记 $E_{ex}^i=\int_{t_0}^{t_f}(p_{ex}+p_{ac})\mathrm{d}t$，故有

$$\begin{cases}\dfrac{\mathrm{d}}{\mathrm{d}t}\left(\dfrac{\partial\mathcal{E}_{ex}^i}{\partial \dot{r}_u^{\bar{u}}}\right)=\dfrac{\partial(p_{ex}+p_{ac})}{\partial \dot{r}_u^{\bar{u}}}\triangleq f_u^D={}^{i|\bar{u}}n_u^{\mathrm{T}}\cdot {}^{i|D}f_u, & {}^{\bar{u}}\boldsymbol{k}_u\in\boldsymbol{P}\\ \dfrac{\mathrm{d}}{\mathrm{d}t}\left(\dfrac{\partial\mathcal{E}_{ex}^i}{\partial \dot{\phi}_u^{\bar{u}}}\right)=\dfrac{\partial(p_{ex}+p_{ac})}{\partial \dot{\phi}_u^{\bar{u}}}\triangleq \tau_u^D={}^{i|\bar{u}}n_u^{\mathrm{T}}\cdot {}^{i|D}\tau_u, & {}^{\bar{u}}\boldsymbol{k}_u\in\boldsymbol{R}\end{cases}\tag{6.240}$$

由式（6.56）、式（6.57）、式（6.61）、式（6.63）及式（6.240）得式（6.70）。将式（6.26）及式（6.25）代入 Ju-Kane 动力学预备方程（6.43）得

$$
\begin{cases}
{}^{i|\bar u}n_u^{\mathrm T}\cdot\left(\sum\limits_{k}^{u\mathbf{L}}\left(m_k\cdot{}^{i}\ddot r_{kI}\right)-\sum\limits_{k}^{u\mathbf{L}}\left(m_k\cdot{}^{i}g_{kI}\right)\right)={}^{i|\bar u}n_u^{\mathrm T}\cdot{}^{i|\mathbf{D}}f_u, & {}^{\bar u}\mathbf{k}_u\in\mathbf{P}\\
{}^{i|\bar u}n_u^{\mathrm T}\cdot\left(\sum\limits_{k}^{u\mathbf{L}}\left({}^{i|kI}J_{kI}\cdot{}^{i}\ddot\phi_k+m_k\cdot{}^{i|u}\tilde r_{kI}\cdot{}^{i}\ddot r_{kI}\right)+\sum\limits_{k}^{u\mathbf{L}}\left({}^{i}\dot{\tilde\phi}_k\cdot{}^{i|kI}J_{kI}\cdot{}^{i}\dot\phi_k\right)\right) & \\
\quad\backslash\ -{}^{i|\bar u}n_u^{\mathrm T}\cdot\sum\limits_{k}^{u\mathbf{L}}\left(m_k\cdot{}^{i|u}\tilde r_{kI}\cdot{}^{i}g_{kI}\right)={}^{i|\bar u}n_u^{\mathrm T}\cdot{}^{i|D}\tau_u, & {}^{\bar u}\mathbf{k}_u\in\mathbf{R}
\end{cases}
\tag{6.241}
$$

由式（6.18）得

$$
{}^{i}\ddot r_{kI}=\sum_{l}^{{}^{i}\mathbf{1}_{kI}}\left({}^{i}\ddot{\tilde\phi}_{\bar l}\cdot{}^{i|\bar l}r_l+{}^{i|\bar l}\ddot r_l\right)+\sum_{l}^{{}^{i}\mathbf{1}_{kI}}\left({}^{i}\dot{\tilde\phi}_{\bar l}^{\,:2}\cdot{}^{i|\bar l}r_l+2\cdot{}^{i}\dot{\tilde\phi}_{\bar l}\cdot{}^{i|\bar l}\dot r_l\right)
\tag{6.242}
$$

考虑式（6.242），则有

$$
\begin{aligned}
\sum_{k}^{u\mathbf{L}}\left(m_k\cdot{}^{i}\ddot r_{kI}\right)-\sum_{k}^{u\mathbf{L}}\left(m_k\cdot{}^{i}g_{kI}\right)&=\sum_{k}^{u\mathbf{L}}\left(m_k\cdot\sum_{l}^{{}^{i}\mathbf{1}_{kI}}\left({}^{i}\ddot{\tilde\phi}_{\bar l}\cdot{}^{i|\bar l}r_l+{}^{i|\bar l}\ddot r_l\right)\right)\\
\backslash\ &+\sum_{k}^{u\mathbf{L}}\left(m_k\cdot\sum_{l}^{{}^{i}\mathbf{1}_{kI}}\left({}^{i}\dot{\tilde\phi}_{\bar l}^{\,:2}\cdot{}^{i|\bar l}r_l+2\cdot{}^{i}\dot{\tilde\phi}_{\bar l}\cdot{}^{i|\bar l}\dot r_l\right)\right)-\sum_{k}^{u\mathbf{L}}\left(m_k\cdot{}^{i}g_{kI}\right)
\end{aligned}
\tag{6.243}
$$

同样，考虑式（6.242），得

$$
\begin{aligned}
&\sum_{k}^{u\mathbf{L}}\left({}^{i|kI}J_{kI}\cdot{}^{i}\ddot\phi_k+m_k\cdot{}^{i|u}\tilde r_{kI}\cdot{}^{i}\ddot r_{kI}\right)+\sum_{k}^{u\mathbf{L}}\left({}^{i}\dot{\tilde\phi}_k\cdot{}^{i|kI}J_{kI}\cdot{}^{i}\dot\phi_k-m_k\cdot{}^{i|u}\tilde r_{kI}\cdot{}^{i}g_{kI}\right)\\
&=\sum_{k}^{u\mathbf{L}}\left({}^{i|kI}J_{kI}\cdot{}^{i}\ddot\phi_k+m_k\cdot{}^{i|u}\tilde r_{kI}\cdot\sum_{l}^{{}^{i}\mathbf{1}_{kI}}\left({}^{i}\ddot{\tilde\phi}_{\bar l}\cdot{}^{i|\bar l}r_l+{}^{i|\bar l}\ddot r_l\right)\right)+\sum_{k}^{u\mathbf{L}}\left({}^{i}\dot{\tilde\phi}_k\cdot{}^{i|kI}J_{kI}\cdot{}^{i}\dot\phi_k\right)\\
&\backslash\ +\sum_{k}^{u\mathbf{L}}\left(m_k\cdot{}^{i|u}\tilde r_{kI}\cdot\sum_{l}^{{}^{i}\mathbf{1}_{kI}}\left({}^{i}\dot{\tilde\phi}_{\bar l}^{\,:2}\cdot{}^{i|\bar l}r_l+2\cdot{}^{i}\dot{\tilde\phi}_{\bar l}\cdot{}^{i|\bar l}\dot r_l\right)-m_k\cdot{}^{i|u}\tilde r_{kI}\cdot{}^{i}g_{kI}\right)
\end{aligned}
\tag{6.244}
$$

将式（6.242）至式（6.244）代入式（6.241）得式（6.64）至式（6.70）。证毕。

【式（6.89）证明】

$$
\begin{aligned}
\sum_{k}^{{}^{i}\mathbf{1}_{nI}}\left({}^{i}\ddot{\tilde\phi}_{\bar k}\cdot{}^{i|\bar k}r_k\right)&=\sum_{k}^{{}^{i}\mathbf{1}_{nI}}\left(\sum_{k}^{{}^{i}\mathbf{1}_{\bar k}}\left({}^{i|\bar k'}\ddot{\tilde\phi}_{k'}+\overline{{}^{i}\dot{\tilde\phi}_{\bar k'}\cdot{}^{i|\bar k'}\dot\phi_{k'}}\right)\cdot{}^{i|\bar k}r_k\right)\\
&={}^{i}\ddot{\tilde\phi}_{\bar i}\cdot{}^{i|\bar i}r_{\bar{\bar i}}+\cdots+\left({}^{i}\ddot{\tilde\phi}_{\bar i}+\cdots+{}^{i|\bar{\bar k}}\ddot{\tilde\phi}_{\bar k}\right)\cdot{}^{i|\bar k}r_k+\cdots+\left({}^{i}\ddot{\tilde\phi}_{\bar i}+\cdots+{}^{i|\bar n}\ddot{\tilde\phi}_n\right)\cdot{}^{i|n}r_{nI}\\
\backslash\ &+\sum_{k}^{{}^{i}\mathbf{1}_{nI}}\left(\sum_{k'}^{{}^{i}\mathbf{1}_{\bar k}}\left(\overline{{}^{i}\dot{\tilde\phi}_{\bar k'}\cdot{}^{i|\bar k'}\dot\phi_{k'}}\right)\cdot{}^{i|\bar k'}r_{k'}\right)\\
&=\sum_{k}^{{}^{i}\mathbf{1}_{n}}\left({}^{i|\bar k}\ddot{\tilde\phi}_k\cdot{}^{i|k}r_{nI}+\overline{{}^{i}\dot{\tilde\phi}_{\bar k}\cdot{}^{i|\bar k}\dot\phi_k}\cdot{}^{i|k}r_{nI}\right)
\end{aligned}
$$

$$= \sum_{k}^{^{i}\mathbf{1}_n} \left(\left({}^{i|\bar{k}}\ddot{\tilde{\phi}}_k + \widetilde{{}^{i}\dot{\tilde{\phi}}_{\bar{k}} \cdot {}^{i|\bar{k}}\dot{\phi}_k} \right) \cdot {}^{i|k}r_{nI} \right)$$

证毕。

【式（6.90）证明】

因${}^{i}\mathbf{1}_n = {}^{i}\mathbf{1}_{\bar{l}} + {}^{\bar{l}}\mathbf{1}_n$，故得

$$\sum_{k}^{^{\bar{l}}\mathbf{1}_n} \left({}^{i|kI}J_{kI} \cdot \sum_{k'}^{^{\bar{l}}\mathbf{1}_n} \left({}^{i|\bar{k}'}\ddot{\phi}_{k'} + i\dot{\tilde{\phi}}_{\bar{k}'} \cdot {}^{i|\bar{k}'}\dot{\phi}_{k'} \right) \right)$$

$$= {}^{i|lI}J_{kI}\left({}^{i}\ddot{\phi}_{\bar{i}} + \cdots + {}^{i|\bar{l}}\ddot{\phi}_l \right) + \cdots + {}^{i|kI}J_{kI} \cdot \left({}^{i}\ddot{\phi}_{\bar{i}} + \cdots + {}^{i|\bar{l}}\ddot{\phi}_l + \cdots + {}^{i|\bar{k}}\ddot{\phi}_k \right) + \cdots$$

$$+ {}^{i|kI}J_{nI} \cdot \left({}^{i}\ddot{\phi}_{\bar{i}} + \cdots + {}^{i|\bar{l}}\ddot{\phi}_l + \cdots + {}^{i|\bar{k}}\ddot{\phi}_k + \cdots + {}^{i|\bar{n}}\ddot{\phi}_n \right)$$

$$+ \sum_{k}^{^{\bar{i}}\mathbf{1}_n} \left({}^{i|kI}J_{kI} \cdot \sum_{k'}^{^{\bar{i}}\mathbf{1}_n} \left(i\dot{\tilde{\phi}}_{\bar{k}'} \cdot {}^{i|\bar{k}'}\dot{\phi}_{k'} \right) \right)$$

$$= \sum_{k'}^{^{i}\mathbf{1}_{\bar{l}}} \left(\sum_{k'}^{^{i}\mathbf{1}_{\bar{l}}} \left({}^{i|k'I}J_{k'I} \right) \left({}^{i|\bar{k}}\ddot{\phi}_k + i\dot{\tilde{\phi}}_{\bar{k}} \cdot {}^{i|\bar{k}}\dot{\phi}_k \right) \right) + \sum_{k'}^{^{\bar{l}}\mathbf{1}_n} \left(\sum_{k'}^{^{\bar{k}}\mathbf{1}_n} \left({}^{i|k'\mathbf{1}}J_{k'I} \right) \left({}^{i|\bar{k}}\ddot{\phi}_k + i\dot{\tilde{\phi}}_{\bar{k}} \cdot {}^{i|\bar{k}}\dot{\phi}_k \right) \right)$$

证毕。

【式（6.91）证明】

因${}^{i}\mathbf{1}_n = {}^{i}\mathbf{1}_{\bar{l}} + {}^{\bar{l}}\mathbf{1}_n$，故有

$$\sum_{k}^{^{\bar{i}}\mathbf{1}_n} \left(m_k \cdot \sum_{k'}^{^{i}\mathbf{1}_{kI}} \left({}^{i|\bar{k}'}\ddot{r}_{k'} \right) \right) = \sum_{k}^{^{\bar{i}}\mathbf{1}_n} \left(m_k \cdot {}^{i}\ddot{r}_{kI} \right)$$

$$= m_l \cdot \left({}^{i}\ddot{r}_{\bar{i}} + \cdots + {}^{i|\bar{l}}\ddot{r}_l + {}^{i|l}\ddot{r}_{lI} \right) + \cdots$$

$$+ m_k \cdot \left({}^{i}\ddot{r}_{\bar{i}} + \cdots {}^{i|\bar{l}}\ddot{r}_l + \cdots + {}^{i|\bar{k}}\ddot{r}_k + {}^{i|k}\ddot{r}_{kI} \right) + \cdots$$

$$+ m_n \cdot \left({}^{i}\ddot{r}_{\bar{i}} + \cdots + {}^{i|\bar{l}}\ddot{r}_l + \cdots + {}^{i|\bar{k}}\ddot{r}_k + \cdots + {}^{i|\bar{n}}\ddot{r}_n + {}^{i|n}\ddot{r}_{nI} \right) + \cdots$$

$$= \sum_{k'}^{^{\bar{i}}\mathbf{1}_n} \left(m_{k'} \right) \cdot \sum_{k}^{^{i}\mathbf{1}_{\bar{l}}} \left({}^{i|\bar{k}}\ddot{r}_k \right) + \sum_{k}^{^{\bar{l}}\mathbf{1}_n} \left(\sum_{k'}^{^{\bar{k}}\mathbf{1}_n} \left(m_{k'} \right) \cdot {}^{i|\bar{k}}\ddot{r}_k \right) + \sum_{k}^{^{\bar{i}}\mathbf{1}_n} \left(m_k \cdot {}^{i|k}\ddot{r}_{kI} \right)$$

证毕。

【式（6.92）证明】

考虑${}^{i}\mathbf{1}_n = {}^{i}\mathbf{1}_{\bar{l}} + {}^{\bar{l}}\mathbf{1}_n$，将式（6.89）代入式（6.92）左侧得

$$\sum_{k}^{^{i}\mathbf{1}_{nI}} \left(m_k \cdot \sum_{j}^{^{i}\mathbf{1}_{kI}} \left(\sum_{k'}^{^{i}\mathbf{1}_j} \left({}^{i|\bar{k}'}\ddot{\tilde{\phi}}_{\bar{k}'} + \widetilde{{}^{i}\dot{\tilde{\phi}}_{\bar{k}'} \cdot {}^{i|\bar{k}'}\dot{\phi}_{k'}} \right) \cdot {}^{i|j}r_j \right) \right) = \sum_{k}^{^{\bar{i}}\mathbf{1}_n} \left(m_k \cdot \sum_{j}^{^{i}\mathbf{1}_{kI}} \left({}^{i}\ddot{\tilde{\phi}}_{\bar{j}} \cdot {}^{i|j}r_j \right) \right)$$

$$\sum_{k}^{^{i}\mathbf{1}_n} \left(m_k \cdot \sum_{j}^{^{i}\mathbf{1}_k} \left({}^{i|j}\ddot{\tilde{\phi}}_j + \widetilde{{}^{i}\dot{\tilde{\phi}}_{\bar{j}} \cdot {}^{i|\bar{j}}\dot{\phi}_j} \right) \cdot {}^{i|j}r_{kI} \right)$$

$$= m_l \cdot \left({}^{i}\ddot{\tilde{\phi}}_{\bar{i}} \cdot {}^{i|\bar{i}}r_{lI} + \cdots + {}^{i|\bar{l}}\ddot{\tilde{\phi}}_{\bar{l}} \cdot {}^{i|\bar{l}}r_{lI} + {}^{i|\bar{l}}\ddot{\tilde{\phi}}_l \cdot {}^{i|\bar{l}}r_{lI} \right) + \cdots$$

$$+ m_k \cdot \left({}^{i}\ddot{\tilde{\phi}}_{\bar{i}} \cdot {}^{i|\bar{i}}r_{kI} + \cdots + {}^{i|\bar{l}}\ddot{\tilde{\phi}}_{\bar{l}} \cdot {}^{i|\bar{l}}r_{kI} + {}^{i|\bar{l}}\ddot{\tilde{\phi}}_l \cdot {}^{i|\bar{l}}r_{kI} + \cdots + {}^{i|\bar{k}}\ddot{\tilde{\phi}}_k \cdot {}^{i|k}r_{kI} \right) + \cdots$$

$$\backslash + m_n \cdot ({}^{i}\ddot{\tilde{\phi}}_{\bar{i}} \cdot {}^{i|\bar{i}}r_{nI} + \cdots + {}^{i|\bar{\bar{l}}}\ddot{\tilde{\phi}}_{\bar{l}} \cdot {}^{i|\bar{l}}r_{nI} + {}^{i|\bar{l}}\ddot{\tilde{\phi}}_{l} \cdot {}^{i|\bar{l}}r_{nI} + \cdots + {}^{i|\bar{k}}\ddot{\tilde{\phi}}_{k} \cdot {}^{i|k}r_{kI} + \cdots + {}^{i|\bar{n}}\ddot{\tilde{\phi}}_{n} \cdot {}^{i|n}r_{nI})$$

$$\backslash + \sum_{k}^{{}^{i}\mathbf{1}_n}\left(m_k \cdot \sum_{j}^{{}^{i}\mathbf{1}_k}({}^{i}\dot{\phi}_{\bar{j}} \cdot {}^{i|\bar{j}}\dot{\tilde{\phi}}_{j} \cdot {}^{i|j}r_{kI})\right)$$

$$= -\sum_{k}^{{}^{i}\mathbf{1}_{\bar{l}}}\left(\sum_{k'}^{{}^{i}\mathbf{1}_n}(m_{k'} \cdot {}^{i|k}\tilde{r}_{k'I}) \cdot ({}^{i|\bar{k}}\ddot{\tilde{\phi}}_{k} + {}^{i}\dot{\tilde{\phi}}_{\bar{k}} \cdot {}^{i|\bar{k}} \cdot \dot{\phi}_k)\right)$$

$$\backslash - \sum_{k}^{{}^{\bar{l}}\mathbf{1}_n}\left(\sum_{k'}^{{}^{\bar{k}}\mathbf{1}_n}(m_{k'} \cdot {}^{i|k}\tilde{r}_{k'I}) \cdot ({}^{i|\bar{k}}\ddot{\tilde{\phi}}_{k} + {}^{i}\dot{\tilde{\phi}}_{\bar{k}} \cdot {}^{i|\bar{k}} \cdot \dot{\phi}_k)\right)$$

证毕。

【式（6.93）证明】

考虑${}^{i}\mathbf{1}_n = {}^{i}\mathbf{1}_{\bar{l}} + {}^{\bar{l}}\mathbf{1}_n$，将式（6.89）代入式（6.93）左侧得

$$\sum_{k}^{{}^{\bar{l}}\mathbf{1}_n}\left(m_k \cdot {}^{i|l}\tilde{r}_{kI} \cdot \sum_{j}^{{}^{i}\mathbf{1}_{kI}}\left(\sum_{k'}^{{}^{i}\mathbf{1}_j}\left({}^{i|\bar{\bar{k}}'}\ddot{\tilde{\phi}}_{\bar{k}'} + \widetilde{{}^{i}\dot{\tilde{\phi}}_{\bar{\bar{k}}'} \cdot {}^{i|\bar{\bar{k}}'}\dot{\phi}_{\bar{k}'}}\right) \cdot {}^{i|\bar{j}}r_j\right)\right)$$

$$= \sum_{k}^{{}^{\bar{l}}\mathbf{1}_n}\left(m_k \cdot {}^{i|l}\tilde{r}_{kI} \cdot \sum_{j}^{{}^{i}\mathbf{1}_k}\left(\left({}^{i|\bar{j}}\ddot{\tilde{\phi}}_{j} + \widetilde{{}^{i}\dot{\tilde{\phi}}_{\bar{j}} \cdot {}^{i|\bar{j}}\dot{\phi}_j}\right) \cdot {}^{i|j}r_{kI}\right)\right)$$

$$= m_l \cdot {}^{i|l}\tilde{r}_{lI}({}^{i}\ddot{\tilde{\phi}}_{\bar{i}} \cdot {}^{i|\bar{i}}r_{lI} + \cdots + {}^{i|\bar{l}}\ddot{\tilde{\phi}}_{l} \cdot {}^{i|\bar{l}}r_{lI}) + \cdots$$

$$\backslash + m_k \cdot {}^{i|l}\tilde{r}_{kI} \cdot ({}^{i}\ddot{\tilde{\phi}}_{\bar{i}} \cdot {}^{i|\bar{i}}r_{kI} + \cdots + {}^{i|\bar{l}}\ddot{\tilde{\phi}}_{l} \cdot {}^{i|\bar{l}}r_{kI} + \cdots + {}^{i|\bar{k}}\ddot{\tilde{\phi}}_{k} \cdot {}^{i|k}\ddot{r}_{kI}) + \cdots$$

$$\backslash + m_n \cdot {}^{i|l}\tilde{r}_{kn}({}^{i}\ddot{\tilde{\phi}}_{\bar{i}} \cdot {}^{i|\bar{i}}r_{nI} + \cdots + {}^{i|\bar{l}}\ddot{\tilde{\phi}}_{l} \cdot {}^{i|l}r_{nI} + \cdots + {}^{i|\bar{k}}\ddot{\tilde{\phi}}_{k} \cdot {}^{i|k}\ddot{r}_{nI} + \cdots + {}^{i|\bar{n}}\ddot{\tilde{\phi}}_{n} \cdot {}^{i|n}\ddot{r}_{nI})$$

$$\backslash + \sum_{k}^{{}^{\bar{l}}\mathbf{1}_n}\left(m_k \cdot {}^{i|l}\tilde{r}_{kI} \cdot \sum_{j}^{{}^{i}\mathbf{1}_k}\left(\widetilde{{}^{i}\dot{\tilde{\phi}}_{\bar{j}} + {}^{i|\bar{j}}\dot{\tilde{\phi}}_{j}} \cdot {}^{i|j}r_{kI}\right)\right)$$

$$= -\sum_{k}^{{}^{i}\mathbf{1}_l}\left(\sum_{k'}^{{}^{\bar{l}}\mathbf{1}_n}(m_{k'} \cdot {}^{i|l}\tilde{r}_{k'I} \cdot {}^{i|k}\tilde{r}_{k'I}) \cdot ({}^{i|\bar{k}}\ddot{\tilde{\phi}}_{k} + {}^{i}\dot{\tilde{\phi}}_{\bar{k}} \cdot {}^{i|\bar{k}}\dot{\phi}_k)\right)$$

$$\backslash - \sum_{k}^{{}^{\bar{l}}\mathbf{1}_n}\left(\sum_{k'}^{{}^{\bar{k}}\mathbf{1}_n}(m_{k'} \cdot {}^{i|l}\tilde{r}_{k'I} \cdot {}^{i|k}\tilde{r}_{k'I}) \cdot ({}^{i|\bar{k}}\ddot{\tilde{\phi}}_{k} + {}^{i}\dot{\tilde{\phi}}_{\bar{k}} \cdot {}^{i|\bar{k}}\dot{\phi}_k)\right)$$

证毕。

【式（6.94）证明】

因${}^{i}\mathbf{1}_n = {}^{i}\mathbf{1}_{\bar{l}} + {}^{\bar{l}}\mathbf{1}_n$，故有

$$\sum_{k}^{{}^{\bar{l}}\mathbf{1}_n}\left(m_k \cdot {}^{i|l}\tilde{r}_{kI} \cdot \sum_{k}^{{}^{i}\mathbf{1}_{kI}}({}^{i|\bar{k}'}\ddot{r}_k)\right) = \sum_{k}^{{}^{\bar{l}}\mathbf{1}_n}(m_k \cdot {}^{i|l}\tilde{r}_{kI} \cdot {}^{i}\ddot{r}_{kI})$$

$$= m_l \cdot {}^{i|l}\tilde{r}_{lI}({}^{i}\ddot{r}_{\bar{i}} + \cdots + {}^{i|\bar{l}}\ddot{r}_l + {}^{i|l}\ddot{r}_{lI}) + \cdots$$

$$\backslash + m_k \cdot {}^{i|l}\tilde{r}_{kI}({}^{i}\ddot{r}_{\bar{i}} + \cdots + {}^{i|\bar{l}}\ddot{r}_l + \cdots + {}^{i|\bar{k}}\ddot{r}_k + {}^{i|k}\ddot{r}_{kI}) + \cdots$$

$$\backslash + m_n \cdot {}^{i|l}\tilde{r}_{nI}({}^{i}\ddot{r}_{\bar{i}} + \cdots + {}^{i|\bar{l}}\ddot{r}_l + \cdots + {}^{i|\bar{k}}\ddot{r}_k + \cdots + {}^{i|\bar{n}}\ddot{r}_n + {}^{i|n}\ddot{r}_{nI}) + \cdots$$

$$= \sum_{k}^{{}^{i}\mathbf{1}_n} (m_k \cdot {}^{i|l}\tilde{r}_{kI}) \cdot \sum_{k'}^{{}^{i}\mathbf{1}_{\bar{I}}} ({}^{i|k'}\ddot{r}_{k'}) + \sum_{k}^{{}^{i}\mathbf{1}_n}\left(\sum_{k'}^{{}^{\bar{k}}\mathbf{1}_n}(m_{k'} \cdot {}^{i|l}\tilde{r}_{k'I}) \cdot {}^{i|\bar{k}}\ddot{r}_k\right)$$

$$+ \sum_{k}^{{}^{i}\mathbf{1}_n} (m_k \cdot {}^{i|k}\tilde{r}_{kI} \cdot {}^{i|k}\ddot{r}_{kI})$$

证毕。

【式（6.101）证明】

由式（6.66）得

$$\boldsymbol{M}_{\boldsymbol{P}}^{[u][*]} \cdot \ddot{\boldsymbol{q}} = \sum_{k}^{u\boldsymbol{L}} \left(m_k \cdot \sum_{l}^{{}^{i}\mathbf{1}_{kI}} ({}^{i}\ddot{\tilde{\phi}}_{\bar{l}} \cdot {}^{i|\bar{l}}r_l + {}^{i|\bar{l}}\ddot{r}_l)\right) \tag{6.245}$$

由式（6.17）及式（6.245）得

$$\boldsymbol{M}_{\boldsymbol{P}}^{[u][*]} \cdot \ddot{\boldsymbol{q}} = \sum_{k}^{u\boldsymbol{L}} \left(\sum_{l}^{{}^{i}\mathbf{1}_{kI}} \left(m_k \cdot \sum_{j}^{{}^{i}\boldsymbol{L}_l} ({}^{i|\bar{j}}\ddot{\tilde{\phi}}_{\bar{j}} + {}^{i}\dot{\tilde{\phi}}_{\bar{j}} \cdot {}^{i|\bar{j}}\dot{\phi}_{\bar{j}}) \cdot {}^{i|\bar{l}}r_l\right)\right) + \sum_{k}^{u\boldsymbol{L}} \left(m_k \cdot \sum_{l}^{{}^{i}\mathbf{1}_{kI}} ({}^{i|\bar{l}}\ddot{r}_l)\right) \tag{6.246}$$

将式（6.97）代入式（6.246）右侧前一项得

$$\sum_{k}^{u\boldsymbol{L}} \left(\sum_{l}^{{}^{i}\mathbf{1}_{kI}} \left(m_k \cdot \sum_{j}^{{}^{i}\mathbf{1}_l} ({}^{i|\bar{j}}\ddot{\tilde{\phi}}_{\bar{j}} + {}^{i}\dot{\tilde{\phi}}_{\bar{j}} \cdot {}^{i|\bar{j}}\dot{\phi}_{\bar{j}}) \cdot {}^{i|\bar{l}}r_l\right)\right)$$

$$= -\sum_{l}^{{}^{i}\mathbf{1}_{\bar{u}}} \left(\sum_{k}^{u\boldsymbol{L}} (m_k \cdot {}^{i|l}\tilde{r}_{kI}) \cdot ({}^{i|\bar{l}}\ddot{\phi}_l + {}^{i}\dot{\tilde{\phi}}_{\bar{l}} \cdot {}^{i|\bar{l}}\dot{\phi}_l)\right)$$

$$\backslash - \sum_{k}^{u\boldsymbol{L}} \left(\sum_{j}^{k\boldsymbol{L}} (m_j \cdot {}^{i|k}\tilde{r}_{jI}) \cdot ({}^{i|\bar{k}}\ddot{\phi}_k + {}^{i}\dot{\tilde{\phi}}_{\bar{k}} \cdot {}^{i|\bar{k}}\dot{\phi}_k)\right) \tag{6.247}$$

将式（6.96）代入式（6.246）右侧后一项得

$$\sum_{k}^{u\boldsymbol{L}} \left(m_k \cdot \sum_{l}^{{}^{i}\mathbf{1}_{kI}} ({}^{i|\bar{l}}\ddot{r}_l)\right) = \sum_{k}^{u\boldsymbol{L}} (m_k) \cdot \sum_{l}^{{}^{i}\boldsymbol{L}_{\bar{u}}} ({}^{i|\bar{l}}\ddot{r}_l) + \sum_{k}^{u\boldsymbol{L}} \left(\sum_{j}^{k\boldsymbol{L}} (m_j) \cdot {}^{i|\bar{k}}\ddot{r}_k\right)$$

$$\backslash + \sum_{k}^{u\boldsymbol{L}} (m_k \cdot {}^{i|k}\ddot{r}_{kI}) \tag{6.248}$$

将式（6.247）及式（6.248）代入式（6.246）及式（6.68）得

$$\boldsymbol{M}_{\boldsymbol{P}}^{[u][*]} \cdot \ddot{\boldsymbol{q}} = \sum_{l}^{{}^{i}\mathbf{1}_{\bar{u}}} \left(-\sum_{k}^{u\boldsymbol{L}} (m_k \cdot {}^{i|l}\tilde{r}_{kI}) \cdot {}^{i|\bar{l}}\ddot{\phi}_l + \sum_{k}^{u\boldsymbol{L}} (m_k) \cdot {}^{i|\bar{l}}\ddot{r}_l\right) +$$

$$\backslash \sum_{k}^{u\boldsymbol{L}} \left(-\sum_{j}^{k\boldsymbol{L}} (m_j \cdot {}^{i|k}\tilde{r}_{jI}) \cdot {}^{i|\bar{k}}\ddot{\phi}_k + \sum_{j}^{k\boldsymbol{L}} (m_j) \cdot {}^{i|\bar{k}}\ddot{r}_k\right) + \sum_{k}^{u\boldsymbol{L}} (m_k \cdot {}^{i|k}\ddot{r}_{kI})$$

$$\boldsymbol{h}'^{[u]}_{\boldsymbol{P}} = -\sum_{l}^{{}^{i}\mathbf{1}_{\bar{u}}} \left(\sum_{k}^{u\boldsymbol{L}} (m_k \cdot {}^{i|l}\tilde{r}_{kI}) \cdot {}^{i}\dot{\tilde{\phi}}_{\bar{l}} \cdot {}^{i|\bar{l}}\dot{\phi}_l\right) - \sum_{k}^{u\boldsymbol{L}} \left(\sum_{j}^{k\boldsymbol{L}} (m_j \cdot {}^{i|k}\tilde{r}_{jI}) \cdot {}^{i}\dot{\tilde{\phi}}_{\bar{k}} \cdot {}^{i|\bar{k}}\dot{\phi}_k\right) \tag{6.249}$$

对于刚体 $\boldsymbol{k}$，有 ${}^{k}\ddot{r}_{kI} = 0_3$；由式（6.65）、式（6.100）及式（6.249）得式（6.101）。

显然，对于平面多轴系统，$\boldsymbol{h}'^{[u]}_{\boldsymbol{P}}$ 及 $\boldsymbol{h}'^{[u]}_{\boldsymbol{R}}$ 为零矢量。证毕。

【式（6.102）及式（6.103）证明】

由式（6.67）得

$$M_{\boldsymbol{R}}^{[u][*]}\cdot\ddot{q}=\sum_{k}^{u\boldsymbol{L}}\left({}^{i|kI}\boldsymbol{J}_{kI}\cdot\sum_{l}^{i\boldsymbol{1}_{kI}}({}^{i|\bar{l}}\ddot{\phi}_l+{}^{i}\dot{\tilde{\phi}}_{\bar{l}}\cdot{}^{i|\bar{l}}\dot{\phi}_l)\right)+\sum_{k}^{u\boldsymbol{L}}\left(m_k\cdot{}^{i|u}\tilde{r}_{kI}\cdot\sum_{l}^{i\boldsymbol{1}_{kI}}({}^{i|\bar{l}}\ddot{r}_l)\right)$$
$$+\sum_{k}^{u\boldsymbol{L}}\left(m_k\cdot{}^{i|u}\tilde{r}_{kI}\cdot\sum_{l}^{i\boldsymbol{1}_{kI}}\left(\sum_{j}^{i\boldsymbol{1}_{\bar{l}}}({}^{i|\bar{j}}\ddot{\phi}_j+{}^{i}\dot{\tilde{\phi}}_{\bar{j}}\cdot{}^{i|\bar{j}}\dot{\phi}_j)\cdot{}^{i|\bar{l}}r_l\right)\right)\tag{6.250}$$

将式（6.95）代入式（6.250）右侧第一项得

$$\sum_{k}^{u\boldsymbol{L}}\left({}^{i|kI}J_{kI}\cdot\sum_{l}^{i\boldsymbol{1}_{kI}}({}^{i|\bar{l}}\ddot{\phi}_l+{}^{i}\dot{\tilde{\phi}}_{\bar{k}}\cdot{}^{i|\bar{k}}\dot{\phi}_k)\right)=\sum_{k}^{u\boldsymbol{L}}({}^{i|kI}J_{kI})\cdot\sum_{l}^{i\boldsymbol{1}_{\bar{u}}}({}^{i|\bar{l}}\ddot{\phi}_l+{}^{i}\dot{\tilde{\phi}}_{\bar{l}}\cdot{}^{i|\bar{l}}\dot{\phi}_l)$$
$$+\sum_{k}^{u\boldsymbol{L}}\left(\sum_{j}^{k\boldsymbol{L}}({}^{i|jI}J_{jI})\cdot({}^{i|\bar{k}}\ddot{\phi}_k+{}^{i}\dot{\tilde{\phi}}_{\bar{k}}\cdot{}^{i|\bar{k}}\dot{\phi}_k)\right)\tag{6.251}$$

将式（6.98）代入式（6.250）右侧最后一项得

$$\sum_{k}^{u\boldsymbol{L}}\left(m_k\cdot{}^{i|u}\tilde{r}_{kI}\cdot\sum_{l}^{i\boldsymbol{1}_{kI}}\left(\sum_{j}^{i\boldsymbol{1}_l}({}^{i|\bar{j}}\ddot{\phi}_j+{}^{i}\dot{\tilde{\phi}}_{\bar{j}}\cdot{}^{i|\bar{j}}\dot{\phi}_j)\cdot{}^{i|\bar{l}}r_l\right)\right)=$$
$$-\sum_{l}^{i\boldsymbol{1}_{\bar{u}}}\left(\sum_{k}^{u\boldsymbol{L}}(m_k\cdot{}^{i|u}\tilde{r}_{kI}\cdot{}^{i|l}\tilde{r}_{kI})\cdot({}^{i|\bar{l}}\ddot{\phi}_l+{}^{i}\dot{\tilde{\phi}}_{\bar{l}}\cdot{}^{i|\bar{l}}\dot{\phi}_l)\right)$$
$$-\sum_{k}^{u\boldsymbol{L}}\left(\sum_{j}^{k\boldsymbol{L}}(m_j\cdot{}^{i|u}\tilde{r}_{jI}\cdot{}^{i|k}\tilde{r}_{jI})\cdot({}^{i|\bar{k}}\ddot{\phi}_k+{}^{i}\dot{\tilde{\phi}}_{\bar{k}}\cdot{}^{i|\bar{k}}\dot{\phi}_k)\right)\tag{6.252}$$

将式（6.99）代入式（6.250）右侧中间一项得

$$\sum_{k}^{u\boldsymbol{L}}\left(m_k\cdot{}^{i|u}\tilde{r}_{kI}\cdot\sum_{l}^{i\boldsymbol{1}_{kI}}({}^{i|\bar{l}}\ddot{r}_l)\right)=\sum_{k}^{u\boldsymbol{L}}(m_k\cdot{}^{i|u}\tilde{r}_{kI})\cdot\sum_{l}^{i\boldsymbol{1}_{\bar{u}}}({}^{i|\bar{l}}\ddot{r}_l)$$
$$+\sum_{k}^{u\boldsymbol{L}}\left(\sum_{j}^{k\boldsymbol{L}}(m_j\cdot{}^{i|u}\tilde{r}_{jI})\cdot{}^{i|\bar{k}}\ddot{r}_k\right)+\sum_{k}^{u\boldsymbol{L}}(m_k\cdot{}^{i|k}\tilde{r}_{kI}\cdot{}^{i|k}\ddot{r}_{kI})\tag{6.253}$$

将式（6.251），式（6.252）及式（6.253）代入式（6.251）及式（6.69）得

$$\boldsymbol{M}_{\boldsymbol{R}}^{[u][*]}\cdot\ddot{\boldsymbol{q}}=\sum_{l}^{i\boldsymbol{1}_{\bar{u}}}\left(\begin{array}{l}\left(\sum_{k}^{u\boldsymbol{L}}({}^{i|kI}J_{kI}-m_k\cdot{}^{i|u}\tilde{r}_{kI}\cdot{}^{i|l}\tilde{r}_{kI})\right)\\ \cdot{}^{i|\bar{l}}\ddot{\phi}_l+\sum_{k}^{u\boldsymbol{L}}(m_k\cdot{}^{i|u}\tilde{r}_{kI})\cdot{}^{i|\bar{l}}\ddot{r}_l\end{array}\right)+$$

$$\backslash \sum_{k}^{u\mathbf{L}} \left(\begin{array}{l} \left(\sum_{j}^{k\mathbf{L}} \left({}^{i|j}J_{jI} - m_j \cdot {}^{i|u}\tilde{r}_{jI} \cdot {}^{i|k}\tilde{r}_{jI} \right) \right) \cdot {}^{i|\bar{k}}\ddot{\phi}_k \\ \backslash + \sum_{j}^{k\mathbf{L}} \left(m_j \cdot {}^{i|u}\tilde{r}_{jI} \right) \cdot {}^{i|\bar{k}}\ddot{r}_k \end{array} \right) + \sum_{k}^{u\mathbf{L}} \left(m_k \cdot {}^{i|k}\tilde{r}_{kI} \cdot {}^{i|k}\ddot{r}_{kI} \right) \tag{6.254}$$

$$\begin{aligned} \boldsymbol{h}'^{[u]}_{R} = & \sum_{l}^{{}^{i}\mathbf{L}_{\bar{u}}} \left(\left(\sum_{k}^{u\mathbf{L}} \left({}^{i|k}J_{kI} - m_k \cdot {}^{i|u}\tilde{r}_{kI} \cdot {}^{i|l}\tilde{r}_{kI} \right) \right) \cdot {}^{i}\dot{\tilde{\phi}}_{\bar{l}} \cdot {}^{i|\bar{l}}\dot{\phi}_l \right) \\ & \backslash + \sum_{k}^{u\mathbf{L}} \left(\left(\sum_{j}^{k\mathbf{L}} \left({}^{i|j}J_{jI} - m_j \cdot {}^{i|u}\tilde{r}_{jI} \cdot {}^{i|k}\tilde{r}_{jI} \right) \right) \cdot {}^{i}\dot{\tilde{\phi}}_{\bar{k}} \cdot {}^{i|\bar{k}}\dot{\phi}_k \right) \end{aligned} \tag{6.255}$$

对于刚体 k，有${}^{k}\ddot{r}_{kI} = \mathbf{0}_3$；由式（6.65）、式（6.100）及式（6.254）得式（6.102）。证毕。

【式（6.145）证明】

显然，有 $l \in {}^{i}\mathbf{1}_{\bar{u}}$。若 ${}^{\bar{u}}\boldsymbol{k}_u \in \boldsymbol{P}$，由式（6.106）得

$$\boldsymbol{M}_{\boldsymbol{P}}^{[u][l]} = \left. \begin{array}{c} -\sum_{j}^{u\mathbf{L}} \left(m_j \cdot {}^{i|l}\tilde{r}_{jI} \right) \\ \sum_{j}^{u\mathbf{L}} \left(m_j \right) \cdot \mathbf{1} \end{array} \right\| , \boldsymbol{M}_{\boldsymbol{P}}^{[u][k]} = \left. \begin{array}{c} -\sum_{j}^{k\mathbf{L}} \left(m_j \cdot {}^{i|k}\tilde{r}_{jI} \right) \\ \sum_{j}^{k\mathbf{L}} \left(m_j \right) \cdot \mathbf{1} \end{array} \right\| \tag{6.256}$$

$$\boldsymbol{M}_{\boldsymbol{P}}^{[l][u]} = \left. \begin{array}{c} -\sum_{j}^{u\mathbf{L}} \left(m_j \cdot {}^{i|u}\tilde{r}_{jI} \right) \\ \sum_{j}^{u\mathbf{L}} \left(m_j \right) \cdot \mathbf{1} \end{array} \right\| , \boldsymbol{M}_{\boldsymbol{P}}^{[k][u]} = \left. \begin{array}{c} -\sum_{j}^{k\mathbf{L}} \left(m_j \cdot {}^{i|u}\tilde{r}_{jI} \right) \\ \sum_{j}^{k\mathbf{L}} \left(m_j \right) \cdot \mathbf{1} \end{array} \right\| \tag{6.257}$$

由式（6.256）及式（6.257）知，若${}^{\bar{l}}\boldsymbol{k}_l \in \boldsymbol{P}$，${}^{k-}\boldsymbol{k}_k \in \boldsymbol{P}$，则

$$\boldsymbol{M}_{\boldsymbol{R}}^{[u][l]} = \boldsymbol{M}_{\boldsymbol{R}}^{[l][u]\mathrm{T}}, \boldsymbol{M}_{\boldsymbol{R}}^{[u][k]} = \boldsymbol{M}_{\boldsymbol{R}}^{[k][u]\mathrm{T}} \tag{6.258}$$

若${}^{\bar{u}}\boldsymbol{k}_u \in \boldsymbol{R}$，由式（6.108）得

$$\boldsymbol{M}_{\boldsymbol{R}}^{[u][l]} = \left. \begin{array}{c} \sum_{j}^{u\mathbf{L}} \left({}^{i|j}J_{jI} - m_j \cdot {}^{i|u}\tilde{r}_{jI} \cdot {}^{i|l}\tilde{r}_{jI} \right) \\ \sum_{j}^{u\mathbf{L}} \left(m_j \cdot {}^{i|u}\tilde{r}_{jI} \right) \end{array} \right\| , \boldsymbol{M}_{\boldsymbol{R}}^{[u][k]} = \left. \begin{array}{c} \sum_{j}^{k\mathbf{L}} \left({}^{i|j}J_{jI} - m_j \cdot {}^{i|u}\tilde{r}_{jI} \cdot {}^{i|k}\tilde{r}_{jI} \right) \\ \sum_{j}^{k\mathbf{L}} \left(m_j \cdot {}^{i|u}\tilde{r}_{jI} \right) \end{array} \right\| \tag{6.259}$$

$$\boldsymbol{M}_{\boldsymbol{R}}^{[l][u]}=\left.\begin{matrix}\sum\limits_{j}^{u\boldsymbol{L}}\left({}^{i|jI}J_{jI}-m_j\cdot{}^{i|l}\tilde{r}_{jI}\cdot{}^{i|u}\tilde{r}_{jI}\right)\\ \sum\limits_{j}^{u\boldsymbol{L}}\left(m_j\cdot{}^{i|l}\tilde{r}_{jI}\right)\end{matrix}\right\|,\boldsymbol{M}_{\boldsymbol{R}}^{[k][u]}=\left.\begin{matrix}\sum\limits_{j}^{k\boldsymbol{L}}\left({}^{i|jI}J_{jI}-m_j\cdot{}^{i|k}\tilde{r}_{jI}\cdot{}^{i|u}\tilde{r}_{jI}\right)\\ \sum\limits_{j}^{u\boldsymbol{L}}\left(m_j\cdot{}^{i|u}\tilde{r}_{jI}\right)\end{matrix}\right\|$$

(6.260)

由式(6.259)、式(6.260)及${}^{i|l}\tilde{r}_{jI}\cdot{}^{i|u}\tilde{r}_{jI}=\left({}^{i|u}\tilde{r}_{jI}\cdot{}^{i|l}\tilde{r}_{jI}\right)^{\mathrm{T}}$知，若${}^{\bar{l}}\boldsymbol{k}_l\in\boldsymbol{R},{}^{\bar{k}}\boldsymbol{k}_k\in\boldsymbol{R}$，则

$$\boldsymbol{M}_{\boldsymbol{R}}^{[u][l]}=\boldsymbol{M}_{\boldsymbol{R}}^{[l][u]\mathrm{T}},\boldsymbol{M}_{\boldsymbol{R}}^{[u][k]}=\boldsymbol{M}_{\boldsymbol{R}}^{[k][u]\mathrm{T}}\tag{6.261}$$

证毕。

【式（6.168）及式（6.169）证明】

显然，有

$$m_k=\boldsymbol{0},\quad {}^{kI}J_{kI}=0,\quad k\in[c1,c2,c3,c4,c5]\tag{6.262}$$

由式（6.163）及式（6.164）可知，它们确定了轴 c 的笛卡儿直角坐标系，但 3 个转动轴序列存在 12 种。

由式（6.26）得

$${}^{i}\varTheta_c=\frac{\partial^i\dot{\phi}_c}{\partial\dot{\phi}_{(i,c]}}=\left[{}^{i}n_{c1}\quad {}^{i|c1}n_{c2}\quad {}^{i|c2}n_{c3}\right]\tag{6.263}$$

由式（6.263）得

$${}^{i}\dot{\phi}_c={}^{i}\varTheta_c\cdot\dot{\phi}_{(i,c]}\tag{2.264}$$

由式（6.264）得

$$\dot{\phi}_{(i,c]}={}^{c}\varTheta_i\cdot{}^{i}\dot{\phi}_c={}^{i}\varTheta_c^{-1}\cdot{}^{i}\dot{\phi}_c\tag{2.265}$$

故有

$$\begin{aligned}&\sum_{k}^{c3_{l_i}}(m_k)\cdot{}^{i}Q_c\cdot\ddot{r}^{\mathrm{T}}_{(i,c]}+\sum_{k}^{i_{l_{c3}}}\left(-m_k\cdot{}^{i|c}\tilde{r}_{kI}\right)\cdot{}^{i}\varTheta_c\cdot\ddot{\phi}^{\mathrm{T}}_{(i,c]}\\&=m_c\cdot{}^{i}Q_c\cdot\ddot{r}^{\mathrm{T}}_{(i,c]}-m_c\cdot{}^{i|c}\tilde{r}_{cI}\cdot{}^{i}\varTheta_c\cdot\ddot{\phi}^{\mathrm{T}}_{(i,c]}\end{aligned}\tag{6.266}$$

$$\begin{aligned}&\sum_{k}^{i_{l_{c3}}}\left({}^{i|kI}J_{kI}-m_k\cdot{}^{i|c}\tilde{r}_{kI}^{:2}\right)\cdot{}^{i}\varTheta_c\cdot\ddot{\phi}^{\mathrm{T}}_{(i,c]}+\sum_{k}^{c3_{l_c}}\left(m_k\cdot{}^{i|c}\tilde{r}_{kI}\right)\cdot{}^{i}Q_c\cdot\ddot{r}^{\mathrm{T}}_{(i,c]}\\&=\left({}^{i|cI}J_{cI}-m_c\cdot{}^{i|c}\tilde{r}_{cI}^{:2}\right)\cdot{}^{i}\varTheta_c\cdot\ddot{\phi}^{\mathrm{T}}_{(i,c]}+m_c\cdot{}^{i|c}\tilde{r}_{cI}\cdot{}^{i}Q_c\cdot\ddot{r}^{\mathrm{T}}_{(i,c]}\end{aligned}\tag{6.267}$$

由式（6.106）及式（6.265）得

$$\boldsymbol{M}_{\boldsymbol{P}}^{[c][*]}\cdot\ddot{\boldsymbol{q}}={}^{c}Q_i\cdot\begin{pmatrix}\sum\limits_{k}^{c\boldsymbol{L}}(m_k)\cdot{}^{i}Q_c\cdot\ddot{r}^{\mathrm{T}}_{(i,c]}-\backslash\\ \sum\limits_{k}^{c\boldsymbol{L}}\left(m_k\cdot{}^{i|c}\tilde{r}_{kI}\right)\cdot{}^{i}\varTheta_c\cdot\ddot{\phi}^{\mathrm{T}}_{(i,c]}\end{pmatrix}+{}^{c}Q_i\cdot\sum_{k}^{c\bar{\boldsymbol{L}}}\left(\left.\begin{matrix}\sum\limits_{j}^{k\boldsymbol{L}}(m_j)\\ -\sum\limits_{j}^{k\boldsymbol{L}}\left(m_j\cdot{}^{i|k}\tilde{r}_{jI}\right)\end{matrix}\right\|\cdot{}^{i|\bar{l}}n_l\cdot\ddot{q}_k^{\bar{k}}\right)$$

(6.268)

式（6.268）即式（6.168）。由式（6.108）及式（6.265）得

$$\boldsymbol{M}_R^{[c][*]} \cdot \ddot{\boldsymbol{q}} = {}^c\Theta_i \cdot \left(\sum_k^{c\boldsymbol{L}} \left({}^{i|kI}J_{kI} - m_k \cdot {}^{i|c}\tilde{r}_{kI}^{\,\vdots 2} \right) \cdot {}^i\Theta_c \cdot \ddot{\phi}_{(i,c]}^{\mathrm{T}} + \sum_k^{c\boldsymbol{L}} \left(m_k \cdot {}^{i|c}\tilde{r}_{kI} \right) \cdot {}^iQ_c \cdot \ddot{r}_{(i,c]}^{\mathrm{T}} \right)$$

$$\backslash + {}^c\Theta_i \cdot \sum_k^{\underline{c}\boldsymbol{L}} \left(\begin{array}{c} \sum_j^{k\boldsymbol{L}} \left(m_j \cdot {}^{i|c}\tilde{r}_{jI} \right) \\ \sum_j^{k\boldsymbol{L}} \left({}^{i|jI}J_{jI} - m_j \cdot {}^{i|c}\tilde{r}_{jI} \cdot {}^{i|k}\tilde{r}_{jI} \right) \end{array} \right\| \cdot {}^{i|\bar{k}}n_k \cdot \ddot{q}_k^{\bar{k}} \right) \tag{6.269}$$

式（6.269）即式（6.169）。证毕。

参 考 文 献

[1] Thomas R Kane, David A Levinson. Dynamics Theory and Applications [M]. New York: The Internet-First University Press, 2005.

[2] Jain A. Robot and Multibody Dynamics, Analysis and Algorithms [M]. New York: Springer US, 2011.

[3] 居鹤华，石宝钱，贾阳，等. 运动链符号演算与自主行为控制论 [M]. 武汉：华中科技大学出版社，2021.

[4] 全国技术产品文件标准化技术委员会. GB/T 4460—2013 机械制图机构运动简图用图形符号 [S].

[5] Angeles J. Fundamentals of Robotic Mechanical Systems: Theory Methods and Algorithms [M]. Switzerland: Springer, 2014.

[6] 程国采. 四元数法及其应用 [M]. 长沙：国防科技大学出版社，1991.

附录

矢量与矩阵模板

1. 文件：MASConstant.hpp

命名空间 MAS,包含软件中常用的常值、三角函数、除 0 等函数,定义函数需考虑计算机浮点运算的特点。

```
namespace MAS
{
 typedef   double   Real;
 const Real MASEPS = Real(1. 0e- 296);
 const Real REALNAN = Real(1. 0e258);
 const Real HocShift_Eps = Real(pow(2, - 52));
 const Real MASDenominat = HocShift_Eps;
 const Real MASDenominatInv = Real(1. 0e0) / MASDenominat;
 const Real VecEqualDelta = Real(1. e- 6);
 const Real ZERO = 0. 000000000000000000000000000000000e+00;
 const Real ONE = 1. 000000000000000000000000000000000e+00;
 const Real TWO = 2. 000000000000000000000000000000000e+00;
 const Real FOUR = 4. 000000000000000000000000000000000e+00;
 const Real PI = 3. 141592653589793238462643383279502884e+00;
 const Real Exp = 2. 718281828459045235360287471352662498e+00;
 const Real HALF = 5. 000000000000000000000000000000000e- 01;
 const Real HalfPI = 1. 570796326794896619231321691639751442e+00;
 const Real TWOPI = 6. 283185307179586476925286766559005768e+00;
 const Real FOURPI = FOUR *  PI;
#define Abs(x) (((x) >= ZERO) ? (x) : (- (x)))
#define Mag(x) (((x) >= ZERO) ? (x) : (- (x)))
#define Square(x) ((x) *  (x))
#define Sign(x) (((x) < ZERO) ? (- ONE) : ONE)
#define Min(x,y) ((x) < (y) ? (x) : (y))
#define Max(x,y) ((y) < (x) ? (x) : (y))
#define EqualZero(x) (Abs((x)) <  MASEPS  )
#define InequalZero(x) (Abs((x)) >  MASEPS )
#define EqualDivZero(x) (Abs((x)) <  MASDenominat )
```

```
#define InequalDivZero(x) (Abs((x)) >  MASDenominat  )
#define Equal(x, y) (Abs((x) - (y)) <  MASEPS )
#define SafeSqrt(x) (sqrt(Max((x), ZERO)))
#define SafeAsin(x) (((x)<= (- ONE)) ? (- HalfPI) : ( ((x) >= ONE) ? HalfPI : asin((x)) ))
#define SafeAcos(x) (((x)<= (- ONE)) ?   PI : ( ((x) >= ONE) ? ZERO : acos((x)) ))
//////////////////////////////////////////////////////////////////////////
 template<class T> inline bool IsNaN(const T& x){
  if (Abs(x) >= REALNAN)
   return true;
  else
   return false;
 };
 //////////////////////////////////////////////////////////////////////////
 template <class T> void AverageOf(const T& a, const T& b, T& c){
  c = a; c += b; c *  = Half;
 };
 //////////////////////////////////////////////////////////////////////////
 template <class T> void Lerp(const T& a, const T& b, T alpha, T& c){
 T beta = Zero - alpha;
 if (beta > alpha) {
   c = b; c *  = alpha / beta; c += a; c *  = beta;
  }
  else {
   c = a; c *  = beta / alpha; c += b; c *  = alpha;
  }
 };
 //////////////////////////////////////////////////////////////////////////
 template <class T> T Lerp(const T& a, const T& b, T alpha){
  T ret;
  Lerp(a, b, alpha, ret);
  return ret;
 };
 //////////////////////////////////////////////////////////////////////////
 template <class T> void ClampDivZero(T &x){
  if (Abs(x) <  MASDenominat) {
  x = Sign(x) *  MASDenominat;
  }
 }
 /////////////////(- PI,PI)///////////////////////////////////////////////
```

```
  template <class T> T Atan2(T x, T y){
   ClampDivZero(x);
   if (x >   ZERO)
    return atan(y / x);
   else {
    return (y > ZERO) ? (PI + atan(y / x)) : (- PI + atan(y / x));
   }
  };
};///MAS
```

2. 文件：VectorTemplate. hpp

矢量模板，包含矢量的生成、加、减、内积、外积、索引、范数等运算函数。

```
namespace MAS {
 template <class T> class MatrixTemp;
 class RVec;
 class RMat;
 class SVDC;
 class MAS_FK;
 class Dynamics;
 class EularQuaternion;
 template <class T>
 //////////////////////////////////////////////////////
 class VectorTemp: public MASClass
 {
 public:
  friend class MatrixTemp<T>;
  friend class RVec;
  friend class RMat;
  friend class SVDC;
  friend class MAS_FK;
  friend class MAS_Dynamics;
  friend class EularQuaternion;
 //////////////////////////////////////////////////////
 public:
  VectorTemp();
  VectorTemp(Integer size,bool bSetZero = true);
  VectorTemp(const std::vector<T> theVec);
  ////////////////////////////////////////////////////////////////////
  VectorTemp(const VectorTemp<T >&Vec);
  virtual ~VectorTemp();
```

```
////////////////////////////////////////////////////////////////
const T GetNorm1() const;    ///仅适用于数类型
const T GetNorm2() const;    ///仅适用于数类型
const T GetSqdMod() const;    ///Squared modulus
void Normalize();
void SetNull(bool bCData = false);
////////////////////////////////////////////////////////////////
inline T& operator[](Integer index);
inline const T& operator[](Integer index) const;
void SetSize(Integer size, bool bSetZero = true);
inline Integer GetSize() const;
inline const T& At(Integer index) const;
inline void SetElem(Integer index, const T& value);
////////////////////////////////////////////////////////////////
T GetMaxCwiseAbs()const;
T GetSum() const;
const T InnerProduct(const VectorTemp<T > &p);
const T InnerProduct(const VectorTemp<T > &p1, const VectorTemp<T > &p2);
////////////////////////////////////////////////////////////////
VectorTemp<T>GetFromTo(Integer start, Integer To);
////////////////////////////////////////////////////////////////
const VectorTemp<T >& operator=(const VectorTemp<T >&Vec);
inline void AssignFrom(const VectorTemp<T >&Vec, bool bCData = false);
inline void Add(const VectorTemp<T>&_Vec);
inline void Subtract(const VectorTemp<T>&_Vec);
const VectorTemp<T > operator- () const;
const VectorTemp<T > operator- (const VectorTemp<T >&Vec);
////////////////////////////////////////////////////////////////
friend const VectorTemp<T > operator+(const VectorTemp<T >&p1, const VectorTemp<T >
&p2){
  VectorTemp<T >Result(p1.sizeD, false);
  for (register Integer i = 0; i < p1.sizeD; i++){
   Result.elemD[i] = p1.elemD[i] + p2.elemD[i];
  }
  return Result;
};
////////////////////////////////////////////////////////////////
friend const VectorTemp<T > operator- (const VectorTemp<T >&p1, const VectorTemp<T >
&p2){
```

```
    VectorTemp<T >Result(p1.sizeD, false);
    for (register Integer i = 0; i < p1.sizeD; i++){
     Result.elemD[i] = p1.elemD[i] - p2.elemD[i];
    }
    return Result;
  };
//////////////////////////////////////////////////////////////////////
  friend const VectorTemp<T> operator* (const VectorTemp<T> &p1, const T &p){
    VectorTemp<T >Result(p1.sizeD, false);
    for (register Integer i = 0; i < p1.sizeD; i++){
     Result.elemD[i] = p1.elemD[i] *  p;
    }
    return Result;
  };
  //////////////////////////////////////////////////////////////////////
  friend const VectorTemp<T > operator* (VectorTemp<T > &p1, T &p){
    VectorTemp<T >Result(p1.sizeD, false);
    for (register Integer i = 0; i < p1.sizeD; i++){
     Result.elemD[i] = p1.elemD[i] *  p;
    }
    return Result;
  };
  //////////////////////////////////////////////////////////////////////
  friend const VectorTemp<T> operator* (const T &p, const VectorTemp<T> &p1){
    VectorTemp<T >Result(p1.sizeD, false);
    for (register Integer i = 0; i < p1.sizeD; i++){
     Result.elemD[i] = p1.elemD[i] *  p;
    }
    return Result;
  };
  //////////////////////////////////////////////////////////////////////
  friend const T operator* (const VectorTemp<T >&p1, const VectorTemp<T >&p2){
    T Result = T();
    for (register Integer i = 0; i < p1.sizeD; i++){
     Result += p1.elemD[i] *  p2.elemD[i];
    }
    return Result;
  };
  /////////////////////////////////////////////////////////////////////
```

```
  friend const VectorTemp<T> operator/(const VectorTemp<T>&p1, const Real&p){
   VectorTemp<T >Result(p1.sizeD, false);
   Real pp = Real(ZERO);
   if (EqualDivZero(p))
    pp = MASDenominatInv *  Sign(p);
   else{
    pp= ONE / p;
   }
   for (register Integer i = 0; i < p1.sizeD; i++){
    Result.elemD[i] = p1.elemD[i] *  pp;
   }
   return Result;
  };
  //////////////////////////////////////////////////////////////////////
  friend bool operator! = (const VectorTemp<T >&p1, const VectorTemp<T >&p2){
   if (p1.sizeD ! = p2.sizeD){
    return true;
   }
   for (register Integer i = 0; i < p1.sizeD; i++){
    if (Abs(p1.elemD[i] - p2.elemD[i]) > VecEqualDelta)
     return true;
   }
return false;
  };
//////////////////////////////////////////////////////////////////////
  friend bool operator== (const VectorTemp<T >&p1, const VectorTemp<T >&p2){
   if (p1.sizeD ! = p2.sizeD){
    return true;
   }
   for (register Integer i = 0; i < p1.sizeD; i++){
    if (Abs(T(p1.elemD[i] - p2.elemD[i])) > VecEqualDelta)
     return false;
   }
   return true;
  };
  const VectorTemp<T >& operator+=(const VectorTemp<T >&p);
  const VectorTemp<T >& operator- =(const VectorTemp<T > &p);
  const VectorTemp<T >& operator*  =(const T &p);
  const VectorTemp<T >& operator/=(const Real &p);
```

```
    const T operator* =(const VectorTemp<T > &p);
    ////////////////////////////////////////////////////////////////
    void EraseDeltaTerm();
    ////////////////////////////////////////////////////////////////
    inline void CpyDataFrm(const VectorTemp<T >&Vec,bool bCData = false);
    ////////////////////////////////////////////////////////////////
  protected:
    mutable Integer   sizeD;
    mutable T    * elemD;
    inline void MoveRAM(const VectorTemp<T >&Vec);
    inline void InitState();
    void SmartDelete();
    void SmartSet(Integer _theSize, bool bSetZero = true);
    void InitSmartNew(Integer _theSize, bool bSetZero = true, bool bCData = false);
  };
};///MAS
```

3. 文件：VectorTemplate2.hpp

```
namespace MAS {
  template <class T>
  inline void VectorTemp<T >::InitState(){
    elemD =NULL; sizeD = 0;
  };
  ////////////////////////////////////////////////////////////////////
  template <class T>
  inline void VectorTemp<T >::MoveRAM(const VectorTemp<T >&Vec){
    sizeD = Vec.sizeD;
    elemD = Vec.elemD;
  };
  ////////////////////////////////////////////////////////////////////
  template <class T>
  inline void VectorTemp<T >::CpyDataFrm(const VectorTemp<T >&Vec,bool bCData){
    if (sizeD ! = Vec.sizeD) {
      SetSize(Vec.sizeD,false);
    }
    if (bCData) {
      memcpy(elemD, Vec.elemD, sizeof(T) *  sizeD);
    }
    else {
      for (register Integer No = 0; No < sizeD; No++)
```

```
    elemD[No] = Vec[No];
  }
};
////////////////////////////////////////////////////////////////////////
template <class T>
void VectorTemp<T >::SmartDelete(){
  if (elemD ! = NULL) {
    delete[] elemD;
    InitState();
  }
};
////////////////////////////////////////////////////////////////////////
template <class T>
void VectorTemp<T >::InitSmartNew(Integer theSize, bool bSetZero, bool bCData){
  InitState();
  if (theSize > 0) {
    sizeD = theSize;
    elemD =new T[theSize];
    if (bSetZero) {
      SetNull(bCData);
    }
  }
  else
    SmartDelete();
};
////////////////////////////////////////////////////////////////////////
template <class T>
void VectorTemp<T >::SmartSet(Integer size, bool bSetZero){
  SmartDelete();
  if (size > 0) {
    sizeD = size;
    elemD =new T[size];
    if (bSetZero) {
      SetNull();
    }
  }
  else
    SmartDelete();
};
```

```
//////////////////////////////////////////////////////////////////////
template <class T>
void VectorTemp<T >::SetSize(Integer size, bool bSetZero){
 if (size ! = sizeD ) {
  SmartSet(size, bSetZero);
 }
 else {
if (bSetZero)
 SetNull();
 }
};
//////////////////////////////////////////////////////////////////////
template <class T>
VectorTemp<T >::VectorTemp(const VectorTemp<T >&Vec){
 InitSmartNew(Vec.sizeD,false);
 CpyDataFrm(Vec);
};
//////////////////////////////////////////////////////////////////////
template <class T>
VectorTemp<T >::VectorTemp(){
 InitState();
};
//////////////////////////////////////////////////////////////////////
template <class T>
VectorTemp<T >::VectorTemp(Integer size, bool bSetZero){
 InitSmartNew(size, bSetZero);
};
//////////////////////////////////////////////////////////////////////
template <class T>
VectorTemp<T >::VectorTemp(const std::vector<T> theVec){
 InitSmartNew(theVec.size(),false);
 for (register Integer i = 0; i < sizeD; i++)
  elemD[i] = theVec[i];
};
//////////////////////////////////////////////////////////////////////
template <class T>
VectorTemp<T >::~VectorTemp(){
 SmartDelete();
};
```

```
////////////////////////////////////////////////////////////////////
template <class T>
const T VectorTemp<T >::GetNorm1() const{
  T Result = T();
  for (register Integer i = 0; i < sizeD; i++){
    Result += Abs(elemD[i]);
  }
  return Result;
};
////////////////////////////////////////////////////////////////////
template <class T>
const T VectorTemp<T >::GetNorm2() const{
  T Result = T();
  for (register Integer i = 0; i < sizeD; i++){
    Result += elemD[i] *  elemD[i];///>=0
  }
  return sqrt(Result);
};
////////////////////////////////////////////////////////////////////
template <class T>
const T VectorTemp<T >::GetSqdMod() const{
  T Result = T();
  for (register Integer i = 0; i < sizeD; i++){
    Result += elemD[i] *  elemD[i];
  }
  return Result;
};
////////////////////////////////////////////////////////////////////
template <class T>
void VectorTemp<T >::Normalize(){
  T mag = GetNorm2();
  if(mag > MASDenominat){
    for (register Integer i = 0; i < sizeD; i++)
      elemD[i] = elemD[i] / mag;
  }
  else{
    for (register Integer i = 0; i < sizeD; i++)
      elemD[i] = elemD[i] *  MASDenominatInv;
  }
```

```
};
////////////////////////////////////////////////////////////////////
template <class T>
void VectorTemp<T >::SetNull(bool bCData){
 if (bCData) {
  memset(elemD, 0, sizeof(T) *  sizeD);
 }
 else {
  T theNull = T();
  for (register Integer i = 0; i < sizeD; i++)
   elemD[i] = theNull;
 }
};
////////////////////////////////////////////////////////////////////
template <class T>
VectorTemp<T > VectorTemp<T >::GetFromTo(Integer start, Integer To){
 Integer theSize = To - start +1;
 VectorTemp<T >Result(theSize, false);
 for (Integer i = 0; i < theSize; i++){
  Result.elemD[i] = elemD[i + start];
 }
 return Result;
};
////////////////////////////////////////////////////////////////////
template <class T>
const VectorTemp<T >& VectorTemp<T >::operator=(const VectorTemp<T >&Vec){
 SetSize(Vec.sizeD,false);
 for (register Integer i = 0; i < sizeD; i++){
  elemD[i] = Vec.elemD[i];
 }
 return * this;
};
////////////////////////////////////////////////////////////////////
template <class T>
inline void VectorTemp<T >::AssignFrom(const VectorTemp<T >&Vec,bool bCData){
 SetSize(Vec.sizeD,false);
 if (bCData) {
  memcpy(elemD, Vec.elemD, sizeof(T) *  sizeD);
 }
```

```
 else {
  for (register Integer No = 0; No < sizeD; No++)
   elemD[No] = Vec[No];
 }
};
////////////////////////////////////////////////////////////
template <class T>
inline void VectorTemp<T >::Add(const VectorTemp<T>&_Vec){
 for (register Integer i = 0; i < sizeD; i++){
  elemD[i] += _Vec.elemD[i];
 }
};
////////////////////////////////////////////////////////////
template <class T>
inline void VectorTemp<T >::Subtract(const VectorTemp<T>&_Vec){
 for (register Integer i = 0; i < sizeD; i++){
  elemD[i] - = _Vec.elemD[i];
 }
};
////////////////////////////////////////////////////////////
template <class T>
const VectorTemp<T > VectorTemp<T >::operator- () const{
 VectorTemp<T>Result(sizeD, false);
 for (register Integer row = 0; row < sizeD; row++) {
  Result.elemD[row] = - elemD[row];
 }
 return Result;
};
////////////////////////////////////////////////////////////
template <class T>
const VectorTemp<T > VectorTemp<T >::operator- (const VectorTemp<T >&Vec){
 VectorTemp<T >Result(sizeD, false);
 for (register Integer i = 0; i < sizeD; i++) {
  Result.elemD[i] = elemD[i] - Vec.elemD[i];
 }
 return Result;
};
////////////////////////////////////////////////////////
template <class T>
```

```
inline T& VectorTemp<T >::operator[](Integer index){
 return (elemD[index]);
};
////////////////////////////////////////////////////////////
template <class T>
inline const T& VectorTemp<T >::operator[](Integer index) const
{
 return (elemD[index]);
};
////////////////////////////////////////////////////////////////
template <class T>
inline Integer   VectorTemp<T >::GetSize() const{
 return sizeD;
};
////////////////////////////////////////////////////////////////
template <class T>
inline const T&   VectorTemp<T >::At(Integer index) const{
 return elemD[index];
};
//////////////////////////////////////////////////////////
template <class T>
inline void VectorTemp<T >::SetElem(Integer index, const T& value){
 elemD[index] = value;
};
////////////////////////////////////////////////////////////////
template <class T>
T VectorTemp<T >::GetMaxCwiseAbs()const{
  T result = T(); T temp;
  for (register Integer i = 0; i < sizeD; i++) {
   temp = Abs(elemD[i]);
   result = (temp > result) ? temp : result;
  }
  return result;
};
////////////////////////////////////////////////////////////////
template <class T>
T VectorTemp<T >::GetSum() const{
  T result = T();
  for (register Integer i = 0; i < sizeD; i++) {
```

```
  result += elemD[i];
 }
 return result;
};
//////////////////////////////////////////////////////////////////////
template <class T>
const T VectorTemp<T >::InnerProduct(const VectorTemp<T > &p){
 T Result = T();
 for (register Integer i = 0; i < sizeD; i++){
  Result += p.elemD[i] *  elemD[i];
 }
 return Result;
};
//////////////////////////////////////////////////////////////////////
template <class T>
const T VectorTemp<T >::InnerProduct(const VectorTemp<T >&p1, const VectorTemp<T >&p2){
 T Result = T();
 for (register Integer i = 0; i < sizeD; i++){
  Result += p1.elemD[i] *  p2.elemD[i];
 }
 return Result;
};
//////////////////////////////////////////////////////////////////////
template <class T>
const VectorTemp<T >& VectorTemp<T >::operator+=(const VectorTemp<T >&p){
 * this += p;
 return * this;
};
//////////////////////////////////////////////////////////////////////
template <class T>
const VectorTemp<T >& VectorTemp<T >::operator- =(const VectorTemp<T > &p){
 * this - = p;
 return * this;
};
//////////////////////////////////////////////////////////////////////
template <class T>
const VectorTemp<T >& VectorTemp<T >::operator* =(const T &p){
 * this *  = p;
 return * this;
```

```
 };
 ////////////////////////////////////////////////////////////////////
 template <class T>
 const VectorTemp<T >& VectorTemp<T >::operator/=(const Real &p){
  if (EqualDivZero(p))
   * this * = (MASDenominatInv *  Sign(p));
  else {
   * this * = (ONE / p);
  }
  return * this;
 };
 ////////////////////////////////////////////////////////////////////
 template <class T>
 const T VectorTemp<T >::operator* =(const VectorTemp<T > &p){
  return * this *  p;
 };
 ////////////////////////////////////////////////////////////////////
 template <class T>
 void VectorTemp<T >::EraseDeltaTerm(){
  for (register Integer i = 0; i < sizeD; i++)
   elemD[i].EraseDeltaTerm();
 };
};///MAS
```

4. 文件：MatrixTemplate. hpp

矩阵模板，包含矩阵的生成、加、减、乘、取行、取列、删除行、删除列、迹、行列式、转置等运算函数。

```
namespace MAS {
 class RMat33;
 class RMat44;
 class RMat;
 template <typename T>
 class MatrixTemp: public MASClass
 {
 public:
  typedef enum{
   TO_RIGHT,
   TO_BOTTOM
  } Position;
  friend class VectorTemp <T >;
```

```
  friend class RMat;
  friend class RMat33;
  friend class RMat44;
 public:
  MatrixTemp();
  MatrixTemp(Integer r, Integer c,bool bSetZero = true);
  MatrixTemp(Integer r, Integer c,const VectorTemp<T >&Vect);
  MatrixTemp(const MatrixTemp<T > &Matrix);
  virtual ~MatrixTemp();
  MatrixTemp(const MatrixTemp<T >&cpyMatA, const MatrixTemp<T >&cpyMatB, Position pos
= TO_RIGHT);
  void SetNull(bool bCData = false);
  friend class VectorTemp<T >;
  inline T& operator()(Integer r, Integer c);
  inline const T& operator()(Integer r, Integer c) const;
  inline VectorTemp<T >& operator[](Integer index);
  inline const VectorTemp<T >& operator[](Integer index) const;
  inline T& At(Integer r, Integer c) const;
  inline void SetElem(Integer r, Integer c, const T &value);
  void SetSize(Integer r, Integer c, bool bSetZero = true);
  inline void GetSize(Integer &r, Integer &c) const;
  inline Integer   GetColNum() const;
  inline Integer   GetRowNum() const;
  const MatrixTemp<T >& operator=(const MatrixTemp<T >&_Mat);
  void AssignFrom(const MatrixTemp<T>&_Mat);
  void Add(const MatrixTemp<T>&_Mat);
  void Subtract(const MatrixTemp<T>&_Mat);
  const MatrixTemp<T > operator- () const;
  /////////////////////////////// /////////////////////////////////////
  friend const MatrixTemp<T > operator- (const MatrixTemp<T >& p1, const MatrixTemp<T >&
p2){
    MatrixTemp<T>Result(p1.rowsD, p1.colsD, false);
    for (Integer row = 0; row < p1.rowsD; row++){
     Result.elemD[row].AssignFrom(p1.elemD[row]);
     Result.elemD[row].Subtract(p2.elemD[row]);
    }
    return Result;
  };
 ////////////////////////////////////////////////////////////////////
```

```
  friend const VectorTemp<T > operator* (const MatrixTemp<T >&m, const VectorTemp<T >
&v){
    VectorTemp<T >Result(m.rowsD, false);
    for (Integer row = 0; row < m.rowsD; row++) {
     Result[row] = m.elemD[row] *  v;
    }
    return Result;
  };
 ////////////////////////////////////////////////////////////////////////
  friend const MatrixTemp<T > operator* (const MatrixTemp<T >&m, const MatrixTemp<T >
&v){
    MatrixTemp<T >Result(m.rowsD, v.colsD, false);
    for (Integer row = 0; row < m.rowsD; row++){
     for (Integer col = 0; col < v.colsD; col++)
      Result[row][col] = m[row] *  v.GetCol(col);
    }
    return Result;
  };
 ////////////////////////////////////////////////////////////////////////
  friend const MatrixTemp<T > operator+(const MatrixTemp<T >&p1, const MatrixTemp<T >
&p2){
    MatrixTemp<T >Result(p1.rowsD, p1.colsD, false);
    for (Integer row = 0; row < p1.rowsD; row++){
     Result.elemD[row].AssignFrom(p1.elemD[row]);
     Result.elemD[row].Add(p2.elemD[row]);
    }
    return Result;
  };
 ////////////////////////////////////////////////////////////////////////
  friend const MatrixTemp<T > operator* (const T&p, const MatrixTemp<T >&p1){
    MatrixTemp<T>Result(p1.rowsD, p1.colsD, false);
    for (Integer row = 0; row < p1.rowsD; row++){
     Result.elemD[row].AssignFrom(p1[row] *  p);
    }
    return Result;
  };
  ////////////////////////////////////////////////////////////////////////
  friend const VectorTemp<T > operator* (const VectorTemp<T >&v, const MatrixTemp<T >
&m){
```

```
    VectorTemp<T>Result(m.rowsD, false);
    for (Integer row = 0; row < m.rowsD; row++){
      Result[row] = v * m.GetCol(row);
    }
    return Result;
  };
  //////////////////////////////////////////////////////////////////////
  friend const MatrixTemp<T> operator* (const MatrixTemp<T>& p1, const T&p){
    MatrixTemp<T>Result(p1.rowsD, p1.colsD, false);
    for (Integer row = 0; row < p1.rowsD; row++){
      Result.elemD[row].AssignFrom(p1[row] * p);
    }
    return Result;
  };
  //////////////////////////////////////////////////////////////////
  friend bool operator != (const MatrixTemp<T>&p1, const MatrixTemp<T>&p2){
    if (p1.rowsD != p2.rowsD || p1.colsD != p2.colsD){
      return true;
    }
    for(Integer row = 0; row < p1.rowsD; row++){
      if (p1[row] != p2[row])
        return true;
    }
    return false;
  };
  //////////////////////////////////////////////////////////////////
  friend bool operator == (const MatrixTemp<T>&p1, const MatrixTemp<T>&p2){
    if (p1.rowsD != p2.rowsD || p1.colsD != p2.colsD){
      return false;
    }
    for(Integer row = 0; row < p1.rowsD; row++){
      if (p1[row] != p2[row])
        return false;
    }
    return true;
  };
  //////////////////////////////////////////////////////////////////
  const MatrixTemp<T >& operator-=(const MatrixTemp<T > &m);
  const MatrixTemp<T >& operator+=(const MatrixTemp<T > &m);
```

```
    const  MatrixTemp<T >& operator* =(const T scalar);
    const MatrixTemp<T > operator/(const T scalar) const;
    const MatrixTemp<T >& operator/=(const T scalar);
   ////////////////////////////////////////////////////////////////////
    virtual void Transpose();
    VectorTemp<T >&GetRow(Integer r) const;
    VectorTemp<T >GetCol(Integer c) const;
    virtual void SetRow(const Integer row, const VectorTemp<T >&rowVec);
    virtual void SetCol(const Integer col, const VectorTemp<T >&colVec);
    ////////////////////////////////////////////////////////////////////
    bool IsDiagonal();
    const MatrixTemp<T >  GetTranspose() const;
    TDet();
    TCofactor(Integer r, Integer c);
    TCofactor(Integer r, Integer c) const;
    void GetMinor(Integer omittedRow, Integer omittedCol, MatrixTemp<T >&Minor);
    void GetMinor(Integer omittedRow, Integer omittedCol, MatrixTemp<T >&Minor)const;
    MatrixTemp<T >GetSubMatrix(Integer startRow, Integer endRow, Integer startCol,
      Integer endCol, VectorTemp<T > newOrder);
    TGetTrace();
    MatrixTemp<T >&OuterScaleProduct(const VectorTemp<T>&p1, const VectorTemp<T>&p2);
    inline void CpyDataFrm(const MatrixTemp<T >&Vec);
  public:
    mutable Integer rowsD, colsD;
  protected:
    Integer MaxrowsD, MaxcolsD;
    mutable VectorTemp<T >  * elemD;
    inline void InitState();
    void SmartDelete();
    void SmartSet(Integer rows, Integer cols, bool bSetZero = true);
    void InitSmartNew(Integer rows, Integer cols, bool bSetZero = true, bool bCData = false);
  };
};/// MAS
```

5. 文件：MatrixTemplate2. hpp

```
#include "MatrixTemplate.hpp"
#pragma once
namespace MAS {
  template <class T>
  inline void MatrixTemp<T >::InitState(){
```

```
    elemD =NULL; rowsD = 0; colsD = 0;
    MaxrowsD =0; MaxcolsD = 0;
};
////////////////////////////////////////////////////////////////////////
template <class T>
inline void MatrixTemp<T >::CpyDataFrm(const MatrixTemp<T >&Mat){
    if (Mat.rowsD ! = rowsD || Mat.colsD ! = colsD) {
        SetSize(Mat.rowsD, Mat.colsD,false);
    }
    for (Integer row = 0; row < rowsD; row++) {
        for (Integer col = 0; col < colsD; col++)
            elemD[row][col] = Mat.elemD[row][col];
    }
};
////////////////////////////////////////////////////////////////////////
template <class T>
void MatrixTemp<T >::SmartDelete(){
    if (elemD ! = NULL){
        MaxrowsD = Max(MaxrowsD, rowsD);
        for ( Integer row = 0; row < MaxrowsD; row++) {
            elemD[row].SmartDelete();
        }
        delete[] elemD;
        InitState();
    }
};
////////////////////////////////////////////////////////////////////////
template <class T>
void MatrixTemp<T >::InitSmartNew(Integer rows, Integer cols, bool bSetZero, bool bCData){
    InitState();
    if (rows > 0 && cols > 0) {
        rowsD = rows; colsD = cols;
        elemD =new VectorTemp<T >[rows];
        for (Integer row = 0; row < rows; row++)
            elemD[row].InitSmartNew(cols, bSetZero, bCData);
    }
    else
        SmartDelete();
};
```

```
//////////////////////////////////////////////////////////////////
template <class T>
void  MatrixTemp<T >::SmartSet(Integer rows, Integer cols, bool bSetZero){
 SmartDelete();
 if (rows > 0 && cols > 0) {
  rowsD = rows; colsD = cols;
  elemD =new VectorTemp<T >[rows];
  for (Integer row = 0; row < rows; row++)
   elemD[row].InitSmartNew(cols, bSetZero);
 }
 else
  SmartDelete();
};
//////////////////////////////////////////////////////////////////
template <class T>
void MatrixTemp<T >::SetSize(Integer rSize, Integer cSize, bool bSetZero){
 MaxrowsD = Max(MaxrowsD, rowsD);
 MaxcolsD = Max(MaxcolsD, colsD);
 if ((rSize > MaxrowsD || cSize > MaxcolsD) ||
  (rSize < MaxrowsD - SetSizeDeltaVec || cSize < MaxcolsD - SetSizeDeltaVec)) {
  SmartSet(rSize, cSize, bSetZero);
 }
 else {
  rowsD = rSize; colsD = cSize;
  if (rSize < 0 || cSize < 0) {
   SmartDelete();
   return;
  }
  if (bSetZero)
   SetNull();
 }
};
//////////////////////////////////////////////////////////////////
template <class T>
MatrixTemp<T >::MatrixTemp(const MatrixTemp<T >&Mat){
 InitSmartNew(Mat.rowsD, Mat.colsD,false);
 CpyDataFrm(Mat);
};
//////////////////////////////////////////////////////////////////
```

```
template <class T>
MatrixTemp<T >::MatrixTemp(){
 InitState();
};
///////////////////////////////////////////////////////////////////////
template <class T>
MatrixTemp<T >::MatrixTemp(Integer r, Integer c, bool bSetZero){
 InitSmartNew(r, c, bSetZero);
};
///////////////////////////////////////////////////////////////////////
template <class T>
MatrixTemp<T >::MatrixTemp(Integer r, Integer c, const VectorTemp<T >&Vec){
 InitSmartNew(r, c,false);
 if (Vec.sizeD >= rowsD *  colsD) {
  for (Integer row = 0; row < rowsD; row++) {
   Integer No = row *  colsD;
   for (Integer col = 0; col < colsD; ++col)
    elemD[row][col] = Vec[No + col];
  }
 }
};
////////////////////////////////////////////////////////////////////
template <class T>
void MatrixTemp<T >::SetNull(bool bCData)
{
 for (Integer row = 0; row < rowsD; row++)
  elemD[row].SetNull();
};
////////////////////////////////////////////////////////////////////
template <class T>
MatrixTemp<T >::~MatrixTemp(){
  SmartDelete();
};
////////////////////////////////////////////////////////////////////
template <class T>
inline T& MatrixTemp<T >::operator()(Integer r, Integer c){
return elemD[r][c];
};
////////////////////////////////////////////////////////////////////
```

```
template <class T>
inline const T& MatrixTemp<T >::operator()(Integer r, Integer c) const{
 return elemD[r][c];
};
//////////////////////////////////////////////////////////////////////
template <class T>
VectorTemp<T >& MatrixTemp<T >::operator[](Integer index){
 return (elemD[index]);
};
//////////////////////////////////////////////////////////////////////
template <class T>
const VectorTemp<T >& MatrixTemp<T >::operator[](Integer index) const
{
 return (elemD[index]);
};
//////////////////////////////////////////////////////////////////////
template <class T>
const MatrixTemp<T >& MatrixTemp<T >::operator=(const MatrixTemp<T >&_Mat){
 SetSize(_Mat.rowsD, _Mat.colsD,false);
 for ( Integer row = 0; row < rowsD; row++){
  elemD[row].CpyDataFrm(_Mat.elemD[row]);
 }
 return (* this);
};
//////////////////////////////////////////////////////////////////////
template <class T>
void MatrixTemp<T >::AssignFrom(const MatrixTemp<T >&_Mat){
 SetSize(_Mat.rowsD, _Mat.colsD,false);
 for ( Integer row = 0; row < rowsD; row++){
  elemD[row].CpyDataFrm(_Mat.elemD[row]);
 }
};
//////////////////////////////////////////////////////////////////////
template <class T>
void MatrixTemp<T >::Add(const MatrixTemp<T>&_Mat){
 for ( Integer row = 0; row < rowsD; row++){
  elemD[row].Add(_Mat.elemD[row]);
 }
};
```

```
//////////////////////////////////////////////////////////////////////
template <class T>
void MatrixTemp<T >::Subtract(const MatrixTemp<T>&_Mat){
  for ( Integer row = 0; row < rowsD; row++){
    elemD[row].Subtract(_Mat.elemD[row]);
  }
};
//////////////////////////////////////////////////////////////////////
template <class T>
const MatrixTemp<T > MatrixTemp<T >::operator- () const{
  MatrixTemp<T >Result(rowsD, colsD, false);
  for (Integer row = 0; row < rowsD; row++) {
    Result.elemD[row].CpyDataFrm(- elemD[row]);
  }
    return Result;
};
//////////////////////////////////////////////////////////////////////
template <class T>
const MatrixTemp<T >& MatrixTemp<T >::operator- =(const MatrixTemp<T > &m){
  (* this) - = m;
  return (* this);
};
//////////////////////////////////////////////////////////////////////
template <class T>
const MatrixTemp<T >& MatrixTemp<T >::operator+=(const MatrixTemp<T > &m){
  (* this) += m;
  return (* this);
};
//////////////////////////////////////////////////////////////////////
template <class T>
const  MatrixTemp<T >& MatrixTemp<T >::operator* =(const T scalar){
  (* this) * = scalar;
  return (* this);
};
//////////////////////////////////////////////////////////////////////
template <class T>
const MatrixTemp<T > MatrixTemp<T >::operator/(const T scalar) const{
  if (EqualDivZero(scalar))
    return (* this) *  MASDenominatInv *  Sign(scalar);
```

```
 else
  return (* this) / scalar;
};
//////////////////////////////////////////////////////////////////////
template <class T>
const MatrixTemp<T >& MatrixTemp<T >::operator/=(const T scalar){
 if (EqualDivZero(scalar))
  (* this) * = MASDenominatInv *  Sign(scalar);
 else {
  (* this) = (* this) / scalar;
 }
 return (* this);
};
//////////////////////////////////////////////////////////////////////
template <class T>
inline T&  MatrixTemp<T >::At(Integer r, Integer c) const{
 return elemD[r][c];
};
//////////////////////////////////////////////////////////////////////
template <class T>
inline void MatrixTemp<T >::SetElem(Integer r, Integer c, const T &value){
 elemD[r][c] = value;
};
//////////////////////////////////////////////////////////////////////
template <class T>
inline void MatrixTemp<T >::GetSize(Integer &r, Integer &c) const{
 r = rowsD; c = colsD;
};
//////////////////////////////////////////////////////////////////////
template <class T>
inline Integer  MatrixTemp<T >::GetColNum() const{
 return colsD;
};
//////////////////////////////////////////////////////////////////////
template <class T>
inline Integer  MatrixTemp<T >::GetRowNum() const{
return rowsD;
};
//////////////////////////////////////////////////////////////////////
```

```
template <class T>
VectorTemp<T >& MatrixTemp<T >::GetRow(Integer r) const{
  return elemD[r];
};
//////////////////////////////////////////////////////////////////////
template <class T>
VectorTemp<T > MatrixTemp<T >::GetCol(Integer col) const{
  VectorTemp<T >Result(rowsD, false);
  for ( Integer row = 0; row < rowsD; row++){
    Result[row] = elemD[row][col];
  }
  return Result;
};
//////////////////////////////////////////////////////////////////////
template <class T>
void MatrixTemp<T >::SetRow(const Integer row, const VectorTemp<T >&rowVec){
  elemD[row].CpyDataFrm(rowVec);
};
//////////////////////////////////////////////////////////////////////
template <class T>
void MatrixTemp<T>::SetCol(const Integer col, const VectorTemp<T > &colVec){
  for (Integer row = 0; row < rowsD; row++)
    elemD[row][col] = colVec[row];
};
//////////////////////////////////////////////////////////////////////
template <class T>
MatrixTemp<T > MatrixTemp<T >::GetSubMatrix(Integer startRow, Integer endRow,
    Integer startCol, Integer endCol, VectorTemp<T > newOrder){
    MatrixTempResult(endRow - startRow + 1, endCol - startCol + 1, false);
    Integer subrowsD = Result.rowsD;
    for (Integer row = startRow; row <= endRow; row++){
    Result.order[row] = newOrder[row];
    for (Integer col = startCol; col <= endCol; col++)
      Result.elemD[row - startRow][col - startCol] = elemD[row][col];
  }
  return Result;
};
//////////////////////////////////////////////////////////////////////
template <class T>
```

```
T    MatrixTemp<T >::Det(){
  T Result  =  T();
  if (rowsD > 2){
   MatrixTemp<T > subMat;
   Integer rowMin1  =  rowsD - 1;        ///对最后一行展开
   for (Integer col  =  0; col < colsD; col++){
    GetMinor(rowMin1, col, subMat);
    T theDet  =  subMat.Det();
    if ((rowMin1  +  col) % Integer(2)  ==  Integer(0))
     Result += elemD[rowMin1][col] *   theDet;///递归(自我)调用
    else
     Result - = elemD[rowMin1][col] *   theDet;
   }
  }
  else if (rowsD  ==  2){
   Result  =  elemD[0][0] *   elemD[1][1] -  elemD[0][1] *   elemD[1][0];
  }
  else if (rowsD  ==  1){
   Result  =  elemD[0][0];
  }
  return Result;
};
///////////////////////////////////////////////////////////////////////
template <class T>
void MatrixTemp<T >::GetMinor(Integer omittedRow, Integer omittedCol, MatrixTemp<T >
&Minor){
  Minor.SetSize(rowsD - 1, colsD -  1, false);
  Integer rowIdx =0;
  for (Integer row  =  0; row < Minor.rowsD; row++){
   if (rowIdx  ==  omittedRow) {       //跳至 omittedRow + 1 行
    rowIdx++;
   }
   Integer colIdx =0;
   for (Integer col  =  0; col < Minor.colsD; col++){
    if (colIdx  ==  omittedCol){
     colIdx++;//跳至 omittedCol + 1 列
    }
    Minor.elemD[row][col]  =  elemD[rowIdx][colIdx];
    colIdx++;
```

```
    }
    rowIdx++;
  }
};
////////////////////////////////////////////////////////////////////////
template <class T>
void MatrixTemp< T >:: GetMinor (Integer omittedRow, Integer omittedCol, MatrixTemp< T > &Minor) const{
  Minor.SetSize(rowsD - 1, colsD - 1, false);
  Integer rowIndex =0;
  for (Integer row = 0; row < Minor.rowsD; row++) {
    if (rowIndex == omittedRow) { //跳至 omittedRow + 1 行
      rowIndex++;
    }
    Integer colIndex =0;
    for (Integer col = 0; col < Minor.colsD; col++) {
      if (colIndex == omittedCol) {
        colIndex++;//跳至 omittedCol + 1 列
      }
      Minor.elemD[row][col] = elemD[rowIndex][colIndex];
      colIndex++;
    }
    ++rowIndex;
  }
};
////////////////////////////////////////////////////////////////////////
template <class T>
MatrixTemp< T >:: MatrixTemp (const MatrixTemp < T > &cpyMatA, const MatrixTemp < T > &cpyMatB, Position pos){
  InitState();
  //////////////////////////////////////////////////
  Integer rowOffset =0; Integer colOffset = 0;
  if (TO_RIGHT == pos)
    colOffset = cpyMatA.colsD;
  else{
    rowOffset = cpyMatA.rowsD;
  }
  rowsD = cpyMatA.rowsD + rowOffset;
  colsD = cpyMatA.colsD + colOffset;
```

```
 ////////////////////////////////////////////////
 SetSize(rowsD, colsD,false);
 ////////////////////////////////////////////////
 for (Integer row = 0; row < cpyMatA.rowsD; row++){
  for (Integer col = 0; col < cpyMatA.colsD; col++)
   elemD[row][col] = cpyMatA.elemD[row][col];
 }
 for (Integer row = 0; row < cpyMatB.rowsD; row++){
  for (Integer col = 0; col < cpyMatB.colsD; col++){
   elemD[row + rowOffset][col + colOffset] = cpyMatB.elemD[row][col];
  }
 }
};
/////////////////////////////////////////////////////////////////
template <class T>
const MatrixTemp<T >  MatrixTemp<T >::GetTranspose() const{
 MatrixTemp<T >Result(colsD, rowsD, false);
 for (Integer row = 0; row < rowsD; row++){
  for (Integer col = 0; col < colsD; col++)
   Result.elemD[col][row] = elemD[row][col];
 }
 return Result;
};
/////////////////////////////////////////////////////////////////
template <class T>
void MatrixTemp<T >::Transpose(){
 * this = GetTranspose();
};
/////////////////////////////////////////////////////////////////
template <class T>
bool MatrixTemp<T >::IsDiagonal(){
 bool Result = true;
 for (register Integer row = 0; row < rowsD; ++row) {
  for (register Integer col = row; col < colsD; ++col){
   if ((row ! = col) && (InequalZero(elemD[row][col]))){
    Result =false;
    break;
   }
  }
```

```
  }
  return Result;
};
//////////////////////////////////////////////////////////////////////
template <class T>
T MatrixTemp<T >::Cofactor(Integer r, Integer c){
  MatrixTemp<T > Minor;
  GetMinor(r, c, Minor);
  if ((r + c) % 2 == (Integer)0)
    return Minor.Det();
  else{
    return - Minor.Det();
  }
};
//////////////////////////////////////////////////////////////////////
template <typename T>
T MatrixTemp<T >::Cofactor(Integer r, Integer c)const{
  MatrixTemp<T > Minor;
  GetMinor(r, c, Minor);
  if ((r + c) % 2 == (Integer)0)
    return Minor.Det();
  else {
    return - Minor.Det();
  }
};
//////////////////////////////////////////////////////////////////////
template <class T>
MatrixTemp<T >& MatrixTemp<T >::OuterScaleProduct(const VectorTemp<T >&p1, const
VectorTemp<T >&p2){
    SetSize(p1.sizeD, p2.sizeD,false);
    for (Integer row = 0; row < rowsD; row++){
    for (Integer col = 0; col < colsD; col++)
      elemD[row][col] = p1[row] *  p2[col];
  }
  return * this;
};
//////////////////////////////////////////////////////////////////////
template <typename T>
T MatrixTemp<T >::GetTrace(){
```

```
    T theTrace = Real(ZERO);
    for (Integer i = 0; i < rowsD; i++){
      theTrace += elemD[i][i];
    }
    return theTrace;
  };
};//MAS
```

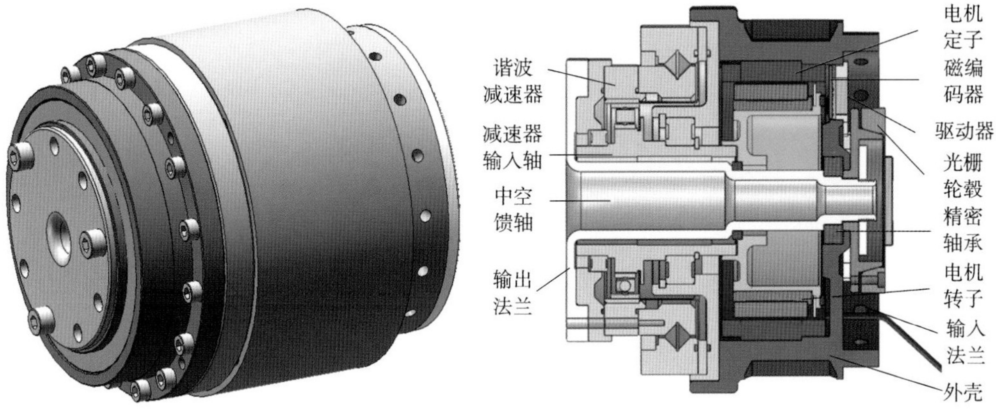

(a) (b)

图 1.3 转动轴

(a) 转动轴外观;(b)转动轴内部组成

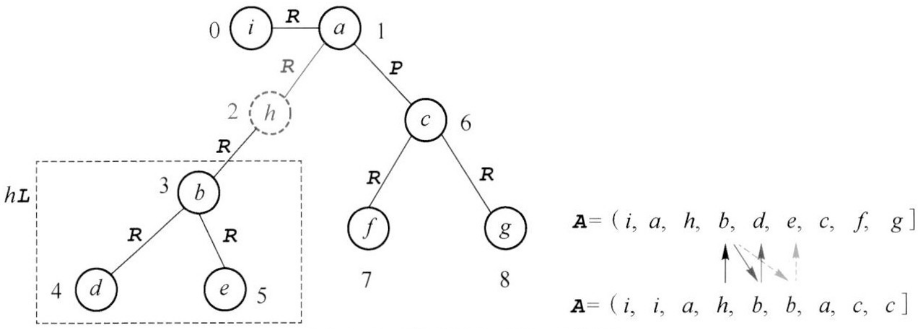

图 3.5 获取闭子树示意图

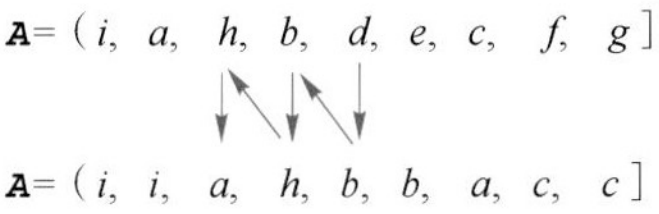

图 3.6 获取轴链示意图

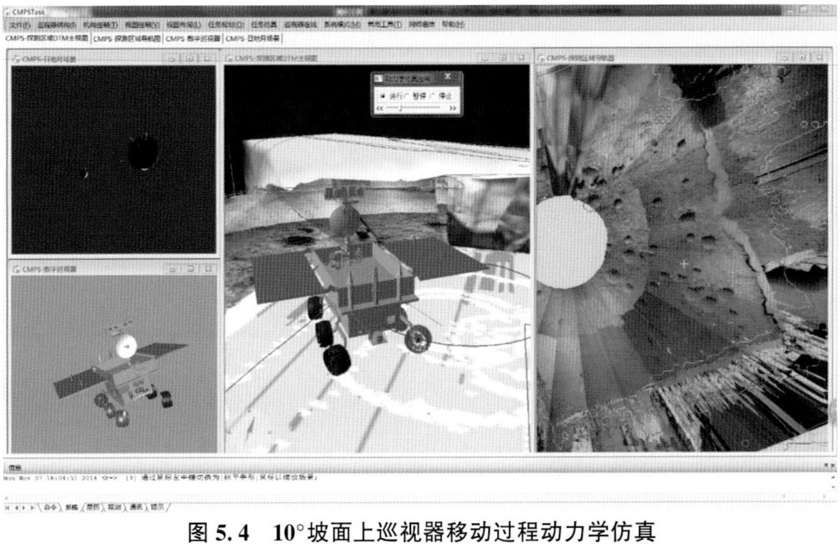

图 5.4 10°坡面上巡视器移动过程动力学仿真

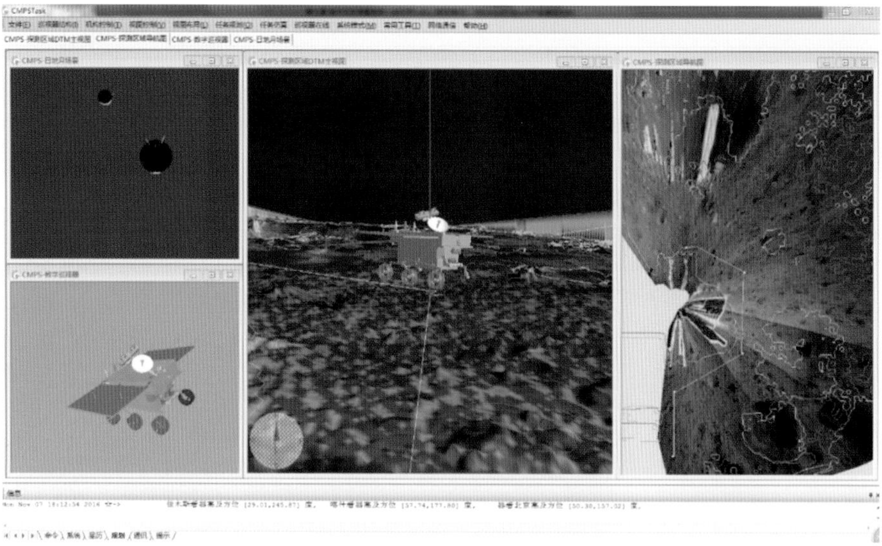

图 5.5　月面环境模拟与动力学解算系统的任务规划验证功能

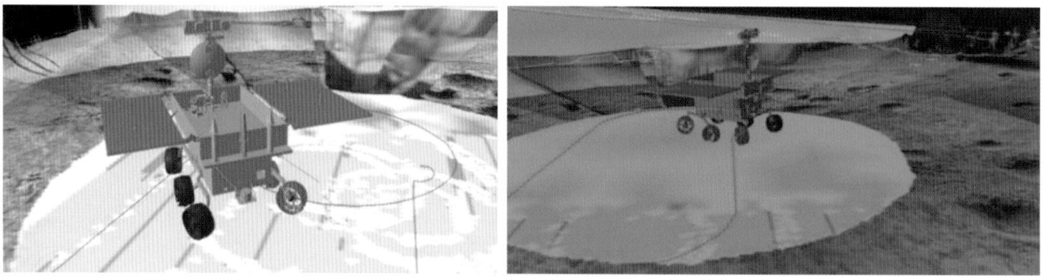

图 5.6　月面环境模拟与动力学解算系统的预测控制功能

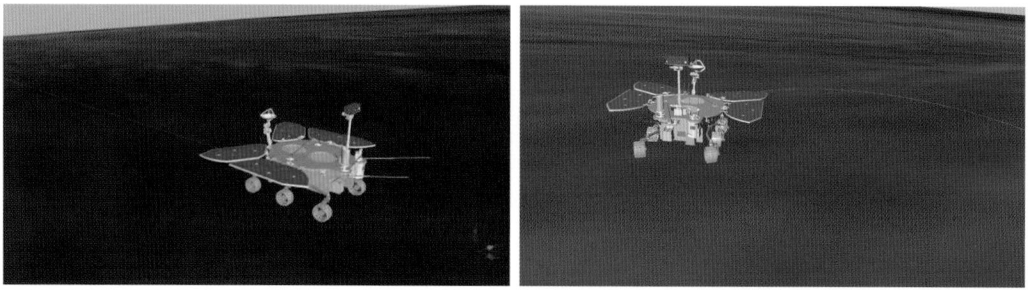

图 6.8　火星巡视器超实时仿真